U0644579

2018中华梦乡福清石竹山梦文化节暨『一带一路』梦文化国际研讨会论文集

与中国文化研究

本书系石竹山道院道文化建设成果、四川大学老子研究院建设成果、福建省高校人文社会科学研究基地『中华文化传播研究中心』建设成果

詹石窗 谢荣增 主编
谢清果 副主编

九州出版社 JIUZHOUPRESS | 全国百佳图书出版单位

图书在版编目（CIP）数据

梦与中国文化研究 ：2018中华梦乡福清石竹山梦文化节暨“一带一路”梦文化国际研讨会论文集 / 詹石窗，谢荣增主编. -- 北京 ：九州出版社，2021.5
ISBN 978-7-5225-0007-2

Ⅰ. ①梦… Ⅱ. ①詹… ②谢… Ⅲ. ①梦－文化研究－中国－国际会议－文集 Ⅳ. ①B845.1

中国版本图书馆CIP数据核字(2021)第088581号

梦与中国文化研究：2018中华梦乡福清石竹山梦文化节暨“一带一路”梦文化国际研讨会论文集

作　　者　詹石窗　谢荣增　主编　谢清果　副主编
责任编辑　郝军启
出版发行　九州出版社
地　　址　北京市西城区阜外大街甲 35 号（100037）
发行电话　(010)68992190/3/5/6
网　　址　www.jiuzhoupress.com
印　　刷　三河市国新印装有限公司
开　　本　787 毫米 ×1092 毫米　16 开
印　　张　42.5
字　　数　760 千字
版　　次　2021 年 8 月第 1 版
印　　次　2021 年 8 月第 1 次印刷
书　　号　ISBN 978-7-5225-0007-2
定　　价　168.00 元

★版权所有　侵权必究★

序

习近平总书记的“构建人类命运共同体”思想提出以来，伴随着“一带一路”倡议的全球实践，已逐渐为国际社会所认同，正日益成为推动全球治理体系变革、构建新型国际关系和国际新秩序的共同价值规范。

在习近平总书记有关人类命运共同体思想的丰富而深刻的内涵阐述中提到了老子主张的“见素抱朴”“道法自然”等中国优秀传统文化智慧，这些中国先贤的宝贵智慧自然成为构建人类命运共同体的思想渊源。石竹山道家梦文化与祈梦习俗是中国传统道教文化的重要组成部分，在新时期石竹山道院一直响应国家号召努力探讨如何推动中华传统文化创造性转化和创新性发展，力争在中华民族伟大复兴的伟大征程的历史大潮中贡献自己的智慧，这也正是我们此次办会的初心。

“中华梦乡福清石竹山梦文化节”已经成功举办五届了，首届梦文化节成功举办后，得到了台湾道教界的积极响应，自此后的四届梦文化节都有台湾道教界的参与，同时建立了深厚的道缘。石竹山道院仍将不断地深化与港澳台道教界的交往与交流，力争在“一带一路”倡议下，在共同弘扬传统道教文化的进程中，升华两岸暨港澳同胞同根同缘、血浓于水的同胞情谊，从而在促进两岸和平统一的大业乃至中华民族的伟大复兴上，贡献自己的绵薄之力。

中华梦乡石竹山祈梦习俗2009年成功入选福建省非物质文化遗产名录，谢荣增道长也于2010年荣获省级传承人的称号。基于首届梦文化节的成功举办，两岸的道梦之缘始于2010年第二届梦文化节，九仙陆续分炉台湾后，祈梦习俗在台湾道教界及民众间引起强烈反响，提升了两岸的文化自信，获得了中国梦的精神滋养。借此机缘，海峡两岸同道将继续围绕如何共同申报国家级非物质文化遗产以更好地弘扬梦文化和道家文化等议题展开探讨。

中华梦乡石竹山道家梦文化是由九仙信仰、祈梦习俗和接春民俗组成的，凝聚着人民的智慧与力量。人民有信仰，国家有力量。作为本土宗教——道教在促进社会和谐、人民幸福的伟大实践中发挥着重要作用，“道通天下，德溢乾坤”正是道门向往美好生活的最深层的精神表达。多年来，随着梦文化内涵不断地被挖掘与传扬，石竹山梦文化在美国、日本和东南亚等国家都得到了可喜的传播，正逐步履践着“人类命运共同体”的崇高愿景。未来如何让石竹山梦文化成为中华文化振兴的助推器，如何服务于人民对美好生活的追求，如何在“一带一路”倡议中发挥更大的作用，正是本次研讨会的重要议题。

本次研讨会在四川大学老子研究院、厦门大学传播研究所以及华夏传播研究会的大力支持下，在短短的两个月左右的时间里就征集到近百篇论文（含提纲），主要涉及以下议题：

（1）九仙信仰与祈梦文化、梦验释录、接春民俗；

（2）梦与儒道释思想体系；

（3）梦与文学艺术；

（4）中西梦文化比较研究；

（5）中华传统文化的传承与创新；

（6）人类命运共同体与中华文化传统的相关议题。

会后，根据专家意见和学术规范要求，参会作者对论文进行了精心修订，现在经专家评审后，精选了部分优秀作品结集出版，以巩固与传播研讨成果，并期待着梦文化研讨会能够一届届办下去，从而将“中国梦”推向前进。

编委会

2020 年 4 月 11 日

目　录

一、中华梦文化研究专题

卜卦占梦考释……詹石窗　3

试论石竹山祈梦与金丹的联系……霍克功　21

何氏九仙信仰略考……林观潮　40

自我与超我的蝶变——内向传播视角下的庄子之梦新探……谢清果　63

江西玉笥山道梦园文化内涵设计刍议……曾　勇　84

道教“梦”意象的神学化及其实践意义——以“庄周梦蝶”为核心的考察…李　霄　91

张无忌之梦与《倚天屠龙记》的三种结局……赵海涛　97

从遇仙到接真：传经授法悟至道

——《红楼梦》中宝玉梦境与道教上清派思想的内在联系……耿晓辉　109

以天为则，共筑世界大同梦——以“上合组织青岛峰会”为例……陈起兴　123

“中国梦”是中华民族伟大复兴之梦

——试析实现“中国梦”中的“大邦者下流”理论……南信云　128

催眠、瑜伽与梦……刘正平　138

道教信仰中梦文化与其生命观的互动……高　登　146

对道医中医治疗多梦症独特性之浅析……张少锋　吕清华　154

传承梦文化的意义与问题浅析……徐月强　李　丹　163

基于梦的影视探究……董方霞　169

论《太平经》的中国梦及其现代意义……于晓语　181

道教梦境的宗教意蕴和社会功用……隋玉宝　191

从《牡丹亭》与《仲夏夜之梦》比较中西方“梦”文化……王丽滨　197

传统“中国梦”的表征、实现及当代价值

——以中国传统牌坊为例……张兵娟　张　欢　202

梦的潜意识与量子科学

——做个好人心正身安魂梦稳，行些善事天知地鉴鬼神钦……陈东来　215

列子的“虚”“梦”“游”之道……陈成吒 219

二、儒释道易文化研究专题

陶瓷器物与道教文化表征初探……黄吉宏 229
黄大仙道教音乐及其丝路传播……赵 芃 241
一念之孝——净明忠孝的心性传续……李 刚 256
泰卦的文化意涵与生命关怀……郑志明 266
《中庸》与佛老……杨少涵 288
《管子·心术》哲学思想探微……龙秋冰 291
《淮南子》“道”论思想发微……陈志雄 305
以直报怨以义解仇
——从朱子《家训》看儒家对“仇”“怨”的态度及其启示……冯 兵 313
《阴符经》与《老子》思想之比较……吴文文 324
林希逸对《列子》思想宗旨的判析……胡瀚霆 330
郭店《老子》甲本“绝智弃支”新考……成富磊 345
论《道德经》对诗歌创作的启示……林銮生 孔德章 351
老子“生生”思想的内在维度……钟 纯 359
《老子》“朴素的辩证法”的近代构建及其反思（提纲）……付瑞珣 370
孝义中“称”的思想研究……杨建伟 375
易学自然观视野下的数理哲学模式初探——河洛数理内在逻辑……张 雷 381
从福清石竹山与隐元禅师的渊源浅谈石竹山信仰文化传播日本……郑松波 389
《梦游天姥吟留别》中李白道家思想新解……王力田 396

三、人类命运共同体研究专题

老子“道法自然”生态智慧与构建人类命运共同体……陈大明 403
人类命运共同体：传统经典文学之魂……郝 雨 417
和合文化与世界命运共同体建构……蔡洞峰 殷洋宝 425
借鉴和合文化推动构建人类命运共同体……戎章榕 432
老子智慧与人类命运共同体的构建……刘新军 439
浅谈老子的和谐思想及其对人类命运共同体构建的积极作用……郭向阳 448
人类命运共同体视域下文化的重演与创生……任 娜 杨中启 478

四、中华文化传播研究专题

文化自信视角下的传统经典大众传播
——谈新媒体格局下的经典文化传播路径 …… 李 娟 491

坚定文化自信：器物何以可能与何以可为 …… 李海文 500

中国哲学在西方世界的发展现状及当下的任务 …… 刘明峰 508

“一带一路”视野下的传统文化与健康 …… 李怀宗 519

文化自信背景下民间信仰价值再探 …… 张宜强 529

五、石竹山梦文化建设专题

一、石竹仙山 千年回响 …… 543

灵毓仙山——摘自《石竹山新志》 …… 543

中华梦乡 祈灵如响——福建福清石竹山宗教文化概述 …… 许滔滔 555

是石竹山，不是石所山 …… 陈宜坚 564

石竹山发现史前植物——桫椤 …… 陈 灵 566

游记 …… 568

传说 …… 581

艺文 …… 594

趣闻 …… 597

二、中华梦乡 祈梦有灵 …… 601

祈梦有灵 …… 601

中华梦乡福清石竹山梦文化节 …… 603

道教与“一带一路”相辅而行 …… 谢荣增 624

三、薪火相传 砥砺前行 …… 627

传承谱系 …… 627

石竹山集言（节选） …… 629

《狮子岩志》引言 …… 俞达珠 634

《狮子岩志》（节选） …… 狮子岩志叙 637

石竹山道院规制 …… 638

追求宇宙和谐 生态平衡 道法于自然
——记中华梦乡福建石竹山道院生态建设 …… 谢荣增 646

承前启后　继往开来
　为推进福建省石竹慈善基金会事业的新发展而努力奋斗 …………………… 谢荣增　649
海峡道教学院（筹）——国学传统文化正式院校 …………………………………… 653
石竹山道教教义体系的当代建构
　及道教文化的传承保护与创新转型 …………………………………………… 谢荣增　656
纪念改革开放40周年"承古开今 共筑未来"
　——石竹山道教文化发展的理论与实践 ……………………………………… 谢荣增　666

后　记 …………………………………………………………………………………… 670

一、中华梦文化研究专题

卜卦占梦考释

詹石窗*

内容提要：占梦术是我国历史上具有悠久历史和广泛影响的文化现象，其中的卜卦占梦是以《易》卦象征之法预示梦象的一种较为精致的形式。本文首先陈列我国古代及现代社会中卜卦占梦的案例，窥探其发展形态，认为：从先秦到现代，以卦筮之法来占梦是有案可稽的，而且随着时代的变更，卦筮占梦之法也不断地完善。在现代的占术当中，占梦与卦卜甚至被融为一体。其次，本文从《易》学史角度分析卜卦占梦之原因，指出：民众对蓍草的灵应感受是卜卦占梦时的思想根基之一；《易》筮大师辈出为卜筮占梦活动之进行提供了源源不断的专业人才；《易》学体系内在的象征思想为卜卦占梦提供了解释学依据。最后，本文对古文献中所记载的梦象转换成卦象实例进行分析，揭示梦象与《易》象理数之间的深层关系。

关键词：卜卦　占梦　《周易》

占梦术，在中国古代称作“梦占”。所谓“占”是卜问或预测的意思。如《说文·卜部》称：“占视北问也。”屈原《离骚》谓：“命灵氛为余占之。”顾名思义，占梦也就是卜问梦背后的隐意，同时又根据这种隐意以推测未来。占梦的形式在古代是多种多样的，卜卦占梦是众占术中的一种，它是以《易》卦象征之法预示梦象的一种较为精致的形式，突出地体现出人类自我关心的生命精神。卜卦占梦的发生、发展及其占断机理与《易》象理数之间存在着深刻的关系。本文即试图探索这一古老文化现象背后的文化意蕴。

---

* 詹石窗（1954—），男，福建省厦门市人，四川大学老子研究院院长，四川大学道教与宗教文化研究所教授，研究方向：中国哲学、宗教学、中国古代文学。

一、卜卦占梦史迹“扫瞄”

（一）睽卦里的梦影

中国先民什么时候开始利用卦卜占梦的？仔细读一下《周易》本文，我们可以看到《睽》卦里似乎有迹可循。该卦的“六三”爻辞说：

见舆曳，其牛掣；其人天且劓。无初有终。

这一段话的意思是：好像看见，大车被拖曳难以行走，驾车的牛受牵制不能前进；又恍恍惚惚，感受自己遭受削发截鼻的酷刑。起初乖睽，最后终于欢合。[①]《易》作者在此卦六三爻辞中虽然没有点出这是写梦，但其意境却有梦幻的特征。因为自己是不是受了酷刑在清醒状态完全可以肯定，只有在梦幻中，才有恍惚的感觉。在《睽》卦上九爻辞中也有类似的意境。

睽孤，见豕负涂，载鬼一车，先张之弧，后说之弧；匪寇，婚媾；往遇雨则吉。

睽违到了极点，孤独猜疑，好像看见丑猪背负污泥，又看见一辆大车满载鬼怪在奔驰，先是张弓准备射击，后来又放下弓矢；原来他们不是强寇，而是与己婚配的佳丽；此时前往，遇到阴阳和合的甘雨就能获得吉祥。这“上九”爻辞当中出现所谓“载鬼”的意象，更加具有梦的特征。最后谈到“婚配”之事，很可能是卜筮之人对梦幻的一种占断记载。当然，对这两段爻辞的“梦”事之探讨仅仅是假设性的，笔者引述它们只是为后人的进一步研读提供一点线索，并不是确切地肯定那完全是在占梦。

（二）《左传》中的卜卦占梦

如果说在《周易》刚刚诞生的年代里，还难于找到先民以卦占梦的明确记载，那么在春秋时期，以卦占梦之法式则已流行起来。《左传》当中便有许多这一类

① 按此段爻辞之解说，据黄寿祺，张善文：《周易译注》，上海：上海古籍出版社，1989 年，第 313 页。

的资料。昭公七年，卫襄公的夫人姜氏没有儿子，宏姬婤姶生了孟絷。孔成子梦见康叔对自己说："立元为国君，我让羁的孙子圉和史苟辅佐他。"史朝也梦见康叔对自己说："我将要命令你的儿子苟和孔烝锄的曾孙圉辅佐元。"史朝进见孔成子，说了自己做梦的情况，恰好两人之梦相合。晋国韩宣子执政向诸侯聘问的那一年，婤姶生了个儿子，为他取名叫元。孟絷的脚不好走路，孔成子用《周易》来占筮，祝告说："元希望享有卫国，主持国家。"卜的结果，得到《屯》卦。又祝告说："我还想立絷，希望能够允许。"说完再占，结果得到《屯》卦变成《比》卦。孔成子把卦象让史朝看。史朝说："《屯》卦辞谓'元亨，利贞'，这就是告诉人们，'元'将会'享有'，还有什么可怀疑的呢？"孔成子说："元的意思不是为首吗？"史朝回答说："康叔为他取名，可以说是为首的了，孟不是这样的人，他将不能列在宗主之列，所以不能叫作为首的。而且占问时《屯》卦有变，变爻之辞称'利健侯'。嫡子继位而吉利，还建立什么侯呢？建立就不是嗣位。两次占筮，卦象都是那样显示，您还是建立他为好。康叔命令我们，两次卦象告诉了我们，占筮和梦境一致，这是武王经历过的，已有定法，为什么不听从？脚有毛病，只能待在家里。而一国之君主，主持国家大事，亲临祭祀大典，抚养黎民百姓，侍奉鬼神，参加会见朝觐礼仪事情繁多，怎么能够待在家里呢？各人按照他所有利的去做，不是也可以吗？"所以，孔成子就立了灵公，十二月二十三日，安葬卫襄公。以上是《左传》所记的发生于卫国的一次立君问题的争论。尽管占筮的举动是在婤姶生子之后，但作者首先记载了孔成子梦康叔告诉立元为国君之事，并在分析卦象时把占筮结果同梦事联系起来，这事实上是通过卦筮来对梦的"神君"之言做最后的"验证"。这种"验证"当然也是建立在偶然之应基础上的，不过，却也表明了占梦形式在那时期的新情况。

（三）唐智满禅师为唐高祖卜卦占梦

先秦以后，以卜卦来占梦仍然相当盛行，就拿唐高祖李渊来说，他的梦就曾经主动请人通过卦筮来推断。

李渊起兵进入长安的时候，有一天夜里梦见自己身死，从床上坠下来，被众多的小虫穿孔嚼食。醒来后，他对这件事非常讨厌，忧心忡忡，于是便接见智满禅师，暗中把梦事告诉禅师。智满禅师恭贺说："先生您可以得到天下。"李渊听了之后，十分惊慌，问智满禅师："这是什么意思？"智满禅师回答说："身死，就是敝，坠落于床，就是下。众多小虫来嚼食，这是千千万万的庶民趋附的象征。为人之臣不敢直说天子，所以称谓‘陛下’。这是至尊的征兆，大喜之事。”又说：“贫僧进入佛门以来，经常研读《周易》，现在请让贫僧为先生占筮一卦。”智满禅师说完，就动手揲起卦来，筮得乾卦，其爻辞有云：“飞龙在天”，这又是帝王的象征。那时，李渊的儿子侍坐在旁边。智满禅师又说：“公子大人。”李渊的儿子，也就是后来的唐太宗走后，智满禅师又对李渊说：“这位公子福德无量，您还为天下担忧什么呢？”唐高祖李渊和太宗李世民都非常高兴。唐高祖到了霍邑，又梦见穿着战甲的将士和战马不计其数，他又问智满禅师：“梦中的将士属于什么队伍？”智满回答说：“是先生您身中之神。如果没有这些穿甲的神兵神将在身，怎么能够威慑天下呢？”后来好几个晚上，李渊又重复做了相同的梦。醒来后，召见他的儿子李世民，并说了梦事，以为大事已成。李世民便在李渊面前下拜，连续喊了四声的“万岁”。李渊乐得合不拢嘴。后来，李渊真的登基，并且为智满禅师建造了一座大庙宇叫作“兴仪寺”，把太原[①]的旧田宅和财产都赐给兴仪寺。据说，到了宋代，寺内还留有“圆梦堂”，堂中雕塑着智满和唐高祖的像。

有关智满禅师为唐高祖卜卦占梦事之详情见于秦再思《洛中纪异录》。其中不免有虚构成分，比方说唐高祖重复梦见穿甲神兵之事便值得怀疑，但对于了解唐代是如何以卦占梦的情况来说却是有意义的。智满禅师第一次为唐高祖占梦用的是谐音法。第二次采用的则是卦筮之法。他筮了卦之后，又对筮的结果《乾》卦之卦爻辞做了解说。他引用的“飞龙在天”一语见于《乾》卦九五爻辞。原文称：“飞龙在天，利见大人。”意思是说：巨龙高飞上天，利于出现大人。在《周易》体系当中，每卦的第五爻往往是最吉利之爻。《易》学专家以“九五”之爻为“君位”，所以智满禅师会说那是帝王的象征。

（四）现代人的卜卦占梦

唐朝以降，有关《易》筮占梦的记载虽然不多见，但作为一种被古人当作无所不用的精巧“术数”之法，《易》筮被用于占梦肯定是会发生的。只要有人会做梦并且相信《易》筮可以断梦兆之吉凶，坦诚地向占筮者说出梦事来，卦占术

① 李渊起兵于太原。

士为之揲、蓍草、或用几个金钱卜一卜，这就完全有可能。当然，笔者这番话并非只是从情理上推导出来的。事实上，直到现代这种情况还是存在的。近日，笔者翻阅了台湾武陵出版社出版的《周文王先天易数占术》一书，便发现了这种占术在台湾还广泛地应用于占梦的活动之中。这本书题为吴明修著，书名之中有两句似是副题又似广告的话："适用易理卦象，占卜自己命运。"全书共分六章。第一章起例篇，第二章八卦卦象篇，第三章六十四卦卦象篇，第四章断例篇，第五章占法篇，第六章周文王先天易卦诗篇。就术数学的角度来看，这本书的名称倒是颇有吸引力。由于笔者的这项研究是专题性的，在此不拟对其内容做一番全面之述评。我们所感兴趣的是该书当中有关占梦的那些"诗篇"。在该书的最后一章中，吴氏把《易》的六十四卦同各种占事对应起来，周而复始，进行占断。其中有几卦是专用以占梦的。譬如《解》一六四、《渐》二五七、《噬嗑》三三四、《升》四八五、《革》五二三、《否》六一八、《节》七六二、《大畜》八七一。作者《易卦诗篇》之序数从一一一开始，按顺序排列下来，所以才有上面的那些数字出现。吴氏《周文王先天易数占术》内有关占梦的诗，在用意上乃是以《易》卦爻辞为基本源的。只要我们对照地读一下其诗篇和《易》之卦爻辞便可以看出这一点。在《解》一四六的占梦诗里，作者写道：

君逢夜梦不相疑，名利关心事不济。
家道人丁暂惊恐，时来运到梦魂齐。[①]

这首占梦诗的大意是说：先生您在夜中做了梦不必忧心狐疑，名利之心太重于事无补。虽然现在家中人事暂遭惊扰惶恐，但时候一到运气一来，梦魂就能迅疾地报告好消息。这一种吉凶之判断显而易见是以《易》之《解》卦卦辞为根基的。卦辞说：

解：利西南；无所往，其来复吉；有攸往，夙吉。

《解》卦意味着排除险难：利于西南，群庶可因之而获情结之舒缓，但在没

① 见吴明修著：《周文王先天易数占术》，台北：武陵出版社，1996 年，第 93 页。

有危难的时候，就用不着前往舒缓，返回安居其所可得吉祥；如果是出现危险就得有所前往，如此及早前去便可有吉祥。这种意味在《彖传》中的一段解释里表述得更为具体：

解，险以动，动而免乎险，解。“解，利西南”，往得众也；“其来复吉”，乃得中也；“有攸往，夙吉”，往有功也。天地解而雷雨作，雷雨作而百果草木皆甲折：解之时大矣哉！

照《彖传》看来，纾解险难，这就好像置身于险境之中而能奋动，由于奋动就能解脱险境。到达西南之方解除众庶之险，便能得到众人的拥护。因为前往解难抢险，必能建立奇功。被压抑的天地阴阳之气由于纾解感通，于是雷雨兴起，百果草木的种子都舒展发芽，绽开外皮，获得纾解的时候，那种功效是多么巨大！

《易》的卦爻辞以及《易传》的解释，乃是由卦象引申出来的。而卦象又似一个套子，什么事情都可以套进去，梦事自然可以由此而得到“解释”，在卦的体系里找到相应的位置。上引吴明修《周文王先天易数占术》的那首梦诗正是运用套套子的办法撰写的。尽管它具体讲的是梦，但骨骼却是《易》之《解》卦原有的吉凶判断。因为《易》之《解》卦对事物的趋向断之以“吉”，所以，套在其框架里的占梦诗字里行间所含有的占断结果也是吉；又因为《易》之《解》卦辞里涉及“解险”之事，所以套在其框架里的占梦诗出现了“惊恐”的用语。

我们再看看《周文王先天易数占术》第113页。《否》六一八中的占梦诗就可以更加明了现代占梦师是怎样以《易》为拐杖来占梦的：

家不成兮业不成，梦魂颠倒成难剖。
三年后运与交成，利禄兼优齐相凑。

这一首占梦诗先说当前的梦兆，次说日后之应。梦卜到这一卦，境况不良，不论成家或立业都成问题，是是非非难以辨清；但三年以后能够交上好运，利禄双收。《周文王先天易数占术》作者为什么做出这样的判断呢？原因在于《否》卦乃是否闭不通之象征。《否》之卦辞云：

否之匪人，不利，君子贞；大往小来。

意思是说：否闭之世，人道不通，天下无利。君子应当以天下之正正己一身，因为此时刚大者向外，柔小者事内，不是施展抱负之时机。关于此，《彖传》有一段很好的说明：

天地不交而万物不通也，上下不交而天下无邦也。

《彖传》告诉人们，《否》之卦表明，天地阴阳互不交合，万物生养之道不得畅通，君臣上下互不交合，天下离异而不成邦国。这是因为否卦象为，阳在上而阴在下，所以不能交感。按照《易》之理，阳气上升，阴气下降，只有当阳居下，阴居上时，才能够在运动中互相交感，现在阳在上，其气上散，阴在下而其气下散，彼此隔绝，故而为否闭。《周文王先天易数占术》中《否》六一八的占梦诗之所以先断之以“家不成兮业不成”正是以《易》之《否》上下卦之象为根据。至于为什么下文又说“三年后运兴交成”，这是因为此卦下三爻为阴，阴柔处否，当三爻阴气荡尽，阳长而运转，从第四爻（阳爻）开始，否道开始获得扭转，第五爻，阳气更进，否道休止，而获吉，第六爻即上爻，倾覆否道有喜。否至极则“泰”来。人处逆境，胸有转否成泰之意志，不轻举妄动，就能够成就大业。读一读《易·否》卦的六爻爻辞，再回过头看看《周文王先天易数占术》关于《否》六一八中的占梦诗就不难理解其用意。

事实证明：从先秦到现代，以卦筮之法来占梦是有案可稽的，而且随着时代的变更，卦筮占梦之法也不断地完善。在现代的占术当中，占梦与卦卜甚至被融为一体。

二、从《易》学史角度看卜卦占梦之原因

（一）民众对蓍草的灵应感受是卜卦占梦时的思想根基之一

千百年来，九州大地上，人们为什么乐于卦筮占梦呢？其原因当然很复杂。就占梦的工具之角度观之，这显然与卦筮在人们心目中的神奇地位有很大的关

系。《汉书·艺文志》说：

著龟者，圣人之所以用也。《书》曰："女则有大疑，谋及卜筮。"《易》曰："定天下之吉凶，成天下之亹亹者，莫善于蓍龟。""是故君子将有为也，将有行也，问焉而以言，其受命也如响，无有远近幽深，遂知来物。非天下之至精，其孰能与于此！"①

意思是：蓍筮龟卜，这是圣人使用的神物。《书经》说：假如你遇到了重大的疑难问题，就应该问一问卜筮。《易》告诉我们：判定天下吉凶之事，助成天下勤勉不懈的功业，没有比蓍占龟卜更大的。所以君子将有所作为、有所行动的时候，用《周易》揲蓍占问而以之为据，发言行事，《周易》就能够像响应声那样承受占筮者的蓍命，不论远近，还是幽隐、深邃的事情，都能够被推知。如果不是通晓天下极为精深的道理，谁能达到这样的地步？

《汉书·艺文志》上面一段话有些引自《尚书·洪范》，有些引自《易·系辞上》，反映了古人对龟卜与蓍筮的无比钦崇之心理。其中所谓"蓍"，即蓍草，成卦的一种工具，它取之于自然界，为多年生草本，夏秋间开白色花，可供观赏。古人在最初曾用蓍草的茎来组合排列，揲成卦形。《史记》卷一二八《龟策传》附褚少孙之闻见录谈及，蓍草生长达到百茎之时，它的下面必然有神鬼守持，而上方则有青云覆盖。据说天下和平，施行王道仁政，蓍草的茎就能长到一丈有余，百茎聚成一丛。帝王如果找不到满百茎一丈长的蓍草，以八十茎八尺长的蓍草作揲卦之用也很理想，而那些好用卦卜的人们只要找到六尺长、六十茎的蓍草揲起卦来就相当有"灵应"了。这就是褚少孙记下来的古代寻找蓍草以供揲卦之用的传说。正如唐代司马贞在《索引》中所指出的褚少孙对《史记·龟策传》之补"叙事烦芜"，当中可能有不少汉人的附会，但从宗教史的角度来看，他记载的传说则也提供了先民对蓍草的灵应感受的研究线索。不可否认，这正是先民崇信卦卜的思想前提，同时也是以卦占梦的思想根源之一。

---

① （汉）班固撰，（唐）颜师古注：《汉书》第六册，北京：中华书局，1962年，第1771页。

(二)《易》筮大师辈出为卜筮占梦活动之进行提供了源源不断的专业人才

有了蓍草，可以揲卦，但如果没有训练有素的揲卦师，蓍草就不能转换成卦形，梦象就不能转换成卦象，对梦境之寓意之阐释也就受到了阻碍。

然而，大自然既然创造了蓍草这一“神物”，它就不会被搁置起来。蓍草给人的“灵应感受”必定推动社会去造就一批能够熟练操作的揲卦专家，从而推动卜卦占梦活动的进行。

远的不说，只要我们读一读汉晋时期的历史文献，那就不难发现社会是怎样为卜卦占梦造就专门人才的。

汉元帝时，齐郡太守京房学《易》于孟喜门人焦延寿，以“通变”之法释《易》，喜论阴阳灾异，秘测时政得失。在探讨天文历法问题的同时他写了一本令朝野上下哗然的《京氏易传》，用“游魂归魄”之类古老灵魂学概念构造其《易》学体系，广泛地应用于占卜之中，并且为后人所承袭。《汉书·五行志》记载，元帝在位之初，丞相府史家母鸡变成公鸡，头长红冠，喔喔啼叫。《汉书·五行志》在记载了这件事以后引了一段京房《易传》的话，以为“鸡知时”，并把这件事同小臣执政的问题联系起来。像这样的描述，在《汉书·五行志》中颇为不少，表明了京房在当时是很受人们景仰的。他无疑就是一个汉代社会培养起来的揲卦专家。他的《易传》虽然是为阴阳灾异说而设，但却也适用于占梦，因为其体系乃基于古《易》之法，有兼仓之义，具广用之功。

刚柔进退，斗转星移。老的揲卦专家谢世，新的揲卦专家继起。历史老人似乎懂得庶民的心思，往往在适当的时候为卜卦占梦活动准备了胸怀睿智的操作者。于是，京房之后，有了管辂。这位被后汉及三国时期的朝臣及民众奉若神明的《易》筮专家自少年时代便富有传奇色彩。他八九岁起就喜欢观察天象，十五岁读《易》，才学大进，有妙算之明。无论是官吏还是庶民有要事总是喜欢请他卜卦，郭恩请筮足病，长仁祈卜鹊鸣，为时人引为佳谈。当然，他不会忘记运用卦筮以占梦。吏部尚书何晏梦见十数只苍蝇落脚鼻端，用力驱赶而不去，问管辂是什么征兆，希望管辂为之卜一卦。管辂虽然没有当场揲筮，但却运用《易》筮的理论为何晏析梦。他说:“鼻者，艮，北天中之山，高而不危，所以长守贵也。今青蝇臭恶，而集之焉。位峻者颠，轻豪者亡，不可不思害盈之数，盛衰之期。是故山在地中曰‘谦’，雷在天上曰‘壮’，谦则衰多益寡，壮则非礼不履。未有损己而不光大，行非而不伤败。愿君侯上追文王六爻之旨，下思尼父彖象之义，然后三公可决，青蝇可驱也。”《三国志》卷二十九《管辂传》中管辂这种分析乃基于《易》学的卦象比拟。他首先把人分为三大部分，头为天、足为地、胸腹为人，合于三才之道。然后再根据相似原理，把鼻子转换成艮卦。因为在《周易》中艮的本象为山，鼻子又在头部属天，所以说这是天中之山。接着，管辂又分别引述《谦》卦与《大壮》卦爻辞文义说明谦虚遵礼的重要性。由此可见，管辂是有深厚的《易》学功底的。假如他不是对《周易》的象数与义理十分谙熟的话，那就不可能随心所欲地引征《周易》以释“青蝇之梦”。像京房、管辂这样的卜筮大师在中国历史上是数以千计的。他们不仅具有丰富的卜筮经验，而且加以总结，进行理论研讨。这些卜筮大师的著作在中国历史上发生了深刻而广泛的影响，其事业代代相传，于是就形成了一支活跃于四面八方的卜筮“队伍”。当然，他们卜筮的内容相当驳杂，并不限于梦事。但是，由于中国的术数之法本来就是“殊途同归”的，卜筮范围的拓宽，对于占梦理论的发展和占梦活动的进行来说，不但没有削弱作用，而且还有裨益作用。因为对梦外之事的卜向，这实际上是为占梦提供了参照系和可借鉴的经验。各类筮数家频繁地为人们推算各种问题，其活动可以看作为占梦工作进行基本训练。一旦有了占梦需要，这些筮数家立刻就可以转换成为占梦家。这就说明中国历史上卜卦占梦专门人才的培养是有广阔天地的。既然人才不乏，卜卦占梦活动便得以频繁地开展起来。

（三）《易》学体系内在的象征思想为卜卦占梦提供了解释学依据

有了工具和专门人才，这是卜卦占梦活动能够正常开展的基本保证。不过，如果我们只是把眼光停留在这两项要素上，那就等于忽略了卜卦占梦的内在思想动力。为了明了卜卦占梦的个性品质，我们在进行原因探索时不能不将眼光转向《易》学体系本身。从这里，我们可以发现占梦家进行梦象转换的本原——这就是符号象征。

作为一种理论化了的卜筮之学，《易》本是一种符号象征体系。德国哲学家黑格尔在论及“象征型艺术”时指出：“象征一般是直接呈现于感性观照的一种现成的外在事物，对这种外在事物并不直接就它本身来看，而是就它所暗示的一种较广泛较普遍的意义来看。因此，我们在象征里应该分出两个因素，第一是意义，其次是这意义的表现。意义就是一种观念或对象，不管它的内容是什么，表现是一种感性存在或一种形象。”[①] 在这段话当中，黑尔格把象征分为“意义”与“表现”两个因素，又从“表现”上升到“形象”，他使用的是抽象分析法，即从意义上来追溯其符号代表；倒过来看，象征便是不直说其本意，而以含蓄的感性存在或形象来暗示要表达的意义。黑格尔在这里虽然是泛论象征，但对于我们探讨《周易》的象征来说却也不无意义。

《周易》的象征意义，早在先秦时期的《易》学专家便已看出来。《系辞传》说：“《易》者，象也。”这就是说，《周易》是一部“象”的“大厦”。《左传》昭公二年记载：“晋侯使韩宣子来聘……见《易象》与《鲁春秋》。”很显然，在春秋时期，已有人把《易》看作“象”的体系。魏朝的王弼（226—249）更进一步，指出《周易》的象征意味以及其符号体系与语言的关系。他在《周易略例·明象》中说：“夫象者，出意者也。言者，明象者也。尽意莫若象，尽象莫若言。言生于象，故可寻言以观象；象生于意，故可寻象以观意。”[②] 王弼所指的“象”是《周易》里的卦象，包括八卦与六十四卦的卦形符号；“言”也就是阐释卦象符号的那些文辞，“意”就是文辞表达的含意。他认为意是象的根本，没有意也就无所谓象，而言则是为明象服务的。意表达得最为彻底的相对而言就是象，象阐释得最清楚的相对说来就是言。言是从象引发出来的。所以，可通过言辞的玩味以体会象；象是为意而设的，所以可通过象的把握以深入其意的妙境。作为一名玄学家，王弼的宗旨是要“得意忘象”，但他的论述却展开了《易》体系中象、言、意的交错的链条。

翻开《周易》，读者可以看到，在每段言辞之前都有一个卦形符号。全书六十四各卦形符号是由阴“--”阳“—”两个基本的符号衍变而成的。这两个最基本的符号本有象征意义。相传在人伏羲氏仰以观天之象，俯以察地之文，近取诸身，远取诸物，于是得到了阴“--”阳“—”两个最为根本的符号，古代圣贤把这两个符号叫作阴爻与阳爻。阴爻象征地，或女性生殖器，阳爻象征天或男性生殖器。在这基础上，两两相叠，于是有了太阴、太阳、少阴、少阳“四象”；再进一步推演，便组成了各有三爻（画）的八个经卦，它们分别是乾、坤、坎、离、震，巽、艮、兑，象征天、地、水、火、雷、风、山、泽。把由三爻组成的八个经卦两两相叠，就形成了六爻（画）的六十四卦，与八经卦相对，这六十四

① 黑格尔著，朱光潜译：《美学》第二卷，北京：商务印书馆，1979 年，第 10 页。

② （魏）王弼著，楼宇烈校释：《王弼集校释》（下），北京：中华书局，1980 年，第 609 页。

卦相对，这六十四卦称作“别卦”，它们也都各有象征意义。

为了使用的方便，古代圣贤又在六十四卦之后分别附上长短不一的解说性文字，每卦有一小段文字称作卦辞，每爻也有一小段文字称作爻辞。这些卦爻辞虽然是为了解说卦形符号的意义的，但《易》之作者并不像现代人那样运用逻辑“三段论”的方式进行说理性的阐释，而是大量采撷古代流行着的典故、传说、神话、歌谣。这样，便又造成了言辞本身的又一层象征。张善文君曾经对卦爻辞的象征事物进行概括，以为其中纷杂繁多的象征事物可分为十一类。第一类为人物，譬如王、公、夫、妇；第二类为人体，譬如耳、鼻、股、趾；第三类为飞禽，譬如隼、鸿、鹤、雉；第四类为走兽，譬如虎、豹、马、鹿；第五类为水族，譬如龙、鱼、龟、鲋；第六类为植物，譬如杨、杞、葛、莽；第七类为器物，譬如车、舆、瓶、瓮；第八类为食物，譬如酒、肉、膏、馃；第九类为建筑物，譬如宫、庙、屋、庐；第十类为山川原野，譬如陵、陆、渊、谷；第十一类为气候现象，譬如履霜、日中、不明晦、密云不雨等等。[①] 从这个分类当中可以看出，《周易》卦爻辞里的象征物，其涉及面是相当广泛的。假如我们具体地读一读《周易》卦爻辞，对其象征的特性就会有更为深刻的感受。宋朝人陈骙在《文则》中说：“《易》文似《诗》，……《中孚》九二曰：‘鸣鹤在阴，其子和之；我有好爵，吾与尔靡之’。使入《诗·雅》，孰别爻辞？”[②] 他认为，《周易》的文辞和《诗经》相似。如《中孚》九二爻辞所云：“鹤鸟在山阴鸣唱，其友类声声应和；我有一壶好酒，愿与你共饮同乐。”像这样的句子，假使把它们置于《诗经》的《大雅》或《小雅》当中，有谁能够分辨出，那是卦爻辞？陈骙这段话可以说是颇具慧眼。的确，《周易》的卦爻辞有许多地方与《诗经》相类似。《诗经》的重要表达手法称为“赋、比、兴”。所谓“比”就是比喻，“兴”就是借用他物引出主题。《周易》的比兴也很多见，由于比兴不是直接地吟咏主题，而是以“兴言”引出“正言”，或者把正言寄托在兴言之中，这就造成了第二层的意味，具有象征的价值。如上面宋人陈骙所引的《中孚》九二爻辞在《周易》当中便有七十余首。独立开来看，都是很有意思的短诗。这些短诗采取了“意内言外”的表达手法，即把隐微的道理寄托于生动的喻体之中，从而造成了“言在此

① 《〈周易〉卦爻辞的文学象征意义》，《古代文学理论研究》（第八辑），上海：上海古籍出版社，1983 年。

② （宋）陈骙：《文则》，北京：中华书局，1985 年，第 1 页。

而义在彼”的特殊蕴含。后人在学习和应用的过程中，可以根据自己的生活体验，对其寓意进行一番补充，丰富。而占卜之人更可以凭借隐晦曲折、含蓄婉转的卦爻辞对所占问之事的征兆进行一番多层次的转换，从而吉凶之判断便有了回旋之地，占卜人可以因之而进退屈伸。这就是占梦家为什么也喜欢运用卦卜来占梦的重要原因之一。我们再回过头看看吴明修所撰《周文王先天易数占术》一书那些套在《易》卦框架内的占梦诗就可以更加清楚地看出这一点。

由于《周易》有一套卦的符号体系，并且有一个运用含蓄象征手法撰写的卦爻辞系统，彼此之间可以进行可逆性转换。这样，当占梦家无法对梦象的征兆进行直接判断时，就可以通过卜卦的机遇，把梦象化成一种信息，输入《易》卦的“黑箱”里。再说，在长期的发展过程中，许多学者对《易》卦的象征意义和卦爻辞的寓意进行了多方发掘、阐释，形成了一套包容性很广泛的“解释学”，人们可以应用这种解释学对天地万物做出各种各样的解释。在古代，此等解释还颇有说服力，可以为许多人所接受。故而，占梦家运用《易》的解释学来剖析“梦兆”也就势在必行。

三、梦象转换成卦象的实例分析

以下我们就来具体考察一下占梦家是怎样把梦象转换成卦象从而进行来事预测的。

（一）邓艾梦象转换分析

《三国志》卷二十八记载：

初，艾当伐蜀，梦坐山上而有流水。以问殄虏护军爰邵。邵曰：“按《易》卦，山上有水曰蹇。《蹇》繇曰：‘蹇：利西南，不利东北。’孔子曰：‘蹇，利西南，往有功也，不利东北，其道穷也。’往必克蜀，殆不还乎？”艾怃然不乐。[①]

这段引文中的“艾”是指邓艾，他字士载，义阳棘阳人，说话口吃，但有大志，曾在魏国里任尚书郎等职。《三国志》卷二十八所载上述一段话的意思是说：

① （晋）陈寿撰，（南朝宋）裴松之注：《三国志》第三册，北京：中华书局，1971 年，第 781 页。

邓艾攻伐蜀国时，梦见自己坐在山上而有流水。他把梦事告诉护军爰邵。爰邵用《周易》的道理进行解释，指出山上有水，这是蹇卦之象。《蹇》卦辞说：蹇，象征行走艰难，利于走西南平地，不利于走东北山麓。孔子说：蹇，利于走向西南平地，前往济蹇就能建立功业；不利于走向东北山麓，如果向东北必然是路困途穷。向西南进军，必能攻克蜀国，恐怕回不来吧？邓艾忧郁不欢乐。

爰邵对《周易》的引用是“意引”，而不是严格的引征。他所指的“孔子曰”之中的话出自《易·蹇》卦《彖传》，但与原文有出入。关于这一点，我们不做过多的考证。在此，我们所关心的是爰邵怎样运用《易》象来解释梦象的？爰邵之所以把邓艾的梦象转换成蹇卦，是因为蹇之卦象为，下卦艮（☶），上卦坎（☵）。按照《说卦传》的解释，艮为山的象征，坎为水的象征。邓艾梦坐山上，这就被转换成艮；山上有流水，这又被转换成坎，将坎叠于艮之上，成上坎下艮之象，便成为《蹇》卦。爰邵劝邓艾向蜀地进军，为什么又说邓艾回不来呢？因为按照《蹇》卦辞，利西南行，行必有功，而返回的方向正是东北（魏在北面），穷困而入于死地，所以爰邵预言邓艾回不了。据《三国志》的记载，邓艾攻蜀后，死于緜竹，其结局与爰邵的预言相合。历史学家描述了邓艾之死状后复追溯爰邵的占梦言辞，不无“命定论”的用意，读者自可窥现出其秘密所在，于此无需多说。作为一个深通事故的人，爰邵为邓艾占梦，当已掌握了不少背景性的材料，对于魏、蜀、吴三国的力量对比以及魏国内部的君臣关系有较深刻的了解，所以才能脱口而出对梦象之预兆做出迅速的判断。不过，他如此熟练地把梦象转换成卦象，却也表明了他是精于以卦占梦的。

（二）董丰梦象转换分析

晋代的苻融也是一位善于应用《周易》解释学剖析梦象的人。

《晋书》卷一一四记载，京兆人董丰游学在外三年，回家时路过妻子娘家，就住在那里，当天晚上，董丰的妻子被盗贼杀害。其妻家兄怀疑这是董丰干的坏事，就把董丰送进官府。董丰喊冤叫屈，声称妻子不是他杀的。正好在官府中担任司隶校尉的苻融觉得这件事很奇怪，就问董丰是否请人占筮过？董丰说起了一件梦事：案发之前，他梦见自己骑着马渡河，从北岸向南岸，又从南岸渡回北岸，再从北岸涉水趋向南岸。马停在水中，任凭鞭打都不肯走。他低下头看见两日在水里。马左边一个日为白色，浸水而湿；马右边一个日为黑色，干燥。醒来时十分恐惧，私下以为不祥之兆，回返那天晚上又做了同样的梦。他问占筮者是什么兆头？占筮者告诉他，恐怕有“狱讼”之事要发生。应该“远三枕，避三沐”。回到家里，妻子为他准备沐浴的工具，夜里又拿给董丰枕头。董丰记住了占筮者的话，没有接受妻子为他准备的沐具和枕头，他妻子自己洗了澡，独自使用枕头睡觉。这就是董丰入狱前后情况的梗概。苻融听了董丰的介绍后就用《周易》的道理解释一通：

“《周易》坎为水，马为离。梦乘马南渡，旋北而南者，从坎之离。三爻同变，变而成离。离为中女，坎为中男。两日，二夫之象。坎为执法吏。吏诘其夫，妇人被流血而死。坎二阴一阳，离二阳一阴，相乘易位。离下坎上，‘既济’，文王遇之囚羑里，有礼而生，无礼而死。马左而湿，湿，水也；左水右马，冯字也。两日，昌字也。其冯昌杀之乎！”于是推检，获昌而诘之，昌具首服曰：“本与其妻谋杀董丰，期以新沐枕枕为验。是以误中妇人。”[1]

这一段话的意思是说：“在《周易》里，坎卦是水的象征，离卦是马的象征。梦见骑马涉水南渡，接着又从南往北，由北往南，这意味着由坎卦变为离卦，三爻同时都变了，因此成为离卦之象。离卦在《易》学中代表中女，坎代表中男。两日，这是两个丈夫的象征。坎卦又象征着执法的官吏，官吏查究丈夫，妇人被杀流血而死。坎卦之象☵，两个阴爻一个阳爻；离卦之象☲，两个阳爻一个阴爻。相顺接而位置变化，离在下而坎在上，构成“既济”之卦象。周文王碰到这一卦，被囚禁在羑里，遵循礼制就能生存，不遵循礼制就落入死地。马左边一日湿，湿为水象，左边水，右边马，合起来就是“冯”字，两日相叠就是“昌”字。那不是冯昌杀的吗！”于是翻检户籍档案，获得冯昌这个人，加以查究，冯昌俯首服罪供认：“本来与董丰的妻子暗谋，准备以新沐枕为标志杀他。因为董丰没有使用新枕，所以误杀了他的妻子。”

苻融对董丰梦象的分析，首先把骑马的情节转换成离卦之象，把渡水转换成坎卦象。再把来回渡水的线路看成一个“之”字形，于是得出“由坎变成离”的初步判断。接着又将两日转换成两个丈夫之象，根据离卦在梦象转换中的具体处

① （唐）房玄龄等撰：《晋书》第九册，北京：中华书局，1974年，第2934—2935页。

境，得出“既济”一卦，再结合测字（下面还要进一步论述）之法，查出杀人凶手。作为一个司隶校尉，苻融应当是熟谙法律，并且对民间纠纷有较多的了解，他的断案应该有某种刑侦资料作根据。不过，他通过占梦来寻找线索，这也充分显示了其机智的头脑。力图以占梦方法使破案百分之百成功，这恐怕没有一个人敢做担保，但像苻融这种占法，或许也可以作为一个参照系。关于如何深入破案，那是法学家早已呕心沥血精心研究过的问题，笔者不敢班门弄斧。至于该定冯昌何罪，判什么刑，那是法官的任务，笔者亦不敢自作聪明，越过权限，乱下断语。在此需要进一步说明的两个问题：第一，苻融听了董丰的介绍之后断以“从坎之离”，这是根据什么道理？原来筮卦以九代表可变之阳爻，以六代表可变之阴爻，以七代表不变之阳爻，以八代表不变之阴爻。取五十根蓍草，拿一根挂起来以象征右极，把余下的四十九根任意分为两部分，再通过一系列的排列组合而得出七、八、九、六之数，分别转换成阴阳爻。凡遇到“九”的阳爻在占筮中要变为阴爻，而遇到“六”的阴爻要变成阳爻[①]，这样也就有了本卦与变卦之分。本卦一般象征现状，而变卦则象征未来。由本卦转化为变卦，又称“之卦”，“之”就是“变”的意思。苻融所谓“从坎之离”正是以筮法的变卦原理为准则的，只是他没有具体的摆弄蓍草，而是从梦的具体情节中取象。第二，苻融对梦象做了初步转换得出“从坎之离”的初步结果之后，是怎样推出“既济”一卦的？原来他在对梦象进行初步转换时使用的是三爻（三画）的经卦，又根据梦象中的情势再得出六爻（六画）的别卦。因为“既济”的卦象为下离（☲）上坎（☵），所以，苻融从骑马涉河之梦象得出坎、离卦象之后就可以根据“三爻同变”易位的规则倒坎为离，使离卦处下而坎卦处上，这就成“既济”之象。《既济》之卦与涉水颇有关系。初九爻辞云：“曳其轮，濡其尾，无咎。”此谓向后拖曳车轮，不使猛速前进，小狐狸渡河把尾巴沾湿了，如果不狂躁奋进就无咎害。上六爻辞云：“濡其首，厉。”此谓小狐狸渡河沾湿头部有危险。《既济》一卦借涉水以喻行事。能够警戒谨慎，可避灾难，否则，就将由水火既济而转化成“水火未济”。《老子》说过：“祸兮福之所倚，福兮祸之所伏，孰知其极？”祸福本来就是形影相随，因条件的变更而可相互转化的。居于这种道理，所以，苻融在得出“既济”卦象后会说“有礼而生，无礼而死”。他声称周文王曾筮得《既济》一卦，

---

① 关于筮法的问题较为复杂，这里仅略述其梗概，具体占筮可详见朱熹《周易本义》卷首《筮仪》。

史书无载，恐怕是一种附会，但他能够把梦象放到《易》学的框架中，根据情势进行分析，这又体现了他那种“变易”的观念。

（三）前赵皇帝刘曜梦象转换分析

苻融同时代的任义在应用《易》理解释梦兆问题上也有独特的造诣。

《晋书》卷一〇三《前赵·刘曜载记》称：

咸和三年（328），（刘曜）夜梦三人，金面丹唇，东向逡巡，不言而退，曜拜而履其迹。旦召公卿已下议之，朝臣咸贺以为吉祥，唯太史令任义进曰：“三者，历运统之极也。东为震位，王者之始次也。金为兑位，物衰落也。唇丹不言，事之毕也。逡巡揖让，退舍之道也。为之拜者，屈伏于人也。履迹而行，慎不出疆也。东井，秦分也。五车，赵分也。秦兵必暴起，亡主丧师，留败赵地。远至三年，近七百日，其应不远，愿陛下思而防之。”[①]

按照《晋书》的描述，公元328年，前赵皇帝刘曜在夜中梦见三个人，金色的脸庞而朱红色的嘴唇，面朝东方欲进不进，闭口不言，良久而退。刘曜对梦中金面人朝拜并且踩着他们的脚印。早上醒来，召集公卿以下大小官员议论分析梦事。朝中官僚全部恭贺，认为是吉祥之兆头。只有太史令任义不以为然，他进言说：三这个数，是立法周运的极限。东面是震的方位，帝王“明堂”次序的开始。金代表西面，那是兑的方位，标志着事物的衰老下落。朱红之口不说话那就是事情已经终了。拱手揖让，那是事终告别却退的礼节。向金面人朝拜，那是受制于人躬腰屈服的表现。踩着脚印，那是谨慎没有超出疆土。东面是井星，秦地的分野。五车（毕星）是赵地的分野。秦兵必然像狂风暴雨般地兴起，革除我君主之位，消灭我军旅之力，我赵国要失败了，但亡国之君还会停留在赵地。慢则三年时间，快则七百天，梦兆的应验不会很久了，希望陛下好好思考对策，谨防灾祸。

前赵太史令任义对刘曜梦事的占梦比较复杂。其中与卦卜有关的是将东转换成震卦之位，将金转换成兑卦之位。这个转换的根据出于《易·说卦传》：

---

① （唐）房玄龄等撰：《晋书》第九册，北京：中华书局，1974年，第2699页。

万物出乎震，震东方也。齐乎巽，巽东南也；齐也者，言万物之洁齐也。离也者，明也，万物皆相见，南方之卦也；圣人南面而听天下，响明而治，盖取诸此也。坤也者，地也，万物皆致养焉，故曰致役乎坤。兑，正秋也，万物之所说也，故曰说言乎兑。战乎乾，乾西北之卦也，言阴阳相薄也。坎者，水也，正北方之卦也，劳卦也，万物之所归也，故曰劳乎坎。艮东北之卦也，万物之所成终而所成始也，故曰成言乎艮。

如果用今天的语言来表达，那么《说卦传》这段话便包含着如下意味：震是万物出生之标志，因为它位于东方。巽是万物生长整齐之标志，因为它位于东南方。离是万物旺盛而纷相呈现的标志，因为它位于西南。兑是万物成熟欣悦的标志，因为它位于西方。乾是万物阴阳交配结合的标志，因为它位于西北方。坎是万物劳倦而归藏休息的标志，因为它位于寒冷的北方。艮是万物成就其终而重新开始的标志，因为它位于东北方。

将《说卦传》关于卦象与方位的配合之论述再做个概括，可得如此简明之表述：东方震、东南巽、南方离、西南坤、西方兑、西北乾、北方坎、东北艮。《说卦传》将八卦八方相配作为万物生长变化的标志，这是基于“时空转换”之观念。从表层上看，八方与八卦的配合，为人们提供的首先是一种空间的感受。空间位置怎么能够表示万物的生长衰老之变化呢？看起来好像很荒唐。但是，如果我们弄清其空间位置乃是时间的转换这一层意思，那就会改变原先的看法。古人在规定八卦方位时，内心乃藏着一个春夏秋冬四时变化谱。地球绕着太阳转，月亮绕着地球转，其时间刻度如何表示才能为人们直观地感受和理解？为了解决这一问题，古代圣贤便把一年四季春夏秋冬之变化转换成圆周的空间符号，后来索性就在圆周上八方八卦以及春夏秋冬的概念都标出来。把握住这一点，我们便知道《说卦传》那些八卦方位论述之用意所在。由此，我们再琢磨一下前赵太史令任义为什么听了刘曜的梦事之后会将东转换成震位，将金转换成兑位，也就明白其来龙去脉了。据《晋书》所载，任义占断刘曜梦事之后不到一年时间，前赵政权便为石勒的后赵政权的灭亡。史书记载这类梦例，自然是为了显示其高超的占术，暗示“神君”的重要性。不过，就考察占梦术发展之角度来看，却不无意义。从任义的占断可以看出，《易》象理数相结合的思维方式的确成为占梦家判断梦兆的有力武器。

试论石竹山祈梦与金丹的联系

霍克功 *

内容提要：本文全面论述了石竹山祈梦的起源、内涵，金丹的概念特别是元神的含义。从而说明石竹山祈梦与外丹有密切联系。梦与内丹的联系在无意识。提出可以深入探讨的课题，梦与内丹修炼都是在无意识状态进行，在某种意义上说，做梦是修炼内丹，修炼内丹也是做梦。

关键词：石竹山祈梦　外丹　内丹　元神　无意识

一、梦的概念、分类及作用

（一）梦的概念

古人认为梦是睡眠中的一种感觉，《说文解字》曰："梦，寐而有觉者也。"或说梦是人在睡眠中觉得自己看见了某些事物，感觉发生了一些事情，《墨经·上》曰："梦，卧而以为然也。"

《现代汉语词典》2002年增订本解释说：梦是"睡眠时局部大脑皮层还没有完全停止活动而引起的脑中的表象活动。"另一层意思是"比喻幻想：梦想。"本文讨论的是梦的第一层意思。

《中医解梦辨治》一书认为，梦是受躯体内外刺激引起的，发生在睡眠中而又不易为自我控制的一种心神活动。

西方学者对梦的解释也有几种。奥地利心理学家、精神分析学派创始人弗洛伊德在其著作《梦的解析》中说："梦是一种受压抑的愿望经过变形的满足。"美国心理学家R.F. 汤普森在《生理心理学》中写道："梦是正常的神经病，做梦是

---

* 霍克功（1960—），男，河北省邯郸人，哲学博士，宗教文化出版社编审，研究方向：中国道教。

允许我们每一个人在我们生活的每个夜晚能安静地和安全地发疯。”

《简明不列颠百科全书》解释说：“梦是入睡后脑中出现的表象活动。对梦的本质认识各异，或认为梦是现实的反映，预见的来源，祛病的灵性感受，或认为梦也是一种觉醒状态，或把梦视为一种潜意识活动。”给“梦”下一个准确的定义还是有难度。试述如下：梦是人在睡眠时由于大脑皮层尚未完全停止活动而引起的一种头脑中的表象活动。梦中场景和内容与他清醒时的意识中留存的生活印象有关。但到了梦中，生活印象往往变得错乱不清，所以梦的内容常常表现出混乱和虚幻的形式。

（二）梦的成因

1. 我国古代思想家认为做梦有生理因素、心理因素等

我国古代学者认为做梦涉及的生理因素有三个方面：

（1）体内阴阳之气、血气过多或过少会使人做梦。《黄帝内经》曰：“是以少气之厥，令人亡梦。”又曰：“阴盛则梦涉大水恐惧，阳盛则梦大火燔灼，阴阳俱盛则相杀毁伤；上盛则梦飞，不盛则梦堕。”《列子》曰：“故阴气壮，则梦涉大水而恐惧；阳气壮，则梦涉大火而燔：阴阳俱壮，则梦生杀。”王夫之认为：“盛而梦，衰而不复梦；或梦或不梦，而动不以时；血气衰与之俱衰，面积之也非其富有。然则梦者，生于血气之有余，而非原于性情之大足者矣。”又说：“形者，血气之所感也。梦者，血气之余灵也。”

（2）五脏之气过盛会使人做梦。古人认为：“肝气盛则梦怒，肺气盛则梦恐惧、哭泣、飞扬，心气盛则梦善笑恐畏，脾气盛则梦歌乐、身体重不举，肾气盛则梦腰脊两解不属。”

（3）内脏感通会致梦。理学创始人程颢和程颐认为：“入梦不惟闻见思想，亦有内脏所感者。”就是说，内脏感觉会造成做梦。

（4）疾病可以致梦。隋巢元方《诸病源候论》曰：“夫虚劳之人，血衰损，脏腑虚弱，易伤于邪。正邪从外集内，未有定舍，反淫于脏，不得定处，与荣卫俱行，而与魂魄飞扬，使人卧而不安，喜梦。”

2. 心理因素导致做梦

我国古代思想家和医学家认为，感知、记忆、思虑、情感、性格等心理因素都会促使人做梦并影响梦的内容。

（1）思虑致梦

人们常说，日有所思，夜有所梦。东汉王符曰：“人有所思，即梦其到；有忧，即梦其事。”又曰：“昼夜所思，夜梦其事。”他还举例说：“孔子生于乱世，日思周公之德，夜即梦之。”明代熊伯龙曰：“至于梦，更属‘思念存想之所致’矣。日有所思，夜则梦之。”明代王廷相也曰：“梦，思也，缘也，感心之迹也。”所谓“在未寐之前则为思，既寐之后即为梦，是梦即思也，思即梦也”。又曰：“思扰于昼，而梦亦纷扰于夜矣。”

（2）情感致梦

东汉王符所说的“性情之梦”，《列子》中的“喜梦”“惧梦”“噩梦”说的都是情感因素致梦。晋代张湛亦曰：“昼无情念，夜无梦寐。”明代熊伯龙对情感致梦认识深刻，曰：“唐玄宗好祈坛，梦玄元皇帝；宋子业耽淫戏，梦女子相骂；谢朓梦中得句，李白梦笔生花，皆忧乐存心之所致也。”

（3）性格致梦

人的性格对梦的内容有很大的影响。古人所谓：“好仁者，多梦松柏桃李，好义者多梦刀兵金铁，好礼者多梦簋簋笾豆，好智者多梦江湖川泽，好信者多梦山岳原野。”王廷相认为，“骄吝之心”强的人，在梦中常会争强斗胜；“忮求之心”强的人，在梦中常会追货逐利。

（三）现代心理学对梦的实验和解释

1. 做梦是人体的反应

现代心理学实验表明，人做梦是发生在睡眠后期的一种浅睡状态，表现为快速的眼球水平运动、脑桥（pons）的刺激、呼吸与心跳速度加快，以及暂时性的肢体麻痹。梦也偶尔发生在其他睡眠时期中。

梦是一种主体经验，是人在睡眠时产生想象的影像、声音、思考或感觉。梦的内容通常是非自愿的，也有些梦的内容是自己可控制的，但梦的整个过程是一种被动体验过程。梦是一种神经行为也有解释是人的潜意识突显。

梦只是人睡眠时的一种心理活动。梦中离奇的梦境是因人睡眠大脑意识不清时对各种客观事物的刺激产生的错觉引起的。比如，人在清醒心动过速时产生的被追赶的心悸感，在梦中则变成了被人追赶的恐惧噩梦，人在清醒心动过慢或早博时引起的心悬空、心下沉的心悸感，在梦中变成了人悬空、人下落的恐惧恶梦。

2. 梦的精神分析

奥地利心理学家、精神分析学家弗洛伊德从性欲望的潜意识活动和决定论观点出发，认为梦是欲望的满足，绝不是偶然形成的联想。他说，梦是潜意识的欲望，由于睡眠时检查作用松懈，趁机用伪装方式绕过抵抗，闯入意识而成梦。梦的内容不是被压抑与欲望的本来面目，必须加以分析或解释。瑞士心理学家荣格认为："梦是无意识心灵自发的和没有扭曲的产物……梦给我们展示的是未加修饰的自然的真理。"美国心理学家弗洛姆认为梦是一种象征性的语言。弗洛伊德的弟子阿德勒认为梦是自我欺骗和自我催眠。在他看来，有理智、讲科学的人是很少做梦的。而做梦的人，是为了用梦激怒起自己的一种情绪，好让自己做某些不理智的事情。

中国心理学家郝滨认为，梦在某些情况下是心理冲突的显现。他在其著作《催眠与心理压力释放》中说："梦中会出现欲望、情绪等各种感受，虽然这些都是你的神经系统产生的，但并不能完全代表你，不能说梦中出现的需求就是你的本质所在。很多的时候理性需求与感受类需求是相互矛盾的，他们并存在你的意识中，并相互争斗伴随你的一生。这些需求之间的冲突可能使你无所适从，而导致心理障碍。但是，假如你拥有了足够强大的自我功能而很好地协调这些冲突，他们反而会使你获得更好的成长。其实这也就是很多人接受释梦、催眠等技术手段进行心理治疗获得个人成长的主要目的之一。"

梦是潜意识现象，表现出潜意识外溢的征兆。而梦见根本不存在的东西，更表现出性格的外溢，我们只当是我们人生中的参照物，因为潜意识是靠意识所左右。

（四）梦的种类

古人根据梦的内容不同，把梦分为以下 14 类：

1. 直梦。即梦见什么就发生什么，梦见谁就见到谁。人的梦都是象征性的，有的含蓄，有的直露，后者就是直梦。如你与朋友好久不见，夜里梦之，白日见之，此直梦也。

2. 象梦。即梦意在梦境内容中通过象征手段表现出来。我们所梦到的一切，都是通过象征手法表现的。入梦到登天，其实人是无法登天的，在此，天是具有象征意义的。如天象征阳刚、尊贵、帝王；地象征阴柔、母亲、生育等等。

3. 因梦。由于睡眠时五官的刺激而做的梦。“阴气壮则梦涉大水，阳气壮则梦涉大火，藉带而寝则梦蛇，飞鸟衔发则梦飞”，此即因梦。

4. 想梦。想梦是意想所做之梦，是内在精神活动的产物，通常所说“日有所思，夜有所梦”即想梦也。

5. 精梦。由精神状态导致的梦，是凝念注神所做的梦，使近于想梦的一种梦。

6. 性梦。是由于人的性情和好恶不同引起的梦。性梦主要不是讲做梦的原因，而是讲做梦者对梦的态度。

7. 人梦。人梦是指同样的梦境对于不同的人有不同的意义。

8. 感梦。由于气候因素造成的梦为感梦。即由于外界气候的原因，使人有所感而做之梦。

9. 时梦。时乃四时，由于季节因素造成的梦为时梦。“春梦发生，夏梦高明，秋冬梦熟藏，此谓时梦也。”

10. 反梦。反梦就是相反的梦，阴极则吉，阳极则凶，谓之反梦。在民间解梦，常有梦中所做与事实相反之说，在历代典籍中，亦多有反梦之记载，成语中亦有黄粱美梦的典故，唐·沈既济《枕中记》，说卢生在梦中享尽了荣华富贵，醒来时，蒸的黄粱米饭尚未熟，只落得一场空。可见反梦在人的梦中占有很大的比重。

11. 籍梦。也就是托梦，此类梦在古代书籍中也有不少记载。人们认为神灵或祖先会通过梦来向我们预告吉凶祸福。当今科学证明，也与我们遗传基因有关，祖先一些特殊经历通过代代相传而变成我们的梦境，使我们了解。知道一些危险的防御方法，所以有科学家认为如果没有梦境也许人类早就灭绝了。

12. 转梦。转梦是指梦的内容多变，飘忽不定。

13. 病梦。病梦是人体病变的梦兆，从中医角度来讲，是由于人体的阴阳五行失调而造成的梦。

14. 鬼梦。噩梦，梦境可怕恐怖的梦。鬼梦多是由于睡觉姿势不正确，或由于身体的某些病变而造成的梦。

《周公解梦》是一本类似于解梦词典的书，它将梦分为九类：动物类、植物类、物品类、活动类、生活类、建筑类、自然类、神鬼类、其他类。

（五）梦的积极作用

梦在现实生活中有时起到非常积极的作用。科学家有时会在梦中得到启示，取得重大发现。比如，苯分子的结构就是科学家在梦中得到启发而发现的。1864年冬的一天，德国化学家凯库勒坐在壁炉前打了个瞌睡，原子和分子们开始在幻觉中跳舞，一条碳原子链像蛇一样咬住自己的尾巴，在他眼前旋转。猛然惊醒之后，凯库勒明白了苯分子是一个环，就是现在充满了我们的有机化学教科书的那个六角形的圈圈。再比如，门捷列夫发现元素周期律。当时已经发现了63种元素，所有的元素是否有规律，35岁的化学教授门捷列夫苦苦思索着这个问题。一天他在疲倦中入睡，在梦里看到一张表，元素们纷纷落在合适的格子里。睡醒后，他立刻记下了这个表的设计规则：元素的性质随原子序数的递增，呈现有规律的变化。在他的表里为未知元素留下了空位，后来，不断发现新元素来填充，元素的各种性质与他的预言惊人地吻合。

二、金丹的概念

金丹包括外丹和内丹两种。外丹是用丹砂（红色硫化汞）与铅、硫黄等原料烧炼而成的黄色药金（还丹）其成品叫金丹。道教认为服食以后可以使人成仙、长生不老。唐代以前金丹多指外丹，唐宋以后多指修炼内丹。

内丹是什么呢？要回答这个问题，需从丹的概念入手。“丹”最早是指还原生成的红色丹砂。天然的硫化汞（丹砂）加热分解出汞（水银），将汞与硫黄作用又生成黑色的硫化汞，然后再加热则变成红色的硫化汞（丹砂）。这种红色的硫化汞（丹砂）就称为丹，它是中国古代炼丹术最重要的原料。之后，丹的范围扩大了，炼丹士将所有外观红色的烧炼产物，包括氧化汞、四氧化三铅（铅丹）等统称为丹。由于汞和铅的化学性质特别活跃，因而在炼丹术中占有特殊位置，且被日益神化，被认为是炼丹的至宝大药。古人发现黄金和由矿物质炼成的金丹具有“不朽”的性质，就认为人服用后也会不朽，从而长生不死。事实上，含有汞、铅、砷、锡等毒性金属的金丹，服用后不仅不能使人延年益寿，反而会致人慢性中毒，直至死亡。历史上帝王、道士服食金丹致死的例子屡见不鲜。服食金丹不能使人长生成仙，于是人们转向人体内部探求长生不死之方，内丹术便应运而生。

内丹术是一种内外兼修的功夫，内丹术的理论提升是为内丹学。内丹本身是一套虚的、抽象的修炼体系，为了形象表示之，借用了外丹的表述系统。内丹学具有数千年的道教文化底蕴，是人们长期同死亡做斗争取得的成果，也是人类探索自然法则和人体奥秘的智慧结晶，是道教文化的精华，也是道士传法、修炼的基本内容。内丹学也称性命之学、内丹仙学、丹道学，是以道教宇宙观、人体生成观、天人合一、天人感应、阴阳五行学说为哲学基础，以传统医学的气血、经络、腧穴和脏腑学说为生理基础，以性命为修炼对象，以人体先天精、气、神为药物（原料），借用外丹术语、易学符号系统来描述修炼火候及成丹过程，最终目标为得道成仙的修炼理论和实践体系。“使精气神三者凝聚为一体，即所谓‘内丹’。内丹可以脱离肉体而飞升，并且永世长存，永远不坏。作成内丹即可谓修道成功。”[①] 内丹学有几个突出的特点：其一，内丹是以道教神仙信仰为核心，兼容儒家伦理、佛教心性学说的理论和实践体系。其二，内丹是一种静功。其三，内丹以人体先天精气神为修炼药物。其四，内丹强调性命双修，开发人体的心理和生理潜能。其五，借用外丹术语和《周易》卦爻作为内丹表述系统。其六，内丹以大周天、小周天行气法为基本炼养方式，以筑基、炼精化气、炼气化神、炼神还虚为基本步骤。其七，内丹修炼成功后，人体内有丹形成。有关丹的形态有几种说法，一是黍米说，在腹中有黍米状固体物质，如同佛教法师圆寂焚化后的“舍利子”；二是气团说，先天精气神在人体丹田中凝聚成丸，似气团；三是光团说，修炼内丹至高成就者反观内视，能洞见体内丹田中或气脉上有明亮的、或小如黍米或大如雀卵的光团。此外，还有性圆说，精气神合一说，大还丹、小还丹、玉液还丹、金液还丹说，等等。其八，先后达到世俗和宗教目标——长生久视和得道成仙。

三、石竹山祈梦的来源及其与外丹的联系

（一）石竹山祈梦的来源

石竹山位于福建省福清市西郊 10 公里处。以景色优美、石奇竹秀、道教名山、祈梦圣地而驰名。相传魏晋时期就有道教灵宝派在石竹山传播，并在山中建了灵宝观。唐大中元年（公元 847 年），灵宝观的建筑已颇具规模。后曾改为石

① 张志坚著：《道教神仙与内丹学》，宗教文化出版社，2003 年，第 190 页。

竹寺，兼容佛道文化。现已恢复为道教活动场所，定名石竹山道院。道院供奉的主神是汉代何氏九仙。

石竹山祈梦来源于一个美丽的传说。

相传汉武帝时，有一位何氏官员，因功赴任福州太守。美中不足的是多年无子，略显哀愁。这年重阳节，满天霞光幻化出一朵金莲，分作九日，飞往福州于山（故于山又称九日山）。此时何夫人正于后堂假寐，梦见九日朝她奔来，不由张口惊呼，九日正好带光冲入何夫人口中。何夫人随即受孕，先后诞下九子，分别取名应天、厚福、宏仁、广富、济世、体道、通神、显圣、定慧。

九子出生后，长子眉心竖长一目，其他八子皆无眼。本来何太守中年得子，心生欢喜，却又因诸子无目而烦恼。一日何太守泣道“苦了我儿”。谁知长子应天对曰：“父亲莫悲，大道无形，五色令人目盲，我等是担心外界干扰破坏修道诚心，故而目盲，其实我们兄弟几人心如明镜。父亲请放心，等到我们道成之日，便是目开之时。”太守大惊，这不是《道德经》里的话吗？于是便叫人找来《道德经》，让长子领着众兄弟吟诵、修习。何太守也在与九子交流中，对治民理政有所启示。而闽地百姓，在何太守清静无为的治理下，过着幸福的生活。

九子在世 33 年后的一天，对何太守夫妇说：“蒙父母亲恩，生养我们，现尘缘已了，我等该离去了。”言毕众兄弟出门欲走。太守夫妇说：“你们九个人只有一只眼睛，我们如何放心。”九子应道：“也罢，那请二老跟我们来吧。”一行人来到闽江之滨，只见九子各取闽江之水擦拭双眼，猛然目开眼明。何太守夫妇又喜又悲，喜的是九子目开，不再受苦，悲的是马上分离，无奈作别。

九子一路向南，来到兴化湖边（现莆田市仙游县九鲤湖），结庐而居，炼丹修行，给百姓治病。时常云游，泽被四方。九年后，在兴化湖边，九子各掏出金丹，说：“金鲤道友，随我离去。”霎时，湖中波涛翻滚，九尾鲤鱼跃出水面。原来九仙在湖边炼丹，湖中九条金色鲤鱼，受到九子道法教益，也得到升天造化。九子将金丹抛入鲤鱼口中，九条金鲤的头顶上顿时生出龙角，腾空飞起，九子腾跃鲤背升天去了。此后，兴化湖更名为九鲤湖，而仙游县的名称，也因九仙周游之地而来。

九仙飞升后，回到大罗天玉京山清微境。之后又得到元始天尊敕命下凡，到石竹山修行炼丹，济世度人，以梦点化世人。周边百姓，祈梦得福。

（二）石竹山祈梦与外丹的联系

从上面石竹山祈梦的来源，可以看出，何氏九仙从石竹山到兴化湖九年，炼丹修行，就是烧炼外丹。奉元始天尊之命从天界重返石竹山，也是炼丹修行，以梦点化众生。可见，石竹山祈梦与外丹有着密切的联系。

再看石竹山遗存仙迹和文献。石竹山道院西侧有“炼丹灶”，道院数十步处有紫云洞。洞内有林晃真人塑像。相传五代梁时，福建邵武人林炫（玄）光（即林晃）看中石竹山这块“凌空翠壁形如削，挂树苍腾势欲飞”的风水宝地，在这里修身养道，砌炉炼丹，丹成“骑虎升天”。清《福清县志》卷十五“仙释”条目载:“林炫（玄）光。朱梁时，尝炼丹于石竺山。后舍宅为仙井寺，以产业入灵宝观。丹成骑虎白日上升。观之后有仗虎岩。”以上也说明祈梦之乡石竹山与外丹有密切联系。

三、石竹山祈梦与内丹的联系

（一）意识、无意识、潜意识

为了探讨作为石竹山祈梦的梦与内丹的联系，我们有必要了解意识、无意识、潜意识概念。

意识是人脑对大脑内外表象的觉察。生理学上，意识脑区指可以获得其他各脑区信息的脑区（在前额叶周边）。意识脑区最重要的功能就是辨识真伪，即它可以辨识自己脑区中的表象是来自外部感官的还是来自想象或回忆的。当人在睡眠时，意识脑区的兴奋度降至最低，此时无法辨别脑中意象的真伪，大脑进而采取了全部信以为真的方式，这就是所谓的“梦境”。意识脑区没有自己的记忆，它的存储区域称作“暂存区”，如同计算机的内存一样，只能暂时保存所察觉的信息。意识还是“永动”的，你可以试一下使脑中的意像停止下来，即会发现这种尝试是徒劳。有研究认为，意识脑区其实没有思维能力，真正的思维都发生在潜意识的诸脑区中，我们所感知到的思维，其实是潜意识将其思维呈现于意识脑区的结果。在大脑清醒状态下，人类的思想意识主要来源于大脑对自然界信息进行加工处理和存储记忆，在这一期间，人的身体运动始终处于休息状态下。也就是说，大脑的思维逻辑联想是在肢体和感觉器官处于静止和无感觉刺激的状态下进行的，这也是人们常说的“静思”“沉思”“思考”等。

在日常生活中，人的身体若始终处于活动阶段，大脑的思维延续很难建立，只有身体和感官处于休止状态下或半休止状态下，思维活动才能敏捷地无限延续下去。人类在夜间休眠期，肢体停止工作，部分感官休眠，由于脑部细胞没有完全被抑制，部分神经仍然在思维的活跃状态，对日常生活轨迹的信息进行加工处理，同时产生思维联想的深刻延续，也有可能做梦。

与意识相伴的是潜意识。潜意识是指人类心理活动中，不能认知或没有认知到的部分，是人们“已经发生但并未达到意识状态的心理活动过程”。弗洛伊德又将潜意识分为前意识和无意识两个部分，有的又译为前意识和潜意识。

在弗洛伊德的心理学理论中，无意识、前意识和意识（作者注：也称显意识，与潜意识相对，便于理解）虽是三个不同层次，但又是相互联系的系统结构。弗洛伊德将这种结构做了一个比喻：无意识系统是一个门厅，各种心理冲动像许多个体，相互拥挤在一起。与门厅相连的第二个房间像一个接待室，意识就停留于此。门厅和接待室之间的门口有一个守卫，他检查着各种心理冲动，对于那些不赞同的冲动，他就不允许它们进入接待室。被允许进入了接待室的冲动，就进入了前意识的系统，一旦它们引起意识的注意，就成为意识。他将潜意识分为两种：“一种是潜伏的但能成为有意识的”潜意识——前意识，“另一种是被压抑的但不能用通常的方法使之成为有意识的”潜意识——无意识。

（二）内丹修炼的元神

内丹修炼有三要素，即药物、炉鼎、火候。我们主要看看药物，药物中的神指的是元神，也就是无意识状态。

1. 药物的概念

药物原是中医药学的概念。治病用的丹丸或汤药的原料就是药材，也就是药物，无病防病或延年益寿用的丹丸同样需要药材即药物来炼制。外丹原是人们希望长生不老而炼制的金丹，烧炼所用原料本为铅汞铜砷硫等单一物质或化合物及某些植物，外丹家仿照医药概念称炼丹的原料为药物。内丹本身是一套虚的、抽象的修炼体系，为了形象表示之，就借用了外丹的表述系统。内丹修炼同样需要原料，这原料就是丹家所说的“药物”，它在内丹修炼中有极其重要的作用。什么是内丹药物呢？内丹药物就是指人体的先天生命要素精、气、神。药物亦称为内丹的“三宝”“三奇”或“三业”。它们可以扶正祛邪、维持人体的正常生理机能，就像医疗用药物一样可以治病强身，所以称作药物。内丹修炼就是修炼人体中的先天精、气、神，它们被称为上药三品或“三品大药”。《高上玉皇心印经》说：“上药三品，神与气精。”精气神三者的关系为：精是基础，气是动力，神是主宰，三者乃为一个统一的整体，共同维持生命的机能。李道纯《中和集》也指出：“学神仙法，不必多为。但精、气、神三宝为丹头。三宝会于中宫，金丹成矣。”[①] 清刘一明《修真辨难》说：“《心印经》云：上药三品，神与气精。恍恍惚惚，杳杳冥冥。视之不见，听之不闻，从无守有，顷刻而成。岂可以后天有形之物视之？故大修行人，炼先天元精，而交感之精自不泄露。炼先天元气，而呼吸之气，自然调和。炼先天元神，而思虑之神自然静定。先天成，后天化。”[②] 说明了先天精气神无形无象，随着先天精气神的修炼，后天精气神也会变化。又说：“三药虽属先天，然无形无象，犹属于阴，不能结圣胎。须得虚无先天真一之气点化，方能无形生形，无质生质，而三药变为纯阳矣。”[③] 先天精气神本身还属阴性，必须通过修炼得到先天真一之气点化才能成纯阳圣胎。

药在哪里？《钟吕传道集》曰：“内丹之药材出于心肾，是人皆有也。内丹之药材本在天地，常日得见也。火候取日月往复之数，修合效夫妇交接之宜，圣胎就而真气生，气中养气，如龙养珠；大药成而阳神出，身外有身，似蝉脱蜕。是此内药本于龙虎交而变黄芽，黄芽就而分铅汞。”[④] 丘处机《大丹直指》曰：“龙是心液上正阳之气，制之不上出，若见肾气，自然相合；虎是肾气中真一之水，制之不下走，若见心液，自然相交。龙虎交媾，得一粒如黍米形，此一法号曰龙虎交媾。只此便见药物也。”[⑤]《云笈七签·老子中经下·第五十三神仙》曰：“药者，人丹也。益其气力，身轻坚强，即邪气官鬼不能中人也，即成神仙矣。”[⑥]

精气神是生命要素的三个层次，皆有先天和后天之分。所谓先天是从宇宙的初始状态看那些无形的、自然本能状态的、功能性的、超越时空限制的、从“逆”的方向成仙成佛的物质，所谓后天是从现实社会的观点看那些有形的、人为的、从“顺”的方向生人生物的物质。

---

① 李道纯著：《问答语录·金丹或问》，《道藏精华》第2集之2《中和集》，第111页。
② （清）刘一明著：《修真辨难》，《藏外道书》第8册，第491页。
③ （清）刘一明著：《修真辨难》，《藏外道书》第8册，第491页。
④ 《钟吕传道集·论丹药》，《道藏辑要》危集1《钟吕传道集》，第36页。
⑤ 丘处机著：《大丹直指》，《道藏》第4册，第393页。
⑥ 《云笈七签·老子中经下·第五十三神仙》，《道藏》第22册，第146页。

2. 药物的分类

（1）内药、外药

在清修派看来，内药指先天精气神，外药指后天精气神。中派李道纯在《金丹妙诀》中说："内药，先天至精，虚无祖气，不坏元神；外药，交感精，呼吸气，思虑神。"[①] 又说："或问何为内药？何为外药？曰：炼精炼气炼神，其体则一，其用有二。交感之精、呼吸之气、思虑之神，皆外药也；先天至精、虚无祖气、不坏元神，此内药也。"[②]"外阴阳往来，则外药也；内坎离辏，乃内药也。外有作用，内则自然。精气神之用有二，其体则一。以外药言之，交合之精先要不漏，呼吸之气更要细细，至于无息，思虑之神贵在安静。以内药言之，炼精炼元精，抽坎中之元阳也，元精固，则交合之精自不泄。"[③]《净明宗教录》曰："外药即交感之精、呼吸之气、思虑之神。内药即先天至精、虚无真炁、不坏元神。外药可以治病，积之可以长生久视。内药可以超越，炼之可以出有入无，但内药无为无不为，外药有为有不为。内药无形无质而实有。外药有体有用而实无，外药之生取先天真阴之精也，内药之生取先天真阳之炁也。"[④] 李道纯还论说了内药与外药的性质和作用，他说："外药可以治病，可以长生久视；内药可以超越，可以出有入无。大凡学道必先从外药起，然后自知内药。高上之士夙植德本，生而知之，故不炼外药便炼内药。内药无为无不为，外药有为有以为。内药无形无质而实有，外药有体有用而实无。外药色身上事，内药法身上事。外药地仙之道，内药水仙之道，二药全天仙之道。外药了命，内药了性，二药全形神俱妙。"[⑤] 全面系统地阐释了内药和外药的性质和作用，认为内药比外药更重要，一般人修炼必须从外药开始，高上之士可直接修炼内药。

内药、外药也用来表示精气神合凝的程度。炼精化气初级运炼时称外药，初级运炼完成时体内真机所生叫内药，内外药合凝后进入炼气化神阶段则叫作大药。外药也即是身中真阳精炁。《天仙正理直论》云："吾身中一点真阳之精炁，号曰先天祖炁者是也。夫既名曰祖炁则必在内为生气之根者，而又曰外药者何也？盖古云金丹内药自外来以祖炁从生身时，虽隐藏于丹田却有向外发生之

① 李道纯著：《金丹妙诀·金丹图诀》，《道藏精华》第 2 集之 2《中和集》，第 37 页。

② 李道纯著：《问答语录·金丹或问》，《道藏精华》第 2 集之 2《中和集》，第 102—103 页。

③ 李道纯著：《全真活法》，《道藏精华》第 2 集之 2《中和集》，第 116 页。

④ 《净明宗教录·惩忿窒欲章》，《道藏辑要》危集 4，第 37—38 页。

⑤ 李道纯著：《金丹妙诀·金丹图诀》，《道藏精华》第 2 集之 2《中和集》，第 32—33 页。

时。”[①] 外药炼成还丹后即成为内药：“取此发生于外者复返还于内，是以虽从内生却从外来，故谓之外药炼成还丹，斯谓之内药谓之大药”[②]；“以初之发生，总出于身外，而遂曰外药。若不曰外，则人不知采之于外，而还于内，将何以成丹？”[③]

内药、外药和合形成的丹基叫丹头。张伯端《悟真篇》曰：“丹头和合类相同，温养两般作用。”[④] 董德宁《悟真篇正义》曰：“调和外药之作丹，修合内药之结胎，虽为两番之妙用，而其和合之法度，则相类相同，初无彼此之别，故谓之丹头和合类相同也。”[⑤]

（2）大药、小药

大药亦称“上药”，指修炼内丹的先天精气神。《性命圭旨·内外二药图》曰：“大药虽分神、气、精，三般原是一根生。凡夫生死如轮转，只因迷却本来心。”大药亦称丹母，由炼精化气到炼气化神的转换过程中，仙药与外药会合凝结，先由外运周天积成外药，再用神运下丹田促生内药，在下丹田会合凝结，成为大药。明伍冲虚《丹道九篇·七日采大药天机》曰：“阳光三现之时，纯阳真气已凝聚于鼎中，但隐而不出耳。必用七日采工，始见鼎中火珠成象。只内动内生，不复外驰，故名真铅内药，又名金液还丹，又名金丹大药。异名虽多，只一真阳，即七日来复之义也。”[⑥] 清袁仁林《古文参同契》卷一曰：“大药者，以其能使神气长存，迥非凡药可比，故名大药。”[⑦]

小药也叫真种子，是指炼精化气阶段小周天所产的丹母。张伯端《悟真篇》曰：“鼎内若无真种子，犹将水火煮空铛。”[⑧] 董德宁认为真种子即是内丹的胚胎，他在《悟真篇正义》中说：“真种者即丹胎也。谓炼丹之道，总要三物凝结之真种子。”[⑨] 小药何时采？要在活子时到来，阳物勃起，精生气动，周身酥绵快乐，

---

① 《天仙正理直论》，《藏外道书》第 5 册，第 790 页。

② 《天仙正理直论》，《藏外道书》第 5 册，第 790 页。

③ 《天仙正理直论》，《藏外道书》第 5 册，第 790 页。

④ 张伯端著：《悟真篇》，《修真十书悟真篇》卷 29，第 1 页，《正统道藏》洞真部方法类（柰上），上海：商务印书馆，民国十二至十五年。

⑤ 董德宁著：《悟真篇正义》卷下，第 2 页，1644 年，国家图书馆古籍馆藏。索书号：140612。

⑥ 伍冲虚著：《丹道九篇·七日采大药天机》，《藏外道书》第 5 册，第 869 页。

⑦ （清）袁仁林：《古文周易参同契注》，国家图书馆古籍馆藏，索书号：7930：103—104。

⑧ 《紫阳真人悟真篇三注》，《道藏》第 2 册，第 934 页。

⑨ 董德宁著：《悟真篇正义》卷下，第 3 页，1644 年，国家图书馆古籍馆藏。索书号：140612。

痒生毫窍，小药产生，任督自开，便可采小药。翁葆光《悟真篇注疏》曰："夫真一之气混于杳冥恍惚之中，难求难见，圣人以法伏之，故得。杳冥中有精，恍惚中有物变化煅烧成丹，服归丹田之中，则万物化生也。故曰有物方能成物生也，以其有真种子故也。"[①] 什么是真种子？李道纯《中和集》说："天地未判之先，一点灵明是也。或谓人从一气而生，以气为真种子。或谓因念而有此身，以念为真种子。或谓禀二五之精而有此身，以精为真种子。此三说似是而非。释云：无量劫来生死本，痴人唤作本来真。此之谓也。"[②] 内丹清修派将药物分类的目的，一是方便叙述，二是便于修炼。

3. 元神

内丹药物有精、气、神三味。其中的神与梦有密切联系。我们重点讨论之。

在内丹修炼中，炁为铅，神为汞。神炁合一，铅汞同炼，即为炼丹。神在内丹中主要指人的精神因素与思维系统。一方面，它被认为是具有生命物质性质的生命本体；同时，又被看作大脑的思维性功能，表现为知觉、意识、思维，乃至思想、认识、道德方面的总和。另外，在道教神学中，神还表现为具有宗教意义的神秘本体，这就是内丹中所谓阳神出顶、炼神还虚的基础和根据。

神分为先天神和后天神。先天神是内丹修炼的重要药物之一，又称为元神、元性、真性等，是人先天具备的思维性物质本体及功能。后天之神又称欲神、识神，是后天学习得到的思维能力、欲望、知识等。人的先天神即元神是清明无欲的，但人从母腹出生后，便逐渐为后天识神所污染，元神渐失，致使生命由旺盛渐至衰弱直到死亡。《青华秘文》指出："夫神者，有元神焉，有欲神焉。元神者，乃先天以来一点灵光也。欲神者，气禀之性也。元神者乃先天之性也。形而后有气质之性，善反（返）之，则天地之性存焉。自为气质之性，所蔽之后，如云掩月。气质之性虽定，先天之性则无有……一旦反（返）之矣，自今已（以）往，先天之气本微，吾勿忘勿助，长则日长，日盛至乎纯熟，日用常行，无非本体矣。此得先天制后天，而为用。"[③] 要想逆转生命的衰竭，只有通过以元神为火来进行的内丹修炼，才能还归元神清明，神入炁中，炼尽后天阴质，变为纯阳之躯，达到"还虚成仙"。

---

① 翁葆光注：《紫阳真人悟真篇注疏》，《道藏》第 2 册，第 934—935 页。

② 李道纯著：《中和集》，《道藏精华》第 2 集之 2《中和集》，第 101—102 页。

③ 张伯端著：《青华秘文》，《道藏》第 4 册，第 364 页。

元神作为统领精气修炼的“司令”，在丹法中占有极其重要的地位，内丹修炼的全过程都要在元神的驾驭下进行。元神有化、驭、炼三种功能，其中的化是炼精化炁，《金仙证论》说：“元精不能自熔，在元神熔之，绵绵若存，使性情相洽，神炁合而为一者也。”[①] 而驭是以神驭炁，《天仙正理直论》说：“神者，元神，即元性。为炼金丹之主人。修行人能以神驭炁，及以神入炁穴，神炁不相隔碍，则谓之内神通。能以神大定，纯阳而出定，变化无穷，谓之外神通。皆神之能事，故神通即驭炁之神所显。”[②] 炼则是炼神或炼心。《性命圭旨·九鼎炼心说》指出：“日也者，天之丹也，黑而荡之，则日不丹。心也者，人之丹也，物而蘙之，则心不丹。故炼丹也者，炼去阴蘙之物，以复其心之本体，天命之性之自然也。”[③]

作为一种静功，内丹对人的精神与思维系统有极高的要求，而炼丹成功与否则最终要看炼神的效果。炼精、炼气是命功而炼神是性功，这是它们的本质区别。丹家认为“神即是性，炁即是命”，炼神即是炼性，炼精、炼气即是炼命，即重视“命功”的修炼又重视“性功”的修炼，因此内丹也称作“性命双修”。伍冲虚在《天仙正理直论》中阐述了性或神在内丹学中的地位和意义：“元神本性，主宰乎性命而双修始也。欲了命为长生超劫之基，则以性而配合命为修，固双修之一机终也。欲了性为长生超劫运之性，则以长生之命配性而为修，亦此双修之一机也。”[④]

元神又称元性、先天之性。张伯端《青华秘文·神为主论》曰：“夫神者，有元神焉，有欲神焉。元神者，乃先天以来一点灵光也。欲神者，气禀之性也。元神者乃先天之性也……将生之际，而元性始入。父母以情而育我体，故气质之性每寓物而生情焉。今则徐徐铲除，主于气质尽而本元始见。本元见，而后可以用事。无他。百姓日用，乃气质之性胜本元之性，至本元之性胜气质之性，以气质之性而用之则气亦后天之气也。以本元性而用之则气乃先天之气也。”[⑤] “盖心者君之位也，以无为临之，则其所以动者，元神之性耳。以有为临之，则其所以动者，欲念之性耳。有为者，日用之心；无为者，金丹之用心也。以有为返乎

① 柳华阳著：《金仙证论》，《古本伍柳仙宗全集》，第 423 页。
② 《天仙正理直论》，《藏外道书》第 5 册，第 777 页。
③ 《性命圭旨》，《藏外道书》第 9 册，第 528 页。
④ 《天仙正理直论》，《藏外道书》第 5 册，第 779 页。
⑤ 张伯端著：《青华秘文·神为主论》，《道藏》第 4 册，第 364 页。

无为，然后以无为而莅正事，金丹之入门也。”[①] 柳华阳《金仙证论·序炼丹》曰：“神乃元神，炁乃元炁。何以谓之先天？当虚极恍惚之时是也。既知恍惚，是谁恍惚？此即先天之神也。恍惚之时，不觉忽然真机自动，阳物勃然而举，此即先天之炁也。”[②] 大凡丹家所谓炼神，皆指炼此元神。炼炁即是炼此元炁。先天炁即是阴茎无欲而举之时所产生之炁。

先天神指人之元神、本性。元神实际上是人类心理的最深层次意识，是人类生命进化和遗传的本能意识，是人体真正的“自我”，因之丹家又称为“主人公”。元神呈现时，是一种极端清醒却毫无思虑的状态，它包藏着人类亿万年生物进化中遗传下来的巨大潜能。阳神：其一指元神。《云笈七签·道生旨》曰：“阳神者，是纯阳之精英，是元神也，非五藏诸体之神也。”[③] 其二指修炼内功已将元神与炁精凝练为神，不仅可以出现遥视、遥感、前知等人体潜能，而且可以出神入化。阳神无质有象，可出入人间。阳神是人格化了的元神，是自我生命信息的凝聚体，是色身外之法身，可以作用于外部的客观世界。

神和心、意、性有时可以通用，指人的意识、精神，大脑的记忆和思维功能，更进一步指意识的人格化和凝聚体。《青华秘文·心为君论》云：“心者，神之舍也……心静则神全，神全则性现。”[④] 内丹将心作为神的载体，炼神也叫炼己。柳华阳《金仙证论·炼己直论》云：“盖己者，即本来之虚灵。动者为意，静者为性，妙用则为神也。”[⑤] 炼神功夫也叫性功。神有先天神和后天神之分，先天为元神，后天为识神。和识神相联系的深层意识可凝练为阴神，元神则可凝为阳神。元神、元炁、元精三者相互联系，合则为一，分则为三。《西山群仙会真记·序》曰：“精中生炁，炁中生神，举世皆知也。”[⑥] 内丹功夫将炼心贯穿始终，是一套开发元神的实验程序。伍守阳《天仙正理直论》认为，神炁乃是先天道炁剖判的结果，故神、炁在人体中为性命两用，通过修炼又可使神炁凝结为还丹，因“精在炁中，精炁本是一”[⑦]，故神炁又称为精神。所以“仙道简易，只神炁二者而已”[⑧]。

---

① 张伯端著：《青华秘文·神为主论》，《道藏》第 4 册，第 364 页。
② 柳华阳著：《金仙证论·序炼丹》，《藏外道书》第 5 册，第 929 页。
③ 《云笈七签·道生旨》，《道藏》第 22 册，第 617 页。
④ 张伯端著：《青华秘文·心为君论》，《道藏》第 4 册，第 363 页。
⑤ 柳华阳著：《金仙证论·炼己直论》，《藏外道书》第 5 册，第 933 页。
⑥ 《西山群仙会真记·序》，《道藏》第 4 册，第 422 页。
⑦ 《天仙正理直论》，《藏外道书》第 5 册，第 777 页。
⑧ 《天仙正理直论》，《藏外道书》第 5 册，第 777 页。

范缜等人认为形存则神存，形灭则神灭，但内丹学认为经过修炼可以超脱分形，迁神入圣。《西升经·邪正章》曰："伪道养形，真道养神，真神通道，能亡能存。神能飞形，并能移山。形为灰土其何识焉？"[①]内丹修炼的门派中有先性后命者，有先命后性者，有从炼气实腹入手者，有从炼己炼神入手者，然而都以炼神为最基本内容之一。要之，神即是人的意识，可分为"常意识"（识神）、"潜意识"（隐藏的童年记忆和人生欲望、非理性心理要素等）、"元意识"（元神）几个互相联系的层次。内丹学即是一项凝练常意识、净化潜意识、开发元意识的系统工程。

李西月全面阐释了元神、真神与识神的含义和相互关系。他说："元神者，浑浑噩噩。真神者，朗朗明明。一隐混沌而无光，一经锻炼而有用。儒以静安能虑得，释以行深大般若，道以泰定生智慧。此真神之妙也。以此言之，元神是无知无识，识神是多知多识，真神是圆知圆识。故童子犹有清修，凡夫必加静炼，乃克企乎至人之真神也。"[②]

（三）梦与内丹的交集

梦与内丹的交集在无意识。

前已述，心理学将人的心理状态分为意识、潜意识、无意识三种类型，而内丹所说的识神与意识对应，元神即先天神与无意识状态对应。现代西方心理分析学家荣格在读到中国内丹学著作《太乙金华宗旨》德文译文时，发现其中所说的先天神或说元神即是精神分析心理学所指的无意识状态。《太乙金华宗旨》是道教龙门派丹功的名著，成书于清康熙戊辰年（1688），可以说中国内丹的意识、无意识研究早于西方数百年。荣格在评述《太乙金华宗旨》的文章《评述——分析心理学与中国瑜伽》中指出："通过对无意识的理解，使我们自身从它的控制中解脱出来，这也正是这部著作的目的。这部书教导人们把心念集中到最深层的光，进而使自己从所有外部和内部的纠缠中解脱出来。这样，他的生命的冲动就被导向一个没有具体内容但仍然允许所有内容存在的意识中去了。"[③]通过内丹修炼，人返还到先天状态，再进行炼神还虚即可实现长生成仙的目的。

---

① 《西升经·邪正章》，《道藏》第 11 册，第 495 页。

② 李西月著：《道窍谈》，《藏外道书》第 26 册，第 616—617 页。

③ 通山译：《金华养生秘旨与分析心理学》，北京：东方出版社，1993 年，第 113 页。

关于修炼先天神的方法，陈撄宁在《扬善半月刊》70期《答陈淦樵君五问》一文中做过介绍："《金华宗旨》虽云为吕祖所作，但是后来的乩笔，其方法是从上丹田守眉心入手者。所论守中、调息、差谬、证验、活法诸节次，尚透彻。"[①] 冯广宏评价《太乙金华宗旨》有关无意识修炼时说："书中发明的'金华''天心''回光'等词，都是传统丹经中少见的；书中阐述的功理，有些内容竟与现代心理学暗合。"[②] 笔者认为更为确切的评介，应该说是《太乙金华宗旨》在几百年前就已展开意识和无意识的研究并取得巨大成绩，而现代分析心理学只不过是重新发现了这部书的理论成果并发扬光大之，当然这种发现意义非比寻常。

意识和无意识的概念与识神和元神的对应关系及其作用，还体现在《太乙金华宗旨》《慧命经》德文译者卫礼贤的说明中：《慧命经》"其基本观点是：人出生时，心灵的两个领域，意识与无意识开始分离，意识这个元素指的是分离出的那一部分，对一个具体的人而言，它有鲜明的特性。无意识是使他与宇宙相结合的元素。通过禅定，能使两种元素达到统一，这是这部著作所依据的根本法则"[③]。

卫礼贤在《金华宗旨》德文译文第三章的一个注中，还阐释了内丹学的两个基本要素性与命的作用："这两极（按指'性'与'命'）心灵因素是彼此对立的，可以把它们表达为逻各斯（心、意识、属火、离卦）、爱洛斯（肾、性欲、属水、坎卦），'自然'人让两者之气外行（理性活动和生殖过程），于是精气外泄，终将耗尽。大师则使它们转而向内并结合在一起，使之互相滋长，并产生出富有心灵活力的、强壮的精神生命。"[④] 内丹学中先天精气代表命，先天神（元神）代表性。

荣格认为，《金华宗旨》中的超越现象是一种无意识的表现。他说："普通的呼吸停止了，而代之以一种内在的气息，似乎有一个独特的内在的人格在呼吸，而不是他的肉体在呼吸。""在这种体验中，一般的身体感觉消失了，这一事实表明，感官功能已停止作用……一般来说，这种奇迹都是可遇不可求的，他们自来自去，其效果则令人震惊，它几乎总是能解决复杂的心理矛盾，因而使内在人格从感情和理智的纠缠中解脱出来，导致一种归一的存在，它给人的感觉就是'解

---

① 陈撄宁：《答陈淦樵君五问》，《扬善半月刊》第70期，第10页。

② 冯广宏著：《太乙金华宗旨今译》，成都：四川科技出版社，1995年，第8页。

③ 通山译：《金华养生秘旨与分析心理学》，北京：东方出版社，1993年，第11页。

④ 转引自张钦著：《道教炼养心理学》，成都：巴蜀书社，1999年，第164页。

放’。”[①] 他又说：“通过对无意识的理解，使我们自身从它的控制中解脱出来，这也正是这部著作（引者按：指《金华宗旨》）的目的。这部书教导人们把心念集中在最深层的光，进而使自己从所有外部的和内部的纠缠中解脱出来，这样，他的生命冲动就被导向一个没有内容但仍然允许所有内容存在的意识中去了……于是，这部中国著作讲得恰到好处。”[②]

内丹关于“元神”“真性”的观点，促使西方心理学家找到了无意识存在的根据。而内丹术中的凝神守窍等功法，又是开启无意识领域大门的钥匙。西方心理学家的研究成果表明，通过禅修和内丹修炼，人们可以进入无意识领域，也就是返还先天状态，并能开发出人类潜在的巨大的心理和生理能量。

梦是无意识状态下的产物，修炼内丹的高级阶段也是无意识状态下的修炼，在这一点上，梦与内丹有着密切联系。做梦是否也可以说是在某种意义上的修炼内丹，修炼内丹是否也可以说是某种意义上的做梦。

需要深入研究他们之间异同，或许会产生突破性成果。

---

① 通山译：《金华养生秘旨与分析心理学》，北京：东方出版社，1993 年，第 165 页。
② 通山译：《金华养生秘旨与分析心理学》，北京：东方出版社，1993 年，第 113—114 页。

何氏九仙信仰略考

林观潮 *

一、概述

何氏九仙是福建民众信仰的神灵，传说是西汉武帝时期修行成道的仙人。在福建民众中，又称为九仙公，或九仙君。何氏九仙信仰主要流行于福州、福清、莆田、仙游、泉州、厦门等地，影响波及海外东南亚与日本等。

图 1　福清石竹山何氏九仙分炉日本活动剪影

* 林观潮（1969—），男，福建福清人，大谷大学博士。厦门大学哲学系副教授。研究方向：宗教文化。

图 2　福清石竹山何氏九仙分炉日本活动剪影

民众传说，在西汉武帝年间（前 140—前 88 年），江西临川有一户何家，主人是淮南王刘安下属，有九个儿子。这九位兄弟一心学道，修炼神仙丹术，志在济世救人，于是离家来到福建，一路修行，一路为人解救病苦。他们先是在福州于山修行，后来南下，到福清石竹山修行。又到现在的仙游枫亭修行，传说他们在这里的枫树底下搭盖茅亭居住，所以当地被称为枫亭。

最后，何氏九位兄弟来到了现在的仙游九鲤湖，在这里得道成仙。传说他们各骑着鲤鱼飞天上升，而鲤鱼也各变化为龙，九鲤湖因此得名。后来人们在九鲤湖建九真观，供奉何氏九仙的神像。民众又传说，何氏九位兄弟在九鲤湖修行期间，得到当地望族范家长者的护持。因服食何氏九位兄弟炼成的丹药，这位范家长者也得道成仙，被民众称为范仙，又称范侯，与何氏九仙一起受到民众祭祀。

民众相信，何氏九仙与范仙在各地显灵，救济疾苦，特别是以梦境启发世人，解决疑难。于是逐渐形成了一些供奉何氏九仙、以何氏九仙信仰为中心的灵山及其庙观。其中，著名的有福州于山九仙观、福清石竹山仙君楼、仙游九鲤湖九真观、泉州仙公山丰山洞、厦门万石山仙岩，等等。

在福建浓厚的佛教信仰氛围中，民众又相信，何氏九仙与范仙也皈依佛门，跟随观世音菩萨，护持佛法，是佛教的护法神，因此有时也称之为仙祖菩萨，仙公菩萨。当代高僧弘一法师（1880—1942）曾为泉州仙公山这样题联：“是真仙灵，为佛门作为大护法，殊胜境界，集众僧建新道场。”又如，今日厦门天界寺仙公殿，有垂幡绣字：“南无范府仙祖菩萨”，信众又悬挂横幅“南无仙公菩萨”。

（二）仙公生庆典法会

图 3　厦门仙岩醴泉洞，悬挂横幅：南无仙公菩萨

（《天界寺》86 页载，厦门天界寺编，2014 年 9 月）

二、福州于山九仙观

于山九仙观坐落于福州于山东面，现在主要供奉观音大士、汉代何氏九仙、王天君、三清尊神（元始天尊、灵宝天尊、道德天尊）、玉皇上帝、斗姥元君等。

九仙观原是五代时期闽王的宫殿旧址。北宋崇宁二年（1103）在此初建天宁万寿观。政和年间（1111—1117）尚书黄裳增建楼阁。朝廷又下令在此雕刻道藏，这是中国历史上第一部官版道藏总集，史称政和万寿道藏。南宋时期，观内就有供奉九仙的九仙阁。绍兴七年（1137）之后，曾改名报恩万寿观、广孝万寿观。元代至正元年（1341）改名九仙观。明代永乐年间（1403—1424）三宝太监郑和，正统年间（1436—1449）内使柴山、布政司周颐，成化十八年（1482）镇守太监陈道复等，都曾重建。成化十一年（1475）之后，黄仲昭（1435—1508）曾在九仙观内修纂《八闽通志》，为第一部福建省志。清代康熙年间（1662—1722年）重修，乾隆年间（1736—1795）建观音大士殿。民国十一年（1922 年）遭火毁，全真道士郑志辉、郑理真与信士募缘重建，恢复旧观。

1949 年中华人民共和国成立以后，九仙观不断得到保护重建。如今观内建筑物有玉皇阁、九仙殿、三清殿、王天君殿、观音大士殿、喜雨楼、钟鼓楼、拱极亭、望湖阁、碧云轩、聚义轩等。

图 4　福州于山九仙洞（2017 年 12 月 22 日摄）

相传，汉代江西临川人何氏九兄弟来到于山修行，汲水炼丹。山上遗迹九仙洞、炼丹井至今尚存。后来南下到今日的仙游九鲤湖，修行成仙，乘鲤飞升，并显灵于各地。因此，作为何氏九仙在福建最初的炼丹修仙之所，于山是何氏九仙信仰的发源地，信士众多，分布于东南沿海以及海外。

清代《福建通志》中《列仙传》载："何九仙，相传本临川人。九人皆瞽，惟长者一目上竖独明。后相率炼丹，以饲湖中鲤。鲤化龙，九人各乘一去。今仙游县之九鲤湖是也。九人始入闽时，盖居闽县九仙山。山即以九人得名也。又闻：汉武帝时齐少翁以巫鬼事得幸，九仙之父诣阙直谏。九子力止之。父不听。少翁事败被诛，武帝召其父官闽中，而九子因得至闽中，炼气成道。又云：九仙父任侠好气，从淮南王安游。淮南王善之，谈议浸广。九仙惧其及也，数谏父谢绝王。父不听。去而入闽，炼丹仙游县之湖上。丹成仙去。及王败。父南行求子不得，而死于岩山。今仙游之何岩是也。”[①]

王天君，又称王灵官，相传也是汉代人，心地善良，广施善举，修行成仙之后，被天帝授为三五火车雷公，专司镇火之职。到了明代，由于明成祖朱棣的提倡，各地道观都把王天君当作护法神供奉。福州乌山曾经建有道山观，祭祀王天君。民国十一年（1922）于山九仙观失火后，为防火患，把原先祀奉在乌山道山观的王天君移来供奉。据传王天君在九仙观内十分灵验，于是信者日众。每逢六月十六日王天君诞辰，以及朔望节日，远近信众徒步跪叩朝拜，热闹非凡。这种情况持续到了20世纪60年代。因此，福州民众有时又把于山九仙观称作天君殿。

图5 福州于山九仙观匾额（2017年12月22日摄）

于山位于福州市城区中心，今鼓楼区东南隅，与乌山、屏山鼎峙，并称福州三山。因古代越族中的一支于越氏居此，称作于山。又相传汉代何氏九兄弟修仙炼丹于此，又名九仙山。又以西汉武帝时期闽越王无诸曾于九月九日宴饮于此，也称九日山。

于山形似巨鳌，最高点鳌顶峰海拔58.6米，全山面积11.9公顷。山上奇石嶙峋，林木参天，景色秀丽，历代为游览胜地。鳌顶峰又称状元峰。山上有揽鳌亭、倚鳌轩、步鳌坡、应鳌石、接鳌门、耸鳌峰六鳌胜迹，炼丹井、九仙观、九日台、平远台、廓然台、戚公祠、报恩定光多宝塔寺（白塔寺）、补山精舍等景

① 《福建通志·列仙传》，文渊阁《四库全书》第529册，清代郝玉麟监修，乾隆二年（1737）成书，上海：上海古籍出版社，2003年。

点，宋元明清历代摩崖石刻 100 多处。

于山西坡现有报恩定光多宝塔寺（白塔寺）。寺内报恩定光多宝塔，为唐代天祐元年（904）闽王王审知为父母荐福所造。传说辟基时，发现一颗宝珠光芒四射，故名报恩定光多宝塔，略称定光塔。初建时为七层砖心木塔，塔内砌砖轴，外环木构楼阁，高 66.7 米。每层斗拱、云楣、栋梁、栏杆都精雕细刻，塔壁和门扉绘有佛像。明代嘉靖十三年（1534），定光塔被雷火焚毁。嘉靖二十七年（1548），乡绅龚用卿、张经等募缘重建，改为七层八角砖塔，全高 45.35 米。因外刷白灰，俗称白塔。由塔内旋梯攀援登顶，可鸟瞰福州景色，成为福州古城重要标志性建筑。定光多宝塔寺大殿东边上小山峰为补山，为于山第一峰，有补山精舍，万象亭，亭畔岩石盘立，重叠成趣。

于山山北有金粟台，其余脉为罗山，建有法海寺。山东北有鳌峰书院，为清代林则徐读书处。在于山上倚栏远望，可见乌山耸翠，古塔峭拔。南宋爱国词人辛弃疾（1140—1207）在绍熙三年（1192）冬赴任福建提点刑狱，翌年秋，任福州知州兼福建安抚使。其间曾登临于山，抒发忧国忧民情怀，吟咏以下一首词《西江月》：“贪数明朝重九，不知过了中秋。人生能得几多愁，只有黄花依旧。万象亭中把酒，九仙阁上扶头。城鸦啼罢醉方休，细雨斜风时候。”

三、福清石竹山

石竹山位于福建福清城关西部郊外大约十公里处，海拔 534 米。春夏凉快，冬天不冷，年平均温度大约在 20 摄氏度。自古山上多石头与竹子，故名石竹。西汉时代，石竹山就开始了文化开发。在悠久的历史中，儒道佛三教文化在这里和平共存。石竹山因而受到历代文人的钟爱，至今还受着人们的虔诚信仰。

明代《福清县志续略》卷一“山川”载：“石竹山在县西二十里。林真君玄光尝炼丹于此，丹灶尚存。山形峭拔，绝顶石上有蛎房壳，亦可异。山下有紫云洞，洞前有龟山蛇水，鹤影石。半山古径之傍，有藤萝数株，本大如斗，小者如升，蔓延数十丈。屈结高悬蟠古木上，恍怫虬龙腾空，皆兹山之绝胜也。上有林真君宫，何九仙观，及白云精舍。何九仙乃林真君甥，在莆九鲤湖登仙，因祀以祈梦。四来祈者，无不应验。山产多笋，名济贫笋，味甚甘美，日给百人，取之不竭，感仙灵之有藉也。”①

作为道教信仰的一种，民众崇拜祭祀称作仙君的何氏九仙，成为石竹山最具地方特色的信仰。民众传说，何氏九仙本是前汉武帝时代（前 140—前 87）的何氏九位兄弟，出身于江西临川，后来进入福建，先到福州于山修行（今福州于山有九仙观），又到福清邻县的仙游县九鲤湖修炼丹药，习得神仙之术（今仙游县九鲤湖有九仙观）。何氏九仙得道成仙后，云游天下救济百姓，其间住过石竹山，并显现神通，最为灵验。于是，对何氏九仙的信仰就这样在石竹山传承了下来，直至今日。

明代《闽都记》卷三十七“郡东南福清胜迹”记载：“石竹山在永寿里，山形峭拔，有石巍然山巅。汉何氏九仙所游之地，祷梦辄应。相传有林汝光者修炼兹山，丹成骑虎上升。今虎溪岩上有井，虽旱不涸。宋乾道六年，有石自移，声如雷。山有紫云洞，罗汉台，普陀岩，灵宝观，半山亭，紫磨，狮子，象王诸峰之胜。”②

图 6　福清石竹山仙君楼内祈梦角落（2017 年 12 月 17 日摄）

① 《福清县志续略》，十八卷，明代即非如一纂。江户时代刊本，卷首载即非如一“福清县志续略叙”，款记：“丁未秋广寿即非头陀如一题”，可知日本宽文七年丁未（1667）写于小仓藩广寿山福聚禅寺（今福冈县北九北市小仓北区广寿山福聚禅寺）。日本国会图书馆存本，日本藏中国罕见地方志丛刊，北京书目文献出版社影印，1992 年 11 月。

② 《闽都记》，明代万历年间王应山纂辑，清代道光十一年（1831）重镌本。台北：成文出版社，1967 年。

《闽都记》提到的“祷梦”，在福清当地民间一般称作“祈梦”，是九仙信仰的主要表现。人们在供奉九仙的楼阁中，一时入睡，如果见到梦境，就根据梦的场景来分析判断事物成否或者人事吉凶。这真是名副其实的“白日作梦”。而直至今日，追求幸福的人们，还是从各地来到这里，祈求做一个好梦，预见人生的美好前景。

图 7　叶向高纪梦诗石刻，石竹山妙玄洞外壁（2018 年 1 月 5 日摄）

据传，明代重兴福清黄檗山万福禅寺的外护，福清人叶向高（1559—1627），在年轻时也来这里祈梦。他梦到自己腰间绑上了标志宰相身份的白玉带，预见到了将来荣华的前程。

晚年的万历四十五年（1617）春，从明朝内阁首辅退休后的叶向高再登石竹山，回想年轻时的这段祈梦经历，写下了以下一首咏怀诗。此诗石刻现存于石竹山上妙玄洞石壁，内容如下。

董大理见龙招，同吴太学伯孚，登石竹岩，时石孝廉应相新辟径路，甚奇绝。
嶙峋石竹插青霄，病起欢从胜友招。
萝径曲穿云外洞，松门斜接涧边桥。
苍崖月冷仙坛静，碧海天空鹤驭遥。
一自名山传梦后，只今玉带愧横腰。

余为孝廉时祈梦，仙告以腰系是白玉带。万历丁巳春邑人叶向高书。

又传，明朝晚期福清籍高僧隐元禅师（1592—1673）在出家前也曾经到过石竹山祈梦。隐元禅师圆寂后，由弟子们编纂的《普照国师年谱》记载："师二十七岁，常虑出家缘弗就。一日登石竹山九仙观祈梦。梦游深山岩崖中。有三僧坐磐石上，方食西瓜，剖而为四。见师来，忻然以一分与之。师食毕遂寤，窃自喜曰："四沙门果，吾预其一。吾事济矣。"①

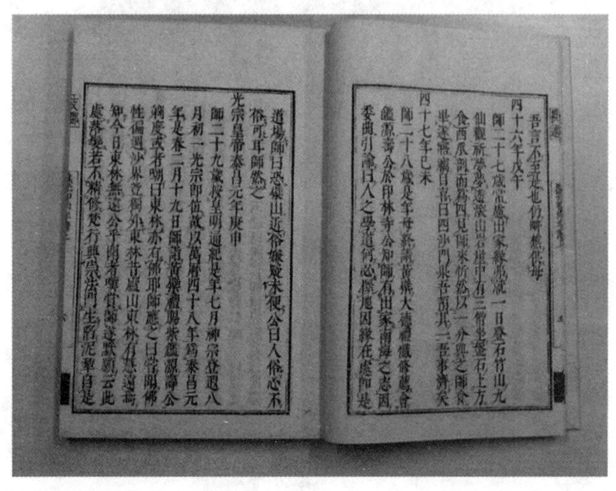

图 8 《普照国师年谱》"万历四十六年"（日本元禄七年（1694）以后刊本）

在这里提到的梦中，三僧剖开的四片西瓜果，象征着比丘修行成就获得的四种圣果，即须陀洹、斯陀含、阿那含、阿罗汉的四沙门果。根据年谱所说，这个梦境给隐元禅师的出家注入了极大勇气。明代崇祯四年（1631）春，隐元禅师应福清当地信徒的恳请，住持位于石竹山西侧的狮子岩道场，直至崇祯十年（1637）十月因前往住持黄檗山万福禅寺而离开。在前后六年的静修生活中，隐元禅师对石竹山的道教应该有着更接近的了解。

在民国年间，又传说福州的一个陈姓木匠往福清石竹山虔求九仙君赐梦，受到指点往鼓山涌泉寺的十八洞莲花亭恳求高僧必定禅师救济，治好了麻风病。这个事例也说明了何氏九仙与佛教的深刻因缘。

① 《普照国师年谱》"万历四十六年"。《普照国师年谱》，二卷。南源性派，高泉性潡撰。隐元的大光普照国师封号公开的日本元禄七年（1694）以后刊本。京都黄檗山万福寺文华殿存。又，《新纂校订隐元全集》5108 页揭载。《新纂校订隐元全集》，平久保章编，东京开明书院，1979 年 10 月。

关于这个事例，必定禅师的在家弟子，福州人林善慈在《民国古月禅师必定禅师显法事迹》中做了以下记录。

《医治麻疯人》[①]

吾闽西门外有一个陈姓木匠，一家十余口，只靠他一人维持生活。为人宅心仁厚，喜帮人忙，邻里赞不绝口。他祖上有遗传麻疯之症。于一九二六年，忽大发生，势将蔓延头目。一入麻疯院，则一家十余口嗷嗷待哺。于是百计求医，然而诊治罔效，束手无术。辗转思维，欲除此痼疾，惟有往福清石竹山虔求九仙君赐梦，赐一灵丹妙药，或有回春希望。于是虔诚斋戒沐浴，乘舟前往福清县，三步一礼，五步一拜，到石竹寺九仙君殿中虔祈祷告，至夜九仙君念他一片诚心，赐一灵梦，指示他曰："念你虔诚来山，吾今指示于你。你欲愈此痼疾，速往鼓山十八洞莲花亭虔求必定禅师。他有草药，能除你病。"

如是陈某梦醒之后，即乘舟由福清县直驶至鼓山解院浦，一人弃舟登山，到莲花亭，已交子夜。他初次上山，不识路线，冥冥之中，乃是九仙君指示他直趋十八洞。山径崎岖，他不畏虎狼，直至洞外，剥啄门开，必定师父出现于洞内。他问师父云："这里是否莲花亭，有一个名必定师父否？"师父答之曰："我即是必定师，你何由知道我有住在此？"陈某闻言即跪下抱必定师父之足，大哭特哭，诉得病之经过，以及家庭之困难，虔求师父赐药，不肯起来。师父见他如此信心，接入洞内准备蕃薯请他，而后详询病情。他详述九仙君赐梦经过情形。师父云："我不知医理，既是九仙君指点你到此，我只好勉为其难。今晚你安心一睡，明晨我往后山取药给你带回。但是有一条样，不知你服从与否？"陈某云："师父肯插手医治我病，任何条件我都接受，请师父指示。"师父对他云："你欲愈此疾，须从明天起对虚空发愿，从此皈依佛门，长斋终身，永不反悔。"陈某善根有自，闻言即信誓旦旦，拜投必定师父为师。到天色微明，师父即往洞后采取鱼鳞真珠草，命他带回，早晚煎汤服下，病即消除。陈某对师父云："此病痛苦非常，非过来人是不知道的。又痒又痛，如虫在骨髓中时噬时咀，彻夜不

① 见林观潮编：《民国古月禅师必定禅师显法事迹》，《四、必定师父显法事迹·医治麻疯人》，2011 年 7 月。《民国古月禅师必定禅师显法事迹》，林善慈原撰。1980 年代手稿本，福清石竹山石竹禅寺妙玄洞释品汉法师藏。

止。如此草药灵感，脱除此苦，则生生世世，感师父大德于无既。”于是数日后于师父寿辰之期，他又上山祝寿，并带一担草药回去。他云：“服后不特不会痛痒，且面部四肢俱不发生病状，真是仙丹妙药。”于是时时上山拜候师父，至老不衰。云麻风之病，最忌食鱼类，吃素会使血液清净。一半虔诚感动佛慈默祐，二者兼施，所以功效如神。以后我们遇见此疾之人，多教他如此发愿服药，十有九验云。

石竹山以外，在福清还有多处供奉何氏九仙的寺庙。

位于今日福清阳下街道东漈山东漈寺（俗称龙王坑），是其中的一处。东漈寺开创于唐朝宪宗元和九年甲午（814），寺内供奉释迦牟尼佛、观世音菩萨、四海龙王、何氏九仙等，是一座佛道教融合的寺院。寺院背面主山为东漈山脉的鹿峰，石笋峥嵘，巍峨挺秀，寺前泉流汇聚而成漈水，洄澜曲折，龙潭叠现。北宋太祖年间（960—976），有来自仙游九鲤湖的僧人游览此地，见其风景秀丽，瀑布如帘，堪与九鲤湖相比，于是留下重兴寺院，供奉何氏九仙、四海龙王等为佛教护法神明。因多有灵应，朝山信众逐年增加，有的来自邻县长乐、永泰、闽清及省外各地。每年三春季节，香客游人络绎途中，其情其景，与福清三教名山石竹山的朝山情景互为媲美，民间遂有“春龙王，冬石竹”的说法。如今东漈寺内供奉何氏九仙的殿堂还称为九鲤仙楼。

图 9　福清东漈寺内供奉何氏九仙的九鲤仙楼（2014 年 7 月 27 日摄）

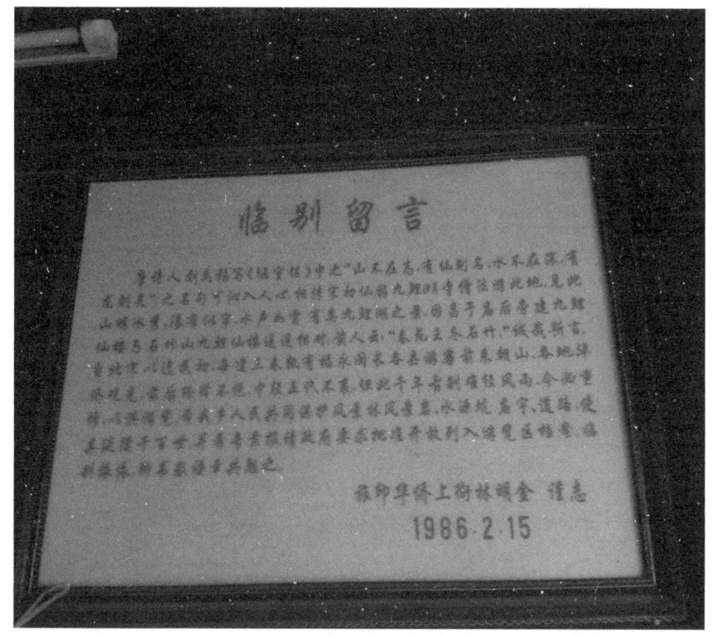

图 10　福清东漈寺内关于何氏九仙的传说记录（2014 年 7 月 27 日摄）

另外，以元代弥勒菩萨石像而闻名的福清海口镇瑞岩寺内，也专门设有供奉何氏九仙的殿堂，称为仙君楼。

四、仙游九鲤湖

仙游九鲤湖位于距离仙游县城东北约 13 公里的万山之巅，面积 29 平方公里。相传西汉武帝时，来自江西临川的何氏九兄弟在此炼丹济世，丹成跨鲤成仙，九鲤湖因而得名。而仙游原名清流，因九仙修行于此而改名。

九鲤湖位于闽中南部名山戴云山区，湖西北方戴云山主峰海拔 1840 余米，绵延向东，止于木兰溪畔。湖所在的山峰为木兰溪所环绕。气温温热潮湿，多云雾。年平均气温 20℃左右，最冷 1 月平均气温约 10℃，最热 7 月平均气温 28℃，年降水量 1400 毫米。风景以湖瀑洞石四奇而著称于世。

图 11　仙游九鲤湖九仙祠（2018 年 8 月 17 日摄）

九鲤湖现有建筑物九仙祠、玉帝楼、水晶宫（供奉八仙）、祈梦楼、万灵殿（供奉妈祖、三一教主林兆恩）、九鲤湖寺（建于当代）等。[1]

九仙祠，又称九真观、显庙，殿内中间供奉何氏九仙，左侧供奉关圣帝君，右侧供奉范仙公。九仙祠初建于宋代孝宗淳熙年间（1174—1189），距今八百多年。经明清两代数次修葺，方具规模。祠为一厅两房构式。明代万历年间（1573—1619）改祀仙父仙母于玉帝楼，九仙祠专祀九仙与范仙公。

九仙祠建在高阳山（谷目山）南麓，九鲤湖北岸，坐西北向东南。位于一片巨岩之上，岩底中空，与湖水相通，古人称为蛤蟆穴。据说，1973 年 7 月 3 日，强台风袭击仙游时，湖水暴涨，水位高达 8 米多。当晚在仙祠中住宿的香客，都感觉整座祠宇在摇晃，并清晰地听到从祠底传出阵阵强烈的水石相激声。

民国徐鲤九《九鲤湖志 · 建置》载："祠旧祀仙父仙母，九仙侍焉。宋代乾道二年（1166 年），县官祈雨有应，封仙翁嘉应侯。宋代淳照十四年（1187 年），

① 2018 年 8 月 17 日上午实地考察。

大旱，郡守朱端学请水，龙现雨降岁熟，上其事于朝，赐额仙水灵惠，加封仙翁灵显侯。”

玉帝楼位于九仙祠西北隅，坐西向东。明代正德十一年（1516）初建，祭祀九仙，原名九仙阁。明代万历年间（1573—1619）道士苏清华重修，改祀玉帝和仙父仙母，故改名玉帝楼。

龙屺寺，又称龙纪寺、龙屺院，位于九鲤湖北去一公里许的院前村西北隅。相传九仙在所跨九鲤，化为九龙飞经此处。据说寺院初建于唐代，原有九座，规模宏大。北宋端明殿学士，仙游人蔡襄（1012—1067）《题龙屺寺僧室》诗云：“山僧九十五，行是百年人。焚香犹夜起，喜酒见天真。生平持定戒，老大有精神。须知不变者，那减故时新。”宋代兴化知县梁录《九鲤湖记》云：“今之游（鲤湖）者，皆以寺（龙屺寺）为宴息之地，寺僧不胜其扰矣。”可见龙屺寺在宋代很兴盛。元代以后不断式微，如今仅存一座院落。

图 12　仙游九鲤湖与九仙祠（2018 年 8 月 17 日摄）

关于何氏九仙的传说，清代康熙年间《仙游县志》载：

何九仙，汉武帝时何氏兄弟九人。父居庐江，继徙临川，任侠有奇气，与淮南王安游。娶张氏，生男九人，女四人。九仙生时目俱盲，独长者一人明，为诸真人前行。九人初亦从父客淮南，已而师大罗，学辟谷法，劝父俱隐，不听，遂相与自九江入闽。

始即石竹鼓山居焉。月余，复游于莆田。莆田西故有龙津庙，其中井泉灵异，有胡道人修真于此。九人遂往谒之。因饮是水，仙眼尽开。一日辞胡曰：此地非吾所也，吾将去。胡曰：子名已登金台玉堂，不患不仙。子其寻鸡子山往矣，吾亦蹑壶山之巅，以了尘寰。异日当会子于白云清洞。因留词以别。九人乃西行六十里，结枫为亭，[①]而处其上。已过九仙山，经鸡子城，饮其泉，即飘然欲冲举。或谓巅之东大有佳处，遂踰岭入湖，则见重冈叠巘，怪石交列，湖底皆石，石各有穴，穴各两窍，窍各相关，迂回虬曲，云水潺潺。九人爱之，结庐炼药。迨及丹成，九鲤化龙，白日乘之升天。

后父与张媪携四女渡江入闽，以觅九子。抵湖，则九子已仙去矣。遂偕隐兹山，而以四女妻范信张杨。寻殁，遗铜杯铁鞭香炉山中。未几，飞于溪南磐石上，虽洪水推激不去。后又飞于溪北林木上，鸟雀翔鸣而环绕者万计。里人神之，即其地立庙。中奉翁媪，九子侍焉。傍祀范侯。侯，何之介绍也。或曰即何翁之壻。或曰：范故为尚书，以赀雄于乡。九仙初至，范实左右之。已而私啖何氏丹，面黧黑欲死。何仙释之，解以药，乃苏。故今之祷者，必购白鸡云。[②]

关于九鲤湖，清代陈梦雷（1650—1741）编《古今图书集成》中有《方舆汇编·山川典·九鲤湖·九鲤湖部汇考》，其中有一节《汉何氏兄弟升仙之九鲤湖》载："九鲤湖，在今福建兴化府仙游县城东北万山中。其前有山曰飞凤，其后有山曰高阳。二山环抱，中通一涧，汇而为湖。澄泓渟滀，深不可测。其水下流，合莒溪濑溪诸水，入于延寿溪。"

按《三才图会·九鲤湖图考》："九鲤湖在兴化府仙游县。自兴化府八十里，始至九仙宫。山自永福县嶙峋起伏而来，至此耸为一峰，石上涌飞泉，泉水味甘。世传汉时有何氏兄弟九人饮此泉，因各乘一鲤上升，故名。俗呼何岩。上有古何城。城之东有石洞，可坐百人。下为何岭，宋陈说书何岭二大字刻于石。湖曰仙湖，水曰仙水，县曰仙游，俱以何氏九仙得名。"

---

① 按：今仙游枫亭由来。

② 《仙游县志》，四十卷。清代康熙年间卢学俊、郭彦俊纂修，清代康熙十七年（1678）刻本。

按《仙游县志》:“九鲤湖在群山合抱之中，发源甚远。汉元狩间，何氏兄弟九人炼石湖上，丹成以食鲤，鲤变而朱，其傍有翅，昂首喷沫，便招风雨，湖水为溢。一日鲤数跃欲飞，九人者知冲举期至，遂各乘其一而升，故名。”

五、泉州仙公山

泉州仙公山也是供奉何氏九仙的道场。

仙公山原名双髻山，又称丰山，位于福建省泉州市洛江区马甲镇，距泉州中心市区约25公里。南朝（420—589）以来，因祭祀何氏九仙而闻名远近。主峰758.5米，总面积25平方公里。气势雄伟，岩崖陡立，云雾缭绕，径曲林幽，含烟凝翠，风光旖旎。有丰山洞、白水岩、朝天阁、仙灵桥等胜境，还有宋代朱熹、王十朋，明代张瑞图等历代文人题字的摩崖石刻，自然景观与人文景观交相辉映。以灵奇秀险为特色，有“八闽名胜无双境，绝顶蓬莱显九仙”的美誉。

仙公山原名双髻山，是因为山形远望像两个妇人的头髻。又称丰山，是因为传说如果遇到干旱，到双髻山祈雨就会下雨，可让五谷丰收。山上有丰山仙洞，供奉何氏九仙，因此人们普遍把这座山称作仙公山。清代《泉州府志》记载:“仙公山在四十六都，距郡城北五十余里。水旱祈祷，岁则大丰，亦称丰山。”

图13 泉州仙公山丰山仙洞

泉州民众传说，西汉武帝时期的何氏九兄弟在仙游九鲤湖飞升成仙之后，也来到南边的泉州丰山显灵，于是人们依山建庙，供奉何氏九仙，同时也供奉被认为是曾经护持何氏九仙修行的范仙。

泉州仙公山上主要建筑有丰山仙洞，白水岩，朝天阁等。

丰山仙洞，又称双髻寺，俗称仙公寺，始建于南朝时期的齐朝（479—502）。坐落于雅号绝顶云霄的古岩之上。现存寺宇坐东朝西，深 11.5 米，宽 12.8 米，面阔三间，进深三间，面积 146 平方米，木砖石混凝合结构，重檐歇山顶建筑形式。

白水岩始建于五代时期，是一座佛教岩宇，主祀释迦牟尼佛、药师佛、阿弥陀佛，供奉观音菩萨、弥勒菩萨、文殊菩萨、普贤菩萨、十八罗汉。1993 年重建佛祖厅堂，深 13.4 米、宽 14.5 米，面阔三间，进深三间，两侧厢房，殿前带暗廊，木构单檐歇山顶建筑形式，面积 194 平方米。

朝天阁也是始建于五代时期，是儒教的岩宇，为读书人朝圣之地。又称朝天观。1996 年 10 月重建，阁深 13.4 米，宽为 15.6 米，占地面积 209.05 平方米，总建筑面积 418.08 平方米。二层楼阁式重檐琉璃顶，一层供奉五文昌夫子和何氏九仙的使者范仙，二层为仙公山文物陈列室。

泉州仙公山的何氏九仙信仰，随着泉州居民的迁移，也传播到厦门与东南亚一带。

图 14　泉州仙公山丰山仙洞、白水岩、朝天阁

六、厦门万石山仙岩

厦门万石山仙岩奉祀何氏九仙，原名醴泉洞，俗称仙洞，在今厦门万石植物

公园南侧天界寺内。

仙岩始建于明朝神宗万历十一年（1583），由当地名士池怀绰、傅钺会同乡绅集资开凿岩泉而起。今仙岩顶上巨石还留有当时石刻，一为“池怀绰开凿”，一为“万历十一年，醴泉洞，主缘傅钺立”。可能是从泉州仙公山丰山仙洞分炉而来，当时人们在醴泉洞内奉祀何氏九仙，同时奉祀作为九仙使者的范仙。池怀绰本名池裕德，明代福建同安县厦门人，嘉靖四十四年（1565）进士，官至太常寺少卿，人称明渊先生。

图 15　厦门万石山仙岩醴泉洞（2018 年 2 月 27 日摄）

醴泉洞后山有数块巨岩耸立。一巨岩上刻字“仙岩”，其右侧一巨岩上刻字“天界，万历壬辰年傅钺立”，可知刻于明代神宗万历二十年壬辰（1592），或是意味着神仙自天界降临于此。

图 16 厦门万石山醴泉洞后山仙岩天界石刻（2016 年 4 月 4 日摄）

仙岩的仙公逐渐受到厦门民众的普遍信仰，民俗认为每年农历十月二十五日至二十七日是仙公诞辰。每当仙公诞辰，当地居民都来朝拜，而醴泉洞内的岩泉，也惠泽了众多居民。

可能在仙岩开建不久，就由佛教僧人住持其间。当时明朝万历年间，仙岩附近的虎溪岩、万石岩、中岩、太平岩，都有佛教僧人住持。到了今日，这些岩寺仍然都是深受民众信仰的佛教道场。

南明永历八年（1654），临济宗高僧、福清黄檗山万福禅寺住持隐元禅师（1592—1673）应请东渡日本弘法。五月十日，隐元离开福清黄檗山，南下泉州同安县中左所（厦门），途经莆田，于五月二十日到达泉州。六月三日，到达中左所，受信众迎接暂住仙岩，直至六月二十一日启航东渡。七月五日到达长崎。在家乡福清浓厚的何氏九仙信仰氛围中长大，出家之前又到石竹山九仙观祈梦过的隐元禅师，在这供奉何氏九仙的仙岩里暂住了十八天，可谓不可思议的因缘。

《黄檗隐元禅师年谱》载："永历八年甲午。师六十三岁，春，监寺、座元、西堂，同居士合山等，以师有东应之事，诣方丈罗拜不起，痛哭恳留。师亦悯其诚，踌躇久之，但法语既出，欲行其言，遂有决应之意。……五月初十日，应长崎请辞众上堂云：信不可失，愿不可无，相不可着，心不可昧。……。六月初三日到厦门，国姓公备斋金，送仙岩寄锡。各勋镇致礼甚殷，为许公题像赞并二十八祖图序。念一日拔舟相送。江头别诸子偈云：江头把臂泪沾衣，道义恩深难忍时。老叶苍黄飘格外，新英秀气发中枝。因缘会合能无累，言行相孚岂可移。暂别故山峰十二，碧天云净是归期。舟中夜怀：万顷沧浪堪濯足，一轮明月照禅心。可怜八百诸侯国，未必完全得到今。……一帆顺风直至长崎港。……次早于七月初六日登岸进山门，有法语五则。”[①]

在仙岩期间，隐元应泉州信徒许钦台恳请，撰作《列祖图序》：“这一队老古锤，不守本分，递相传袭，各逞神通三昧，百千万状，隐显莫测。致令见者闻者，褒贬赞诵，吉凶声气，弥布人间，奚时抵止。幸有温陵陈公，大出手眼，一时描就。从上廿八位，总为一轴，卷而藏之，庶免漏逗天上人间也。余东应时，道经中左，有钦台许公出此图，乞余序。竟日扫除怪诞之迹，遍觅无踪，不意在兹，可谓旦暮一遇也。虽然，只看破诸老半边面门，不若未画之前，逢之则诸老脑后圆光、顶门正脉，一一串过，岂不快哉！书至此，有鸿蒙童子突然而进，云：和尚老老大大，话作两截，未免识者所鄙。余顾而笑曰：怪哉，竖子真吾师也。再展而玩，拈花一会，俨然未散，则从上诸老，各展微笑之状，而仙岩万石俱点首。乃嘱钦公：此乃真镇家之宝也。卷藏于密，不亦愈见其风光乎？永历八年岁在甲午季夏望日临济正传三十二世黄檗隐元琦。”[②]

图 17　厦门万石山醴泉洞后山仙岩石刻（2014 年 3 月 26 日摄）

① 《黄檗隐元禅师年谱》，一卷。独耀性日编，日本承应三年（1654）10 月刊本，京都黄檗山万福禅寺文华殿藏。

② 隐元墨迹，京都黄檗山万福禅寺文华殿存，收入隐元语录后题为《列祖图序》，落款为“时岁在甲午季夏书于仙岩丈室”，《新纂校订隐元全集》1472 页。

隐元又为南明将领郑彩题诗《赠羽翁建国公》："寄锡仙岩上，贫眸彻古今。三朝天子佐，一片故人心。世变勋犹在，道存志可钦。虽然沧海隔，万里有知音。"[①]

东渡之后的清代康熙元年（日本宽文二年，1662年），时已开创京都黄檗山万福禅寺的隐元，作信回复在厦门的邓会，信中回忆昔日仙岩相聚，写道："曩中左一会，见胸度凝远，言论不凡，殆有超尘之气。别后东西修阻，继见良难。回想鹭峰仙洞，别是一人世间也。未知道体何如，所至俱万福否。忽朵云远至，喜从天降。但推奖过寔，当之殊愧。"[②] 这里的鹭峰仙洞，即指仙岩。

清朝乾隆六年（1741），仙岩住僧月松得到厦门名士黄日纪的资助，重修仙岩，又建殿供奉观音菩萨。乾隆二十五年（1760），月松于天界石刻之下建纪念亭，称为黄亭，以纪念黄日纪护持之功。乾隆三十二年（1767），黄日纪又捐银创置斋田。太学生黄贞焕捐银，购置水田供献。

图18　厦门天界寺仙公殿，垂幡绣字：南无范府仙祖菩萨

清朝嘉庆十二年（1807），虎溪岩僧人达中通庸在仙岩后山创建天界寺。《虎溪派系祖字薄》载："第六代。通庸字达中公。虎溪岩藏公长徒，号不偏老衲。泉州府晋江县蒋氏子。嗣泉州海印寺本溥老和尚祖字法。……于丁卯募建天界

① 《新纂校订隐元全集》1510页。《新纂校订隐元全集》，12册，共5486页，隐元隆琦原著，平久保章编。语录10册，附录年谱等1册，索引1册。明清·江户时代木刻刊本编辑影印版。

② 《复素庵邓居士，壬寅冬》，《新纂校订隐元全集》，第3290页。

寺。今嘉庆丙子年，现年七十三岁。……惭称天界第一代之祖云。其度徒三人。”①

天界寺屡经兴衰，延续至今，今有大雄宝殿、仙公殿、斋堂等建筑。1998年，天界寺于山门前竖立《重建天界寺碑记》，碑文提道：“清初黄檗宗师隐元和尚传法日本，挂锡仙岩，授法岩僧如寿为宗门弟子。”② 这样看来，隐元禅师也是天界寺引以为豪的一位祖师。

六、余响

2018年1月28日，隐元禅师家乡福清石竹山的何氏九仙，应日本道观（本部在福岛县岩城市泉町下川）的恳请，经中国国家宗教局批准，分炉安座于日本道观东京道学院（东京都涉谷区代代木4–1–5）。中国道教协会副会长、石竹山道院住持谢荣增率领护送团赴日，福建省委统战部、福建省民族与宗教事务厅负责同志随团指导，日本道观早岛妙听道长主持迎接仪礼，四川大学詹石窗教授、东京亚洲太平洋观光社刘莉生社长临场指导，在日华侨、日本友人、各方人士等二百多人，参与了何氏九仙开光点眼分炉仪礼，以及祈福仪礼。

隐元禅师东渡日本弘法三百六十年之后，护持过他的何氏九仙在这样公开盛大的仪式中东渡日本，可说是不可思议的因缘吧。

图19　何氏九仙分炉安座仪式，于日本道观东京道学院，2018年1月28日摄

① 《虎溪派系祖字薄》，厦门虎溪岩寺内部资料，1984年印。

② 《重建天界寺碑记》，《天界寺》55页，厦门天界寺编，2014年7月。

图 20　何氏九仙神像，于日本道观东京道学院（2018 年 1 月 28 日摄）

自我与超我的蝶变

——内向传播视角下的庄子之梦新探

谢清果*

内容提要:《庄子》一书以梦喻道，托梦悟道，以启迪世人认识自我，忘掉自我，成就自我。本文以内向传播理论视角来观照《庄子》一书中的梦文化，发现庄子学派以梦与醒的“物化”立论，教导世人当放下物质自我、社会自我乃至精神自我，以至于“坐忘”，才找到真正的快乐逍遥的自我。同时，也激励自我向超我（道我）努力，从而在将本我与超我贯通，做到即我即道、梦醒不二、进入无待的自由状态。

关键词:《庄子》 庄周梦蝶 内向传播 自我 超我

基金资助: 国家社科基金一般项目“海峡两岸数字公共领域与文化认同研究”（15BXW060）、福建省高校新世纪优秀人才支持计划项目“华夏文明传播与闽台传媒特区建构”的研究成果。

引言

认识自我，成就自我的永恒呼唤。

认识自我、超越自我、成就自我，是人类作为宇宙精灵的特殊之处。希腊阿波罗神庙墙上的箴言：认识你自己（Know yourself），中国哲圣老子亦提出“自知者明”，便是例证。文艺复兴时期法国思想家蒙田（Michelde Montagne，1533—1592）说：“世界上最重要的事情就是认识自我。”甚至，“在各种不同哲

* 谢清果（1975—），男，福建莆田人，两岸关系和平发展协同创新中心研究员，厦门大学新闻传播学院教授，博导，传播研究所所长，《中华文化与传播研究》主编，《华夏传播研究》主编。研究方向：华夏传播研究。

学流派之间的一切争论中，这个目标始终未被改变和动摇过：它已被证明是阿基米德点，是一切思潮的牢固而不可动摇的中心。即使连最极端的怀疑论思想家也从不否认认识自我的可能性和必要性”①。人类一切认识出发点与归宿点本质上都是因为自己，依托自己，安顿自己。从这个意义上，自我也应当是传播研究的起点与终点。认识自我的重要性，可借罗洛·梅的名言来去锚定：“人类的自我意识是他最高品质的根源。它构成了人类区分‘我’与世界这种能力的基础。它给予了人类留住时间的能力，这仅仅是一种超脱于当前，想象昨天或后天的自己的能力。……是因为他能够站到一边，审视他的历史；因此他能够影响他自己作为一个人的发展，并且他还能够在较小的程度上影响作为整体的民族和社会的历史进程。自我意识的能力还构成了人类使用符号这一能力的基础……使得我们能够像他人看待我们那样来看待自己，并能够对他人进行移情……实现这些潜能就是成为一个人。”② 人类能够学习，不仅从自己的经历中学习，而且也从他人，从历史的一切文本中学习，其实，学习，特别是那种思想领悟的学习过程本身是一个自我传播的过程。比如笔者下文要开始的，对《庄子》一书中梦文化的礼赞，正是因为庄周之梦开启了一扇人类自我对话和隔空对话的大门。本研究的价值与意义可以表述为：“个体的活动离不开自我，作为个体活动的觉察者、调节者与发动者，它可以使个体的活动具有独特性、一致性与共同性。不同的自我优势，会引起相应的自我评价与自我追求，进而去寻找理想的自我实现。所有的自我行动，都是自我的外现，其意义在于保持个体的心理平衡，使个体与现实世界的关系和谐。”③

近年来，笔者已发表了《内向传播的视阈下老子的自我观探析》(2011)、《内向传播视域下的〈庄子〉“吾丧我”思想新探》(2014)、《作为儒家内向传播观念的“慎独”》(2016)、《内向传播视域中的佛教心性论》(2016)、《新子学之“新”：重建传统心性之学——以道家“见独”观念为例》(2017) 等系列研究华夏内向传播的论文，试图从内向传播理论的视角重新解析中华文化，进而探索出一条传播学本土化研究的可能路径。本文即是从内向传播视角研究庄周之梦的新探索。

---

① 斯特·卡西尔：《人论》，甘阳译，上海：上海译文出版社，2003 年，第 31 页。

② 罗洛·梅：《人的自我寻求》，郭本禹，方红译，北京：中国人民大学出版社，2008 年，第 85—86 页。

③ 李海萍：《米德与庄子自我理论的现时代意义》，《太原城市职业技术学院学报》，2011 年第 2 期。

一、梦：一种内向传播的特殊形态

内向传播（intrapersonal communication），又称自我传播，人内传播。美国科罗拉多大学的 Donnar · R.Vocate 曾在 *Intrapersonal Communication*：*Different voice*，Different Minds 一书的序言中提到，1986 年查尔斯·罗伯特向当时的口语传播协会（SCA）提出成立一个内向传播专业委员会的申请，还引起了不小的争论，从此内向传播开始进入传播学的研究视野。总的来说，内向传播探讨的是自我对话（self talk），此时自我作为传播者，既是发送者与是接收者[①]。朱莉娅·伍德（Julia Wood）："自我传播（intrapersonal communication）是我们与自己进行的交流，或自言自语，或促使自己做某件特殊的事情或是决心不做。……自我传播是在自身内部进行的认知过程。而且由于思考依赖于语言——用语言为现象命名、用语言表示现象，因此这就是一种传播。"[②]国内学者郭庆光、陈力丹等对内向传播都有一定研究，他们都把内向传播作为一切传播的起点，也是一切传播活动不可缺少的环节。例如，郭庆光在其《传播学教程》中就认为，内向传播个人接受外部信息并在人体内部对信息进行处理的过程。国内华夏传播研究著名学者邵培仁和姚锦云认为："庄子发现了人类'交流无奈'的内在之因，提出了人类交流理想的实现路径。交流不在于外'传'，而在于内'受'，思想学说的不可通约与其说是学理上的，不如说是主观认识上的，即'成心'。因此，交流过程需要付诸'接受主体性'的努力，达到'心斋'和'坐忘'的状态，从而恢复一个'真宰'的精神世界,如'天府'和'葆光'一般。"[③]两位学者从人际沟通的角度探索人需要去成心以营造好的人际交往心理环境。而笔者则进而研究主体内部是如何凭借自我对话从而实现内心的澄明、清静与彻悟。

（一）解析与感悟：中西论梦之别

陈力丹多次撰文阐述梦是一种内向传播形态的观点。他说："每一个人的内心世界里都有一些白天不知道的经验和记忆储藏室，梦则打开了这扇通往自己世

---

① Donnar · R.Vocate，*Intrapersonal Communication*：*Different voice*，Different Minds，Psychology Press，1994，P3—31，

② ［美］朱莉娅·伍德（Julia Wood）：《生活中的传播》，董璐译，北京：北京大学出版社，第 22 页。

③ 邵培仁、姚锦云：《传播受体论：庄子、慧能与王阳明的"接受主体性"》，《新闻与传播研究》2014 年第 10 期。

界的门。大多数梦使用象征语言编织而成。象征语言的逻辑不是由时空这些范畴来控制，而是由激情和联想来组织。这不是人们在清醒世界里所通用的语言编码。所以大部分梦就像是没有被启封的信，让我们好像在与自己交流，但又无法与自己交流。”[①] 诚然斯言。梦本是不同于一般逻辑思维的人类思维的另一种方式，而这种方式的运用往往是在人的专注或焦虑之下产生。专注凝神下产生的梦可能是一种如同门捷列夫发现苯六边体结构的领悟之梦那个过程一样，能够直达事物的本质，而焦虑之梦则带来生理与心理的不安。而庄周梦蝶式的梦则是了悟万化流行，不拘不滞，物我一体的人生至高境界。

概而言之，西方对“梦”的研究，注重的是作为心理活动展现的一个窗口，“梦是对很多来自日常生活并全都符合逻辑秩序的思想的替代”[②]。尤其是精神分析学、精神病理学方面，往往把梦当成一种精神分析与治疗的手段。因为“梦”通常被认为是人的潜意识的表现，是许多生理与心理问题的根源所在。如此，通过“梦”的剖析可以掌握个体的心理状态与精神状况，这是西方科技理性的体现。即便是对东方心理学有深刻理解的瑞士心理学家卡尔·荣格也说：“梦是一段不由自主的心理活动，它拥有的意识恰好用于清醒时的再复制。”[③] 与此不同的是，《庄子》书中的梦则更多视“梦”为通向道境、悟境、化境的一个路径，即坐忘、心斋之后的一种精神状态。庄周之梦不是普通的生理、心理抑或精神方面的问题，而是境界的升华术，虽然《庄子》书中也有对梦产生的普遍性生理和心理有一定的阐述，但是核心不在于梦本身。更在于以梦喻道，以梦悟道。相对而言，儒家则更多强调的是通过梦来进行道德自律，孔子的周公之梦便是典型。著名学者刘文英说过：“在潜意识的层面上，由于自我意识不能控制，一切善的成分和恶的成分都会暴露无遗无遗。由此，每天人都可以根据自己梦中的所用所为，对自己的道德尽量做出客观的评价。”[④] 不过，总而言之，西方之梦研究重在解析，中国之梦研究重在感悟。从共通点而言，都希望通过梦的探讨，更为充分地认识

① 陈力丹：《自我传播的渠道与方式》，《东南传播》2015 年第 9 期。

② 弗洛伊德：《梦的解析》，周艳红，胡惠君译，上海：上海三联出版社，2008 年，第 307—308 页。

③ 维蕾娜·卡斯特，《梦：潜意识的神秘语言》，王青燕，俞丹译，北京：国际文化出版公司，2008 年，第 14 页。

④ 刘文英：《孟子的良知说与道德潜意识》，《国际儒学研究》第 10 辑，北京：国际文化出版公司，2000 年，第 231 页。

人的认知规律，并加以引导，以实现身心健康与人格升华。陈力丹就指出："依然故我，是人内传播的一种良好状态，要能够始终知道自己是谁，自己要做什么，想什么，自己为了什么而做什么。"[①]

（二）社会性与反身性：中西自我对话旨趣的殊异性

米德作为内向传播理论的创立者，在于他创造性地将自我区分为主我与客我。客我就是组织化的他者，是社会对自我期待的象征性表达。而主我则是当下的鲜活的个体存在，具有能动性去召唤客我，从而，使此两者在对话中实现自我的社会化。不过，应当注意到米德主我、客我观本是基于社会心理学层面上的观点。在中国情境下，客我（比如圣人）往往是先验的，固定的，当然也与经验相关，因为没有脱离经验的先验，先验只是在逻辑上存在，即逻辑的先在性。但在具体的情境中，先验也是可体验到、领悟到的，感知到的"知识"，比如"道"，比如"圣人"。在任何时代下，圣人都是理想的客我，都是"道"在人间的体现，圣人是道的载体。世人通过圣人窥见"道"的意义与价值。这是因为先验的东西，离不开经验的基础，好比如"道"作为哲学范畴，离不开作为路意义上的"道"，以及在具体事务中的"導"的功能。

相比于米德社会心理学意义上的主我、客我的自我观。道家的自我观，很令人吊诡，那就是往往不满足于当下的自我，例如对主我的认知上既警惕又依赖。警惕的是主我毕竟不是客我，不是道我，是存在不足的，是有七情六欲的，是还行进在通往圣人的路上的自我。重要的是自我要依赖主我，毕竟主我是能够主动以客我为参照来规范自我，修证自我。离开了主我，客我就没有意义。而且任何人走向客我的道路都是独特的，虽然方向是一致的。这就因为主我注定是独特的、具体的、有情境的。因此，米德更倾赖于主我，认为主我富有主动性，有创造性、独立性。

米德认为客我是建构性的，是主我不断建构出来的。而道家认为客我（道我）则更理想性和神圣性，甚至有着无穷的能力，等待主我去召唤，一旦召唤成功，主我就获得了超越，个体得以成就。相比而言，米德作为社会学家，关注的是自我的社会性。他提出的主我、客我的自我结构观，目的也是关注自我如何在社会

① 陈力丹、陈俊妮：《论人内传播》，《当代传播》2010 年第 1 期。

中自处，人是如何与社会互动，进而自我内在进行互动，当然这两个互动本身也是互动的。可以说，周而复始地进行的。而道家的自我观的结构关心的是自我的精神超越，追求的是自我对社会的超然与超脱。因此，并不侧重去追求社会价值的实现，而是追求个人性灵的安顿。因此，这也正是源于其自我内在结构的设定的殊异性，道家认为人与道是同构的，人具有道性是能够通达道，并成为道的自我。且只有成为道的自我——“道我”，人才是完美的人，才是超人、真人。这一点在《庄子》书中对真人入火不烫、入水不溺、逍遥自适的描述中可见一斑。因此，道家自我的修行讲究的是对社会价值的超越与否定，才能在内心深处实现真正的完全的纯粹的自由，否则，就会成为进道的障碍。

梦则是一种重要的自我启示路径，是启发自我能够放下主我，关注客我，成就真我。梦，其实是自我内在结构中主我与客我矛盾张力的舒缓者、沟通桥梁者。因为梦具有直观洞察事物本质的功能。梦的直观性有助于摆脱日常事项的干扰，直达问题的本质。梦境往往本身是问题的直接展开，因此梦境的感悟是破解现实自我困境的方式。笛卡尔也相信梦与现实一样具有真实性。并不是一切都需要“眼见为实”。或许梦中所见，亦是另外一种真实。要不执着于现实的真实，或许正是现实的真实阻碍了我们去了解和领悟另一种形态的真实，即无的真实。“人人都在梦中直接经验和感受到过另一个我们并不能接受为实体的经验世界，梦使我们领悟到我们并不是在一个唯一的真实的实体世界中去感觉，我们同样也在虚无的幻境中信以为真地去感觉。”①

或许正如《黑客帝国》所呈现的那样，我们梦可能被偷，从而活在别人精心设计的梦境中而不自知。当代《盗梦空间》的科幻表述梦其实原型当在于中外传统对梦的探索，只不过，用上了所谓高科技手段。因此，庄周梦为蝶，还是蝶梦为庄周，一时间成为无解的问题。蝶有没有梦，是人没法体验的，人所能体验的是人的梦，蝶或有其自己的梦的形态，或许蝶与人之梦也可以通约，世界本存在无限可能。比如神龟托梦于宋元君，龙王托梦于唐太宗。

梦与醒的矛盾，困扰人类数千年。笛卡尔提出“我思故我在”命题，始终还是离不开“我在”，他强调了“我”能够怀疑这一点是不能怀疑的，从而确证了我的存在。而道家对自我是否一定存在，并不执着，也许人的最好归宿是消融于

① 高秉江:《梦与自我意识确定性》,《学术研究》2004 年第 2 期。

道之中而不自知。因为任何的“知”都可能会产生焦虑。只有不知之知，才是最后的了脱。有知还是“有”的状态，无知才是“无”的境界。一切只为找到真我，实现自我内在的统一，而不是人格分裂，人前人后不一样。此时，“个体感到自己是独一无二的、拥有充分的心理稳定性的、不因内部或外部变化而改变的整体”[①]。庄周梦蝶式的梦正是一种找回自我的方式，以梦的方式实现自我觉醒。美国精神分析学家埃里希·弗罗姆（Erich Fromm，1900 — 1980）曾说：“沉睡之际，我们就以另一种存在形式苏醒了。我们做梦。”[②]梦能够折射自我的状态，梦甚至可以领悟自我的成长，梦本是我之梦，是为我而存在的。梦的属我特性，注定我们必须正视它，利用它，与它共生共存。甚至在西方，学者也越来越意识到，梦是人类反省的路径。“人们对于梦的认知有了重大转折：命运和上帝不再是决定性的因素，只有自身才是关键性的因素。梦属于做梦者，并与其生活状态有关，对于自我反省者来讲，梦的作用不可忽视。”[③]

这里顺便提一下古人“梦”（夢）的释义。《说文解字》：“夢，不明也”，字面含义是从夕，夕者月半见，日且冥而月且生矣。做梦大多为夜里，有夜长梦多一说。梦给人的印象是真真假假，难以说明。所谓“梦可道，非常梦”。陆德明《经典释义》认为夢本作㝱陆德明《经典释文》称“夢，本又作㝱”，《说文》中“㝱”从“宀”从“爿”“夢”声，“宀”，“覆也”，为梦者所居之处，“爿”“倚着也”，为梦者所倚之物，这是强调做梦的场所。许慎说“㝱，寐而觉者也”，段注认为“㝱”字的“寐而觉”与“酲”字的“醉而觉同意”（段注说“酲”是“醉中有所觉悟即是醒也”）。李小兰认为这两则注无意中触到了梦的真谛：寐与觉或醉与醒的悖论式统一。[④]《周礼》中得到六梦，第一个梦便是“正㝱”，段注中曰：“郑云。无所感动。平安自梦也。”显然是把祥和之梦，称为正梦。如此看来，“庄周梦蝶”自然是“正梦”，而且是能够带来觉悟的梦。

---

① 维蕾娜·卡斯特《依然故我》，刘沁卉译，北京：国际文化出版公司，2008 年，第 87 页。

② 埃里希·弗罗姆：《被遗忘的语言》，郭乙瑶，宋晓萍译，北京：国际文化出版公司，2007 年，第 5 页。

③ 维蕾娜·卡斯特：《梦：潜意识的神秘语言》，王青燕，俞丹译，北京：国际文化出版公司，2008 年，第 14 页。

④ 李小兰：《怎一个“梦”字了得》，《光明日报》，2017 年 3 月 20 日（第 13 版）。

二、庄子以“齐物”的方法重构梦境中的自我

如果说《逍遥游》是庄门的境界和人生追求目标的话，那么，《庄子·齐物论》则应是庄门的心法，是通达逍遥的方法论。无论是齐一物论，还是齐物一论，其表达的含义是共通的，那就是要去掉“成心”，即去掉物我，他我之分别心，有待心，以“道通为一”的心态与方法来处理有关系，具体可表述为“万物一齐，孰短敦长！”（《庄子·秋水》），“自其同者视之，万物皆一也”（《庄子·德充符》），“万物一府，死生同状”（《庄子·天地》），而总而言之，齐物是通道的方法。而齐物作为方法，说到底是一种思维的技术，是在思维或者说灵府，即在潜意识、无意识中，比如梦中都能够无碍地处理好“物化”的关系。从这个意义上讲，庄子之“梦”作为齐物的心路历程，是内向传播的一种特殊形式。笔者已在《内向传播视域中的〈庄子〉“吾丧我”探析》[①]中探讨“吾丧我”的内向传播意蕴，本文则从“庄周梦蝶”等庄子的梦论中，继续感悟其独特的内向传播智慧。

《齐物论》此篇的思路大体如下：庄周以“吾丧我”立论，提出物论纷呈，皆源于“我”执，当齐同而忘我。进而借以天籁、地籁、人籁为喻，指明人类因其纷繁复杂的心理活动，从而陷于“其寐也魂交，其觉也形开，与接为构，日以心斗”的无限焦虑之中。进而点出，造成此焦虑的根源在于“是非”在作梗。而“是非”的判断标准显然在于我“非彼无我，非我无所取”。人的身体百骸自有“真宰”“真君”治之，何劳我操心。而“我”所以操心，乃是因为“我”有“成心”，即心不虚。而心所以不虚，乃是因为人类的语言所带来的，因为语言本身是一种遮蔽。“言非吹”，语言毕竟不是“天籁”，能够“吹万不同，而使自己，咸其自取”。因此，对待语言，应是“至言不言”，“终日言，未尝言”。如何摆脱这种“是其所非而非其所是”的困境，唯有“莫若以明”，即“用空明若镜的心灵来观照万物”[②]。这种“以明”的自在自主,本质上是“不用而寓诸庸”,是谓无所用心而心自定自主。具体说来，是“圣人和之以是非，而休乎天钧，是之谓两行”。这样的心境是“孰知不言之辩，不道之道？若有能知，此之谓天府。注焉而不满，酌焉而不竭，而不知其所由来，此之谓葆光”。总之，以无滞于物的超然心境，收放自如地因应物我关系，物来则应，物去不留。

---

① 谢清果：《内向传播视域中的〈庄子〉“吾丧我”探析》，《诸子学刊》（第9辑），上海：上海古籍出版社，2015年。

② 方勇、陆永品：《庄子诠评》，巴蜀书社，2007年，第58页。

（一）庄周梦蝶乃是“忘适之适”的梦境

庄子梦论的殊异性在于他石破开惊地提醒人们，梦与醒并非截然分明的，那种平常以为自己是清醒的，或许自己正处于梦中。而自己处于梦中，尤其是祥和的梦中，正是天道的不可多得的敞开之时，也是自己心灵向道的敞开之时，此时的自我或许正是活得最惬意自然的时刻，正是这种时刻的超越性和创造性，庄子才感叹，大梦谁先觉。人们或许以为梦是虚幻的，不真实的，觉醒时的自我才是真切的。其实，经验也告诉我们，觉醒时的自我正因为有我执、我见，遮蔽了对真常的洞察，正由于我们是使用语言等各种符号的动物，符号所编织的意义之网，时常网罗了我们自己，以致看不到网外更广阔的世界。“梦”反而是放下自己的一种方式，在梦中我们超越的主体知觉的障碍，开启了在无意识或潜意识世界的无穷追问，那种更深层的意识往往是不被自我发觉的，而改造自我，升华自我则必须深入这一层面。《庄子·达生》有言：

> 工倕旋而盖规矩，指与物化而不以心稽，故其灵台一而不桎。忘足，履之适也；忘要，带之适也；（知）忘是非，心之适也；不内变，不外从，事会之适也。始乎适而未尝不适者，忘适之适也。

工倕的业务操作臻至化境，即“指与物化而不以心稽”，此时是“道也，进乎技”，手指与对象之间已没有分别，到底是“指”指向物，还是物追求“指”，彼此已相互转化。没有分别心于其中稽考。可知“化”境，是心泯，心死神活的状态。而“心”直白地讲，即是当下自我的意识。而“心”最为合适的安顿是“知忘是非”，“知”是小知，即间间，而忘是非之“知”是大知，则是闲闲的，亦即安适的。“心”的最高层面当是“忘适之适”。这时候的“心”的状态是“灵台一而不桎”。郑开对此解释说：“‘灵台’即深层意义上的心，‘一而不桎’即非常地专注，没有束缚，非常活跃。”[①]“灵台”是人心最纯粹自然的状态，不过，“一”当是一心一意，即整体性的，整全的，通畅的，与物和谐迁移。这一境界《列子·黄帝》亦有载：“心凝开释，骨肉都融，不觉形之所倚，足之甩履，随风东西，犹木叶干壳。竟不知风乘我邪？我乘风乎？”其中奥秘就在于“不知”即

---

① 郑开：《庄子哲学讲记》，南宁：广西人民出版社，2016年，第223页。

“忘”，而此时心则是凝而为一的，自然天真，活泼自在，任我逍遥。亦可谓“精通于灵府”，灵府乃精舍，是纯粹的灵能，它不是机心所在，而是常心之所居处。正所谓陶渊明所言“形迹凭化往，灵府常独闲”。这个灵府好比蜂巢中的蜂王，它是整群蜂的主心骨。但他却时常安然不动，而方有制群蜂之动。

苏轼在《书晁补之所藏与可画竹诗》中慨然写道：

与可画竹时，见竹不见人。
岂独不见人，嗒然遗其身。
其身与竹化，无穷出清新。

此真所谓以艺进道，道寓于艺！两者相通处在于“遗身”，即忘身，是为化境，我画竹与竹画我已分不清了，正是这种分不清，方可“无穷出清新”，仿佛自然天成。此意境乃是“庄周梦蝶”的翻版。

（二）“庄周梦蝶”喻示在“一成纯”中快乐自我

庄子学派继续了老子开创的“无”的智慧，不执于有，而以无的否定方式实现了对自我的圆满自足。这其实也是庄子内向传播智慧的源泉所在。因为众人只看到正的一面、有的一面，而忽视了反的一面、无的一面。而其实，此二者相反相成，不可缺少。如果我们把梦看作虚（无），而把醒看作实（有）的话，那么，“庄周梦蝶”的意蕴似乎就更清晰地呈现出来。虚虚实实，实实虚虚，不可执着。梦之虚却有悟境之实效，而醒之实亦有“分”之区隔，而区隔正是为了下一次的打破。未有醒之下的种种省思与追问，亦难有梦之中的超越与否定。纵观《齐物论》，没有对人心之缦、窖、密等真实情境的把握，没有对人生“终身役役而不见其成功，苶然疲役而不知其所归”困境的忧思；没有对“物无非彼，物无非是”的人类思维的反身性、对象性的思考；没有对道与物关系的洞察，没有对道与我关系的贯通追求；没有人类认识（即“知”）有限性的自我反思；没有对“圣人愚芚，参万岁而一成纯”的敬意，等等，庄周就只是一种漆园吏。而庄周注定成为中国文化史、思想史上的巨人，就在于他有着“念天地之悠悠，独怆然而泣下”的孤独感，又有着一颗终结世间一切苦难的雄心，因此，他又是神圣的，他仿佛就是人类自我觉醒的伟大导师，人类和谐相处智慧的奠基者。

庄子在人类过于注重外求，过于注重索取的时代，却能反其道而行之，向内求，学会放下，学会舍去身心的负累，无论是有形无形的财富荣誉，还是想得到、想不到的成见偏见和争强好斗之心，人生才会获得自由与快乐。而自由与快乐才是人生的底色与本质。不要为身外之物而迷失了自我，逐于物而成为物的奴隶。

三、庄周之梦：实现自我圆融自适的重要路径

《庄子》书中 9 篇 11 处提到“梦”，不过，限于篇幅此处围绕大圣梦、孟孙氏梦和庄周梦蝶这三梦来展开论述。梦其实是人认识对象性的另一种表现。梦一定程度上也是认识自我的路径。当然，《庄子·大宗师》明言：“古之真人，其寝不梦，其觉无忧”，这就是说，作为道之究竟的载体——真人——是睡觉不做梦的，因为他安心放心。这一定程度上也说明了梦是作为意识活动的过程性和对象性，也是人向真人转化过程中的必然现象。此外，栎社之梦、髑髅之梦、白龟之梦等都在一定程度上也是教导世人当放下有用无用的计较心和以我观之的人类中心主义的标准观；启迪世人放入生死之别，安顿爱生恶死的执着心；指导人们当意识到人的认识的局限性，不要执着自我的理性，因为理性皆有所困。

（一）梦如镜：“大圣梦”的自我镜像

梦犹如镜子，可于其中看到自己幼稚可笑，领悟人生苦短与世事无常。《齐物论》有“大圣梦”情节：

> 梦饮酒者，旦而哭泣；梦哭泣者，旦而田猎。方其梦也，不知其梦也。梦之中又占其梦焉，觉而后知其梦也。且有大觉而后知此其大梦也，而愚者自以为觉，窃窃然知之。“君乎！牧乎！”固哉！丘也与女皆梦也，予谓女梦亦梦也。是其言也，其名为吊诡。万世之后而一遇大圣知其解者，是旦暮遇之也。

这个梦表达了好几层意义：

其一，梦与现实并不一致，梦中饮酒纵乐，醒来却因残酷的现实而哭泣；相反，梦中悲伤哭泣者，醒来或许遇上田猎之快事。或许因此，世人常说梦与现实是相反的。其实也不尽然。就现实性而言，梦有一致有不一致，这也正是梦的奇

妙处，也是现实的多样性。

其二，更为复杂的是，在做梦之中，不知自己在做梦，而且梦中还梦到自己在做梦，似乎在梦中能够占问梦之究竟。直到觉醒后，才知道是一场梦。经验告诉我们，许多事情，醒着的时候未必想明白，然而在梦中想通了。由此看来，梦与醒着实是可以转化的。其实，结合前文，我们可知，庄子其实已经设置了常人与至人的不同。常人则拘于自己的时空与教养，从自己的角度来判断（自我观之），因此未能把握正处、正味、正色。至人的神奇之处在于不仅保有外在的自由自在，即“乘云气，骑日月而游乎四海之外”，还“大泽焚而不能热，河汉沍而不寒，疾雷破而不能伤，飘风振海而不能惊”。而且其内在还可以“死生无变于己，而况利害之端乎！”换言之，至人之超越处在于他外生死，泯是非，忘利害，同尊卑。总之，道之境是“圣人不从事于务，不就利，不违害，不喜求，不缘道，无谓有谓，有谓无谓，而游乎尘垢之外”（《齐物论》）。

其三，大觉而后能知大梦，愚者自己为自己是觉者，沾沾自喜自己知道。这其实正是小知与大知的区别。愚者（小知）知其一斑以为全豹。而能知此者，需要“大觉”。大觉是对醒的否定，是对觉与梦的双重超越。既不自恃己之已知，又不否定梦可启人感悟。人生便在于梦与醒之中流转。大梦者，因梦而悟道者，大觉者，反省觉之局限，当下之困，而以梦启我心智，不轻易否定梦的启示，也不拘于梦的启示，只是顺势而趋罢了。

其四，孔丘因拘于礼教而对有道圣人的状态不解，以至于否定，从而堵住了自己的进道之阶。从这个意义上讲，孔丘的才智则如同梦一般，迷惑了自己，而自己却不知道自己活在自己建构的知识的牢笼之中。而长梧子也自称自己如此评价孔丘其实也是一种执着，一种判断，凡为断言，便是迷误。因此，他自称与孔丘都做梦，都有局限。这正如黄帝问道的情节中所言的那样。知道是不知道，不知道是知道，这不觉得很怪异（吊诡）吗？

其五，庄子感叹曰：“万世之后而一遇大圣知其解者，是旦暮遇之也。”梦与醒的界限果真如我们平常知道的那样吗？果真不是我们知道的那样吗？要冲破这种思想的牢笼，是需要大圣大智，或许需要万世之长如同旦暮之短那般的探索，方能解脱这一困扰，因为“人之迷，其日固久矣”（《道德经》）。我们在语言的家园中生活，语言似乎成为我们的空气与皮肤，我们能离得开吗？而我们不在一定程度上疏离于言语，我们又不能走出自我。岂不悲哉？！庄子开出的药方是“和以天倪，因之以曼衍……忘年忘义，振于无竟，故寓诸无竟。”说到底，就是要脱离“有待”的境地。有待便有所困，如同蝉对翅膀的依靠。而庄周梦蝶又何尝不是一种不得已的一种隐喻，即因为蝶也需要依靠于翅膀呀。而正在似乎“山重水复疑无路”之际，庄子却又有说出了“物化”的道理，可谓“柳暗花明又一村”。物化者，陈鼓应先生解释为“物我界限消解，万物融化为一”[①]。方勇先生解曰：“一种泯灭事物差别，彼我浑然同化的和谐境界。”[②] 总之，与物同化，不分彼此，方是了悟。

汉学家爱莲心甚至认为此梦似乎较“庄周梦蝶”更有丰富的内涵。故事的情节确实更为丰富与曲折，喻义也更为深刻，当然少了份梦蝶的诗意与快意。“大圣梦”显得更为崇尚而严肃，话题有点沉重。或因如此，大道至简呀！梦蝶之流传更广泛深远。

（二）寥天一：“孟孙氏梦”的梦觉合一

《庄子·大宗师》中有借孔子与颜回之口谈论“孟孙氏之梦”：

颜回问仲尼曰：孟孙才，其母死，哭泣无涕，中心不戚，居丧不哀。无是三者，以善处丧蓋鲁国，固有无其实而得其名者乎？回壹怪之。

仲尼曰：夫孟孙氏尽之矣，进于知矣。唯简之而不得，夫已有所简矣。孟孙氏不知所以生，不知所以死；不知就先，不知就后；若化为物，以待其所不知之化已乎！且方将化，恶知不化哉？方将不化，恶知已化哉？吾特与汝，其梦未始觉者邪？

且彼有骇形而无损心，有旦宅而无耗精。孟孙氏特觉，人哭亦哭，是自其所以乃。且也相与吾之耳矣，庸讵知吾所谓吾之非吾乎？且汝梦为鸟而厉乎天，梦为鱼而没于渊。不识今之言者，其觉者乎，其梦者乎？造适不及笑，献笑不及排，安排而去化，乃入于寥天一。

此例子亦是借“梦”言人当如何处理自我与外物的关系问题，进而关键是要表述如何顺物化而不为自我情绪所左右。庄子学派时常要走打破世人对梦与醒的

① 陈鼓应：《庄子今注今译》上册，北京：中华书局，1983年，第92页。

② 方勇、陆永品：《庄子诠评》，成都：巴蜀书社，2007年，第96页。

执着，从而将自我从观念的束缚中解脱出来的自我升华之道。借助詹姆斯的物质自我、社会自我和精神自我的见解，庄子学派眼中的物质自我主要指人的形体及其与形体相关的各类财富；社会自我指人的各种身份和关系；精神自我比较特殊，不同詹姆斯心中指人能够指导日常生活的精神理性和精神气质，以实现对社会生活的应对。具体说来：

其一，不化的精神自我。庄子的精神自我是自我的归宿，是一种精神，是对现实的超越，例如，生死不入于心中，最终实现的是自我对自我的负责，而不是对社会的负责。在庄子看来，社会的名位是对自我的伤害，只有回避社会价值，回到自我，自我精神才能得到安顿。以孟孙氏之梦的故事来看，与其说，孟孙氏在处理丧事，不如说是他在安顿自我，以顺应自然的方式安顿自我性灵的方面来安顿亡灵，本身才是最好的安顿。孟孙氏母亲过世，他“哭泣无涕，中心不戚，居丧不哀”。这里的哭泣其实也不是真的，因为他只是“人哭亦哭”，因顺人心，不给自己留下麻烦，此谓“人之所畏不可不畏”（《道德经》）。此是社会自我的顺应。值得注意的是，文中提到“且方将化，恶知不化哉？方将不化，恶知已化哉？吾特与汝，其梦未始觉者邪？”庄子借以告诉世人大化流行，人的知识有限，面对即将变化的情景，我们何以知道那不变化的情况？遭遇不化的境况，何以知道已然变化的情景？事物的变化何以多样，这是事物的常态，也是道的常态。于此，孔子感叹他俩执着于礼教之悲伤情感，固执于名实之别，而未能化。因此，相比于孟孙氏，他俩更像是在做梦还没醒过来呢！为何孔夫子明明跟颜回谈论孟孙氏的事情，又何以说自己是在梦中呢？此处之梦更倾向于从常规意义上表述，那就是不真实的、虚空的，因为他们只拘泥于形式，而没有把握本真，以人之规范束缚了自我的身心，是一种“困”，一种“累”，如同噩梦一般萦绕在其身上，不得欢乐。因此孔子希望速速从中“觉”起。因此“觉”是一种破迷而悟的觉境了。孔子后文又强调如同作梦化为飞鸟而一飞冲天，化为鱼儿沉没于深渊，不知此时说话的我们是在梦中，还是在清醒状态？因为可能我们是做梦在一起说话，果真在一起说话了吗？最后作者表达了自己的看法：“造适不及笑，献笑不及排，安排而去化，乃入于寥天一”。适，本身是一种身心安适的状态，这种状态不用情绪去表达，一落言诠，便不自然；不期然而笑，笑得那么自然，没有任何做作刻意安排于其中，总之，顺应自然的安排去变化，如此，便能进入寥远天然的纯一之境。无梦无觉，亦梦亦觉。

其二，“骇形旦宅”的物质我。我哭之时，旁人都以为这就是“我”，他们哪里知道我果真不是我。也就是说旁人看到的是人的形，而不是我的神。而他哭所以“无涕”乃是因为他不以心伤身，是谓“骇形而无损心，有旦宅而无耗精”。形可骇（变化）而心无损，有躯体的转化而没有精神的损耗。这种信念本是“通天下一气”的表现。此为庄子对形体我的态度，更不用说对财富名誉等均视为浮云，此为庄子的“物质我”。

其三，“是其所以乃”的社会我。孟氏的社会自我体现在“不知所以生，不知所以死；不知就先，不知就后”。常人的社会自我是有先后、生死所体现的利益关系的杯葛，而孟孙氏则“不知”，用现在的话说，他不把社会的规范内化我自己的规范。生死之哀不起，先后之得失不较。此时状态就好比随顺事物的变化，以此处置那人力不可知的变化。

（三）自我与超我:“庄周梦蝶”的“物化”启示

《庄子·齐物论》结语曰：

> 昔者庄周梦为胡（蝴）蝶，栩栩然蝴蝶也，自喻适志与，不知周也。俄然觉，则戚戚然周也。不知周之梦为胡（蝴）蝶与，胡（蝴）蝶之梦为周与？周与胡（蝴）蝶则必有分矣。此之谓物化。

1.“庄周梦蝶”：在本我与超我的梦境

“庄周梦蝶”的情境是庄周式的，但做梦变为某种生物，如鸟、鱼、花之类的，则是人类的常态。然而此故事了了数语，却有着无穷意境。其根源当在于对人性的追问。蝴蝶其实是自我的镜像，深入而言之，是超我的表征，蝴蝶不是当下的自我，而是自我的究竟，自我的了脱。因此，显而易见，“庄周梦蝶”直接表现的是庄周这个“自我”（ego），与蝴蝶则应是个超我的表征。当然，一定程度上也可以看作本我（id），作为万物之一的我。因为庄周讲究的是物我两忘，当然，他反对以物役我，而是役物而不役于物，与物偕行。如此，我们则可以抽象地继承弗洛伊德的本我、自我和超我的自我观，但在内涵上加以改造。那就是，在庄周看来，本我是一种作为万物之一的我，没有人的特殊性，而具有物的共性，没有人的优势感与分别感。自我，则是处于社会情境中的我，是现实中操作的自我的提升与沉沦的我。超我，则是人作为类的存在的高尚性体现，抑或人作为文化的动物而产生的对终极真理的关怀与自我的永恒安顿的主体。其实，人作为进化中的过程存在物，时刻是本我，自我、超我共处于一身，本我的快乐原则易于迷失于众生之中，自我的现实原则则是在有时易于成为有违道义的下人与有时易于成为不食人间烟火的神人这两端之间摆动，而端赖于自己的灵能如何驱使自我。"庄周梦蝶"则意喻自我的提升与超越。

有学者富有创意地将蝴蝶视为本我，将庄周视为弗洛伊德的自我，并认为本我有走向死亡本能，自我则有充满爱欲的力比多，展示求生的本能。庄周力图追求"本我（id）"对"自我"（ego）的战胜，这便是逍遥游。[①]不过，笔者认为，梦蝶既然作为追求自由的象征，应当是"超我"的体现，而"庄周"则代表现实理性的自我。游之类的逍遥在庄子看来是可以实现的，那就是与道为一，也就是"物化"，亦即齐物，是自我的消融，本我与超我的贯通。但不能因此说明自我是障碍，恰恰需要"自我"的操控，自我最终埋葬了自我，这是自我的最大归宿。自我遵循现实原则，一直探讨在本我的快乐原则与超我的自由原则的平衡。放纵快乐原则终究害人害己，而如果一味不按本我的快乐原则的，超我的实现就没有动力。本我与超我似乎是两极，其实，在庄子看来是相通的。这个相通的桥梁便是"道"。道是"率性之谓道"，道是性的本然实现，不过，性是"天命之谓性"，是天然的，是纯粹的，而不是弗氏所强调充满性欲的本能。进而"修道之谓教"，是需要在修之中，不断去磨合自己的心性，将本我、自我与超我合一，并以超我为主导。道虽然是不以人的意志为转移，却是人的意志可以感通的。因此，我需要去"修"，这个"修"在庄子看来正是"心斋""坐忘"，正是逍遥游，正是万物相和之境，"无死地"（《道德经》）也。"庄周梦蝶"所以流行，正是其文本的象征意义深远，富有无穷的诠释空间。本我是原始的、非理性的、本能的。而超我则是理想的自我，是道德理念，是富有升华的、悟性的、超越性的。没有本我何来超我。"庄周梦蝶"，表面上只有庄周与蝴蝶两者，其实，还有道，亦即道我。因为一切都因为有我才有了意义。没有"庄周"这一现实的自我，蝴蝶和高远的道，没有任何意义。因此，笔者认为，蝴蝶与髑髅都是道的影子。

① 马荟苓，王爱敏：《从弗洛伊德的精神分析解读庄周梦蝶》，《湖南第一师范学报》2010年第5期。

2. 梦：通向觉醒之知的媒介

庄周与蝴蝶之间所以发生关联是梦的接引。“梦”何以能接引，而发挥媒介的作用，则因主体必有所求。“求以得，以罪以免”的欲望实现，如同蝴蝶的自由飞翔，而这一切的前提是，要进入梦（道）。蝴蝶作为物的存在都是有限、有形的、有名的、短暂的，而只有道才是永恒的、无名的、无形的。正如梦境一般神妙奇幻。物不化，则有阻隔。因为庄周之为庄周，他意识到物必有分，正因为物之分，则物之为物，而不能为物物之物的道。

其一，梦：开启深层自我认知的按钮

“梦”的内向传播过程何在，关系互动性何在？唯在一“化”中，蝴蝶本身就是由毛毛虫转化而来的，喻义“道”具有化腐朽为神奇的功能。经历由蛹到蝶的转变，这个去茧的过程，是孕育着新生命的过程，即化的过程。必须有所舍弃，才能实现超越。具体说来，“化”体现为“坐忘”，可以是“心斋”，可以是“吾丧我”。在此类情景下，庄周易于梦为蝴蝶，易于进入自我超越之境，换句话说，在此心境下，自我易于退位，超我易于上位，本我则易于消隐转化，进而呈现一派“虚室生白，吉祥止止”的和谐场景。吴光明在《尼采与庄子》一文中认为：

> 通过反思他的梦，庄子获得了一种觉醒之知：我们不能知道我们不变的身份。正是这种知，使做梦者（我们自己）从被客观实在论缠住的专横中解放出来。这是一种元知识，一种对自己无知的觉醒。这一觉醒的无知导致在本体论转化之流中的逍遥游。①

庄周梦蝶之梦所以是好梦，因为蝴蝶“栩栩然”生动活泼，而又“自喻适志”，即心灵似乎在尽情地诉说志向的舒适实现，即这种实现是没有代价的，是自然而然的。如同庖丁解牛一般，游刃有余，臻于舞曲之境。梦中之蝶已然不是现实中的蝶那样有生有死，而是不生不死的永恒自在，此时，蝴蝶的快乐是没有条件，也是不需要等待的，是谓“无待”。无待，即消融了现实的我与理想我的界线，即无我而有真我。无待本亦是无的一种形式，无是一种否定，更是一种超

① ［美］爱莲心：《向往心灵转化的庄子：内篇分析》，周炽成译，南京：江苏人民出版社，2004年，第102页。

越。郑开亦解说："'无待'就是指我们所进入的独立且自由的状态。我们既不需要凭借某种东西，同时，又将所有的外部条件统统去除，进而，将真正的'我'释放、发挥出来，这便是'无待'思想的精义。"[①] 或者，无待就是物我距离消融了，物我合一，蝶我合一，是谓"物化"，此时"出于无有，入于无间"（《道德经》），即谓"适志"，心想事成。如徐复观所言："惟有物化后的孤立的知觉，把自己与对象，都从时间与空间中切断了，自己与对象，自然会冥合而成为主客合一。……此时与环境、与世界得到大融合，得到大自由，此即庄子之所谓'和'，所谓'游'。"[②]

其二，醒：梦后的大觉

海外华人学者吴光明指出"庄周梦蝶"还包含着梦与醒之外的第三个阶段——大醒。大醒即"从醒中醒"，即"庄周认为他不是蝴蝶为'醒'，庄周不确定他是庄周还是蝴蝶则代表他从这个醒中'醒来'"。[③] 这种深沉的"大醒"，会带来"知不知"的认知转化。"知不知"的瞬间感悟，如同濒死体验一样，一下子便明白了活着时的迷昧而死时的明白。

庄周有名，成形了，则必有成心，而蝴蝶没有具体的名，故而是整全的，没有分化的，乃是永恒的。"蝴蝶的精髓在于'栩栩然'的翩翩飞舞——它从一个思想飞向另一个思想，从一个事件飞向另一个事件……它不否认梦与醒、现实与幻想、知与无知……它所能确定的，只是它从此"飞"到彼的状态。"[④] 蝴蝶是庄周力欲超脱的精神指称。是精神形式的庄周，即自喻其适的庄周，而"蘧蘧然"觉醒状态的庄周则是物质形式和社会形式的庄周。此二者是统一于庄周一身，又是分离的。因为精神状态的"我"是可以超越或忘记身体或关系形态的自我，故有"缸中之脑"一说。飞是一种穿越，从梦到醒到大醒，即悟，即由觉而悟。蝴蝶显然是庄周精神的投射。蝴蝶在别人看来可能是他者，但是蝴蝶在庄周看来则是从他者回归自身，进而反观自身，在这个过程中便是从与他者（蝴蝶）的对话（心灵感通）中，实现对自我与他者的同时"去蔽"，即同时实现对物化的顺应，

① 郑开：《庄子哲学讲记》，南宁：广西人民出版社，2016年，第207页。

② 徐复观：《游心太玄》，刘桂荣编，北京大学出版社，2009年，第98页。

③ Kuang-ming Wu，*The Butterfly as Companion*，NY：State University of New York Press，1990，P217.

④ 郭晨：《吴光明与爱莲心"庄周梦蝶"的阐释比较》，《漳州师范学院学报（哲学社会科学版）》2013年第3期。

而齐一，最终实现通过关注他者而实现回归自我的完整齐一，即灵与肉的统一。

正如汉学家爱莲心所说的，蝴蝶这一意象的选择，无论是有心还是无意，它本身是“化”的现实表征。蝴蝶从毛毛虫到蛹，到蝴蝶，实现了华丽的转型（transformation），即“转型为蝴蝶必须蜕掉原有的皮。这点表明仅有旧事物让位于新事物时，转型才会实现。且此种转型是一种内部转变，不需要任何外在媒介”。[①]

梦蝶中所提到的“物化”，在《天道》篇是这样表述的：“知天乐者，其生也天行，其死也物化”，相似的表达亦现于《刻意》中（“圣人之生也天行，其死也物化”）。既然天行与物化对举，那么其含义就应当是相对的。物化即天行，是天道自然而然的一种运动。人主动地进入天行物化之境，是圣人之为，其境界是“天乐”，本然的快乐，而为人欲之乐。庄子在“寐”和“觉”的转变中其实亦即在“物化”中休会到了自身的酣畅淋漓。此正所谓“大醒”。庄子并不停滞于对觉中的懊恼，而是于这一转变中感悟到，自然之道不可违。唯与将自我与道相通，即主我与客我合一，才能形神俱妙，快意人生。以至于他以各类形体残缺，但精神圆满自足之人来进一步展现“齐物”的奥妙。即万物与我为一，“我”与万物在大化流行中互为主体，彼此相通相化，“物有分，化则一也”[②]。值得注意的是庄子学派在《知北游》篇中亦有言“古之人外化而内不化，今之人内化而外不化，与物化者，一不化者也”，似乎是否定“物化”，不过，此处表述是“与物化”，而非“物化”。罗勉道解得好：“外化而内不化者，应物而心不与之俱，内化而外不化者，心无定而为事物所撑触也，与物化者，外化也，一不化者，内不化也。”[③]“古之人”是人心纯朴之世下的人，亦即庄子心中的理想人物，他们“外化而内不化”，是“承认并随顺外界的变化，与之一起迁移，但却保持自己的真然本性，保持内心的真宰，保持内心之真，不‘丧己于物’”。[④]

可见，“与物化者”，是主体随着他者变化，丧失了主体性，失去了自由与自在，不由自主。而“物化”则是表征物的齐一性与贯通性，物与物，我与物都紧

---

① Robert EAllinson，*Chuang-Tzu for Spiritual Transformation*：*An Analysis of the Inner Chapters*，NY：State University of New York Press，1989，P74.

② 马其昶：《庄子故》，引自钱穆：《庄子纂笺》，北京：九州出版社，2011 年，第 23 页。

③ 罗勉道：《南华真经循本》，《道藏》第 16 册，上海：上海古籍出版社，1996 年，第 110 页。

④ 奚彦辉，高申春：《心理学视角的〈庄子〉自我观探究》，《心理研究》2008 年第 2 期。

密无间，没有分别。“生物者不生，化物者不化”。[①] 物化是物之常，道之常。“天地固有常矣，日月固有明矣，星辰固有列矣，禽兽固有群矣，树木固有立矣。夫子亦放德而行，循道而趋，已至矣。”（《庄子·天道》）人顺道而为，与物无伤。“至德者，火弗能热，水弗能溺，寒暑弗能害，禽兽弗能贼。非谓其薄之也，言察乎安危，宁于祸福，谨于去就，莫之能害也。”（《庄子·秋水》）

“庄周梦蝶”流露出，庄子自我超越的意向，表达出对物我两忘境界的追求与向往，同时也表达了物我二分的常规思想的批判。正如弗洛姆所言，人的创造性工作是一种物我合一状态：“在每一种创造性工作中，创造者同他的工作材料结合为一，工作材料代表了整个外部世界。无论是木匠做一张桌子，还是金匠打一件首饰；无论是农民种庄稼，还是画家作画——在所有这些创造性工作中，工作者与对象都合二为一，人在创造过程中将自己与世界结合起来。”[②] 此所谓“道进乎技”。而最彻底的创造性精神活动，便是自我的形与神的美妙统一，实现形之安顺，神之灵妙，梦当是其最贴切的表征。“庄周梦蝶”之梦不是精神狂乱之梦，身体狂躁之梦，而是形就神和之梦。此种吉祥之梦本身是身心放松的表现。

弗罗姆还认为：“人——所有时代和所有文化之中的人——永远都面临着同一个问题和同一个方案，即：如何克服这种疏离感，如何实现与他人整合，如何超越个体的生命，如何找到同一。”[③] 在庄子看来，人源于道（齐一），因此人从本性上有着向往“道”那齐一且永恒安顿的诉求。人总感觉自身是被抛到世上的孤独的存在者，生不却，死又不能止，即便他有亲人，有朋友，他们也都只是共同通向“一”的桥梁，人在和谐的关系上更易于趋向本质上是以和谐为特征的“道”。庄子学派意识到人在内心深入有着拘于形体的现实自我，追求现实原则，又有一个追求超越、不满当下、追求无形境界的超我。正因为有对超我的追求，才体现了人为万物之灵的高贵所在。一般人追求的是物与我的分别，于分别上显示自我的殊异性；而圣人则反之，在物与我差别的消融中，展现自我的高贵性。上文已言的“大圣梦”启示我们：梦是实现超越的媒介。因为（大）梦联系着醒（觉）与解。通常的睡与醒的反复如同人处于钧之上，苦不堪言。而庄周梦蝶式的大梦，则产生了对睡与醒（觉）界限的消解，不认为醒时才是真实的，而

① 杨伯峻：《列子集释》，北京：中华书局，1979 年，第 2 页。
② ［美］弗洛姆：《爱的艺术》赵正国译，北京：国际文化出版公司，2004 年，第 22 页。
③ ［美］弗洛姆：《爱的艺术》赵正国译，北京：国际文化出版公司，2004 年，第 14 页。

梦中是虚幻的。反而，正是因为有梦的触媒，让人放下了执着，达到“悟”的境地。梦真乃造化的神奇表现。不过，白龟之梦则既表明物我可以感通，但同时也说明了理性是有穷困之虞。

刘文英指明蝴蝶梦状态就是“与大道合二而一”状态：“如果从艺术形象来看，我们可以把蝴蝶梦中的蝴蝶，视为大道的一个象征性符号，而‘梦为蝴蝶’则意味着庄子得道，与大道合二而一。若就思想境界而论，蝴蝶梦中的‘不知周也’，亦即‘至人无己’的形象化，表明庄子自认为他已达到至人的境界了。”[1] 故而，蝴蝶梦暗示主体精神的自由快适，蝴蝶梦的境界也就是“至人无己、神人无功、圣人无名”的境界，是物我齐一的物化状态，是齐同物我状态下一种逍遥自得、无挂无碍的自由境界，是物化的最高境界。

综上所述，《庄子》书中的“梦”是通向自我内在结构（主我与客我）的消融的重要方式，也是实现自我升华的路径。因此，引入内向传播的理论视角，有助于我们更深入地剖析《庄子》的自我观，并进而实现中西内向传播理论的跨越时间的对话，意义深远！

---

① 刘文英：《庄子蝴蝶梦的新解读》，《文史哲》2003 年第 5 期。

江西玉笥山道梦园文化内涵设计刍议

曾　勇*

前言：从中国梦到道之梦

2016 年 4 月 22—23 日，全国宗教工作会议在京召开。习近平总书记强调，新形势下，我们要坚持和发展中国特色社会主义宗教理论，全面贯彻党的宗教工作基本方针，分析我国宗教形势，研究我国宗教工作面临的新情况、新问题，全面提高宗教工作水平，更好地组织和凝聚广大信众群众同全国人民一道，为实现“两个一百年”奋斗目标，实现中华民族伟大复兴中国梦而奋斗。

实现中华民族伟大复兴的中国梦，不仅要有经济实力的支撑，要有强大国防的保障，更要有民族文化的自信。“文化是民族的血脉，是人民的精神家园”。中华文化的根底全在道教。道教是中国本土宗教，内含中华民族传统文化的优秀成分——我们知道，所谓“文化”，实乃“人文化成”之简称，其内涵有二：其一，人类活动留下的文明成果，即“人化”遗产；其二，出自《易经》贲卦的彖辞，其辞曰：“刚柔交错，天文也；文明以止，人文也。观乎天文，以察时变；观乎人文，以化成天下。”所谓“化成天下”，就是用人类文明的成果来教化、涵养人们的性情，使之有教养，高贵得体，有风度，谈吐文雅，懂礼貌，经“化人”而“成人”——成为文化意义上的人：也就是让自然生命得以涵咏成为文化生命。当下的文化工程与产业，正是借助工程与产业以教化生民，其中，文化是工程与产业的精神与灵魂，工程与产业是文化的载体与平台，人是关联二者的主体要素。

峡江地处江西赣江的中段，是千里赣江最狭处，故称峡江。玉笥山兀立峡江

* 曾勇（1971—），男，湖北枣阳人，江西师范大学马克思主义学院副教授，研究方向：中国哲学、伦理学、思想政治教育。

东岸，古代文人或逆水而上，上吉安，跑赣州，或顺水而下，到南昌，走九江，峡江是他们的必经之地。独特的地域水文，孕育了悠长的玉笥山道文化。

一、玉笥山之绿野仙踪

江西省是道文化大省，自古以来道风盛行，仙踪旖旎。玉笥山位于赣江东岸，背临峡江，绵延数十里，风光秀丽，气候宜人，号称赣中一颗明珠。唐代杜光庭（850—933）《洞天福地记》，将玉笥山在道教名山中列为“第十七法乐洞天”“第七郁木福地”。元代著名文学家、书法家、史学家揭傒斯（1274—1344）在《承天宫记》一文中写道：“天下称名山，在大江之西者有三：曰匡庐、曰合皂、曰玉笥，而玉笥尤为天下绝境……兼有洞天、福地之重。”有诗云：“大江之西洞庭东，三山鼎峙争长雄。玉笥嵯峨与天通，千回万转重复重。”玉笥山因境而闻名，因道而神秘，弥漫着绿野仙踪。

玉笥山之冠名，具有传奇色彩。玉笥山原名群玉山，因为北山遍地都是青黄红白黑五色石，故称“群玉”。据元虞集《清真观碑记》载：汉武帝大肆封禅，游遍天下名山，相传曾于此受西天王母《上清宝箓图》，时见天降白玉笥于太白峰。武帝派人前取，不料风雨乍起，卷玉笥而去，玉笥山便由此而得名。

玉笥山风光秀丽，有 6 石、7 洞、32 峰，自秦汉以来，历为方士、道士修真炼丹之所，成为著名的道教仙山。据经史记载，从秦代至元代，许多高人雅士，如秦代孔丘明、何紫霄，汉代梅福，晋代郭桂伦，唐代罗子房，宋代沈道麟等，曾先后结庐山中修炼，据说，皆得“道”成仙。唐、宋时期玉笥山声名远播，山上建有：承天、大秀两宫，开明、冲虚、乾元等 21 观，梅仙、麻姑、白鹿、送仙等 24 坛，待鹤、百花等 11 亭，杜真、鸣琴等 12 台。进山学道者如过江之鲫，道徒多达 500 余人。唐玄宗、宋真宗都曾赐额（“云储寺”“云腾飚驭”）或遣使祭祀，玉笥山更是名声大振。道风所及，泽润坊间。奔玉笥山访道祈梦，遂被纳入当地百姓的寻常日用，渐次成为民间节庆；有关玉笥道梦的草根活动，遂成为民俗文化的重要内容。

二、先觉楼之陈抟梦功

玉笥山著名景点很多，宋代所建的先觉楼（俗称“梦楼”）尤为闻名，其中奉祀陈抟老祖（871—989），被百姓尊称为“梦老爷”。据说，梦老爷所赐之梦，尤其灵验。在某种意义上，梦老爷赐梦，可谓“先觉觉后觉”。在常人眼中，梦与觉是两种截然不同的生命存在状态，然而，在陈抟老祖那里，却有另一番生命景象。

宋希夷先生陈抟图南著《睡功诀》云：“龙归元海，阳潜于阴。人曰蛰龙，我却蛰心。默藏其用，息之深深。白云高卧，世无知音。”

据《希夷先生陈抟字图南》载，陈抟隐居武当期间，传说某日先生夜静焚香读《易》时，有五位阔面白发老者飘然而至，告知其为日月池龙。他日先生静坐修炼，再受五龙意旨，令其闭目乘风，终宵飞至华山。于此得《赠金励睡诗》两首。其一曰：“常人无所重，惟睡乃为重。举世皆为息，魂离神不动。觉来无所知，贪求心愈动。堪笑尘中人，不知梦是梦。”其二云：“至人本无梦，其梦本游仙，真人本无梦，睡则浮云烟。炉里尽为药，壶中别有天。预知睡梦里，人间第一元。”今人刘咸炘先生认为：“其睡殊不可测，必有所受”。刘先生认定陈抟之睡乃修炼功夫，也肯定其师出有名，虽未细究其睡功之师承，却明确指出其后学之昌炽：“宋初北方学者，大抵希夷之再传。其为道士者，一传张无梦，再传陈景元，亦为道教之宗。昔人不察，则徒以为神幻隐逸云。”[①]

《睡诗》亦道出睡功要义，所谓“炉里尽为药，壶中别有天”，实乃以神气合丹药之仙方，而且此等仙方乃于睡梦炼就，易言之，睡梦亦仙功，但此睡不同于世人常睡——“举世皆为息，魂离神不动。觉来无所知，贪求心愈动。”——世人以睡眠为休息，睡中魂游离而梦不断，觉醒来而神不知，徒增贪求嗜欲，此类嗜欲又渗透于昼夜作息之中，反复不断。世人日之所作大多为俗务所累，其夜之眠原本以息养元，却又因日之所思而夜以为梦，如此一来，昼夜劳身害神不得消停，其梦已经危及身安体健却不自知。与“尘中人”不同的道门人，以睡为功，交神合气，“蛰心”养元。

有关“默藏其用”条，常遵先注曰：“此处又引出一‘用’字，可知蛰伏之时，并非毫无作用，不过默默无言，藏修其作用也。夫藏修之道，圣人仙佛，都不外此功夫。有天翻地覆之玄，有小往大来之妙，有阴阳变化之机，有神鬼莫测之奥。用之于顷刻便可延年，用之于一年便能形化，用之于九载则身外有身，用之于外功则脱形应诏，用之于服食则白日飞升。用之为义大矣哉！惜乎世人用之

① 刘咸炘著：《道教征略》，上海：上海科学技术文献出版社，2010 年，第 80—81 页。

于声色货利，所以精尽血耗；用之于富贵功名，所以神离气散。陈子戒人用之于身心，默藏勿露，是以永久不移，不为外物所扰也。”

至于“世无知音”条，汪怡宽解曰：“人总无知睡里能行神凝炁养之法，如有知者，志之法即抱一心空，神安虎穴，观中意净，炁养龙宫。人未睡目时，先睡心，前如不思，后当勿想，现在放下，只一念注在二目齐平处。观随念至，念随息至，由外窍至中窍，至内窍，久视不怠。心如水之澄，如月之明，息现当前，直至炁穴。呼则前降，吸则后升，冲脉中通，运行任督。《阴符》曰：观天之道，执天之行，尽矣。”于此，陈撄宁按：“希夷睡里行动，原本《易象》：‘响晦晏息’。响晦，夜也；晏息，睡也。睡时心无物欲之想，只一念神凝炁穴，久之自然关开窍通息现，百脉周行，如是睡去，惺惺然妙实无谁，奈世无知音何？”[①] 由此可见，道门之睡实乃修炼功夫。

白玉蟾（1134—1229？）深受希夷先生《睡功诀》的影响，他在《玉壶睡起》中坦陈：“白云深处学陈抟，一枕清风天地宽。月色似催人起早，泉声不放客眠安。甫能蝴蝶登天去，又被杜鹃惊梦残。开眼半窗红日烂，直疑道士夜烧丹。”（《白玉蟾诗集新编》，第142页。）白玉蟾撰写《屏睡魔文》深入探究道门梦功睡方。文中，他一方面自谦睡功不及陈祖，如说“吾非陈抟，梦入鸿荒”，另一方面，从人生不过百年之事实出发，感叹时人却因心魔促睡而自误其生却不自知之遗憾，揭示睡魔之于“心天性海”之纷扰厉害，反衬炼心屏睡之于长生不死之不可或缺。所谓“神清魔去”，或“神昏魔生”，在白真人那里，只是现象性并列描述，而非逻辑性先后关联，其主旨在于警示修道之士，应时时刻刻都作自己的人生主人，而且要以非凡的生命意志，轨心导正，凝神聚气，即便是睡梦中，也不得放松修持工夫，要作自我灵性的主人，无论昼夜觉醒。正如胡孚琛先生所言：“丹道修炼工夫最忌讳将白天和黑夜分为两橛，必须觉醒和睡眠打成一片，梦中仍能修持，才算上了轨道，走入正途。”[②]

这种昼夜如一、梦觉一意的修持工夫，在常人看来是不可思议的事情，但在丹道修炼者眼中，人生何时不炼丹？炼丹合药又何曾在意多少外在时空变化，但

① 胡海牙总编、武国忠主编：《中华仙学养生全书》（中）卷四之《仙学文献辑录》，北京：华夏出版社，2006年，第667—669页。

② 胡孚琛：《从道学文化看睡眠与梦》，詹石窗主编：《梦与道——中华传统梦文化研究》（上），北京：东方出版社，2009年，第85页。

求把玩自家宝贝，净心诚意，内观返视，使其动作张弛频率、闭合节奏，契合道韵仙律。“梦功”睡方乃协同昼夜觉醒之生命修为，而这种“梦功”睡方直指道门理想“瑶池圣境”。

三、道梦园之文化要义

玉笥山文化建设，可以陈抟老祖之信奉为中心，以道之梦为主线，以产业开发为依托，展示传统道梦之文化内涵，挖掘其现实意义与价值。让民族（民俗）文化通过产业得以传承，使社会经济活动因文化而彰显灵魂。

道教文化博大精深，玉笥山道梦园文化内涵丰富多彩。玉笥山道梦园理应成为弘扬人文精神的重要民生工程。玉笥仙山不仅是玄门修道合真之宝地，也是历代文人墨客雅集之重镇，更是远近信众百姓祈梦还愿之首选。历史文化名人如欧阳修、王安石、黄庭坚、文天祥、邱处机、白玉蟾等都在此留下足迹，撰写精彩的诗作。此外，还有不少状元、进士来此驻足祈梦、挥毫泼墨，仅是明清时代文人在玉笥山留下的诗、词、赋，就有三百多篇（首）。这些都是玉笥山道梦园重要的文化素材。

玉笥山道梦园文化内涵设计可以考虑以下几点：

（一）有关文化定位。玉笥山道梦园之文化，可以采用广义的寻道祈梦文化。此道包括生命大道、个人生存与发展之道、人生究竟之道，但其中心还在于道教之道，主线在于仙真赐梦与梦者祈梦之间的“人文化成”关联。从“人化”与“化人”两个层面，展示玉笥山道教有关“先觉觉后觉”的文化奇观。

（二）有关素材选取。玉笥山道梦园之文化素材，可以甄选道教历史人物（如丘处机、白玉蟾等高道）在玉笥山的道教活动，还可以选择道教之外，如欧阳修、黄庭坚、朱熹、文天祥、揭傒斯、胡俨、王阳明、罗洪先等名流（基本都曾在庐陵地区生活、工作、交友、讲学过，更有甚者，有些即为本地人士）与玉笥山相关的活动与著述，勾勒这些名人与道教人士的交游，突出道教之梦对其人生与事业的内在关联，力图确立玉笥山道梦在庐陵文化中的价值与意义。

（三）有关文化展示。玉笥山道梦园之文化展示，可以考虑个体与群体相结合的方式。个体人物应具有典型代表性，如罗洪先之“征梦夺魁”故事【罗洪先（1504—1564），字达夫，号念庵，江西吉水人，嘉靖八年（1529）己丑科殿试头名状元，并授翰林院修撰。明嘉靖时，吉水才子罗洪先曾祈梦于祠，因人多无处下榻，独自徘徊亭中，赏月吟诗，通宵未眠。是夜，山上梦者均得神告："百花亭上状元游。"后罗洪先果一举夺魁，并在百花亭上留下绝句一首："黄叶铺阶枕碧溪，白云深处不闻鸡。廿年尘土归问梦，肯受山灵幻境迷"】——而信众群体的展示，应以宏大的活动场面，来凸显玉笥山道梦广泛的社会影响，尤其是对商贾农工的心理引导。

（四）有关创新转化。借助传统道梦文化，创造性转化其现代价值。围绕陈抟老祖梦觉一体修炼方式，发掘现代社会不可或缺的专注意识与工匠精神，启发个人"真心诚意"，专注内炼，反求诸己，福在自得。

四、余论

道教文化主张："道法自然"，"我命在我"，"人能弘道，非道弘人"。玉笥山道梦园建设，应立于"道通天下"之高度，自觉于民族文化传承之担当，自信于人文精神弘扬之笃实，以产业为载体，以文化为灵魂，突出玉笥山道教文化的特色，借鉴异地同行的成功经验，打造峡江独到的文化平台，助推经济社会不断前行，增力国计民生良性发展，为民众身心灵的协调安康、家庭的和谐美满、事业的持续拓展，提供不竭的生命智慧。

据了解，目前国内道教以梦为主题的文化产业屈指可数，较有影响的有福建省福清市的石竹山——海南玉蟾宫建了梦文化长廊，其内容较为丰富，但未及产业规模。福清石竹山自古是道家方士修仙炼道的道教名山圣地兼容儒佛文化的宗教场所。石竹山的宗教文化起于汉唐的道文化，再融入宋代的禅文化，到明清时代，又融入了儒家文化，以至于形成了独特的"以道为主，兼容释、儒"的文化景观。石竹山的道教文化有许多奇绝之处，主要有"一梦（祈梦）、一签（抽签）、一春（接春）、一愿（许愿）、一生辰（元辰保护神）"。经由精心打造石竹山文化建设之规模效益已见成效。据统计，近几年石竹山景区每年接待的游客都多达三四十万人次。

其实，石竹山全山面积为 13.31 平方公里，最高峰海拔达 534 米。与之相较，玉笥山道梦园却独具优势。玉笥山坐落在峡江县城西南 2.5 公里处，方圆 108 平方公里，最高海拔 486 米，核心景区面积 3.18 平方公里，其自然条件不在石竹山之下。在历史文化方面，玉笥山也有比较优势，作为庐陵文化的一部分，有着丰富的可圈可点的人文素材。尤其是道教文化中，强调的"道通天下"与"道性自足”的观念，与当下倡导的个人奋斗、造化由己的观点，以及时代急需的专注意识与工匠精神，是契合共鸣的。打造玉笥山道梦园文化产业园，对于个体寻梦、民族圆梦，是恰逢其时的天赐良机。

道教“梦”意象的神学化及其实践意义

——以“庄周梦蝶”为核心的考察

李　霄*

内容提要： 梦不仅是一种生理现象，同时在道教及中华传统文化的大背景下，都有着其更为深刻和独特的象征意义。本文旨在，通过对道教内外与梦相关的内容的简要梳理，在对比过程中简论道教对“梦”意征进行解释和应用的异同之处。并经由对《庄子·齐物论》中“庄周梦蝶”的新视角解读，探讨其中对于道教神学构建的意义。

关键词： 梦　道教　庄周梦蝶　道教神学

郑国子产有云：“天道远，人道迩，非所及也。”在中国古人的思想里，天与人之间始终存在着一条难以逾越，至少是清晰可见的鸿沟。但是不论从商人自称为“天人”，还是周公“皇天无亲，惟德是辅”的“以德配天”，敬德而受天之命的思想；乃至春秋战国的诸子百家对于天的各种理论，如道家“人法地，地法天，天法道，道法自然”，儒家人性与天命的关系探究，墨家“天志”思想宣扬等等；以至西汉董仲舒的“天人感应”“人副天数”，都可以看出，早期的中国文化及其所在的社会大思想背景，均试图去弥补这条天人之界，实现与“天道”相合，天人相通，最终寻得人生价值追求的至真至善之原则和社会运转治理的有序有效之方法。

但是天与人之间难以抹除的差距，以及《荀子·天论》中所云“天行有常，

* 李霄（1994—），男，山东潍坊人，四川大学道教与宗教文化研究所硕士研究生在读，研究方向：道教思想与文化。

不为尧存，不为桀亡”[①]的完全客观性，使得“天命”之所授，“天道”之所知，并不能像西方基督教文化背景下的以直接性的“语言”所传达，定下明确清楚的“十诫”规范。而是要在“人副天数”的天人构造相似性的理论前提下，借助各种人间可接触到的“媒介”来体悟。自三代以降，灾祸、异象、怪物、奇梦等怪事奇谈在历代史书或民间方志中皆多有记载，种类更是繁复更杂。且对如此各种现象做以解读而得对未来事的预知和指导，更是古人乃至今日所乐此不疲的。古起占巫卜祀，后成谶纬学解，都是对这一系列的“天降”之事加以记述和解读，以求背后至理，通达天道。

《周礼》中有记：“以日月星辰占六梦之吉凶。一曰正梦，二曰噩梦，三曰思梦，四曰寤梦，五曰喜梦，六曰惧梦。”[②]由此可观，先秦时期人们便已经开始对梦进行一种系统性的区别于划分，将梦根据不同类型和内容划分为六个种类。而这种行为必然奠基于对梦这一意象本身的重视和意图深入之行为。同为上之记，又有：“掌三梦之法，一曰致梦，二曰觭梦，三曰咸陟……以八命者，赞三兆三易三梦之占，以观国家之吉凶以诏救政。”[③]梦之所解从其时便被认作可与卜兆、易占共同作为“国家之吉凶”而求“救政”的方法。通过不同占梦术式，对各种梦意象因素加以分析，从而获得对未来之事的隐喻性指引。且不论在统计学角度的成效如何，及是否此种行为的仪式性远远大于其实效性，至少可以看出，在周朝的中国社会整体文化认同层面上，“梦”意象及“占梦”行为的解读便已经具有相当重要的意义和地位。同样在道教当中，通过梦的“隐喻性”来为修行者传达某些修炼信号及境界信息也相当流行。道书《上清太上黄素四十四方经》里有言：“凡道士登斋入室，忽有灵感妙应，应当有吉祥之梦者，皆道之欲成。”[④]梦在此作为一种成仙可能性的征兆式确证，来告知“道之欲成”的信息和可能。南宋金允中在《上清灵宝大法》卷六三晨芒耀品中记饮斗光法时，其注曰“久行之有

① （清）王先谦撰，沈啸寰、王星贤校：《新编诸子集成·荀子集解》，北京：中华书局，1988年，第307页。

② 《周礼·春官》，《周礼注疏》卷二十五，《十三经注疏》，北京：中华书局，1980年，第808页。

③ 《周礼·春官》，《周礼注疏》卷二十五，《十三经注疏》，北京：中华书局，1980年，第806页。

④ 《太清太上黄素四十四方经》，《中华道藏》第1册，北京：华夏出版社，2004年，第632页。

验，则梦见日月星辰，或龙虎之象，或雷电光耀，则得其梯阶也。”[①] 从这里可以看出，梦的意象有了简单的划分，不同的景象所指向不同修炼“梯阶”。可见梦象在道教当中的预兆启示的内涵意义亦颇受重视。梦的显遇与否、吉凶性质、所见意象都与道士成仙与否、层次到达有着密不可分的关联。

正是这种对“梦”可通神秘，得悟天道的认知，使得各种史书典籍、民间方志在记叙贤君良人降诞之时，也往往以异梦托象的方式来增添其神话色彩，为其后所成大名伟业比附以“天道神命”的宿命论因果关系。《汉书·高祖纪》中有曰：“母媪尝息大泽之陂，梦与神遇，是时雷电晦冥，父太公往视，则见交龙于上，已而有娠，产高祖。高祖为人隆准而龙颜，美须髯。”此便记写了汉高祖刘邦之母曾有梦中与神相遇的神奇，又伴随雷电、龙腾之异象，而后则产高祖。高祖样貌亦不同寻常，故而可成覆秦开汉之千秋帝王。此种记法，不仅正史颇多，道教典籍之中更可寻笔象，如《许真君先传》中记晋代净明派祖师许逊许天师所生之时，有曰：“初母夫人梦金凤衔珠堕于掌中，玩而吞之，及觉腹动，因是有孕，而真君降生焉，时吴赤乌二年正月二十八日也。”元赵道一编《历世真仙体道通鉴》中载隋唐高道王远知降诞之时，亦有“道士琅琊王远知，陈扬州刺史昙首之子。外祖丁超，梁驾部郎中。其母因梦灵凤，有娠，僧宝志曰：生子当为神仙宗伯也。”[②] 均为其母梦见奇景异象，因而有娠。与上文在道士修炼过程中的梦像所不同，这里的梦不仅仅是一种信息讯号的传达。因梦异象入腹而得有神人之诞，其背后更蕴含着一种“神秘”借助梦的形式降临，不得不说可以将其看作一种人间界与神仙界打通与连接。

也并非所有对梦的理解都与神意天命所纠缠不休。《黄帝内经》中对于“梦”有相关记曰：“是故阴盛则梦涉大水恐惧，阳盛则梦大火燔灼，阴阳俱盛则梦相杀毁伤；上盛则梦飞，下盛则梦堕；甚饱则梦予，甚饥则梦取；肝气盛则梦想，肺气盛则梦哭；短虫多则梦聚众，长虫多则梦相击毁伤。”[③] 于此是将梦像所表征出来人体机理状态与中医以阴阳五行为基础的病因病理理论相结合。《列子·周穆王》中亦有相关论述：“故阴气壮，则梦涉大水而恐惧；阳气壮，则梦大火而

① （宋）金允中编：《上清灵宝大法》，《中华道藏》第 34 册，北京：华夏出版社，2004 年，第 36 页。

② 《历世真仙体道通鉴》，《中华道藏》第 47 册，北京：华夏出版社，2004 年，第 386 页。

③ （唐）王冰饮注：《黄帝内经素问补注释文》，《中华道藏》第 20 册，北京：华夏出版社，2004 年，79 页。

燔焫；阴阳俱壮，则梦杀生。甚饱则梦饥，甚饥则梦取。是以以浮虚为疾者，则梦扬；以沉实为疾者，则梦溺。籍带而寝则梦蛇，飞鸟衔发则梦飞。将阴梦火，将疾梦食；梦饮酒者忧，梦歌舞者哭。”显然《列子》所记明显对《黄帝内经》进行了摘取补编，但是二者都将梦看作人身体机能变化的生理反应。但《列子》载此所意可能并非同《黄帝内经》是以释病因机理，而是由梦像可对人身体变化产生反应，来探论前文所提梦境可彰示道士修炼与成仙进度的关联性。因而《列子·周穆王》中又有所述：“觉有八征，梦有六候。奚谓八征？一曰故，二曰为，三曰得，四曰丧，五曰哀，六曰乐，七曰生，八曰死。此者八征，形所接也。奚为六候？一曰正梦，二曰噩梦，三曰思梦，四曰寤梦，五曰喜梦，六曰俱梦。此六者，神所交也。”在此列子不仅对人的外在感觉与内在梦境做了区分，其所提到“此六者，神所交也”，还表述了其认为“梦”是得以与神明或神意相遇相交的途径的思想。

但是上述道教当中对梦的解用，多是对传统解梦相关文化的神学升华。而真正涉及围绕“梦”的意象及概念，构建具有道教特色的神学理论体系，当是自道家《南华真经》即《庄子》中的思想论述始。现存郭象本《庄子》计三十三篇，这其中论及梦与相关意象的便有十一处之多。有的是以记叙奇物托梦，通过梦的方式传达道理，一如《人世间》中的“栎树梦”传“无用之用”的道理，又或《至乐》中“髑髅梦”，通过枕睡髑髅而得与之相谈，感悟人生因所别所想而累。有的则是通过对梦的分析和寓意性的梦意象来表达自己的观点，正如《齐物论》中“庄周梦蝶”。

“梦饮酒者，旦而哭泣；梦哭泣者，旦而田猎。方其梦也，不知其梦也。梦之中又占其梦焉，觉而后知其梦也。且有大觉而后知此其大梦也，而愚者自以为觉，窃窃然知之。”[①] 庄子实际上通过《齐物论》中这段对“大梦”“大觉”的论述提出了一个哲学层面的问题，我们如何证明自己是醒是梦？“觉而后知其梦也”“且有大觉而后知此其大梦也”，只有我们有了“觉”这已确认或者是认定的清醒状态下，我们才能对比出我们“梦”的状态。而如果我们不知道我们到底是否是清醒的，或者我们的清醒又是否是“真正”清醒，我们怎样去判断呢？这不就是“而愚者自以为觉，窃窃然知之”了吗？

① 陈鼓应：《庄子今注今译》，北京：商务印书馆，2007 年，第 102 页。

正如道教之中所津津乐道的“黄粱梦”一样。改编自唐代小说《枕中记》中道士吕翁与卢生的故事的“黄粱梦”，通过人物角色兑换成吕洞宾与汉钟离，写了吕祖在入道之前赶考过程中，因得遇汉钟离，而在梦中历经了自己人生的波折起伏，跌宕迷情。醒来却发现“这一辈子”竟然只是连黄粱米都未曾做熟的梦境。从而得悟人生须臾短暂，潜心入道，从而传为佳话。

《齐物论》篇末尾，庄子又向我们抛出了另一个问题，即“庄周梦蝶”。“昔者庄周梦为胡蝶，栩栩然胡蝶也。自喻适志与！不知周也。俄然觉，则蘧蘧然周也。不知周之梦为胡蝶与？胡蝶之梦为周与？周与胡蝶则必有分矣。此之谓物化。”[①] 庄周曾做梦自己变成了蝴蝶，逍遥快活，根本意识不到自己是梦中庄周所化，而直到醒来，才回想起自己梦中“变”成了蝴蝶。如此在平常人看来再明白不过的事却引得庄周反问自身，究竟是我的梦里变成了蝴蝶还是蝴蝶的梦里变成了我？

古往今来，“庄周梦蝶”的寓言故事被乐此不疲的引用与解读着。通过哲学的角度，在对庄周、蝴蝶亦不两知的“觉梦”状态下，消解掉主客体之间的对立，从而放下对生死之别的执念。如唐代成玄英所疏郭象本《庄子》时感曰“是以周蝶觉梦，俄顷之间，后不知前，此不知彼。而何为当生虑死，妄起忧悲！故知生死往来，物理之变化也”[②]，达到一种超脱淡然的生活态度。

但是这种哲学上给予的“自然无为”生活态度的启发，却并不能让人真正理解“庄周梦蝶”背后的道教神学理论意图。《庄子·大宗师》中有曰：“古之真人，其寝不梦，其觉无忧，其食不甘，其息深深。”这其中的“其寝不梦”到底是因旧解“庄周梦蝶”所得的“淡然无为”而不会日有所思、夜有所梦，还是真正贯通了“觉”“梦”之别而实现了对二者的消解呢？北宋太学教授李元卓在其《庄列十论》的“庄周梦蝶论第一”中由此记曰：“梦不知觉，故不以梦为妄。觉不知梦，故不以觉为真。”[③] 因而于此我们可以对道教论述中，“古之真人，其寝不梦”所达之境界进行解读，“不梦”并非是无梦，而是彻底贯通和消解了觉梦之别以后，对以梦为代表和作为途径的“逍遥仙境”与俗世人间二者的勾联。

---

① 陈鼓应：《庄子今注今译》，北京：商务印书馆，2007 年，第 109 页。

② （晋）郭象著（唐）成玄英疏：《南华真经注疏》，北京：中华书局，1998 年，第 59 页。

③ （宋）李元卓：《庄列十论》，《中华道藏》第 26 册，北京：华夏出版社，2004 年，第 115 页。

也就是说，“庄周梦蝶”其寓意并不只是单纯地以哲学问答的方式领悟某种豁达洒脱的人生态度。其作为《庄子·齐物论》篇末尾而无后续论解，所要传达的是如何认识到梦与觉本应是相通的思想。梦不仅仅是作为一种意象性的表征形式并加之以解读，而后得对现实的隐喻性指导，其本身就应是与现实所融贯一体并能产生直接性影响的方法途径。

《历世真仙体道通鉴》中记真人路大安“至惠帝永熙二年十月十五日夜半，梦太上老君命右侍玉童赐玉钥匙十事，而参合前老叟法书。梦觉，神开意解，自此书符行功布气、治病驱邪，无不应验”[①]。在道教的神学体系下，修道之人可以通过梦的途径直接与“天庭”“神灵”相通，梦中所行之事亦非如前文所说是虚无缥缈。而是确实对其“返回”现实之后依然产生作用。如此通过梦中上达天庭得受职箓亦或仙尊传授，梦就已经不再是单纯地作为一种象征性的解读符号，抑或是用“虚无”性质来使人开悟，而是真真切切地作为一种实践方式而获得其意义。又如有记玉蟾和真人升仙后曾与人诺将会救其于“患难”，故其人在身患痼疾时“一夕梦中偶遇先生（玉蟾和真人），详说药饵治疗之法，疾果顿瘳，足见先生之神迹有不死者焉”[②]。梦意象在道教里面的又一实践意义就在于，其可以作为仙人施展神迹的途径或者是道教法术实践操作所展开的一个“场”。因而在道教的大神学体系下，对梦的理解不应将其单纯与其他梦与神交的事情相混杂，而遮蔽了其背后这种更为丰富的宗教内涵。

所以，通过“庄周梦蝶”这一寓言的解释，是在整个天人相通的中国文化大背景，及道教“道生一，一生二，二生三，三生万物”的宇宙论体系下，对“梦”这一意象进行了以“上知天命”“得道成仙”为目的论的神学理论构建。不完全趋同于古来有之的占梦解梦的理解，在道教宗教色彩的神学理论化影响下，梦不仅仅作为一种单纯受解读的意象中介，其更是开拓出了某种道教体系下的最终神圣空间，并实现了到达这一神圣空间的路径扩展，具有丰富的实践意义。

---

① 《历世真仙体道通鉴》，《中华道藏》第 47 册，北京：华夏出版社，2004 年，第 359 页。
② 《金莲正宗记》，《中华道藏》第 47 册，北京：华夏出版社，2004 年，第 38 页。

张无忌之梦与《倚天屠龙记》的三种结局

赵海涛[*]

内容提要：“梦”是文学作品中较为常用的一种叙事策略，通过写“梦”，作者往往能够传达出许多言外之意，隐藏在“梦”中的信息是极其丰富的。金庸武侠小说《倚天屠龙记》中，张无忌曾做过一个与四女同好的“绮梦”，这个“绮梦”对理解张无忌隐藏的内心活动及他对四女的潜在情感是很有帮助的，同时，这个“梦”与小说的结局也有千丝万缕的关联。《倚天屠龙记》有三种不同的版本及结局，本文将张无忌的这个“绮梦”与小说的三种结局放在一起进行比较分析，期望可以为更好地理解金庸武侠小说创作思想的演变、金庸文艺观念的变化及金庸武侠小说从通俗化走向经典化的历程提供一个观察视角。

关键词：金庸　武侠小说　《倚天屠龙记》　张无忌　梦

《倚天屠龙记》为著名武侠小说作家金庸先生的代表作之一，自 1961 年 7 月 6 日至 1963 年 9 月 2 日连载于《明报》[①]，其后金庸先生又对之进行过两次修改，故《倚天屠龙记》有三种为作者所撰写及修订的版本。一般来说，金庸武侠小说大致有三个版本：首次在报刊上连载的为初版（1955 年 2 月 8 日《书剑恩仇录》始载《新晚报》——1972 年 9 月 23 日《鹿鼎记》于《明报》收尾），可称作“连载版”；自 1970 年 3 月至 1980 年年中修订完毕、由出版社集中出版的为二版，

---

* 赵海涛（1989—），男，河南驻马店人，复旦大学，在读博士，研究方向：中国文学古今演变。

① 陈镇辉：《金庸小说版本追昔》，香港：汇智出版有限公司，2003 年，第 53 页。《倚天屠龙记》于 1961 年 7 月 6 日起连载于《明报》，诸多研究皆有提及，如傅国涌《金庸传·金庸大事年表》（十月文艺出版社，2003 年，第 524 页），然而于截止日期却多模糊之语，如陈墨说“《倚天屠龙记》于 1961 年开始在《明报》上连载，历时两年多才完成，1976 年作者对此书又进行了全面的修订”（见陈墨《重读金庸》，海豚出版社，2015 年，第 141 页）。

可称作“修订版”；自21世纪初至2006年7月再次修订出版的为三版，可称作“新修版”①。

张无忌在成长过程中，遇到四个喜欢他且他也喜欢的女子，分别是周芷若、殷离、小昭和赵敏②。在灵蛇岛与波斯明教一战中，小昭为了相救张无忌等人，只身远赴异域，与张无忌参商永隔。殷离虽然对张无忌情根深种，但她却更喜欢那个在蝴蝶谷咬伤她手背的小张无忌——她宁愿时光停留，物是人不变。张无忌本与周芷若有白头之约，然而由于诸种变故未能结褵。其后，为从周芷若处得知赵敏的下落，张无忌答应替她做一件不违背侠义道的事情。在《倚天屠龙记》的三种版本中，周芷若令张无忌所做的这件事各不相同，然而其所具有的效果和意义则差别甚大——可以说，结局的不同是三个版本在比较研究中最值得关注的一个地方。

另一个值得注意的地方是，张无忌与谢逊、周芷若、殷离、小昭、赵敏在逃难灵蛇岛的路上，曾做过一个“绮梦”。这个“梦”对理解张无忌隐藏的内心活动及他对四女的潜在情感是很有帮助的，同时，这个“梦”与小说的结局也有千丝万缕的关联。本文将张无忌的这个“绮梦”与小说的三种结局放在一起进行比较分析，期望可以为更好地理解金庸武侠小说创作思想的演变、金庸文艺观念的变化及金庸武侠小说从通俗化走向经典化的历程提供一个观察视角。

---

① 金庸武侠小说的版本情况十分复杂，除作者撰写及修订的版本外，尚存不少“盗版”系统，这些“盗版”书籍因为某些原因往往对金著改头换面。林保淳在《金庸小说版本学》中提及金庸武侠小说版本的三个系统，其中之一就是台湾的“盗版系统”，“这一系统变化相当复杂。既有直接影印港版诸书而成的，也有张冠李戴、改头换面的版本，更有据内容改编的鱼目混珠之作，不过，基本而论，是依据‘港本’改换的”。如《倚天屠龙记》就有以《至尊刀》《天龙之龙》《天剑龙刀》《歼情记》等名目出现者，详见林保淳《解构金庸》，中国致公出版社，2008年，第32—57页。此外，经金庸先生第一次修订后的部分武侠小说仍是先在报刊连载，随后于结集出版时又做了一些改动，有关这方面的研究尚不多见，姑暂存而不论，详见陈镇辉《金庸小说版本追昔》，第18—21页。本文对金庸武侠小说的研究，以金庸亲自撰写及修订的三种版本为据，其他“盗版”及第一次修订后在报刊连载的“版本”暂不在本文考虑范围之内。陈镇辉将金庸武侠小说的三种版本分别称之为“旧版”“新版”“新新版”，此是以发表出版时间来命名，详见陈镇辉《金庸小说版本追昔》第14—15页，笔者以为这种命名于读者而言易致淆乱，故不从。金庸武侠小说的三种版本唯“连载版”（纸质版）不易看到，本文对金庸武侠小说“连载版”的引用，据金庸网（http://www，jinyongwang，com/）收集整理的版本为据。

② 在“连载版”中“赵敏”的名字为“赵明”，在“修订版”及“新修版”中皆作“赵敏”。本文为论述方便，除“连载版”引文之外，余皆称“赵敏”。

一、张无忌的“绮梦”

张无忌等人在灵蛇岛遇到波斯明教总教的刁难，于逃难途中，张无忌做了一个“绮梦”，一个有关他与身边四个喜欢的女子的“绮梦”，一个一直潜伏在他内心深处而绝不敢说出的“绮梦”：

大海轻轻晃着小舟，有如摇篮，舟中六人先后入睡。

这一场好睡，足足有三个多时辰……殷离胡话不止，忽然大声惊喊：“爹爹，你……你别杀妈，别杀妈！二娘是我杀的，你只管杀我好了，跟妈毫不相干……妈妈，妈妈！你死了吗？是我害死了妈！呜呜呜呜……”哭得甚是伤心。张无忌柔声道：“蛛儿，蛛儿，你醒醒。你爹不在这儿，不用害怕。”殷离怒道：“爹爹，你快杀我啊，妈是我害死的，也是给你逼死的！我才不怕你呢！你为什么娶二娘、三娘？一个男人娶了一个妻子难道不够么？爹爹，你三心二意，喜新弃旧，娶了一个女人又娶一个，害得我妈好苦，害得我好苦！你不是我爹爹，你是负心汉，是大恶人！”

张无忌惕然心惊，只吓得面青唇白。原来他适才间刚做了一个好梦，梦见自己娶了赵敏，又娶了周芷若。殷离浮肿的相貌也变得美了，和小昭一起也都嫁了自己。在白天从来不敢转的念头，在睡梦中忽然都成为事实，只觉得四个姑娘人人都好，自己都舍不得和她们分离。他安慰殷离之时，脑海中依稀还存留着梦中带来的温馨甜意。

这时他听到殷离斥骂父亲，忆及昔日她说过的话，她因不忿母亲受欺，杀死了父亲的爱妾，自己母亲因此自刎，以致舅父殷野王要手刃亲生女儿。这件惨不忍闻的伦常大变，皆因殷野王用情不专、多娶妻妾之故。他向赵敏瞧了一眼，情不自禁地又向周芷若和小昭瞧了一眼，想起适才的绮梦，深感羞惭。[①]

“梦”是文学作品中较为常用的一种叙事元素，通过写“梦”，作者往往能够传达出许多言外之意，隐藏在“梦”中的信息往往也是极其丰富的。张无忌这个与四女同好的“美梦”，其实正是他潜意识的一种折射和映现，也就是说，在内心深处，他是愿意并期冀同娶四女的——然而，这种想法也只能停留在内心而不

① 金庸：《倚天屠龙记》，广州：广州出版社，2002 年，第 1013 ～ 1015 页。

能说出口。“在白天从来不敢转的念头，在睡梦中忽然都成为事实”——醒来之际“温馨甜意”——听到殷离在梦中斥骂父亲的多情而“惕然心惊，只吓得面青唇白”——反思之际“深感羞惭”，片刻之间，张无忌对四女的内在情感经历了一个大翻转，不过此时的张无忌也只是为自己内心深处的“潜想法”而“深感羞惭”，他并未深思应该如何处理这一情感问题，也就是说，如果只能在四个女子之中选择一个作为妻子，他会选谁？他应该选谁？根据张无忌的性情，这会是一道令他不知所措和进退维谷的难题，直到小说最后，作者仍旧在“追问”这一难题的答案：在周芷若将赵敏藏起来之际，她问张无忌，在她们四个女孩子之中，他最爱哪一个？直到此时，张无忌必须直面这个难题，他已逃无可逃。

（张无忌）确是不止一次想起：“这四位姑娘个个对我情深爱重，我如何自处才好？不论我和哪一个成亲，定会大伤其余三人之心。到底在我内心深处，我最爱的是哪一个呢？”他始终彷徨难决，便只得逃避……

其实他多方辩解，不过是自欺而已，当真专心致志地爱了哪一个姑娘，未必便有碍光复大业，更未必会坏了明教的名声，只是他觉得这个很好，那个也好，于是便不敢多想。他武功虽强，性格其实颇为优柔寡断，万事之来，往往顺其自然，当不得已时，也不愿拂逆旁人之意，宁可舍己从人……与周芷若订婚是奉谢逊之命；不与周芷若拜堂又是为顾及义父性命而受赵敏所迫……

有时他内心深处，不免也想：“要是我能和这四位姑娘终身一起厮守，大家和和睦睦，岂不逍遥快乐？”其时乃是元末，不论文士商贾、江湖豪客，三妻四妾实属寻常之极，单只一妻的反倒罕有。只是明教教众向来节俭刻苦，除妻子外少有侍妾。张无忌生性谦和，深觉不论和哪一位姑娘匹配，在自己都是莫大福泽，倘若再娶姬妾，未免也太对不起人，观殷离因父亲多妻而酿成家庭惨剧，因此这样的念头在心中一闪即逝，从来不敢多想，偶尔念及，往往便即自责：“为人须当自足，我竟心存此念，那不是太过卑鄙可耻么？”

……

张无忌道：“芷若，这件事我在心中已想了很久。我似乎一直难决，但到今天，我才知道真正爱的是谁。”周芷若问道：“是谁？是……是赵姑娘么？”

张无忌道：“不错。我今日寻她不见，恨不得自己死了才好。小昭离我而去，我自十分伤心。我表妹逝世，我非常难过。你……你后来这样，我既痛心，又深感惋惜，如果不能再见你，我是万分的不舍得。然而，芷若，我不能瞒你，要是我这一生再不能见到赵姑娘，我是宁可死了的好。这样的心意，我以前对旁人从未有过。”

他初时对殷离、周芷若、小昭、赵敏四女似乎不分轩轾，但今日赵敏这一走，他才突然发觉，原来赵敏在他心中所占位置，毕竟与其余三女不同。

……

张无忌歉然道：“芷若，我对你一向敬重爱慕、心存感激，对殷家表妹是可怜她的遭遇、同情她的痴情，对小昭是意存怜惜、情不自禁地爱护，但对赵姑娘却是……却是铭心刻骨地相爱。”

……

周芷若道：“……倘若赵姑娘此番不别而行，你永远找不到她了，倘若她给奸人害死了，倘若她对你变心，你……你便如何？”

张无忌心中已难过了很久，听她这么说，再也忍耐不住，流下泪来，哽咽道：“我……我不知道！总而言之，上天下地，我也非寻着她不可。寻她不着，我就去死！”①

可依据张无忌的性格而言，他内心深处真是这样想的吗？他最爱的那个女子一定是赵敏吗？这一点似乎连作者金庸先生都不相信，他在 1977 年 3 月为《倚天屠龙记》所写的后记中说，张无忌在感情问题上“始终拖泥带水，对于周芷若、赵敏、殷离、小昭这四个姑娘，似乎他对赵敏爱得最深，最后对周芷若也这般说了，但在他内心深处，到底爱哪一个姑娘更加多些？恐怕他自己也不知道。是不是真是这样，作者也不知道，既然他的个性已写成了这样子，一切发展全得凭他的性格而定，作者也无法干预了”②。从这段话可以看出，金庸先生在塑造张无忌这个形象时，有意令他在感情问题上优柔温顺，总处于被动状态之中，即便最后对周芷若说最爱的女子是赵敏，恐怕也是一个仁者见仁的问题。张无忌这个文学形象之所以富有魅力，从某种意义上说，与他性格的谦和温顺及处理情感问题时的“拖泥带水”是分不开的，这个“绮梦”的出现不仅十分有利于其形象的塑造及深化，而且为读者更好地进入张无忌这个人物的内心提供了一个有力

① 金庸：《倚天屠龙记》，广州：广州出版社，2002 年，第 1410 ～ 1412 页。
② 金庸：《倚天屠龙记》，广州：广州出版社，2002 年，第 1433 页。

的通道，更且会作为一个“悬念”促使读者去猜测并期待故事的最终结局究竟如何——可以说，这个“绮梦”的出现从小说艺术的角度而言是极为成功的。

二、《倚天屠龙记》“连载版”的结局

在“连载版”《倚天屠龙记》最后一回《万缕柔丝》（第120回）中，周芷若率领众峨眉弟子与武当诸侠等人同赴武当拜见张三丰。张三丰对周芷若修习阴毒狠辣的武功极为不屑，认为她这样的做法极有可能使郭襄郭女侠所开创的峨眉派毁于一旦，便问她有何打算。周芷若毫不犹豫地抽出半截倚天剑，斩断头上的万缕柔丝，说自己“罪孽深重，早有落发出家之意”，然后将峨眉派掌门让位于张无忌——张无忌曾答应为她做一件不违背侠义之道的事情，办好这些事情之后，“周芷若削发为尼，不问世事，自此一盏青灯，长伴古佛”[①]。小说最后以张无忌答应为赵敏“天天画眉”结尾：

赵明见无忌写完给杨逍的书信，手中毛笔尚未放下，神色间颇是不乐，便道：“无忌哥哥，你曾答应我做三件事，第一件是替我借屠龙刀，第二件不许与周姑娘成婚，这两件事你都做了。还有第三件事，你可不能言而无信。”无忌微微一惊，道：“你——你——你又有什么古灵精怪的事要我做？”赵明嫣然一笑，道：“我的眉毛太淡，你替我画一画。这可不违反武林中侠义贤达吧？”无忌提起笔来，笑道：“从今而后，我天天给你画眉。”[②]

王子和公主从此幸福地生活在一起，武侠故事的“童话结局”又在读者面前出现了。武侠小说总被人看作“成人的童话”，不为无因。

小昭远赴波斯相见无缘，殷离虽“死而复生”却旋又离去，周芷若深感有罪落发为尼，于是，在情感选择上，张无忌就没有什么顾虑或困难了：“周芷若之问”[③]至少可以从现实境况方面得到一个比较“轻而易举”的答复（至于张无忌内心深处的真实想法，恰如作者所言，恐怕连张无忌本人都不一定十分清楚），“海

① 《倚天屠龙记》“连载版（旧版）”第120回《万缕柔丝》：http://www.jinyongwang.com/oyi/1953.html.

② 同①

③ 此处“周芷若之问”指上文张无忌在四个女孩中最爱谁的问题。

上之梦”[①]背后所存有的伦理困境和道德难题也迎刃而解，所有男女情感的纠缠与暧昧于此得以肃清，张无忌可以以一个完美的专情者、痴情者的面貌在大众面前呈现——从通俗小说读者的阅读期待而言，可以说，这算得上是一个“完美”且“意料之中”的大好结局。因为一般情况下，通俗小说读者期待的恰是一种阅读上的明快性和确定性，他们大多不太愿意在小说中读到那么多暧昧及需要沉思的东西——不论是情节、叙事、语言还是人物形象，尤其主人公更是需要保有一种精神高尚性与道德纯洁性，因为这样会极大满足他们阅读体验时的“代入感”，“连载版”《倚天屠龙记》的结局设置很大程度上契合了读者的这一阅读期待。

三、《倚天屠龙记》“修订版”的结局

在“修订版”《倚天屠龙记》中，周芷若在张无忌等人去武当之前悄然离去，她没有去武当见张三丰，也没有将峨嵋派掌门之位传于张无忌，更没有因自感罪孽深重而削发为尼。于“连载版”《倚天屠龙记》张无忌答允为赵敏“天天画眉”之后，作者另加一个尾声：

忽听得窗外有人格格轻笑，说道：“无忌哥哥，你可也曾答允了我做一件事啊。”正是周芷若的声音。张无忌凝神写信，竟不知她何时来到窗外。

窗子缓缓推开，周芷若一张俏脸似笑非笑地现在烛光之下。张无忌惊道：“你……你又要叫我作什么了？”周芷若微笑道：“这时候我还想不到。哪一日你要和赵家妹子拜堂成亲，只怕我便想到了。”

张无忌回头向赵敏瞧了一眼，又回头向周芷若瞧了一眼，霎时之间百感交集，也不知是喜是忧，手一颤，一支笔掉在桌上。[②]

“修订版”《倚天屠龙记》第34回《新妇素手裂红裳》中，当张无忌与周芷若准备举行婚礼时，赵敏闯入礼堂说她第二件想令张无忌做的事情便是“不得与周姑娘拜堂成亲”[③]，张无忌认为这件事情有违侠义之道而坚拒，赵敏便以谢逊之下落相胁迫，最终张、周二人未能成礼。在“修订版”的尾声中，周芷若“以其

① “海上之梦”即上文张无忌，“娶四女”的“绮梦”。
② 金庸：《倚天屠龙记》，北京：生活·读书·新知三联书店，1994年，第1591—1592页。
③ 同上，第1335页。

人之道还治其人之身”，将张无忌答允要为她做的那件事秘而不宣，并故意提到有可能会在张无忌与赵敏成亲之时提出，而张无忌听后“百感交集”，霎时又陷入一种“困境”（本以为已经解决的“情感困境”在张无忌面前又出现了，也即是说，在未来他有可能又要同时面对赵敏与周芷若这两个女子，这于他而言很多时候是一种“艰难”的处境），小说就在这“言有尽而意无穷”的韵味与情趣中结束——这样的结局修订无疑是十分高明且成功的。

首先，更加符合人物性格的发展与变化，人物形象因此显得更加立体饱满。小说中的周芷若自始至终并非决绝狠毒之人，她对张无忌充满感情，并且她性格中也多有一种优柔寡断与滞滞泥泥，这一点与张无忌非常相似。因此在“连载版”中，她决绝地斩断情丝出家为尼就显得有些突兀，人物形象也因此显得单薄乏弱。张无忌的“海上之梦”在“连载版”中虽然得到有效处理，但符合人物性情的那点“暧昧”与“优柔”消失了，“现实”与“梦想”之间的那种张力与冲突没有了，这不能不说是一个缺憾，“修订版”很好地填补了这个遗憾，使得人物重回“暧昧之境”，小说因此更增韵味之美。

其次，在“暧昧”之中平添了不少“悬念”。“文似看山不喜平”，悬念的设置是通俗小说吸引读者的一个惯用技巧——金庸深明此道。“连载版”的结局如一个优美的童话，虽令人欣羡，但太过落俗。“修订版”的结局却充满“悬念”，读者可以根据自己的想象对之进行幻设、填补与加工，小说潜在的情节张力因此得以伸展，小说人物“未来”的无限可能性在时间长河中永久地向读者开放——金庸武侠小说中的人物就这样在读者的心心念念中被文学长廊所铭刻。

四、《倚天屠龙记》“新修版”的结局

《倚天屠龙记》的三种版本中，“新修版”的结局最为暧昧、交缠、复杂、深刻，从某种意义上说，它已经接近甚或具有“纯文学 / 雅文学 / 严肃文学”之思。金庸将自己对人生、两性、爱情及婚姻的体验、思考与感悟融入“新修版”的结局之中，不唯提升了小说的思想水准，亦且刷新了读者的阅读体验。一直以来被视为“大众 / 通俗 / 俗文学”的武侠小说之所以逐渐摆脱被忽视、被鄙视的文学处境从而得以“登堂入室”及得到众多学者的关注和研究，金庸其人一直以来的努力耕耘与倾情奉献绝对不容忽视，可以说，不单单是武侠小说成就了金庸，更是金庸成就了武侠小说——如果没有金庸，武侠小说在“正名”的路上不知还要

走多久。

在“修订版”的基础上，“新修版”又加了一个尾声，张无忌手中的笔在“百感交集”中掉落在地之后：

赵敏轻推张无忌，道：“你且出去，听她说要你做什么？”张无忌跃出窗子，见周芷若缓缓走远，便走快几步，和她并肩而行。周芷若问道：“你明天送赵姑娘去蒙古，她从此不来中土，你呢？”张无忌道：“我多半也从此不回来了。你要我做一件事，是什么？”周芷若缓缓地道：“一报还一报！那日在濠州，赵敏不让你跟我成亲。此后你到蒙古，尽管你日日夜夜都和赵敏在一起，却不能拜堂成亲。”张无忌一惊，问道：“那为什么？”周芷若道：“这不违背侠义之道吧？”

张无忌道：“不拜堂成亲，自然不违背侠义之道。我跟你本来有婚姻之约，后来可也没拜堂成亲。好！我答允你。到了蒙古之后，我不和赵敏拜堂成亲，但我们却要一样做夫妻、一样生娃娃！”周芷若微笑道：“那就好。”

张无忌奇道：“你这样跟我们为难，有什么用意？”周芷若嫣然一笑，说道：“你们尽管做夫妻、生娃娃，过得十年八年，你心里就只会想着我，就只不舍得我，这就够了。”说着身形晃动，飘然远去，没入黑暗之中。

张无忌心中一阵惘然，心想今后只要天天和赵敏形影不离，一样做夫妻、生娃娃，不拜堂成亲，那也没什么。“为什么过得十年八年，我心里就只想着芷若，就只不舍得芷若？”……

“爱我极深、很想嫁我的，除了芷若，自然还有敏妹，还有蛛儿，还有小昭……”

张无忌天性只记得别人对他的好处，而且越想越好……“谁没过错呢？我自己还不是曾经对不起人家？小昭待我真好，她已得回了乾坤大挪移心法，这个圣处女教主不做也不打紧。蛛儿不练千蛛万毒手了，说不定有一天又来找回我这个大张无忌，我答允过娶她为妻的……”

这四个姑娘，个个对他曾铭心刻骨地相爱，他只记得别人的好处，别人的缺点过失他全都忘记了。于是，每个人都是很好很好的……[1]

① 金庸：《倚天屠龙记》，广州：广州出版社，2002 年，第 1429—1430 页。

这个尾声的信息含量极其丰富，有多处值得细加体会：

首先，周芷若让张无忌做的那件事是不能与赵敏“拜堂成亲”，恰好与此前赵敏令她不能与张无忌“拜堂成亲”相呼应，这种设置使得小说更加富于戏剧性，也很符合周芷若的性格。当初张无忌与周芷若拜堂成亲之时，赵敏的突然闯入拆散了他们，这让周芷若极其难过且大伤自尊，周芷若便在天下英雄面前发誓必雪此辱。“新修版”《倚天屠龙记》给了周芷若“雪辱”的机会，让她践行前言，不仅使得小说的戏剧性因此增强，也对人物形象的立体刻画更加有利。

其次，周芷若在张无忌将要远赴蒙古之时，并未显得特别忧伤，而是说“你们尽管做夫妻、生娃娃，过得十年八年，你心里就只会想着我，就只不舍得我，这就够了”，这是什么话？是不是非常“无厘头”？可周芷若为什么又如此自信？这是她的自慰还是自欺？是她的自怜还是自伤？金庸于2003年7月在“新修版”的后记中写道：“这种感情，小弟弟、小妹妹们是不懂的。所以我不主张十三四岁的小妹妹们写小说”[①]。也即是说，这种感情是有过一定人生阅历和情感经历的人才能懂得的，那么，这是一种什么样的情感？它想表达的是什么？其实，周芷若这里想要表达的是“红玫瑰与白玫瑰”之思：“也许每一个男子全都有过这样的两个女人，至少两个。娶了红玫瑰，久而久之，红的变了墙上的一抹蚊子血，白的还是‘床前明月光’；娶了白玫瑰，白的便是衣服上沾的一粒饭黏子，红的却是心口上一颗朱砂痣。”[②]不得不说，周芷若的话是非常“现代”的——“红玫瑰与白玫瑰”之思，从某种意义上说，是一种比较“现代”的思想与情感，也即是说，很大程度上是“现代人”才会有的意识与处境，在《倚天屠龙记》那个“年代背景”下，周芷若很难有这么高的人生觉悟和情感认知。[③]周芷若这番话是作者金庸有意在作品中传达他自己的人生之思和两性之思——虽然这样的设置有可能会令部分“小读者”“不知所云”（相较之下，张无忌听到这番“哲理”后陷入不解反而显得很真实），或在某种程度上有损于周芷若这个人物形象的“真实性”（但话又说回来，什么是“真实”？什么又是小说的“真实”？也是一个仁者见仁的难题），但不得不说，这个“周芷若之思”确在某种意义上升华了小说的艺术之境，使得通俗的武侠小说向“非通俗”迈进了一大步。

① 金庸：《倚天屠龙记》，广州：广州出版社，2002年，第1435页。

② 张爱玲：《红玫瑰与白玫瑰》，北京：十月文艺出版社，2009年，第51页。

③ 章培恒、骆玉明主编《中国文学史新著》，上海：复旦大学出版社，2011年，第1—20页。

第三，“每个人都是很好很好的”，张无忌虽携赵敏隐迹蒙古，但内心深处其实并未忘怀 / 忘情另外三个女子，也即是说，他是带着对另外三个女子的思念与“期待”（有一天或许她们都会回来，回到他身边）和赵敏在一起的，小说到这里，张无忌的“海上之梦”是不是又回来了——在某种意义上说，是否也算是“梦”的别一种实现？因为，除身边的赵敏外，另外三个女子其实也可看作时刻与他在一起的——虽然是在他心里，但谁又能说在心里思念的人不会比那个（些）在身边的人更加令人牵挂、更加令人魂牵梦绕呢？于此可说，张无忌的“海上之梦”终究成真了，“周芷若之思”作为现代人的“前理解”也在当下“预言成真”。[①] 可以说，四个女子中，张无忌不论选择哪一个，另外三个都会是他心中永久的、难忘的、不舍的“玫瑰”。

“新修版”的结局不可谓不高明：“周芷若之思”的出现，不仅使得张无忌的“海上之梦”有了照应及回应，而且也令张无忌这个人物形象的塑造更加立体与丰富，同时也使小说的叙事与情节在前后贯通中呈现出一种理事圆融的神韵与风貌。

五、余论

通过以上分析，可以发现，从“连载版”到“修订版”再到“新修版”，《倚天屠龙记》的三种不同结局背后所体现的艺术理念具有相当差异，而其所呈现的思想之境和艺术之道却一次次提高、升华。事实上，不唯《倚天屠龙记》如此，金庸武侠小说因版本差异而存在的诸多“问题”已经成为很多学者的研究课题。可以预料，金庸武侠小说版本学在不久的将来，将会受到越来越多的关注和探究。

一次次修订作品，力图精益求精，其背后是金庸先生对艺术境界的不懈追求及笔下人物的无限热情。第三次修订时，金庸先生已年届 80，这个老人尽力将毕生的经验和阅历倾注进他的武侠作品中，从艺术之境和哲学之思的角度来看，这些作品确实在修订中日趋完善。虽然读者对修订后的作品有不同意见，但这些不同意见很大程度上恰恰代表了他们对金庸武侠小说一直以来的关切与眷注，代

① “前理解”指：“周芷若之思”于“现代人”而言，某种意义上是一种“感情常识”。于张无忌而言，可能需十年八年才能理解。但于“现代人”而言则是一种“当下即悟”的情境，笔者将此情境称为“前理解”。

表了他们对那些陪伴他们成长的“武侠人物”的热忱与友好。

从“连载版”到“修订版”再到“新修版”,《倚天屠龙记》给读者带来一次次不同的阅读体验和人生感触，一代代读者随着它的“成长”而成长、变老乃至离去，恰如周芷若所言，数十年来，多少人、多少事、多少情早在烟云变幻中随风而逝，而它却在读者心中一直被铭记，不论是张无忌、四女，还是金庸武侠小说中的其他人物，在时光荏苒中都从未老去。张无忌在大海中与四女同舟时的那个“绮梦”，相信在读者心中，也会一直做下去，直到斗转星移、地老天荒——因为，那实在是一个很美很美的“美梦”。

本文的写作思路与大纲摘要曾在第六届梦文化国际研讨会中交流，时蒙广州中山大学哲学系张丰乾先生给予指正，本人受惠良多，特此感谢!

从遇仙到接真：传经授法悟至道

——《红楼梦》中宝玉梦境与道教上清派思想的内在联系

耿晓辉*

内容提要：《红楼梦》中描写的贾宝玉所经历的诸多梦境，其文化原型与道教上清派思想文化有着种种内在联系。主要表现为：宝玉梦中得警幻仙姑启示，与道教上清派经典中通常借助女仙以启灵媒的记载较为类似；警幻教授宝玉的“意淫”思想，与上清经中的思存女仙而反对肉欲的教义，也存在不谋而合之处。更深层次上，二者在末世思想、传道方式以及悲剧命运等方面，都有着可资比较的地方。以此角度切入，对深入理解《红楼梦》中宝玉梦境的内涵具有一定帮助。

关键词：红楼梦　贾宝玉　梦文化　道教上清派

在《红楼梦》第五回中，贾宝玉梦遇警幻仙姑的描写堪称经典。从小说结构上讲，此回乃是整部《红楼梦》文本的总纲，尤能见出作者精心谋篇布局的苦心孤诣。从文化原型上看，此回也是内涵丰富，多有耐人寻味之语，历来受到“红学”中人的重视。有学者指出，贾宝玉得遇警幻，十分类似于晁盖托梦宋江和枕中黄粱，融合和借鉴了中国传统梦文化中的亡灵托梦和梦仙相助两种文化元素，是关于人物命运和故事结局的重要预兆。① 另有学者指出，太虚幻境的原型或可上溯至汉代的洞窟小说，② 并与洞窟小说中的宫殿型有着极其相似的内容设置，比

---

* 耿晓辉（1982—），男，河北保定人，文学博士，北京电子科技学院讲师，研究方向：中国古代文学。

① 刘文英、曹田玉著：《梦与中国文化》，北京：人民出版社，2003 年，第 700 页。

② 梅新林著：《红楼梦哲学精神》，上海：华东师范大学出版社，2007 年，第 181 页。

如都有梦遇仙女的奇遇、都与道家道教的思想文化息息相关等。[①] 诚然，这些见解颇能发人深思，但仍有未尽之处，诸如警幻形象之所本、宝玉得观金陵十二钗之正副册、宝玉之女性观念在梦中的放大等，都有进一步探讨的空间。

一、至道思维的理想转型：从女仙崇拜走向女性崇拜

自《红楼梦》开篇第一回始，作者就有意识地塑造了一系列光辉伟岸的女神和女仙形象。借助于对传统女娲补天神话的改造，来自远古的女娲俨然成为红楼世界的肇始者及奠基人，而那个始终影影绰绰现身说法的警幻仙子，虽只寥寥数次出现在红楼人物的梦境之中，但却是众多红楼人物命运的实际掌控和裁判者。凡尘俗世里，十二钗中最先夭折的秦可卿，则更像是警幻仙子下派到人间的代言人，她的欲言又止和梦中显灵，无不旁敲侧击地提醒红楼中的一众“女怨男痴”们明了，尽早到警幻处报到、销号，才是生存的本来要义。这些情节安排，同时也向读者传达出一个重要信息，即：无论红楼作者还是其笔下的红楼人物，其内心都有根深蒂固的女仙崇拜情结。

当然，对女神或是女仙的崇拜，并不是《红楼梦》的首创，而是来源于人类社会早期的母性崇拜心理以及恋母情结的天然遗存。有学者指出，红楼所引女娲补天的神话看似出自汉籍经典《山海经》，其实却隐含着满族民间关于“创世三女神”和补天女神“海伦格格”的民俗信仰的影响。《红楼梦》作者曹雪芹，出身世袭八旗“包衣”家族，具有汉人血统和满洲文化的双重民族身份特征，因此，他笔下的女神不可避免会成为汉、满民族民间女神形象的杂糅体。[②] 同理，警幻仙子也是既融合了汉族传统宗教——道教中的“素女”、“九天玄女”及“巫山神女”等多个女神、女仙形象，[③] 又时不时会露出满族女神“佛杂妈妈”形象的马脚。除此之外，道教上清派宗师、女仙魏夫人，即魏华存，也应是《红楼梦》作者塑造警幻仙子形象的重要参考。原因在于，《红楼梦》一书受道教思想文化影响极大，那弥漫在红楼文字之间的一层厚重的“悲凉之雾”，毋宁说就是道教

① 李小白：《太虚幻境故事原型本义研究》，《红楼梦学刊》，2018 年第 2 辑。

② 吴松林：《红楼梦的满族习俗研究》，博士学位论文，中央民族大学，2010 年，第 123 页。

③ 赵真：《从九天玄女到警幻仙子——兼论红楼梦爱情女神的继承和创造》，《红楼梦学刊》2001 年第 1 辑。

因素在《红楼梦》文本中的最真切体现。[①] 这反映出，《红楼梦》作者曹雪芹内心深处的道教幽灵，一直在或隐或显地干预着他的写作。

事实上，曹雪芹家族“从龙入关”以后，累世担任清廷的“江宁织造”要职，世居江南，他们对在江南地区流行的道教上清派教义和思想以及主要在江南地区活动的上清派道士，都应该是十分熟悉和过从甚密的。以此相互印证，上清道派最主要的一大特征——女仙崇拜，也很容易影响到曹雪芹，并在其创作的作品中有所显现。据考，上清派创派宗师即魏华存，在上清派经典中其地位是仅次于西王母的第二位真神，[②] 魏华存之后，上清派中还有一系列女仙享有崇高地位，她们分别是紫元夫人、南岳夫人、右英夫人、紫薇夫人、九华安妃、昭灵夫人、中侯夫人，她们的出场“莫不霓旌暗曳，神辔潜竦，纷纷属乎烟消，沦踪收于俗蹊，宴声金响，于君月无旷日，岁不虚矣”，[③] 她们之所居则“别居清虚”，“并山立静室，又于临汝水西置坛宇。岁久芜梗，踪迹殆平”，[④] 她们的容貌服饰则“上丹下青，文彩光鲜。腰中有绿绣带……铃青色、黄色更相参差。左带玉佩……衣服儵儵有光，照朗室内，如日中映视云母形也。云发鬒（鬓）鬓，整顿绝伦，作髻乃在顶中，又垂余发至腰许。指着金环，白珠约臂。视之年可十三四许。左右又有两侍女。……二侍女年可堪十七八许，整饰非常。神女及侍者容颜英朗，鲜彻如玉，五香馥芬，如烧香婴气者也”。[⑤] 这些特征都或多或少地保留在曹雪芹对警幻仙子的描写当中，所以警幻之居才会呈现出“朱栏玉砌，绿树清溪，真是人迹不逢，飞尘罕到”[⑥] 的景象，警幻的容貌举止才会具有“仙袂乍飘兮，闻麝兰之馥郁。荷衣欲动兮，听环珮之铿锵。靥笑春桃兮，云堆翠髻。唇绽樱颗兮，榴齿含香。纤腰之楚楚兮，回风舞雪。珠翠之辉辉兮，满额鹅黄。……慕彼之华服兮，

① 相关论述可参牟钟鉴：《红楼梦与道家和道教》，《宗教学研究》1988 年第 Z1 期；胡绍棠：《红楼梦与道教》，《红楼梦学刊》1988 年第 4 期；张松辉：《道家道教与红楼梦》，《中国文学研究》1999 年第 3 期。

② 《真诰》云：“伏寻《上清真经》出世之源，始于晋哀帝兴宁二年太岁甲子，紫虚元君上真司命南岳魏夫人下降，授弟子琅琊王司徒公府舍人杨某。”可见，由于创派宗师是女性的关系，上清派自其诞生之日起，就天然带有女仙崇拜的基因。见［日］吉川忠夫等编，朱越利译：《真诰校注》，北京：中国社会科学出版社，2006 年，第 572—573 页。

③ （宋）张君房编：《云笈七签》卷五《晋茅山真人杨君》，北京：中华书局，2003 年，第 70 页。

④ （宋）李昉等编：《太平广记·女仙三》，北京：中华书局，1961 年，第 361 页。

⑤ ［日］吉川忠夫等编，朱越利译：《真诰校注》，第 30 页。

⑥ （清）曹雪芹、高鹗著：《红楼梦》（2 版），北京：人民文学出版社，2005 年，第 71 页。

闪灼文章。爱彼之貌容兮，香培玉琢。……应惭西子，实愧王嫱。奇矣哉，生于孰地，来自何方。信矣乎，瑶池不二，紫府无双。果何人哉，如斯之美也”[①]的不同凡响之处。细味这些描写，很容易发现，警幻与以魏华存为代表的众女仙，不但居所环境、容貌举止大同小异，时刻表现出对“清净”“人迹罕至”及“环佩铿锵”“华服文彩”“容光满面”诸特点的强调，而且，文字中所传达出来的警幻与众女仙的精神气质，其香其味、其审美情趣等，也都有着高度的神似。

除了人物形象表面上的相似，警幻仙姑与上清女仙在各自的思想内核方面还具有更深层次的一致性。宝玉之得遇警幻，不是幸运儿的误打误撞，而是早有冥冥中的安排。可以说，警幻就是带着仙界的使命来指点、度化宝玉的。警幻自谓，她之所以会来见宝玉，原是受了贾府先祖宁、荣二公之灵的托付，“幸仙姑偶来，万望先以情欲声色等事警其痴顽，或能使彼跳出迷人圈子，然后入于正路”。[②]为此，警幻特别向宝玉讲授了其独具品格的“意淫”理论：“淫虽一理，意则有别。如世之好淫者，不过悦容貌，喜歌舞，调笑无厌，云雨无时，恨不能尽天下之美女供我片时之趣兴，此皆皮肤淫滥之蠢物耳。如尔则天分中生成一段痴情，吾辈推之为‘意淫’。‘意淫’二字，惟心会而不可口传，可神通而不可语达。”[③]从警幻的言语中可分析出，其所谓的“意淫”其实就是“情”之最真、最痴阶段，是人之反观“真我”复归“赤子童心”的玄机所在，某种程度上已经接近老子所界定的不可言说之“道”，乃至蕴含着道家道教“全生葆真”的生命哲学内涵。[④]上清道派对此，也是极为看重的，甚至有过之而无不及。尤其值得注意的是，这些理念也都是借由女仙之口，才声情并茂地传达给她们选定的受道者的。《真诰》卷九载紫薇夫人对修道者的忠告云：“道士耳重者，行黄赤气失节度也，不可不慎。”[⑤]此语正告所有上清修道者，修仙得道首重男女之大防，即“黄赤气不失节度”，[⑥]这与一般道派男女双修的房中术迥然不同。《真诰》卷十亦载，

① （清）曹雪芹、高鹗著：《红楼梦》（2版），北京：人民文学出版社，2005年，第72—73页。

② （清）曹雪芹、高鹗著：《红楼梦》（2版），北京：人民文学出版社，2005年，第80页。

③ （清）曹雪芹、高鹗著：《红楼梦》（2版），北京：人民文学出版社，2005年，第87页。

④ 周翎、游越：《全生葆真：贾宝玉的生命哲学析论》，《明清小说研究》2017年第4期。

⑤ ［日］吉川忠夫等编，朱越利译：《真诰校注》，第282页。

⑥ “黄赤气”意即“黄赤之道”，又称“黄书赤界”“黄书合气之法”“男女合气之法”，专指张陵所创旧天师道所行男女合气之术。见张崇富：《上清派修炼思想研究》，博士学位论文，四川大学，2003年，第13页。

有女仙曾借东海小童（此上相青童君之别号也）之口明确警告："道士求仙，勿与女子交，一交而倾一年之药力。若无所服而行房内，减算三十年。"[①] 又有真人曰："爱欲之大者，莫大于色。其罪无外，其事无赦。"[②] 对于修仙者来说，修仙不只意味着长生不老，而是意味着对于真和道的理解更上一个层次。"夫真者都无情欲之感，男女之想也。若丹白存于胸中，则真感不应，灵女上尊不降矣。纵有得者，不过在于主者耳。阴气之接，永不可以修至道也。"[③] 此番言论，与警幻授予宝玉的"意淫"理念相比，有着同样的思维逻辑和推理过程，二者都是从批判男女肌肤相亲的肉体欲望开始，逐步深入到对人性本来之"真"及宇宙本源之"道"的探讨当中，从而为凡夫俗子打开了一条摆脱欲望控制，进而由无欲而无为而体真悟道的全新道路。

由此可见，女仙崇拜只是手段，而不是目的。遇仙的真正目的乃在于接真，宝玉在完成了其间转换过程的同时，更是将对女仙崇拜的朴素感情，上升为对女性崇拜之普遍真理的不懈追求。宝玉认为"女儿是水做的骨肉，男人是泥做的骨肉"，男人生来"浊臭逼人"，而女儿则天生"清爽宜人"。可以说，在宝玉的世界里女子都自带一种"女仙"气质，是人类世界之"真"的最后守护者。宝玉对女子的爱，是发自肺腑的不带任何肉欲冲动的真爱。同样，女仙以及红楼一众女子对宝玉的爱，也是真情的流露，是对宝玉真情的回馈，也是对宝玉心智的启迪。特别是，当男人主宰的世界正处于腐败堕落、加速倾圮的危险边缘，红楼女子更是能够通过与宝玉恋爱的方式，将真情重新传递回人间，并使宝玉和世界最终得救。然而，宝玉毕竟年龄尚小，还不能充分理解世间女子的脉脉传情。因此，警幻在讲解"意淫"的理论同时，仍不忘以"红楼梦曲"去唤起深藏宝玉内心的"鸿蒙情种"，并嘱咐自己的妹妹与宝玉谈上一番至情至真的恋爱，实际上是充当了其妹与宝玉之间的媒人。上清派中的女仙也是如此，她们虽贵为仙真之体，却仍然饱含深情以致情到深处自然爱上凡人。她们深知浊世污秽，却又流露出对于世情的依恋，将人世凡情转换为相携松萝的道侣，从而把道教教诫与人间爱情完美地调和在一起。[④] 紫薇夫人因看重凡人杨羲，觉其颇有慧心、可传衣钵，

① ［日］吉川忠夫等编，朱越利译：《真诰校注》，第341页。
② ［日］吉川忠夫等编，朱越利译：《真诰校注》，第208页。
③ ［日］吉川忠夫等编，朱越利译：《真诰校注》，第219页。
④ 孙昌武：《道教仙歌及其文学价值》，《文学遗产》2012年第6期。

不但自己曾向杨羲讲道，甚至还充当了九华安妃与杨羲的神人之媒，并作诗曰："乘飙俦衾寝，齐牢携绛云。吾叹天人际，数中自有缘。"① 这种真性情的自然流露，表明爱情不再是男人专利，女性也不再处于被动的地位，而是如西蒙·波伏娃所言"真正的爱情应建立在两个自由的人互相承认的根基之上，情人们会觉得自己既是自我又是他者：既不会失去超越，也不会变得残缺，她们将一道在世界上证明自己的价值和目标"② 一样，男女双方的地位是平等的，他们各自拥有崇高的理想，且正为各自理想而奋斗。

以此学术眼光看，上清道派的女仙崇拜无疑是现代女性主义思想的源头之一，而《红楼梦》则对其有所借鉴和转化吸收，突出了其中至情至真的成分，而摒弃了其中的神秘色彩。贾宝玉对女性权利的尊重和维护，不再是因为她们带有凡人不可抗拒的仙真之力，而是由于女性天然具有和男人相同的权利，"男人和女人可以，而且必须，平等地进入创造和超越的计划中。只有那时，我们才能容易地看到，女人也和文化相关，也介入到了与自然对话的进程中"，③ 这就是《红楼梦》思想的进步意义所在。

二、传经授法的历史机遇：贾宝玉是被选定的先觉者

人总是生活在一个瞬息万变、灾害丛生的世界当中，每个人的个体生命相对于世界的强大、蛮横来说，都是那样渺小、微不足道，也即《吕氏春秋》所谓人之"爪牙不足以自守卫，肌肤不足以扞寒暑，筋骨不足以从利辟害，勇敢不足以却猛禁悍"。④ 因此，人根本无法抵抗世界的变化，以致自身也会被卷入变化和诸多不确定当中。正因为不确定，人们不免心存畏惧，并时刻希望能够预知命运，以便能够趋利避害，永享福祉。梦作为人们预知命运的一种手段，于是在人们的日常生活中开始大派用场，赢得牢不可破的名声。某种意义上，《红楼梦》和上清派道经对梦的书写，则更加加深了人们对梦的可预知未来之特性的认识。同时，借由梦境的展开，红楼主要人物宝玉和上清道经的接受者，更是成为得见神启式预言的第一批凡人，瞬时获得预知未来的能力，成为在他们所生存的那个世

---

① ［日］吉川忠夫等编，朱越利译：《真诰校注》，第 31 页。

② ［法］西蒙·波伏娃著，李强译：《第二性》，北京：西苑出版社，2004 年，第 260 页。

③ Otener，Sherry B.，"Is Femal eto Maleas Nature is to Culture？" *Feminist Studies*，Vol，1，No，2（Autumn，1972），P28.

④ 许维遹撰：《吕氏春秋集释》卷二十《恃君览》，北京：中华书局，2009 年，第 544 页。

界里被选定的先知先觉者。

在《红楼梦》的文本描述中，贾宝玉有着多重身份。他既是仙境中神瑛侍者的化身，也是可以说话的石头，还是贾府中那个顽劣不堪的顽童。这种亦仙亦物亦人的身份，使得贾宝玉生而不凡——比如衔玉而生，又天赋异禀——比如天生一段痴情。其实，宝玉的痴情就是他独有的先知先觉，他可以凭借此一禀赋看到我们常人无法看到的众多隐秘之处，而他关于“女儿如水，男子似泥”的名言更是说出了许多人不敢说、不想说，但却始终如鲠在喉的切身体悟。宝玉的所思所为，当然都被高高在上的警幻仙姑看在眼里，也成为警幻最终将其选中，并引导其在梦中走进警幻仙境的一个重要前提。在这个关于预言的梦中，宝玉不但品尝到名曰千红一窟、万艳同杯的醇酒、仙茗，而且他还看到了从来都是秘不可宣的人生谶语。由此，宝玉渐有所悟，遂将其天生一段痴情发挥得淋漓尽致。他对科举文章的不屑，对世事洞明、人情练达的反感，对花草树木的移情，看似行为乖戾夸张、不可理喻，但却符合人类认知事理、明心见性的内在机制。其实，宝玉的所有令人费解、不合常理之处，终可归结为，他天生痴情、敏感的内心对于人生百态的感悟，以及其对于人生悲剧的敏锐察觉。这也就是鲁迅先生所说的，悲凉之雾遍被华林，然呼吸而感知之者，唯宝玉而已矣。[①] 同样，上清道派的传经授法也是一个选择与被选择，以及被选定者把握历史机遇体道悟道、终有所成的过程。上清道经的重要传人杨羲、华侨等，个个也都是如宝玉一样，天资迥异常人。他们要么“为人洁白，美姿容，善言笑，工书画，少好学，读书该涉经史。性渊懿沉厚，幼有通灵之鉴”，[②] 要么“颇通神鬼，常梦共同飨醊。每尔辄静寐不觉，醒则醉吐狼偕。俗神恒使其举才用人，前后十数，若有稽违，便坐之为谴。……遂入道。于鬼事得息，渐渐真仙来游”。[③] 两相比较，上清受道者与宝玉之间颇多类似之处。在个人形象方面，宝玉是“面若中秋之月，色如春晓之花，鬓若刀裁，眉如墨画，面如桃瓣，目若秋波，虽怒时而若笑，即瞋视而有情”，[④] 自然称得上是“美姿容，善言笑”。在个人性情方面，他们也都是不落俗套，且都有其敏感、通灵的一面。这些特点，最终成就了他们的与众不同，也成为他们

---

① 鲁迅撰，郭豫适导读：《中国小说史略》，上海：上海古籍出版社，1998 年，第 165 页。

② ［日］吉川忠夫等编，朱越利译：《真诰校注》，第 592 页。

③ ［日］吉川忠夫等编，朱越利译：《真诰校注》，第 595 页。

④ （清）曹雪芹、高鹗著：《红楼梦》（2 版），北京：人民文学出版社，2005 年，第 48 页。

之所以被选中的最大资本。

被上仙选中之后，宝玉和上清受道者仅仅是走出了漫漫悟道征途的第一步。要想成为颇有成就的得道者，他们仍然需要接受重重考验，不断在各种神启的征兆中勤奋思索、认真领悟。其间，他们所仰仗的最重要的方法就是深思，用上清道派的术语表述即是思存，亦可称为存思。[①] 而且，这一修习法门，还有其专一性和特殊性，无论是宝玉，还是上清受道者，他们的思想境界能够一步步提高、渐入佳境，无不是通过专门针对女子和女仙的思存方式才得以实现的。关于宝玉的悟道方式，警幻仙姑其实早有说明，其言“醉以灵酒，沁以仙茗，警以妙曲，再将吾妹一人，乳名兼美字可卿者，许配于汝”[②] 便是最好的概括。按照这一顺序，饮酒、品茶、听曲，都是点拨宝玉悟道的前奏，其目的乃是为了引出将其妹许配宝玉，这一悟道的终极方案。在此方案的具体实施中，警幻为宝玉设置了诸多限制条件，首要在于切不可耽于夫妻之事的逸乐之中而无法自拔，否则后果严重，极有可能陷入“迷津”。那么，宝玉可做的，也只有对警幻“妻之以妹”的用意和这个名唤兼美、可卿的眼前人的长久思考了。此后，宝玉一直保持了这一独特的思考习惯。初见黛玉时，便思考眼前这个妹妹好像在哪里见过，见到宝钗也会对其身上散发出来的独特“冷香”产生不尽的联想，甚至是看到宝钗的玉臂，也能痴痴地呆住了。当然，最重要的一次对女子的思存，是在黛玉葬花时发生的。当看到黛玉葬花，宝玉“不觉恸倒在山坡之上，怀里兜的落花撒了一地。试想林黛玉的花颜月貌，将来亦到无可寻觅之时，宁不心碎肠断！既黛玉终归无可寻觅之时，推之于他人，如宝钗、香菱、袭人等，亦可到无可寻觅之时矣。宝钗等终归无可寻觅之时，则自己又安在哉？且自身尚不知何在何往，则斯处、斯园、斯花、斯柳，又不知当属谁姓矣！——因此一而二，二而三，反复推求了去，真不知此时此际欲为何等蠢物，杳无所知，逃大造，出尘网，使可解释这段悲伤”。[③] 纵观这段描写，已然展现出了一个完整的思存步骤，先是思存一个女子（黛玉），后是兼及众多女子（宝钗、香菱、袭人等），再后是思及自身，最后由自身上升到宇宙人生、命运无常等终极问题。这一步骤也同样可以适用于宝玉看到龄官画蔷而思考各人自有各人的缘分、经历晴雯之死而想到生死有命的思考历

① 钟肇鹏主编：《道教小辞典》，上海：上海辞书出版社，2001 年，第 211 页。
② （清）曹雪芹、高鹗著：《红楼梦》（2 版），北京：人民文学出版社，2005 年，第 87 页。
③ （清）曹雪芹、高鹗著：《红楼梦》（2 版），北京：人民文学出版社，2005 年，第 373 页。

程。

某种程度上，宝玉的所思所想都与上清道派最主要的修炼方式——思存女仙，有着诸多不谋而合之处。从思存的对象看，宝玉所思女子，都或多或少地保留着女仙的特质，那些粗鄙的老妪、村妇，如刘姥姥、鲍二家的等，自然都是入不了宝玉法眼的。从思存的步骤上看，宝玉也在一定程度上借鉴了上清道派思存的严谨程式和仪轨规范。上清道经规定，思存女仙需从女仙的讳字、身长开始，“烧香北向仰思九天真女讳字，身长七寸七分，著七色耀云罗袿，明光九色紫锦飞裙”，然后是感应女仙的气质及其显现神迹的初衷，并将自身思想努力与女仙对接，以求达到女仙的高度，如此才能“真女感悦，神妃含欢，上列玉帝，奉兆玉名，记书东华，参篇玉清”，以达到“面发金容，体暎玉光，神妃交接，神对灵真”[①]的大境界。这种由表（女仙讳字、身长）及里（女仙思维高度），再到自身境遇和普遍真理（玉清）的思存步骤，与宝玉的思维方式如出一辙，更为重要的是，宝玉和上清修道者都在这一思存过程中获得了提升。而且，二者对于思存自我的强调，也基本符合《奥义书》中所言“从沉思自我逐步走向沉思世界”的思维历程。《奥义书》云：“确实，应该沉思自我，因为所有这些都在自我中合一。自我是这一切的踪迹，依靠他而知道这一切，正像人们依据足迹追踪。任何人知道这样，他就会获得名声和赞颂。”[②]可以说，宝玉和上清修道者经过深思熟虑，最终都无比接近或者达到了《奥义书》所谓的这种能够“获得名声和赞颂”的、大彻大悟的思想境界。

思存往复，修道既成，宝玉和上清修道者要面对的另一个重大问题是，如何将其所感所悟向大众输出，或曰如何更好地传道。修道弥艰，传道尤难，为此，宝玉和上清修道者不得不采用了一种形象、艺术化的输出形式，差可称其为道的文学表达法。宝玉虽不喜读书、不事科举，但却对诗词歌赋颇为在行。他在日常生活中，时常会脱口而出的一些呆言痴语，往往都是含义隽永的哲言诗。在“大观园试才题对额”一节中，宝玉的文学才能获得了充分的展现，其所拟“沁芳”“有凤来仪”“杏帘在望”[③]诸语，字字都渗透着他在警幻仙境中的感悟。宝

① 上相青童君撰：《洞真上清青要紫书金根众经》，收入上海书店出版社编：《道藏》，上海：上海书店出版社，1988 年，第 33 册，第 427 页。

② 黄宝生译：《奥义书》，北京：商务印书馆，2010 年，第 28 页。

③ （清）曹雪芹、高鹗著：《红楼梦》（2 版），北京：人民文学出版社，2005 年，第 220—224 页。

玉所写《芙蓉女儿诔》，本质上也是一篇蕴含其无尽之思的传道雄文。其中的名言，“红绡帐里，公子情深”“黄土垄中，女儿命薄”“故相物以配才，苟非其人，恶乃滥乎？始信上帝委托权衡，可谓至洽至协，庶不负其所禀赋也”[①]等，每句也都饱含深情，且富于哲理、发人深省。尤其是“乃歌而招之曰”后诸语，其语言形式和意象运用，都与上清派的悟道、传道仙歌有着不同程度的可比性。总体上看，上清派仙歌旨在宣扬上清道派教义，有着很强的教喻意义。但是，由于“宗教没有审美补充就不可能存在”，[②]因此，上清派仙歌在服务宗教的前提下，其文本呈现也基本符合奇幻文学的叙述特征，注重调动人体感官的知觉体验，营造一种似真如幻的情境，以达到将人生哲思和上清道派义理审美化、增进受众认同的目的。[③]诸如“乘飙遡九天，息驾三秀岭。有待徘徊盼，无待故常静。沧浪奚足牢，孰若越玄井”“朝游郁绝山，夕偃高晖堂。振辔步灵峰，无近于沧浪”“灵阜齐渊泉，大小忽相从。长短无少多，大椿须臾终。奚不委天命，纵神任空洞”[④]等语句，都堪称义理与文采俱佳的五言诗。表面上看，宝玉的祭歌是楚骚之体，与上清派多以五言为主的仙歌体例差距较大，但从其所写内容上看，二者却都是从游仙境、访神仙落笔，诉诸多重感官，极尽描写之能事，然后才是诉说心中所得，并以之感染到其各自相应的读者。

总之，宝玉和上清道修道者的共性远大于差异，他们注定生就不凡，而不管他们是否愿意。他们都有灵心慧质，共同成为被上仙选定的不二之人，遂有机会与仙人（主要是女仙）同游同卧，接受仙人的教诲，提前预知命运的无常，以此对抗生存中的不确定因素。他们的体道、悟道，都经历了一个异常艰辛的过程，承受了常人不能承受的辛苦，由此才达到了“神对灵真”的境界。他们也没有满足于自己的提高，而是希望以自己的修行所得去感染提高更多人、拯救更多人，而这些都集中体现在他们为更好传道而撰写的文学作品中，通过这种“文以载道”的方式，他们诠释了“道”，也得到了受众的认同。

---

① （清）曹雪芹、高鹗著：《红楼梦》（2版），北京：人民文学出版社，2005年，第1112—1113页。

② ［苏］列·斯托洛维奇著，凌继尧译：《审美价值的本质》，北京：中国社会科学出版社，1984年，第113页。

③ 谢聪辉：《东晋上清派仙传叙述内涵与特质析论》，《湖南大学学报》（社会科学版），2016年第3期。

④ 逯钦立辑校：《先秦汉魏晋南北朝诗》，北京：中华书局1988年，第1098—1099页。

三、被选定者的悲情结局：至道思维的超越及局限性

成为被选定的传道者，不仅意味着荣耀，更意味着责任和牺牲。历史上的传道者几乎没有善始善终、幸福一生的，他们大多牺牲自己而成全了道义。老子选择西去，从而为人们留下了五千真言；耶稣勇于受难，从而为人间重塑了价值和信仰。宝玉和上清派传道者在成为被选定的人选后，也同样不可逃脱这个命定的悲情结局，宝玉的出家以及早期上清灵媒的被废黜就是明证，同时，他们的悲剧命运，也完美展现了他们存在的价值和重要意义。

在早期上期道派的传承中一直存在着一个较为特殊的现象，即仙人向一般慕道者传道是不能与其直接见面的，而必须由仙人选定的“中间人”，也即灵媒，来向其传授上清道派真经。[①]之所以会如此，部分原因可能在于仙人对一般慕道者并不是十分信任，需要通过灵媒去考验或者筛选真正的慕道者，这样才能保证至道真正流传人间，并拯救普罗大众。《真诰》中记载的一则仙人对灵媒杨羲的训导，便从一个侧面反映了仙人这一良苦用心。其云：“真人隐其道秒而露其丑行，或衣败身悴，状如痴人，人欲学道，作此试人，卒不可识也，不识则为试不过，汝当慎此也。”[②]可见，仙人行事从来都是十分谨慎的，他们选择学道者的标准非常苛刻，根本不会轻易向普通人显露真身。即使仙人们选定了灵媒，但这灵媒的身份也不是牢不可破的，灵媒同样会受到仙人的不断考验，在杨羲之前的另一个灵媒华侨就是因为没有经受住考验，而被仙人废黜。《真诰》载：“侨性轻躁，多漏说冥旨被责，仍以杨君代之。”[③]灵媒不仅可以被废，而且他们自身的生命周期也比较短暂，在上清道派的传承世系里，灵媒在大多数情况下更像是一个尴尬的存在。不管是华侨，还是此后的杨羲，他们存在的价值仅在于向当时的达官贵人（如许谧父子）传授真经，传经结束之后，他们的生命周期自然也就结束了。此后，他们面临唯一可能的结局只有自我放逐，就像华侨被废之后隐居乡野、躬耕田亩那样，杨羲传经结束后也只能寄情山水、周游天下。他们从不曾享受过世间的优厚供奉，就连上清派的整个传承体系也是以他们传经的对象为主，而与他们自己不再产生直接关系。某种程度上，贾宝玉在整部《红楼梦》中的意义正类同于上清道派的中的灵媒，从接受警幻仙姑的拣选开始，宝玉的使命就是向人

① 李硕、董铁柱：《真诰中的仙人、灵媒与学道者》，《学术月刊》2016 年第 3 期。

② ［日］吉川忠夫等编，朱越利译：《真诰校注》，第 174 页。

③ ［日］吉川忠夫等编，朱越利译：《真诰校注》，第 595 页。

间、向以十二钗为代表的众女子传经。所以，宝玉才会一次次苦口婆心地说出那些警世之语、愤慨之词，特别是在向女子传经时，他更是将自己的悟道玄机一次次直接表露，只可惜知音了了，他只能自嘲有朝一日要去当和尚了。与上清灵媒相比，宝玉的悲剧更为彻底，他甚至还不知道自己所传真经是否能够拯世救时，即被警幻废黜，在完成了周游世间一遭的使命之后，他只能欣然接受出家的命运安排，旋又化作大荒山青埂峰下的一块顽石。

上清灵媒和宝玉形象在上清经典及《红楼梦》中能够被成功塑造，其深层原因还在于两类文本都恰到好处地渲染了一种始终萦绕在世间和人们心中的悲凉气氛，共同将人类社会早已存在的末世思想表达得尤为深刻。每部上清道经中几乎都有关于末世思想的文字表达，《真诰》云："于是紫霞霭秀，波激岳颓，浮烟笼象，清景遁飞。五行杀害，四节交掷，金土相亲，水火结隙，林卉停偃，百川开塞。洪电纵横而响沸，雷震东西而坼裂。天屯见矣，化为阳九之灾，地否阒矣，乃为百六之会。亢悔载穷于乾极，睹群龙玃示流血乎坤野。尔乃言凶互冲，众示灾咎。"[①]《上清后圣道君列纪》亦谓："唐承之年，积数有四十六丁亥之间，前后在中，中间鸟兽之世，国祚启竭……疫水交其上，兵火绕其下，恶恶并灭，凶凶皆没。好道陆隐，善人登山，流浊奔荡，御之鲸洲，都分别也。"[②] 小林正美将其总结为，这些文字都表达出了"今世政治、社会都已混乱，此世的终末是基于天地运行的法则，在不久的将来必然要发生，靠人力不可能回避"[③] 的思想内涵。与之相应，《红楼梦》在表达末世思想这一主题时，则更为艺术化。从第一回开始，《红楼梦》文本就在空空道人的一首《好了歌》当中做足了铺垫，借此将"世人都晓神仙好，唯有功名忘不了！古今将相在何方？荒冢一堆草末了"[④] 的冰冷现实摆在世人眼前，以期引起关注。果不其然，甄士隐在经历家变之后最先回应，于是便有了《好了歌解注》中的"陋室空堂，当年笏满床；衰草枯杨，曾为歌舞场。……乱哄哄你方唱罢我登场，反认他乡是故乡。甚荒唐，到头来都是为他人作嫁衣裳"[⑤] 的切身痛感。在宝玉所听《红楼梦曲》中更是有"好一似食尽鸟投

① ［日］吉川忠夫等编，朱越利译：《真诰校注》，第194页。

② 上海书店出版社编：《道藏》，第6册第745页。

③ 小林正美著：《六朝道教史研究》，成都：四川人民出版社，2001年，第408页。

④ （清）曹雪芹、高鹗著：《红楼梦》（2版），北京：人民文学出版社，2005年，第17页。

⑤ （清）曹雪芹、高鹗著：《红楼梦》（2版），北京：人民文学出版社，2005年，第18—19页。

林，落了片白茫茫大地真干净"[①]直白表达。此后的很多情节都围绕着这一主题有条不紊地展开，有宝玉的悟禅机，也有贾母在盛大宴会后的莫名之悲，最后在抄检大观园一节中达到高潮。一一印证了《好了歌》中的预言，也印证了上清道经中描述的"疫水交其上，兵火绕其下，恶恶并灭，凶凶皆没"的末世世界景象的可信性。

面对末世世界的强势降临，人类当然不能坐以待毙。上清道经号召人们修炼上清大道，通过思存女仙、人神相恋的方式成为被上仙眷顾的"种民"，[②]以避免被灭亡的命运。《红楼梦》中也提出了"情种"的概念，以期让真情再度回归这个虚伪、无情的世界，重新燃起人们对真情、至道的希望之火。人类的自救无时无刻不在进行着，但人类最终能得救吗？这个问题，却一直没有答案。上清经中的女仙九华真妃对此的态度是，迫于末世迫近的严重态势，凡人如果不能忍受末世的痛苦，可以先寻求"剑解之道"，正所谓"宝玉投粪以招尘，褰衣振血，浊精污真，玄通远逸，是其时也"。[③]据此分析，"剑解"也就是自杀式的死亡，只不过是对求真悟道的一种委曲求全的方式，还不是真正的得道、得救，至于剑解、自刎之后，人之个体能否成仙、还能不能感受到得救的感觉，九华真妃一样的仙真都没有明确的说辞。

同样，《红楼梦》文本所阐发的救世方法，也存在着种种未知和不确定因素。在《红楼梦》的结尾，红楼众女儿一个个含恨而终，一次次将不同性质的死亡呈现出来，但又有几人能感受到其中的深意呢？宝玉早就明白，众女儿悲剧的一生，无非是这个污浊世界的一个点缀而已，她们死去，不会掀起任何涟漪。宝玉虽有所悟，但也仅仅限于个人的一孔之见，自始至终他都没有赢得红楼世界的真正认可。无计可施之下，宝玉反而不再像是一个悟道的救世者，而更像一个时不时会表现出"情急之毒"的偏执狂。在《红楼梦》文本的设定中，宝玉以其"情不情"的特质，与黛玉"情情"特质中的小性、偏激形成有机对照。然而现实的打击，也使得宝玉不得不有时会使使性子。在与甄宝玉相遇的梦境中，宝玉变得不再淡定，他无法接受世上居然还有另一个自己的现实，而且梦中的那个甄宝玉

① （清）曹雪芹、高鹗著：《红楼梦》（2版），北京：人民文学出版社，2005年，第86页。

② "种民"，即人类的种子。上清末世论中把那些能从末世的灾厄中生存到太平之世的人成为"种民""种人"或"种臣"。小林正美：《六朝道教史研究》，第397页。

③ 胡道静等选辑：《道藏要籍选刊》，上海：上海古籍出版社，1995年，第4册，第576页。

比自己还优秀，更受女孩子欢迎，甚至还拥有一个更大的园子。[①] 当从贵公子突然变成“臭小厮”，宝玉的内心显然是崩溃的，他向世界传道而不被接受已是遭遇了一次遗弃，如果自己身份也存疑的话，则无异于是又一次被遗弃。面对双重的精神折磨和打压，宝玉使使性子，贪恋一下红尘俗世中的温柔、富贵和繁华也是在所难免的。但是，作为传道者，宝玉一旦使起性子，也必然意味着传道陷入困境。

宝玉和上清传道者们的境遇进一步说明，相比于末世降临、人类走向灭亡的悲剧命运和结局，救世行动的失败或不可预见的结果，更是悲剧中的悲剧，直接让人们重又回到至道兴起的那个原点。其意义在于，这样的悲剧更加能使人明了“神乃是利用他们来把所有人都需要，却被安适和自满蒙蔽而看不到的洞见引入历史中……在他们的心中燃烧起那将影响整个人类对自由和公正的热情”。[②] 惟其如此，人类才能迎接至道，战胜末世的一切险恶。

综上所述，《红楼梦》中描写的贾宝玉所经历的一个又一个梦境，其文化原型与道教上清派的教义思想有着千丝万缕的内在联系。从对女仙的崇拜，到女仙所传授的“意淫”思想精髓，即彻底摆脱肉欲的精神恋爱方式，再到人神恋爱的初衷，即以情传道的良苦用心，二者都不同程度地传达了相似的思想情怀和价值取向。特别是，宝玉和上清传道者（也即上清灵媒）在各自的文本形象中也有着诸多类似之处，他们都是被选定的先知先觉者，修道时都使用了相似的修炼方式——思存女仙，传道时也都共同选择了文学传道的方式方法。更为重要的是，他们的命运结局也极其相似，面对末世世界的强势，任何传道者都是渺小的个体存在，他们所传播的至道虽然可以超越一切苦难、超越人类思维极限、拯救所有生活在末世迫近时代的人们，但他们自身也是一个受到局限的个体，他们都有其力所不及之处。即便如此，他们的存在也是有重大价值和意义的，他们共同演绎了悲剧中的悲剧，在给人以震撼的同时，也终将唤起人们对至道的追求，对真美的向往。

---

① （清）曹雪芹、高鹗著：《红楼梦》（2 版），北京：人民文学出版社，2005 年，第 775 页。

② ［美］史密斯著，刘安云译：《人的宗教》，海口：海南出版社，2013 年，第 279 页。

以天为则，共筑世界大同梦

——以“上合组织青岛峰会”为例

陈起兴*

内容提要：本文的论题似乎有些大，但结合这次论坛主题“承古开今，筑梦未来”，是“一带一路”梦文化的国际研讨会。这样的开局，是不能局限于对石竹山梦台或个人梦境的解释。正如“上合组织青岛峰会”文艺节目的编排，都是围绕着世界大事而精心策划，每个细节都传递着中国与世界合同、四海一家的思想理念。因此本文结合“青岛峰会”，从三方面阐释“中国梦”是包容寰宇、协和万邦的世界大同之梦。中国先贤自古以来就心怀天下，中国人“天人合一”思想中的“一体之仁”观念，为实现世界大同梦提供理论依据。故而寄希望于石竹山梦文化与中国梦融为一体，在促进世界大同中发挥独特作用。

关键词：以天为则　天人合一　一体之仁　世界大同

《列子》所载黄帝梦入华胥仙国，看到该国百姓听任自然，甚为安宁和谐，是心所向往的理想“天国”，由此开启了“中国梦”的发端。中华民族五千年历史，就是一部向着这个美丽“天国”追逐的历史。老子所描绘的“小国寡民”，与黄帝梦境所见的理想仙国，似乎有异曲同工之妙，而成为后人所向往的胜地。但在漫长的历史发展进程中，不时偏离了这个目标。21世纪，我们重启“中国梦”的理想航程，在回顾历史、展望未来、面向世界中，充分展示了中华“梦”文化是包容寰宇、和合万邦的世界大同梦。

谈到中国梦，不禁让人回想起举世瞩目的“上合组织青岛峰会”迎宾仪式，

---

*　陈起兴（1967—），男，福建福鼎市人，大学本科，现任柘荣县委党史方志室主任，研究方向：易老研究。

这是一场华夏五千年文化的盛宴，一份满满的中国优秀传统文化大餐。在习近平主席的简短致辞里，在独具特色的“孔府家宴”中，在匠心独运的焰火文艺节目上，都在传递着中国人的大爱友善、与世界和同的思想理念，中国人民愿同世界人民一道，同呼吸共命运，本着“求同存异、合作共赢”思想，扬帆再起航，和衷共相济，共同开启上海合作组织发展新征程。这次峰会所呈现的是，中国以“天下大同”的文化自信，走向世界舞台中心。

一、上合青岛峰会传递着中国与世界合同的思想理念

“上合峰会”地点选在青岛的特殊意义，体现在习近平主席的致辞中：“山东是孔子的故乡和儒家文化发祥地；儒家思想是中华文明的重要组成部分；儒家倡导‘大道之行，天下为公’，主张‘协和万邦，和衷共济，四海一家’；这种‘和合’理念同‘上海精神’有很多相通之处。”

“协和万邦”出自《尚书·尧典》，主张人民之间和睦相处、国家友好往来；“和衷共济”出自《尚书·虞书·皋陶谟》，比喻同心协力，克服困难，共同渡过难关；“四海一家”出自《荀子·议兵》，是说四海之内，犹如一家。这三句话，集中体现了中华民族优秀传统文化的历史基因，展示了中华民族处理国与国之间、民族与民族之间关系的博大胸怀和东方智慧，更是表明中国从来就是一个爱好和平，讲求睦邻友好的国家。

中国古代先贤一直秉承心怀天下、功在天下的理念，孜孜以求世界和平，天下大同，如《诗经》：“夙夜在公”；《书经》：“以公灭私，民其允怀”；《论语》：“四海之内皆兄弟”；《墨子》：“兼爱”和“举公义”；北宋张横渠“为天地立心，为生民立命，为往圣继绝学，为万世开太平”；范仲淹“先天下之忧而忧，后天下之乐而乐”；到顾炎武的“天下兴亡，匹夫有责”，孙中山的“天下为公”。他们所追求的都是“廓然大公”的崇高境界，以及为天下和同而献身的伟大精神。

备受青睐、宏大壮观的灯光焰火艺术表演《有朋自远方来》，充分运用领先于世界的新科技，“以天为幕，以海为台，以城为景，”让传统的表演耳目一新，也展现了现代中国的精神面貌，又将传统文化之精髓融入其中，传递出咫尺天涯同是一家人、四海之内皆兄弟的理念。“有朋自远方来”的后半句是“不亦乐乎”，借圣人语言，表达了中国东道主对来自世界远方朋友的热忱欢迎，散发着浓浓的善意。

文艺节目第二部分《齐风鲁韵》，突出表现“一山一水一圣人”的魅力画卷……短短数分钟，尽览齐鲁大地之风韵文化。耳目享受之余，还品尝了思想大餐，蕴蓄在小孩的朗读之中：“吾日三省吾身：为人谋而不忠乎？与朋友交而不信乎？”中国先贤崇尚“内省”功夫，以“止于至善”为最高境界，坚持“以和为贵”“克己复礼”，把爱他人视为仁者的表现。“己所不欲勿施于人”，强调不要把自己的主观意见强加给他人，本着“求同存异”的原则与人和谐共处。“己欲立而立人，己欲达而达人”，自己想立足与发达，也要帮助他人自立与发达，释放了大国领导人的“责任担当”与表率作用，同时也给他国领导人以启示：作为“上和”成员国的朋友，大家都要以诚相待，开诚布公，多思考自己在其中的地位和作用，多反思自己如何更好地施展所为，共同促进“上和”组织与世界的和平发展。

二、中国人和同天下的思想来自以天为则的胸怀

中国先贤所以都心怀天下，因为他们认为人类共同生活在宇宙天地之中，同为天下之苍生，应该共同效法天地之法则，所谓“以天为则”，即圣人（王）要以天地运行规律为治理人事的法则。《韩诗外传》卷四管仲说：“王者以百姓为天。”天，在中国文化当中，不是纯粹的自然之天，而是包涵很多人文精神。那么，“天”都有什么精神，是如何发现的呢？

《观卦·彖传》指出：“观天之神道，四时而不忒。圣人以神道设教，而天下服矣。”就是说，“天道”的神秘变化原理，是圣人“观”出来的，圣人观出天道变化规律之后，用于指导天下百姓的日常生活，百姓乐于接受圣人的管理，使天下人都臣服。孔子说：“天何言哉，四时行焉，百物生焉。”（《论语·阳货》）圣人观出天地虽无语，而四季更替无差错，五谷生长不停息，这是“天道”的“诚信”。《中庸》讲：“诚者天之道也，诚之者人之道。”这就告诉人们，人要学天，就是学天的“诚信”之德。

孔子说“唯天为大，唯尧则之”（《论语·泰伯》），说是尧帝效法天。是要学天什么呢？《礼记》载：“天无私覆，地无私载，日月无私照。”宇宙天体容纳日月星辰，并没有区分敌我与好坏，日月照耀大地，大地承载万物，也不分你我与亲疏，这是天地的大公无私，所以，君子要学习天地的“大公无私”精神。《乾·文言》：“夫大人者，与天地合其德。”这里的与天地合德，也是指学习天地

大公无私的品德。所以古人把能“德配天地”“德侔天地”者视为圣人。

天地除了诚信与无私，还有很多优秀品德，如《系辞传》：“天行健，君子以自强不息；地势坤，君子以厚德载物。”这里指出，人应当学习天的“自强和恒心”，学习地的“厚重与包容”。中国人从来不主张人去做天地的主人，去支配天地。老子说“生而不有，长而不宰”，天生地养，天地养育万物完全是奉献，让万物自由、茁壮生长，从来不求回报，也不去占有和主宰它们。《中庸》指出：“致中和，天地位焉，万物育焉。”天地各有其位，各在其位，大家互不越位，万物便生长发育了。这是天地的“中和”精神，人要效法天地，就效法它们各行其道、各守其位、各履其职、各尽其责，使大家和谐共处。

因此，我们讲“以天为则”，就是要学习天地的诚信、无私、自强、恒心、厚重、包容、中和、守职等优秀品质，人人都能以此作为修身目标，砥砺前行。那么，天下和同的目标，也就行将不远。

三、从以天为则到人类命运共同体的升华

文艺演出最后一部分为《命运共同体》，是总导演张艺谋居于峰会主旨的刻意安排。他说：“这是中国提出的理念，其实也是人类的共同目标。在峰会这样的场合，最重要的目的是讨论世界大事。而这样大型国事活动的文艺表演，既不是普通的文艺表演，也不是大家娱乐一下，而是峰会的一部分，应该有一个主题是与国事活动本身有关，要通过表演让与会的嘉宾和全世界看到峰会最终的目的和意义。”球仪形状的视频投影仪，体现了“全球”概念，一个宇航员在球体上“太空漫步”，构成“科技与未来”的意象，与 2016 年我国首颗量子科学实验卫星“墨子号”发射升空，似乎有一种微妙的关联，也传达一种新的信息。

中国人的全球视野，视世界为一家人，来自先哲“天人合一”的思想理念。董仲舒说：“天人之际，合而为一。”天人合一的理论基础，来自道家思想。老子说“道生万物”。庄子讲“天地与我并生，而万物与我为一”。人类与万物本是“同根生”，是“生命共同体”，生活在地球上的人，自然是“休戚与共”的关系，是“命运共同体”。所以人要破除“我执”观念，顺应自然，破除物、我之别而融于天地万物之间。启示我们要以平等心对待他人与自然万物，认识到自己是自然界中的一员，当保持一颗淡泊、宁静的心，做到“风过无声，雁不留影”，人与天地之间才有了对照之心、合一之心，世界大家庭的成员才能共存、共享、共荣。

但是，人与天地如何“合而为一”呢？王阳明认为人与天地万物一气流通，“原是一体”，天地万物的“发窍之最精处”即是“人心一点灵明”。人心即是天地万物之心，是人心使天地万物“发窍”而具有意义，离开了人心，天地万物虽然存在，却没有开窍，没有意义。在他看来，“天地万物与人原是一体”之“一体”，是靠“心之仁”联系起来的有机整体。这就是王阳明所说的“一体之仁”。没有这一体之仁，人与天地万物之间彼此就会麻木不仁、痛痒无关。正是有了这一体之仁，才使“大人者”能“视天下犹一家，中国犹一人焉”。当然，王阳明在大力主张“一体之仁”博爱思想的同时，也在一定程度上承认“差等之爱”：在对人之爱与对物之爱之间、在至亲之爱与对路人之爱之间都有厚薄之分（《传习录》）。

王阳明的“天人合一”思想，使人与天地万物之间达到更加融合无间的地步。“万物一体”之“仁”的思想，不但为人伦道德找到了深远的根源，提高了中华文化的道德意蕴，而且为处理好人与自然、人与人的和谐关系提供了理论根据。显然，“万物一体”乃是人对自然万物产生“仁爱”的根源。今天，我们在讨论人与自然和谐相处，在谈论道德意识薄弱的话题，在谈论世界一家、天下大同、人类命运共同体的话题，应该可以从“万物一体”中找到哲学本体论方面的根据，应该多提倡一点“天人合一”思想中的“一体之仁”的观念。人之所以爱人，在于人与人之间的“同类感”，人与人同类“一体”，才能产生人与人之间的“一体之仁”。人与人之间能多一分一体同类之感，就会多一分爱。

本文或许与石竹山传统的梦文化议题结合得不够密切，但想到这次论坛的主题“承古开今，筑梦未来，”已经不同于过去五届的论题，而且是“一带一路”梦文化的国际研讨会。这样宏阔的开局，是不能局仅限于对石竹山梦台或个人梦境的解释。故而以此论题抛砖引玉，寄希望于文化大家往这个方向继续挖掘中华梦乡更深、更高、更大层次的内涵，使石竹山梦文化与中国梦融为一体，在促进世界大同之梦中，发挥其独特作用。

“中国梦”是中华民族伟大复兴之梦
——试析实现“中国梦”中的“大邦者下流”理论

南信云*

中国梦，是习近平总书记所提出的重要指导思想和重要执政理念，正式提出于2012年11月29日。习总书记把“中国梦”定义为“实现中华民族伟大复兴，就是中华民族近代以来最伟大梦想”，并且表示这个梦“一定能实现”。

“中国梦”的核心目标是逐步并最终顺利实现中华民族的伟大复兴。中国梦的最大特点就是把国家、民族和个人作为一个命运的共同体，把国家利益、民族利益和每个人的具体利益都紧紧地联系在一起。习总书记明确指出：“中国人民发自内心地拥护实现中国梦，因为中国梦首先是13亿中国人民的共同梦想。”[①]中国梦是中国人民追求幸福的梦，也同各国人民的美好梦想息息相通。中国发展必将寓于世界发展潮流之中，也将为世界各国共同发展注入更多活力、带来更多机遇。[②]

2014年3月，习近平主席在德国科尔伯基金会的演讲中引用了老子《道德经》中的“大邦（国）者下流”理论，来表达“中国愿意以开放包容心态加强同外界的对话和沟通，虚心倾听世界的声音”的友好态度。以后，习主席又多次在不同的场合，重申老子的这段话，特别是在“构建人类命运共同体”思想提出以后，伴随着“一带一路”建设倡议的全球实践，“大邦（国）者下流”的理论已逐渐被国际社会所认同，正日益成为构建新型国际关系的共同价值规范。

---

* 南信云（1951—），男，山东济南人，大学文化，高级工程师，研究方向：内丹及道家养生术。

① 2013年3月习近平在接受金砖国家媒体联合采访讲话。

② 习近平2015年10月22日在伦敦金融城的演讲。

老子在《道德经》六十一章中讲道:“大邦(国)者下流。天下之牝,天下之交也。牝常以静胜牡,以静为下。故大邦以下小邦,则取小邦;小邦以下大邦,则取大邦。故或下以取,或下而取。大邦不过欲兼蓄人,小邦不过欲入事人。夫两者各得所欲,大者宜为下。”这是老子在《道德经》中专门论述国与国之间关系的一章,这样明确论述国际关系的文字,在老子同时代的文献著作中,还是第一次。老子这段话的意思是说:大邦(国)就像居于下游的大江大海一样,静定而处下,使得天下百川之水皆汇聚于江海。如果大国能以谦下的态度对待小国,就能取得小国的依赖和支持。同样,小国若能以谦下的态度对待大国,就能得到大国的接纳、包容和帮助。因此,无论是大国得到小国的依附和支持,还是小国得到大国的包容和接纳,最根本的条件便是“谦下”。作为一个大国,应该保持“雌柔”之性,虚静而又处下,常以其静定胜过雄强,静而不求,物自归之。如果大国和小国都能通过谦下的态度互相对待,各自便都能达到自己的愿望和目的。虽然大国和小国都要谦下,但大国尤其应该首先谦下。

老子的思想体系是建立在“道”的形而上学基础上,或者可以说,老子是通过“道”这一核心概念,把形而之上世界与经验世界统一起来,由此提出了他对社会各种问题的全方位思考,包括对国际关系的思考。

一、老子的“下流之道”理论

“下流”之道理论,是老子哲学思想的基本理论。所谓的“下流”,是指水以自然无为的方式就下而流的自然现象。借助“下流”之水或“水之就下”而流的自然现象,比喻人生处世与为政治国的哲学思想。在水以自然无为的方式就下而流的这一自然现象感知下,水成为先秦时期诸子百家阐发哲学、政治、经济、军事、医学等思想的“载体”,并形成了以水为主题的“法水哲学”,这一哲学思想成为先秦哲人表达思想的重要内容,“下流”之水或“水之就下”的自然现象也成为老子“下流之道”哲学思想的重要表达特征。

“下流”之水是在道体自然无为的思想体系下,向下流贯于“人生处世”与“治国为政”的“谦下”思维,并形成了老子独特的“下流”哲学。老子赞誉水,是因为水的很多优秀品质和德性,都是由水能“卑下”所奠定的。水流无论遇到什么样的山高路险,一定是会遵循着往低处流的原则。水往下流,特别会选择停留在卑下的地方,而这个“卑下”之地正是老子眼中的“善地”。老子提出“上善若水”，上善何以若水，根本原因就在于水能“处众人之所恶，故几于道”。由水而喻人，就是要求人要甘居下流，能够“处众人之所恶”；由水而喻国，就是要求无论大国还是小国，都能够“处下”。“下流”之水不仅仅表现于人生的处事态度和治国为政的思想层面，其自然无为的精神更是道体的表现。老子说：“上善若水。水善利万物而不争。处众人之所恶，故几于道。居善地，心善渊，与善仁，言善信，政善治，事善能，动善时。夫唯不争，故无尤。”[①] 老子给予水“居善地，心善渊，兴善仁、言善信、政善治、事善能、动善时”的高度赞誉。对于水的“七德”或“七善”的评价，可以看出老子对于水的深刻观察与体悟。

老子认为，水不仅具有“柔弱”“居下”“不争”“利物”等特质，最大特点乃是水会向下流淌，且甘居下游，能融汇天下百川之水形成大江大海。“下流”之水或“水之就下”都是讲水是顺随自然之势向下流动，是自然无为地从它的始源处向下流动，没有混杂任何的自主性意识或“有为”意识，老子“下流”之水或“水之就下”的观点不仅是人生处世态度与为政治国思想的隐喻，更是自然无为之道的体现。在老子看来，人伦关系、社会关系乃至国际关系，凡有关系者，必然都要遵循于“道”，即遵循客观世界的道理、法则或规律，而“道”又是一个形而上的存在，很难为人们所认知，为此老子又常以水来喻“道”。无为之水是道家无为概念的根本，也是“道”最重要的表现形式。

“几于道”，是老子对于水的最高评价。水之所以能“几于道”，是指水具有“善利万物而不争”与“处众人之所恶”这两个重要特点，而并非因为水的七德或七善。水总是“柔弱”“不争”，却能够攻克任何的坚固障碍；当水静止不动的时候，还会自然地自我澄清。水能“处众人之所恶”，也就是河上公所说“众人恶卑湿垢浊，水独静流居之也。”[②] 水具有的“善利万物而不争”与“处众人之所恶”这两个重要特点不仅皆为自然无为的体现，更是老子面对世间“有为”所衍生出来的诸多纷乱的消解之道。老子云：“天下莫柔弱于水，而攻坚强者莫之能胜”[③]，意思是说别看水柔弱如此，但要是强大起来，那可是无坚不摧的。当水涓涓细流之时如轻风拂面，当水汇成滚滚洪流时则是排山倒海，最柔弱中却包含有最强大的力量。水总是不争，却能够攻克任何的坚固障碍；当水静止不动的时

① 老子《道德经》第八章。

② 王卡点校：《老子道德经河上公章句》，台北：中华书局，1997 年，第 29 页。

③ （魏）王弼注：《老子道德经注校释》，楼宇烈校释，1990 年，第 187 页。

候，还会自然地自我澄清，这正是老子最为欣赏的地方。在老子对水“几于道”的高度肯定中，“下流”之水在老子思想中的地位应该不仅止于人生的处事态度与治国理政思维的层次。

由“水之就下”所展开的“谦下”和“自然无为”，实乃老子“下流”哲学的主要意蕴。“江海居大而处下，则百川流之。大国居大而处下，则天下流之，故曰大国下流也。”[①] 元代吴澄认为：“交，会也。大国者，诸小国之交会，如水之下流为天下众水之交会也。”[②] 吴澄还说：“百谷水同归江海，如同天下之人同归一王也。王之所以能兼有天下之人者亦若是。”[③] 奚侗曰：“江海为百谷所归往，故以王喻。盖王者，天下所归往也。然百谷所以归往之故，以江海善下也。”[④] 江海之所以汪洋浩瀚，主要是能以自然无为的态度接纳川谷之就下众流，不以有为或自我意志来拣择川流；就下之水亦随顺自然而流，不以自我意识决定流逝的方向，而两者皆为顺随自然无为的表现。老子认为主政者在治国理政，特别是处理大国与小国的关系时，必须学习江海之善居“卑下”，效法“就下之水”及江海容纳百川的自然无为，以自然无为的方式治理国政及处理与众多小国之间的关系，则天下将“无尤而自化”。

大邦（国）者下流中的“邦”，一本又作“国”。“大邦者下流”一句，在《老子》帛书甲本中作“大邦者，下流也，天下之牝”。在《老子》帛书乙本中只有“大国，牝也。天下之交也”，并无“下流”一词。“天下之牝，天下之交也”一本作“天下之交，天下之牝也”。

老子学说的主要内容之一就是“小国寡民”的思想。老子认为，无论大国还是小国，国与国之间应该相安无事，和平相处。老子对国际关系的看法，主要是有感于春秋末期的诸侯争霸、战乱频发、田园荒芜、民生凋敝的社会现实。当时诸侯国到处林立，大国争霸，小国自保，战争接连不断地发生，给人们的生活带来极大的灾难。所以，他一再提出大国要谦下，要忍让，不可以以强大而凌辱、欺压和侵略小国。老子提出“大邦（国）者下流”的观点，就是希望大国要效仿“下流”之水的“卑下”，以“谦下”与“容纳”的心态对待小国。老子认为，江

① （魏）王弼注：《老子道德经注校释》，1990 年，第 134 页。
② （元）吴澄：《道德真经注》（卷 4），第 1 页。
③ （元）吴澄：《道德真经注》（卷 4），第 10 页。
④ 奚侗：《老子集解》（下卷），第 23 页。

海由于处下，而得到无数的川谷细流的水源补充，所以江海成为天下众水之所归。大国为政者除了应师法江海之处下之外，更要学习川谷众水就下而流的自然无为的精神。大国应如就下之水，谦下而自然无为地对待其他弱邦小国，小国则应似川谷众水下流而归之。

老子一方面发出国与国之间要和平相处、避免战争的呼吁；另一方面是以其“道常无为而无不为，侯王若能守之，万物将自化”[①]的观点对国际间关系所做出的理论思考。这其中贯穿着老子哲学思想中两个最有意义的价值理念：一是虚静柔弱，一是谦下不争。

老子赞美水的柔弱，是因为柔软弱小的东西往往有刚强者所不具备的韧性、弹性和旺盛的生命力，能经得起挫折。坚强的或刚强的东西往往已是发展到极点，发展到极点的东西便失去了生机，即“物壮则老，谓之不道，不道早已”[②]。古往今来，世界上总有一些大国盛气凌人，称王称霸，以大压小，以强凌弱。事物的发展往往都会在对立的情况下反复交变，这种转化过程是没有止境的。所以有些事物减损它，有时反而得到增加；增加它，反而受到减损。一些大国如果认识不到这种事物转化的道理，在穷兵黩武的道路上一直走到底，不能根据时势改弦易辙，便只能走向灭亡。在老子看来，这样的大国不仅不能领导世界上的小国，反而成为即将衰亡的一类。过分的逞强兴暴不会长久，而且将很快趋于衰落，这就叫“不合于道”。

老子曰：“道常无名。朴虽小，天下莫能臣也。侯王若能守之，万物将自宾。天地相合，以降甘露，民莫之令而自均。始制有名，名亦既有，夫亦将知止，知止可以不殆。譬道之在天下，犹川谷之于江海。”[③]老子认为，大国或侯王若能持守无名之朴、自然无为之道，则人民将能自化而各遂其生[④]。学者严灵峰指出：“言譬诸道之在天下也，犹川谷之与江海，处下流而天下之水皆归之；故天下之人皆服膺于道也。”[⑤]王弼又曰：“川谷之求江与海，非江海召之，不召不求而自归者。世行道于天下者，不令而自均，不求而自得，故曰犹川谷之与江海也。”所谓“譬道之在天下，犹川谷之于江海”。老子以顺随无为自然的政治思想来比喻川谷

① 老子《道德经》第三十七章。

② 老子《道德经》第五十五章。

③ 老子《道德经》第三十二章。

④ 陈鼓应：《老子今注今译》，北京：商务印书馆，2003 年，第 200 页。

⑤ 严灵峰：《老子达解》，北京：华正书局，1983 年，第 177 页。

众水自然无为地向下而流入江海，而“下流”之水或“就下之水”看似“卑下”，却能容摄百川之水，积聚而成浩瀚汪洋。老子以为倘若能效法水之居下不争与无为自然，世间则可以无怨无尤。

老子虽以“小国寡民”为其政治理想，但是在现实世界中，大国的态度则是天下能否臻于治的关键。国际外交关系并非以武力或大国的“有为”意识为主导，而是以谦下及自然无为的态度保持国际和谐。然而，深入一步思考和研究这个问题，我们感到老子似乎有另外一种考虑。古今中外，人类社会能否得到安宁与和平，往往是由大国、强国的国策所决定的。大国、强国的欲望不过是要兼并和蓄养小国和弱国；而小国、弱国的愿望，则是为了与大国修好与共处。在这两者的关系中，最主要的一方，最重要的一方，便是大国、强国。老子在《道德经》六十一章的开头和结语中一再强调，大国应当首先学会谦下和包容，不可以自持强大而凌越弱小。而老子提出“大邦者下流”及“ 天下之牝”的观点，就是要求大国应该像大江大海一样，谦居下流，天下才能交归。大国还应该像娴静的雌性，以静定宽容的心态，自处下位而战胜雄性。只有这样，大国才能赢得小国的信服和支持。

老子说：“故大邦以下小邦，则取小邦；小邦以下大邦，则取大邦。故或下以取，或下而取。大邦不过欲兼畜人，小邦不过欲入事人。夫两者各得所欲，大者宜为下。”① 这段话就是讲“谦下”“不争”与“处下”的关系和作用。善于“谦下”“不争”和“处下”对任何人都是有意义的，特别是在国家与国家，人与人交往的时候，要把自己的位置放低，这是一种“大胸襟”“大智慧”。特别是强势的群体（国家）或个人在面对相对弱势的群体（国家）或个人时能主动“处下”，是符合“道”的原则的，这个道理就是“大者宜为下”。“大者宜为下”其实就是“知其雄，守其雌”“知其白，守其黑”“知其荣，守其辱”，能够做到“大者宜为下”者，非大胸襟、大智慧、大自信的人不可为之。

“大帮者下流”表达的含义不仅是“虚静”“谦下”“柔弱”与“不争”的抽象道理，其中所包含的深层思考，乃是国与国之间的平等关系及和平相处的理念。老子的谦下不争并不是无所作为或者自我放弃，更不是无原则的调和或逃避现实，而恰恰是针对国与国、家与家、人与人之间无休止的利益争端和暴力冲

① 老子《道德经》第六十一章。

突，其“谦下”“虚静”“贵柔”“守雌”“挫锐”“解纷”“知足”“居后”的观念都蕴含在这种守柔、不争的思想之中，提倡这一思想的根本目的在于消弭人类由欲望膨胀和占有冲动而引发的矛盾、冲突乃至战争。因此，老子关于国际关系的思想，其本质是一种和平主义和人道主义关怀，这是中华民族共同的价值理念和生存智慧，同时也是中华民族向往和平发展的共同理想。

在老子看来，人要有“谦下”和“不争”的美德，才能汇聚更多力量，对于一个国家来说也是如此。大国所具备风范，主要表现在能够“柔弱”“居下”“不争”“利物”“利民”。大国应该像江海谦居下流一样，自身居卑谦下，忍辱不争，才能汇集天下的无限生机和无限力量，天下才能交归。大国还应该像娴静的雌性，以静定宽容，自处下位而胜雄性。这样的大国，才能使“天下乐推而不厌”。这就是老子所说的“大邦（国）者下流”的真正意义。

二、在实现“中国梦”及“一带一路”建设中的大国风范

习总书记把“中国梦”定义为“实现中华民族伟大复兴，就是中华民族近代以来最伟大梦想”。因此说，中华民族的复兴，就是伟大的“中国梦”。中华民族是一个有着几千年历史的伟大民族。早自两千多年前秦汉时期就进入盛世。作为其载体的古代中国曾以世界上头号富强大国“独领风骚”长达 1500 年之久。

何谓“大国盛世”？盛世的标准，有两个重要标识：第一，疆域版图特别辽阔。从汉武帝开始，疆域版图就已经幅员辽阔；唐朝盛世的疆域版图达 1000 多万平方公里；元世祖忽必烈开辟的蒙古帝国，面积约为 1500 多万平方公里。清康熙年间设立台湾府，使古代中国疆域版图的最后定格为 1300 多万平方公里，包括了台湾和南海诸岛。清帝国对各地的管辖权和控制力达到了封建社会的最大值。第二，于世界文明的贡献特别巨大。16 世纪以前，影响人类生活的重大科技发明约有 300 项，其中 175 项是中国人的发明。正是这些重大的发明（包括发现），使中国的农耕、纺织、冶金、手工制造技术长期处于世界先进水平。全世界 50 万以上人口的大城市当时共有 10 个，中国就占了 6 个。直到 18 世纪末期，中国的经济规模仍然是世界上最大的。长期以来，中华文明以其独有的特色和辉煌走在了世界文明发展的前列，为世界文明进步做出过巨大的贡献。

中国在人类社会发展史上，曾经长期处于领先地位，然而，随着资本主义生产方式的兴起，随着近代工业革命脚步的加快，中国很快落伍了。故步自封的封

建统治者仍然沉浸在往日的辉煌所造就的虚幻梦想之中，等来的是西方列强的船坚炮利，等来的是亡国灭顶之灾。1840 年以后，由于西方列强的入侵和清王朝的腐朽，中国一步步沦为半殖民地半封建社会。

在绝境中猛醒、在苦难中奋起的中华民族，为民族大义所激奋，日益紧密地凝聚在民族复兴的伟大旗帜下，中华民族向前、向上的生命力日益强劲地迸发出来。为了改变国家和民族的命运，一批又一批仁人志士进行了艰辛努力和不懈探索。然而，从太平天国到洋务运动，从戊戌变法到辛亥革命，都没有完成救亡图存的历史使命。实践证明，不触动封建根基的自强运动、旧式的农民起义、资产阶级革命派领导的民主革命，都无法改变中国的命运。从 1840 年起，中华民族为实现中国梦，整整走过了 109 年。在这一百余年的前 80 年间，中国人民始终在黑暗中探索。正当中国人民不断失败又重新奋起之时，十月革命一声炮响，给中国送来了马克思列宁主义。1921 年，中国共产党应运而生。中国共产党自诞生之日起，就自觉肩负起实现中华民族伟大复兴的神圣使命，团结带领全国各族人民完成了民族独立和人民解放的历史任务。只有中国共产党的诞生和奋斗，才把中国从黑暗引向了光明。新中国成立之后，中国共产党又带领人民实现了从新民主主义到社会主义的过渡，开始了在社会主义道路上实现中华民族伟大复兴的历史征程。“中国梦”在中国近现代史上日益呈现出辉煌的色彩。

我们讲的实现中华民族伟大复兴，就是要使中华民族跻身于先进民族行列，为人类做出贡献的份额尽量扩大。梦想连接道路，道路决定命运。没有正确的道路，就无法汇聚各方的力量，再美好的梦想也无法实现。90 多年来，我们党紧紧依靠人民，把马克思主义基本原理同中国实际和时代特征结合起来，独立自主走自己的路，历经千辛万苦，付出各种代价，取得革命建设改革伟大胜利，开创和发展了中国特色社会主义，从根本上改变了中国人民和中华民族的前途命运。事实证明，中国特色社会主义道路是实现“中国梦”的唯一正确道路。

中国特色社会主义道路，为实现“中国梦”指明了方向；我国综合国力显著增强，为实现“中国梦”提供了坚实的基础。在中国特色社会主义道路上，我们创造了同期世界上大国最快的经济增长速度、最快的对外贸易增长速度、最快的外汇储备增长速度、最快且人数最多的脱贫致富速度、最大规模的社会保障体系；今天的世界对“中国信息”充满饥渴、对“中国奇迹”充满惊叹、对中华文化充满兴趣，今天的中华民族越来越走向世界舞台的显著位置，赢得越来越多的民族荣耀与民族尊严。“中国梦”深刻道出了中国近代以来历史发展的主题主线，深情地描绘了近代以来中华民族生生不息、不断求索、不懈奋斗的历史。自鸦片战争以来170多年，“中国梦”在今天比以往任何时候都更加清晰、更加现实。

作为一个泱泱大国，党中央在带领13亿人民实现复兴中华的“中国梦”的同时，并没有忘记带动周边国家共同发展。习近平主席说：“中国梦是中国人民追求幸福的梦，也同各国人民的美好梦想息息相通。中国发展必将寓于世界发展潮流之中，也将为世界各国共同发展注入更多活力、带来更多机遇。”[①]“在新的历史条件下，我们提出‘一带一路’倡议，就是要继承和发扬丝绸之路精神，把我国发展同沿线国家发展结合起来，把中国梦同沿线各国人民的梦想结合起来，赋予古代丝绸之路以全新的时代内涵。”[②]在实施“一带一路”建设中，在实现中华民族伟大复兴的“中国梦”中，习近平主席曾多次在不同的场合，重申老子关于“大邦（国）者下流”观点，并指出人要有“谦下”和“不争”的美德，才能汇聚更多力量，对于一个国家来说也是如此。一个大国所具备的风范，主要表现在如同老子所说的“柔弱”“居下”“不争”“利物”“利民”。

老子说过：“江海居大而处下，则百川流之。大国居大而处下，则天下流之，故曰大国下流也。”[③]大国应该像江海谦居下流一样，自身居卑谦下，忍辱不争，才能汇集天下的无限生机和无限力量，天下才能交归。只有大这样的大国，才能使“天下乐推而不厌”。实施“一带一路”建设的五年来，我们国家正是秉承着党中央的号召，以老子“谦下”和“不争”的美德，居卑谦下，忍辱不争的“大邦（国）者下流”的开放包容姿态，同“一带一路”沿线各个国家友好相处，互利共赢。

高效畅通的国际大通道是“一带一路”建设的核心内容和优先领域，中老铁路、中泰铁路、匈塞铁路建设稳步推进，雅万高铁全面开工建设。中欧班列累计开行数量已经超过9000列，班列到达了欧洲14个国家42个城市。斯里兰卡汉班托塔港二期工程竣工，科伦坡港口城项目施工进度过半；希腊比雷埃夫斯港建成重要中转枢纽。中缅原油管道投用，实现了原油通过管道从印度洋进入中国；中俄原油管道复线正式投入使用，中俄东线天然气管道建设正按计划推进。

---

① 习近平2015年10月22日在伦敦金融城的演讲。

② 习近平2016年4月29日在中共中央政治局第三十一次集体学习时的讲话。

③ 老子《道德经》第六十一。

中国与沿线国家的贸易和投资合作不断扩大，形成了互利共赢的良好局面。2017 年，中国对“一带一路”沿线国家的进出口总额达到 14403.2 亿美元，占中国进出口贸易总额的 36.2%。其中，中国对“一带一路”沿线国家出口 7742.6 亿美元，占中国总出口额的 34.1%；自“一带一路”国家进口 6660.5 亿美元，占中国总进口额的 39.0%，近五年来进口额增速首次超过出口。2017 年，中国对“一带一路”沿线国家投资 143.6 亿美元，占同期中国对外投资总额的 12%。

金融合作是“一带一路”国际合作的重要组成部分。通过加强金融合作，促进货币流通和资金融通，可以为“一带一路”建设创造稳定的融资环境，引导各类资本参与实体经济发展和价值链创造，推动世界经济健康发展。截至 2018 年 6 月，中国在 7 个沿线国家建立了人民币清算安排。目前，已有 11 家中资银行在 27 个沿线国家设立了 71 家一级机构。

五年来，在以和平合作、开放包容、互学互鉴、互利共赢为核心的精神指引下，“一带一路”倡议持续凝聚国际合作共识，在国际社会形成了共建“一带一路”的良好氛围。目前，中国已与 100 多个国家和国际组织签署了共建“一带一路”合作文件；“一带一路”倡议及其核心理念被纳入联合国、二十国集团、亚太经合组织、上合组织等重要国际机制成果文件。中国将按照习主席提出的建设和平之路、繁荣之路、开放之路、创新之路、文明之路的要求，在实现中华民族复兴的“中国梦”的同时，持续深入推进“一带一路”国际合作。中国展现出的高度的合作诚意，赢得了越来越多国家和国际组织参与“一带一路”建设的热情，提升了中国的国际影响力，推动了经济全球化发展。这也是老子的“大邦（国）者下流”的战略思想在新时代取得的最为辉煌的成就。

催眠、瑜伽与梦

刘正平 *

内容提要： 梦分为意识杂乱之梦、诱导作意催眠梦与瑜伽作意梦。杂乱意识之梦产生于昏沉睡眠状态下，大多为日常经验记忆碎片与想象结合的产物。祈梦是一种特殊的催眠形式，它与现实中的特殊空间、神圣字和特殊的仪式诱导有关，是意识与潜意识中的特定神圣空间产生关联而显现出的特殊的意识内容。瑜伽之梦是通过有清楚内容的禅定作意引导意识进入设定的神圣空间，道教的神游和密宗的梦瑜伽就是在特定神圣空间中的梦境界。本文试图解释这些梦境与神圣字、神圣空间、特殊仪式之间的作用关系。

关键词： 催眠　神游　瑜伽　神圣空间

梦境的类型可分为意识杂乱之梦、诱导作意催眠梦与瑜伽作意梦，这三种类型的梦与意识作意、潜意识显像的特殊空间有着不同的对应关系，通过象征的方式展现生命成长的不同维度。

一、意识杂乱之梦

日常意识分为清醒意识与梦意识。清醒意识是意识随同五种感官相应的眼、耳、鼻、舌、身识俱转的五门转向意识，或者是意识反思印象、记忆进行的思想活动。五门转向意识以五根识提供的鲜活的印象为作意对象，意识进一步领受、推度、确定对象，赋予对象以形象，从记忆中调取名称，形成名称与形象的指称关系，由此产生我们的知觉判断。知性意识进一步把知觉判断统摄在一定的时间、空间关系中，约束在量的观念、因果观念、模态观念下形成经验判断，进一

* 刘正平（1972—），男，山东人，博士，昆明理工大学副教授，研究方向：中国哲学。

步通过推理活动形成我们理性的日常清醒意识内容。另一类是情绪意识，当知觉判断形成后，情绪意识跟随着出现，形成我们对于对象或事件的心理感受。反思性意识是以记忆中的对象为反思对象，同样分为两种类型，一种是充满了反思与分析的理智活动，另一种是伴随事件记忆的情绪活动以及混杂理智分析的情绪活动。清醒意识是以知性的观念反思与分析活动为主，伴随着情绪化的意识混杂其间。

梦意识则是情绪化和图像化的杂乱意识，说其为杂乱意识，是因为梦意识作意的对象以图像为主，缺少分析和反思，经常伴随着强烈情绪，其意义并非直接能通过观念以及推理活动获得。杂乱意识之梦产生于昏沉睡眠状态下，形象以联想的方式构成图像画面。潜意识种子显现出的形象可以分为两类：第一类为日常经验记忆碎片与想象结合产生的图像，这些梦境大多由于日常寻思力度较强，内心挂碍的人物与事物因意识挂碍牵引再度以梦境记忆碎片的方式再现。这些梦意识空间展现的图像与现实记忆的关联度很高，不太具有原型的意义。这些心理事件属于生命中已经实现的部分，没有明显的梦的象征转化作用，不能带来心理成长。

第二类潜意识种子是荣格所说的原型。荣格认为原型深藏在集体无意识中，对于人们来说是未知的。[①] 集体无意识是荣格创造的一个词语，主要区别于个人无意识，我们这里统称潜意识，包括个体和集体的。这种潜意识中的原型，从潜能与现实的方式说，代表着人的一些潜能，在未实现之前是不可知的，但它却始终影响和指导人的意识和行为。清醒意识的生命活动与理智、情绪相关联而展现出生命空间，而原型是通过梦的象征意义与生命关联。象征是潜意识原型的外在显现，原型只有通过象征才能表现自己。弗洛伊德把梦理解为一种精神压抑，他鼓励梦者不断说出梦的意象，并激发他心灵的思考，他会抛开外形，露出他说出或不愿意说出的苦闷的潜意识的背景。[②] 荣格认为，梦的象征并不是一种压抑，不是无生命或无意识的“残留物”，这种意象和联想是潜意识不可少的部分。象征借助于某种东西的相似，力图阐明和揭示某种完全属于未知领域的东西，或是某种尚在形成过程的东西，它在我们有意识的表达与较原始、较丰富多彩的图画

① 荣格：《原型与集体无意识》，许德林译，北京：国际文化出版公司，2010 年，第 5 页。

② 荣格：《人类及其象征》，张举文荣文库译，沈阳：辽宁教育出版社，1988 年，第 7 页。

般的表现形式之间，架构起一座桥。[①]

梦是无意识心灵活动的直接表达，梦的象征意象不像概念性的语言，有着比较明确的含义，我们需要比较开放的态度去解释梦，不需要做任何理论预设。潜意识中存在许多东西，它们并不以清楚的线条呈现给意识以图像，往往包含着一些相互矛盾的、杂乱的因素，这些因素是潜意识的一些层面，它们以“阴影”的方式存在于生活背景中，当这些“阴影”反映到梦意识空间中，它们以一种情结的方式影响我们的生活。荣格对“阴影”的基本形态做了分类，如果做梦者是个男人，他会发现他的潜意识有个女性的化身；如果做梦者是个女人，潜意识就会化身为一个男性形象。荣格称其男性形式为“阿尼姆斯”（animus），女性形式为“阿尼玛”（anima）。阿尼玛是男人内在潜意识的阴性化身，阿尼姆斯是女人内在潜意识的阳性化身。这两种化身同时展现了善恶两面以及从低级到高级的发展趋势。阿尼玛的发展分为四个阶段：第一阶段以夏娃为象征，呈现的是纯粹本能与生物上的关系。第二阶段以《浮士德》的“海伦”为象征，呈现的是浪漫美感的人格化，这两个阶段的根本特征仍是性方面的。第三阶段以圣母玛利亚为象征，呈现的是把爱欲提高到精神奉献高度的形象。第四阶段以莎皮恩夏为象征，呈现的是无与伦比的智慧以及超越了神的圣洁境界。[②]阿尼姆斯也存在四个发展阶段。最初它仅以身体力量的具体形象出现，例如：运动竞技冠军或“健美先生”。下一个阶段，他具有创新精神和计划行动的能力。在第三阶段，阿尼姆斯转变为“话语”，常常以教授或圣职人员的形象出现。最后她的第四种呈现，成为“意义”的化身。在这个最高境界，他转变（像阿尼玛一样）成为一个宗教经验的居中调解者，透过他，生命获得新的意义。[③]

荣格认为人在成长中每一阶段的梦的象征关联的生命空间意义不同，梦的象征不仅是人自我认识的路标，每一阶段新的象征的出现，将会是下一阶段人自我实现的向导。生命在不断的象征过程中被实现，生命也不断在梦境与现实的关联中发现新的意义。

① 荣格：《人类及其象征》，张举文荣文库译，沈阳：辽宁教育出版社，1988 年，第 26 页。
② 荣格：《人类及其象征》，张举文荣文库译，沈阳：辽宁教育出版社，1988 年，第 163 页。
③ 荣格：《人类及其象征》，张举文荣文库译，沈阳：辽宁教育出版社，1988 年，第 170 页。

二、诱导作意催眠梦

意识杂乱之梦是潜意识自行活动显现的形象，在生命“阴影”的背景中，潜意识通过象征的方式关联着现实生活。梦的潜意识虽然有其目的性，但是意识不是通过有目的性的窥探呈现出潜意识的图像，只是反映性地呈现出来。诱导作意催眠梦与之相比较，是一种有目的的创造性的梦。这种类型的梦境，做梦者精神处于潜意识与意识交互活动的恍惚状态，是意识主动窥探潜意识原型的一种方式。在催眠作意的状态下，潜意识不再是幽暗的地带，而是意识试图主动探索的待显明的地带。在我们的潜意识中，存在着我们所有的潜能，这些潜能在日常活动中处于休眠状态，通过对这些潜能的主动窥探，我们能利用它们解决我们生活中的问题。这些潜能能够通过暗示的方式显现于意识和生命活动当中。

催眠作意梦可分为潜意识自然生理性质的梦和一定宗教仪式引导下的梦。催眠状态是一种自然生理现象。在日常生活中我们每天都会经历。比如走神的片刻、无目的沉思、瞬间的忘我，这些时刻是浅层的白日梦状态。当我们的作意对象不是很明确，意识不是被理性思维控制，也没有被知觉束缚在“此时此地”，我们这种漂移的意识就进入浅层的潜意识，这种状态往往短暂，画面感持续不长。如果我们通过催眠诱导，或经由他人催眠诱导，我们就能进入比较深的催眠状态。催眠中的意识处于向内寻思的状态，但这并不是被动的状态，而是积极的依照一定暗示的寻思。意识不再分别日常的事物，我们就有机会接触到自己的潜意识丰富的内容。

虽然在古代社会，人类早就实践运用了潜意识的潜能，但米尔顿·埃里克森是最早通过自身实践并使得催眠暗示理论化的心理学家。埃里克森在 17 岁时得了脊髓灰质炎（俗称小儿麻痹症），除了能说话眼睛能动外，全身陷入瘫痪。医生告诉他妈妈，这个年轻人快死了，埃里克森通过暗示潜意识活了下来，并且通过不断的自我探索，解开了潜意识丰富的内容。尽管不断遭受命运的一系列打击，但埃里克森对他内在的力量一直保持着全然的信任。意识层面不能直接作用于人的身体，但是潜意识蕴含的潜能却能实现。埃里克森通过梦境回忆的方式暗示潜意识，他令自己的头脑和身体放松，向潜意识深处发出一个指令说，我有一个想站起来的目标，请你帮我一个忙，请你指引我该怎么办。在全然放松状态下，潜意识中浮现出他小时候摘苹果的一个画面。他通过放松而专注的方式体验摘苹果过程中每一个细小的动作，几个星期后，这一画面中牵扯到的肌肉恢复了轻度的行动能力，它们可以做这一画面中的动作了。埃里克森通过不断在梦境中回忆其他动作的意象，逐渐恢复了身体的功能。①

通过埃里克森的例子我们会发现，潜意识中的潜能能够激活我们僵化的身体，甚至是思想。通过学习一定的技巧，如想象某个画面，听音乐进行自我暗示，调节呼吸，使用作意的方式放松整个身体，引导意识的注意力离开当下的“此时此地”，进入暗示的寻思状态，我们就能引导自己进入催眠状态。在催眠状态中，我们会发现困扰自己的情结，通过催眠梦境中仔细地观察这些情结关联的画面，现实中我们能够摆脱这些困扰自己的情结。情结经常以潜在的方式控制我们的肌肉和神经，造成身体被潜意识束缚而显现出的困扰我们的表象。通过潜意识画面中情结的暗示，我们可以消除这些表象。催眠使得我们接触到潜意识的内在空间，这个空间跟我们身体活动的空间不一样，我们放松身体的目的就在于让意识离开感官建立的空间，这就会使得知性的功能暂时停下来，我们就穿越了由肌肉所组成的身体，而进入了潜意识内部。暗示能够定向的联结某个意象，而意象关联的画面会自然从这个空间升起，意象的显现又能够自然关联到我们现实的生活。

梦的潜意识空间能够影响人的身体，在一定条件下，外部空间也能够直接影响潜意识的梦境。有一类催眠梦是经由一定宗教仪式引导下产生的，在古老的《吉尔伽美什史诗》第四块泥板中就记载了通过一定的仪式祈梦的故事。道教的祈梦也具有特定仪式的特征。例如福清石竹山何九仙祈梦。何九仙为司梦神，相传需要得到仙人托梦，祈梦者需要先经过斋戒数日，上山前沐浴净身，表示对九仙敬畏；上山后摒除杂念并诚实不欺，以示诚敬；祷告范侯（传梦判官）；珓杯问询是否留宿；示梦；解梦；圆梦等过程。祈梦与特定的空间有关系。石竹山是何九仙炼丹行道之地，自然地貌多石洞，云气缭绕，按照道教的说法，这里是藏风纳气之地。九仙梦的特征是与平常心理情结之梦不同，是在特定的空间环境，通过某位神仙指示的梦。这类梦境内容往往与现实的事业关联性较强，因而民间信众遇到实际问题，就期望通过神仙托梦的方式得到指点。

① Jay Haley. *Advanced Techniques of Hypnosisand Therapy*：*Selected Papers of Miton H. Erickson* [M] M.D.，Gruneand Statton Publishers，New York，1967，pp1-6.

三、瑜伽作意梦

瑜伽梦产生的原理与前面的梦境原理非常不同，杂乱意识梦境和催眠作意依靠的是散心意识，意识的作意能力比较微弱，这些属于一般人所有的意识空间。杂乱意识梦境的意识作意能力最低，往往梦境杂乱而不清。催眠梦境受到一定诱导，意识作意的方向与一定意象关联度高，所以意象画面的连续性清晰性比较高。瑜伽梦的产生需要定心意识，这种意识心的升起需要特殊的瑜伽训练。

在定心意识状态下，一般的潜意识情结已经被清理了。正如道家庄子所认为的，得到定心（道心）必须先消解意志的错乱，解除心灵的谬误，除去道德的累赘，贯通大道的障碍。先清除缠扰心志的尊贵、富有、高显、尊严、功名、利禄这六种外在追求。再清除容貌、举动、颜色、情理、气息、情意这六者对心灵的牵绊。接着清除憎恶、爱欲、欢喜、愤怒、悲哀、快乐这六种累赘德性的情结。最后清除舍弃、趋从、贪取、给予、知虑、技能这六种塞道的意志行为，上述四类六项不在胸中激荡就能平正，心神平正就能宁静，就能得到定心。

佛教上座部认为，定心意识包括 34 个心、心所法：识（初禅心）、触、受、想、思、一境性、命根、作意、寻、伺、胜解、精进、喜、欲、信、念、惭、愧、无贪、无瞋、中舍性、身轻安、心轻安、身轻快性、心轻快性、身柔软性、心柔软性、身适业性、心适业性、身练达性、心练达性、身正直性、心正直性，还有无痴。定心是一种广大心，有强大的心灵力量，内心充满光明。即便一个人的定力没有达到定心状态，在欲界心的高层次状态，定心作意的力量也很强大。庄子所说的这些情绪、欲望都已经制服了。这些情结清理之后，意识进入潜意识空间时，不再缘取情结和观念的空间意象，意识就能够进入潜意识中另外一些原型，称为神圣空间或者称为宗教空间的意象。由于日常作意和想象的作用，意识进入神圣空间的类型不同，道教徒平日经常念诵道教神仙名号，有连接特定时空的效应，在定心意识作意下就有可能打开道教的神圣空间意象，产生神游性质的瑜伽梦。

北宋张伯端曾与一位僧人比试神游。僧人自认为定力深厚，能入定出神，数百里间顷刻就到。二人雅志大发，相与契合，约定一起神游于扬州观赏琼花。张伯端要求各折琼花一朵为记。二人共居一室，瞑目而坐神游扬州，伯端神至扬州时，僧已先到，最后回来时，僧取不出琼花，伯端却取出了琼花。道家内丹一派修行得道皆能出阳神，故多有记载神游之事。南宋夏元鼎在《紫阳真人悟真篇讲义》中也描述了自己在龙虎山感异梦，祝融山遇圣师的经历。元末明初的张三丰也有很多神游故事。神游境界与定心层次、潜意识神圣空间有关，定心层次低者，被动性神游经验比较多。定心层次高者，神游经验是以阴神或者阳神的方式发生的。

佛教的定心意识训练与道教相类同，道教以先天气为作意对象培养定心，经由炼精化气、炼气化神、炼神还虚而达到定心。佛教通过十遍处、出入息、佛菩萨形象、咒语为作意对象培养定心，实际上二者定心达到的专注境界是相类同的。依靠定心力量，佛教净土宗以《观无量寿经》内容为作意内容：第一观作意日观，第二观作意水观，第三观作意地观，第四观作意树观，第五观作意莲池观，第六观作意总观，第七观作意华坐观，第八观作意八佛菩萨像观，第九观作意遍观一切色身相观，第十观作意观音，第十一观作意大势至，第十二观作意普往生，第十三观作意杂明佛菩萨，第十四观作意上辈生想，第十五观作意中辈生想，第十六观作意下辈生想。由日常观想作意，极乐世界在梦境中就会呈现出来，与日常观想内容相类同。在定心意识状态下，潜意识空间的意象现前，也会出现神游的境界。

在密宗三身净土的观想中，化身净土的观修方法就是梦瑜伽。密宗日间观一切法如梦如幻，夜间观想化身净土。密宗会同时观想五方净土：东方色白，金刚萨埵显乐净土，属于金刚部，其座下八大狮子，右手持金刚杵，左手持金刚铃，表示转变色蕴成大圆镜智。南方色黄，宝生佛具德净土，属于宝生部，其座下八宝马，右手持如意宝，左手持金刚铃，表示转变受蕴成平等性智。西方色红，阿弥陀佛极乐净土，属于莲花部，其座下八孔雀，右手持莲花，左手持金刚铃，表示转变想蕴成妙观察智。北方色绿，不空成就佛胜业圆满净土，属于事业部，其座下八共命鸟，右手持十字金刚杵，左手持金刚铃，表示转变行蕴为成所作智。上方色蓝，上师黑日嘎大尸陀林净土，属于愤怒部，其座为莲花日月，右手持金刚杵，左手头盖骨，表示转变识蕴为法界体性智。每一净土有不用的景象描述，在此不一一描述。在定义意识作意下，观修者就能进入潜意识空间，梦中行游某个净土或者同时行游五方净土。

四、结语

瑜伽梦的境界与普通人的梦经验有很大差别，这些神游经验是定心意识与潜意识中某些神圣空间协同作用的结果。日常的定心作意和想象起到连通潜意识神圣空间的桥梁的作用，在定心意识协同作用下，潜意识的意象以清晰的画面呈现，在此过程中没普通潜意识意象中的情结，代表的是生命空间的其他维度。在这些维度的生命空间，意识心的作用是以直观的方式把握这些画面的。这种直观称为瑜伽直观，以区别于日常经验的直观。在这种体验中的影像是内影像，是意识缘取潜意识空间的原型而显现的，意象是通过直观直接明了的。日常经验中的直观，意识缘取的是感官提供的对象，最后直观到的是物的存在形式。

催眠中的影像所要表达的意象往往是隐晦的，需要经过一定的心理分析才能明白这些梦境隐喻的真正含义。催眠中出现的影像，有些与意象的关联度不高，需要在解读中剔除一些含义不清的画面，意象的显现是经由意识曲折再建构的。在瑜伽梦中影像，是意识直观潜意识中的意象直接把握的。心理学的梦分析的对象基本上都是杂乱意识的病人和普通人，是以潜意识情结为解释中心的，由于缺乏对定心意识的研究，潜意识中其他空间原型的维度的研究就难以触及，而中国佛道两家神游和梦瑜伽的生命境界，能够为我们研究定心意识与潜意识神圣空间的作用提供丰富的经验材料，拓展人类生命的认识领域。

道教信仰中梦文化与其生命观的互动

高　登*

内容提要：追求长生久视、延年益寿是道教修行的核心，这便要求道教徒关注身心状态，并对其进行有益调控。神秘的梦境引发了道教徒的广泛兴趣，产生出独特的梦文化，并以此来阐释梦的形成、分类及修行方式。同时，道教在有关梦的仪式和处理方法中，渗透了道教生命观念。通过考察道教经典与修持过程中有关梦的学说，揭示道教在构建梦文化中的思想内核，及道教关注现世生活，注重身心现象的生命观。通过梦文化和道教生命观的内在联系，论述二者间的互动。

关键词：道教理论　道教生命观　梦文化　魂魄观

由于时间的单向性流动，物质发展和变坏处于不可逆转的潮流当中，具有肉身的人当然也不可避免地衰老和死亡，围绕生命展开的探讨广泛存在于诸宗教当中。

道教认为，人能认识宇宙生化规律的“道”，便可掌握生死的关钥，转逆生死的洪流。睡眠是生命中重要的现象，而梦境中天马行空的经历更令人费解。道教常认为梦境昭示着日常生活的兴衰祸福，并从梦境中反映出修道者的身心状况。所以修道者愈加关注梦的现象，希望运用道教中的魂魄理论、精气神论等生命理论阐释梦的形成原因，并以技术加以控制，趋利避害，修道成真。

一、梦在道教文化中的表现

梦是人在睡眠过程中显现的影像，至于梦的形成学术界有不同的推论。心理

* 高登（1996—），男，河南省商丘市人，华侨大学宗教学专业硕士研究生在读，研究方向：道教文献研究。

学家弗洛伊德认为，梦是一种心理现象，是人在睡眠状态下出现的一种潜意识活动。而梦文化作为一种文化现象在各种文明中都有对梦的解释、传说并出现于梦相关的仪式、职业等。

梦之所以引起人们的关注是由于睡眠伴随着人一生，而在睡眠状态下人无法支配自己的意识，并且很难清醒地控制梦境。经历梦境的过程可能是随意的，碎片化的，模糊的，这种神秘的体验只有在梦中才能感受。正由于此，人对梦境怀有神秘感，梦境中天马行空的现象被认为有神秘的力量。

在道教看来，梦虽然是在睡眠中出现的，但并不仅仅是人在睡眠中潜意识的浮现，而对现实世界有着至关重要的暗示和关联。如果梦只是睡眠的附属品，为何梦千差万别，并且在梦境中有如此真实的感受。此外，梦境当中常常出现与现实世界有关的内容，这些内容为何又恰好出现在梦中，这是令人费解的。道教承认因果论，认为事情的出现背后必有原因，梦的产生和梦的内容不仅是一种睡眠体验，同时也一定与现实世界有关联。梦中所经历的模糊内容在道教中往往具象化，赋予其价值判断并与现实事件结合起来。美梦和噩梦给人带来不同的体验，同时也在冥冥中暗示了现实的生活状态或对未来发生的事件进行指示。

在道教传说中，诸多修真之人凭借梦境与神仙交流，梦境成为沟通现实与神圣领域的桥梁。梦中人神互通，神明能够对现实世界做出指示，预言人间祸福。从世俗角度看，这些神秘的梦境带有语谶的色彩，为现实世界难以解决的事情提供神明的言语，为达到某些结果提供合法性。例如，梦中遇仙而得到指示的情况在唐代道教典籍中颇为常见，唐朝李氏借梦遇天尊及太上老君等道教神仙，为李唐政权提供合法性。

梦中遇仙等这类传说广泛见于葛洪的《神仙传》以及杜光庭《道教灵验记》等有关神仙的记载当中。杜光庭《历代崇道记》中记载："其年闰四月，帝梦混元谓帝曰：我在城之西南久矣，当与汝于兴庆相见，可速迎我。帝谓宰相李林甫、牛仙客曰：朕临御海内，向三十年未尝不五更而起，具朝服，礼谒真容，为苍生祈福。近因假寐，见混元具言上事。遂差内使与道门威仪萧玄裕于城西南寻访数日，忽于楼观山谷间，见有紫云现，白光属天，于其下穿之，果得玉像老君，高三尺余，以进。其日帝在兴庆宫大同殿亲自迎谒，果符兴庆之言。置于内殿供养，仍令所司写真容，分送天下诸道宫观。遂大赦天下。五载，帝梦见混元言：我有灵应，寻当自至。遂于太白山获灵符玉册，及迎到京，置于灵符殿，亲自供养。仍封太白山神为灵应公，改获符洞为嘉祥洞，于山下置真符县。乃令诸道置真符观。仍编入史。”[①] 这段记述是描写唐玄宗夜梦混元的异事，唐玄宗托言自己夜梦混元对自己启示，声称与玄宗有缘，盼望相见并迎请供奉自己。神通过自言的方式，表明自己的身份，并表达自己愿意为玄宗供奉的意愿，暗示李唐为神明选择的合法统治王朝，自己愿意被玄宗供奉迎请是表明了唐王的位尊权贵，身份特殊。从史料中可知，他实是为了针对武周，重树李唐权威，以证明和祈望李唐王朝“国祚中兴”“享祚无穷”，具有重要的政治意义。[②]

《道教灵验记》中记载：“忠州丰都县平都山仙都观，前汉真人王方平、后汉真人阴长生得道升天之所。芜没既久，基址仅存。晋代高先生首为崇构。太元中姚泓再加缮饰，其后梁隋共葺，国朝继修。华阁翔虚，丹檐照日。黔、荆、蜀、梓元戎重臣，或弭棹登临，必命修葺。相国邹平、段文昌旅寓之年，遭回峡内，时因登洞，炷香稽首，祝于二真曰：苟使官达，粗脱栖迟，必有严饰之报。自是不十岁，拥旄江陵。视事之初，已注念及此。俄梦二真仙，若平生密友，引公登江渚之山，及顶，乃阴君洞门矣，二真亦不复见。翌日，施一月俸钱修观宇，一月俸为常住本钱。常俾缮完，以答灵贶矣。”[③] 这段记述了古人遇仙的趣事，邹平和段文昌在忠州丰都县平都山仙都观焚香祭拜真人升天之所，祈求能够获得通达，而后梦遇真人指引，梦想成真。在道教文化中，仙人并非不理尘世，而是与尘世保持着沟通，指引和帮助世人。神仙与人更具有平等的关系，神人可以通过梦境的形式得到沟通，人能够将自己的愿望寄托给神仙，而在梦中获得神仙的指点和帮助。通过梦境，神圣与世俗的鸿沟被打破，神的世界也不再缥缈难寻，神具有了更多的亲切感。这与道教认为的神仙可得，仙道可修的神仙观相契合。

因此，道教十分注重梦境与现世的关系，认为梦境中包含了现世的吉凶祸福。与之相关形成了有关梦境的诠释方式和禳除噩梦造成的影响。同时，历史上常出现借用神仙托梦等方式来实现政治目的的事件出现。道教的梦文化吸引着民众，在梦中遇仙的经历和体验成为道教文化中的一部分，通过梦境沟通了道教中神仙与世俗世界中的联系，使人对神仙的审视掺杂了世俗的气息和视角。在道教的民间发展中，梦文化也成为道教独特的吸引信众的信仰之一。

① 杜光庭．历代崇道记，中华道藏 [M]. 北京：华夏出版社，2004，第四十五册，第 64 页。

② 卿希泰．道教史 [M]，江苏：江苏人民出版社，2015，第 110 页。

③ 杜光庭．道教灵验记，中华道藏 [M]. 北京：华夏出版社，2004，第四十五册，第 84 页。

二、道教魂魄理论与梦的产生

道教以“道”作为宇宙的本体和万物潜存状态的存在，在《老子》首章中认为至真的“道”是不可言说的，当述诸语言时即失其真意。而不以语言表述，人即失去认识“道”的可能性。“元气行道，以生万物，天地大小，无不由道而生者。”[①] 然而“道可道，非常道。名可名，非常名。”道的存在方式是难以表述的，仅由修道者自己体验才能得到感知。这种对无性无象的道具有两重特征。从体道者角度讲，个人的存在寓于道中，因此个体可以通过分有道的存在而感受道。从生命全体的角度讲，个体能够感知的道具有个体性，道又受到语言限制，难以通过语言表述个体感受的道，所以很难分辨道的特征。因此，道在万物运行中具有为理解和体察“道”的生化，道教引入“气”的概念。

“气”具有一定的物质性，成为可感的存在。相比于不可感知、无法言说的“道”而言，“气”具备了更多的可认识性，理论上丰富了诠释事物的模式，在修行实践中则更易实操。“气”的理论与汉代元气论结合产生，道教认为，元气与人的关系如下：“夫人在气中，气在人中，自天地至于万物，无不须气以生者也。善行气者，内以养身，外以却恶，然百姓日用而不知焉。”[②] 葛洪在《抱朴子·内篇》中提及气与人与万物的关系，认为人与万物都秉气而生。道与气的关系也在不断变化，由最开始的道生气逐渐变为道即气。至道教兴起后，道教徒更自觉地把道与气联系甚至等同起来。[③] 这种道与气之间界限的模糊化和可互换性使“气”代替“道”成为化生万物的存在。

《周易参同契》中提道：“人所秉躯，体本一无，元精云布，因气托初。阴阳为度，魂魄所居，阳神日魂，阴神月魄。魂之与魄，互为室宅。”[④] 人禀气而生，又以两种相对相长的性质“阴阳”来对应人的魂魄。阴阳二气是气具有的属性，同属于气的概念中，表现为清浊、上升下降等相反的特征。道教借用阴阳来对应人的魂魄，又以日月来比附二者，认为人与自然有着同构性。魂魄本是不具备形象的阴阳二气，可在道教的理解当中，这样模糊而难以捉摸的概念应具象化为具有可识可感属性的存在。

---

① 王明校．太平经合校，中华道藏 [M]. 北京：华夏出版社，2004，第七册，第 333 页。
② 葛洪．抱朴子内篇．中华道藏 [M]. 北京：华夏出版社，2004，第二十五册，第 23 页。
③ 路永照．气论是道教的根本理论浅析 [J]，宗教学研究，2015（2），第 51 页。
④ 章伟文译注．周易参同契 [M]，北京：中华书局，2018，第 237 页及第 241 页。

“夫人身有三魂，一名胎光，太清阳和之气也；一名爽灵，阴气之变也；一名幽精，阴气之杂也。若阴气制阳，则人心不清净；阴杂之气，则人心昏暗，神气阙少，肾气不续，脾胃五脉不通，四大疾病系体，大期至焉。旦夕常为，尸卧之形将奄忽而谢，得不伤哉？夫人常欲得清阳气，不为三魂所制，则神气清爽，五行不拘，百邪不侵，疾病不萦，长生可学。”[①]“身中三精，何不呼之？一曰台光，二曰爽灵，三曰幽精，呼之则庆。”[②]关于魂魄的数量，各道书记载不一致，但大致都是将魂魄命名，并将魂魄对应到人在日常生活中的具体表现中。给未知事物赋予名字，并将其对应到天地山岳上，赋予具体特征。例如将人身体中的五脏六腑对应于五行，心属火，肝属木，脾居中央属土，肾属水，肺属金，用五行当中的某些属性对应人体当中的脏腑，用来表示其功能和作用。《太上老君说长生益算妙经》中提道：“贪狼星主恶气，巨门星主扉尸，禄存星主百鬼，文曲星主口舌，廉贞星主恶梦，武曲星主官事。”[③]恶梦归属于廉贞星管辖，恶梦与星宿之间的变化有关，而星宿在道教中又象征着人的生命构成，认为北斗等星辰对应于人的吉凶祸福，每个人的生命构成都隶属于星辰的管辖当中。当采用具象化和实体化的方法对魂魄进行理论构建时，魂魄理论便具备了更多的可理解性，人在命名事物的过程中也夹杂了人对自身及人与自然万物的关系的体认。

同时，道教认为，常呼魂魄的姓字可以起到不断警醒魂魄的作用，使魂魄能够长久地安住在肉体当中。人的身体与魂魄的关系犹如房子与居住者的关系。修道者不注重收敛精神，吐浊纳新时，魂魄就不能够稳定地生活在肉身当中，而当魂魄不安时，人容易受到外部的邪气干扰导致疾病产生，邪气入侵。懂得修炼之人，应当常常静心养神，减少物欲，就能够使肉身清静，魂魄易居。同时，时常念诵魂魄姓字可以警醒身中魂魄，提醒魂魄固守肉身，防止外邪干扰。修道之士应当保魂炼魄，以期长生。“诸残病生人，皆魄之罪。乐人之死，皆魄之性。欲人之败，皆魄之疾。道士当制而厉之，陈而变之，御而正之，摄而威之。”[④]此处提到魄象征着人的自然天性，而人生病死亡也是由魄导致的，从阴阳角度讲，魄属阴，代表粗浊，欲望，人的天性等方面。因此道教徒需要炼阴为阳，去除粗浊

① 张君房．云笈七签．中华道藏 [M]. 北京：华夏出版社，2004，第二十九册，第 433 页。

② 九天应元雷声普华天尊玉枢宝经．中华道藏 [M]. 北京：华夏出版社，2004，第三十一册，第 298 页。

③ 太上老君说长生益算妙经．中华道藏 [M]. 北京：华夏出版社，2004，第六册，第 162 页。

④ 清太极真人神仙经．中华道藏 [M]. 北京：华夏出版社，2004，第二册，第 321 页。

之欲，只有清静无为才能够震慑产生负面作用的魄，避免坠入痛苦的轮回之中。

道教的对梦的产生解释中广泛用到魂魄理论，梦境的好坏能够反映出魂魄的状态。好的梦境意味着身心安泰，噩梦表示身心不调。噩梦产生的原因道教认为由魂魄不安，不能守护身门，使得外邪入侵所导致。

《真诰》中提道："数遇恶梦者，一曰魄妖，二曰心试，三曰尸贼，厌消之方也。若梦觉，以左手蹑人中二七过，啄齿二七遍，微祝曰：大洞真玄，张炼三魂。第一魂速守七魄，第二魂速守泥丸，第三魂受心节度。速启太上三元君，向遇不详之梦，是七魄游尸来协万邪之源。"[①] 通过噩梦的称号可以看出，陶弘景将噩梦产生的原因归纳有三：作为阴质的魄不受控制、心中有杂事在梦中浮现试探、三尸之神惑乱人的神智。同时《上清太上黄素四十四方经》中也提道："人所以恶梦疾病者，皆七魄游尸之所为也。"[②] 认为噩梦和疾病是受到七魄和游尸三神的影响。要想消除噩梦，使魂魄安定，就需要念诵咒语，配合一些仪式。其中叩齿是道教常用的术法之一，其目的是聚集身中之神。叩齿发出的震动如同击鼓，道教认为人体的魂魄和每个器官中都居住着主事神，当叩齿时，身中之神听到声响即聚合起来，各安其职。《三洞枢机杂说》中说："夫叩齿者，召身内神，令安之也，又令人齿不朽。咽液者，令人身体光润，力壮有颜色，去三尸虫，名曰炼精，使人长生。若能终身行之，得仙也。"[③] 而噩梦容易惊醒在中医理论中，与肾气不足有关，中医理论指出"齿者，肾之标"，"肾主骨生髓，齿乃骨之余"，而肾是人的"先天之本"，生命之源，叩齿则能补肾固本。[④] 叩齿能够使肾气充满，作为先天之本的肾气能够使人精力旺盛、情志平和，因此通过叩齿的方式起到厌消噩梦的效果。

可以看出，道教的魂魄理论是道教对生命存在形式的探索，通过阴阳相反相成等哲学概念解释具有物质性的魂魄，魂魄是人生命中的精微形式，即包含了物质性构成与具有精神的存在。因此，在对梦的解释中，道教将梦的形成多归于魂魄的作用。通过梦境，人可以了解到魂魄的状态，魂魄的安和平泰会通过美梦的方式表现，而噩梦常常与魂魄不安有关。

---

① 陶弘景．真诰．中华道藏 [M]. 北京：华夏出版社，2004，第二册，第 167 页。

② 上清太上黄素四十四方经．中华道藏 [M]. 北京：华夏出版社，2004，第一册，第 634 页。

③ 三洞枢机杂说．中华道藏 [M]. 北京：华夏出版社，2004，第三十二册，第 664 页。

④ 张崇富．论道教叩齿养生的理论基础 [J]，宗教学研究，2015（1），第 33 页。

三、与梦相关的仪式与道教生命态度

道教的仪式表达着道教徒对现世生活的态度，道教徒希冀通过仪式性的活动获得人神感通，或得到与“道”合一的神秘体验，通达生死之理。道教的仪式究其目的在现世当中能够趋吉避凶，对于长久的生命过程来说，是为了获得通达真一之道，掌握不死之理。

如上所说，在对梦做出价值判断后，道教徒希望能够美梦成真，噩梦能够不会影响到真实的生活。由于道教认为，梦是现世生活的映照或预兆，因此必须小心地对待梦境当中的现象。《洞真高上玉帝大洞雌一玉检五老宝经》中对梦成因、祈禳之法做了详细的描述：

太素真人教始学者辟恶梦法

若数遇恶梦者，一曰魄袄，二曰心试，三日尸贼，厌消之方也，若梦觉，以左手捻人中二七过，啄齿二七通，而微祝曰：

大洞真玄，张炼三魂，第一魂速守七魄，第二魂速守泥丸，第三魂受心节度，速启太素三元君。向遇不祥之梦，是七魄游尸来协，万邪之源，急召桃康护命，上告帝君，五老九真，皆守体门，黄阙神师，紫户将军，把钺握铃，溃灭恶津，反凶成吉，生死无缘。毕，若又卧，必获善应，而向造为恶梦之气，则受闭于天关之下也，三年之后，唯神感旨应，乃有梦也，梦皆知见将来之明审也，无复恶占不祥之想矣。若夜遇善梦者，吉应好梦而心中自以为佳，则吉感也，卧觉当摩目二七过，叩齿二七通，而微祝曰：

太上高精，三五丹灵，绛宫明彻，吉感告情，三元柔魄，天皇授经，所向谐合，飞仙上清，常与玉真，俱会紫庭。毕。此大洞祕法，以传于始涉津流者矣。①

该经文中对梦与魂魄的关系做出的描述与《真诰》中有高度的一致性。关于如何祈禳的方式又分为噩梦和善梦两种各有不同。噩梦的处理首先要禀告神明，请求神明的庇护，令神明守护身体的魄窍令外邪不干。并命令神明将帅帮助祛除这些不祥之兆，方能够反凶成吉。而噩梦也被视为一种“气”，这种“气”是混杂之气，扰乱修道者的心智，产生不祥之兆。在诵念咒语后，这些“气”能够被

① 洞真高上玉帝大洞雌一玉检五老宝经 . 中华道藏 [M]. 北京：华夏出版社，2004，第一册，第 86 页。

压制，这样那些不祥之兆和噩梦对现世带来的后果就能够消失。对于善梦而言，则需要祝诵吉祥之语，希望能够通过梦验，实现与神会通，得到真道的愿望。

在对梦的处理上，道教秉承了“我命由我不由天”的修道思想，认为通过人的参与能够将已定的结果改变，将不祥转变为利于自身的结果。梦对现实的影响令道教徒在对待梦境的问题上更愿意运用技术手段来控制和改变梦的结果。这当中包含了道教对待生命的达观态度，在了解和发现了生命的发生作用机理后，就可以按照其规律做出调整，生命在道教徒看来并非固定僵化的，更多的是掌握在自己的手中或通达生命规律的人手中。此外，道教视角下的人能够与自然有平等的关系，人不应单单完全顺应自然的发展而接受，更应该掌握自然的奥秘，使得自然可以被人控制和利用。这并非意味着道教妄图破坏自然规律，而是在自然大化中探明真一之道，而逆转生命的进程，复返大道。

综合上述的探讨可知，道教梦文化的理论基础是基于道教生命观的，道教看待生命的方式产生出对梦的阐释理论。道教以魂魄二气概括了生命的存在方式，并以此来解释梦的形成。在道教的梦中，梦建立了人与神沟通的纽带，人世与神域凭借梦而打破了中间的隔阂，使修道者能够凭借梦感知神而获得启示或福佑，也为道教徒修真成仙的愿望提供了真切的感受。同时，梦文化丰富了道教的生命观念，在对待梦的态度和对梦的处理方式上，道教徒注重梦与现实的联系，试图借助梦与神而得到沟通。在对梦的祈禳中，透露着道教对待生命的主动与达观。

对道医中医治疗多梦症独特性之浅析

张少锋　吕清华*

一、道医、中医对多梦症的认识及梦境发生的生理、心理和疾病因素

人人都会做梦，但究竟什么是梦呢？很多人认为，梦是人在睡眠时，由于局部大脑组织（大脑皮层）没有停止兴奋活动，而引起的一种头脑中的表象活动。一个人梦境的内容，和他清醒时的生活印象有关。但到梦中，生活印象往往变得错乱不清。梦的内容很多时候呈现混乱和虚幻的状态。梦的奥秘是无穷的，探索梦的奥秘是生命科学前沿阵地研究领域之一。时代的进步与科学的研究为今天的人们解释梦境打开了新的途径。认为梦是高级动物与中级动物大脑潜意识的表露，更是人类情感意象、欲求渴望等内心活动的特殊表现形式。而道医、中医对梦机制的认识是独特而深刻的。认为梦境的形成与脏腑的阴阳偏盛及脏气的盛衰有很大关系。《素问·方盛衰论》指出，梦的机理皆因“五脏气虚，阳气有余，阴气不足”。《灵枢·淫邪发梦》说：“阴气盛则梦涉大水而恐惧，阳气盛则梦大火而燔焫，阴阳俱盛则梦相杀，上盛则梦飞，下盛则梦堕。”其同时认为梦与魂魄的安舍有关系。《灵枢·本神》说“两精相搏谓之神，随神往来谓之魂，并精而出入者谓之魄”，论述了魂魄与神的关系，如神不守舍，则魂魄飞扬。心藏神，肝藏魂，肺藏魄。说明梦与心、肝、肺三脏关系最密切，与胆也有关联。胆主决断，胆虚不能决断致魂魄不定也成梦。

梦与情志也有很大关系。《灵枢·淫邪发梦》指出，“肝气盛则梦怒，肺气盛

* 张少锋（1959—），男，陕西省宝鸡市人，中医大本，在职农业经济管理专业硕士研究生，中医艾灸师，内科医师，在党政部门工作已退休，研究方向：中医针灸。吕清华（1957—），女，陕西省千阳县人，大专学历，会计师职称，家庭教育高级指导师，退休。研究方向：家庭教育、优秀传统文化的宣导。

则梦恐惧、哭泣、飞扬；心气盛则梦笑、恐畏；脾气盛则梦歌乐，身体重不举；肾气盛则梦腰脊两解不属”，因为心在志为喜，肺在志为悲，肝在志为怒，肾在志为恐，脾在志为思。总之，梦与五脏关系密切，因为梦的重要原因是神不守舍，魂魄离位之故。梦与心肾不交相关，梦是心肾不交的四大症状之一。

对异常梦的产生机制，道医和中医在强调脏腑的虚实盛衰等内源性因素的同时，也重视外邪所致的因素。《灵枢·淫邪发梦》说：“正邪从外袭内，而未有定舍，反淫于脏，不得定处，与营卫俱行，而与魂魄飞扬，使人卧不得安而喜梦。”“厥气客于心，则梦见丘山烟火。客于肺，则梦飞扬，见金铁之奇物。客于肝，则梦山林树木。客于脾，则梦见丘陵大泽，坏屋风雨，客于肾，则梦临渊，没居水中。客于膀胱则梦游行。客于胃，则梦饮食。客于大肠，则梦田野。客于小肠，则梦聚邑冲衢。客于胆，则梦斗讼自刳。客于阴器，则梦接内。客于项，则梦斩首。客于胫，则梦行走而不能前，及居深地窥苑中。客于股肱，则梦礼节拜起。容于膀胱，则梦溲便。”此书提出了梦的发生与邪客入内脏关系很大。这是因为人体脏气内虚，则外邪易入，使魂魄不舍而发梦。病机专论《诸病源候论》也论述了病理性梦的产生大多数是脏腑气血内虚，而致外邪客入。

一个人做梦的梦因、梦境、梦质量都与内脏的正气即氧气的功能强弱有关。例如，人体内某一个脏腑功能紊乱。每当脏腑功能紊乱时，气血、津液就逆乱、故障，这种故障反映给大脑中枢神经，每当收到不良信息，它就开始报警。如果是轻病气（不良反应），中枢神经就会发梦，称之“梦兆”，又称梦先兆。如果是重病气，可以出现头痛、胸痛、心悸、气短、肢体麻木、失眠等症状。大部分疾病在未发病之前都有梦先兆，特殊的事情与病症可出现梦求、梦乡、梦游、梦遗、滑精、遗尿、梦交与噩梦。特异体质的人出现的梦先兆，往往反映意想不到的事情，还能得到验证。梦先兆与七情关系密切，与气候（气象）也有关系。梦先兆可分两大类，即生理性与病理性。生理性梦先兆，大多是体质正常、气力足，病理性梦先兆，主因情志所致，是神不守舍，魂魄离位之故。

总而言之，多梦症之发生可归纳为以下几种原因：

1. 五脏之气过盛而产生。

（1）忧思过度而伤脾。“脾气盛则梦歌乐，身体重不举。”“唐玄宗好祈坛，则梦玄元皇帝，”此即东汉王符所说的“性情之梦”。多愁善感如林黛玉者，则悲伤而多梦不寐。

（2）愤怒不已而伤肝。“肝气盛则梦怒”。过度的愤怒，会出现相应的“多梦症”。

（3）惊吓过度而伤肾。“肾气盛则梦腰脊两解不属。”肾气不足则善恐，如人将捕之，惶惶不可终日，会出现“惧梦”“噩梦”等。

（4）大喜过度而伤心。过喜使人心散。“心气盛则梦多善笑恐畏。”虽然喜悦和快乐是人追求的，但任何事物如果过度都会产生不良后果。

（5）大悲过度而伤肺。“肺气盛则梦哭泣、飞扬”，有时还会从梦中哭醒。

2. 体内阴阳之气的缺少或过量而产生。

梦是睡眠中的不安稳状态。这种不安稳会因阴阳之气的缺少或过量而造成。

（1）阴虚火旺，虚火妄动。虚火妄动致心肾不交，往往产生多梦不寐。

（2）阳气不足，脑气减退。意志削弱，心脑血管疾病频发，往往会多梦见惊恐、梦游、梦遗、受压或压迫沉重、难动等现象。

3. 内脏感通而产生。梦是“内脏所感”或“心所感通”造成的。口渴的人梦见水，饥饿的人梦见食物，都证明内部感觉是可产生多梦的。

（1）饮食过饱或过饥而产生。《黄帝内经》说“甚饥则梦取”,“甚饱则梦予”。暴饮暴食或饥饿是脾气无所养，脾不能生血养神，则会多梦、疲倦、四肢无力。

（2）邪气入侵而产生。邪气从外侵袭，流窜于肺，与营卫之气一起流行，随魂魄一起飞扬，使得精神不安，神不安则多梦。

4. 气血不足而致梦。气血虚弱不足养神，神不安则多梦。

5. 疾病致梦。生理疾病是人做梦的重要原因。疾病致梦也是最容易参验的。

6. 过度劳累致梦。

7. 压力过大致梦。现代社会人的心理压力过大，常会失眠多梦。

二、道医中医解梦、释梦和治疗多梦症方法

道医中医解梦释梦和治疗方法，就是对患者所做的梦进行解释，并由此治疗之。一要缓解病人的紧张心理；二要鼓励病人充分讲述梦境，越详细越好；三要基本摸清病人的心理状态，掌握病人梦想与追求的目标；四要制定出释梦与治疗方案。一定让病人讲清楚梦兆的病因病机和梦境的根由，得到病人的积极配合治疗。

按照道医中医理论解梦，亚健康人群做梦多，说明内脏气血紊乱，阳气不能

正常入阴血，应用中药养生，以和谐脏腑、气血、阴阳。如病人长期做梦，大脑耗氧量大，正气大量外耗，睡觉时间越长，醒后头晕乏力，则要抓紧治病，以补气益气，固精补血、养血安神，收敛固精为原则。如一个人身心健康，一般情况下，不会出现多梦症。偶尔出现则是精气元神出窍。出窍后气聚成形，气不散，像旅游一样，出去转一圈就回来，醒后对梦境记忆清晰，有时梦还能得到验证。

凡是病理性的“多梦症”，要运用道医中医基础理论，以“整体观念辨证施治”为诊治依据，分析病机，追源病因，确定实施治疗方案，从而达到预期效果。在辨证论治、中草药治疗的同时，也要施以各种自然疗法和心理疗法，使治疗更趋科学和完善。

（一）辩证用药施治

辩证用药施治主要应分清虚实、和谐阴阳、养护心灵、提高灌氧量，进而提高各脏腑的生理功能。主要分型如下：

1. 肝郁化火型。症状：多梦、少寐，性情急躁易怒，口苦、口渴、目赤、尿黄，便干秘结，舌红苔黄，脉弦数。此型因怒伤肝，进而化火所致。治疗：疏肝泻热、佐以安神。

方药，柴胡疏肝丸和解郁化痰汤。半夏、竹茹、生姜、郁金、天竺黄、制胆南星、甘草、柴胡、厚朴、香附、青皮、陈皮、香橼、元胡等。

2. 痰热内扰型。症状：多梦、不寐、头重、虚热、胸闷、胃酸、痰多、恶心、心烦口苦、目眩、苔腻而黄、脉滑数。此症以忧思积食伤脾，脾失运化，积水为痰，痰聚为火，扰乱神明所致。治疗：化痰清热、和中安神。方药：黄连温肝汤加减、黄连、茯苓、法半夏、枳实、竹茹、生姜、甘草、加石菖蒲、郁金，便秘酌加大黄、胃热甚加生石膏。

3. 阴虚火旺型。症状：多梦心烦甚不寐，心悸不安，头晕耳鸣，健忘、腰酸、梦遗、五心烦热、口干少津、舌红苔少，脉细数。此症因肾阴虚，虚火妄动、致心肾不交、神无所守而致。治疗：滋阴降火、养心安神。方药：天王补心丹、知柏地黄丸加减、人参、玄参、生地黄、丹参、茯苓、五味子、远志、桔梗、当归身、天冬、麦冬、柏子仁、酸枣仁、朱砂、知母、黄檗、山药、山芋、泽夕、丹皮。

4. 气血两虚型。症状：多梦、多寐易醒，心悸健忘、头晕耳鸣、肢倦、神疲、饮食无味，面色少华、舌淡苔薄，脉细弱。治疗：补益心脾、养血益气安神。方药：归脾丸加减、龙眼肉、人参、白术、茯苓、甘草、黄姜、当归、木香、酸枣仁。

5. 心胆气虚型。症状：多梦不寐。易惊醒、胆怯、心悸、怕事善惊、气短倦怠、小便清长，舌淡、脉弦细。治疗：益气镇惊、安神定志。方药：平补镇心丹加减、酸枣仁、五味子、天冬、麦冬、九地、远志、人参、山药、肉桂、龙齿、朱砂、茯神、茯苓、车前子。

6. 痰凝瘀阻型。症状：多梦易惊、胸闷、气短、心前区作痛、头晕乏力，烦躁不安，舌质暗滞，脉涩无力成结代。治疗：益心祛邪、化痰通脉。方药：甘草汤加血府逐瘀汤、人参、甘草、阿胶、桂枝、附子、三七等。

总之，辨证施治用药上要偏中不偏西，用量上要宜小不宜大，必要时要中西结合，标本同治，要指导病人养成良好生活习惯。睡前做到“四不宜”。不宜烟酒茶，不宜多激动，不宜回忆过去，不考虑未来，只享受当下。

（二）祝由术（催眠术）

《黄帝内经·素问》第十三篇《移精变气论》中，黄帝问自己的师父岐伯：“余闻古之治病，惟其移精变气，可祝由而已。”这是目前关于祝由术的最早记载。“祝”一方面是恭敬的意思，另一方面是咒的意思。“由”疾病产生的缘由、来由。祝由的意思就是恭敬地查明病人患病的原因，疾病的由来，恭敬地运用药、咒、法术、心理等方法，化解病人的疾病。在祝由术的施术过程中，祝由师会通过祈祷、念咒等方法帮助病人消除灾难，解除病痛。正统的祝由与巫婆、神汉不一样。祝由术由隋朝起，便开始纳入官方的医学管理体系。在唐朝，医署中设立“咒禁科”（祝由科），主管禁咒，除邪魅之法。自元明之后，在太医院设定十三科，祝由是其中的第十三科。因此，后世又称“祝由十三科”。自清军入关后，由于满族人信仰萨满教，因此在太医院取消了祝由科，自此祝由术仅在民间传播，甚至有人将祝由术看成巫术而加以排斥。祝由术作为中国最早的心理治疗方法，依托于道医中医理论，有许多明显的优点。它可以治疗内外儿妇等疾病，不用开药方，也就不会产生药物中毒；不用针灸，就避免误刺穴位。祝由要细究患者病因，所运用的方法，要求对天道、人道、医道有深厚修学。按照现在的眼光，祝由术与现在的催眠术很像。它通过能和鬼神相通的姿态给人以信心，从而达到治病之目的。祝由术采取祈祷神灵的保佑、宽恕，或采用驱鬼、辟邪等手段治疗疾病。“祝由师”就是利用人类对于自然是不可抗拒的现象的恐怖、崇敬心理、使自己成为可与鬼神沟通的导体，当他演示与上天沟通的过程时，患者心态高度集中，并处于绝对的至诚状态（现代医学证实，注意力高度集中可增强免疫力），这肯定有利于疾病的康复。

由于“多梦症”的产生原因比较复杂多样，而其表现和症状以精神为主，所以对顽固性及七情所致的多梦症，可以用祝由术（催眠术）进行治疗。

（三）笑疗法

笑是人类最原始最自然的本能，也是生命中最灿烂、最美丽的表情。应该说世界上不会笑的人不多，而不喜欢笑的人则更少。笑是生命健康的最基本、最珍贵的要素，是呵护心灵的精神营养素，也是人类最安全最好的药。今天伴随着现代医学科学的发展，人们对疾病的了解有了更多的认识，治疗疾病的药物、设备等现代科学手段也有了极大改善和发展，但人们面临的疾病种类在近半个世纪以来，不但没有减少反而还在不断增加。医学的任务本是为人类健康服务的，但现代医学在治疗疾病的同时也在一些领域制造疾病。这从根本上讲是我们今天的医学模式出了问题。

我们人类要想在21世纪生活得更健康、快乐长寿，就必须在生态健康医学模式下回归自然、回归生命、回归人本。而对于现代人类更多面临的精神心理压力问题，现代文明病，也就是生活和工作中“冷淡”，越来越缺少“笑”的问题，应引起关注。中国古语“大道至简”，笑疗其实是最简易最绿色的自然养生疗法。我们要努力发现笑，学会主动笑和无原因缘由地笑，让笑成为我们的一种习惯和健康生活方式。从道医中医角度看笑疗，其实也是一种气功锻炼，通过主动的调息，以振奋气血，达到心身和谐之目的。道医中医在治疗养生上讲求“上工守神、中工守气、下工守形”。笑疗可谓在“神、气、形”上得以全面照顾。而对于“多梦症”中的悲伤、忧郁所致者均可用笑疗法进行治疗。

（四）断食疗法（辟谷术）

断食疗法古称“辟谷”或“断谷”，就是人们为了治病健身而主动在短期内断食，使肌体在饥饿状态下靠自身机能治愈某些疾病或强身健体。由于断食有悖于人之常情，往往被认为断食有害于健康、其实不然。大量资料显示，科学断食不仅能健身，而且能治病。断食辟谷原是我国古代的一种独特的养身方法。我国现存最早的辟谷资料是长沙马王堆出土的文物《却谷食气》篇。辟谷的“辟”字在古代同“避”，所谓辟谷就是避开五谷杂粮而不食。司马迁编写的《史记》里也记载着汉高祖（刘邦）的军师张良晚年辟谷一事，说“张良性多疾，即导引不食谷”。断食在宗教界也较为流行，我们的道医和中医也常运用辟谷健身却病。目前世界各国对断食疗法治病有系统而深入的探索，如英国的卡林顿医学博士著《活力·断食与营养的关系》、美国的洽尔凯尔博士著《完全的健康》、马克欧义博士著《断食与健康》、日本小岛八郎著《断食疗法》、青木春三著《断食》、我国台湾地区段木干教授著《断食》等书。从应用来看，许多国家设断食治病的医院，如柏林的一家断食医院有 300 多张床位，日本现有三千多家断食寮，我国台湾地区亦有长青断食中心。又如美国克拉斯综合医院、澳洲的雪梨健康中心以及由名医薛尔顿、华克尔两博士主持的美国德州疗养所等，都是以断食治病而名扬世界的，而我国在应用方面来看，规模还不大，人员还不多。

通过大量资料显示，断食辟谷能健身，也能治疗很多疾病，而对于多梦症就更不在话下，只要多梦症患者不是太过虚弱和疲弱，皆可参加断食辟谷，同时我们道教和道医中医在推广断食辟谷方面有得天独厚的优势，我们要义不容辞地将这一健身却病的方法发扬光大，为《健康中国》的建设做出贡献。

（五）腧穴针灸和推拿术

腧穴是人体经络脏腑之气输注于体表的部位，也是针灸推拿用以预防、诊治疾病的特定位点，所以针灸疗法离不开腧穴。而腧穴针刺法是当人体生理机能发生异常导致阴阳失调而出现病理征象时，道医或中医通过对病人进行诊断和辨证适当选配体表腧穴，艾灸穴位或用针具刺入皮内或肌肉、筋骨间的经络通行之处，并施以与病情相对应的手法激发经络之气，会使病人产生酸麻胀痛等感觉，促使气血和调、经络通畅，达到祛病扶正，防病除病之目的。

推拿也称按摩、按跷等。推拿一词始见于明代，在现代也将推拿与按摩合用，还有人把按摩分成主动按摩（自我按摩）和被动按摩（他人按摩）。其实推拿和按摩虽然名字不同，但含义是一样的，都是以两种不同治疗手法的名称来统称各种推拿按摩治疗手法。常用手法有推法、摩法、擦法、搓法、拿法、掐法、按法、捏法、抓法、挪法等。

推拿部位和路线，是以经络循行路线和范围以及脏腑在体表的相应区域为依据来确定。其中经络包括十二经脉、奇经八脉、十二经别、十二经筋和十二皮部。络脉有十五络、浮络、孙络等，络脉是附属于经脉的分支，经络脉密切相连，组成不可分割的统一体。

对于“多梦症”的针灸和按摩，也要辩证治疗。

1. 肝郁化火型，应疏肝泻火，针灸行间、内关、神门、肝俞、太冲穴。用泻法。

2. 痰热内扰型。应清热化痰。针灸中脘、内关、胃俞、足三里、丰隆穴。用泻法。

3. 阴虚火旺型。应滋阴降火。针灸大陵、太溪、神门、太冲。用平补平泻法。

4. 心脾血虚型。应补蚕心脾。针灸心俞、脾俞、脾俞、神门、三阴交穴。用补法。

5. 心胆气虚型。应益气镇惊。针灸心俞、胆俞、神门、三阴交穴。用补法。

推拿法采用循经推拿健身手法，以强手法推运督脉，并捏拿心区、脾区和肝胆区，再用重手法推运肝胆经、心经 2—5 遍，抓拿头顶部 20—30 秒，再点按风池穴。每日一次，10 天为一疗程。

（六）静坐法

静坐是一门有数千年以上历史的心灵科学，我国的静坐养生传统功法最早可追溯到 5000 年前的黄帝时代。据《庄子》一书记载黄帝曾向广成子学习养生长寿之道，广成子说：“无视无听，抱神以养，形将自正，目无所视，耳无所闻，心无所知，汝神将守形，形乃长生。”以上这段精辟论述，实则是静坐的真实感受和长生之道。静坐即可养生延寿，又可开慧增智，所以显教、道家、儒家和瑜伽术对静坐都很重视。“静则神藏，躁则消亡”，是《黄帝内经》的论述，也就是神宜静不宜躁。静，指精神情志保持淡泊宁静的状态，神气清静无杂念，可达真气内存，心神平安之目的。对于静坐，美国哈佛大学进行了一次核磁共振研究。在科学界产生巨大轰动：“静心冥想能够从本质上重新构建你的大脑，一旦你掌握了静心冥想的窍门，这项训练会为你的大脑清理出足够的空间，抵抗对于科技产品的依赖，避免被躁动不安的情绪牵着鼻子走，更专注于工作和学习，增强创造性和创新意识。融洽的人际关系，充分的自我表现，内心的平静与和谐，成为更好的领导者，感受生活的美好与富足。”静坐冥想有很多好处，可以帮助我们很好的觉察自己，管理情绪，可帮助我们缓解疲劳，减轻学习压力，提高记忆力。如你不善于管理情绪，工作学业重，睡眠不足，夜梦多，可每晚抽出一定时间静坐，这是世间最美好的活动。想要健康，那就向我们道家的师父学习静坐，打开经络、拉长筋骨，这样做的好处太多太多，不仅增强心脏功能，对神经系统、消化系统、内分泌系统、运动系统、免疫系统都有增强作用。当然对于多梦失眠的治疗也效果明显，尤其对虚弱型多梦失眠效果更佳。

（七）诵读中华优秀传统文化经典

诵读经典不仅能增长知识，也能提升人体正能量，坚持每晚临睡前诵读《道德经》《论语》等，对于治疗“多梦症”也效果明显。

以上为作者的一些浅见，不妥之处请各位同道批评指正！

传承梦文化的意义与问题浅析

徐月强　李　丹*

内容提要：虽痴人亦能说梦，唯至诚可与前知。梦总是和人的存在联系在一起。在漫漫的历史长河中，“梦”的诡谲、神秘、奇妙令人着迷，“中国梦”的画卷已铺就，“中国梦”与“世界梦”已通连。要实现中华民族伟大复兴的中国梦，传承梦文化就要借鉴我国其他优秀传统文化的有益养分，以有而创新、有而不同的思想，厚植中华文化自信，将美好的梦想与脚踏实地的坚定行动紧密结合，使其顺应时代的新要求，彰显出梦文化的时代价值，这将对弘扬和传承中华优秀传统文化有着重要的现实意义。

关键词：梦文化　中国梦　传承　石竹山　祈梦

梦总是和人的存在联系在一起。在漫漫的历史长河中，“梦”的诡谲、神秘、奇妙令人着迷，使梦文化屡经世变而繁衍不息，古今中外的人们总是把梦放在一个特殊的重要位置，保持着旺盛生命力。在文明程度不高、信息闭塞的过去，人们对梦文化的转化与利用推动了传统经济、文化艺术的发展，也在一定程度起到了促进社会和谐稳定的作用。在文明高度发展、信息迅捷的今天，在共建“一带一路”的倡议下，祈梦“持久和平、共同繁荣”的“中国梦”与“世界梦”完美交汇，将梦文化的传承与弘扬提升到了国家与国际通联的高度。面对当下世界各国的经济、文化、交流更加紧密的时代，深入挖掘梦文化的优秀内涵，深入开展梦文化传承路径研究，让古老东方的梦文化智慧，在不同国度民众中生根、开花、结果，不断夯实中华文化软实力，加速推进梦文化的创造性转化和创新性发

*　徐月强 (1976—)，男，山东兖州人，山东兖州文化馆，副研究馆员，研究方向：民俗学、非遗、群文；李丹 (1966—) 山东兖州人，山东兖州文化馆，副研究馆员，研究方向：民俗学、非遗、群文。

展，推动中国梦的快速实现，这将对传承梦文化有着重要意义。

一、在新时代传承弘扬梦文化的意义

梦文化传承历史悠久、积淀丰厚。梦文化在漫长的时空磨砺和丰厚文化滋养中，以一种独特的民俗形式长期活跃于历代人民群众中，有着鲜明的中华文化现象，梦文化已成为中华传统文化的重要组成部分。梦植根于人们的思想意识深层，人们从梦想中追求向往美好生活形成的祈梦、解梦、圆梦的过程，为梦文化增加了无限魅力，也给梦文化的传承和发展注入了强大动力。如在我国不同时代创作、流传下来的神话、传说故事、戏曲曲艺等各种文学作品里的人物描述、事件陈述都彰显了梦文化的价值。祈梦、解梦的民俗活动不仅对文化艺术创作、劳动工具创造、经济技术发展起到了积极的推动作用，还对人们认识世界、社会稳定等都起着潜移默化的促进作用。在经济全球化的今天，各国的命运休戚相关，各国成为“利益共同体”，“中国梦”与持久和平、共同繁荣的“世界梦”在“一带一路”的构想下完美交汇，全国“老子道学文化研究会”副会长、中国宗教学会理事吕锡琛说，梦是世界上最神秘的事物之一，它在我们的大脑里开辟了夜晚探望外部世界的窗口。梦文化已成为加速实现“中国梦”与“世界梦”通联的重要桥梁和纽带，已成为加速推进实现现今世界各国共同发展美好愿景的力量。

我国对梦文化的研究与传承，无论从民间还是学派讨论从未间断。从占卜梦，甲骨文里“占卜梦”的记载，到古代《周公解梦》《梦书》著作，到近代对《批判与梦》等研究，到今天梦文化作为精神家园中的独特事项，已引起世界各国越来越多的科学家、心理学家和精神分析学家的青睐。梦文化已越来越被重视，其神秘的面纱亦逐渐被科学地揭开，如我国道家学派从现代心理治疗的认知疗法来研究和诠释梦文化，发现中国传承的梦文化重视梦的人生启示和心理疏解功能，通过梦对精神系统的松弛来适当调节人体精神活动的节律，疏解焦虑、浮躁、偏激等负面心理，有助于人们从认知的层面，促成各种心理因素的平衡和协调，调整各种不良、不理性或偏执的观念，促进心理健康的作用。而国外如弗洛伊德的《梦的解析》对于人类各种心灵活动，提出了许多对文学、神话、教育等领域有启示性的新观点，揭示了许多埋藏于心理深层的奥秘，它不但为人类潜意识的学说奠定了稳固的基础，而且也建立了人类认识自己的新的里程碑。因而，结合当今时代条件，发展面向现代化、面向世界、面向未来的，民族的科学的大众的社会主义文化，推动社会主义精神文明和物质文明协调发展，坚持为人民服务、为社会主义服务，坚持百花齐放、百家争鸣，坚持创造性转化、创新性发展，不断铸就中华文化新辉煌，这不仅在于人们对梦文化的信仰与向往，也对推动我们传承梦文化，加强对中西方对梦化的研究与梦文化的相互交流与融合，这对于实现中华文化与世界各国家的灿烂文明的良性互动，共同发展，让灿烂的中华梦文化与世界各国的文化完美交融，焕发新的活力，这对梦文化的传承与弘扬具有划时代的重要意义。

二、辨析传承梦文化相关的重要问题

梦是对现实的反应。亚里士多德对梦的定义是“梦是一种持续到睡眠状态中的理想”。梦是人类大脑对外界的事物抽象化，生活中碎片记忆、零星见闻都可能成为梦的素材。在生活中，不能否认如“蝶梦庄周”“南柯一梦”“黄粱一梦”等梦带有的神秘主义色彩，也不可否认如文艺作品梦幻的“登月梦”“太空梦”等梦所给予的在当代已成为现实的创造力和影响力。如今围绕梦的意境、情趣、祈梦、解梦等形成的梦文化及对梦文化的传承，已成为人们研究和讨论的热门话题。但是，若传承梦文化、开发利用梦文化就不得不辨析、解决混淆思想的问题。

（一）辨析梦文化的迷信与科学问题

梦是迷信的，梦文化就具有迷信的成分。我国是个梦文化发达的国家，古代的梦书在定义梦时说：“梦者，像也，精气动也，魂魄离身，神来往也。阴阳感成，吉凶验也。梦者语其人，预见过失，其贤者知之，自改革也。梦者告也，告其形也，目无所见，耳无所闻，鼻不喘息，口不言也。魂出游，身独在，心所思念，忘身也。受天神戒，还告人也；受戒不精，忘神言也。”上古先民限于知识水准，将梦与神灵联系，占卜未知，涂上浓厚的迷信色彩。并宣杨梦的预言灵验，人们理所当然地认为梦是一种预兆，一种警示，不怀疑梦的真实性，因此相信迷信，梦严重影响人们的现实生活，如《吕氏春秋》就记载了一个因梦而自杀的故事。出于迷信，梦又演化成预测吉凶的暗示，如“鸡为武吏，有冠距也。梦见雄鸡，忧武吏也”“桃为守御，辟不祥也”“梦见棺木，得官”……获得某种精神效应，在这种心理影响下，祈梦、占卜梦、解梦有效弥补了梦者的心理需求，还创造出许多梦的故事，这使一些有识之士和思想精英，如孔子、周公，还有当代一些明星、贪官等对梦的预兆作用深信不疑，迷信形成的自我欺骗，使他们在心理得到安慰或解脱。

破除迷信还原科学，有助于对梦文化开发利用。弗洛伊德说：“如果我们试图孤立地理解梦的内容，要发现其中的含义就尤其不易。与之相反，如果我们采用此前不久由他发现并定名的研究方法——自由联想法，一切将会截然不同。”梦有迷信色彩，是人们对梦缺乏科学的、理性的认识。梦尽管变幻无常、奇异多姿，但往往反射着现实世界的影像，常现人之所知、所思、所闻、所历事物，只不过出现变形、扭曲、错乱而已。庄子揭示出梦的虚幻性，批判了梦迷信，揭露了统治者对梦的利用，否定了梦同神灵鬼魂的意志的关系，并最早提出了“人生如梦”的哲学命题。庄子对梦的理性认识，在先秦时期达到了一个比较高的水平。人的梦通常不是无缘无故发生的，“昼无事者夜不梦”（《慎子·逸文》后多引作“日有所思，夜有所梦”。“如果说‘日有所思，夜有所梦’是一般规律，那么思念过切，反倒无梦，便可算特殊规律了。”（李维鼎《说说写梦》）。对梦的科学研究，弗洛伊德在《梦的解析》中针对精神活动提出的普遍性设想，这种方法使他发现，梦也有其含义，如同他之前发现癔病、恐惧症、强迫症或妄想症不仅有其含义，而且还可以对它们加以解析。此外，弗洛伊德还将自己和病患的梦进行对照比较，以此估量梦在精神病理状态和正常心理活动中所发挥的重要作用。1895 年 7 月，他首次对自己的梦——“埃玛打针”——进行了完整的分析。不仅适用于正常人和精神病患者，而且也为精神分析在临床、方法和理论在不同水平上都提供了依据。吕锡琛说：“作梦的时间占成年人生命的百分之十以上，据现代心理学家的研究，梦具有心理保健的功能。‘梦提供了能帮助人们在生活中恢复平衡的信息，有助于人的心理平衡。’”如美国休士顿有一个改梦学讲习班，就改梦学的应用，曾有一份这样的资料：改梦学的应用，小则可将恶梦改为美梦，大到能将整个醒时的“梦”改善：梦可利用作人生预演和实验的场所。在梦中可开始改变一个人习惯性的反应或缺点，比如某人脾气不好，对不如意的事，总是怒气相应，因为反正是梦，何必那么认真？慢慢地在醒时的反应也会有改善。因而，辨析梦文化的迷信与科学，有助于正确认识对梦文化的传承发展与实践利用获得心理安慰，促使身心平衡，发现征兆，有助于人们在面临生活事件时早做心理准备以免被击垮，也会因梦的文化影响行动和思想态度的由梦变成美梦成真的结果。

（二）辨析梦文化的虚无与现实问题

梦是人的自然生理现象，人皆有之。梦是虚假的，梦什么与人的追求、信仰有密切关心。人的信仰、追求不同，使人们的梦丰富多彩。有人做的是美梦，梦见自己“金榜题名”“洞房花烛夜”等喜事，享不尽人间荣华富贵，一觉醒来便是一场空。但是真实性在于它有自己独立的力量，出乎真我的想象。梦一旦展开来，如：“梦饮酒者，旦而哭泣；梦哭泣者，旦而田猎。方其梦也，不知其梦也。梦之中又占其梦焉，觉而后知其梦也。且有大觉而后知此其大梦也，而愚者自以为觉，窃窃然知之。君乎！牧乎！固哉！丘也与女皆梦也，予谓女梦亦梦也。”（《庄子全译·齐物论》）梦的主人就无法自我控制，在自己的梦中可以梦到非意识的非生命的存在，而他却明明被孕育于这个梦者的意识之中，他与梦中的我是一体的，都是一样地被孕育者，于是便有了“一枕黄粱”的故事，故而有人把梦的虚幻描绘成“镜中花，水中月”。

很多梦都是幻想，当然也有理想，梦中对理想和目标的追求，是一种对人生美好未来的一种憧憬。这种梦对人是一种激励，也是一种心灵的陶冶。历史上留下来了无数关于祈梦灵验的记载。如石竹山祈梦非常灵验，其中明代首辅叶向高年轻时到石竹山祈梦的故事最为著名。一年清明节，叶向高到石竹山抽签，“富贵无心想，功名两不成”的签谱令他大为不快。后来他请了一个老和尚解签。老和尚告诉他这是好签，并解释说：“富贵无心想，‘想’字去了‘心’不是‘相’字么？”功名两不成，‘戊戌’两字都不像‘成’，这不是预示公子将在‘戊戌’之年官居相位吗？”经老和尚一点拨，叶向高受到极大鼓舞，刻苦求学，最终官居宰相。如周文王梦中得到姜子牙的辅佐，唐太宗得道仙人此梦而作《霓裳羽衣曲》，包青天通过做梦巧妙侦破了一桩命案等等，这样的例子非常多。像一代帝王唐太宗、诗仙李白、铁面无私包青天，他们文化底蕴深厚、智商奇高，为什么还要屡屡去祈梦，并最终祈梦灵验呢，说明梦里的确蕴含着无限的奥秘。在现代社会中，仍有人屡屡梦想成真，这是一个不争的事实，可见祈梦文化流传了几千年，至今依然具有独特的生命力。如2000多年来，福清石竹山祈梦习俗作为一种影响广泛的民俗文化形态，融入道教仪式文化，成为一种独特的心理疏导和社会教化形式，并形成了独特而丰富的石竹山梦文化。石竹山已被誉为“祈梦的发祥与传承地”。梦虽然是一种思维活动，透过梦对社会现实的反映，我们可以读到潜意识里蕴藏的宝贵信息，在梦境中不断地完善记忆和认知的连接，携带着生命的潜能并由它所激发出实现梦想的动力，通过在梦想的追逐中，把一个个梦想变成现实。因而，辨析梦文化的虚无与现实，有助于人们梳理错综复杂的生活现实，从而消除认识盲点，缓解心理困境或生活难题，对行为主体形成某种警示和激励作用，激励人们努力实现奋斗目标，认识现实往往离不开梦，梦也离不开现实，实现梦想还需要务实、拼搏、努力。

虽痴人亦能说梦，唯至诚可与前知。习近平主席“构建人类命运共同体”思想提出以来，伴随着“一带一路”倡议的全球实践，已逐渐为国际社会所认同，正日益成为推动全球治理体系变革、构建新型国际关系和国际新秩序的共同价值规范。“中国梦”的画卷已铺就，“中国梦”与“世界梦”已通联。要实现中华民族伟大复兴的中国梦，传承梦文化就要借鉴我国其他优秀传统文化的有益养分，以有而创新，有而不同的思想，厚植中华文化自信，将美好的梦想与脚踏实地的坚定行动紧密结合，使其顺应时代的新要求，彰显出梦文化的时代价值，这将对弘扬和传承中华优秀传统文化有着重要的现实意义。

基于梦的影视探究

董方霞*

内容提要：梦在不同的语境下有着不同的意涵，它不仅仅指平时个人所做的睡梦，还有着社会文化方面的意义。本文通过中西方对于梦文化在影视中的视听语言分析，中西方梦文化的差异性比较，同时借鉴美国梦在影视中的传播策略和发展路径，以期能对中国梦的实现提供一定的借鉴价值。

关键词：梦　美国梦　中国梦　传播启示

一、梦的意涵

梦在我们的日常生活中是非常容易发生的事情，但对于梦的探究，却从古代一直延续到现代，从西方延伸到东方，是科学界和学界比较关注的问题。一般认为梦来源于人们已知的认知和记忆。古时人们为了探究梦的形成机制和作用原理，进行了一系列的解释和说明。

《周公解梦》是我国流传最为广泛的一本关于梦的专著，除《周公解梦》外还有《敦煌解梦书》，它们认为人们所做之梦反映了人们的各种各样的心理状态，诸如恐惧、焦虑、希望、幻想、逃避等等，并赋予了不同的解释，并给出吉凶祸福的预判，这就将梦与人对于未来的认知结合在一起，消除了人们对于梦的不可知。这一解释虽然带有明显的历史局限性，但也从侧面反映了古人对梦的认识，以及沉淀在中国人心灵之中最为深刻的心态变化。古人对于梦有着丰富而深刻的认知，梦曾是儒家、道家乃至佛家理解这个世界的一部分，为我们留下丰富的遗产。

《春秋》中就详细记载了有关梦与生育的故事。《诗经》中也曾提道："乃寝

* 董方霞（1992—），女，河南周口人，厦门大学硕士研究生，研究方向：道家思想研究。

乃兴，乃占我梦。吉梦如何？维虺维蛇。大人占之，维熊维罴，男子之祥，维虺维蛇，女子之祥。”文本将梦与生养联系在一起，寄托了古人对于梦这一特殊现象的寄托。《诗经·大雅》云“民亦劳止，汔可小康，惠此中国，以绥四方”，更是把个人的小梦想与华夏的大梦想整合在一起。儒家甚少提及梦，这与儒家创始人孔子“子不语怪力乱神”有关，但孔子在《论语·述而》中“子曰：‘甚矣吾衰也！久矣吾不复梦见周公！’”，将梦与实现周公大业相联系——周公一直都是孔子的精神信仰，是终身为之奋斗的一种信念。

道家对于梦的解读和儒家不同，相比儒家的积极入世，道家注重清静无为、顺应自然，从庄子那里开始，梦自然而然就成为其表达其哲学思想的重要载体，通过梦境的表达，呈现出他对于这个世界的理解，而梦的难以捉摸的属性也贴合了庄子的主旨，此后梦就成为道家乃至道教的中特殊的形式，从而传达他们的精神寄托。在道家道教一脉之中，梦是一种破除我执的途径，经由梦这种特殊的修炼方式，回归到一种虚无的状态，现实的困惑和苦恼，经由梦进行消解和弥合。

2000多年后佛洛伊德《梦的解析》一书问世，在梦研究领域做出了巨大的贡献。佛洛伊德是奥地利的心理学家、精神分析学派的创始人。他在意识的基础上又提出了潜意识的概念，潜意识理论对心理学乃至人类社会的发展有着至关重要的作用。他指出潜意识才是决定一个人发展的决定性因素，是欲望的达成。他又提出恋父恋母情结，即认为性是一切行为背后的驱动力，而我们的外在命运一定程度上是由我们的内在想象决定的，尤其是潜意识方面的想象。潜意识具有潜在性，往往通过不明显的方式进行表达，而梦即是对潜意识的一种表达。弗洛伊德释梦是在西方文化背景下产生的，它与中国对于梦的理解和诠释具有巨大的差异性，其理论来源的依据、内容、解梦的角度等方面都有着明显的不同。

随着意义空间的扩大，梦逐渐成为人们的一种精神寄托，是对未达成愿望的一种期待和向往，进而成为文化意义的象征。美国自1776年国家独立，美国梦就伴随着一代又一代渴望通过自己的辛勤劳动获得成功的美国人民，伴随着西部淘金热、个人成功梦、投资移民梦，其内涵在不同的时代有着的不同的内涵。相比西方的美国梦、欧洲梦，中国在新时代的背景之下也提出自己的“中国梦”，即实现中华民族的伟大复兴，这不是一个人的梦，这是中国十几亿中国人民共同的梦想，我们共同梦想着我们的民族复兴、国家富强、人民幸福这一整体社会理想，这就将国家、民族和个人紧紧地联系在一起，从而实现国家力量和民族、个人力量的凝聚，在此基础上团结任何可以团结的机构和个人，构建成人类命运共同体。

二、美国梦、中国梦与影视

影视是社会的镜像，影视作品是不仅仅是美的创造，它更是社会的反映。影视通过其视听语言传达了独特的关于社会和人生的思考。由于影视的独特的宣传效果，梦影视不仅是中国向世界传递自身文化，更是美国向世界传递其文化和价值观的渠道，且美国通过影视对外输出其文化价值观已进行了几十年，大多数国人都是通过影视作品了解美国，从而形成了影视印象中的“美国”。如今正值中华民族处于大发展、大繁荣的阶段，我们必须重视影视传播的重要作用，通过影视有技巧地塑造中国的国家形象，树立以“中国梦”为价值引擎的影视创作观。

谈到一个国家和民族的梦想，在这样的语境下，有美国梦、欧洲梦、印度梦不同的语言表达，至今对国际社会影响较为深远。在影视表达上讨论比较热烈的也就是中国梦和美国梦，我们选择此两者之间进行比较，不仅仅有政治格局上的考虑，更多的是基于文化上的分析以及影视表达上的异同。

（一）美国梦与影视

美国梦翻译自英文 American Dream，伴随着资本主义和新教在美国这一新大陆的扎根，美国梦成了美国人的精神信仰，深深地扎根于美国民众之中，其最早明确地提出美国梦这一概念则是在美国历史学家詹姆斯·特拉斯·洛亚当斯在1931 年出版的《美国史诗》中：“让我们所有阶层的公民过上更好、更富裕和更幸福的生活的美国梦，这是我们迄今为止，为世界的思想和福利作出的最伟大的贡献。”它引导着一代又一代的美国人为实现自身的梦想而奋斗，旋即成为美国民族精神与传统价值的集中显现。美国梦在不同时期不同阶段有着不同的内涵，但可归总为国家层面和个人层面，国家层面指的是追求自由、民主、平等等精神，就个人层面，则指个人通过努力奋斗实现个人价值，实现财富的积累。我们通常意义上的美国梦的主体主要指的是个人，其包含着以下几个要素：每个人拥有获得成功的机会；成功取决于自己的才能和努力，而不是家世和背景；人人都拥有获得平等的权利。

美国等西方国家通过多种形式来传达他们的文化价值。如文学，在美国早中期即18世纪中叶至19世纪末美国梦是美国文学创作的母题，在文学创作中经常出现。后随着电影、电视的发明，人们发现通过媒体传达美国梦的效果可以说是事半功倍，如此一来，便出现了多种多样的宣传美国梦的影视作品。由于美国梦的内核，这些影视作品多为励志类的影片，在世界电影史上以及各个国家产生了深刻的影响，如《阿甘正传》《幸福来敲门》《美国牧歌》等影片在全球范围内引起了观众的喜欢，大家在被影片吸引的同时，也被影片中所传达的美国的民主制度、文化氛围所吸引。伴随着资本主义内部发展遇到了一系列问题，美国梦的内涵在影片呈现上也出现了一些批判的声音，改编自菲茨杰拉德的经典小说《了不起的盖茨比》便是对传统美国梦的反叛和反思，作者借助盖茨比这一典型人物形象展示了特定社会背景下美国梦的破碎以及个人的悲剧过程。

美国梦自诞生以来，影响了一代又一代的美国人，其通过文化输出的形式尤其是影片这一媒介影响了世界各个国家的人民，尽管其对美国梦的内涵有着不同的解读和诠释方式，但直到今天，在影视作品中，美国梦仍然通过不同的方式在不同的领域进行着创造性的发展和表达。2016年迪士尼推出的《疯狂动物城》一经上映就引发了全球观影热潮，其在继承传统美国梦的内涵的基础上，更加丰富了其新时代的美国梦内涵：即每个人都有无限可能。美国梦通过影视的这一途径至今影响着美国人民甚至全球人民的行为方式以及精神观念。

（二）中国梦与影视

2012年11月29日，习近平总书记在参观“复兴之路”展览时，正式提出“中国梦”这一概念，并创造性的阐释了“中国梦”的内涵。2013年3月在十二届全国人大会议上又提出“中国梦”，中国梦更加注重集体意识和集体价值，中国梦的提出是基于对整个社会、民族的共同期许，是希望能够构建人类命运共同体，这超越了本民族的界限，从而具有人类学意义。由于这一概念的重大价值意义，“中国梦”这一语境成为国内外舆论和学界讨论的热点。但就影视方面，至今关于“中国梦”影视的核心内涵、创作观念、艺术要素、产业发展及艺术要素、受众互动等等研究还尚不明了，未形成完整的研究系统。

“中国梦”与电影的关系研究并不能认为是至“中国梦”这一概念的提出才出现的，我们在讨论大“中国梦”时，不可不兼顾到自新中国成立后一代又一代海内外导演的贡献，甚至我们可以把“中国电影视为追求一个更美好的中国的艺术镜像,或关于文化中国的想象”[①]。中国梦与影视的研究在西方研究者研究文献中可以追溯到对于20世纪50年代邵氏电影公司的研究中，SekK，和Gary Needhamd指出，当时的电影中改编的经典文学作品、历史故事、民间传说和神话无不带有对于故国家园的文化认同，其特别提出“‘中国梦’出售给那些流散的中国观众”[②]。此后一些关于中国国家、国民、国族的影像建构是中国电影创作的基本立足点，张英进在《影像中国：当代中国的批评重构及跨国想象》中，提出“电影很大程度上寄托了创造者自身的家国理想、人文态度”。李安的一系列电影《推手》《喜宴》《饮食男女从》《卧虎藏龙》无不是导演对于中国梦的碎片化呈现，其中蕴含着满满的中国元素和中国式情感，通过这样的影片，导演寄托了他个人的中国梦，也为我们营造了中国梦，用艺术的方式表达了对我们精神世界的关注、对生命本身的体贴和关照。此外，冯小刚、侯孝贤、赵宝刚这些导演也都涉及梦与电影主题的呈现。冯小刚的一系列商业电影，对于小人物的小梦想刻画得尤其生动。《天下无贼》中的傻根个人的小梦想，对于这个世界的信仰，让我们反思当下。《私人订制》中一个群体对于自己梦想的追求以喜剧化的形式，给我们展现了别样的社会群像。《芳华》是对一个时代的关照，蕴涵了导演对于民族梦想的关心，小到个人大到时代和民族的梦想，通过影片给我们侧面展现。

近年来，随着中国国际地位的提升、经济的逐步崛起，中国不断谋求在文化产业的进步和提升，一系列主旋律电影应运而生，从正面的角度为国人塑造全体中国人的中国梦，激励着我们爱党爱国，为实现中华民族的崛起而奋斗。因此出现了一些兼顾商业利益和中国梦的佳片，诸如《战狼2》《红海行动》《烈日灼心》等等，牵动着中国观众的神经。这些影片在创造中国电影票房奇迹的同时亦创造了属于我们每个人的“中国梦”。《战狼2》在建构理想小家的认同之时，亦同步勾勒国家认同的理想光影，将具有中国文化特色的功夫、情感、故事等影视元素有机融合在一起，既保留了本土文化的特色，又兼具国际视维创新，可以说是“中国梦”影视创作的典范。其精湛的动作场面以及维护世界和平以及全人类福祉的普世价值，赢得了全球观众的喜欢。但不可否认的是我们的影视作品在“中

① 孙燕:《中国梦影视传播的大众哲学与文化逻辑》,《中州学刊》2018年第6期。

② 袁靖华，王冰雪:《论以“中国梦”为价值引擎的影视创作观》,《贵州大学学报（艺术版）》2016年第4期。

国梦”的同时，亦存在种种问题，值得我们重视。《西虹市首富》《李茶的姑妈》这样改编自开心麻花同名爆笑舞台剧的影视作品，在给观众带来欢乐的同时也折射出一些社会问题：就价值导向而言，主人公原初的原动力都是基于金钱，这样的影视作品在给大众带来一场淋漓尽致的金钱梦的同时，也给社会带来了潜在的负面影响。中国经济在快速发展的同时，大众对于金钱的追求是难以遏制甚至是社会发展的一部分，但影视作品长期对于金钱、权力的关注，会不知不觉地影响观众的价值观，这对于国家青少年的成长而言，是非常不利的，甚至是严重的问题。如若社会一直关注金钱、权力，那么谁来关注我们的精神健康和精神自由呢？影视作品就是艺术家们为我们创造的一场美梦，但这个梦应该是我们对于这个世界、对于未来的美好期待和幻想，包含着物质的和精神的，但我们的影视作品艺术审美层面和价值观引导方面上尚有一定的距离，同时我们也应意识到这是影视发展的一个阶段，随着影视人的不断努力，中国梦影视将会有不一样的面貌。

三、美国梦与中国梦在影视表达中的不同

关于美国梦与中国梦的不同，大多学者已经讨论过，但在影视中的呈现方式讨论相对较少，笔者查阅了相关文献，尝试地说明一下中国梦与美国梦在影视表达中的不同，其不同主要表现在三个方面：首先是主体不同，中国梦构建了一个完整的闭环，其主体是国家，每个个体只是其中的一部分，只有个体在其中找到自己的位置，并发挥自己的贡献，才能实现整个民族的梦想。“中国梦的最大特点，就是把国家、民族和个人作为一个命运共同体，把国家利益、民族利益和每个人的具体利益紧紧联系在一起。”个人在集体之中并且依靠集体的力量实现个人和集体价值的共同彰显。而美国梦则偏向于个人，侧重个人价值的实现，个人主义、英雄主义色彩浓厚。“在美国，每个人通过自己不懈努力的奋斗便都可以获得成功，过上理想的生活，亦即人们必须通过自己的勤奋、勇气、创意和决心迈向繁荣，而非依赖于特定的社会阶级和他人的援助。”[①] 由于主体的不同，在影视中的人物设置上则有极大的不同。影视中的中国人物，虽个人能力很强，但国家是其强大的后盾，关键时刻提供强有力的国家支持和保障，但美国影视之中，塑造了很多的个体英雄，这些英雄们运用自己的能力保护家人甚至保护国家，在

① 邵培仁，潘祥辉：《论全球化语境下中国电影的跨文化传播策略》，《浙江大学学报（社会科学版）》2006 年第 1 期。

特殊场景下，这些英雄甚至担当起拯救国家、拯救地球的任务，在其中极度彰显个人主义和个人魅力。由于影视主体的不同，相应的影视作品的表现重点也不同，在美国梦影视中，个人塑造的重点在于人物有深度、有层次、有内涵，这一点美国影视作品经过长时间发展已经非常成熟，但中国影视在塑造过程中存在着人物形象呆板、脸谱化严重等问题，大大影响了影视作品的真实感和感染力。其次是实现途径不同，中国梦是由国家提出并在党的领导下全民共同努力下的结果，那么在实现梦想的过程中个人努力奋斗一定程度上就要让位于国家和集体的力量，但也不乏个人的能力和拼搏精神的彰显，这是时代背景下个人给予集体和国家的脚注。而在美国影片中人物大多依靠自身的能量或超能力，因此在影片上中国梦主题的电影多是民族情感的彰显，美国梦主题的电影则是个人英雄主义的显现，看重人物个人化的表达和塑造。《红海行动》《战狼 2》这些影视作品也都塑造了一些英雄，但这些英雄最后的成功是国家力量的支持。《我不是药神》讲的是小人物的故事，其小人物的归宿仍离不了国家这一大环境，由于这一因素，在我们的影视作品之中不可避免地带有一定的政治因素和意识形态在其中，从艺术层面上会影响作品的艺术价值。不可否认政治与影视相互影响，但我们可以在影视表达上更加注重艺术表达。美国梦影视不可以避免地也存在一定的意识形态问题，但相对较为自然、贴切，符合观众的认识规律和观影习惯，相对而言，这也给我们中国梦影视的创造提供了更大的挑战和要求。最后则是最终目标不同。中国梦的目标是为强国强民之梦，满揣着整个国家和民族共同的期待，必然在影视之中刻画的不仅仅是个人，更为重要的是集体群像，其最终的落脚点往往会上升到整个民族甚至是全人类的梦想和期待。美国梦的目标则是个人的崛起，影片最终呈现的多是个人在事业或家庭中的美满幸福。在《战狼 2》《红海行动》以及一系列的美国大片《美国队长》系列、《钢铁侠》系列、《复仇者联盟》中可以看出其在这三个方面明显的差异。

四、美国梦的影视呈现及中国梦的影视传播启发

（一）美国梦的影视呈现

关于传达美国梦以及美国价值的影片很多，这些影片反映了美国的主流价值观，同时也是励志电影的典范，激励了各国观众在生活的磨难中勇敢前进。但关

于中国梦的主旋律电影除一些好的电影之外，大多有其明显的缺憾，例如人物塑造过于呆板，缺乏深刻的人性分析和呈现，叙事不够清晰，甚至是不合逻辑，影视风格过于浮夸不够接地气等等问题，相反以美国梦为主题的影视，特别是以好莱坞为代表的影视作品，在影视艺术表达上为我们提供了借鉴。

1. 生动而具张力的人物设置

在美国梦传达过程中，在人物设置上除塑造了一系列英雄人物之外，大多数仍然是普通的美国人，他们有着自己各自的艰辛和不易，但却在艰苦的条件下，克服种种困难，实现个人目标，人物设置深入而有深度，除表现人物好的一面还有另外的一面，且人物心理和情感是复杂多变的，会随着情况的变化产生不一样的精神状态，人物有真实的情感、真实的矛盾，这样在人物形象塑造上就有了多样化的一面，经得起时间的考验，为观众留下深刻的印象。《闻香识女人》中阿尔帕西诺为我们塑造了一个典型的人物。他一开始呈现出来的性格特征是苛刻、暴躁、古怪、刻薄甚至是不解人意，但这样暴躁的性格特征之下隐隐让观众觉得人物不止这一面，其拒人于千里之外的背后隐藏着故事和隐情，作为一个失明的退伍军人，自己的价值恐难彰显，随机谋划这一场死亡之旅。小男主人公由于出身贫困，需要兼职挣回家机票钱，于是这样两大主人公相处。小男主人公的善良与大男人公的暴躁形成对比，但在旅途之中，随着剧情的深入，大小主人公相互影响，同时也为我们呈现了不一样的大男主。他对气味的敏感，他对女人的热爱，为我们呈现了一个真诚、矛盾、勇敢、纯粹的人物形象，一段意想不到的探戈，使得大男主高贵的灵魂经由一段优美的舞蹈而呈现，最后大男主在小男主纯粹的灵魂的面前被感召，并帮助小男主度过了人生中关键选择——选择真诚跟随自己的内心还是同流合污？大男主最后的精彩演讲，让我们全面地理解了这个人物，其身上展现出了人性复杂的一面，人性岂是好坏即能判断的，在当面临选择的时候，我们却要心向美好，残缺的灵魂无论借助什么都无法使得生命完整，唯有高贵的灵魂才能让我们度过人生的种种磨难，获得心灵的平静和安详。

2. 典型而不乏真实的叙事

相对中国影视，好莱坞更会讲故事，其故事非常具有吸引力，设置了种种悬念，对观众有着强烈的吸引力，《当幸福来敲门》就讲述了这样的一个故事。男主人公面临着失业、家庭的危机。此时在他面前面临着一个股票经纪人的机会，6 个月内没有工资，还要从众多候选者中竞争出一个，就是在这样的背景之下，男主人公奋发向上，通过自己的种种努力成为知名的金融投资家。导演在讲故事的同时，交叉着男主人公的父子亲情线、濒临失败的夫妻感情，典型的人物形象加上典型的叙事共同讲述了一个典型的故事。《幸福来敲门》从剧本上是只是一个简单的故事，为何导演却能把它塑造成电影史上的经典呢？这和他经典的叙事难以分开。男主角中年失业，妻子离去，但孩子却成了他前进中的动力，使得他没有放弃对这个世界的反抗，同时也给予他无奈生活中的勇气。两人无处居住，无奈挤住在公共厕所。深夜男主人公抱着孩子在厕所中哭泣，仍然要面临着厕所外的敲门声，令人唏嘘不已。教堂外因为一个空位和乞丐大打出手，更是增添故事的真实性。在故事讲到男主人公失业后百般失意下的爬起更是打动观众，人到中年，工作虽勤奋却难逃失业溃败，万幸由于一个魔方，得到一个公司就业的机会。在讲述这一场景中，导演加入男主人公因无钱付车费逃跑的场景，让这一故事更加生动而真实。人在极其困顿的情况下，很多事情都能做得出来，但男主人公却不失面对生活的勇气。导演以其间遇到的种种困难作为戏剧冲突，反衬出其对于命运的反抗和不妥协，质朴的电影语言，叙述主人公的拼搏故事，现实的困境和内心的希望相互拉扯，形成戏剧张力，增添影片的艺术性。影片中讲述的故事改编自真人真事，切中现实生活中很多观众的感情。中年失业、情感的缺失让男主生活尤为失意，但生活的起伏、波澜和不易或许才是生活的本质。罗曼·罗兰说过："世界上只有一种真正的英雄主义，就是认清了生活的真相后还依然热爱它。"男主人公面对生活给予的无奈和苦难，拥有站起来的勇气和打破命运枷锁的力量，这才是幸福的终极要义，也是这个故事想要告诉我们的。故事是简单的故事，导演用其高超的讲故事技巧以及卓越的视听语言，为我们营造了一场视觉盛宴的同时，给予我们精神力量。

3. 多元的影视风格

影视风格的形成需要多方面的共同协作，音乐、画面、构图、色彩等等呈现出不同的视听效果，这样就形成了不同的影视风格。好莱坞制作经由一百多年的探索形成了自身的特色，其中商业大片，融合大场面、大制作等众多商业因素在其中，为观众呈现视觉盛宴，但也不乏一些小成本但关注现实的影片。《海边的曼彻斯特》为小成本制作，讲述男人公的哥哥去世，男主人公作为监护人照顾侄子的故事。其缓慢而沉重的影视风格，让人深感生活的苦难和无奈，大多数的电影讲述在绝望中寻找着希望，但这部影片却一反常态，让这种绝望一直延续到最后，并不是所有人都能获得救赎，对于一些人而言，不拖累别人已是万幸。该片2016年在美国上映，2017年6月获得预告片界奥斯卡最佳独立电影预告片奖项。笔者想要通过这样的影片说明影视风格的形成并非一朝一夕，需要众多影视人的努力乃至于影视机构和团体的保护。这部影片可谓一匹黑马，一部分原因也是基于影视学会对于独立电影保护和支持，也正是在这样的环境下，美国影视才营造出多样的影视风格。但相对中国影视而言，中国梦影视较多大制作、大场面，但在艺术审美方面与国外影片有一定的距离，离形成我们自身的影视风格尚有差距，这不仅仅是一方面的原因，而是需要影视系统内外部的共同配合，任重而道远。

（二）中国梦的影视传播的启发

面对全球影视创作和传播面对全球影视创作与传播格局，我们需要正确认识到当前中国影视创作与传播既有其积极的突破和成绩显著的一面，也同样有着发展攀升期中难以避免的诸多问题。如中国影视创作和传播与中国整体实力不匹配，和中华文化深厚底蕴不吻合；现有的影视话语体系，在面对鲜活的改革发展实践和思维空前活跃的受众时，显得力不从心；实现社会理想凝聚、国家形象传播，打通并融入国际话语体系，尚未成为我国新时期影视创作与传播一以贯之的主题。这些既是“梦”影视研究的根源所起，也是中国影视走向全球并获得文化认同与影响力所要突破的关键一环。① 因此我们对于“中国梦”影视的研究应不仅仅停留在历史的梳理上，更多的应聚焦在立足于国家和民族未来建设的战略性指导之上。

1. 创造人人都能实现中国梦的环境

中国梦的崛起既是经济和社会条件的综合因素的原因，又是其目标，影视工作者在大力宣传中国梦的同时，应该思考如何才能使得中国梦深入人心呢？莫言在《怎样塑造中国梦》中提道：塑造中国梦必须深深根植于中国人的生活之中，在中国人们编织和实现中国梦的伟大历史进程中表现人的丰富和发展。笔者认为这就在于社会能够提供一个创造“中国梦”的环境，让社会中每一个人都能有机会实现属于自己的“中国梦”。艺术来源于生活而又高于生活，这样的社会现实

①

经由艺术的加工反映到影视作品当中，才有更加强大的生命力和艺术感召力。

2. 重视价值观的引导

传媒对于大众的影响越来越大，其通过不同的形式多个方面地渗透到人们的社会生活中，其中影视的作用不可小觑。一些价值观未形成的青少年深受影视文化的影响。一调查中问小孩子的梦想是什么？孩子回答是“富二代”。此种问题的出现不可不深思影视作品价值观引导问题。葛兰西是意大利共产党的创始人之一，其被称为西方马克思主义理论家，其文化领导理论分析了西方国家、市民社会、知识分子、革命战略的理论特质，但其价值却是具有世界意义的。在其理论当中着重强调文化价值观的重要作用。当前我国影视要与西方影视在进行竞争和合作的过程中，一定要处理好自身的文化价值观问题，只有把握好价值观的问题，才能占领文化层面上的领导权，屹立于不败之地。

如何在影视中塑造价值观呢？这就要求我们首先把握“中国梦”影视传播在国家形象塑造中的传播机制。我们在通过影视塑造国家形象中，应注重通过艺术性的方式，巧妙而形象地构建理想的国家形象和人民形象。其次坚持文化价值主体性，在确立民族文化立场、文化自信的主体性价值的过程中，清晰明了地定位自身文化属性和文化标杆。“当前中国电影对外传播最大的问题是缺乏鲜明凸出的主体性，缺乏一种独立的、标杆式的、显著而醒目的影视文化符号，亟待从价值导向、内容建构以及传播策略上寻求突破，从而创作出适应全球范围传播的‘中国梦’影视作品。即，必须明确中国影视以什么姿态、什么身份、什么价值立场呈现在跨国语境中。”[①]“中国梦”影视的创作应立足于我们自己的文化价值系统，创造属于自己的东西，而不是笨拙得模仿外来文化，以此保持我们的文化主体性，巧妙抒写让世界听得懂、看明白、有好感的中国影视作品，以此让全球观众更深入全面地理解当代中国文化与中国精神。此外，应注意的一点是我们在注重价值观引导的同时，要明确我们的价值观内涵并形成统一的认知，在此基础上，影视工作者深刻理解和思考价值观与影视的结合，并且遵循国际电影所遵守的市场运行规则，从最基础的策划、制作、宣传、发行、放映等借鉴西方成熟的经验，用冯小刚的话说就是“用好莱坞的方式打败好莱坞”，这是我们在坚持中国影视的主题价值时，尤为要注意的一点。

① 袁靖华：《从“美国梦”的好莱坞战略思考“中国梦”影视传播的华莱坞战略》，《江苏师范大学学报(哲社版)》2016年第4期。

3. 充分吸收国外传播策略的同时，充分挖掘本民族的优秀传统文化，讲好中国故事，塑造中国人物

学者孙燕在《中国梦影视传播的大众哲学与文化逻辑》中提出，为了更好地发挥中国影视的重要作用，中国梦应作为常识哲学融入影视创作中，成为中国影视的身份标志。以通俗平易的形式讲述中国故事，书写民族经验，表达自由和梦想，真诚传达人类伟大的情感和友爱的精神，不仅是全球化时代中国影视“走出去”的战略根本，也是中国梦影视传播的基本逻辑。在利用各种资源为中国梦影视服务中，尤为重视中国传统文化资源。我们需要注意到好的影视作品应该立足于本土，立足于国家，立足于人民的生活和历史文化传统，这样的作品也带有广泛的意义，这样的作品中的人物和故事，就不仅仅是一个一个国家的任务和故事，而具备所有人的丰富和层次。影视在通过传统文化资源塑造中国梦的同时，不仅仅是一个表达中国梦的载体和工具，影视本身也有其特色，其本身也在通过独特的形式融合传统文化因素编造着属于影视的梦。张艺谋新片《影》，影视风格独特，电影镜头考究，通过水墨、太极图、书法、围棋等一系列中国元素的营造，以及以《三国演义》为底本的故事，是对于华语影片传统文化的一次积极的挖掘和探索，对于这样的影视作品我们应多鼓励，影视工作者也能在此基础上做出更多更积极的探索，使得中国影视作品在运用传统文化上更加有深度，更能彰显中国文化的无限魅力与永恒的价值。

论《太平经》的中国梦及其现代意义

于晓语 *

内容提要:《太平经》成书于东汉中晚期，是中国早期道教重要经典之一。其内容博大精深，构筑了“和谐太平”社会理想以及“天人合一”美好愿景,《太平经》所蕴含的社会和谐、修道养生、自然生态追求是古代中国梦的重要组成部分，同时其哲理内涵对解决当代中国所面临的多种社会问题、发挥传统文化在当代社会中的积极作用、实现中华民族伟大复兴的现代中国之梦具有重要意义。

关键词: 太平经　社会和谐　健康养生　生态安全　古代梦想

《太平经》诞生于东汉，是早期道教著名经典，其内容极其丰富，继承发展了道家的思想智慧，并且以此阐发出社会和谐、个人发展与生态稳定之道，初步构成了古代中国梦之追求。传承《太平经》古代中国梦内涵对于弘扬传统文化的思想精粹、古为今用，解决现代中国社会所面临的多种问题，构建当代中国梦、实现中华民族的伟大复兴具有重要意义。

一、“诚实守信、友爱互助、积善行德”的社会和谐之梦

社会和谐是古代中国梦的最基本组成部分。社会是由人与人形成的关系总和，因此和谐的人际交往对维护整个社会稳定有着至关重要的作用。《太平经》在描绘和谐社会理想蓝图时，呼吁人们在人际交往中秉持诚实守信、友爱互助、积善行德的良好美德。

首先，《太平经》认为诚信为天下大事，并反复强调了诚信的重要性。天道

* 于晓语（1995—），女，山东济南人，四川大学道教与宗教文化研究所 2017 级研究生，研究方向：中国古代美学思想与审美文化。

的“诚实不欺”引发出《太平经》的诚信观，“天者至道之真也，不欺人也”[①]不仅证明了宇宙的自然公正性，同时也侧面反映出灾难祸患的发生原因。[②]“今天地阴阳，内独尽失其所，故病害万物。”[③]天道至诚不欺，分辨善恶，降凶吉现象规谏于人。王治不当、县官失节使民众受苦，于是天道降“灾祸”于人间以表惩戒。天道不允许人世间有欺骗、虚伪、残害生命等恶行发生，为了防止“天道失常”，人类自身需要做到诚实不欺。《太平经》由天道之诚引发出人需以诚待天的重要性，并进一步拓展出人际交往的诚实守信原则：“与人交，日益厚善者，是其相得心意也；而反日凶恶薄者，是其相失心意也。”[④]在人际交往中，以诚信待人，才能收获真心；反之，便会失去他人信任。《太平经》中还曾经举过这样的例子：“今一师说，教十弟子，其师说邪不实，十弟子复行各为十人说，已百人伪说矣……万人四面俱言，天下邪说。又言者大众，多传相征，不可反也，因以为常说。此本由一人失说实，乃反都使此凡人失说实核，以乱天正文，因而移风易俗，天下以为大病，而不能相禁止，其后者剧，此即承负之厄也，非后人之过明矣。后世不知其所由来者远，反以责时人，故重相冤也；复为结气不除，日益剧甚。”[⑤]由于一人的不诚信，使谣言一传十、十传百，从而导致了祸及后世的结果，这则故事以寓言的方式写出诚信对于维护社会和谐稳定的重要性。从以诚待天、以诚待人到诚信社会氛围的美好梦想，《太平经》清晰论述了诚信的重要性，这对于构建现代和谐社会的中国梦具有启示意义。如今，市场经济在推动经济发展的同时，带来了“一切向钱看”的错误观念，社会中失信事件层出不穷。例如长生生物疫苗造假行为，涉及疫苗原液的过期及不同批次勾兑、编造生产批号修改实际生产日期、未按规定进行成品药效测定、提交虚假生产资料骗取合格证等恶劣欺骗，不仅使消费者愤怒情难抚平，更是引发了全国范围内的药品安全信任危机。企业领导层不顾诚实守信的基本经营原则、贪污受贿获取利益是此次事件发生的根本原因。个人层面的失信使整个企业违法经营，企业失信又引发出社会范围内的信任恐慌。在当代中国诚信建设的过程中，制度化和规范化的发展是有效保障，但公民自身树立正确的价值观，将“诚实守信”的良好品质践行到生活

---

① 王明：《太平经合校》，北京：中华书局，1960 年，第 219 页。
② 宋晶：《〈太平经〉中的诚信观》，《中国道教》2003 年第 3 期。
③ 王明：《太平经合校》，北京：中华书局，1960 年，第 23 页。
④ 王明：《太平经合校》，北京：中华书局，1960 年，第 415 页。
⑤ 王明：《太平经合校》，北京：中华书局，1960 年，第 58 页。

的各个方面才是诚信建设的梦寐追求。这种诚信之梦，具有源源不断的能量，可以为建设相互信任、和谐共处的美好社会奠定基础。

其次，《太平经》所谈及的“周穷救急”和“乐以养人”的友爱互助美好品质，对于构建和谐社会之梦也有着至关重要的作用。《太平经》“周穷救急”的友爱互助观来源于其“太平”理想，即立足于资源平均的和谐社会理念。“太者，大也，乃言其积大行如天，凡事大也，无复大于天者也。平者，乃言其治太平均，凡事悉理，无复奸私也；平者，比若地居下，主执平也，地之执平也。”[①] 用平均的理念治理社会，方可形成调和平均的公正社会。基于这种平均理念，《太平经》呼吁富者具有乐于助人精神。“物者，中和之有，使可推行，浮而往来，职当主周穷救急也。夫人畜金银珍物，多财之家，或亿万种以上，畜积腐涂，如贤知以行施，予贫家乐，名仁而已……此财物乃天地中和所有，以共养人也。”[②] 天地间的物资其主要职能就是救人于贫困、危急之时刻，富者家中多财，应该体现友爱精神，主动帮助穷苦之人。《太平经》又说道：“此家但遇得其聚处，比若仓中之鼠，常独足食，此大仓之粟，本非独鼠有也；少内之钱财，本非独以给一人也；其有不足者，悉当从其取也。愚人无知，以为终古独当有之，不知乃万尸（户）之委输，皆当得衣食于是也。爱之反常怒喜，不肯力以周穷救急，令使万家之绝，春无以种，秋无以收，其冤结悉仰呼天。天为之感，地为之动，不助君子周穷救急，为天地之间大不仁人。”[③]《太平经》用“仓中之鼠”为例，谴责为富不仁者，暗示社会范围内物资的过分不平均占有终将导致整个社会的紊乱。除了呼吁富者具有友爱奉献精神，《太平经》还说道：“智者当苞养愚者，反欺之，一逆也；力强者当养力弱者，反欺之，二逆也；后生者当养老者，反欺之，三逆也。与天心不同，故后必凶也。”[④] 在《太平经》描绘的理想社会中，聪颖之人应该照顾稍显愚笨之人，身体健壮力气强大之人应该主动帮助弱者，晚辈应当主动赡养老人，如果反其道而行之，则是大逆不道。《太平经》对富者、智者、力强者、后生的要求并不是一种道德的枷锁，在这里作者通过反对富者不仁、智者欺愚、强者欺弱、少不养老为例，倡议人们合力促进友爱互助的良好社会风气形成。学

① 王明：《太平经合校》，北京：中华书局，1960 年，第 148 页。
② 王明：《太平经合校》，北京：中华书局，1960 年，第 246—247 页。
③ 王明：《太平经合校》，北京：中华书局，1960 年，第 247 页。
④ 王明：《太平经合校》，北京：中华书局，1960 年，第 695 页。

习《太平经》友爱互助的社会和谐思想，有助于培育和践行社会主义“友善”价值观，更好地实现当代中国友爱互助之梦。近年来，人口老龄化已成为国家面临的最大挑战，中国不仅是世界上老年人口最多的国家，同时也是人口老龄化发展速度最快的国家之一。国家出台相应政策以完善养老保险制度、健全关爱服务体系、加快老龄事业和产业的发展。这些政策层面的解决方法是中国面对人口老龄化问题的一把利剑，树立敬老爱老的价值观念，使全体公民具有友爱互助意识是解决人口老龄化问题的有力后盾。应对人口老龄化问题，需要利剑与盾牌同时发挥作用。弘扬优秀传统美德，公民践行敬老互助的价值观念，和谐社会的浓浓情意可以温暖老年人口的精神生活，实现中国社会老年人口的“天伦之乐”梦想。

其三，公民常怀善心、常施善行有助于实现社会和谐之梦。“其心善，则助天地帝王养万二千物，各乐长生；人怀仁心，不复轻贼伤万物，则天为其大悦，地为其大喜，帝王为其大乐而无忧也，其功增不积大哉？”[①]人心之善可以助天地滋养万物，使君王不再为国家治理而忧虑。“夫一人教导如此百愚人，百人俱归，各教万人，万人俱教，已化亿人，亿人俱教，教无极矣。此之善，上洽天心，下洞无极，人民莫不乐生为善。”[②]在人际交往中，以“善”待人可以将美好的品德持续传递。“五帝教化多以德，其人民多类经德也，……五霸教化多以武，人民多悉武好怒，尚强勇……故善人之乡者多善人，恶人之乡者多恶人，此非相易也。”[③]在整个社会范围内推广“善”的美好品质，可以使公民形成普遍的价值观，主动成“善”人，为“善”事。“乐善得善，乐恶得恶，是复何言。夫善恶安危，各从其类，亦不失也……是故乐道者道来聚，乐德者德来聚，乐武者武来聚”。[④]同时个人的善举又可以反作用于社会，于是双向作用相辅相成，营造出和谐有序的氛围。《太平经》对真正的道德与善举下了定义。“今日食人，而后日往食人，不名为食人，名为寄粮。今日饮人，而后日往饮之，不名为饮人，名为寄浆。今日代人负重，后日往寄重焉，不名代人持重，乃名寄装。今日授人力，后日往报之，不名为助人，名为交功。”[⑤]这种行动源于功利目的，不能称之为真正的道德与善行。“人不佑吾，吾独阴佑之，天报此人。言我为恶，我独为善，天报此人。

① 王明：《太平经合校》，北京：中华书局，1960年，第244页。
② 王明：《太平经合校》，北京：中华书局，1960年，第244页。
③ 王明：《太平经合校》，北京：中华书局，1960年，第650页。
④ 王明：《太平经合校》，北京：中华书局，1960年，第642页。
⑤ 王明：《太平经合校》，北京：中华书局，1960年，第464页。

人不加功于我，我独乐加功焉，天报此人。人不食饮我，我独乐食饮之，天报此人。人尽习教为虚伪行，以相欺殆，我独教人为善，至诚信，天报此人。”[①] 人的行动不求回报，出自单纯的行善之心才能称之为真正的积善行德。例如 2017 感动中国人物王珏，他化名“兰小草”坚持给急需帮助的孤儿寡母捐款，多次被评为温州慈善人物。他从未现身颁奖典礼，也从未委托他人领奖，默默无闻捐款 15 年，最终因疾病遗憾离开人间。王珏在生活中，从未主动提起过“兰小草”的秘密，他常对家人说，帮助别人不需要说，做了就好。王珏做好事不求留名的奉献精神恰恰符合《太平经》对“善”与“德”的定义。在现代社会过分追求名利的环境下，许多人失去了天然纯粹的善心与美好品德，慈善活动的“诈捐”事件与部分慈善机构的资金不透明问题给行善美德抹上了污点，间接影响了人们奉献爱心的积极性。《太平经》对“善”与“德”的明确界定，抨击那些出自功利目的的“假道德”“假善行”，有助于社会范围内构建积极向上的行善之梦。

二、“务道求善，增年益寿，亦可长生”的修道养生之梦

《太平经》对道德和善的追求不仅反映在社会领域，同时体现在个人生命领域。它将修道与积善行德紧密地联系在一起，“务道求善，增年益寿，亦可长生”。[②]“长生”是道教修炼的终极目标，在求道的过程中常怀善心，常施善行可以增长寿命，以实现“长视久生”的成仙之梦。

首先，“求道务善”作为个人修道的内在要求，其根源自天性之善。《太平经》指出：“天乃为人垂法，天自名为大道，地自名为德，所以然者，夫天地，乃万物之父母、凡事君长，故常导之以善，不敢开昌、导教之以凶恶之路，而况人乎？人者，天之子也，当象天为行。”[③] 天是“大道”，自身显示着整个宇宙的规律法则，而“地”就是德行的彰显。天地是万物之母，“本善”的天道自然引导万物向善，而人类所属于万物，也应像天道一般向善。“天下人乃受天地之性，五行为藏，四时为气，亦合阴阳，以传其类，俱乐生而恶死，悉皆饮食以养其体，好善而恶恶，无有异也。”[④] 暗示出天下人受“天地之性”影响，应爱好善良，厌

① 王明：《太平经合校》，北京：中华书局，1960 年，第 464 页。
② 王明：《太平经合校》，北京：中华书局，1960 年，第 569 页。
③ 王明：《太平经合校》，北京：中华书局，1960 年，第 164 页。
④ 王明：《太平经合校》，北京：中华书局，1960 年，第 393 页。

恶恶行。因此，人要养生，就要顺应自己的天性，有违自己的本性，个体内部的和谐就会受到损害。好善者自身内部精气和谐，可以维持身体的健康，好恶者损害自身精气，会给自己带来祸患。《太平经》认为个人的健康源于“善”或“恶”的内在，这种重视内在修养的养生追求，是古代中国梦的特色组成部分，对现代社会个人增强体质、预防疾病的健康追求具有重要的启示意义。人的身体是内外统一的有机体，养生不仅仅意味着追求器官调养、筋骨强劲的躯体外在强健，个人精神健康的注重、视野的开阔与心胸的通达、自身道德和素质的修炼与提升也是“养生”之梦实现的基本要求。一个人如果机体健康，但心理压力过大，不能调节自己的情绪，身心就得不到真正的静养与修为，久而久之，内在的郁结就会影响外在的健康，破坏整个身体的平衡。因此，现代社会的养生活动需要注重内在的丰富与调节，“务善”不仅是过去“求道”“成仙”信仰之梦，更是现代中国康养事业追求健康发展的大众之梦。

其次，《太平经》认为这种善的内在修养，可以增加年寿，达到一种外在的效果。《太平经》说道：“合于天心，事入道德仁善而已，行当要合天地之心，不以浮华言事。所以然者，且失天法，失之即人凶绝短命矣，或害后世。”[①] 人行事道德仁善才能合乎“天心”，做恶事有违于天道，将会使自己短命。“同从人生，何为作恶，行各宜善自守。天禀人寿，不可再得，作恶年减，何有相益时乎？此时当所主，天君取信，不敢脱人恶行，令得久生也，为不知乎？”[②]《太平经》认为，每个人都有一定的寿命，而行善才能守住寿命，作恶会使人的寿命减少。同时个人的行善积德行为还可以达到增加寿命的效果，“善自命长，恶自命短”[③]，“善自得生，恶自早死”[④]。“凡人有三寿，应三气太阳、太阴、中和之命也。上寿一百二十，中寿八十、下寿六十。百二十者，应天大历一岁，竟终天地界也；八十者，应阴阳分别八隅等应地，分别应地，分别万物，死者去，生者留；六十者应中和气，得六月《遁》卦。遁者，逃亡也，故主死生之会也。如行善不止，过此寿谓之度世；行恶不止，不及三者，皆夭也。”[⑤] 凡人的寿命有三种等级，持续行善可以使自己的寿命超过界限，而做恶事不计后果，人将远不及最短寿命“夭

① 王明：《太平经合校》，北京：中华书局，1960 年，第 160 页。
② 王明：《太平经合校》，北京：中华书局，1960 年，第 615 页。
③ 王明：《太平经合校》，北京：中华书局，1960 年，第 525 页。
④ 王明：《太平经合校》，北京：中华书局，1960 年，第 625 页。
⑤ 王明：《太平经合校》，北京：中华书局，1960 年，第 23 页。

折”。《太平经》认为行善可以增年益寿，这表明其养生之梦不是停留在单纯的空想阶段，而是深入现实，注重人在延续寿命中发挥能动作用，呼吁人们在日常生活中主动重视养生问题，积极追求生命健康长久。现代社会城市生活节奏加快，人们工作、学习业务繁重，往往忽视个人身体健康问题，产生疾病后才重视保养。研究表明，维持身体健康的有效方法其实是注重疾病的预防，这就要求人们在日常生活中，对于生命保持敬畏之心，具有敏锐的危机意识，主动采取保养措施，积极追求身体健康之梦。因为身体是革命的本钱，不注重身体的保养、生命的延续就无法实现个人价值，更无法长久感受生活的美好。《太平经》重视养生的思想不但是中国早期梦想的特色组成部分，更是古代智仁理想的生活方式，有益于提醒人们树立危机意识，预防疾病、追求健康长寿。

其三，《太平经》反映出了道教对“生”的热爱，对“长生”的梦想追求。《解承负决》云：“天地开辟已来，凶气不绝，绝者而后复起，何也？夫寿命，天之重宝也。[①]寿命是天之重宝。“天者，大贪寿常生也，仙人亦贪寿，亦贪生；贪生者不敢为非，各为身计也。”[②]贪生求寿不仅是天道与仙人的基本属性，也是人的本能，由于这种本能将使人“不敢非为”、谨慎行事、规诫自身，所以它的价值意义十分珍贵。“人最善者，莫若常欲乐生，汲汲若渴，乃后可也。”[③]对生的渴望不仅是人作为生命体的基本追求，也是生活中最大的美好梦想。《太平经》又说道，“三万六千天地间，寿最为善”，“是曹之事，要当重生，生为第一。余者自计所为。生气著人身，皆不相去。相守相成，神亦贵得其名”[④]。《太平经》所包含的热爱生活、追求长生的梦想，对公民树立正确的“生死观”意义重大。近年来，高校大学生轻生现象不断增加，正值青春年华的花季少年却在人生精彩时刻选择结束自己的生命实在是令人惋惜。虽然外界环境带来的压力，人际交往中产生的矛盾等诱因才是这些大学生轻生行为被激发的“最后一根稻草”，但对生命思考的缺失，对个人生命的不珍重在轻生问题中扮演了举足轻重的角色。《太平经》以“寿”为“善”的梦想有助于当代大学生重拾对生命的思考与敬畏。生命是人类最宝贵的财富，也是人的一系列生产实践活动最重要的前提。无论生活中

---

① 王明：《太平经合校》，北京：中华书局，1960 年，第 22 页。
② 王明：《太平经合校》，北京：中华书局，1960 年，第 23 页。
③ 王明：《太平经合校》，北京：中华书局，1960 年，第 223 页。
④ 王明：《太平经合校》，北京：中华书局，1960 年，第 613 页。

的挫折、压力还是幸福与感动，都是基于“活着”的基础上才具有意义。人的生命只有一次，不可再来，“生”本来就是先天珍贵的，因此传承《太平经》“寿最为善”的养生之梦，不仅可以通过生命教育提升当代大学生的健康长生追求，还可以通过塑造自身内心的强大来正确面对矛盾、解决矛盾，增强对生命的热爱，对未来生活的美好遐想，对生命的珍重。

三、“天者主生，地者主养，仁者主治”的自然生态之梦

随着生态平衡的破坏，导致生态系统结构和功能失调，生态问题已经成为全球人类面临的最严峻问题之一，并且威胁人类自身的生存与发展。《太平经》所追求的人与自然有机共生的和谐之梦，对于应对当前全球范围内严重的环境污染问题意义重大。

首先，《太平经》用父母与子女的亲缘关系来比拟人与天地，体现了其生态自然的和谐共生之梦。“夫天地中和凡三气，内相与共为一家，反共治生，共养万物。天者主生，称父；地者主养，称母；仁者主治理之，称子”[①]，将天、地、人以“家庭”为单元紧紧地维系在一起。“天者主生”思想的哲学渊源来自老子“道生一，一生二，二生三，三生万物”的本体论，道不仅是衍生万物的宇宙本源，同时也是世界运转的自然规律。虽然《太平经》作为道教经典所指的“天”脱离了朴素唯物主义“天”的自然属性，带有浓厚的宗教色彩。[②]但是，“天者主生”暗示出“天道”有其自身的规律与法则，地球上所有生命体都应该顺应天道，人也应该行事依照规律，同时人在与自然的相处过程中，也需要做到合乎“天道”。《太平经》中说道：“慎无烧山破石，延及草木，折华伤枝，实于市里，金刃加之，茎根具尽。其母则怒，上白于父，不惜人间。”[③]这种对自然界有极大破坏的行为，“天道”知晓会给予人间惩罚。近年来，极端天气的出现频率与恶劣程度加剧，给许多国家带来严重损失，究其根源，始终与人类活动密切相关。例如造成严重干旱、动植物死亡影响人类生活的极端高温天气，就是由全球变暖、城市热岛效应“火上浇油”，结合特定天气系统触发。《太平经》中“天道”对人间的报复行为为人类敲响了警钟，人类需要反思自身，生态失衡最终会使自然界走向对人类的“报复”。

① 王明：《太平经合校》，北京：中华书局，1960年，第133页。

② 吕锡琛，刘文杰：《论〈太平经〉的社会和谐理想》，《湖南师范大学社会科学报》2014年。

③ 王明：《太平经合校》，北京：中华书局，1960年，第572页。

其次，“地者主养”暗示出大地为人类提供生存所需的物质资源，引申出《太平经》合理利用资源之远景。万物凭借土地生长，人类凭借万物生存，人类生存当然离不开对大地的开发利用。但是开发利用资源需要依照自然规律。“今子当得饮食于母，故人穿井而饮之，有何剧过哉？子言已失天心明矣。今人饮其母，乃就其出泉之处。故人乳，人之泉坼也。所以饮子处，比若地有水泉可饮也。今岂可无故穿凿其皮肤而饮其血汁邪？真人难问甚无意。”[①] 正如《太平经》所言，挖井饮水当然需慎重选其址，若随意挖掘不仅无法取得水源，同时还会伤害土地。《太平经》就以“凿井”为例，暗示出人对大地的开发利用需要因地制宜合乎规律。“今天不恶人有室庐也，乃其穿凿地大深，皆为疮疹，或得地骨，或得地血，何谓也？泉者，地之血；石者，地之骨；良土，地之肉也。动泉为得血，破石为破骨。”[②] 这种肆意挖掘土地的行为，会造成资源的利用与开发过度，大地将“常怒不肯力养人民万物”。追溯《太平经》的成书年代，我们不得不赞叹先辈的远见卓识。当代中国所面临的资源危机，正是由于不合理的开采利用资源引发。地下水的开采过量导致水资源稀缺，供需问题严峻；土地资源已达到贫乏状态，接近农业承载的极限；海洋、矿产资源总量虽然丰富，但不合理的利用使人均指标低于世界平均水平。我国就资源短缺问题采取了产业转型、发展可再生资源与多渠道进口的措施，这些措施作为资源短缺问题产生后的补救方法，虽然在现阶段有一定的缓解作用，但从长远来看，如果不在整个社会层面树立可持续发展观，从源头杜绝滥采、滥用行为，就无法从根源上解决资源短缺问题。《太平经》提出的资源合理利用的理想与当代可持续发展战略之梦不谋而合，这证明中国传统经典所追求的古代中国之梦在现代社会仍具有极大的引导作用。倘若我们在资源枯竭与生态环境恶化发生之前就将先辈阐发的问题加以重视，总结前人经验制定发展战略，将古代“和谐共生”“合理利用资源”的美好梦想贯穿生产实践活动，那么当代中国在很大程度上就不会面临如此严峻的生态环境问题。

其三，人作为天、地、人有机整体中的一部分，需要做到“为子乃当敬事其父而爱其母”，对天地父母存在敬爱之心，才能实现“共养万物”之梦。《太平经》说道，“天地施化得均，尊卑大小如一”[③]，揭示出天地间的一切生命体享有

① 王明：《太平经合校》，北京：中华书局，1960年，第123页。
② 王明：《太平经合校》，北京：中华书局，1960年，第120页。
③ 王明：《太平经合校》，北京：中华书局，1960年，第683页。

平等的地位，人类作为其中一员，与自然界的其他物种“尊卑”等同，人类并不是地球的主宰者，人类的实践活动需要从万物平等的观念出发。并且万物有其自身的发展规律，“万物各自有宜，当任其所长，所能为，所不能为者，而不可强也”[①]。人类的实践活动在进行过程中需要做到顺应规律，不能强制改变万物的生长发展过程，破坏生态系统的有序运转。自人类文明出现，人作为具有能动性的主体掌握价值尺度，为满足生存发展的需要所进行的一系列生产实践活动的确推动了社会的进步、科技的发展，但与此同时特别是随着现代化工业的发展，人的实践活动也产生了不少负面的影响，生态环境遭到破坏，许多物种面临濒危问题。在人与自然的价值关系中，一切以人的利益为出发点和归宿不顾生态环境的极端行为，使人逐渐走向了自然的对立面。《太平经》所追求的敬爱天地、万物平等、顺应规律的美好梦想对于现代社会走向极端的“人类中心主义”是一个巨大的冲击，同时有助于构建人与自然和谐共处的当代中国梦。正如习总书记所说，“绝不能以牺牲生态环境为代价换取经济的一时发展”，“绿水青山就是金山银山”。人与自然是息息相通、和谐共生的有机整体，人有责任和义务爱护自然、尊重自然；人与其他生物关系平等，利用自然并非是人类的特权，而是一切物种共有的权利，人类的生产实践活动不能以过分牺牲其他物种利益为代价；自然界有其发展规律，破坏自然规律的行为必将使整个生态系统出现问题。人类需要反思自身的行为，传承《太平经》人与自然和谐共生的生态之梦。尊重自然、顺应自然、保护自然是当代中国梦不可或缺的重要组成部分。

《太平经》丰富的哲理内涵是中国传统美德及道德理念的典型代表，其对和谐、健康、生态的美好追求构成了古代传统中国梦，它所蕴含的“诚实守信、友爱互助、积善行德”的社会和谐之梦，有助于应对当代中国社会问题，维护社会和谐有序运转；“务道求善，增年益寿，亦可长生”的修道养生之梦，启示人们在生活中注重精神修养，热爱生活，珍视生命，提高自身的健康水平；“天者主生，地者主养，仁者主治”的自然生态之梦，警示人类反思自身，珍惜资源，保护环境，自觉维护生态安全。构建现代中国梦需要传承弘扬传统文化的思想精粹、古为今用、推陈出新，同时实现中华民族伟大复兴之梦需要大力促进传统文化在社会发展中发挥积极作用。

---

① 王明：《太平经合校》，北京：中华书局，1960 年，第 203 页。

道教梦境的宗教意蕴和社会功用

隋玉宝 *

内容提要： 道教信仰的奇幻境界和人类的美好梦境有极大的相似性，二者两相交织。庄周梦蝶、《周氏冥通记》、黄粱梦，历史上这三例道教主题的梦颇具代表性，并产生了深刻的影响。本文通过对这三类道教梦境进行初步对照分析，并援引《天隐子》“五渐门”的概念尝试解读其中蕴含的宗教意蕴和社会功用。

关键词： 道教　梦　宗教　功用

中国人爱说美梦成真，梦一直寄托着人们对美好愿景的向往，梦是抽象化的，朦胧迷离、“不可理喻”。梦的这些特性和道教文化的和乐逍遥、似幻似真的神仙境界异曲同工。历史上，有许多关于道教主题的梦，既承载着人们对美好生活的憧憬，也同时具备一定的宗教功用，将道教哲思、信仰和追求蕴含其中，最终将信仰者引向祥和美好的神仙境界，实现对现世束缚的精神解脱与超越。

一、庄周梦化蝴蝶

梦境是绚丽奇幻的，道教的玄思是曼妙多彩的；梦是对现实理性与逻辑性的消解，神仙信仰反映了对现实世界的超越和对美好境界的终极向往；共通的特性将它们始终紧密地交织在一起，共同传承着中华民族文化中的浪漫情怀。

一个反映道教浪漫梦境的经典例子，写在千年之前南华真人庄周的《齐物论》中：

---

* 隋玉宝（1985—），男，山东文登人，现常驻北京，中国道教学院研究生学历。正一派道士，现为北京市道教协会理事、河北省道教协会顾问、道教之音网站主编。研究方向：道教文化在新媒体上的传播与研究。

昔者庄周梦为胡蝶，栩栩然蝴蝶也，自喻适志与，不知周也。俄然觉，则蘧蘧然周也。不知周之梦为胡蝶与，胡蝶之梦为周与？周与胡蝶，则必有分矣。此之谓物化。

依托“梦”对于现实的超越特性，庄周得以与蝴蝶相与为一，彼此转化，逍遥而适志，是道教无我的至人境界的生动写照。道教认为万物皆由大道化生，道亦无所不在，是以站在更高的角度来看，彼我是非之别并非绝对，都是无所不包的大道的某一面相，既非割裂的，还可以相互转化。庄子将抽象的说理寓于一个浪漫美丽的梦中，亲身化蝶而飞，又复化为己，从而进一步阐发了道通为一、万物齐同的道理。

“庄周梦蝴蝶，蝴蝶为庄周。一体更变易，万事良悠悠”[①]，庄周梦蝶的典故虽短，却在哲学、文学和美学等多个方面影响深远。虽然南华真人庄周那种与物为一的逍遥境界，千载之下，达之者寥寥，个中那一抹浓厚而迷离的梦幻色彩，却早已越出一家一教之界限，成为历代文人骚客吟唱不绝、最富魅力的文学意象之一。

二、子良梦通真仙

成书于南北朝时期的著名道书《周氏冥通记》是道教史上一部重要的神仙传记。据书中记载，诸位仙真通过主人公周子良的梦境与之进行交流，逐步接引他修道成真。

周子良是上清派高道陶弘景的得意弟子，生有仙质，他的母亲“怀妊五月，梦一切仙室中圣皆起行，四面来绕己身。乃以建武四年丁丑岁正月二日人定时生于余姚明星里”[②]。从出生到去世，这位玄裔弟子的一生都与“仙”和“梦”联系在一起。梁天监十四年（515 年）夏至日，周子良首次在梦中与仙真感通，山中府丞告知周子良：“今府中阙一任，欲以卿补之。”

在此后的四百余天中，老子、司命大茅君、南岳魏夫人、紫微夫人、定箓中茅君、保命小茅君、周紫阳、洪先生、桐柏仙人邓灵期、苍梧仙人徐玄真、易迁

---

① 出自李白的古风组诗《古风五十九首》的第九首。

② 陶弘景：《周氏冥通记·道藏》，北京：文物出版社，上海：上海书店，天津：天津古籍出版社，1988 年，第 518—542 页。后文有关周子良的引文皆出《周氏冥通记》中，不再细注。

宫女仙等仙真陆续进入周子良的梦境与之交流，传授教戒、采食仙芝，共游华阳宫、蓬莱、方诸、金庭、朱阳、易迁、童初、大衡山等洞天福地，直至补缺时日渐近，周子良安然而逝[①]；据记载，周子良去世时“容质鲜净，不异于生”，一层神秘的色彩贯穿了传记的始终。

梦境中，诸仙真对周子良的教戒占据了很大比重。仙真陶夫人列举了修习的法门：“若能守道不动，服气吞景以镇五藏者，亦能得地仙，长生不死。若无金丹五芝，终不能飞游太极，动静无方也”；而赵夫人关于坚定周子良道心的一段开示则是其中较为典型的一段：

> 仙道有幽虚之趣，今粗为说之。夫为真仙之位者，偃息玄官，游行紫汉，动则二景舒明，静则风云息气，服则翠羽飞裳，乘则枫输灵松。浮海历岳，游陌八方。进无水火之患，退无木石之忧，岂不足称高贵乎。人唯见轩冕之荣，嫔房之乐，便为极矣。所以真道不交乎世，神仙罕游人间，正为此耳。纵有知者，亦不能穷而修之，或修而不久，或久而不精，诸如此事，良亦可悲。周生，尔勿效此凡庸之畴也。

周子良仙籍前定，是以仙真勤勤重来，教诲之中透出殷切之意，并降授《洞房经》《太霄隐书》《玄真内诀》等经典。更多的时候，仙真结合周子良的实际，对其修行进行具体指导：“卿每礼拜，先依科朝四方竟，辄更礼拜司命、定录、保命三真君”，“今四体虚羸，神精憎塞，真期未可立待，即亦可日一伺二星，以通其感”，“保命君授三天龙文，并令但且混人世，勿为异，应行来动静营为，出入任意，但勿违犯正法耳。修真法时，但默行，莫令人知”；而适逢周子良“携屐横在将前，又不着衣眠”，仙真范帅乃告诫他说：“作道士，法不宜露眠，不宜横携屐，横携屐则邪不畏人”等等。

周子良的梦向世人展现了一个奇幻多彩的神仙世界，同时具备强烈的宗教功用。它首先作为仙真的启示，在引导周子良“成仙”的过程中起到了关键性作用；其次，《周氏冥通记》是当时的道教领袖陶弘景进献给梁武帝的书，其中的宣教功用不言而喻，梁武帝读后答复陶弘景云：“周氏遗迹，真言显然，符验前

---

① 陶弘景怀疑周子良服用九真玉沥丹而亡。

诰，二三明白，益为奇特。四卷今留之。见渊文并具一一，唯增赞叹。”

根据《周氏冥通记》记载，周子良幼植端惠、立性和雅，十二岁入道，陆续受《仙灵录》《老子五千文》《西岳公禁虎豹符》《五岳图》《三皇内文》等道经，入道后的周子良辅佐陶弘景打点教务，心不为世俗所染，奉道尊师，是一位虔诚的道教信徒。所载诸仙高真直接入其梦中传法受教，和道教另一类点化凡心的梦境显示出明显区别。

三、吕祖黄粱梦觉

在道教点化凡心的梦境中，梦的主人素有仙根，但向道之心尚未开，同世俗之人一般汲汲于功名富贵，漂浪欲海爱河而不知回返。这时神仙祖师下降点化，为其创设一个生动逼真的梦境。与周子良交接仙真相反，这个梦是完全世俗化的，并且在梦中主人公的各种世俗愿望悉皆满足，成为世人眼中不折不扣的成功人士。“功名富贵若长在，汉水亦应西北流”①，走上人生的巅峰之后，梦境主人公的优渥处境出现转折，功名富贵乃至婚姻家庭一一破裂，重归于一无所有的窘境。

《庄子·齐物论》说：“方其梦也，不知其梦也……且有大觉，而后知此其大梦也”，可以说是对梦境主人公的真实写照。最后，梦境主人大梦方觉，悟世间荣华不足凭，迷途知返求至道。

至人无己，在庄周化蝶的梦中，展示了与物为一的吾丧我的至人境界。道不妄传，传非其人则谓之泄天道，是以在梦中直授教戒，离不开如周子良一般对仙道的精诚向往以及某些特殊的禀赋。相比之下，这类道教梦境的宣教“门槛”再一次降低，因而产生宗教功用的范围更加广泛，对常年辛苦辗转名利场中的失意士子们有着特殊的吸引力。

历史上有多少人由此悉心名利之争而转投大道之门不得而知，但黄粱美梦、南柯一梦等皆成为家喻户晓的典故，可知此类型的道教梦境确实在历史产生了深刻的影响。它还成为唐代传奇和元代杂剧中的一类重要的母题，派生出《南柯太守传》《邯郸道省悟黄粱梦》等一系列著名文学作品。

其中，《黄粱梦》取材于唐代传奇《枕中记》，主人公吕岩在进京赶考途中于

① 语出李白《江上吟》。

邯郸道上一家客店中歇脚，店家为其煮黄粱饭。此时正阳祖师钟离权奉东华帝君之命来度化他，面对钟离权，功名之心正炽的吕岩拒绝修道。钟离权待吕岩倦睡后施展法术，让他在梦中经历一十八载，遍尝人间恩爱富贵乃至种种苦难别离。待到吕岩从梦中惊醒，方知店家所煮的黄粱饭还未煮熟，当下幡然醒悟，随钟离权入道。而《黄粱梦》中的吕祖也成为由“梦醒”而皈依大道的典范。

其他如清代小说《红楼梦》中叙写五色石化生的贾宝玉在富贵荣华场中轮转一遭最终看破红尘而出世，以及书中警幻仙姑启发宝玉和风月宝鉴的故事情节都深受这类道教梦境的影响。

四、小结

唐高道司马承祯在其所述《天隐子》中提出了“五渐门”的概念，曰：

易有渐卦，老氏有妙门。人之修真达性，不能顿悟，必须渐而进之，安而行之，故设渐门。一曰斋戒，二曰安处，三曰存想，四曰坐忘，五曰神解。[①]

其中，斋戒谓之信解，安处谓之闲解，存想谓之慧解，坐忘谓之定解，信定闲慧四门通神谓之神解。并且“此五渐之门者，了一则渐次至二，了二则渐次至三，了三则渐次至四，了四则渐次至五，神仙成矣”。

对照文中列举的道教梦境看来，“一梦中尽见荣枯，觉来时忽然省悟”[②]，黄粱梦后道心方觉、初皈大道的吕岩达到了对应五渐门之中的“信解”。闲解须安处，“内以安心，外以安目”，慧解与存想相连，上清派通过存想来感通仙真，久之得其护佑；周子良专心奉道，能于梦中交感仙真，当对应于“闲解”和“慧解”的阶段。定解之坐忘，本出《庄子》：“堕肢体，黜聪明，离形去知，同于大通”；神解者“生乎易中，死乎易中，动因万物，静因万物，邪由一性，真由一性，是以生死、动静、邪真，吾皆以神而解之，在人谓之仙矣”。庄周倏尔化蝶而丧我，倏尔蝴蝶复为我，齐同物我，逍遥随化，庄周之化蝶应为“五渐门”中最高的“定解”与“神解”的体现。

① 司马承祯：《天隐子·道藏》，北京：文物出版社，上海：上海书店，天津：天津古籍出版社，1988年，第700页。后同。

② 语出马致远元杂剧《邯郸道省悟黄粱梦》。

以此来归类到道教的几类典型的梦境或显粗糙，但可以大致表明道教梦境背后所显示的觉悟求道、虔心修道和最终坐忘得道的宗教意蕴。因为所共有的奇幻迷离、非理性、超现实的特性，道教信仰的境界可以借助梦的形式自如地展现于世人面前，也通过做梦的方式，引导道教信徒分别内外、重身轻物，从而专注修行、体道冥悟，最终达到齐同物我、与道为一的超越精神境界。

道教是具有强烈现实关怀的宗教，道教的梦境和当时人们的现世遭遇有着紧密的联结，并以此为基础指向更高层次的追求。通过梦的形式抚慰了执迷外物而不知返的心灵，消弭细琐的彼我是非分别，这无疑能消解诸多不必要的负面情绪，重新确立精神与物质追求的平衡，从而提高了信仰主体的幸福感，使其精神世界更加自由，现实生活更加完满，是一股造福社会的正面积极的力量。由此看来，道教的梦与实现国家富强、民族复兴、人民幸福、社会和谐为本质内涵的“中国梦”有着内在的一致性。道教与梦有着交织千年的缘分，在历史上积淀了丰富的梦的文化，其中有许多积极的功用和有益的启示，值得我们继续挖掘服务于当代人的幸福生活，为实现中华民族伟大复兴的“中国梦”献上一股源自道教梦的积极力量。

从《牡丹亭》与《仲夏夜之梦》比较中西方“梦”文化

王丽滨*

内容提要：汤显祖和莎士比亚是同时代的人，他们的代表作分别是《牡丹亭》和《仲夏夜之梦》,《牡丹亭》代表着中国“梦”文化,《仲夏夜之梦》代表西方“梦”文化，他们都反映了在权威重压下，大胆追求爱情个性解放，在超自然的力量的帮助下，最终大团圆的结局，但从中也能看出中西方“梦”文化的差异，并因此而产生的不同的爱情观和价值观。

关键词：牡丹亭　仲夏夜之梦　梦　中西方文化

作为16世纪同时代最杰出的戏剧大师汤显祖与莎士比亚，他们的代表作品《牡丹亭》与《仲夏夜之梦》，讴歌了大胆追求爱情，却在现实生活中遭遇到重重阻挠，只好通过超现实的力量，通过“梦”解决生活中遇到的烦恼，最终大团圆的结局。《牡丹亭》是汤显祖的“四梦之首”，是他最为得意的作品，《仲夏夜之梦》是莎士比亚戏剧生涯巅峰时期比较成熟的作品，这两部作品分别代表着东西方“梦”文化。

一、中西方“梦之境”：背景不同

两部作品发表于16世纪末的同时代，巧合是这两位中西方的戏剧大师同时于1616年逝世。

汤显祖生活在明朝晚期，他的“梦”原本是追求仕途，但他自视过高，得罪了张居正和皇上，《牡丹亭》是在他弃官遂昌的那年完成，从此奠定了他作为戏

* 王丽滨（1972—），女，山东青岛人，晋中职业技术学院副教授，研究方向：汉语言文学。

剧大师的基础，并为戏剧之“梦”痴狂。据说《牡丹亭》改编自六朝志怪小说的还魂故事，但从汤显祖在《作者题词》的考证，牡丹亭改编自唐代佛教故事《法苑珠林》。万历年间政治腐败黑暗，汤显祖正如杜丽娘，在现实生活中自己苦苦地追求功名但仕途不顺，“良辰美景奈何天”，柳梦梅只是一个爱情的意象，与其说是杜丽娘为了爱情，不如说是为了无以寄托的爱，正如汤显祖“学而优则仕”，学得满腹经纶，忧国忧民的情怀无处寄托。他满腔热血效忠的朝廷不是实现梦想的对象，只好辞官归乡，寄托于戏剧之“梦”，“假人常为真人苦”。他的“梦”表达的是他所畅想的自由王国，他的笔下反映的是社会现实，表达的是自己难于言说的苦闷与追求，其作品的思想性和艺术性，成为我国戏剧文学史上重要的里程碑。

莎士比亚处于文艺复兴时期，英国的伊丽莎白一世统治之下，资本主义的上升期，国力较强，出生于一个家境富裕的市民家庭，其父是经营羊毛皮革的杂货商，因为父亲破产，他没念完书就开始谋生，莎士比亚才能出众，他的“梦”很单纯地就是为了成为一个戏剧家，过富足的生活，衣锦还乡。莎士比亚早期笔下写的大多是他喜欢的故事。《仲夏夜之梦》是其为托马斯·赫尼奇爵士婚礼助兴所写，也是取材于其他作品改编而成的通俗剧。全剧洋溢着欢娱的气氛，极富浪漫色彩，被公认为莎士比亚的第一部杰作，是他所写的喜剧演出次数最多的剧作，深受观众喜爱。他的“梦”是明快乐观的，比他之后写的悲剧少了一些现实意义。莎士比亚后期因当时英国王权瓦解，社会矛盾激化，政治形势恶化，人民痛苦加剧，他的“梦”也变得忧郁悲愤，开始批判社会的黑暗和罪恶。

二、中西方“梦之解析”：爱情观与价值观

“梦”是生理和心理的一种体验。弗洛伊德在《梦的解析》中指出：“梦的内容在于愿望的达成，其动机在于某种愿望。”无论东西方，“梦”都是现实生活中可望而不可即的愿望。

西方人的思维和价值观与中国不同，所以梦境也不同。西方人重视分析，注重科学、理性，借助于抽象或逻辑思维推理及判断，西方人崇尚个性、竞争，有时候张扬自己的愿望，梦境可以是现实生活的延伸，也可以是美化现实生活，更多的是一种心理宣泄。

中国人思维比较感性，崇尚中庸、谦和、忍让，压抑自己的愿望，反而在梦

里更强烈地表达出自己的愿望。中国人向来重视“梦”，它以一种神秘的形式存在，甚至发展出占梦预示吉凶。中国无论是戏剧还是文学，“庄周梦蝶”“黄粱一梦”或“南柯一梦”以及“临川四梦”，尤其是“牡丹亭”，除了表现被压抑的男女之情，就是希望飞黄腾达，这是植根于每个中国人心理深处的欲望。

《仲夏夜之梦》处于文艺复兴和人文主义运动繁荣期，古希腊文化唤醒人们认识到人的价值，来冲破中世纪教会清规戒律的精神枷锁，争取自由恋爱及婚姻自主。《仲夏夜之梦》叙述了雅典城赫米娅反抗父命，和拉山德逃出雅典，逃进森林过程中发生的故事。此剧赞美了一个敢爱敢恨、具有人文思想、试图冲破中世纪家庭及宗法束缚、追求婚姻自由的新女性。

《牡丹亭》处于明代封建礼教牢牢禁锢的社会，杜丽娘是中国典型的古典美女，长于深闺的名门宦族的小姐，从小受到严格的封建教育，不敢有半点越礼出格。她游园后在梦中与柳梦梅相遇，对爱情渴望却不能言说，梦醒后抑郁绝望而死。杜丽娘展示给大家的是她反抗的性格，她的死只是抗争的另一个开始，为情人可以死，死后魂魄不灭，也可以为爱死而复生，寻找到了梦中情人。面对重重阻挠，杜丽娘慷慨陈词，表现了强烈的反抗精神，不惜用生命去论争，终成眷属。

尽管杜丽娘和赫米娅都敢爱敢恨，但杜丽娘更符合中国人的价值观。她的爱情起源于单纯的爱本身，面对春色满园，对于青春的骚动使她想为青春找个寄托，但封建教育深深的烙印，“父母之命、媒妁之言”，使她只能入梦寻梦，为爱死去活来，而门第观念、封妻荫子等这些观念深入其心，她鼓励丈夫考取功名，依旧摆脱不了中国传统价值观。

西方强调个性的自我张扬。《仲夏夜之梦》表现的爱情观也一直是争议的焦点，比起《牡丹亭》中杜丽娘爱情的生死相许，柳梦梅专一深情，《仲夏夜之梦》反映的是爱情像“梦”捉摸不定，没有门第观念那么多讲究。文艺复兴宣扬众生平等，人神和谐共处，甚至仙王奥布朗让仙后提泰妮娅“爱”上了一头驴，这里的爱情是荒诞的，但同样是盲目的。两性的相吸不是因为内心的吸引、兴趣的相投，而是用了“爱懒花汁”像荷尔蒙的刺激，也显示出人性易变的本色。

中西方这种价值观的影响，也造成了中国自古以来注重门当户对，婚姻不一定为了爱情，即使爱也未必是情，或许只是为了爱为了婚姻而自己感动了自己，而更多的理想婚姻是功成名就、夫贵妻荣。也正因为这样，夫妻是利益的共同体，家族本位、乐天安命，中国传统家庭即使没有爱情也能维护亲情，白头偕老。杜丽娘虽然勇敢，但摆脱不了男权社会中女性是附属的地位，将整个人生寄托给男性，为之生为之死，没有自己的价值。西方的价值观念强调的是自己的感受，不在乎门第，个性的解放，无论是男性还是女性，为了爱情可以不计后果，可以为心中的“爱情”独身或者去死，但一旦失去爱情也不至于为之所累抑郁至死，女性表现出来的更多的是自我意识、自我价值。

三、中西方“梦文化”：人生观与宗教哲学

从人生观与宗教哲学来看，中西方“梦文化”迥乎不同，尤其是中西生死观有一定的差异。

西方的“梦文化”是因为现在社会中的竞争，使得生活中的危机无法解决。于是，《仲夏夜之梦》描绘的是森林，梦幻中，人与自然和谐相处，以人为本，强调的是人的主动性。赫米娅和拉山德为了反抗父命，逃进森林，她对父权的抗击是正面的，激烈的，用人文精神改变现实的社会。

中国的“梦文化”是现实社会的隐忍，杜柳的爱情被“存天理、灭人欲”的现实所不容，只能寄托于“梦”，在梦中才能大胆地爱恨，表达自己的欲望，但幸福的生活只能通过“死而复生”的来世实现。

儒释道思想是中国文化的主要构成部分。中国宗教对待生死的态度是相对消极的。虽然道家的生死观教人“顺其自然”，“不为生累，不为死羁”，“视死如归”，提出了“生死一体，死生循环”的辩证观点，道教乐生、重生，认为“一切万物，人最为贵”；“人法地，地法天，天法道，道法自然”，认为死亡才是痛苦的。老子说“天大、地大，生大”，所以追求长生不老、得道成仙。但汤显祖笃信佛学禅宗，又吸收道家思想，《牡丹亭》以“梦”反抗封建礼教与宗教禁欲，但却没法实现追求爱情自由和个性解放。杜丽娘以“游园”认识到自己作为“人”的价值，又以“惊梦”回到现实，再以“寻梦”消极抵抗，直到死去成为“鬼”，走进非现实世界，最终又成为“人”，成就他们的爱。佛学禅宗让汤显祖痴迷于“来世”，“出世入梦”是最好的寄托，渴望以宗教解决矛盾。面对死亡，中国文化追求生的意义，却又以佛教的来世主义和禅宗哲学来达到回避现实的目的。

西方基督教看重生命，要求“不可杀人”，自杀的不会得救。人死后可以升入天堂，故而不惧生死，对于死亡，宗教独有的终极关怀，通过死亡了悟死亡，

要摆脱生死的羁绊，不执着于生死，超越生死轮回。综上可知，宗教生死哲学各有千秋，但都专注于精神升华，重视的是积极乐观的“生”。莎士比亚作品中基督精神和希腊神话中众生平等、人神和谐的观念无处不在，《仲夏夜之梦》显示出西方人喜欢冒险、浪漫的人格更懂自我价值。

《牡丹亭》和《仲夏夜之梦》最终都是大团圆结局，其实也说明了现实生活无法解决的矛盾，只有通过超自然的力量实现。

对比中西方“梦文化”，我们感受到的无论东西方作为“人”的自我觉醒，对于爱情的大胆追求，对待束缚自己的权威重压敢于对抗，都是相似的，但中西方因其固有的人生观、价值观、爱情观的不同，又受宗教思想的影响，表现出了迥然不同的“梦文化”，《牡丹亭》和《仲夏夜之梦》是人类文学史璀璨的明珠，中华“梦文化”走向世界，不是按西方“梦文化”改造，而是相得益彰，各具特色。

传统“中国梦”的表征、实现及当代价值
——以中国传统牌坊为例

张兵娟　张　欢*

内容提要：牌坊是中国古代封建社会旌表褒奖德政科第及忠孝节义的门洞式建筑，属于礼制建筑，在明代进入了发展的鼎盛时期。从建筑学的视角来看，牌坊具有极高的科学、艺术价值。从传播学角度来看，牌坊显然可以作为强大的传播媒介，具有“时间偏向”性，将儒家伦理深入人心，达到了极佳的传播效果。其实牌坊也与我们传统的“中国梦”息息相关，牌坊作为一种物化的精神载体，是“个人梦”实现转换为“中国梦”的桥梁，“中国梦”不只是国家的、民族的，也是我们每一个中国人的，只有实现了个人的梦想，才能为“中国梦”添砖加瓦。

关键词：牌坊　中国梦　当代价值

基金项目：本文为作者张兵娟主持研究的国家社科基金项目“中国礼文化传播与认同建构研究”（16BXW044）的阶段性成果。

一、传统牌坊上的“中国梦”及其表征

牌坊文化是一种文化的象征，它综合了一整套的符号体系，从而集中反映了社会伦理关系、道德价值观念、民间信仰等等，也是传统“中国梦”的形象表达和集中体现，沉淀着中华民族历史文化变迁过程的集体记忆与文化记忆，并在一定程度上为社会的政治、文化、经济带来了积极的影响。相对于其他文化信仰以

* 张兵娟（1963—），女，郑州大学新闻与传播学院教授，博士，博士生导师，研究方向：文化传播、电视传播；张欢（1994—），女，郑州大学新闻与传播学院 2017 级硕士研究生，研究方向：广播电视。

及梦的表达方式，牌坊因蕴藏着中华民族深沉的梦文化因子而彰显了其自身特有的文化与历史价值，同时它也展现了传统中国梦文化与民间信仰融合后所呈现的象征状态，其所传递的优良道德价值观念，对当今社会仍然具有借鉴意义。

梦是什么？历来说法不一，早在古代人们就对梦赋予了各种特定的含义，而在近代心理学家却认为梦是人的一种生理或者心理现象，由现实刺激引起。奥地利精神分析学家弗洛伊德认为梦就是一种欲望的满足[①]，这种欲望是与人的潜意识活动相关的。《现代汉语词典》中对梦的解释为：梦是睡眠时局部大脑皮层还没有完全停止活动而引起的脑中的表象活动。因此可知，梦是人体机能变化的一种特定反映，是人们心理上某种愿望的完成，同时也是梦者的一种心理体验。一旦这种心理体验突破了梦者个体的界限，而成为人们之间相互交流、共同关注的话题时，它便成为一种拥有社会性的文化现象，即可称为梦文化。

正如拉德克利夫布朗在《社会人类学方法》一书中所说的：一切社会制度或习俗、信仰等等的存在都是由于它们对整个社会有其独特的功能，也就是说，对外起着适应环境、提高抵抗能力，对内起着调适个人与个人、个人与集体或之间关系的作用。[②] 查尔斯莱格福特也认为：从广义上来说，一切梦都是文化梦，因为梦的意象只能来源于做梦者自身的人体和他所处的文化；梦的释义也总逃不出他所处的文化中所包含的思想、思潮和观念。[③]

如同牌坊上体现的传统“中国梦”一样，在现代化的社会中，人民同样地在生活各方面的都有美好的诉求与向往。从个人层面讲，我们追求健康、富贵、康宁；从家庭层面讲，我们追求和谐美好、多子多福；从社会层面讲，我们希望实现自己的人生理想，建功立业，成为社会的栋梁之材。从国家层面来讲，政府追求国富民强，繁荣昌盛。

二、牌坊与中国旌表制度

旌表制度是历代王朝倡导封建礼教，为道德优秀的人树立如匾额、碑石、牌坊等物化标志对其进行彰显和标榜，以美化风俗、教化民众的一种制度。[④] 它不

① 张伊宁：《有关梦请问弗洛伊德》，北京：中国纺织出版社，2014 年，第 158 页。

② ［英］拉德克利夫 · 布朗：《社会人类学方法 · 出版前言》，夏建中译，北京：华夏出版社，2002 年，第 211 页。

③ ［英］查尔斯 · 莱格夫特：《梦的真谛》，上海：学林出版社，1987 年，第 146 页。

④ 秦永洲、韩帅：《中国旌表制度溯源》，《山东师范大学学报》2007 年第 6 期。

仅深刻地印证了中国古代社会的道德价值观念，也成了中国古代社会文化指向的有效方式，更是将仁、义、忠、孝、节、廉等封建道德伦理潜移默化地灌输到民众的心中。旌表制度可以追溯到先秦时期，但“旌表”这个词语最早来源于《尚书·毕命》一书中，其记载：“旌别淑慝，表厥宅里；彰善瘅恶，树之风声。”通俗些讲，旌表就是为了对那些自觉遵守儒家伦理道德的人进行标榜或褒奖，并为其专门建立了纪念性的建筑物，其中旌表最重要的一种手段即为立建牌坊。到明代牌坊发展到了鼎盛时期，因此牌坊成了人们所追求的一种最高规格的荣誉，并且也成了全社会最高等级的旌表方式。旌表的主要内容自然也是离不开儒家所提倡的忠孝节义等传统伦理道德，其中包括：忠君爱国、孝悌忠信、贞节仁义、科举及第等。

牌坊是中华建筑史上的一朵奇葩，不仅造型独特，而且时间之久，最初起源于门，是由古老的衡门发展演变而来。除此之外，华表、乌头门、棂星门都与牌坊的形成及发展具有一定的相关性，在明清时期牌坊形成了一种特定的装饰性构筑物，使用更为广泛普及，在数量上也有所增加，牌坊也逐步向民间民众世俗方向转化，最终成为与民众相通、民众喜闻乐见的风俗文化。[①]

一般来说，明代多为屋宇式牌楼，清代则多为四柱冲天式牌坊，但按照功能性可将牌坊划分为四类：大门性牌坊、标志性牌坊、装饰性牌坊、旌表性牌坊，其中最重要的便是旌表类牌坊。旌表类牌坊是牌坊数量中最多的，主要是为了褒奖那些具有丰功伟绩的功臣、科举才子、贞洁妇女、忠臣孝子等，使其名扬四方，受到全社会的敬仰和尊敬。内容大都为宣扬忠、孝、节、义，大致可分为六种：功德坊、科第坊、节孝坊、百寿坊、义行坊、孝义坊。

（一）功德坊：儒家追求三不朽：立德、立功、立言。“崇德报功”是中华优秀传统，修建功德坊，一方面是表彰、激励其嘉德懿行，另一方面为广大民众树立楷模，强化认同意识，对维护社会长治久安有很重要的现实意义。在中国牌坊的大家族中功德坊的数量最多。

---

① 李芝岗：《中国石牌楼艺术》，西安：陕西师范大学出版总社，2014年，第237页。

图 1　安徽绩溪县的“奕世尚书”牌楼

图 1 为安徽绩溪县的“奕世尚书”牌楼（图自摄），是为标榜夸耀胡富、胡宗宪一家两位尚书官宦政绩。牌坊共分为御制、恩荣、圣旨、赐建四个等级，在“奕世尚书”这座牌楼的坊顶我们清晰可见地刻着“恩荣”两个大字，恩荣是属于牌坊等级中的第二等，是皇帝下旨，由地方或个人出资建造的。

（二）科第坊：自隋唐科举制建立后，便成为历代统治者选拔官吏最重要的方式。那些饱读儒家经典，深受儒家道德伦理影响的士子们，通过科举考试金榜题名、入仕做官成了毕生的梦想，科第坊的修建也使得儒学成为风靡全社会的主流价值观。

图 2　徽州区的“县学甲地坊”

图 2 为徽州区的“县学甲地坊”（图自摄），又称“三元坊”，建于乾隆年间。牌坊正面楼匾上刻有“甲第”二字，下方刻着“状元”“会元”“解元”；背面楼匾刻有“科名”二字，下方刻着“榜眼”“探花”“传胪”。

（三）百寿坊：明清时期牌楼建造更加风俗化、普遍化，只要高寿高龄就可获得国家的旌表，对个人来说只要年过百岁便可获得崇高的荣誉，从国家层面讲却是提倡孝道的一种间接措施，尊老爱幼，需要世世代代民众铭记在心。

图 3　徽州区潜口镇蜀源村“贞寿之门坊”

图 3 为徽州区潜口镇蜀源村“贞寿之门坊”（图自摄），又叫百岁坊，是清乾隆七年（1742 年），为了旌表蜀源鲍氏二十二世祖、儒林郎、候选州同（从六品）鲍德成妻方贵珠安人，寿登百岁而建造的。

（四）义行坊：义属于道德范畴，儒家把“义”与“礼”“智”“信”“仁”称为“五常”，对仁爱有义之人赐坊加以旌表，榜样的力量不仅使得社会上崇仁重义的观念蔚然成风，也教育民众追求忠、正、义、气的人生观。在我们考察走访的牌坊中，具有代表性的为：安徽歙县棠樾“乐善好施”坊和四川隆昌郭玉峦“乐善好施”坊、山西的“大义参天”牌楼。这些牌坊不仅旌表了乐善好施的义举，也体现了对“忠、勇、仁、义”理想化人格的尊崇和追求。

图 4　山西运城解州关帝庙内的“大义参天”牌楼

图 4 为山西运城解州关帝庙内的“大义参天”牌楼（图自摄），“大义参天”是人们对关圣忠君和义德的崇尚之语。

（五）孝义坊：孝道是儒家伦理道德的核心思想，具有特殊的地位和作用，常言道：“百善孝为先”，为孝子立坊，在全社会上上下下非常具有号召力，号召人们将尽孝放在第一位。虽然孝是以家庭为基础，但孝道思想的广泛传播是有利于社会稳定的。在歙县棠樾村鼎鼎有名的 7 座牌坊中，有关孝行坊就有三座，分别为鲍灿孝子坊、慈孝里坊和鲍逢昌孝行坊。

图 5　慈孝里坊

图 5 为慈孝里坊（图自摄），在七座牌坊中级别是最高的，建于明永乐十八

年（1420年）。宋末元初，鲍宗岩、鲍寿孙父子被强盗抓获，并威胁不交出银两就杀死父子中的一人。儿子向前要求受死，父亲则要求用自己的命换儿子的命。明永乐朱棣皇帝得知棠樾鲍氏在生死关头父慈子孝，特赐建“慈孝里”坊。

（六）节孝坊：节孝坊是牌坊文化中绕不过的一个话题，现存的节孝坊让我们感受到了封建礼教的可怕，感受到了贞洁烈女的痛苦与血泪，这更是中国妇女悲剧祸根的最好见证。

三、牌坊装饰中民间信仰的表达

牌坊上镶嵌的图案纹饰是牌坊文化重要的组成部分，极具本民族韵味。人们把思想情感物化为雕刻形象，以表达对理想生活的向往与追求。牌坊上雕刻的内容也极其丰富，比如说有：神瑞兽类的动物图案、美好寓意的植物图案、历史典故、神话传说等，图案大都是民众喜闻乐见、贴近百姓生活的内容，谐音喻义性的内容，希望类、期盼类的内容，都寄托着美好的寓意和象征，体现了特有的民族精神和价值取向。例如福建省福清市“黄阁重纶”牌楼（属功名坊）的东西次间前后上下枋间置透雕花板上分别雕刻着“苏武牧羊”“秉笔直书”“杨震拒金”“千里单骑”4组历史典故，直接表达了儒家伦理道德，宣扬了忠、孝、仁、义的价值观。

图6 “黄阁重纶”牌楼上的雕刻图“苏武牧羊”

图 7 “黄阁重纶”牌楼上的雕刻图“秉笔直书”

图 8 “黄阁重纶”牌楼上的雕刻图“杨震拒金”

图 9 “黄阁重纶”牌楼上的雕刻图“千里单骑”

安徽的许国石坊（属功名坊）是全国唯一一座八角楼牌坊，走访参观时可见牌坊上雕刻着大量的神瑞兽类，都有吉祥富贵之意。大学士三个大字下面雕刻的是凤凰与麒麟，两者都乃瑞兽，组合在一起象征着“太平盛世”。

图 10　许国石坊

图 11　山西运城解州的万代瞻仰石牌坊图

山西运城解州的万代瞻仰石牌坊（属功名坊），明间正下层小额枋上雕刻着刘关张三人在涿州桃园三结义的情景，传递着仁人志士、义气相交，报效国家，体现了坊主重信重义的高贵品质。

如果说功名坊是为了追求立德、立功、立言，实现人生价值，体现了成圣成贤、纳忠效信的伦理观念。那么百寿坊和义行坊则暗示了普通百姓追求福禄长寿、以求行善事、立功德来荣耀家族、流芳千古。牌坊上雕刻的图案将民众的信仰与佛教的善恶得报和道教追求的长生不老完美地结合在一起。

图 12　四川南关的舒承湜百岁坊

四川南关的舒承湜百岁坊，坊顶的寿星，象征长寿，祝福延年益寿，长命百岁。

牌坊是人们精神的物化，有着意蕴深厚的文化内涵，是时代政治、经济、文化的载体，建筑艺术的结晶。牌坊建筑的发展，也必然受到中国儒、道、佛传统文化的熏陶。[①]受儒家“入世”的思想，反映了人们行善事、讲孝道、重义气、追求建功立业、高官厚禄，为实现人生理想而拼搏奋斗。道家属于中国本土的教派，英国汉学家李约瑟认为：“中国文化就像一棵参天大树，而这棵大树的根在道家”，受道家“无所不能，长生不灭”思想的影响，反映了古代人们追求长寿多福，延年益寿，渴望长命百岁。牌坊人物雕刻题材中的神仙大都是道家神仙，比如：福、禄、寿、喜、财神、八仙、妈祖、土地等，这些神仙或赐福送子，或祝寿保平安，都具有明显的功利主义目的和倾向，符合我国宗教的基本特征。而佛家究竟“因果相报、善恶报应”，约束着人们的行为，要积善行德，少做坏事。在儒、释、道三教合一的稳定文化模式中，中国的传统文化薪火相传，始终成为国人精神和心灵上的一剂良药。

① 何兆兴：《老牌坊》，北京：人民美术出版社，2003 年，第 71 页。

四、牌坊文化的当代意义与价值

从某种意义上说，“旌表是国家意识形态在民间的表达，是国家主流价值观在民间的渗透”[①]。统治者为了极力推行符合自己统治的社会理念、道德观念和人生价值观念，旌表不失为一种好的措施，通过对社会敬仰的模范代表进行褒奖，引导民众去效仿楷模，当这些楷模成为民众心里崇拜的偶像时，民众会自觉地规范自身的言行举止，认同并践行社会主流的价值观念。这样一来国家所主导的价值观念在潜移默化中深入民众，从而达到控制基层社会的目的。

牌坊作为一个公共艺术和象征物，是民众生活的场所，也是民族精神、民族文化的重要载体，更是中华魅力文化的见证者，它促进了群体之间文化的交流与融合。千百年来，牌坊文化已经成为人们精神追求和价值承载的一种。它作为一种融合官方与民间、精英与大众、朝廷与地方的传播媒介，在特殊的时代所延伸出的激励价值、教化传播价值和文化整合价值，值得我们细细品味。

（一）激励价值

激励是激发人行为的一种心理过程，并将人潜在的巨大的内驱力释放出来，只有当统治者所传播的价值理念转化为民众的自觉愿意时，才会得到最佳的激励效果。总之，任何一种旌表方式作为一定的社会评价方式能否获得传播和认可，关键在于旌表是否反映了广大民众的心声。每个时代都需要旌表，现处于新媒体时代的我们，或许早已淡忘立牌坊旌表的方式，但我们也有自己特有的旌表方式——大众媒介。美国社会学家德弗勒把媒介理解为“可以是任何一种用来传播人类意识的载体或一切安排有序的载体”。中央电视台自 2003 年举办至今的《感动中国》精神品牌栏目，何尝不是一种更好的旌表方式。每一个被选人物都有震撼观众心灵的精神力量，他们代表了社会的价值取向，代表了时代的精神，体现着中国传统的美德和良好的风尚。不论是他们的故事还是他们的精神，都激励着每一个人的思想和行为。除此之外，中央广播电视台近年新推出的最美系列表彰专题，例如：《寻找最美孝心少年》《寻找最美乡村教师》《寻找最美村官》等，都是通过树立新时期的道德标杆，激励我们弘扬社会主义道德观和价值观。

---

① 李丰春：《社会评价论视野中的旌表制度》，《河南大学学报（社会科学版）》2007 年第 5 期。

（二）教化传播价值

中国有几千年的教化传统，教化注重的是道德感化和影响，注重的是对人内心的改变。教化即传播，传播即教化，是一体两面的关系，以教化民是儒家理论的重要组成部分，教化与教育虽仅有一字之差，但其手段的高明程度远非教育可比。正如德国哲学家伽达默尔在《真理与方法》一书中所说：“在教化的概念里最明显地使人感觉到的，乃是一种极其深刻的精神转变。”[①] 在当代中国，我们仍需将仁、义、礼、智、信的作为道德价值的衡量标准，积极弘扬、传承好中华传统文化的精髓。如今在安徽歙县棠樾村树立着的已历经了四百年风雨洗礼的七座牌坊成了全村的一个标志建筑，教化所培养的“忠、孝、节、义”的精神世世代代传承下来，是全村人的骄傲，也是全村人践行的行为标准。

（三）社会整合价值

所有人类社会都由一系列整合机制所维系而得以在时间中存续。[②] 牌坊文化在现实社会中发挥着文化整合的功能，它具有一种强有力的整合力量，对于不同地域文化的交流融合、繁荣发展以及当前我国和谐社会的构建都具有重要的现实意义。牌坊文化所推崇的精神价值和功德信仰将人们同化到一种共同的公民文化中，增强了社会的凝聚力和向心力，当讲道德、守道德成为每一个人的自觉追求时，全国人民就能拧成一股绳，汇聚起磅礴的力量。牌坊上雕刻的祥瑞图案不仅凝结着古人的智慧和结晶，也使得民众从这些祥瑞图案上获得精神的慰藉和激励，自觉地遵守着社会道德伦理规范。所以共同体内的价值观念对共同体成员具有很强的约束力，一旦这种约束力得到民众的认同，其对社会的稳定是长期的。

五、结语

中华民族上下五千年的文明，传承着一个长长的梦，汇聚成了一个“中国梦”。“个人梦”是实现梦想开始的地方，它是需要一些实体的东西来承载的，任何社会在它所呈现的文化结构中精神文化必然会以不同的形式投射到制度文化

① ［德］汉斯 - 格奥尔格，伽达默尔：《真理与方法》，洪汉鼎译，北京：商务印书馆，2010年，第19页。

② ［美］戴安娜·克兰：《文化社会学》，王小章、郑震译，南京：南京大学出版社，2006年，第17页。

和物质文化之中。立牌坊就是一个很好的启示，它蕴含着丰富的道德内涵，不仅承载了个人的荣耀与愿望，在社会上也发挥着典型的引领作用，为全国各族人民不断前进提供了道德滋养，也为“中国梦”注入了强大的正能量。现如今，全国每年都举办道德模范评选活动，对道德模范进行大力表彰，不仅是模范者个人品德的体现，更是中华民族向上向善精神风貌的体现，同样也为复兴伟大的“中国梦”提供了强有力的道德支撑。

“中国梦”的实现离不开一代又一代人的努力和奋斗，它与个人梦想和民族前途、国家命运的紧密关联，虽然每个时代都为“中国梦”注入了新的内涵，但是中国梦归根到底是人民的梦，凝聚着十几亿的个人梦。只有“个人梦”与“中国梦”同在，才能逐步复兴伟大的“中国梦”，实现祖国的繁荣富强。

梦的潜意识与量子科学

——做个好人心正身安魂梦稳，行些善事天知地鉴鬼神钦

陈东来*

内容提要： 梦与人的关系就像一个人的灵魂一样，伴随人的一生，没有人可以把控住梦的轨道。此文重点分析梦的潜意识与量子科学的关系。在这个社会生存，物理学家们提出“波粒二象性”“量子纠缠”“量子叠加”“量子吸引”“量子干扰”等特性，而且粒状的量子不遵循牛顿力学，波状的量子不遵循波函数。这是因为如此量子科学，已经触及了精神世界！一旦打破就会受到社会的争议和斥责。

关键词： 梦　潜意识　量子科学

一、梦的历史考究

中国是最早对梦进行分析的国家，早于弗洛伊德2000多年之前，我们就有一本关于梦的专著——《周公解梦》。由于当时的自然科学和技术条件的限制，对于梦的解释并非能够从科学的角度进行，这就影响了“梦的解释”。而最早出现的弗洛伊德《梦的解析》一书将梦赋予解析人的未来祸福的能力，但是基于现今人类对于梦的认识逐渐科学，人们发现梦并不能预测人的未来祸福。

人们对梦一直孜孜不倦地探索，企图追求到真谛。中国的《周公解梦》对梦境所预测的凶吉进行了解读。心理学家弗洛伊德出版了《梦的解析》，认为，“梦是通往潜意识的皇家大道”。

道家的老子是研究意识的专家。他提出人从睡眠到觉醒两种状态的是互相转

---

* 陈东来（1975—），女，浙江人，北京师范大学哲学博士，单位：北京航空航天大学，职称：中级，研究方向：道学理论。

换的，从而又展开了对主观世界的意识的研究，他提出意识的工作机制，延长了从清醒到睡眠或者从睡眠到清醒的转换瞬间，即冥想，体验意识觉知的过程意识和梦的转换常言《道德经》。

21 世纪已经不是单纯的唯物论时代或者唯心论时代，人类对物质世界的科学研究已经很透彻了，但是对于精神世界，才刚刚开始，对梦的解析更是需要深入的与精神的结合。

二、梦与潜意识

1. 梦的解析

在《梦的解析》中，作者向我们展示了他有关梦的科学研究。包括解梦的方法、梦是愿望的满足、梦的伪装、梦的内容与来源、梦的运作和梦过程心理学。此作对超现实主义画派影响深远，达利等代表画家把梦境内容尽量用画来表达，虽然很难理解，但是正是因为如此才能说明我们的梦就是如此令人费解、难以捉摸的。

从现代医学的角度分析。做梦是睡眠时体内外各种刺激因素作用于大脑特定的皮层，包括残存大脑的兴奋痕迹所引起的。无论国籍、性别、贫富、贵贱、宗教信仰以及文化背景，全世界 60 多亿人每天晚上都在做着大同小异的梦。人类做梦不是一部分人所特有，而是伴随每个人终生的一种生理活动，是介于睡眠和觉醒之间大脑活动的第三种状态，梦大约占去人类睡眠时间的 1/5。

每个人都会做梦，与生俱来，伴随一生。那么人们为什么会做奇形怪状的梦？梦何时来？梦又何时走？何时醒来？梦又意味着什么？告诉了我们什么？想把我们引向何方？弗洛伊德的著作《梦的解析》里就有通篇的解说。

弗洛伊德认为梦有显意和隐意两种意思。一般来说，人追求的越多，贪欲越强，思想就会变得复杂而乱，意识和潜意识的冲突就越激烈，梦也随之变得复杂而难以理解，因为其隐意变得难懂了；思想单纯的人，追求简单，不会想太多而且很容易满足快乐，或者说尽量表现本我，不怎么对潜意识进行压抑，那么梦的隐意就会和显意一样简单易懂。

通过梦的解析，精神分析学的研究对象不仅仅局限于病理症状，更多的针对健康正常人的精神生活。梦是一种思想意识。又有科学家发现做梦与快速眼动睡眠有关，那是发生在睡眠后期的一种浅睡状态。

潜意识即无意识，在精神分析学看来“是一种关于无意识心理过程的科学”，是人们心理活动的残余表现，只要人的大脑还有思维能力，即使是植物人，梦就会长久不衰。梦是一种幻觉，梦中的人物事件，常常在醒来之后历历在目；如果说梦是真实的表现，醒来之后却再也找不到跟梦中的人物事件完全一致的。只是不经意间感觉似曾相识，哪里发生过，或是见过了。所以说梦是一种很奇妙的东西，亦虚亦实，现在就是需要继续深入探索，才能明白其包含的复杂的心理信息和量子科学的结合。

2. 梦境中的潜意识

我们再分析一下，无论是从心理学上认为的梦是潜意识，还是医学上的研究结论均表明，梦的存在都是有其积极意义的。

潜意识活动的最主要内容是人的本能冲动，关于欲望、情感、意向等。这些本能的东西，或者称为本我，处处受到压抑，只有当神智不清醒和冲动不受控制的时候，才能以改装的形式如梦、过失、歇斯底里等表现出来。

精神分析学“是一种关于无意识心理过程的科学”。精神过程本身都是无意识的，相反那些有意识的精神过程只不过是整个精神生活的局部。[①] 从这个角度讲，无意识学说在精神分析学中占有极其重要的地位，它是支撑整个弗洛伊德学说的基石和核心。[②] 在《论潜意识》中有这样一段话是关于潜意识的论述：“潜意识系统的核心由本能表征性构成，它们追求释放其冲动。也就是说，潜意识是由欲望冲动构成的。当我们提及本能冲动时，真正与其意识相当并能表达其含义的就是潜意识……所以在阐释潜意识的性质时，应责无旁贷地把情绪、感情、情感等包容在内。诸如‘潜意识的犯罪意识’‘潜意识的焦虑’等等。”[③]

三、梦与潜意识的牵连

人体的意识是后天直觉的产物，是新生文明的产物，制约本能的欲望和情感。后天的直觉和潜意识同时存在，不可替换，又激烈冲突，所以人们常常表现得坚持、怀疑、执着和否定。潜意识追求快乐的满足，这是天生的，就像人一旦进入睡眠阶段，意识处于休眠状态，这时候潜意识尽可以在脑海中四处快乐游荡，抛

① 吴光远主编：《弗洛伊德——欲望决定命运》，北京：新世界出版社，2006 年，第 42 页。
② 吴光远主编：《弗洛伊德——欲望决定命运》，北京：新世界出版社，2006 年，第 42 页。
③ 吴光远主编：《弗洛伊德——欲望决定命运》，北京：新世界出版社，2006 年，第 47 页。

开社会文明给予的诸多责任和包袱，追求那亦虚亦真的快乐享受。

当潜意识占据在脑海中，人就在梦中追求生活不敢做的事情，大胆地体验生活的拥有，包括过去的、现在的、未来的，甚至是不可能存在的，只要你想得出，只要是潜意识里想做的和想要的，都会在梦里做到和得到。这就是日有所思，夜有所梦吧。

四、梦与量子科学

“灵魂”乃民间惯用说法，宗教已拥有专用名词，故称“第八意识”。人类对物质世界的科学研究已经很透彻了，无论是单纯的唯物论时代还是唯心论时代，但是对于精神世界的研究，可能只有用量子科学来加以解释，以唯物论的求真精神研究唯心论，就像恋爱中的男女最容易感受灵魂的“量子吸引”，每天每时都思念着相见。当男孩特别想念女孩的时候，就产生了巨大的“量子吸引”，另外一种意识就会因“量子纠缠”而被吸引。相反，你去怨恨别人，别人也会做出怨恨的回应。当周围的人感恩地回应你多的时候，你的生命能量将会大大提升，身体健康，事事顺利；当你的怨恨回应多的时候，你的生命能量将会大大降低，身体发病，诸事不顺。量子纠缠也很好地解释了人与人之间的缘分，物以类聚，人以群分。

作为量子科学与梦的研究，科学工作者曾做了阻断一些人做梦的试验。即当睡眠者一出现做梦的脑电波时，就立刻被唤醒，不让其梦境继续，如此反复进行，结果发现对梦的剥夺，会导致人体一系列生理异常，如血压、脉搏、体温以及皮肤的反应能力均有提高的趋势，植物神经系统机能有所减弱，同时还会引起人的一系列不良心理反应，如出现焦虑不安、紧张、易怒、感知幻觉、记忆障碍、定向障碍等。显而易见，正常的梦境活动，是保证机体正常活动力的重要因素之一。

夜晚梦境的安定、睡眠混沌的状态，使得早上醒来记忆清晰，神清气爽，灵感喷发，这都是潜意识的特性，所以就是传说中的不可分割的量子。而在所有的梦的潜意识中都有主体的眼识、耳识、鼻识、舌识、身识、意识（第六意识）等。梦中的愉悦和安定，爆发和恐怖都是依梦而行。

列子的“虚”“梦”“游”之道

陈成吒 *

内容提要：列子认为“道”化生万物，万物变化无间，皆有消息生灭，从而强调人只是天地间的过客。人在与万物的交互中，各自无间消息，不能把握彼此，应剔除对外物的执着，回归“道”，实现“自虚”。并在各种“心斋”“坐忘”理念的基础上，发展出“觉”—“梦”—“出梦而无梦”这一“破我”而“自虚”的新修行路径。在“虚”之下，则实现与万物“游”，乃至两相忘的“神游”，修至“神人”境界而获得完美的自由、长生久视。

关键词：列子　列御寇　老子学　道家　虚　梦　游

基金项目：国家社科基金后期资助项目“先秦老学史”（18FZW062）阶段性研究成果；上海财经大学中央高校基本科研业务费项目等。

关于列子其人其书，学界一直存有争议。影响所及，以致稀有人论其道学。列子为郑繻公（与鲁缪公同时）时人，生于公元前470年左右。身前传有著述，单篇别行。卒后，弟子整理之，又追记见闻。汉初刘向编订《列子八篇》，主体内容为以上两者，也包含部分列子后学发挥的内容，且将部分与列子思想相关或相似的文献一同编入，如战国中期人物故事、《杨朱》等。汉代以后，该版《列子》流散，晋人张湛重做修编，基本内容与之同，当然也有部分汉以后士人及其本人的文字窜入，但只是小瑕，不掩大珠。列子的道学精微，尤其在“道”生化论之下，对人之“虚”“梦”“游”等思想有进一步发挥，影响深远。

* 陈成吒（1986—），男，浙江龙港人，文学博士。现为上海财经大学人文学院讲师、硕士生导师，研究方向：诸子学研究。

一、道化生万物，和同生死

列子关于“道”本体及生化宇宙的论述，首先集中于《天瑞》篇。但《天瑞》与《乾凿度》诸多内容相重，关于两者关联一直有争议。在笔者看来，实则是先有《天瑞》，再有《乾凿度》。相关问题较为复杂，此处不做展开。另外，《汤问》篇里也涉及了诸多形而上问题。通过考察这两篇内容，大体上可以对列子的道论有一个整体的认知。

列子认为“道”也是“物”，但非常物，本身始终相合，不存在一个时间上的消息变化，不能以平常的事物来认知、描述它。它本无形色，不存在空间性、时间性，也不会有来自两者的局限性。至于道体的基本特点，则指“道”独立不改，不自我生化，但能生阴阳、四时。后者往复不终，生化万物。在“道”生气、气化到一定阶段后，天地产生，即《天瑞》曰：“一者，形变之始也。清轻者上为天，浊重者下为地。”[①] 且列子从老子“无”生“有”、“道”生物、一生二等观念中，转化出了全新的“生”——异类化生。“道”、物的生生与化生决定天地间万物差异巨大，可以说“道”生万物，天性均平，但形气相异，各有其分，于是从本性处大同，从形象处绝异。

在“道”中，一切皆有生灭。万物差异虽大，但都处于生生与化生状态，“生者不能不生，化者不能不化，故常生常化。常生常化者，无时不生，无时不化”[②]（《天瑞》），皆是生死转化，必有消亡。生即意味着死，死则意味着生，只是都不是原有事物的循环生灭，而是不同事物间的死死不绝、生生不息。有些久远如仙种，近乎不老不死，与天地齐寿，有些则是五百岁一春秋，有些则是数十年一生死，有些则是瞬息而生灭。但本质上都有消息，“万物皆出于机，皆入于机”[③]（《天瑞》）。人也是如此，“人自生至终，大化有四：婴孩也，少壮也，老耄也，死亡也。……其在死亡也，则之于息焉，反其极矣”[④]（《天瑞》）。

“道”与物决定人必然有生死，继而也让列子洞穿了死亡。死的本质是一种回归，“精神者，天之分；骨骸者，地之分。属天清而散，属地浊而聚。精神离形，各归其真，故谓之鬼。鬼，归也，归其真宅”，“死也者，德之徼也。古者谓

① 杨伯峻：《列子集释》，北京：中华书局，2012 年，第 7—8 页。
② 杨伯峻：《列子集释》，北京：中华书局，2012 年，第 2 页。
③ 杨伯峻：《列子集释》，北京：中华书局，2012 年，第 17 页。
④ 杨伯峻：《列子集释》，北京：中华书局，2012 年，第 20 页。

死人为归人。夫言死人为归人，则生人为行人矣。行而不知归，失家者也”[①]（《天瑞》）。精神为气暂聚而成，形体为块暂聚而成，精神来自天，必然最终飞散归于天，形体来自地，最终形变败坏而归于地。列子所谓黄帝登假之类并非精神完整不死，而是消亡化气，归于天。这意味着自我也消亡。相关思想是道家思想的一脉相承。老子曰寄身天下、托身天下，孔子老学发展为神灵为气土，暂游于天地间，老莱子亦指人生如寄、如远游。列子则继承之，发展为系统的死亡论。

死也是一种生。《天瑞》载林类答子贡“寿者人之情，死者人之恶。子以死为乐，何也”之问，曰：“死之与生，一往一反。故死于是者，安知不生于彼？故吾知其不相若矣？吾又安知营营而求生非惑乎？亦又安知吾今之死不愈昔之生乎？”[②]在面对生死时，应中和之，人生要及时行乐——但也不意味着纵欲。列子路见百岁髑髅，谓弟子曰：“唯予与彼知而未尝生未尝死也。此过养乎？此过欢乎？”[③]（《天瑞》）相关思想影响了杨朱，也正因此他的思想篇章被后学整理入列子学派作品集。

二、法道修身，贵在“虚”

列子认为既然人有其机种，自然有生死，那么圣人修身不在于永久其身，而在于在短暂的人生中，使自己活过，也就是能获得自己的愉悦与悲伤。当然，这种愉悦与悲伤，必须是来自自我而体验，而不应是我们被外物占据后，自己制造出的幻像。为此，列子认为修身法道，贵在虚无。“子列子贵虚”[④]（《吕氏春秋·不二》）是当时的普遍认知。后世将《列子》称为《冲虚至德真经》，也是有此内在原因。至于他为何贵“虚”，时人也曾就此询问列子，而列子也有专门回答，他说“静也虚也，得其居矣；取也与也，失其所矣。事之破义而后有舞仁者，弗能复也”[⑤]（《天瑞》），即指天道混沌虚无，人应效法它。法道虚静，则在于把握真我，以此变化消息，与物推移，所谓生者必死，是不可抗拒的，自然而然完成其旅行。

“自虚”修身的具体所为从修心开始。老子强调虚心，此后弟子皆有发明，

---

① 杨伯峻：《列子集释》，北京：中华书局，2012 年，第 26—27 页。

② 杨伯峻：《列子集释》，北京：中华书局，2012 年，第 24 页。

③ 杨伯峻：《列子集释》，北京：中华书局，2012 年，第 11 页。

④ 许维遹：《吕氏春秋集释》，北京：中华书局，2009 年，第 467 页。

⑤ 杨伯峻：《列子集释》，北京：中华书局，2012 年，第 27 页。

形成各类“心斋”。《黄帝》载壶丘子曾因列子醉心于神巫之术，向其展示了地文、天壤、太冲莫眹，乃至“未始出吾宗”——“吾与之虚而猗移，不知其谁何”之境。于是列子三年不出门，心口不敢说是非利害；五年后，心口更念是非利害；七年后，从心口之所言，更无是非利害，最终内外皆进，彼此无别，物我不分[①]。可知壶丘子的心斋在于心归虚，心死而形废。

《黄帝》又载关尹子答列子“至人潜行不空，蹈火不热，行乎万物之上而不栗。请问何以至于此”之问，曰“是纯气之守也，非智巧果敢之列”。精气为内在根本，精气固形则有相貌声色，即为物。物与物之所以相接触，在于相貌声色的接触。两物相合则相益，相异则相伤。但如“壹其性，养其气，含其德，以通乎物之所造”，纯气之守，不固化，则与物推移，无物可以伤之[②]。此处表现了关尹子的心斋即心归于天，虚无而完全，于是不受任何形骸损益的影响。亢仓子亦有“我体合于心，心合于气，气合于神，神合于无”[③]（《仲尼》）之道。同时，孔子闻亢仓子之术，笑而不答，则是因其亦具心斋之术。其传于颜回，后者发展为“坐忘”。除此之外，与列子同时的南郭子也谙此道。《列子·仲尼》载列子与南郭子连墙二十年，不相往来[④]。他即《庄子》书中的南郭子綦。《齐物论》便载南郭子綦与颜成子讨论心斋坐忘与吾丧我之论[⑤]。

列子的心斋主要继承发展于壶丘子之论，也受孔门颜氏之儒的心斋、坐忘之道，以及其他老学流派相关思想的影响。列子本人或其后学好论怪异，将相关学术追述至黄帝，称“黄帝与容成子居空峒之上，同斋三月，心死形废”，乃神视、气听焦螟之形声[⑥]（《汤问》）。又谓黄帝“斋心服形三月”，昼寝而梦游华胥国，见其国无师长，自然自化，百姓不别生死、亲疏、利害，与万物相合而不相伤。黄帝既寤而悟，大治天下，而后登假，百姓尊之至今[⑦]（《黄帝》）。

至于列子心斋的具体内容，由上文所引他对黄帝心斋的论述可知为“心虚”。《仲尼》亦载文挚称赞无别荣辱、得失、生死、贵贱、物我的龙叔，曰“吾见子

---

① 杨伯峻：《列子集释》，北京：中华书局，2012年，第67—73页。
② 杨伯峻：《列子集释》，北京：中华书局，2012年，第46—48页。
③ 杨伯峻：《列子集释》，北京：中华书局，2012年，第113—114页。
④ 庄子：《庄子》，方勇译注，北京：中华书局，2010年，第16页。
⑤ 庄子：《庄子》，方勇译注，北京：中华书局，2010年，第16页。
⑥ 杨伯峻：《列子集释》，北京：中华书局，2012年，第150页。
⑦ 杨伯峻：《列子集释》，北京：中华书局，2012年，第40—41页。

之心矣，方寸之地虚矣，几圣人也”[①]。所谓心虚是返归道本虚无的状态，剔除一切世俗的是非之观、荣辱之念，立于道之虚。

列子的心斋本也指向形体，修心之语也是修身之论。他认同老莱子的人生如寄之说：精神和形体本出于机，后也归于机，非“我”所有。《天瑞》即载丞告知舜曰“汝身非汝有也”，是天地之委形。不仅如此，“生非汝有，是天地之委和也。性命非汝有，是天地之委顺也。孙子非汝有，是天地之委蜕也”[②]，一切都只是气的造化而已。人不仅在天地间为寄，“我”对于“吾”而言也是寄，皆是旅行者。他以过客之心发展老学的以身观身、以家观家、以邦观邦思想，曰“视人如豕，视吾如人。处吾之家，如逆旅之舍；观吾之乡，如戎蛮之国”[③]（《仲尼》）。

三、新修行法：在“觉”“梦”冲和处“破我”

列子在继承各类“心斋”“坐忘”修行法的基础上，对悟道的路径又有新的发展。他在《周穆王》中提出了真人“其觉自忘，其寝无梦”的理念，并将“觉”“梦”对照而言，强调以“梦”破“觉”，以“出梦而无梦”破对立而生的“两立”“两可”与循环不定论的迷见，从而洞明“妄我”的存在，最终破除“我执”而归复本真虚无。《周穆王》在相关论述中，涉及诸多关于“梦”的论述与理念。

列子认为，我们在日常生活中存在“觉”与“梦”这样两种状态。“觉”指人日常“醒着”的时候，即所谓现实状态。这个“觉”的内容往往表现为“我”在富贵或贫穷等状态中的欢愉或痛苦，但究其本质，则是“我”沉溺其中，受后者这些外在事物与观念的束缚与反噬。“梦”的实质则是希望、补偿或宣泄，内容往往表现为：现实中的金玉满堂者在梦中可能衣衫褴褛、疲于奔命，一贫如洗者在梦中可能坐拥金山、骄奢淫逸。在面对这两种截然不同的状况时，当事人可能也无法真正确立哪个为真，哪个为幻。因此，以往学者在解读列子的“梦”理论时，都会强调“觉”（现实）与“梦”（幻象）两者难以确立何者为“真”，两者没有定处，都在无尽的循环中，于是可以形成“两立”“两可”，从而也就可以破除对日常现实的执念，指人生如梦。故多称颂“梦”的伟大，且实际上有以

① 杨伯峻：《列子集释》，北京：中华书局，2012 年，第 123—124 页。
② 杨伯峻：《列子集释》，北京：中华书局，2012 年，第 32—33 页。
③ 杨伯峻：《列子集释》，北京：中华书局，2012 年，第 123 页。

“梦”为“真”的倾向。

但实际上，在“觉”(现实)与“梦”(幻象)之间，列子并不是要强调难以确定何者为“真”以及“两立”“两可”，而是要借“梦”以破“觉”，借“觉”以破“梦”。以阴阳、太极、无极为喻，他所追求的不是阴阳二分、两者对立而有、相生相克、循环往复、没有定处，而是阴阳冲和而不别阴阳，两者消融复归太极而无极。它们有定处，定在破除“我执”，归复虚无。

人若一直处于所谓“觉”的状态，忙碌于现实中，一直无“梦”，则会始终以所谓现实为“真”，以致沉溺其中，无法发现“我”。一旦有“梦”，且深究它，便会怀疑现实的可靠性，质疑它的“真”。那么到底谁是谁非、谁真谁妄呢？关键不在于两端，而在于有能力进行“觉”与“梦”，且发动了这两者的那个“我”。在梦醒时分，真正的梦醒、惊觉是领悟“我”的存在，领悟痛苦疲惫的根源在于“我”——包括在现实与梦中，不论是身处富贵而惧怕贫穷，还是身处贫穷而渴望富贵，身心之苦皆来自“我”。他是要以此来发现“我”，进而破“我”，最后领悟“无我”而“自虚”，自在自然。

也就是说，在列子处存在一个“觉”—“梦”—“出梦而无梦”的修行过程。人的日常之“觉”，是“我”沉溺其中。“梦”也是一种“我”执，它只是一个契机、阶段、方式，最终需要出离。修道者借“梦”的虚妄以出离对现实的沉溺，“梦醒”则是指从根本上破除“我”。即“梦醒”是三重破解，包括对现实、梦幻、我等三个层面的洞穿。“梦醒”则“无梦”，“无梦”便是指进入了“无我”之境，无我则无物，自虚自然。庄周梦蝶也是如此。

总之，“觉”—“梦”—“出梦而无梦”是继“心斋”“坐忘”后又一修行路径。“无梦”即领悟了自虚无我，无我而无物，相忘于江湖，于是就出现悠然之“游”。梦与“游”对接，而真正的游在便是物我两忘之“神游”。

四、修行的在世状态：“游”

在老子的思想中，“道”独立不改，周行不殆，且“道”本身所行，并无目的，乃是自然而然。故其所为“行”，具有“游”的本质。从传世《老子》文本中，难以看到老子对“游”的直接论述，但在其他间接文献中，常涉及老子之“游”，故其本人当对此有所认知。且其弟子及后学对此也多有继承发明。其中，壶丘子对“游”有专门的论述，《列子》中的《仲尼》篇即载其传“游”之道于列子。同时《周穆王》中也对列子的“游”思想有集中记述。

关于列子的“游”思想，《仲尼》载壶丘子针对列子“好游”一事，告知他“游”有三种境界：“太上之游”是从“道”之中“物”变化无已出发，强调内观。在“我”与“物”之间，因各自无时不化，于是不可能把握彼此，“物物皆游矣，物物皆观矣”，是“相忘之游”；除此之外，皆是“外观之游”，无本质区别，只是程度有差异。其一是持守固我，观外物之变。其二是观其所见而已。壶丘子的论述对列子影响深远，以致使他了然自己不知“游”而三年不出[①]。

庄子曾评价列子的“游”只是御风之游，“犹有待”。这只是庄子的评说，列子对其御风有所比。恰如《周穆王》篇所言，“游”不在于形体之动，而是“神游”[②]。所谓御风之风不是指俗世之风，而是指无形与不休的变化。御风是指游于无形、变化不已的“道”，以虚无对虚无，从而实现至高的自由，乃至直指此后庄子的“逍遥游”。

列子从道虚出发，形成物虚、我虚，于是“不贵”，以致“游”。虚，就是消融于“道”本身，无我无性——就是回归“道”本身所赋予的自然而然，然后在物我不断消逝的无物我中，实现“游”。“游”，不是行。“游”是无目的、无预设、无计划，无心的动作。“行”，则是有目的的行为。太上之“游”便是“神游”。“神”既指精神本然性的状态，也指事物变化不休，不僵于形器，不定于一处的境界，“神游”就是指在不定处秉虚而“游”，物我两忘，自然自化。

当人达到“神游”境界，且持守其中时，便抵达了修身的最高境界——“神人”境界。在列子看来，长寿、飞天的“仙圣”是有种的，但“神人”如同圣人、至人，可以练就。如同《黄帝》所指列姑射山上“神人”，虚静而与时推移，使得“土无札伤，人无夭恶，物无疵厉，鬼无灵响焉”，乃至仙圣为之臣。这些寓言的宗旨便是指当人真正实现自虚无我后，“物”的观念也无从而生。如人不自是、不自为主宰，物我两忘，天人不二，顺乎自然，便可长生久视。

五、小结

列子在“道”生化论下，明确万物变化无间，皆有消息生灭；同时，也以此继承老子、老莱子等人的“寄”论，强调人只是在天地间的过客。人在与万

---

① 杨伯峻：《列子集释》，北京：中华书局，2012 年，第 122—123 页。

② 杨伯峻：《列子集释》，北京：中华书局，2012 年，第 90 页。

物的交互中，因各自无间消息，皆不能把握彼此。在此之下，人应剔除对外物的执着，回归“道”，实现自虚。并在“心斋”“坐忘”理念的基础上，发展出“觉”“梦”“出梦而无梦”这一“破我”而“自虚”的新修行路径。在“虚”之下，则实现与万物相忘而“游”，以实现“神游”而成“神人”，最终长生久视。列子的这些思想深刻地影响了此后杨朱的思想观念。同时，列子及其学派与后来黄帝学派之间的关系较为复杂。列子影响了黄帝学派的产生及其诸多思想的形成，而后黄帝学派影响日大，列子后学受其影响，常称引“黄帝”内容。现传本《列子》中常常引“黄帝曰”的内容即是列子后学在战国后期窜入。当然，列子的这些思想又深刻地影响了庄子，如“庄生梦蝶”“逍遥游”等，自不待言。

二、儒释道易文化研究专题

陶瓷器物与道教文化表征初探

黄吉宏*

内容提要：回溯传统道教艺术与陶瓷器物由交涉到融摄的发展历程，以时间为经，以造像与纹饰为纬，聚焦道之本迹与艺之拟摹的互文性，对当下实现传统文化创造性转化、创新性发展，宣导器物育人、格物德馨的核心价值，增强文化自信具有一定的经验启迪。

关键词：陶瓷器物　道教文化　格物德馨

引论

道在中国文化解释系统中有其丰富、开放、象征的无穷意蕴。“道”字单独使用，其本义只是人走的“路”。从文字学考证“道”，许慎《说文解字》：“道，所行道。一达谓之道。”郭店《老子》甲本与甲骨文中道之字形“衍”，从人从行，金文中则从行，从首。取象思维方法与《易》“远取诸物，近取诸身”之理相似，如孔子所言，“道不远人”，“人能弘道，非道弘人”。进一步考证“行”义，罗振玉先生认为：“行，象四达之衢，人之所行也。”（《殷虚书契考释》）

通常世人所言道教，严格区分有道学之道与道教之道之分殊，但其根底不离“道”这一核心理念。道的形而上学与道的艺术化借物性以造物，观形以成器，进而澄怀观道。按南朝画家宗炳在《画山水序》中说：“圣人含道应物，贤者澄怀味像。……山水以形媚道，而仁者乐。”《宋书·隐逸传》记南朝宋宗炳晚年自云：“澄怀观道，卧以游之。”这里已然将艺术家创作升华为通过美来体悟行上之道的一种信仰，心美则赏心以游道，即心即道。

* 黄吉宏（1981—），男，江西赣州，博士，江苏师范大学中华家文化研究院副教授。研究方向：东方哲学与宗教。

一、道教陶瓷造像

形上之道，落实于有形之相、有名之实，因循虚空体用之法而有形而下之“散则成器”样态。就道教陶瓷造像而言，经历了无像到有像，由人天化成到淑世功能化的不断入世进程，造像风格逐渐趋向民间化，具有民艺化、福田化的特征。

道教初不奉神像，道本无名无象，《老子想尔注》云：“道至尊，微而隐无状形象也。”如六朝道教名士陶弘景就曾“在茅山中立佛道二堂，隔日朝礼，佛堂有像，道堂无像”。随着“玄佛合流”思潮的勃兴，魏晋南北朝时期的世家大族与民间社会生活场所常专门辟有清修的空间“靖室”，模拟《易》之洁净清微的身心状态，从而达到“感应道交”的如如境地，通过靖室、宫观、庙堂、石窟的奉祀，沟通人神关系，是当时普遍的一种社会文化风尚。后世道教造像典范如有：

（一）元始天尊像。从宇宙生成论的角度关照道教造像，初期多以三清、四御、诸星辰之神等为主。如“三清”之元始天尊造像，象征宇宙混沌之初的状态，如大英博物馆馆藏的明代三彩道教陶瓷艺术“元始天尊像”（图 1）与首都博物馆馆藏的“元始天尊像”（图 2），手中多持“混元珠”；灵宝天尊则手捧“如意”，象征世界从无至有的氤氲；道德天尊手拿“宝扇”，象征世界初成。

图 1　大英博物馆馆藏元始天尊像

图 2　首都博物馆馆藏元始天尊像

“三清”依次在道教的宇宙观中呈现洪元—混元—太初的宇宙生成图景演进次第，可根据美国华盛顿弗利尔美术馆藏的“北周李元海造元始天尊像”（图 3）碑铭记载中可以得到佐证。

图 3　美国华盛顿弗利尔美术馆藏北周李元海造元始天尊像

（二）药王“孙思邈”造像。由六朝神仙道教到唐宋宫观道教的兴盛，加之帝王崇道与道经的体系化清整，道教神祇也获得了极大的扩充，不断加入了由人而神仙的神祇，如陕西耀县城东药王山上药王庙大殿的主神“孙思邈”造像（图4），为明代彩塑的精品，像高 3 米，身着昏黄袍服，头戴道巾，成为传统道医济世而功垂寰宇的崇奉对象，宋徽宗崇宁二年（1103）被追封为妙应真人。每年二月初二，药王山都要举办庙会，祭祀药王。各地剧团社班也来庙前表演社戏以赛神酬神。

图4 “孙思邈”造像

药王庙的塑像的造型尤其是“服饰反穿”之呈色缘由，从西北秦腔里的唱词或快板《同仁堂》说唱艺术中也可以得到反映：

药王爷，本姓孙，提龙跨虎手捻针。孙思邈，三十二岁入唐朝。正宫国母得了病，走线号脉治好了。一针治好娘娘病，两针扎好龙一条。万岁一见心欢喜，亲身封他在当朝。封他文官他不要，封他武将把头摇。万般出在无计奈，亲身赐给大黄袍。在旁怒恼那一个，怒恼敬德老英豪。为臣我南征北战东挡西杀功劳大，为何不赐大黄袍。一把钢鞭拿在手，手拿钢鞭赶黄袍。药王爷，妙法高，脱去黄袍换红袍，黄袍供在药王阁（gǎo），黎民百姓才把香烧。

（三）王灵官造像。王灵官是道教的护法镇山神将，额上火眼金睛，能辨识真伪，察看善恶，犹如佛教的韦驮相似，被誉为道教的第一护法神，道观中灵官殿往往面对山门。如山西北武当山之灵官像（图5），据明清时期的神仙传记称，王灵官曾师从西蜀道士萨守坚，受道符秘，是道士林灵素的再传弟子，精通五雷秘法，“三眼能观天下事，一鞭惊醒世间人。”

图 5　山西北武当山之灵官像

（四）“八仙”造像。“八仙”，通常有人物八仙与暗八仙之称。以北京故宫博物院藏明景泰“青花八仙庆寿纹罐”（图 6）为例，“腹通景绘八仙庆寿图，并有鹤、鹿、松等相伴，空中为大片灵芝状祥云，图案寓意长寿福禄”，为人物八仙。“粉彩暗八仙纹双耳转心瓶”（图 7），“此瓶腹部镂雕暗八仙纹，内套瓶绘八仙人物，瓶颈转动，人、器结合，明暗互称，别具情趣”，从侧面反映了八仙文化历经元明清帝王崇道、道教内丹心性学的革新、上层社会与民间信仰诸多信仰的互动融合。

图 6　青花八仙庆寿纹罐

图 7　粉彩暗八仙纹双耳转心瓶

（五）文昌帝君造像。文昌，原是天上六星之总称，即文昌宫。一说在北斗魁前，一说在北斗之左。文昌封为帝君，并且又称梓潼帝君，当是元仁宗时之事。元仁宗延佑三年（1316 年）封梓潼神为“辅元开化文昌司禄宏仁帝君”，与儒者汲汲功名祈佑科考顺利之梓潼神合为一，因其灵验神妙，道教遂将其纳入自家神祇中，尊为“文昌帝君”，如福建博物馆藏德化窑明“文昌帝君像”（图 8）形由何朝宗始创，明清时各地多建文昌阁、文昌祠以供奉，清代时文昌帝君被国家纳入正祀。

图 8　文昌帝君像

（六）道教钟馗造像。从词源上看，《左传·定公四年》记商朝遗民七族中，有“终葵氏”，终葵即“椎”的分解音，终葵氏即以椎驱鬼之氏族也。后世遂以“终葵”为辟邪之意，逐渐演变为“钟葵”“钟馗”。又“钟馗”（或“钟葵”）一词，初见于北朝至隋之历史文献，用于人名。北魏枹罕镇将、西郡公名杨钟葵。《魏书·吐谷浑传》载：太延七年（441），“拾寅后复扰掠边人，遣其将良利守洮阳，枹罕所统，枹罕镇将、西郡公杨钟葵贻拾寅书以责之”。此为“钟葵”之首见。南朝宋征西将军宗悫有妹名“钟馗”[①]另按何新进一步溯源考证，魏晋以后传名的钟馗，实乃殷商著名巫相“仲傀”传说之变形。宋人沈括《梦溪笔谈·补卷三》谓“汉大司农郑众女之夫妹名钟馗，”后魏又有李钟馗，隋将有乔钟馗及杨钟馗等。后世《唐逸史》等传钟馗乃唐明皇时人，“应武举试不中，死后誓除天下之妖孽”，此说盖本于沈括之谈。[②]

按中国古代朴素的天地人鬼信仰，捉鬼文化在民间流传甚广，钟馗捉鬼的形

① 徐迅：《钟馗画像本源考》，《中国画画刊》2014 年第 3 期第 55 页。
② 何新：《文史新考（二篇）》，《学习与思考》1984 年第 5 期第 76 页。

象与“以丑制邪”的心理遥相呼应，如清康熙粉彩“钟馗醉酒塑像”（图9），钟馗依山石而坐，头戴黑色软冠，腰系黄色丝带，足蹬白底黑靴。他左臂倚着一仿宋官窑酒坛，右手持杯。外在的奇丑无比反衬内在心灵美的“驱邪避害”往往在醉酒之态中显露其神秘、率性、正义的人文气息。

图9　钟馗醉酒塑像

在道教的驱鬼仪式中，法师还常配合黄酒、符箓、内炼之气等仪轨，召神劾鬼、镇魔降妖，寄予淑世度人的美好愿望。

（七）“三星”造像。到了现当代，景德镇雕塑瓷厂的“三星”瓷塑（图10），同样题材的装饰与人物造像，不仅将传统文化对福禄寿的现世人生渴求相接引，而且赋予宗教世俗化背后与民艺的众多融会兼容之多彩形式。

图10　景德镇雕塑瓷厂的“三星”瓷塑

二、道教陶瓷装饰纹样

（一）蝙蝠。按晋代崔豹《古今注·鱼虫》谓:“蝙蝠，一名仙鼠，一名飞鼠。”《杨子·方言》谓:“自关而东，蝙蝠谓之服翼，或谓之老鼠，或谓之鼠。”按东晋葛仙师《抱朴子》记载:“千岁蝙蝠，色如白雪。”《李白诗序》:“荆州清溪有乳穴，穴中玉泉交流，有蝙蝠千岁，体白如银”蝙蝠往往象征着福寿吉祥之意。

景德镇陶瓷器图案中亦多采用蝙蝠装饰，如北京故宫博物院馆藏清雍正“黄地绿彩云蝠纹碗”（图 11），清雍正“斗彩云蝠纹碗”（图 12），取“蝠”、谐音诸多“福”之象征，《尚书·洪范》言“五福”：一曰寿，二曰富，三曰康宁，四曰攸好德，五曰考终命，寓意吉祥、祝福、长寿。

图 11　黄地绿彩云蝠纹碗

图 12　斗彩云蝠纹碗

（二）鹤。鹤在上古神话与华夏文明“轴心时期”就在大量的文献典籍中出现，尔后逐渐为道教所专尚。道教色彩浓郁的“仙鹤纹”作为陶瓷装饰纹样，大体可分为两类：一是与人或动物组合，例如梅妻鹤子、驾鹤云游、五伦图、海屋添筹等，传说在蓬莱仙岛上有三位仙人互相比长寿，其中一位仙人说道每当他看到人间的沧海变为桑田，就在瓶子里添一个树枝，现在堆放筹码的屋子已经有十间屋子了，这就是海屋添筹的传说典故，直抒胸臆。二是与松树、祥云、如意、八卦、八宝、寿桃等组合，寓意和祝颂着长寿安康、福禄吉祥。

如明代官窑景德镇产大明嘉靖“五彩云鹤纹罐”（图 13），主题纹饰以云鹤为主，颈部绘如意头纹 6 组，肩部绘变形莲瓣纹 1 周，罐身绘云鹤穿花及八宝纹，近足处绘变形蕉叶纹 1 周，反映明嘉靖时期皇宫中崇尚道教的风气。清代瓷器上常见松鹤图（寓意松鹤遐龄）及云鹤图（寓云鹤仙境），如英国艺术亚洲艺术博物馆藏清雍正“青花仙鹤鹿图盘”（图 14），均带浓厚道家文化色彩。

图 13 五彩云鹤纹罐　　　　图 14 青花仙鹤鹿图盘

（三）八卦纹。尤以装饰香炉为多。如首都博物馆藏的一件“斗彩折枝花卉纹三足炉”（图 15），[①] 该炉下部绘斗彩折枝莲花，彩色浅淡，近于成化；上部绘青花八卦纹，反映出嘉靖时期八卦纹装饰的基本特征。

图 15　斗彩折枝花卉纹三足炉

（四）灵芝符箓的组合装饰。灵芝，是寄生于枯木的一种菌类，可以入药，古人视作“瑞草”。在道教文化中，灵芝不仅是瑞草，还是仙药。景德镇窑明嘉靖“青花芝桃仙鹤符箓纹盘”（图 16），[②] 内外以青花描绘仙鹤、蟠桃及灵芝纹。盘心青花双圈内书一符箓。

① 北京海淀清代黑舍里氏墓出土，此炉仿明成化斗彩。李健：《浅谈清代黑舍里氏墓出土错金银铜壶的年代》，《首都博物馆丛刊》，2008 年。

② 故宫博物馆院藏，此盘形体硕大，做工精细，青花呈色蓝中泛紫，说明使用的是回青料，为嘉靖官窑产品。

图 16　青花芝桃仙鹤符箓纹盘

符以灵之炁的道灌古今为媒介，化成气以成“符气合一”的具象。书符时运气于符上，以符载气、气符相随而病除，道书所谓“符无正形，以气而灵”。上至得道成仙、救世济人、经国理身，小到个人保身护体、招魂去邪等，符箓处处洋溢着养生护生的道教情怀。

（五）葫芦。取法乎传统外景天圆地方的宇宙图景与丹鼎派筑基自家身中精气神炼养之象，举明嘉靖“黄地红彩缠枝莲纹葫芦瓶”（图 17）为例，此瓶器型硕大，造型规整，彩色鲜艳，花纹精美，是嘉靖时期大型琢器的代表作品。说明器物之式样与限量之奢华往往与帝王喜好、取象思维有关。葫芦不仅作为道教法器，而且具象上又有大小上下方圆等品类，并将其内筑于人体身心之炉，成为后来称为的“小周天”。

图 17　黄地红彩缠枝莲纹葫芦瓶

天圆地方转而以精气神的修炼来体征“天人合一”、返性归元、仙道可成的践履，大小周天由此在“道以修身”的宗旨中贯通起来。诚如宗白华先生在《艺术与中国社会生活》中所说的：“中国人的个人人格、社会组织以及日用器皿都希望在美的形式中作为形而上的宇宙秩序与宇宙生命的表征。”方圆不仅规矩宇宙神气，而且内化为做人处事、性命屈伸、真性永存相消息。

(六)“南柯一梦”之畅玄。此类纹饰，原型取材自先秦“庄周梦蝶”建构的母题，宣导的是中国艺术精神的内核齐物我之“与道合一”境。至乐神仙的人天情怀，为唐代《南柯太守传》一类传奇、明代戏曲“临川四梦”等勘破俗世酒色财气而得内向超越的文学叙事运用于陶瓷材质的装饰，提供了新的图景，既丰富了创作的题材来源，又为“器以载道”的内容提供了“道在蝼蚁”的具象。

图 18 青花“南柯一梦”瓷盘

举上述青花“南柯一梦”瓷盘（图 18）为例，底款“卞玉奇城”多为康熙时堂铭款，该款寓意一说为“卞和的和氏璧可以换连城”，窃以为人文化成义待沉潜符契。按清钱塘人丁居晦（1695—1765）《琢玉》诗中：“卞玉何时献，初疑尚在荆;琢来闻制器，价炫胜连城”[①]藏此款文意，寄予士人“学成文武艺，货与帝王家”之琢已，待价而沽，隐约有屈子楚风骚体之味，怀才不遇之感，更需待势待时待人方成。

然溯其本原，本文以为境若更上层楼，当取《韩非子·和氏》[②]典故而以道家

① （宋）李昉:《文苑英华（第四册）》，北京：中华书局，1966 年，第 912 页。

② 《韩非子·和氏》：楚人和氏得玉璞楚山中，奉而献之厉王。厉王使玉人相之。玉人曰：“石也。”王以和为诳，而刖其左足。及厉王薨，武王即位，和又奉其璞而献之武王。武王使玉人相之，又曰：“石也。”王又以和为诳，而刖其右足。武王薨，文王即位，和乃抱其璞而哭于楚山之下，三日三夜，泪尽而继之以血。王闻之，使人问其故，曰：“天下之刖者多矣，子奚哭之悲也？”和曰：“吾非悲刖也，悲夫宝玉而题之以石，贞士而名之以诳，此吾所以悲也。”王乃使玉人理其璞而得宝焉，遂命曰：“和氏之璧。”南开大学中文系语言学教研组编：《古代汉语读本》，北京：人民教育出版社，1960 年，第 210 页。

老子“九善”[①]本义解《易》之“凡益之道，与时偕行”。道之于器，本无隐显之别，朴散为器。按唐人杜光庭《录异记》谓：“藏星之精，坠入荆山，化而为玉，侧而视之色碧，正而视之色白。”老子以水喻人，庄周以上古“大椿之寿”警言“处物而不伤”，才与不才、有用无用之间，“外化而内不化”方能全性葆真。

老庄比之于儒家君臣、上下、穷达、进退、取舍、荣辱、成败、得失之道，自有其超越世俗功名利禄之上的独特价值，吾截断横流，直观画面士人卧蒲扇而入眠有“南柯一梦”之主题“大梦谁觉”亦未尝不可。近代著、度、演、藏各色俱全之曲学大师吴梅评论汤显祖，认为勘破世幻，得其妙谛的《南柯记》，在“四梦”中“惟此最为高贵”，“独《南柯》之梦，则梦入于幻，从蝼蚁社会杀青。虽同一儿女悲欢，官途升降，而必言之有物，语不离宗，庶与寻常科诨有间。使钝根人为之，虽用尽心力，终不能得一字；而临川乃因难见巧，处处不离蝼蚁着想，奇情壮采，反欲突出三梦之上”[②]。

结语

作为中国土生土长的宗教道教，一方面汲取儒佛等有益的思想资源与艺术的表现手法，丰富了道教的内涵；另一方面在长期的历史演进中，道教陶瓷艺术又“以道为本位”，以造型与装饰等技法不断衍生出自身形式上的独特气“象”。诚如鲁迅所言“中国文化的根底全在道教”，以此读中国人的精神史、道与艺的合一，有多种问题亦可迎刃而解。

---

① 《道德经》第八章相关“九善”文云：“上善若水。水善利万物而不争，处众人之所恶，故几于道。居善地，心善渊，与善仁，言善信，政善治，事善能，动善时。”

② 吴梅谓：“此记畅演玄风，为临川度世之作，亦为见道之言。其自序云：‘世人妄以眷属富贵影像，执为我想，不知虚空中一大穴也。倏来而去，有何家之可到哉。’是其勘破世幻，方得有此妙谛。‘四梦’中唯此最为高贵。盖临川有慨于不及情之人，而借至微至细之蚁，为一切有情物说法。又有慨于溺情之人，而托喻乎沉醉落魄之淳于生，以寄其感喟。淳于未醒，无情而之有情也；淳于既醒，有情而之无情也。此临川填词之旨也。”吴梅著、王卫民编：《瞿安读曲记·明传奇·南柯记·吴梅戏曲论文集》，北京：中国戏剧出版社，1983年。

黄大仙道教音乐及其丝路传播

赵　芃*

内容提要： 黄大仙道教音乐是随着黄大仙文化在中国内地、香港、台湾以及世界各地的兴盛而发展起来的一种重要的传播方式，具有很好的艺术吸引力和表达能力，能被一般民众所接受。随着国家“一带一路”倡议的提出，黄大仙道教音乐对于传播和宣传黄大仙道教思想和文化将会起到积极作用，并作为金华山道教文化重要的内容而不断发展和繁荣。传承和弘扬黄大仙道教音乐，可以更好地推广金华山黄大仙“大仙圣地”，系统传唱黄大仙的故事、信仰、诗词、故事，融艺术性、历史性、知识性与趣味性于一体，有利于提高黄大仙文化传播质量和传播水平，让黄大仙文化更好地惠及“一带一路”国家和民众，有利于实现民心相通，共同构建人类命运共同体之目标。

关键词： 黄大仙　道教音乐　丝路传播

基金项目： 本文为国家社科基金项目“道教文化传播与‘一带一路’战略研究”（16BZJ037）阶段性研究成果。

黄大仙道教音乐是道教思想文化和音乐艺术的重要内容之一，是金华山黄大仙道教思想文化的一种艺术表达形式。黄大仙道教音乐是随着黄大仙文化在中国内地、香港、台湾以及世界各地的兴盛而发展起来的一种重要的传播方式，具有很好的艺术吸引力和表达能力，能被一般民众所接受。随着国家“一带一路”倡议的提出，黄大仙道教音乐对于传播和宣传黄大仙道教思想和文化将会起到积极作用，并作为金华山道教文化重要的内容而不断发展和繁荣。确立“世界侨仙黄大仙文化发祥地和世界善美文化输出地”，以及“寻根侨仙源，共筑世界梦”，构

* 作者：赵芃（1958—），男，山东济南人，哲学博士，齐鲁工业大学（山东省科学院）文化产业研究院教授，研究方向：中国道教。

建“人文交流纽带，丝路联通桥梁”，弘扬普济劝善，有求必应的散财（善美）文化，需要采用喜闻乐见的音乐表达方式传播黄大仙思想，挖掘和提升黄大仙文化的思想和内容。通过道教音乐的表现手法，可以更好地传播“上善与国，美美与共、财富丝路，善美世界”的新丝路黄大仙精神，并有利于黄大仙道教思想文化在丝路国家的传播。传承和弘扬黄大仙道教音乐，可以更好地推广金华山黄大仙“大仙圣地”，系统传唱黄大仙的故事、信仰、诗词、故事，融艺术性、历史性、知识性与趣味性于一体，有利于提高黄大仙文化传播质量和传播水平，让黄大仙文化更好地惠及“一带一路”国家和民众，有利于实现民心相通，共同构建人类命运共同体之目标。

一、黄大仙道教音乐及其特点

黄大仙道教音乐是指通过音乐唱诵、演奏等表达形式，围绕黄大仙道教文化、信仰、诗词、传说和故事情节等展开颂扬和赞美黄大仙的一种艺术表达形式。黄大仙道教音乐可以采用诵经的方式，也可以通过民间通俗唱词唱法和乐器演奏等表达形式表达其文化内容。不管是采取诵经的表达方式，还是民间通俗演唱、演奏的艺术表达形式，只要是通过音乐表达方式颂扬黄大仙道教思想文化内容，都可以称之为黄大仙道教音乐。

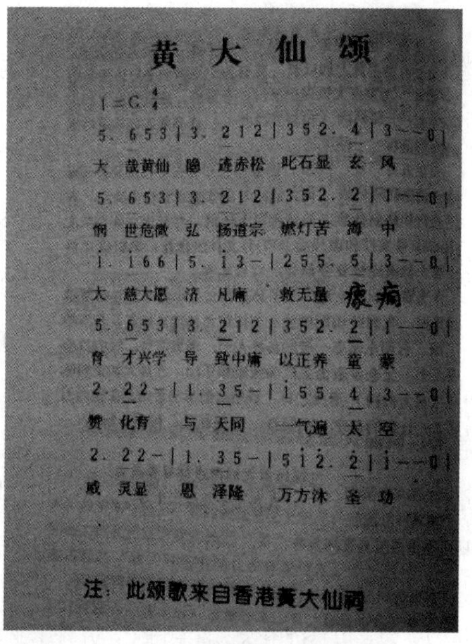

图 1　黄大仙颂谱

金华兰溪地域道教音乐，又因部分是在黄大仙宫演奏的道教音乐，也被称为黄大仙宫道乐、黄大仙宫道教音乐，是道教音乐经过不断地传承和发展，在金华兰溪地区形成的带有地方特色和黄大仙思想文化的地方道教音乐，其内容是中国道教音乐的重要组成部分，并带有明显的地方性。黄大仙宫道教音乐主要在三个方面使用，一是早晚课，旨在修身养性，飞身成仙；二是祈福类，旨在祈福祷祥，去病免灾；三是度亡类，旨在超度亡魂，早升天界。[①] 黄大仙宫道教音乐的曲目：早晚课音乐：太极韵（祈国泰民安）、澄清韵（澄清自己的杂念）、举天尊、双吊挂（说明修炼精气神是上品妙药，可达清净真性的内修）、大启请（为自身祈祷）、小启请（祈祷神的保佑）、中堂赞（赞经的伟大）、天尊板（只在初一十五及重大活动的早课用）、小赞韵（祝健康长寿）、三皈依（皈依道宝、经宝、师宝；重大节日时三皈依改成大赞韵）；晚课科仪的音乐曲目是：步虚韵、下水船、大启请、小启请。[②] 黄大仙宫道教音乐由于根植于金华山特有的地理环境和道教文化传统，在表现形式上多采用全真正韵十方韵的艺术风格，音乐表达典雅、含蓄，给人一种从容、深沉、质朴、慷慨之感，恰如置身于金华山自然风光之中，沐浴着蓝天白云，使人犹如进入一种超乎世俗世界之情境。归纳总结黄大仙宫道教音乐或者称在黄大仙宫演奏的金华、兰溪地方道教音乐具有以下特点：

（一）以道教全真正韵为基础，以地方道乐为辅助

黄大仙宫道教音乐以全真韵十方韵为主要特征，以人物事迹、诵宫的课诵仪式音乐旋律为演奏风格，在行腔上凸显北方派道韵韵腔特有的质朴和慷慨、从容与典雅，具有典型的北方全真道教音乐之特色。由于浙江道教历史悠久，全省宫观、全真道道士及信众数量在全国都位居前列，明清时期即是全真道龙门派中兴之地。金华地处浙江省中部，深受全真道教文化大背景的影响，黄大仙宫因为全真道道派，[③] 黄大仙宫演奏的道教音乐属于全真道教音乐亦在情理之中。由于宫观云游制度为全真道乐的交流提供了便利之门。黄大仙宫作为浙江地方重要的道教宫观时常举办道乐培训，邀请浙江擅长经韵的高功教授道乐，也鼓励本庙乐师赴

---

① 姜华敏：《浙江金华黄大仙道乐调查报告》，《艺术百家》2006 年第 4 期。
② 姜华敏：《浙江金华黄大仙道乐调查报告》，《艺术百家》2006 年第 4 期。
③ 姜华敏：《浙江金华黄大仙道乐调查报告》，《艺术百家》2006 年第 4 期。

各地全真道宫观云游参访。云游制度为保证全真韵正统音乐特色的传播与传承起到了至关重要的作用，也为黄大仙宫道教音乐融入地方道乐创造了条件。黄大仙宫演奏的道教音乐既具有中国道教全真正韵的内容和特色，又融合了金华山、兰溪等地域道教文化与音乐的某些因素，结合金华特殊的地理位置、人文背景和黄大仙得道升仙故事，使黄大仙道教音乐发生了变化。虽然它的变化是细微的、局部的，但是，它也是在发展、在变化着，呈现出具有地方特色的道教音乐。[①]金华、兰溪地域及黄大仙宫演奏的道教音乐具有中国道教音乐与地方道教音乐之特色，表现了其所具有的统一性、地方性、融合性和创新性，具有较高的文化艺术价值。

（二）以道教琴乐法器为主音，以金华民乐为衬托

黄大仙宫道教音乐使用的乐器主要有民族乐器中的吹管乐器：笛子、唢呐、笙、萧、埙、管子等乐器；拉弦乐器：二胡；弹拨乐器：古琴、扬琴；打击乐器（法器）：木鱼、鼓、单镲、磬、铙、钹、钟等乐器；还有现代化的电声乐器：电子琴。[②]黄大仙宫道乐的乐师们在音乐的演奏中，为符合群众的欣赏心理和法事仪式的需要，还将传统民族乐曲和群众喜闻乐见的通俗音乐纳入道乐演奏曲目体系。如在大型的祭祖和祭祀活动中，除了沿用传统的仪式音乐以外，黄大仙祖宫的乐师们还运用了传统的民族乐曲，如迎宾曲用《云中乐》、主祭人用《喜洋洋》、初献曲用《万年欢》、亚献曲用《青海小调》、终献曲用《紫竹调》等等，较好地将道乐与民乐、传统与现代融为一体。[③]黄大仙宫道教音乐在平时的早课和晚课演奏过程中，只用一些法器和一两样乐器加以辅助，如打击乐器加二胡和笛子就可以完成整个法事演奏。而重大的法事活动以双乐制或四乐制的形式，如两铙钹或四铙钹，其他乐器均相应成倍地增加，以显示活动的重要和神圣。演奏的形式由一个乐人来引领，音乐的起始与结束、旋律的快慢、乐器的数量、曲目的变化等都由他来确定。[④]在现代，黄大仙宫道教音乐的表现手法和形式上发生了变化。如在黄大仙祖宫的早课和祭祀的各种仪式和活动中，加入了电子琴乐

① 姜华敏：《浙江金华黄大仙道乐调查报告》，《艺术百家》2006 年第 4 期。
② 姜华敏：《浙江金华黄大仙道乐调查报告》，《艺术百家》2006 年第 4 期。
③ 姜华敏：《浙江金华黄大仙道乐调查报告》，《艺术百家》2006 年第 4 期。
④ 姜华敏：《浙江金华黄大仙道乐调查报告》，《艺术百家》2006 年第 4 期。

器，将现代化的电声乐器引进道教乐队编制，对旋律进行一些功能性的和声伴奏，使仪式音乐加强低音声部共鸣，增加了科仪仪式的庄严与神圣，融合了地方特色、现代气息，使黄大仙道教音乐更富有特色，形式也随之丰富多彩。[①]

（三）以道教曲调乐制为主调，以地方曲调为辅调

黄大仙道教音乐的曲调、道乐的乐制、法事的形式等，虽然是从陕西华山全真道派传承而来，与全国的全真道教基本一致。但是，在黄大仙道教音乐传播过程中，黄大仙道乐的曲目选择具有自身的独特性，仅以晚课仪式的音乐所选的曲目中就不难发现有较大的不同。《道教仪范》中晚课“祭孤科仪”的音乐程序是：步虚韵、幽冥韵、吊挂韵、大救苦、柳枝雨、中堂赞等。这些道乐与黄大仙祖宫的道乐的晚课音乐的曲目以及北京白云观早课曲目的对照来看，也少了“弥罗诰”“普化诰”“提纲”等曲目。在祝寿仪式的音乐曲目数量上与黄大仙道乐仪式的曲目要比《道教仪范》中所列的音乐曲目多三至四首曲子[②]，增添了带有地方曲调的道教音乐。此外，黄大仙道教音乐韵腔频繁使用四五度跳进旋法、清角、变宫偏音的出现，以及高亢的音调都显示出黄大仙宫课诵音乐带有北派全真正韵的独特韵味。黄大仙宫的课诵仪式音乐以韵腔为主，道人自称其唱腔为全真正韵。[③]黄大仙道乐除了在各种科仪中音乐曲目的选择上有变化，在曲目的演奏过程中，旋律也发生了一些发展，逐步地融和了当地的历史、文化、风俗、习惯，逐步形成了自己的音乐特色。[④]黄大仙宫道教音乐曲目的增删和曲调的变化，是金华、兰溪地区道人们在长期的法事活动中和群众接受的仪式过程中不断地改进和修整的结果，从而形成了带有金华、兰溪地方法事音乐曲目特色的黄大仙宫道教音乐。

（四）以道教经典歌赋为内容，以黄大仙诗为补充

黄大仙宫道教音乐以《太平经》等道教经典为基本理论依据，在结合地方黄大仙诗词歌赋、传说故事、人物事迹等内容的基础上形成的黄大仙道教音乐形

① 姜华敏：《浙江金华黄大仙道乐调查报告》，《艺术百家》2006年第4期。
② 姜华敏：《浙江金华黄大仙道乐调查报告》，《艺术百家》2006年第4期。
③ 姜华敏：《浙江金华黄大仙道乐调查报告》，《艺术百家》2006年第4期。
④ 姜华敏：《浙江金华黄大仙道乐调查报告》，《艺术百家》2006年第4期。

式，既蕴含了道教思想的基本内容，同时又展现了黄大仙道教思想文化的特色内容，形成了以道教经典歌赋为主要内容，以黄大仙诗词、歌赋为补充的黄大仙宫道教音乐。道教经典为黄大仙宫道教仪式和音乐建立提供了理论依据，黄大仙诗词歌赋为黄大仙道教音乐提供了重要内容。黄大仙把道教音乐的“养生、靖众、敬神”等功能结合起来，突出黄大仙道教音乐的基本功能，即通神、娱神，借助音乐的神秘力量，突出宣传和传播黄大仙生平事迹、人物传说、人物显圣以及超人间性。从而达到去魔逐邪，清除现实生活中的灾难，求得国泰民安、安乐幸福、心想事成之目的。黄大仙宫道教音乐还具有修道养生功能。黄大仙叱石成羊、救人引虎、增桃度仙的事迹，为黄大仙道教音乐增添了更多的色彩，使黄大仙道教音乐不仅成为中国道教音乐文化的重要内容之一，而且成为金华、兰溪地方文化中绚丽多彩的艺术花朵，成为黄大仙文化传播和弘扬的重要内容。

二、黄大仙道教音乐融入丝路音乐的必要性与可行性

黄大仙道教音乐融入“一带一路”（英文：The Beltand Road，“丝绸之路经济带”和“21 世纪海上丝绸之路”，缩写 B & R）有利于传播“普济劝善，有求必应”的散财（美善）文化，有利于传播“上善若水、以善为美，各美其美，美人之美，美美与共，天下大同”的新时代黄大仙精神，以及“财富丝路、铸魂丝路，促进丝路共赢共享文化建设与人类命运共同体构建”目标的实现。同时，黄大仙音乐所具有的通俗性、人类审美文化的统一性、“一带一路”各国命运的共同性，以及世界各国宗教文化所具有的包容性等，都使黄大仙道教音乐融入“一带一路”沿线各国传播具有可行性。

（一）黄大仙道教音乐融入丝路音乐的必要性

1. 财富丝路、善美世界的需要

黄大仙新丝路精神提出的“财富丝路、善美世界”思想，需要通过不同的方式和途径将黄大仙的“普济劝善，有求必应”的美善文化宣传和传播出去。其中，采用音乐方式是宣传和传播黄大仙文化的最好选择之一。如将黄大仙传说中《叱石成羊》《二仙造桥》《赠桃度仙》《九峰茶》谱写乐曲，有利于丝路沿线国家树立正确的财富观，积极拓展财富渠道，开发自然资源，开展国家间的合作与交流。将黄大仙道教文化所蕴含着的财富思想，通过音乐的表达方式传播出去，可

以为一带一路沿线国家提供思想文化支持，助力世界各国挖掘自己的传统文化，造福本国人民，有益于丝路国家财富的积累和各国人民生活水平的改善，有利于实现互利共赢。通过和平、勤劳和智慧的渠道和方式实现财富丝路、善美世界之梦想。

2. 上善与国、美美与共的需要

新时期黄大仙丝路精神提出的“上善与国、美美与共”的思想，“上善与国”指的是一个国家也要有上善精神。上善：至善，最完美。“上善若水”是最高境界的善行，就像水的品性一样，泽被万物而不争名利。如通过《撞石成仙》《引虎救人》《避雨遇道》《忍痛割爱》《恩报》等故事的音乐传唱，让丝路沿线各国民众认同黄大仙的上善品格，乐善好施而不图报，如水一样滋润万物、滋润世界。黄大仙道教音乐可以成为向丝路各国传播“上善与国、美美与共”的新丝路精神的有效方式之一。要求丝路各国都应具有水滋养万物的德行，彼此之间多行善性，互利互惠，共赢共享、共同发展，不发生矛盾、冲突和战争。美，从羊，从大，肥美。古人养羊肥大为美。美通常还指使人感到心情愉悦的人或者事物。“美美与共”新时期黄大仙丝路精神表达了各国之间互相包容、互相学习，彼此友好，共享物质文明和精神文明发展成果，全面提高各国人民的物质文化水平和精神文化生活。

3. 各美其美、美人之美的需要

新时期黄大仙丝路文化提出的“各美其美，美人之美”思想，表达了“一带一路”沿线各国应弘扬自己的传统文化，各国都有自己美的东西，都有自己的价值标准。“美人之美”表达了要向别人学习自己没有的东西，即使你有了，也要学习别人。黄大仙道教音乐将黄大仙文化中的“神仙思想”“洞天福地”“积善行德”“惩恶扬善”“恩怨分明”等思想通过乐器演奏、歌曲唱诵等表达并传播出去。通过谱曲将《游金华山》《赤松洞》《金华洞》《寄赤松道士》《金华山》《题松宫》《羊石》等诗词用音乐表达出来，并传播到“一带一路”沿线各国，有利于传播金华山道教文化，彰显金华山作为“世界侨仙黄大仙文化发祥地、世界华商侨胞朝圣地、世界财富文化寻根地、世界善美文化输出地”的文化定位，凸显“世界侨仙源”地域文化之美。

4. 普济劝善、从善如流的需要

新时期黄大仙精神提出了“普济劝善、从善如流”的思想，指出丝路国家要弘扬黄大仙文化中的普济众生，救济贫穷，让人们多行善事，奉劝先富帮后富，实现各国之间的共同富裕。让善行善施，广行天下，从善如流水一般普遍、自然。黄大仙文化中的“普济劝善、从善如流”精神，可以通过音乐的表达方式传播给“一带一路”沿线各国。如将《二仙词》《二皇君祠》《卧羊山》《咏羊》《游二皇君祠》《二初牧侣》等诗词谱写成道教音乐，更有利于向“一带一路”沿线国家传播黄大仙文化中的“普济劝善、从善如流”的思想文化，有利于表达“普济劝善，有求必应”的黄大仙善美文化，实现“世界侨仙黄大仙，洒向五洲都是善”之理想目标。

（二）黄大仙道教音乐融入丝路音乐的可行性

1. 音乐的通俗性。黄大仙道教音乐表现为结构短小、内容通俗、形式活泼、情感真挚，具有一般音乐所具有的通俗性，并被广大听众所喜爱，广泛传唱或欣赏。黄大仙道教音乐的通俗性有利于融入“一带一路”文明圈，实现民心相通。古丝绸之路曾流行《霓裳羽衣曲》《阳关三叠》和维吾尔族歌曲《乌夏克木卡姆》，以及印度《小河的呼唤》、藏传佛教音乐《消灾除瘴》和舞蹈《千手观音》等宗教音乐。这些音乐不但通俗易懂，而且体现出不同地域、不同民族、不同宗教的音乐艺术特色。黄大仙道教音乐融入丝路音乐既保持黄大仙道教音乐在“一带一路”沿线各国得到普遍的认可，又可使黄大仙道教音乐在传播过程中不断丰富、创新和发展，使黄大仙道教文化通过通俗易懂的道教音乐传遍“一带一路”沿线各国。

2. 审美的统一性。人们对于音乐的审美标准具有统一性，音乐审美，就是要在充分感受音乐的形态中深入体验其丰富的内涵和音乐美的构建，并在这一过程中使审美境界得以升华。音乐的形式美，如音色美、音调的和谐美等，在不同时代、不同民族、不同阶级的审美评价上，会形成更多的一致或相近之处。[①] 黄大仙道教音乐艺术的多种表现手段，如音色、节奏、节拍、力度等，在不同民族之间存在着许多共同的规律。黄大仙道教音乐并不需要翻译，音乐所具有审美性如同一种国际的语言，可以超越国家和民族的界限，成为全人类共同的财富，人类共同的审美心理会使“一带一路”沿线各国对黄大仙道教音乐艺术作品产生共同

---

① 关心：《谈音乐审美评价标准问题》，《美与时代》2009 年第 6 期。

的爱好和一致的审美评价，有利于实现文化共享、民心相通。

3. 命运的共同性。国家推行共建“一带一路”倡议，旨在借用古代丝绸之路的历史符号，高举和平发展的旗帜，积极发展与沿线国家的经济合作伙伴关系，实现各国互助共赢、共享文明进步和各国发展成果，共同打造政治互信、经济融合、文化包容的利益共同体、命运共同体和责任共同体。共同的发展命运，将黄大仙文化中“诗词”“传说”“人物事迹”“显圣灵验”等谱写成音乐形式，可以为“一带一路”沿线各国人民的人文交流与文明互鉴提供一点帮助，通过黄大仙道教音乐所表达的“神仙”“叱石成羊”“点石成金”等思想内容，为“一带一路”沿线各国人民相逢相知、互信互敬，共享和谐、安宁、富裕的生活提供参考。

4. 文化的包容性。黄大仙道教音乐是金华、兰溪道教文化的重要组成部分，也是中国传统道教文化的重要内容。黄大仙道教音乐与“一带一路”沿线各国的民俗文化及其民族音乐具有可包容性。黄大仙道教音乐的传播，可以更好地加强与“一带一路”沿线国家文化交流和友好往来，弘扬中国传统文化。黄大仙文化中的“普济劝善、惩恶扬善、行侠仗义、济世扶贫、修道为民、大爱为民”以及“惩恶扬善，憨人之苦，周人之急，救人之穷，乐人之吉，救死扶伤，济世积德”等内容，可以通过音乐的表达方式与“一带一路”沿线国家开展文化交流，共建“一带一路”文明圈，传播黄大仙的思想和文化，加强与一带一路沿线各国的文化交流，不断丰富中国道教传统文化。

三、黄大仙道教音乐与丝路音乐融合的主要词曲

黄大仙道教音乐是指通过音乐唱诵、演奏等表达形式，围绕黄大仙道教文化、信仰、诗词、传说和故事情节等展开颂扬和赞美黄大仙的一种艺术表达形式。本文通过对黄大仙传说、故事、人物事迹、诗词、楹联等方面的阅读和理解，采用简谱的形式，谱写了十首具有代表性的黄大仙诗词。曲调除采用了中国道教音乐十方韵的表达手法外，还借鉴了西部音乐、蒙古等地的某些音乐元素，旨在通过音乐表达形式，将黄大仙道教思想文化传播到“一带一路”沿线各国，并被当地民众所接受，成为民心沟通的纽带和桥梁。

题宝积观

[宋] 张虚静 词
梁 琛 曲

1= F 4/4

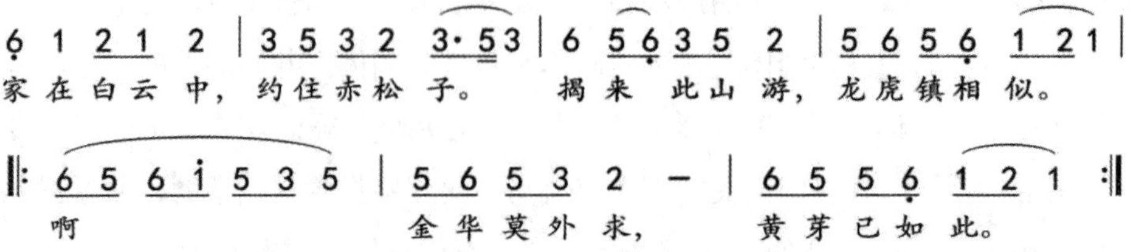

6 1 2 1 2 | 3 5 3 2 3· 5 3 | 6 5 6 3 5 2 | 5 6 5 6 1 2 1 |
家 在 白 云 中，约 住 赤 松 子。 揭 来 此 山 游，龙 虎 镇 相 似。

‖: 6 5 6 i 5 3 5 | 5 6 5 3 2 — | 6 5 5 6 1 2 1 :‖
啊 金 华 莫 外 求， 黄 芽 已 如 此。

图 2 题宝积观歌谱

羊 石

[宋] 韩元吉 词
梁 琛 曲

1= F 4/4

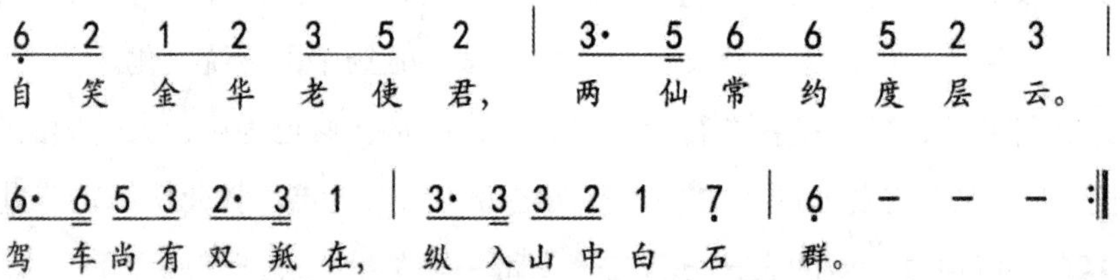

6 2 1 2 3 5 2 | 3· 5 6 6 5 2 3 |
自 笑 金 华 老 使 君， 两 仙 常 约 度 层 云。

6· 6 5 3 2· 3 1 | 3· 3 3 2 1 7 | 6 — — — :‖
驾 车 尚 有 双 瓶 在， 纵 入 山 中 白 石 群。

图 3 羊石歌谱

游赤松口占

[宋] 金履祥 词
梁 琛 曲

1= D 4/4

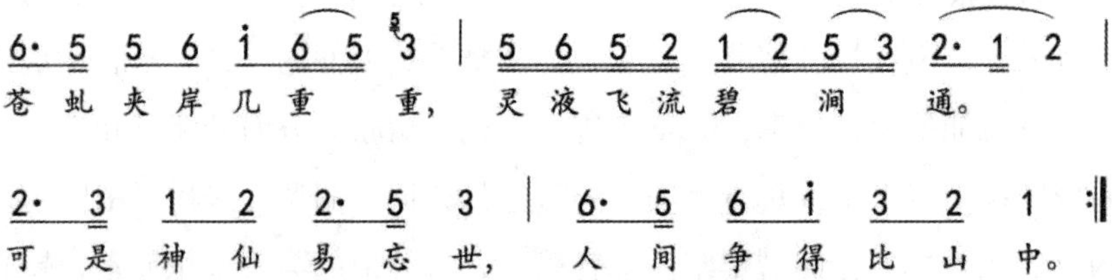

6· 5 5 6 i 6 5 3 | 5 6 5 2 1 2 5 3 2· 1 2 |
苍 虬 夹 岸 几 重 重， 灵 液 飞 流 碧 涧 通。

2· 3 1 2 2· 5 3 | 6· 5 6 i 3 2 1 :‖
可 是 神 仙 易 忘 世， 人 间 争 得 比 山 中。

图 4 游赤松口占歌谱

赤松二仙图

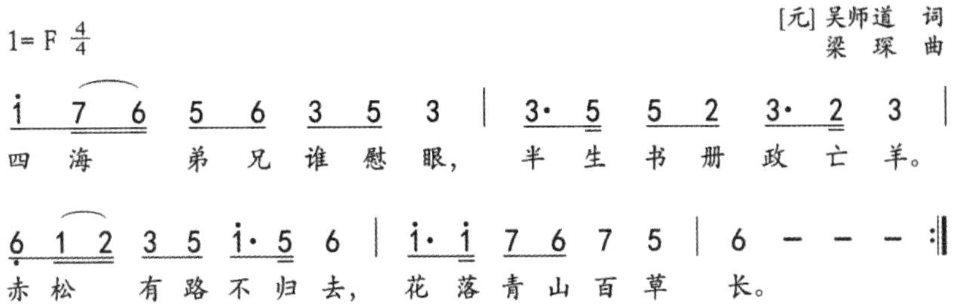

[元] 吴师道 词
梁琛 曲

1= F 4/4

1̇ 7 6 5 6 3 5 3 | 3· 5 5 2 3· 2 3 |
四海 弟兄谁慰眼，半生书册政亡羊。

6 1 2 3 5 1̇· 5 6 | 1̇· 1̇ 7 6 7 5 | 6 — — — :‖
赤松 有路不归去，花落青山百草 长。

图5 赤松二仙图歌谱

赤松山

[元] 吴景奎 词
梁琛 曲

1= F 4/4

6· 6 1· 2 3 5 6 | 6 6 5 2 1 2 3· 5 3 |
双鹤冲天去不回，五云缭绕散花台。

6 6 6 5 3 3 3 2 1 | 3 3 2 1 7 6· 1 6 :‖
山中若见黄初起，为问留侯几度来。

图6 赤松山歌谱

白石冈

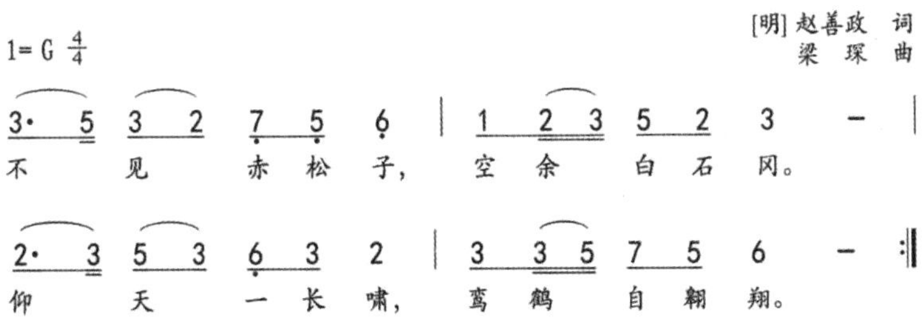

[明] 赵善政 词
梁琛 曲

1= G 4/4

3· 5 3 2 7 5 6 | 1 2 3 5 2 3 — |
不见赤松子，空余白石冈。

2· 3 5 3 6 3 2 | 3 3 5 7 5 6 — :‖
仰天一长啸，鸾鹤自翱翔。

图7 白石冈歌谱

眺便

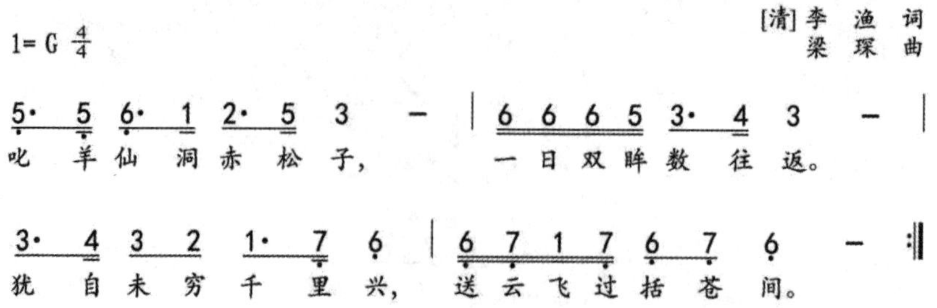

1= G 4/4

[清] 李渔 词
梁琛 曲

5· 5 6· 1 2· 5 3 — | 6 6 6 5 3· 4 3 — |
吒羊仙洞赤松子，一日双眸数往返。

3· 4 3 2 1· 7 6 | 6 7 1 7 6 7 6 — :||
犹自未穷千里兴，送云飞过括苍间。

图 8　眺便歌谱

小游仙

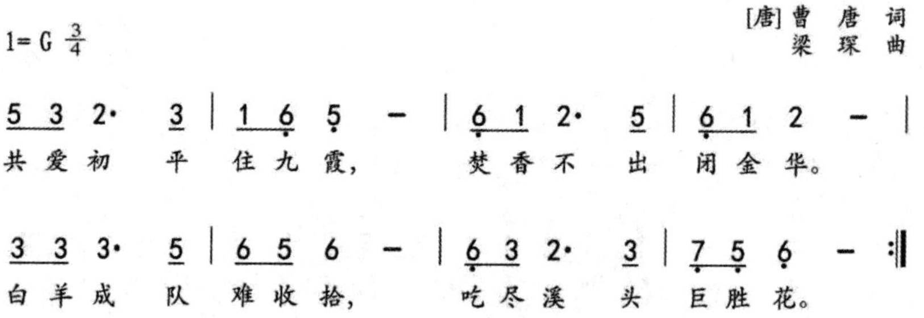

1= G 3/4

[唐] 曹唐 词
梁琛 曲

5 3 2· 3 | 1 6 5 — | 6 1 2· 5 | 6 1 2 — |
共爱初平住九霞，焚香不出闭金华。

3 3 3· 5 | 6 5 6 — | 6 3 2· 3 | 7 5 6 — :||
白羊成队难收拾，吃尽溪头巨胜花。

图 9　小游仙歌谱

石山峰

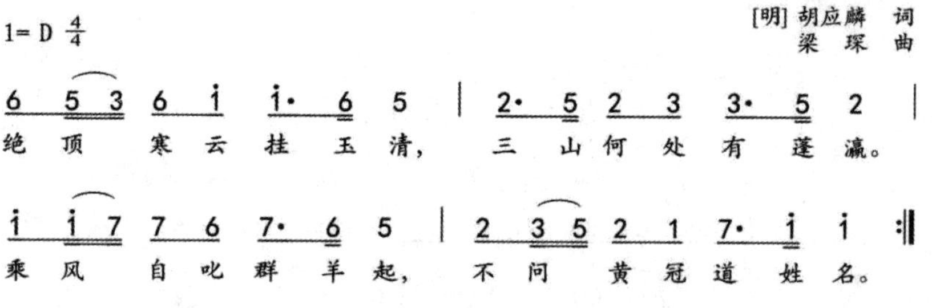

1= D 4/4

[明] 胡应麟 词
梁琛 曲

6 5 3 6 i i· 6 5 | 2· 5 2 3 3· 5 2 |
绝顶寒云挂玉清，三山何处有蓬瀛。

i i 7 7 6 7· 6 5 | 2 3 5 2 1 7· i i :||
乘风自吒群羊起，不问黄冠道姓名。

图 10　石山峰歌谱

卧羊山

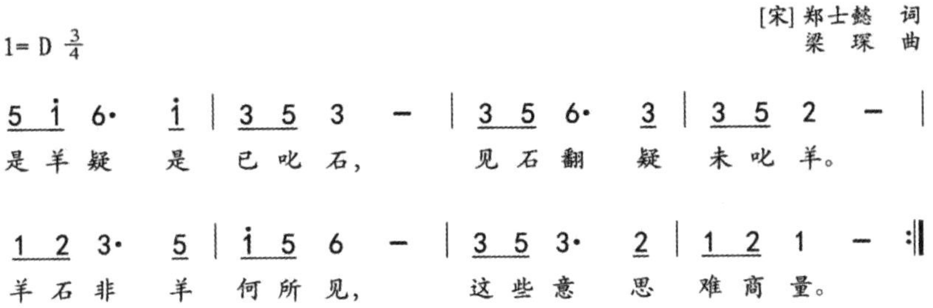

[宋] 郑士懿 词
梁 琛 曲

1=D 3/4

5 1̇ 6· 1̇ | 3 5 3 – | 3 5 6· 3 | 3 5 2 – |
是 羊 疑 是 已 叱 石， 见 石 翻 疑 未 叱 羊。

1 2 3· 5 | 1̇ 5 6 – | 3 5 3· 2 | 1 2 1 – :‖
羊 石 非 羊 何 所 见， 这 些 意 思 难 商 量。

图 11 卧养山歌谱

四、黄大仙道教音乐丝路传播的价值和意义

金华、兰溪地区历史上道教音乐氛围十分浓厚，产生了不少赞颂和传唱黄大仙的道教音乐，将黄大仙“惩恶除奸、劝善扬善、赠医施药，有求必应”等方面的传说、故事和诗歌等传唱于民间、演奏于宫观，并流传于香港、台湾以及世界各地，黄大仙作为道教神仙人物，也为世人所敬仰。围绕着人文圣山、道教名山、侨仙祖庭金华山，确立“世界侨仙源”，以及“世界侨仙黄大仙文化发祥地、世界华商侨胞朝圣地、世界财富文化寻根地、世界善美文化输出地”开展黄大仙道教音乐的研究，传唱黄大仙的故事具有重要的价值和意义。

（一）提高“世界侨仙黄大仙”知名度

通过黄大仙道教音乐，充分挖掘黄大仙道教文化的潜力，配合国家的“一带一路”倡议，沿古丝绸之路传播黄大仙的故事，可以提高黄大仙在丝路沿线国家的影响力和知名度，让世界更多的国家和友好人士认识黄大仙，研究黄大仙，熟悉黄大仙，喜欢黄大仙，最终信仰黄大仙。同时，结合金华地区的旅游文化资源，如黄大仙祠，又名赤松观，世代祀奉之传统。通过黄大仙道教音乐的创作、普及和宣传，让世界真正认识和了解黄大仙，提高“世界侨仙黄大仙”在古丝路国家中的知名度。

（二）塑造“侨仙祖庭金华山”品牌形象

金华山作为黄大仙文化的发源地，并经历约 1600 余年的传承，其黄大仙道教音乐创作资源是极其丰富的。黄大仙道教文化在金华不仅有丰富的文化积淀，还有众多的宫观建筑和遗迹等物化资源。这些都为黄大仙道教音乐的创作和普及提供了得天独厚的条件。金华山修建黄大仙祠，又名赤松观，有世代祀奉之传统。世界各地信奉黄大仙的，均以金华为“仙乡”，以赤松观为“祖庙”。祀奉黄大仙的庙宇也遍布东南沿海一带，以至东南亚及美国。通过黄大仙道教音乐的创作和普及，可以更好地宣传金华山、宣传黄大仙祖庭，可以更好地塑造“侨仙祖庭金华山”的品牌形象。

（三）提升“世界侨胞朝圣地”艺术品位

金华山有丰富的道教建筑艺术硬件，如黄大仙祖宫、金华观、朝真洞、双龙古堡等宫观、遗迹等，构成了黄大仙文化的物质载体。但有关黄大仙道教文化艺术的软件，如黄大仙道教音乐、歌曲、文学作品、小说、小品、相声、戏曲、歌舞、雕塑、舞蹈、动漫等还需要大力加强，以便提高黄大仙文化在古丝绸之路的文化软实力。丰富和加强黄大仙道教音乐的创作，使之有更多的黄大仙文化艺术作品问世，可以不断提升“世界侨胞朝圣地”的艺术品位，让更多人感受到黄大仙和金华山所具有的文化魅力和艺术感召力。

（四）强化“世界财富寻根地”文化定位

通过创作黄大仙道教音乐，歌颂和宣传黄大仙文化，有利于传承金华山道教文化瑰宝，挖掘地方道教文化精髓，开发地方的旅游资源，发展旅游产业，扩大金华山的知名度，促进黄大仙旅游资源整合，培育黄大仙文化产业的增长点，有利于“世界财富寻根地”品牌运作；推进以黄大仙道教音乐为代表的多元文化发展，拓展“世界财富寻根地”品牌外延发展，积极回报信众、华人华侨和港澳台同胞对于黄大仙的崇拜和信仰。通过黄大仙道教音乐，完善“世界财富寻根地”各项措施，对于强化金华山“世界财富寻根地”的文化定位具有重要意义。

（五）赞美“世界善美输出地”丝路共识

黄大仙道教文化的精髓蕴含着“普济、劝善”等思想内容，以“行医问药、济世行善”为核心的黄大仙道教文化源远流长，并曾传播到世界各地。通过黄大仙道教音乐赞美“世界善美输出地”的丝路共识，可以沿古丝路继续传播“普济劝善，有求必应”的散财（善美）文化，为建设和平、繁荣、开放、创新、文明之路做出贡献。在金华山确立“世界善美输出地”，传播善美文化可以让古丝绸之路融会更多的“善”和“美”，通过黄大仙道教音乐传播“普济劝善、有求必应”的善美文化，让丝路国家共建民心之桥，共促善美文化，有利于“一带一路”沿线国家共享文明发展成果，共建和平、繁荣与进步。

一念之孝——净明忠孝的心性传续

李　刚*

内容提要：根据经教文献描述，净明道倡导通过心灵的感应而传承传统文化中的“孝”的思想从而实现与道合真的超越。《幽明录》中记载许逊能够破解他人的梦，还能够感应到过世祖先的指点。孝道派经书中，认为“孝”的天人感应符合道性，并且开始将“孝”由外部视角的伦理约束向内在心灵的主体存在转变。元代《净明忠孝全书》中，刘玉在义理上实现了“孝”的心性化。认为“孝”是由自我的“本心”感动父母的“他心”并立刻得到绝对存在的“天心”的印证，由此建立了道家道教的以“心性孝道”为核心理念的“新孝道”义理体系。净明忠孝道的心性化对现代中国人精神生活的启示为：当社会环境变迁发生，依附于原来文化载体的心灵传续如“孝心”并未断绝，而是在剥离不适宜的行为因素之后，结合集体记忆成为新的孝道，作为中华民族共同的心灵契约、精神资源和民族信仰。

关键词：净明道　心性　孝道　民族信仰

道家道教对于“孝”的思想解读具有与儒家不同的维度。相比较而言，儒家侧重从社会伦理角度阐发“孝道”的精神，并极为重视“孝心”指导下的“孝行”及其所带来的社会评价意义。而道家道教则注重通过“孝道”思想而修心炼性，从而实现超越性的“与道合真”，所以更为注重“孝道”思想对“道体”“道性”“道心”与“性命”等观念范畴的终极义理影响。

* 李刚（1971—），男，福建厦门人，厦门大学2016级中国哲学博士生，研究方向：道家道教哲学与义理。

一、道家道教经典中对“孝道”的倾向

溯源来看，道家道教的“孝道”思想演变呈现出一种倾向于社会化和群体化反思的特征。早期道家经典中，老子的孝道观属于一种居高临下的审视，但仍然肯定其社会的积极性，例如在《道德经》中所述：“六亲不和，有孝慈”（《道德经·第十八章》），“绝伪弃诈。民复孝慈”（《道德经·第十九章》）。[①]

相比较于老子对“孝”的形而上审视视角，庄子对“孝”则更为注重其对人的身心影响。庄子认为“孝道”对于个人具有积极的意义：“子之爱亲，命也，不可解于心；臣之事君，义也，无适而非君也，无可逃于天地之间。是之谓大戒。是以夫事其亲者，不择地而安之，孝之至也；夫事其君者，不择事而安之，忠之盛也；自事其心者，哀乐不易施乎前，知其不可奈何而安之若命，德之至也。”（《庄子·内篇·人间世第四》）“孝子操药以修慈父，其色燋然，圣人羞之；……孝子不谀其亲，忠臣不谄其君，臣子之盛也。”（《庄子·外篇·天地第十二》）“庄子曰：至仁无亲。太宰曰：荡闻之，无亲则不爱，不爱则不孝，谓至仁不孝，可乎？庄子曰：不然，夫至仁尚矣，孝故不足以言之。此非过孝之言也，不及孝之言也。夫南行者至于郢，北面不见冥山，是何也？则去之远也。故曰：以敬孝易，以爱孝难；以爱孝易，以忘亲难；忘亲易，使亲忘我难；使亲忘我易，兼忘天下难；兼忘天下易，使天下兼忘我难。”（《庄子·外篇·天运第十四》）[②]

《列子》保持了一种相对主义的“孝道”观：“楚之南有炎人之国，其亲戚死，剐其肉而弃之，然后埋其骨，乃成为孝子。秦之西有仪渠之国者，其亲戚死，聚柴积而焚之，燻则烟上，谓之登遐，然后成为孝子。”（《列子·卷第五·汤问篇》）[③]

《文子》强调“孝道”在社会互动中的复杂性：“宦败于官茂，孝衰于妻子，患生于忧解，病甚于且愈。故慎终如始，则无败事也。”（《文子·卷第四·符言》）“君臣有道则忠惠，父子有道则慈孝，士庶有道则相爱。故有道则和，无道则苛。”（《文子·卷第五·道德》）[④]

《淮南子》则完全肯定了“孝道”的正面社会价值：“古者圣人在上，政教平，仁爱洽，上下同心，君臣辑睦，衣食有余，家给人足，父慈子孝，兄良弟顺，生

---

① 王弼：《老子道德经注》，北京：中华书局，2014 年，第 46 页，第 48 页。

② 郭象注、成玄英疏：《庄子注疏》，北京：中华书局，2015 年，第 85 页，第 240—241 页，第 269—270 页。

③ 杨伯峻：《列子集释》，北京：中华书局，2012 年，第 159 页。

④ 王利器：《文子疏义》，北京：中华书局，2000 年，第 211—212 页，第 219 页。

者不怨，死者不恨，天下和洽，人得其愿。”（《淮南子·卷八·本经训》）[①]

《太平经》中注重“孝道”及其内在的感应所带来的个体与社会收益：“父为慈，子为孝，家足人给，不为邪恶。”（《太平经·解承负诀》）“慈孝者，思从内出，思以藏发，不学能得之，自然之术。行与天心同，意与地合。”（《太平经·卷第73—80阙题》）[②]

《抱朴子》则延续汉代谶纬学说的思想，认为“孝道”与天地感应紧密联系：“蔡顺至孝，感神应之。”（《抱朴子·内篇·微旨》）[③]宋代风行的《太上感应篇》思想溯源于此类似。

记载净明道祖师许逊的汉魏六朝笔记小说《幽明录》中写道：“许逊少孤，不识祖墓，倾心所感，忽见祖语曰：‘我死三十余年，于今得正葬，是汝孝悌之至。’因举标榜曰：‘可以此下求我。’于是迎葬，葬者曰：‘此墓中当出一侯及小县长。’”[④]认为“孝道”感应不仅限于天地之间，还可以扩展到祖先并影响到后代的传续联系，具有中华民族文化的精神传承特质。

总体而言，上述道家道教经典对“孝道”思想的解读与阐释，虽有哲学意味的思考，但从解读对象范围上看，仍然是将“孝道”限定为一种自然发生的社会伦理加以讨论，并未实现哲学化的抽象。

二、孝道派道经的形而上义理努力

隋唐时期许逊教团崇拜的孝道派经书中的两部经典对“孝道”思想的解读，具有突破汉代谶纬关于“孝道”天人感应的思想而向“主体心灵层面”的形而上义理方向努力的特质。此二种经书即《元始洞真慈善孝子报恩成道经》以及《洞玄灵宝道要经》。相比较这两本经而言，大约同期出现的《太上老君说报父母恩重经》和《太上真一报父母恩重经》等则过于注重因果福报的社会劝善功能，未向义理层面的抽象化做更多尝试。

孝道派经文对于“孝道”形而上义理方面的努力，体现为将“孝道”从社会伦理视域解放出来，而进入世界观领域的“道性论”。为此，首先赋予“孝道”

① 何宁撰：《淮南子集释》，北京：中华书局，2011年，第599页。

② 王明：《太平经合校》，北京：中华书局，1985年，第24页，第301页。

③ 王明：《抱朴子内篇校释》，北京：中华书局，1996年，第127页。

④ 刘义庆：《幽明录》，《汉魏六朝笔记小说大观》，上海：上海古籍出版社，2017年，第713页。

概念以神圣和超越性。《元始洞真慈善孝子报恩成道经》（即《洞玄灵宝八仙王教诫经》）中先是说："孝心高远，神力无比，回天转地，制御阴阳。赊促运度，驱役千灵，感动祥瑞，无翼而飞。瞬息九万，屈伸之顷，已周万天，皆由至孝"，强调了孝的神圣超越性，同时也指出孝心"感动祥瑞"的遍在性"感应"，而这一切的缘由在于"至孝"。对道家道教来说"真"和"至"均非外部现实中的"真实"和"临界"含义，而是指向内在心灵与外部世界的契合达到了完全圆融的状态，突出的是"道心"自我觉悟。接着该经文中又说道："下世男女，修吾孝道，与道同德。既同德已，与道同光，既同光已，与道同真。既同真已，与道同身。既同身已，与道同神。既同神已，与道同变。既同变已，与道同寿。既同寿已，与道同有。既同有已，与道同无。既同无已，无处不无。无处不无，亦无处不有。无处不有，寂寥虚豁。无处不无，随心应变。"[①] 这段经文勾勒出一套完整的孝道"感应"从遍在性转向自在的逻辑链条，即孝道本体论的基础上，孝道通于道性的"主观"，从德、光、真、身、神而后指向"生发性"的变、寿、有、无，然后再到内在"随心应变"的道心自在觉悟。经文中的"真"意味着遍在性与自在"一体两面"的融摄状态，与之前的"至"相呼应，勾连了孝的超越性与心灵的关系，贯通孝道"感应"从遍在转向主体心灵自在的路径。

肯定了"孝道"的神圣性与超越性之后，孝道派经文进一步将其进行内向性的转化，纳入"孝心"的层面。值得注意的是，孝道派的"孝心"与儒家所讲的"孝心"不同。儒家所讲的"孝心"是与"孝行"相联系的内外行动准则，是属于社会伦理孝道的范畴。孝道派的"孝心"本身就具有"本体性"，是一种形而上的存在。《洞玄灵宝道要经》中写道："心出于虚，道入于无。虚无相感，不动而应。应则道成，成孝道也。故虚心以待物，物亦虚心以待之。彼此相待，然后神交。先通其神，后通其身。身神俱通，则孝道成矣。"[②] 认为孝道之所存在，主要是道本身所具有的"虚"与"无"的属性所导致的，而并非一定是因为社会伦理要求的存在而产生。进一步，要了解"孝道"的本质，主要是通过"心灵层面"的感应而非外部天地世界的感应。本质上，道教"孝道"存在的根本是"通

---

① 《元始洞真慈善孝子报恩成道经》，《道藏（第24册）》，上海：上海书店，天津：天津古籍出版社，1988年，第660页。

② 《洞玄灵宝道要经》，《道藏（第24册）》，上海：上海书店，天津：天津古籍出版社，1988年，第303页。

神”而达成“超越天地”的效果，即“与道合真”。接下来又强调“孝道”的形而上特质：“孝道无形，不可取相。孝道弘大，不可舍相。取舍无相，真应动用，如无尽藏。无尽藏故无取无舍，有取有舍则有穷有怠。穷则非道，怠则非孝。不穷不怠，是名孝道。孝如嘘吸，气不可停。停气则身灭，停孝则道败。喘息继念，行住忆想，故念念在心，不可放舍。放舍则道败，故不可舍也。”这段话认为“孝道”是无形无相的，并且是属于能够决定生死存亡的最高存在者一般的存在，其根本在于心的取舍。

由于隋唐孝道派将“孝道”向心灵层面转向的努力，从而影响到了南宋净明道的义理，在其经典论著中频繁出现“心性”这一词语。《高上月宫太阴元君孝道仙王灵宝净明黄素书》中：“凡学《黄素书》者，务在调其心性。心性之用，象于鉴水，如彼应接，无嫌妍丑，不得方圆。可住即住，可行即行，自然而已，则深得其妙也。凡学《黄素书》者，既知立行，必学守持。守持之术，当思一身何所从来？复何所从去？于来去之中，识其所以，自然通神，则仙道成矣。”[①] 按此文意，要求修行者时刻以“心性”的“自然通神”为体悟体验，由此不失于道体道性。这一修行方式着力于心性作用，认为“心性”直接影响到成仙得道的最终目的。

至于“孝道”心性与“道”达致超越的关系是彼此契合又各自侧重，这些观念的建构必然属于融摄的。对此《高上月宫太阴元君孝道仙王灵宝净明黄素书》经文阐释：“父母，天地气也。君上，日月也。未有先天地、日月，而可以行于世者也。故孝道之本，散而为孝。孝之节，成于大道，超于仙域，故其宜也。人之一身，如有天地。天地父母，如有元气。日月君主，如有心肾耳目。未闻无此而可长生也，要在坚持孝。生为八极，八极既备，如有栋梁，孰得而倾之也。”[②] 按照经文所讲，自我与“父母君王”等主体，面对“天地日月”的客体世界，坚持“孝”的“心性”修行，获得形而上学的“道体道性”而最终超越。根据考证文献先后，此文中所倡导的“孝”与“心性”早于刘玉在《净明孝全书》中所阐发的“孝的心性”，其中已经蕴含了将“孝”不局限于人伦纲常，而是视为“超

---

① 《高上月宫太阴元君孝道仙王灵宝净明黄素书》，《道藏（第24册）》，上海：上海书店，天津：天津古籍出版社，1988年，第501页。

② 《高上月宫太阴元君孝道仙王灵宝净明黄素书》，《道藏（第24册）》，上海：上海书店，天津：天津古籍出版社，1988年，第518页。

越性”的修炼手段之意。从净明道经教的历史传承角度考察，净明道以“孝”丹道修炼达致“成仙得道”超越的“心性”归复，是一种根本的旨趣。其义理上，将阴阳之气的内在运行，视为与“孝”伦常一样具有道体道性的架构，因此心性功夫最终目的是使内在的“气”运行的规范化，触动本性“炁”之发动，并能够与外在的世界相验证，乃至得以超越飞升。

三、元代净明道鼎兴时“孝道”心性化义理成就

在“三教合一”思潮持续影响下，元代的净明忠孝道教义强调“孝”作为一种符合天命的“自然之道”的“心性本体”作用。净明道新派掌教刘玉的“孝”其“神圣性”不再局限于“天宫仙职”，而聚焦在“天命流行”的心性义理，从“天上之道”归复于“人心”。《玉真先生语录》开篇即说：“净明只是正心诚意，孝只是扶植纲常。”[①] 值得注意的是，按照刘玉对“纲常”的理解，它不仅仅被视为符合“孝心”的“孝行”所应具有的道德伦理的“绝对律令”，而是应被为具有“心性之道”的形而上本体特性，因此并不妨碍对“道”终极追求的超越性及其神圣性。

刘玉所创设的净明忠孝道派的经教传承中，将心性与道性的相通关联进行反复论证，其“孝道”带有“神圣”心性化特征。通过导入“孝”观念，在“道性”与“心性”之间架构关联，使彼此间在心灵内部得以贯通。例如《太上灵宝首入净明四规明鉴经》中写道：“道者性所有，固非外而铄；孝弟道之本，固非强而为。得孝弟而推之忠，故积而成行，行备而道日克。是以上士学道，孝以立本也，本立而道日升矣。”[②] 强调“道性非外”，通过“孝”属于“道性之本”而将“道”与“内心”联系在一起。因此“孝”作为基本理论要求是不能违背的。分析经文的义理，何谓“孝以立本”？可以认为“孝”乃是道性之本。如何理解“本立而道生”则可求诸内心自性与天性之合。按照这样的说法，可以理解为净明道教义已经将“孝”在心性修炼方面提升为“神圣的”，“孝道”在形而上学方面实现了“自为的存在”。

---

① 《净明忠孝全书·玉真先生语录》，《道藏（第 24 册）》，上海：上海书店，天津：天津古籍出版社，1988 年，第 635 页。

② 《太上灵宝首入净明四规明鉴经见》，《道藏（第 24 册）》，上海：上海书店，天津：天津古籍出版社，1988 年，第 614 页。

对于“孝心性”自为存在的方式，《太上灵宝首入净明四规明鉴经·成终章第四》是如此解释：“何谓净，不染物。何谓明，不触物。不染不触，孝自得。生乎由是，死乎由是。孝立，而心性得矣。”[①] 虽然此段经文中带有佛家禅净思想的影响，并且带有儒家的生死孝意味，但是其主旨大义却是要通过孝心性的成立实现道性的贯通与超越。从净明道的教义角度，“净明”的含义等同于“道体”或“道性”，是形而上学范畴。此段经文将“孝”视为“不触不染”的“净明”自然而然的产物——“不触不染，孝自得”。对净明道的修行来说，孝一旦得以确立，那么心性随之呈现。此种“心性”是主体反映出的“道”的本体的存在，所以既可以代表“道体”，也可以代表“道性”，在净明道教义体系中其主要作用是完成宗教行为的“修行”。

这样就形成了论证：孝是道体道性的根本，意味着人伦与世界的融摄；净明是道体道性的表现，意味着个体与群体的境界相通。而“孝”与“净明”又是相通相洽的，所以净明道致力贯通的是“个体与群体、出世与入世”。实现这一目标的载体，是心性存在与作用的“体用唯一”。一方面，心性作为中介性的存在，将孝与净明联结成同体异面的道体；另一方面，心性作为手段功夫的作用，将孝与道性契合为不断提升的境界。

从刘玉与弟子的对话记录（《玉真真人语录》）中几次提到“真忠至孝”这个概念，确证净明道“孝的心性”的修炼目的是“真忠至孝”：“先生曰：吾但闻都仙真君有云，净明大教是正心修身之学，非区区世俗所谓修炼精气之说也。正心修身，是教世人整理性天心地工夫。……帝君复授之都仙真君，必欲后之学者，由真忠至孝复归本净元明之境。修炼之妙，无以易此矣。正是复古之学。所以至胡天师，复申言之曰：贵在孝立本，方寸净明，四美俱备，神渐通灵，不用修炼，自然道成，信斯言也，直至净明。”[②] 在刘玉看来，真正的修行是“修心”，信徒只要将自身的道德品质提升到一定程度，自然就会获得代表着道体道性的“神仙”的认可，得以“位列仙班”，成为超越性的存在。其中的道理在于，“孝”是人最重要的品质品性，是与净明道体道性相通的，通过“孝”的心性功夫，则获

① 《太上灵宝首入净明四规明鉴经·成终章第四》，《道藏（第24册）》，上海：上海书店，天津：天津古籍出版社，1988年，第615—616页。

② 《玉真真人语录》，《道藏（第24册）》，上海：上海书店，天津：天津古籍出版社，1988年，第636页。

得“净明”的心性境界。

刘玉对宋明理学心性思想的取舍，遵循着以“道”为本，以“成仙”为最终目的的原则，所以其所阐发的“孝心性”，不仅仅像儒家那样的入世侍亲、事君等“孝”社会行为准则的“道德律条”，而是将其视为“得道成仙”的超越性功夫境界。所以刘玉所重新诠释的“孝的心性”作为内化的心性功夫，首先是将“孝的心性”的内涵普遍内化，从而把“孝”的地位抬高，从世俗中逐渐引导到形而上学层面。如《玉真先生语录·内集》中所载先生曰：“大忠者一物不欺，大孝者一体皆爱”。[①] 在对“孝心性”的理解上，此一时期的净明道，不再仅仅将“孝”视为社会伦理概念，而是将其进行心性层面内在化。所谓“大忠”对应原来的“小忠”，“大孝”对应原来的“小孝”。那么“大忠”与“大孝”之“大”在何处？刘玉的解释是“一物不欺”，“一体皆爱”，也就是说此一“孝的心性”具有普遍性。如此，净明道此时的“孝”伦理与宋明理学的“天命流行”“理一分殊”仍未有较大区别。“欺与爱”都是人心性的产物，而非原本道体道性的客观律条。同样来自《玉真语录》的进一步解释：“忠者，忠于君也。心君为万神之主宰，一念欺心，既不忠也。”[②] 此一种转向心性论的理论旨趣已经与程朱相分开，但是相对于原本的许逊孝道教团崇拜和南宋净明道经文中的视“孝”为“道体道性”已经有了“主客之分”。原本净明道的“孝心性”是与道体道性相匹配的“形而上存在”，显化成为社会上的行为准则或实践伦理。而刘玉的“孝心性”更为内化，是一种功夫，是要“须是一念之孝能致父母心中印可，则天心亦印可矣。如此方可谓之孝道格天”。[③] 另外则将“孝心性”伦理作为修行内化，也就是将其转为心性功夫修炼并体悟其境界。如刘玉对修仙得道的理解：“古者忠臣孝子，只是一念精诚，感而遂通。”看起来很简单的功夫，但是如何做到“一念”而“通”，则需要：“前念为念，后念为照。念起不着，净心守一。但灭动心，不灭照心。但凝空心，不凝住心。湛然常寂，是名空心。止动归止，是名照心。寂

① 《玉真先生语录·内集》，《道藏（第24册）》，上海：上海书店，天津：天津古籍出版社，1988年，第635页。

② 《玉真语录》，《道藏（第24册）》，上海：上海书店，天津：天津古籍出版社，1988年，第635页。

③ 《玉真语录》，《道藏（第24册）》，上海：上海书店，天津：天津古籍出版社，1988年，第635页。

照两全，洞合道源。净极明生，玄之又玄。”[①] 这样的心性功夫修炼，绝非一朝一夕所能达成，而在达成的过程与结果之间，修炼心性功夫就会导致抵达“证真”境界，也就是“孝”心性与“净明”境界的融摄。

从“孝道”流变的“行为”维度来看，刘玉减弱了“孝”通过实施斋醮科仪、符法罡步等仪式活动与“天上之道”的联系，而是强调“孝”作为“一念精诚、感而遂通”应具备的心性修养，突出“神圣孝”与天命流行的“心性之道”的关系。例如在《净明孝全书·玉真先生语录》中写道：“或问：道法旧用奏申文字，今只上家书，无乃太简乎？先生曰：古者忠臣孝子，只是一念精诚，感而遂通。……家书不须亦可。”[②] 这说明刘玉对修炼方式的体用开始转向心灵层面。由于这种转向属于开创性的，与原本的做法不同，从而导致弟子门人的疑问，刘玉解释为归于对“孝”心性修养的一念之间，这种做法虽有儒家色彩，但道家道教中也本有此传承脉络，如隋唐“重玄学”及北宋张伯端的“内丹道”。简化符法，侧重心灵修养，对当时净明道的“孝道”义理，产生深远影响。

相比于南宋初创期，将“孝”视为道性素养和成仙得道的“神圣”条件，元代净明道鼎盛期的理论，则是通过心性论阐释，将“孝”视为“先验逻辑”。在刘玉及其门人看来，“孝”即是“纲常”。托名胡惠超的《净明大道说》直接说：“孝，大道之本也，是以君子务本，本立而道生。孝弟也者，其为仁之本与！……要不在参禅问道、入山炼形，贵在乎孝为本、方寸净明；四美具备，神渐通灵，不用修炼，自然道成。”[③] 其中将“孝”等同于“仁本”，而这个“孝为本”又是能够通过心性而联系在一起，即“方寸净明”。如果说南宋净明道创立时“孝心性”是从主体之外看待道体道性对主体内在“与道合真”的要求，那么元代刘玉净明道的“孝心性”则是从主体之内观察自身践行“真忠至孝”的效果。从教义传承延续的角度上看，元代刘玉创建的净明孝道虽与南宋净明道没有直接的传承联系，但是对于许逊孝道崇拜时期和南宋净明道时期所出的经文大多认可。这些经文仍然是以“成仙得道”的超越性追求为主旨，义理源流仍然本自经典经文的

① 《玉真语录》，《道藏（第 24 册）》，上海：上海书店，天津：天津古籍出版社，1988 年，第 647 页。

② 《净明忠孝全书·玉真先生语录》，《道藏（第 24 册）》，上海：上海书店，天津：天津古籍出版社，1988 年，第 641 页。

③ 《净明忠孝全书·净明大道说》，《道藏（第 24 册）》，上海：上海书店，天津：天津古籍出版社，1988 年，第 633 页。

传承。因此，在义理传续方面南宋净明道与元代净明忠孝道属于同一经教体系。相对于隋唐孝道派，我们可以称其义理为“新孝道”，而这个“新孝道”又是以“心的孝道”为核心构建义理体系的。

从经教传续来看，净明道“心孝道”的流变脉络延续了隋唐孝道派义理“心性超越”的路径方向。净明道的“心孝道”经由心灵层面持续发生作用，从而将终极之“道”与“心性”与“孝”结合起来，显现“心性”的接近“神圣之道”的终极超越。若从净明道的经教传承立论，其教派的根本道论则可归结为“孝道何以净明”的问题。若从心性论角度分析，则净明道的主要经义是阐述心性修养如何将“孝道”与成仙得道的“净明境界”融摄，使道教徒的出世修道与入世济世的主张并行而贯通。由此而建构的净明道的“孝道心性”和“净明心性”，在诸多道派中独树一帜。考察净明道经教传承的义理脉络，“净明”是核心，“孝”是道体与道性的根本，实现“与道合真”超越的路径是心性的炼养。这样的理路完全不同于儒家将“孝道”视为社会伦理律条的做法，因此更具有长久的生命力。当时代环境发生变迁之后，原本具体的“孝道行为”不再合时宜，则儒家“孝心”观念受到冲击和质疑。但是净明道的“心孝道”义理是基于“孝”在心灵层面的形而上本质存在的，是内向反思类型的存在，因此具有融摄“孝道”主体与“心性”本体的意义，可以随时代变迁而调适其具体指导下的“孝行为”。

纵观分析，净明道“孝观”从诸多本土道派思想中汲取养分，能够依据宗门义理发展而自发创新，保持了在变动的历史社会语境中的独立自洽性，不断地创新“孝”观念的超越与归复。通过考察净明道的“孝观”的流变，能够追踪中华民族千年以来影响深远的“孝道”思潮变化，结合当今国民的集体记忆成为新的孝道，作为中华民族共同的心灵契约和民族信仰，也是“中国梦”得以实现的传统文化的精神资源。

泰卦的文化意涵与生命关怀

郑志明 *

内容提要： 泰卦上坤下乾，外卦三阴爻，内卦三阳爻，形成均等的对应关系，天的阳气清轻必上腾，地的阴气浊重必下降，天地异位导致上下的阴阳应合与气化相通。即阳气主升而又始生于下，阴气主降而又发于上，乾坤各得其位，有助于天地气交的生化作用。泰卦之名即用来彰显阴阳交感之象。此种阳长阴消的观念，除了自然义与人文义外，不能将神话性质的鬼神义排除在外，在卦辞与爻辞中虽未明言鬼神的宗教内涵，可是在阳长阴消的观念下魂魄与鬼神必然含藏其中。以阴阳配鬼神的说法由来已久，早就存在着神尊鬼卑的信仰心理，魂神为阳归之于天，魄鬼为阴归之于地，泰卦呈现出上升魂神与下降魄鬼的相会之象，说明了神道之长与鬼道之消，或者是内神而外鬼。泰卦六爻，下三爻着重在阳气的上升，上三爻着重在阴气的下降。引申到神话的情境上，下三爻反映出魂神上升的特征与属性，下三爻反映出魄鬼下降的特征与属性。

关键词： 周易　泰卦　卦辞　爻辞　生命关怀

一、前言

泰卦上坤下乾，外卦三阴爻，内卦三阳爻，形成均等的对应关系，天的阳气清轻必上腾，地的阴气浊重必下降，天地异位导致上下的阴阳应合与气化相通。即阳气主升而又始生于下，阴气主降而又发于上，乾坤各得其位，有助于天地气交的生化作用。泰卦之名即用来彰显阴阳交感之象。根据小篆的字形像一双手在水上洗濯的动作，上方的“大”是声符。其本义为洗濯，在古籍中常用于通达、安定、美好、宽裕、极大等义[①]。《序卦传》曰：“履而泰然后安，故受之于泰，泰

* 郑志明（1957—），男，博士，辅仁大学宗教学系教授，研究方向：中国宗教。

① 李乐毅：《汉字演变五百例续编》，北京：北京语言大学出版社，2000 年，第 352 页。

者通也。”即着重在“安”与“通”等义，显示此卦偏重平安与通达的作用。

泰卦的卦辞主要在于“小往大来”四字，重点在于“小”与“大”的指摄内涵为何呢？根据《彖传》的解释，“小”有“地”“下”“阴”“顺”“小人”等义，“大”有“天”“上”“阳”“健”“君子”等义。这些都是后来的人文内涵，若推到古代的宗教与神话的场景，“小”与“大”是否另有所指，其可能指称的内容为何？“小往大来”可等同于“阴往阳来”，阴在神话的名相或可等同于魄与鬼，阳可等同于魂与神，即称为“魄往魂来”与“鬼往神来”。从魂魄与鬼神等观念，重新解读阴阳的小大现象，或许更有助于对泰卦本义的理解与分析，掌握到神话时期的文化特征。

《周易》的卦辞与爻辞虽然用文字将语言性质的神话加以写定，原有的神话色彩可能因文字的重新解读而逐渐淡忘或亡失。泰卦阴阳的小大，不是纯粹的气化现象，也不能纯从西周以来的人文思想来加以理解，魂魄与鬼神等观念基本上还是源自原始宗教，重视人与鬼神的关系更甚于人与天地的关系，虽然人与天地之间的宇宙造化课题由来已久，但人自身魂魄与鬼神的转换神话可能更早于宇宙论题。在先秦文献中有一些关于魂魄与鬼神的记载，虽然已夹杂了不少后代的人文观念，已非早期原始宗教的原生形态，却仍有助于理解人生命转换过程中的鬼神信仰。

二、卦辞的文化意涵

阴阳各半的泰卦可视为乾坤的合体，强调的是天地交合与阴阳会通，对此现象卦辞简单地以“小往大来”来做说明，如曰：

泰，小往大来，吉亨。

泰卦的内涵主要就在于“小往大来”。先解往与来二字，甲骨文的“来”字通“麦”字，像小麦之形。可能由于甲骨文“来”与“复”字相近，造字方法也相似，形成了返回的来意。甲骨文的“往”字为形声字，从止，王声，像一止向前，代表前进方向，有走出去之意，与来字相对[①]。就卦象而言，一卦分内外两

① 王祥之：《图解汉字起源》，北京：北京大学出版社，2009年，第490、107页。

体，下卦为内，上卦为外，以内卦为本，故从内至外，从下至上为往，反之为来。此句意为坤阴离去，乾阳进来。坤阴本在下，现居上，故称小往。乾阳本在上，现居下，故称大来。此为阴阳交合之象，又是阳长阴消之时[①]。“亨”通“享”字，即是指宗庙，回到神话的象征意，“小往大来”与宗庙祭祀有关，则“小”与“大”可能指称的是祭祀的对象，离不开鬼与神的关系，也离不开魄与魂的关系。

大多数注者只谈阴阳，不谈鬼神，更罕言魂魄，故意避开与宗教有关的课题。但是回到人民的祭祀活动，鬼神与魂魄的现象是无法避开与否定的。尤其是对祖先的祭祀，更会涉及魂魄与鬼神的信仰领域，如《左传》昭公七年曰：

人生始化曰魄，既生魄，阳曰魂，用物精多，则魂魄强，是以有精爽，至于神明，匹夫匹妇强死，其魂魄犹能冯依于人，以为淫厉，况良霄。我先君穆公之胄，子良之孙，子耳之子，敝邑之卿，从政三世矣，郑虽无腆，抑谚曰，蕞尔国，而三世执其政柄，其用物也弘矣，其取精也多矣，其族又大，所冯厚矣，而强死，能为鬼，不亦宜乎[②]。

此段引文是郑子产对魂魄、鬼神等内涵的解释，反映出当时对人生命的理解方式。《左传》昭公二十五年乐祈告人曰：

今兹君与叔孙，其皆死乎。吾闻之，哀乐而乐哀，皆丧心也，心之精爽，是谓魂魄，魂魄去之，何以能久[③]。

昭公二十七年有吴季札在旅行途中葬子时也有论及魂魄的言论，其语记载在《礼记》檀弓下篇曰：

延陵季子适齐，于其反也，其长子死，葬于嬴博之间。孔子曰：“延陵季子，吴之习于礼者也。”往而观其葬焉。其坎深不至于泉，其敛以时服。既葬而封，

① 梦湖编述：《周易上经小注》，台北：正一善书出版社，2010 年，第 256 页。
② 《十三经注疏·左传》，台北：艺文印书馆，1985 年，第 764 页。
③ 《十三经注疏·左传》，台北：艺文印书馆，1985 年，第 887 页。

广轮掩坎，其高可隐也。既封，左袒，右还其封且号者三，曰：“骨肉归复于土，命也。若魂气则无不之也，无不之也。”而遂行。孔子曰：“延陵季子之于礼也，其合矣乎！”[①]

以上三段引文，年代很接近，反映出当时人们对魂魄的观念。魂魄是人死后才出现，还是出生时就已存在，郑子产认为魄是指人出生后有的形体，魂则是指有此形体后产生出种种觉识与活动，若其人生前生活条件优厚，则能拥有精爽的魂魄，甚至达到神明的境界。死之后其魂魄还能凭依于人，形成淫厉的鬼。若人生前条件恶劣，凭依薄弱，魂魄的能量也弱，其死后未必能为鬼。郑子产认为人死后犹能有某种精神活动的出现，是因为生前种种活动的余劲未息与余势未已[②]。此种说法认为人出生后就有魂魄，死后有些人的魂魄会产生出凭依的作用。乐祈大致上承续了郑子产的说法，认为魂魄是人心的精爽者，死后魂魄就离开了人身，未言及魂魄的归宿。到了吴季札则有较具体的说法，指出骨肉的魄复归于土，人的魂气就离开而去，至于去向何方，也未有明确的说明。

有关魂魄的归宿，到了《礼记》已有较明确的说法，认为魂魄各有不同的归宿，如礼运篇曰：

夫礼之初，始诸饮食，其燔黍捭豚，污尊而抔饮，蕢桴而土鼓，犹若可以致其敬于鬼神。及其死也，升屋而号，告曰：“皋！某复。”然后饭腥而苴孰。故天望而地藏也，体魄则降，知气在上，故死者北首，生者南乡，皆从其初[③]。

魄是人的身体骨肉，死后则降埋于土下，知气则指人的魂气，死后飞升于上，何谓上是指何方，语意不清。在《礼记》郊特牲篇有更明确的说法：

有虞氏之祭也，尚用气；血腥爓祭，用气也。殷人尚声，臭味未成，涤荡其声；乐三阕，然后出迎牲。声音之号，所以诏告于天地之间也。周人尚臭，灌用鬯臭，郁合鬯；臭，阴达于渊泉。灌以圭璋，用玉气也。既灌，然后迎牲，致阴

① 《十三经注疏·礼记》，台北：艺文印书馆，1985年，第194页。
② 钱穆：《灵魂与心》，台北：联经出版公司，1976年，第61页。
③ 《十三经注疏·礼记》，台北：艺文印书馆，1985年，第416页。

气也。萧合黍稷；臭，阳达于墙屋。故既奠，然后焫萧合膻芗。凡祭，慎诸此。魂气归于天，形魄归于地。故祭，求诸阴阳之义也。殷人先求诸阳，周人先求诸阴[①]。

人生时魂魄和合，死后魂魄分散，魂气归于天，形魄归于地。有关魂魄归宿的说法，到此大致完备。魂魄的问题与祖先祭祀有着密切的关系，显示亡者虽然已逝世，魂魄配合阴阳各有归宿，魄为阴往下归于地，魂为阳来上归于天，这是另种形态的魂魄相交，以祭祀的礼仪来感念亡者生前的魂魄，其气也能前来受享，宛如生时。魂魄虽然从人身分离，最后还是能重回天地，说明魂魄并未消失，转换成另一种阴阳能量而存在。

魂魄如此的精神能量，到了《礼记》祭义篇直接转化成鬼神，认为魂气上天为神，体魄降土为鬼，如曰：

宰我曰："吾闻鬼神之名，而不知其所谓。"子曰："气也者，神之盛也；魄也者，鬼之盛也；合鬼与神，教之至也。众生必死，死必归土：此之谓鬼。骨肉毙于下，阴为野土；其气发扬于上，为昭明，焄蒿，凄怆，此百物之精也，神之着也。因物之精，制为之极，明命鬼神，以为黔首则。百众以畏，万民以服。"[②]

此则引文将原为魂魄的观念转而成鬼神的课题，即将魂魄与鬼神合而为一，这是观念上的一大突破。所谓"气"是指魂气，"魄"是指形魄，二者各有其归属。魂气为神之盛也，或者可以说神是最盛的魂气，是人的魂气最终的归宿。形魄为鬼，即鬼是最盛的形魄，不只是骨肉形骸而已，还带有着骨肉形骸的精神意识，是人的形魄最终的归宿。此段话明确地指出，人生时有魂魄，死后魂魄会转化为鬼神。魂魄如何转换为鬼神呢？此段话有较具体的说明，指出人有生就必然有死，死后人的骨肉形骸必定要安葬于野土之下，归阴而为鬼。死后的魂气上升于天，此为百物的精神能量，转化为光明灿烂的神灵。人生时有魂魄，死后其精华的能量转化为鬼神。为什么会有鬼神呢？孔子从两个角度来做说明：第一为"明命鬼神"，承认人的生命必有终极的归宿，以使百姓有着敬畏之心，可以作为

① 《十三经注疏·礼记》，台北：艺文印书馆，1985年，第507页。
② 《十三经注疏·礼记》，台北：艺文印书馆，1985年，第813页。

生活的准则，依循祭祀的礼制，来安顿魂魄的终极归宿。第二为“合鬼与神”，死后虽然魂魄各有终极所归，在祭祀上则将要将鬼与神重新聚合起来，能合阴阳之气成为神圣的象征，这是最为极致的教化作用，可以称为神道设教。

到了先秦时代已将魂魄、鬼神等观念纳入国家礼乐制度之中，已非纯粹远古的宗教信仰内涵，加入不少后代人文的教化作用，但是其原本的信仰之情还反映在祭祀之中，如《礼记》祭义篇曰：

圣人以是为未足也，筑为宫室，谓为宗祧，以别亲疏远迩，教民反古复始，不忘其所由生也。众之服自此，故听且速也。二端既立，报以二礼。建设朝事，燔燎膻芗，见以萧光，以报气也。此教众反始也。荐黍稷，羞肝肺首心，见间以侠甒，加以郁鬯，以报魄也。教民相爱，上下用情，礼之至也[1]。

到了周代宗庙与祭祀被保存下来，是因为仍有着教化百姓的社会功能，其主要的目的在于反古复始，教导民众不要忘记生命的缘由与归宿。祭祀中有两个重要的礼仪，第一为“报气”，是对魂气的报恩，相应的仪式为建设朝事，燔燎膻芗，见以萧光。以火祭的仪式，使魂气能凭依萧光返回天上，具有返始的教化功能。第二为“报魄”，是对形魄的报恩，祭祀的各种虔诚的献祭，如荐黍稷，羞肝肺首心，见间以侠甒，加以郁鬯等，以种种献祭的仪式，使形魄可以在各种物品香气的引导下归往地下，具有相爱的教化功能，能教导民众上下用情，达到祭祀之礼的极致。

这种魂魄与鬼神的祭祀，虽然内容已被改造，带有浓厚的人文色彩，但是其背后的宗教信仰仍被保留下来，如《系辞上传》虽然强调《周易》的自然义与人文义，但是仍延续魂魄与鬼神的宗教之说，扩大了对人的生命与生死的理解，如第四章曰：

易与天地准，故能弥纶天地之道。仰以观于天文，俯以察于地理，是故知幽明之故。原始反终，故知死生之说。精气为物，游魂为变，是故知鬼神之情状。与天地相似，故不违。知周乎万物，而道济天下，故不过。旁行而不流，乐天知

① 《十三经注疏·礼记》，台北：艺文印书馆，1985 年，第 814 页。

命，故不忧。安土敦乎仁，故能爱。范围天地之化而不过，曲成万物而不遗，通乎昼夜之道而知，故神无方而易无体。

《周易》虽然是以天地的宇宙论为核心，但也关注人生命形态中的魂魄与鬼神现象。《周易》似乎是将鬼神之道也纳入天地之道中，但是二者还是有分别的，天地之道为明，鬼神之道为幽。天地是显明可见，在仰俯之间就能观察出天文与地理。魂魄与鬼神则是隐晦不见，是无形与抽象的存有。二者之间虽然也有不少相似的义理内涵，但是本质上还是有些根本性的差别。在《易传》中论及鬼神者很少，谈到魂魄观念只有这一章，这一章对魂魄与鬼神的关系大致上与《礼记》祭义篇相类似，认为魂魄死后转而为鬼神。此处的“精”指的是形魄，“精气”是指形魄之气，附着于物的阴气，“游魂”是指魂气的上升，相对于形魄的下降。则能知聚散的变化现象，进而明白阴精阳气的鬼神存有状态。从魂魄到鬼神，可以领会到生命从始到终的转化过程，即追溯根源的原始可以返回来推究出未来的终末[①]。此种原始反终的推知之理，有助于对生命死生现象的理解，阴阳交合而为人，阴阳分离则成鬼神，人与鬼神不是对立的，也是合而为一，与人与天地合一的情况是相似的。此人是自我德性修为的人，达到乐天知命的境界，不仅能取法天地来裁成万物的化育，更能参与鬼神莫测的至妙变化。

泰卦《彖传》不同于《系辞传》，完全排除魂魄与鬼神的观念，纯从天地阴阳的自然义，扩充到君子与小人之道，如曰：

彖曰：泰，小往大来，吉亨，则是天地交而万物通也，上下交而其志同也。内阳而外阴，内健而外顺，内君子而外小人。君子道长，小人道消也。

《彖传》对“小往大来”的解释，首先以天地来做对比，天为大，地为小，即地往天来，天原本就有亲上之性，在下的乾气必然会上腾，在上的坤气必然会下降，导致天地之气的相互交会，有助万物的生化与育成，其中也包含人的生息与繁衍，彼此气化流行而相通。其二以上下来做对比，上为大，下为小，乾气为大应在上，坤气为小应在下，形成二气上下交流的现象，这是天道之常与事理之

① 萧登福：《易经新译》，台北：文津出版社，2001 年，第 890 页。

同。“上下”或可从神话的角度来解读，则可视为上为神，下为鬼，成为鬼往神来，鬼向下归于地，神向上归于天，鬼神相交的作用，在于精神能量的调和与互动，也同于天道普遍流行之志。

其三以阴阳来做对比，阳为大，阴为小，即阴往阳来。又以内外来做对比，形成了内阳而外阴，内为大，外为小，形成了外往内来。泰卦乾下坤上，乾为内卦，坤为外卦，能导致内外的交流与阴阳互动。其四以健顺来做对比，健为大，顺为小，即顺往健来。健为乾之德，顺为坤之德，是以乾坤的德性来补充说明内阳而外阴的现象，肯定内阳之健与外阴之顺也是相互调和，其作用在于扶阳与抑阴。其五以君子小人来做对比，君子为大，小人为小，即小人往君子来，从内外来做对比，则为内君子而外小人。从扶阳抑阴的观点来说，强调的是亲近君子与远离小人。从阴阳进退的观点来说，则是君子的阳道进而长，小人的阴道退而消。

泰卦的《象传》直接从天地交之象，来强调天地之道，以及君王如何以天地之道来教化万民，如曰：

象曰：天地交，泰。后以财成天地之道，辅相天地之宜，以左右民。

泰卦的卦象就在于天地之交上，因乾为天在上，坤为地在下，阴阳二气必会相互往来而相交。“后”是指君王，即介于上帝与人民之间的君王，其主要的职责就是要在政事上符应天地阴阳四时的变化，以及万物生长的规律，支配万民从事生产与安排生活[①]。“财”字通“裁”字，为裁成与制定之义。问题是帝王如何裁成天地之道呢？天地之道本为自然规律，如何裁定呢？可知，裁定的不是天地之道，而是根据天地之道制定符合自然规律的各项制度[②]。所以重点在于“辅相天地之宜”，协助人们认识如何适应自然，以适当的人事措施，得以承天休而尽地利，引领人民安和乐利。君王参赞天地之道，是否也须顺合鬼神之道，引领人们在祭祀中能领悟死生的变化之理，从天命中探求生命的本分定数。

① 高亨：《周易大传今注》，济南：齐鲁书社，2009 年，第 118 页。
② 陈鼓应，赵健伟：《周易注译与研究》，台北：台湾商务印书馆，1999 年，第 121 页。

三、爻辞的文化意涵

泰卦的爻辞可以分成两部分，即内卦的三阳爻与外卦的三阴爻。内卦主要是以阳气的“大来”为核心，因所居的爻位不同，“大来”的性质略有所出入。外卦以阴气的“小往”为核心，因所居的爻位不同，“小往”的性质也略有出入。

先讨论内卦的三阳爻，在阳气的“大来”中，初九的阳爻位于乾卦之下，具有奠基的动力，如曰：

初九，拔茅茹，以其汇，征吉。

泰卦六爻都先有譬喻性典故，要先理解譬喻的内容，再推究其引申的意义。典故为“拔茅茹，以其汇”，茅与茹都是草的名字，主要的内容在“汇”字上。“汇”字《说文解字》从字形解释为类似豪猪的动物。在此可能是假借字，郑玄解为“勤”，王弼解为“类”，为会的假借字，指出此句的意义为拔其根而相牵引也。后人大多根据王弼的说法来加以引申，如程颐的《易程传》曰：

君子之进，必与其朋类相牵援，如茅之根然，拔其一，则牵连而起矣。茹根之相牵连者，故以为象。汇，类也。贤者，以其类进，同志以行其道，是以吉也。君子之进，必以其类，不唯志在相先，乐于与善，实乃相赖以济，故君子小人，未有能独立不赖朋类之助者也[①]。

程颐以“同志以行其道”作为爻辞的引申义。“征”由甲骨文的“正”字而来，示意为脚朝目的走去，后来加上道路的形状，表示走在通往目的地的道路上，产生出远行与征讨的含义[②]。若从神话的观点来解说，或可视为魂气同类共归于天为神。魂气上升将聚合同类，共成善道以庇佑万民。经典原本就是开放性的文本，可以往人文方向解读，也可以往神话方向解读，各有其引申的意涵与作用。

初九的《象传》大约是完成于人文时代，比较是从人的角度来进行解释，如

① 程颐：《易程传》，台北：河洛出版社，1974年，第105页。

② 窦文宇、窦勇：《汉字字源——当代新说文解字》，长春：吉林文史出版社，2005年，第210页。

曰：

象曰：拔茅征吉，志在外也。

将原来八个字浓缩为四个字，重点在“征”字上，强调有个明显的行为目的，以具体的拔茅行动展现出回归目的的雄心壮志。《象传》曰：“上下交其志同也。”所谓志同，即强调上下交流之志，内卦的阳气志在于上升于外卦，志在外强调阳气的上进作用。所谓志是指心的诚于中而形于外，即将内在的心志具体地外显于用上，此用即是征，努力朝向原先设定的目标。回到神话的象征上，志在外可以指称魂气的上升之志，带动阳气朝向成神之道。下卦的阳爻可以说是互为同志的关系，牵一爻而动全体，共同完成上升于天的成神目的。

泰卦的九二爻辞，在内容上较为丰富，较多譬喻性的典故，组合起来有解读上的困难，如曰：

九二，包荒，用冯河，不遐遗，朋亡，得尚于中行。

九二的爻辞大约可以分成五段图像来理解。第一段图像为“包荒”，“包”字的甲骨文与金文，像母亲腹中的胎儿之形，为胞的初文[①]。引申为包裹、包含、总括等意。“荒”字中的“亡”，甲骨文为人藏起来的示意图，有逃亡的含义，水中应有水却无水，农作物应结实却无实，表示因旱灾而严重歉收。其意指到处都是水干成旱。第二段图像为“用冯河”，“用”字的甲骨文与早期金文，像占卜用的骨版上烧烤出来的裂纹，古人凭借裂纹确定自己的行为，此为用的本义，后引申为施行、使用等义，如《说文解字》曰：“用，可施行也。”[②]“冯”字《说文解字》谓马行疾也。有学者认为从冰从马构成，是骑马渡过有冰的河流，产生出有办法、有勇气等[③]。《尔雅》释训篇曰：“冯河，徒涉也。”连马都没有了，徒步渡河，表示大水泛滥成灾，人们只能涉水凌波而渡。前一段是指旱灾，后一段是指

① 王宏源：《字里乾坤——汉字形体探源》，台北：文津出版社，1997 年，第 227 页。

② 熊国英：《图解古汉字》，济南：齐鲁书社，2006 年，第 269 页。

③ 窦文宇，窦勇：《汉字字源——当代新说文解字》，长春：吉林文史出版社，2005 年，第 463 页。

水灾。

第三段图像为“不遐遗”，“遐”字为远或长久，“遗”为亡失之意，此二字合起来，指已长久亡失，关键字在于“不”字上，根据甲骨文的字形，它像植物胚芽，根块植地生根之形[①]。此处“不”字应采造字的本义，是指农作物已长期无法萌芽，更遑论收割，意指民众受灾严重。第四段图像为“朋亡”，“朋”字一般都从朋党来做解释，实际上卦爻辞的“朋”字大多指古代的朋贝，“朋”字甲骨文各省一边的两贝，形作上下横并连。古代以贝为钱币，串五枚贝为一挂，两卦并连为一朋。甲骨文着眼于表明是并连的串贝，金文着眼于并连的串贝有多少，篆书着眼于并连串贝的形态[②]。此处表达不只食物没了，财物也没了。第五个图像为“得尚于中行”，是指在以上如此恶劣的环境下，必须有的对应行为。重点在“尚”字，有向上、往上之意，依中道而行，从九二上升到六五，都能相应于卦位之中，以中行之志来化险为夷，克服重重难关。

对于以上五种图像的解读，注疏家的看法也极为分歧，如王弼强调体健居中与用心宏大，朱子则是从爻位的立场来论占者的中行之心，如《易本义》曰：

九二以刚居柔，在下之中，上有六五之应，主乎泰而得中道者也。占者能包容荒岁而果断刚决，不遗遐远而不呢朋比，则合乎此爻中行之道也[③]。

朱熹是从后代的人文观点来解释前四个图像，强调占者本身应具备的四种德性修为，延续历代注疏家的共同看法，但与实际的图像意涵是有些距离。前四个图像组合起来，很明显就是指灾荒之年，在长期食物与财物缺乏的情况下，人民该如何？君王该如何？神灵该如何？还是要向上依中道而行，尤其是对神灵来说，这正是显化救民的好时机，魂气升天成神，必然随时关怀人民的生存，在如此艰难之时，更加义不容辞地坚守正道来普施于民。不仅神灵如此，君王也该笃行中道与民共渡难关。“尚”字彰显出魂气上升为神的弘大志向，特别是在严重灾荒的年代，除了仰赖神灵的圣显救济外，已无其他办法可施，此为“中行”的根本用意，回归于鬼神正常相交的中道。

① 康殷：《文字源流浅说》，台北：学海出版社，1991 年，第 248 页。
② 叶柏来：《解文说字》，广州：华南理工大学出版社，2005 年，第 187 页。
③ 朱熹：《易本义》，台北：万象图书公司，1997 年，第 101 页。

泰卦九二爻辞的难解，主要还是在于前四个图像的神话意涵上，若能先摆脱文字所形成的认知障碍，直接回到图像的表意上，就较容易解读，如《象传》似乎是纯从最后的图像来做说明，如曰：

象曰：包荒，得尚于中行，以光大也。

《象传》只讲爻辞的第一句与最后一句，中间因与第一句性质相同，省略。指灾荒之年，更要向上以行中道，以上进之志来成就其行，能卑谦和众排除万难与困境，从艰险中朝向光明正大之德。不管外在环境如何险恶，内心都必须居中不移，坚持自身奋发向上的志气与行动。“光”字甲骨文，下部是面朝右跪着的人，上半部是火，会意为人高举火把以照明的样子，后用来形容人格的高尚，有光明磊落与正大之意[①]。此种光大的生命人格，不仅用来对君王或人民的期待，也可以用来对神灵的期待，魂气上升为神，也是应乎于道之中行，也必须达其志以成其德，能显其广大神通以助人民脱离苦难。

泰卦九三爻辞也是多种图像的整合，其内容相当丰富，导致后人在解读上也极为分歧，若能先从文字返回到图像上，或许较容易理解，如曰：

九三，无平不陂，无往不复。艰贞无咎。勿恤其孚，于食有福。

九三爻辞也可以分成五段图像，第一段图像为“无平不陂”，“平”与“陂”是两个对立性的词语，“平”指平面，“陂”通“坡”字，指山坡或斜坡。此句是以地理现象作为譬喻，大地有平就必然有陂，不可能全是平原，也不可能全是山地，此句也可颠倒为“无陂不平”。地面不会永远是平坦的，随时会有崎岖不平的路面，平坦不会永久，同样地险恶也不会永久。第二段图像为“无往不复”，“往”与“复”也是对立性的语调，相似于卦辞所谓的“往”与“来”。此句是以人的活动行为作为譬喻，在行动上有去就必然有回，如果是有去不回，意味着灾难的产生或者冲突的爆发。去与回是连贯性的动作，中间或许会有短暂的停留，最后还是要回来。

① 唐汉：《唐汉解字——汉字与日月天地》，太原：书海出版社，2003 年，第 231 页。

第三段图像为“艰贞无咎”，此句的重点在于“艰”字，“贞无咎”是指卜问后的结果。艰与难、险等字同义，或合称为艰难、艰险等。比喻为处在非常险恶的处境之中，危机四伏，随时有灾难可能发生。此时常会向神明卜问吉凶，得到的回应是无咎。此图像与前面二个图像是有关，强调艰难也不会是长久的，坚持下去定能逢凶化吉。第四段图像为“勿恤其孚”，此段图像因文字解读不同，差异甚大。先解“孚”字，甲骨文为会意字，象由双手与子构成，金文加上爪字，会意为以手抓住人为孚，与俘字同。将孚字解为信，应为后代的引申义。“恤”可以解释为体恤，问题出在“勿”字，《说文解字》谓像旗帜的柄，根据甲骨文，像一树旗，右边为柄，左边为飘带。此字可通作“物”字。也有人认为此字是用簸箕簸粮食的示意图[①]。此段图像传达了以食物或物品，来体恤与照顾俘虏，有着怜悯万民的用意。第五段图像为“于食有福”，“于”为介词，有“在”的意思，即指在食物方面有福，关键字在于“福”字，一般解释为“佑”，此处当为“备”意，如《礼记》祭统篇曰：

贤者之祭也，必受其福。非世所谓福也。福者，备也；备者，百顺之名也。无所不顺者，谓之备。言：内尽于己，而外顺于道也。忠臣以事其君，孝子以事其亲，其本一也。上则顺于鬼神，外则顺于君长，内则以孝于亲。如此之谓备。唯贤者能备，能备然后能祭。是故，贤者之祭也：致其诚信与其忠敬，奉之以物，道之以礼，安之以乐，参之以时。明荐之而已矣，不求其为。此孝子之心也[②]。

所谓“备”者，是指内能尽于己，而外能顺于道，这是生命极致的境界。第五段图像的食，是延续了第四段图像的物，补充说明为何要体恤俘虏呢？是要回到本心的诚信与忠敬，不能因俘虏低贱就弃之不顾，既使自身处置也已相当艰难，仍要有人溺己溺的悲悯之心，尽量在食物上能满足俘虏的需求。

以上五段图像组合起来，前三段强调险境随时都可能再来，后二段则强调心性修为的重要性，在如此恶劣的环境下，连俘虏都能好好照顾，就更不用说是万

① 窦文宇，窦勇：《汉字字源——当代新说文解字》，长春：吉林文史出版社，2005年，第229页。

② 《十三经注疏·礼记》，台北：艺文印书馆，1985年，第830页。

民。此处的贤者，可以是君王，也可以是神灵，或者说君王经由祭祀来交感神灵。祭祀的目的主要就在于上则顺乎鬼神，要能与在上的鬼神和合相通，下民的道德与孝亲的修为，当然是必要的自我生命实践，但是也要回到祭祀上来表达诚信与忠敬，要能道之以礼与安之以乐，同样地神明也要依顺礼乐来福佑万民。

九三《象传》比较特别，五段图像中只选择其中一段来做说明，与九二《象传》有着明显的差异，如曰：

象曰：无往不复，天地际也。

为何只强调“无往不复”呢？可能是呼应卦辞的“小往大来”，肯定上下之间的往来，是顺乎天地运转的自然之理。“际”一般解释为交界或交接之处，天地是如何相交接呢？或者可回到阴阳的日夜交替，是一种不断往复的现象，所以说“无往不复”。但是如此的说法又如何相应于前列的五段图像呢？“天地际”有可能另有其他深层的含义吗？有学者认为“际”字不是形声字，是由“阜”与“祭”构成，“阜”字有梯田的含义，整个字的意思是祭祀时人们像梯田那样一般一排挨着一排跪着，由此产生出彼此之间、交接之处、当和时候等含义[①]。此一说法，颇有创意，提供另种思考的方向，即“际”与“祭”相关，不仅着重在天地交接之象，其中还有大量人群的参与，不仅参与天地的相交接，也参与鬼神的相交接，祭祀是重要的管道，也是一种无往不复的现象，在经常性的祭祀活动中，鬼神有如天地般的往复，时时护佑众生。

内卦为乾，三阳爻向上为“大来”。外卦为坤，三阴爻向下为“小往”，泰卦呈现的是上下交通与阴阳应合之象，从六四到上六等爻辞，在“小往”的对应上也各自不同，各有爻位上的特色，如六四爻辞曰：

六四，翩翩，不富以其邻，不戒以孚。

六四爻辞有三段图像，第一段图像为“翩翩”，“翩”字为形声字，从羽，扁声，形容鸟轻快飞翔，“翩翩”形容好几只鸟一起轻快的飞翔。此一图像与初九

---

① 窦文宇，窦勇：《汉字字源·当代新说文解字》，长春：吉林文史出版社，2005年，第182页。

的图像形成对比，往上用“拔”字来形容，这是要非常需要用力。往下用“翩”字来形容，较有轻舞自在的感觉。第二段图像为“不富以其邻”，“邻”字问题不大，是指邻近而有亲密关系者。比较有争议的是“富”与“不”字。“富”字一般都当财富解，《说文解字》认为“富”通“福”，其义为备也。与九三的“福”字相近。“不”字实际上有多重含义，非仅否定词而已。在古籍中“不”常与“丕”通，其义为大。如《诗经》周颂清庙篇曰：“不显不承、无射于人斯。”此处的“不”当“丕”，“不富”是指“大福”，整个图像强调用大福之备来面对自己邻近者。

第三段图像为“不戒以孚”，“孚”字与九三同，指俘虏，“不”通“丕”，“不戒”是指对俘虏要大力地警戒与看管。此一图像恰好与九三形成对比，九三要求善待俘虏，彰显阳气上升之德。六四则要求严管俘虏，这与阴气下降有关，要求善待自己亲近的人，对于罪犯则严加管制。六四类似九三，与祭祀鬼神的神话有关，九三偏向于魂气的神，六四偏向于形魄的鬼。对于鬼神在祭祀上都要齐备周全，同样都要致其诚信与忠敬，表达从内到外的仰望之情，不同的是祭鬼还要多一些防备，避免邪恶的力量暗中滋长。

六四是上卦的下爻，相对于九三下卦的上爻，是阴阳二气交流最盛时，回到人的主体生命来说，如何对应此一爻位的变化呢？六四《象传》曰：

象曰：翩翩不富，皆失实也；不戒以孚，中心愿也。

所谓“翩翩不富”是包含了第一段与第二段图像，对此二段图像的解说为“皆失实也”。《象传》的解释，关键在于“实”字上，方能理解其所谓的“失实”，所指为何？阳的特征在于善与实，贵在奖善，阴的特征在于恶与虚，贵在罚恶。上卦皆阴爻却居阳位，早已失实，图像二虽然有奖善之德，却无法相应于阳气之实，反而是“不戒以孚”的罚恶，较符合此爻位的对应作用。六四处在阴气向下与阳气向上的交流位置，位于上下两卦的中心，其愿在于二气相交下的和衷共济。六四虽失实，但有阳气上升来补虚，在这个位置上要坚持原本罚恶的作为。从神话的角度来说，人们也是喜欢实的神，不喜虚的鬼，在虚的鬼位上期待魂魄之气能相交与相合，以神之实来消解鬼之虚，在行为上要能确实地去恶向善，摆脱掉恶阴之气的干扰。

六五位于上卦阴爻的中位，随着六四共同小往，与九二爻相对应，更积极带动阴阳二气的交流，如曰：

六五，帝乙归妹，以祉元吉。

六五爻辞的主要图像为“帝乙归妹”，这是历史典故，商代二十八王，名乙有五位，有二说，一说成汤名天乙嫁妹，另一说是帝乙嫁女于文王。有关帝乙嫁妹的人文意义，程颐在《易程传》中有较完整的论述曰：

以爻义观之，帝乙制王姬下嫁之礼法者也。自古帝女虽皆下嫁，至帝乙然后制为礼法，使降其尊贵以顺从其夫也。六五以阴柔居君位，下应于九二刚贤之明，五能倚任其贤而顺从之，如帝乙之归妹然，降其尊而顺从于阳，则以之受祉且元吉也[①]。

将阴气的下降与阳气相合的现象，以帝乙嫁妹的典故来做譬喻，用以说明阴虽居上位依然要顺从于上升的阳气，以男女之义来强化二者顺从之德。“祉”字也通“福”，一般合称为福祉。“元”是指“元亨利贞”的君王，此一典故对君王来说有得福之象，故为吉。或可引申为对人民来说也是吉的，对鬼神来说也是吉的。或有人指出“祉”字在甲骨文中为祭名，可能是一种祭祀的方式。此说有利于在神话上的诠释，这是以祭祀来合乎阴阳的宗教仪式，包含男女婚姻的场景，女虽为尊却要顺从于夫，同样地鬼魄也要顺从于神魂，鬼神交合还是要以神为尊。

六五的《象传》只针对“以祉元吉”的结论来做说明，如曰：

象曰：以祉元吉，中以行愿也。

君王为何得吉，因有求福之心，以同德之志来克行其愿。六五处于外卦的中位相应于内卦九二的中位，不仅重视阴阳间的交流，还能基于福祉的需求以阴来

① 程颐：《易程传》，台北：河洛出版社，1974 年，第 111 页。

顺乎阳。从九三、六四到六五等三爻，几乎都环绕在“福”字上，都与《礼记》祭统篇的记载相呼应，肯定贤者之祭必受其福，祭祀的作用是回到心性的修持上，达到内尽于己而外顺于道的境界。“福”不是向外追求，重视的是回归本心的德性齐备。尤其是在祭祀上，要以心来顺乎鬼神，相应于鬼神的和合之德，以神魂之善来化解鬼魄之恶。

上六爻辞的图像有三，如曰：

上六，城复于隍，勿用师。自邑告命，贞吝。

上六位于三阴爻之上，往下的动作与速度较慢些，阴阳和合的程度比较弱些。第一段图像为“城复于隍”，城为城墙，隍为城池，掘土作隍，积土作城。“复”或通“覆”，指城墙倒塌时，其土又复填于隍沟之中。城隍主要作为防御工事，象征国防力量所在，城倒塌在隍中，显示此国防力量已没有了，难以抵御外患的入侵[①]。第二段图像为“勿用师”，“师”字，《说文解字》谓二千五百人为师，师有众之意，用师即用众，“勿”字当没有解，与上一段图像有关，城倾倒于隍中，没有用众修复，随时都可能面临危险。第三段图像为“自邑告命”，“邑”字甲骨文上面的口，表示人居住的区域范围，下有跪着的人形，合起来表示人聚居的地方[②]。“告”有通知、请求等义，谓从城中传出人们共同的请命书。三段图像整合出来，意谓城墙倒了，没有修护，有安全上的问题，人民向国家请愿。根据以上三个图像来进行卜问，其结果为吝，是有憾恨。上六阴气已降，阳气未完全上升，难免会有些离乱现象，虽然仍可坚守正道，但情势难免有着不可为的遗憾。就神话来说，魄已归下，魂气却未能完成上升为神，尚无法满足人民各种请愿的需求，是有所遗憾的事，非神不愿佑民，是因缘还未成熟。

上六的《象传》直接了断地点出问题的原因所在，如曰：

象曰：城复于隍，其命乱也。

为何会城复于隍呢？这是盛极必衰的自然现象，城墙用久了终会覆毁，反映

① 孔繁诗：《易象易数易理应用研究》，台北：晴园印刷公司，1997 年，第 166 页。

② 吴颐人：《汉字寻根》，上海：上海人民出版社，2006 年，第 107 页。

在政治上也是治久必乱，国家政令也会有混乱之时。天命也是如此，不是一成不变的，其过程是有治有乱。城覆于隍应是紧急之事，却一直不用众修复，人们请愿也未必能得到回应，此时政令不行，乱象已生。阴阳有相通之时，也有不通之时，同样地，鬼神有相合之时，也有不合之时。在祭祀的过程中，人可以与鬼神相感应，但也有不应之时。泰卦着重在阴阳交合，从天地相交到鬼神相交，显示出太平之世，但是治久必乱，上六呈现的就是由治返乱之时，此时不言吉，也不言凶，而称“吝”，君王与人民还是要依正道而行，但因乱象已在丛生，难以继续维持保泰持盈的局面，无法避免悔恨之事。

四、泰卦的生命关怀

泰卦是乾坤相交之卦，阴气下降与阳气上升，形成上下交合之象，不仅天地相交，鬼神也相合，阴与阳能升降相调与内外相得，有形世界与无形鬼神能相济相成，得利最大的是人，不仅万物能欣欣向荣，人更能参与天地造化创造出顺应适宜的生活环境。泰卦重视天地之德，也强调鬼神之会，如《礼记》礼运篇曰：

> 故人者，其天地之德，阴阳之交，鬼神之会，五行之秀气也。故天秉阳，垂日星；地秉阴，窍于山川。播五行于四时，和而后月生也。是以三五而盈，三五而阙。五行之动，迭相竭也，五行、四时、十二月，还相为本也；五声、六律、十二管，还相为宫也；五味、六和、十二食，还相为质也；五色、六章、十二衣，还相为质也。故人者，天地之心也，五行之端也，食味别声被色而生者也[①]。

阴阳与五行都是气化的作用，呈现的不只是天地之德，也关注鬼神之会。礼运篇大致上偏向于天地之德，较罕言鬼神之会。不是鬼神之会不重要，应是天地之德已涵盖了鬼神之会，当论及人是天地之心时，也可以说人是鬼神之心。只是在先秦时代人文意识的抬头，有意淡化古老的宗教色彩。如果纯从生命的本质来说，人更要还相于魂魄与鬼神，人要相交于天地之德，可以经由魂魄与鬼神的相会来完成。泰卦的《彖传》偏重在天地相交之德，将阴阳的交替引申到自然规律与人文规范，避免牵涉与宗教有关的鬼神现象。

---

① 《十三经注疏·礼记》，台北：艺文印书馆，1985 年，第 432 页。

问题是阴阳之交可以从自然现象论天地之德，同样地，阴阳之交也可以引申到超自然现象论鬼神之会。"阴阳"与"鬼神"的关系原本就相当密切，这种信仰的情感也是根深蒂固，如《礼记》郊特牲篇曰：

玄冕斋戒，鬼神阴阳也。将以为社稷主，为先祖后，而可以不致敬乎？共牢而食，同尊卑也[①]。

鬼神也是一种阴阳现象，其相关的种种祭祀活动在先秦时代仍极为盛行，将人文与宗教进行相当程度的整合与转化，将天地之德移转到鬼神之德上，强调鬼神与祭祀的形上内容，如《礼记》中庸篇曰：

子曰："鬼神之为德，其盛矣乎！视之而弗见，听之而弗闻，体物而不可遗。使天下之人齐明盛服，以承祭祀，洋洋乎如在其上，如在其左右。《诗》曰：神之格思，不可度思！矧可射思！夫微之显，诚之不可掩如此夫。"[②]

鬼神观念虽然被后代人文思想加以形上化，但是祭祀的信仰情感还是被保留下来，肯定鬼神超越而又抽象的存在现象。尤其是在孔子之后，鬼神与人性道德的结合更为密切，将宗教性的祭祀活动提升到精神性的存有关怀上，不反对人们经由祭祀来祈求鬼神的护佑，但是将鬼神的内涵提升到天命或道的层次，肯定种种的超感经验是有其普遍性与永恒性[③]。鬼神虽然在灵性上遥不可及，但不是完全变化莫测，还是有迹可循，可以在阴阳生化的流行中理解到魂魄与鬼神的存有之理。

《周易》虽然着重在人与天地之间种种感通之理，也不排斥人与鬼神种种吉凶感应的现象，甚至期待从人与天地合其德，达到人与鬼神合其吉凶的境界，如乾卦的《文言》曰：

夫大人者、与天地合其德，与日月合其明，与四时合其序，与鬼神合其吉凶，

① 《十三经注疏·礼记》，台北：艺文印书馆，1985 年，第 506 页。
② 《十三经注疏·礼记》，台北：艺文印书馆，1985 年，第 884 页。
③ 徐复观：《中国人性论史·先秦篇》，台北：台湾商务印书馆，1969 年，第 86 页。

先天而天弗违，后天而奉天时。天且弗违，而况于人乎？况于鬼神乎？

所谓大人，不仅要能与天地相通，更要能与鬼神相通。与天地相通在于参与日月四时的运行规律，肯定宇宙之间的存有秩序。鬼神虽然不是一种自然现象，但是其善恶报应与吉凶祸福，不是随机而不可测，也有着与天地阴阳相应的理则，就在于人能否通向于此一理则。泰卦卦辞的“小往大来”，不仅可引申为“地往天来”，也可以引申为“鬼往神来”。坤阴向下，乾阳向上，形成二气相交的现象。同样地鬼魄向下，神魂向上，会合在宗庙祭祀上。卦辞的“亨”应同于“元亨利贞”的“亨”，是指宗庙祭祀，肯定鬼神相通在人事上是吉。

泰卦的卦辞虽然简单，但是涉及天地与鬼神等课题就可能衍化出复杂的课题。泰卦的爻辞，因爻位的不同，其象征意涵必定也有所出入。有数爻提到“福”的状况，可能还是与祭祀有关，也与鬼神有关，如谦卦《彖传》曰：

天道下济而光明，地道卑而上行。天道亏盈而益谦，地道变盈而流谦，鬼神害盈而福谦，人道恶盈而好谦。谦尊而光，卑而不可踰，君子之终也。

谦卦的《彖传》几乎包含了天道、地道、人道与鬼神道。其中包含两层关系，第一层是人道与天道、地道的关系，第二层是人道与鬼神道的关系。此二层的交涉点就在于人道。什么是人道呢？谦卦的回答是“恶盈而好谦”，“恶”与“好”是相对性的语词，那么“盈”与“谦”也是相对性的语词。《尚书》大禹谟篇曰：“满招损，谦受益。”自满的人会招来损害，自谦的人反而能获得利益，为失道者寡助，得道者多助，此为人道的好恶之情。此种德性的培养主要是对应着天道的“亏盈而益谦”，以及地道的“变盈而流谦”，“亏”与“益”也是对立性的语词，“亏”是减少，“益”是增加，在盈上要减少，在谦上要增加，可以用月亮的盈与亏来作譬喻。“变”与“流”的对应关系比较不明显，或可视为流出与流入的对比，满了就会流出为变，谦了就会不断流入，可以用地理上的水来作譬喻。第一层可以视为人道与天道、地道是相通，甚至在道的体验上可以合而为一。第二层可以视为人道与鬼神道也是相通，在道的体验上三者也可以合而为一。鬼神道的“害盈而福谦”，“害”为祸，与福相对立，显示鬼神与人的吉凶祸福是有密切的关系，当人的骄满，鬼神会降之以殃，当人的谦逊，鬼神会示之以祥，其结果是善者得福，恶者遭殃。就泰卦的爻辞来说，得福者较多，前五爻或多或少与福有关，最后一爻则为少福之象。

泰卦初九，阳爻在下引类上升之象，强调征吉，征之行也可以用在祭祀，以齐备之礼来交感鬼神，传达对鬼神无所不顺之情。此祭祀之福，也有助于自我心性的修持，能内藏其用与外显其能，以成己成物来内外相合。泰卦九二的爻辞之象，虽然强调各种外在险恶的环境，但是肯定本心上往于中道之行的决心与毅力，此志也可视为祭祀之福，在与鬼神交感的过程中，能强化自我履艰难而不馁其志之心，以坚强的意志来合德守道。泰卦的九三，着重在天地间各种循环往复的现象，比如物极必反与久安必危等，此时要有忧患意识来知所警惕。祭祀之福也是一种忧患意识的展现，在齐备的礼仪中，不仅以食物来安抚俘虏，更可以使万民都能得到天赐之福。

泰卦的六四，阴爻在上引类下降之象，着重在知所进退上，对近邻以富，对俘虏以戒，能恰得其分，各有所得，不使小人有机可乘。这也是一种祭祀鬼神之福，出于自心的诚愿，以礼来相应鬼神的刚柔之气，进时能与上升神气相合，乐善好施广济于民，退时能与下降鬼气相顺，蓄其威仪以静待变。泰卦的六五，以帝乙嫁妹的典故来显示纡尊降贵之德，阴虽尊仍须顺从于阳，形魄虽贵仍须相应于魂气，鬼神不在相离而在相合，祭祀着重在合鬼神之道上，强化上下同德之交，进而能福祉天下万民。泰卦的上六，有久安则乱之象，无法继续持盈保泰，已到了极则必变的状态，非人力所能挽回的颓势，只能退而求鬼神暗中庇佑，仍行正道以待时变。

五、结论

泰卦为乾坤合与天地交，以阴在外而阳在内，是气上下来往挥发，有相互交融契合之象①。卦爻三阳三阴，上下相当与升降相调，彼此相合相应与相通，万物得以生成长养。卦辞的“大”与“小”是关键的所在，阳为尊为大，阴为卑为小，有着尊卑与大小的意识形态，如《系辞上传》第一章曰：“天尊地卑，乾坤定矣。卑高以陈，贵贱位矣。”乾阳本在上，现今在下，称为大来，坤阴本在下，现今居上，称为小往。在下的乾阳必向上，在上的坤阴必向下，二者相互流动而

① 汪忠长：《周易六十四卦浅解》，北京：当代世界出版社，2005 年，第 227 页。

交合。“大”与“小”不只是数量的多少，也存在着尊卑的价值判断，比如君子与小人的对比，泰卦的《彖传》谓君子道长与小人道消，此为阳长阴消人文方向的引申，认为君子之道会兴盛起来，小人之道会衰落下去。或者内君子外小人，会以君子主政来统领众小人。

此种阳长阴消的观念，除了自然义与人文义外，不能将神话性质的鬼神义排除在外，在卦辞与爻辞中虽未明言鬼神的宗教内涵，可是在阳长阴消的观念下魂魄与鬼神必然含藏其中。以阴阳配鬼神的说法由来已久，早就存在着神尊鬼卑的信仰心理，魂神为阳归之于天，魄鬼为阴归之于地，泰卦呈现出上升魂神与下降魄鬼的相会之象，说明了神道之长与鬼道之消，或者是内神而外鬼。人们祭祀的目的，主要还是以神为核心，鬼是附属在神之下，或者是须与神相合的灵气。鬼为阴为小与神为阳为大，在祭祀的过程中将鬼神做明显的区隔，有着崇神抑鬼的信仰行为，当阳升阴降时鬼神将各归其位。泰卦的阴阳交替，不仅强调人与天地的宇宙造化，也重视人与鬼神的生命联结，以上升的魂神来消解下降的魄鬼，使鬼神能各归其本位。

泰卦六爻，下三爻着重在阳气的上升，上三爻着重在阴气的下降。引申到神话的情境上，下三爻反映出魂神上升的特征与属性，初九着重在魂神上升的行动力与意志力，期待能上行无阻。九二的图像在于显示上行的阻力甚大，人民生存的灾情严重，上升的魂神更要坚持中道之行，能向道而不失其民。九三的图像更强调无往不复的艰难，魂神在上升的过程中更要体恤万民，符应祭祀的请愿。下三爻反映出魄鬼下降的特征与属性，六四呈现的是鬼神的交会，在神进鬼退之时更要防范各种潜在的危机。六五的图像，有着要求鬼神要能各自节制之意，共同以众生的福祉为念，满足祭祀之愿行。上六则已有鬼神不交的兆象，泰卦将终，否卦将来，危机早已四伏，只能坚持正道持守待变，此时神灵也很难有所作为，只能顺天命来应变。

《中庸》与佛老

杨少涵*

《中庸》原为《礼记》之一篇，南宋以后成为《四书》之一书。在《中庸》由“篇”升格为“书”的过程中，佛教与道教人士对《中庸》的重视与提倡起到了重要作用。

佛道人士对《中庸》的重视与提倡，始于南北朝时期的戴颙与梁武帝。戴颙出身于南朝刘宋的一个隐逸世家。根据《宋书·隐逸传》的记载，他曾著有《逍遥论》一书，以“述庄周大旨”，可见戴颙在道家学说上应该有很高的造诣。戴颙对佛教也有浓厚的兴趣，尤其在佛像雕刻方面，戴颙与其父戴逵都具有极高的艺术水准。当时宋世子铸造了一个精铜佛像，但是面孔显得太瘦，工人又无力修改，就请教戴颙。戴颙稍加指点，问题立即解决。后世对戴氏父子的佛像雕刻技艺赞叹有加：“二戴像制，历代独步。”（弘赞《兜率龟镜集》初集）就是这么一个兼尚佛道的隐士，曾撰有《礼记中庸传》二卷。这是史书上个人研究《中庸》的最早记载。

与戴颙的隐士风格相比，梁武帝萧衍可以说是声名显赫。但梁武帝的闻名非仅以其文德武功，更因其佞佛谄道。梁武帝与道教茅山派创始人陶弘景私交甚笃。梁武帝当年起兵叛齐时，陶弘景曾奉表拥戴。梁武帝登基后，国家每有吉凶征讨大事，无不前以咨询陶弘景，以至于陶弘景被时人称为“山中宰相”（《南史·陶弘景传》）。梁武帝后来舍道归佛，曾经四次舍身出家，每次都是朝臣用重金才将其赎回。梁武帝平日不但自己升座讲经，还令王侯弟子皆受佛诫，臣子奏表上书也必须称其为“皇帝菩萨”（《魏书·萧衍传》）。根据《梁书·武帝纪》与《隋书·经籍志》的记载，梁武帝一生著述颇为可观，以千卷计，其中就有《中

---

* 杨少涵（1975—），男，河南桐柏人，哲学博士，华侨大学国际儒学研究院教授、副院长，研究方向：先秦哲学、宋明理学与现代新儒家哲学。

庸讲疏》一卷。

戴颙与梁武帝的《中庸》著述皆已不传，但从他们的佛道背景来看，其著述中必定会熏染有很重的佛道气息。

唐代初期，《礼记》入选《五经正义》，从而升格为天下士子的科考经书，《中庸》也随之水涨船高，备受关注。到了中唐，禅宗与道教高度发达，禅风道气弥漫士林。很多文坛领袖与士林贤达都把《中庸》作为沟通儒释道三教的一座桥梁。中唐古文运动的先驱人物梁肃，少年时即从天台宗湛然禅师学佛，并“深得心要”（《佛祖统纪》卷四一）。他根据天台教义，撰成《止观统例议》一文，将《中庸》的“诚明”思想与天台宗的止观思想进行会通，提出“复性明静”的哲学思想。被后人誉为“闽学鼻祖”的欧阳詹，青年时期曾与泉州著名道士蔡明浚、逸人罗山甫有“合炼奉养之契”，一起隐居修炼三年（《欧阳行周文集》卷八《与王式书》）。欧阳詹曾撰有《自明诚论》一文。在这篇论文的最后中，欧阳詹曾引用了《中庸》“明诚”之语来论证人之天性根器。

中唐士人著述中哲学造诣最高的当属李翱的《复性书》。在此书中，李翱通过对《中庸》等儒家文献的理论发挥，精彩地论证了其“性善情昏”与“诚明正性”的哲学思想。众所周知，李翱是中唐时期排佛健将韩愈的弟子与侄婿，但他同时与僧众也过从甚密。他在问道南禅曹洞宗始祖惟严时，留下了“云在青天水在瓶”的名句（《宋高僧传》卷十七《唐朗州药山惟俨传》）。李翱还曾师事天台居士梁肃，其《复性书》与梁肃的《止观统例议》，无论是在遣词造句，还是在论证方法上，两书都有很多共同之处。学界甚至认为，李翱“复性说”的一个重要思想来源就是梁肃的“复性明静”（潘桂明、吴忠伟《中国天台宗通史》第七章）。

值得注意的是，中唐士人在以《中庸》融会儒释道三教时，不约而同地将目光聚焦于《中庸》“诚明”思想，并形成一个长达三四百年的中心议题。北宋范仲淹在科举考试中做《省试“自诚而明谓之性”赋》，陈襄曾撰《诚明说》一文并进献给宋神宗，直到南宋王柏还写有《诚明论》一文。

两宋时期，道学兴盛。北宋儒者普遍重视《中庸》。范仲淹曾经劝张载读《中庸》，胡瑗、司马光、刘敞、二程、游酢、杨时、吕大临、晁说之等北宋大儒与道学大家也都给予《中庸》以高度重视，并有专门著述。从北宋杨时到南宋李侗还传承着一个“静中体验未发”的道学诀要，这就是“道南指诀”。后来，理学集大成者朱熹又从道南指诀中相继悟出“中和旧说”与“中和新说”，从而奠定其在中国哲学史上的至高地位。无论是道南指诀，还是中和之说，都源于《中庸》首章。

但宋代对《中庸》进行大力提倡与表章之首途者却不是道学家，而是佛教徒，尤其是智圆与契嵩。孤山智圆是宋初佛教天台宗山外一派的义学名僧，终生服膺《中庸》，甚至自号“中庸子”，并作《中庸子传》三篇，将儒家的《中庸》与天台宗初祖龙树的《中论》相提并论。明教契嵩是禅宗云门宗的第五代嗣法弟子，对儒家经典尤其《中庸》极为重视，曾撰《中庸解》五篇，对中庸与礼乐及人性的关系进行了精到的阐释。智圆与契嵩等佛教徒对《中庸》的大力提倡与孤鸣先发，直接影响了宋代道学家对《中庸》的重视。尤其是智圆，陈寅恪先生曾说他“似亦于宋代新儒家为先觉”（陈寅恪《冯友兰中国哲学史下册审查报告》）。余英时先生进而还提出了一个著名的“回流假说”：“《中庸》在北宋是从释家回流而重入儒门的。”（余英时《朱熹的历史世界》上篇《绪说》）

南宋以后，《中庸》合入“四书”以后，地位迅速上升。元仁宗时期，“四书”被定为科场教材，《中庸》从而成为天下士子科考的必读书。于是关于《中庸》的研究著述也随之大增，其中几个佛门弟子的《中庸》著述颇为引人注目，比如明末高僧憨山德清与蕅益智旭有同名著作《中庸直指》，觉浪道盛有《学庸宗旨》，近代的佛教居士欧阳渐也著有《中庸传》。《中庸》与佛教的这种紧密关系，甚至让清代经学家姚际恒产生了这样一种印象：“好禅学，必尚《中庸》；尚《中庸》者，必好禅学。”（姚际恒《礼书通论·中庸》）

佛教与道教人士对《中庸》的重视与提倡，客观上促进了《中庸》的思想传播与地位提升。《中庸》的佛道化解读，也深化了儒家的义理之学。而佛道人士通过《中庸》这一儒家经典，援儒释佛，借儒解道，也增进了其世俗化的广度与深度。可以说，在儒释道三教融合的漫长过程中，《中庸》起到了一种积极的中介作用。

《管子·心术》哲学思想探微

龙秋冰 *

内容提要:《管子·心术》论述了"心"在人体中的地位与作用，阐释了主观存在在认识世界方面的方法论以及"心术"修养工夫论等。该篇是对道家思想的继承和发展，构建了一种以"道"为本体、以"心"为主体、以"虚""静""因"为认识论与工夫论的"心术"哲学体系，包含了较为丰富的哲学思想，历久弥新。

关键词：心心术道　认识论　工夫论

引言

《管子》其书今存76篇，内容涉猎广而杂，被认为是稷下道家学派的代表之作。关于《管子》的成书年代，由于缺少文献史料的论证而争论较大。但大体可以确认该书写作时间范围大约是从春秋时期开始至战国中后期，且书中篇目并非一人一时所作，应为一部稷下道家学者的文章总集。因受"百家争鸣"思潮之影响，其虽依管仲之名，实则囊括道家、儒家、法家、阴阳家等诸派思想，内容繁杂，集各家之所长，不失为诸家思想的集大成者之一。

20世纪40年代，郭沫若先生与刘节先生最先提出了"《管子》四篇"的概念，即将《心术》上下、《内业》、《白心》等四篇归为一类，并认为此四篇应为宋钘、尹文所著。这种说法引起了学术界的广泛争议和讨论，后来的不少学者提出四篇更似为战国时期稷下黄老道家之代表作，笔者亦同意此种说法。《管子》四篇集中体现了道家的理念，在继承道家思想精髓的基础上，阐扬发展了道家的"道论"，进而提出了带有朴素唯物主义的"精气"论等。其中，《管子·心术上》

* 龙秋冰（1996—），女，贵州，金沙人，哲学学士，厦门大学2014级哲学本科毕业生，现工作于贵州省金沙县纪委县监委。

包含经、解两部分。陈鼓应先生在《管子四篇诠释》中提出，《心术上》经文部分可分为五章，各章所述内容不同，但总体是论及心的地位与作用等来为圣人治理天下提供依据。[①] 解的部分则是对经文内容进行具体地展开阐释，其作用相当于经文的注解。《心术下》与上篇探讨的内容出入较大，同分为五章，但未分经、解部分，且总体内容与《内业》篇相似度高，中心思想是通过“心”的修养来治理天下。本文基于《管子》四篇中的“心术”上、下两篇展开论述，对于此二篇目中的重要哲学思想进行探讨。在笔者所搜集的文献资料中，大部分内容是针对“《管子》四篇”或“心术”二篇的具体某方面思想，如“心论”“道论”等进行分析阐释，这也是近年来学术界对于《管子·心术》的主要研究方向。

由陈鼓应先生写作的《管子四篇诠释》是本文写作资源和灵感的主要来源，也是当前《管子》四篇研究的重要代表作品。该著作第一部分“稷下道家研究”中，阐释了《管子》四篇的“道论”“心学”和“气论”等，论述了《管子》四篇的“道”与老学之“道”的区别，从而体现《管子》四篇“道论”的特点；同时，也重点阐述了《管子》四篇作为稷下道家代表作的核心思想——“心学”，并分析了《管子》四篇所提出的“精气论”的特点。陈鼓应先生对于《管子·心术》的论述主要集中在“道”“心”“气”三个方面，其对于《管子·心术》思想的挖掘较为深刻。在由张连伟教授所著的《〈管子〉哲学思想研究》中，张教授对于《管子》“道论”进行了概述。其中论述的“虚无之道”和“静因之道”便主要体现在《管子·心术》篇中。张教授讨论了“道”作为本体之道和经验之道的区别，认为“虚”是本体之道的显著特征，“虚”“静”与“专一”是得“道”的途径与方法。而“静因之道”则是一种“无为”思想，是达到圣人之治的必由之路。张教授对于《管子·心术》的论述主要集中于“道”，并通过“虚”、“静因之道”等对“道”进行了分析阐释，说明了“道”的特点和获得途径、施行方法等。

在相关学术论文中，由陈振鹏所写作的《〈管子·心术〉等四篇关于“道”论演变的探析》探讨了“道”对于治身和治心的作用，并进一步分析了“道”在认识论方面运用于治身、治心的方法和途径，同时也对于《管子》中的“精气论”进行了详细论述。该论文将《管子·心术》等四篇的“道”论与老子哲学之

① 陈鼓应：《管子四篇诠释：稷下道家代表作解析》，北京：商务印书馆，2006 年，第 31 页。

“道”进行阐析和比较，进而认为《管子·心术》等四篇集中表现了黄老道家思想，对于治身、治心乃至治国具有启示作用。由匡钊和张学智教授所著《〈管子〉四篇中的“心论”与“心术”》主要论及《管子》中与“心”相关的内容。此文对于《心术》等篇目中的“心”“心之心”“心术”“心”与外在形窍的关系等进行了阐述，指出了《管子》四篇在“心”论上对于老子哲学的丰富和超越，明确了以“心”为主要修炼对象的工夫论对于得“道”的重要作用。杨纪荣、夏晓辉同著的《日本〈管子〉四篇研究概述》则以《管子》四篇关于“道”“心”“气”的内容为基础，与老庄的相关思想进行了分析比较，并通过四篇内部的横向对此，总结出了《管子》四篇思想的特点和对老庄思想的继承与发展。

上述文献资料是笔者写作此论文的主要参考文本。在以下文章论述中，本文暂将《心术》上下两篇视为一个整体，意在通过文本的分析阐释对《管子·心术》中所体现的重要哲学思想进行解读，探寻《管子·心术》两篇的思想内涵，重估《管子·心术》的哲学价值。

一、“道”乃世界本原

《管子·心术》中关于“道”的论述主要集中于上篇。《心术》篇作为集中体现道家思想的论文，“道”的本体论意义不言而喻。“道”是超越客观世界而又规定世界万物的存在，具有作为世界本原的性质。“气”是“道”的形而下之具体表现，《心术》篇的“气论”是对道家思想的重要发展。“德”是“道”在客观世界的具体应用，两者并无实际区别。

（一）“道”——“万物皆以得”

以“道”为世界本原的思想最早是见于《老子》，“有物浑成，先天地生”（《老子·第二十五章》），“道”诞生于天地出现之前，它浑然自成，不知其如何产生。“道”“可以为天下母”（《老子·第二十五章》），万物都由“道”而生，“道生一，一生二，二生三，三生万物”（《老子·第四十二章》），它是宇宙论意义上的世界本原。《管子》心术篇中对于“道”的论述几乎完全承袭了《老子》的说法。《心术上》言，“道”乃“万物皆以得”[①]，世间一切都得到“道”的惠及，意

① 姚晓娟、汪银峰：《管子》，郑州：中州古籍出版社，2010年，第210—222页。本文所引用《管子·心术》原文皆出自此书。

指万物皆有“道”，世界万物得“道”而生。“道，其本至也”，“道”就是世界的根本和根据，是世间万物之所以存在的最本质的东西。“道”使万物得以产生，同时又内在于万物，因此，它既是万物之“母”，又是万物之“主”。这与《老子》中“道”的本体论意义大体切合。

“虚无无形谓之道”，这句经文是在阐释“道”所具有的属性，它没有外在的物质实体和具体的形状。“至不至虚”，“道”也是一种超越经验之物，其本质是“虚无”。正是因为它的“虚”与“无形”，才使得“道”能够广泛存在于万物之中而不与万物产生抵触，这也是它作为世界本体的一个条件。“道”遍布于天与地之间，“其大无外，其小无内”，它既可以无极限地大，也可以无极限地小，并无固定的形态，也不为外在空间所限制。因此，“道不远而难极也”，“道”虽然与常人离得不远，而常人却无法达到，无法得到其本质。“大道可安而不可说”，此处则是将“道”视作客观规律，它普遍地存在于世界，常人可以顺从“道”，但却无法用言语将它具体地表述出来。这与《老子》中的“道可道，非常道”（《老子·第一章》）含义相近，意在说明“道”如能被表述，便不再是恒常存在的东西了。虽然“道不可说”，“难极”，但常人亦可以通过提升修养来“体道”，习得“圣人之道”。《心术上》言：“故必知不言之言、无为之事，然后知道之纪。”此句经文道出了寻求“道”之要理的途径，即了解何为不用说明的道理，何为顺其自然、不必亲自干预的事情。不用说明，体现出事物之“道”是本来就存在的，这个“道”规定了事物本身，外在的言论无法将它影响。不必干预，则暗含事物根据本身自有的“道”发展自身，若施加外力干扰，便会让它偏离由它原本的“道”所安排的规律，从而限制和破坏事物的发展。

可见，《心术》篇基本继承了老学的道论。第一，“道”是形而上的世界本原，它没有外在的物质形体，其性质是“虚无”，但万物皆可得“道”，就是说“道”广泛地存在于万物之中。第二，“道”是宇宙论意义上的万物产生之源，世间之物皆得“道”而生。第三，“道”也是一种客观规律，它惠及万物，使万物能循理而行，但常人却无法言说，难以企及；只有明白“不言”“无为”的道理，才能把握“道”的纪要，求得圣人之道。因此，“道”既内在于万物而存在，又超越万物而存在；它虚无玄妙，但又能在万物之中体现；它的本质恒常不变，但它又可极大极小，不受时空的限制。

（二）“道”与“气”

《老子》言“道”是世界万物的根基，宇宙产生于“道”，但其对于“道”化生为万物的过程却语焉不详。《老子》中对于“气”少有提及，亦并未将其与“道”生万物的具体机制联系起来。《管子》则在老学的道论基础上对于“气”的概念加以论述并愈丰富了后者的朴素唯物主义内涵；它以“气论”为依托，具体阐述了人与物的产生。

“气者，身之充也”，“气”是充满了身体的物质，正是因为有了“气”在身体中，人才得以为人，物才得以为物。“道”亦遍及万物，内在于万物之中，如此看来，“道”与“气”就被等同起来了，但此观点争议较大。一方面，“道”虽内在于万物，但它也是不可及的本体，是超越经验世界的存在，是形而上的；另一方面，万物由“气”充盈而生，它是具体的物质，是形而下的。“充不美，则心不得”，若充盈身体的“气”不是美好洁净的，人所体现出来的性质便不“正”。可见，“气”亦有好坏之分，在这个意义上，它与不可言说、无法定性的“道”是有区别的。但从两者都是物之产生根源的层面来说，它们有相同之处，即万物得“道”而生；“气”充实万物，万物才得以表现出来。因此，可以说，“气”或称“精气”是形而上之“道”的具体化和物质化，“气”因充盈“物”而具备了性质，是“道”的形而下之体现。《管子》的气论是对《老子》道论的充实和发展，使得“道”生万物的过程有了具体的依据。

《心术下》开篇便提出“形不正者德不来”，陈鼓应先生将此处的“德”解释为“精气”[①]，原句可释为：若人的外在形体不端正，“精气”便不能入驻体内。前文已经说明，“气”充盈身体才使人成为具体的存在，这一部分的“气”是人体存在之基础，而被称为“德”的“精气”则是带有智慧性质之“气”，也即是“神”，端正形体获得“精气”就能使内心通达明智。“气”是“道”之形而下的具象体现，因此修养“道”的途径之一就是“抟气”。若欲让充斥身体的“精气”获得提升，便要“专于意，一于心”。君子的意念集中，心神专一，便不失“道”，进而能掌握万物之“道”。正是由于君子“专一”，全心充斥的都是洁净的“精气”，这让包含着“道”的“神”在其中得到展现，这是“精气”所达到的最高境界，即“道”“气”共存。“一气能变曰精”，专一于“气”从而顺势变化便

① 陈鼓应：《管子四篇诠释：稷下道家代表作解析》，北京：商务印书馆，2006年，第168页。

十分精妙。可见，若能抟聚“精气”，使“气”一于“心”，就可顺应外界变化而“精气”不散。

《心术》篇的“气论”可谓对于老子道论最具创造性的发展。第一，“气”为“道”产生万物的具体过程提供了形而下的物质依据，使“道”不再是玄而又玄、难以想象的超验之物。第二，“气”为“道”的修养提供了途径，“抟气”说让“道”“气”共存于“心”。“气论”也启发了庄子，《庄子》中提出的“通天下一气耳”（《庄子·知北游》）等思想在《管子·心术》中便初见端倪。

（三）“道”与“德”

“德”的概念在《老子》中常与“道”共同提及。“道生之，德畜之”（《老子·第五十一章》），“道”是孕育万物的母体，而“德”则是养育万物的根据。“道”“德”相生并存，“德”既是“道”的本性也是人的本性[①]。《老子》言“道”玄妙不已，它是超越世界而存在又难以言说的本体，而“德”则是“道”在客观世界具体的应用，物皆由“道”而生，被“德”所规定。“德”是人伦社会的一种制度和规范，是规律的体现，是对“道”的具体展开和诠释。“是以万物莫不尊道而贵德”（《老子·第五十一章》），可见，“德”同“道”的地位一样尊贵，在万物中都发挥作用。

《心术》篇论“德”，大体沿袭了《老子》的说法。“化育万物谓之德”，“德”养育了世间万物，使万物生长从而具有自己的性质。“德者，道之舍。物得以生生，知得以职道之精。”“德”，便是“道”在客观世界的施用和具体表现，万物因为有“德”才能生生不息，人的心智因为“德”才能掌握“道”的精髓和要义。可见，“德”正如“道”与物之间的一座桥梁，使“道”得以在万物中体现。“故德者得也，得也者，其谓所得以然也。”因此，“德”其实就是“得”，而所谓“得”，就是说万物能把握事物自身本然的东西，即返其本性便是“德”。“以无为之谓道，舍之之谓德，故道之与德无间，故言之者不别也。”“道”的属性是虚无的，它超越经验世界而存在，而“德”则是“道”在客观世界的具体施用，因此，两者实际并无区别。唯一有所不同的，只是“德”是“道”的形而下之具体体现和实践罢了。“无以物乱官，毋以官乱心，此之谓内德。”不让外在的事物扰

① 高亨：《老子正诂》，北京：清华大学出版社，2011 年，第 31 页。

乱感官，也不让感官扰乱内心，这就称为“内德”。“内德”是在人的本性层面来说的，即“道”在内心的施用。如能守“内德”，内心便可得到“道”的惠及。

《管子·心术》关于“德”的论述与《老子》几乎如出一辙。第一，“德”养育万物，使万物得以生生不息。第二，“德”是“道”的施舍和具体体现，两者并无区别。第三，“德”也是人的本性，若能做到“守德”，就能体会“道”的精妙。

二、“心”乃“心术”主体

《心术》篇的主要内容是“心”的地位、作用，以及修养“心”的工夫。“心”在人体中处于至关重要的地位，它掌管形体九窍，制约着各感官职能的发挥。“心”的修养需要内、外配合，在将心舍清扫干净，使内心宁静无欲的同时，还要使外在形体保持端正。如此，“心”才能引“道”入“舍”，正常地发挥效用。

（一）“心”居君位

《老子》中论“心”，是将其视为一种主观情感和意志而言。“圣人无常心”（《老子·第四十九章》），且在治理百姓时应该使百姓“虚其心”（《老子·第三章》），便能达到“圣人之治”。可见，《老子》认为，“心”所具有的主观情志是会干扰圣人治理天下的实践活动的。《老子》并未对“心”的地位和作用做出明确说明，更未指出“心”与“道”的关系、通过“心”的修养体悟“道”的工夫论等。而上述《老子》未及之处，正是《管子·心术》的论述重点。

《心术上》言：“心之在体，君之位也。”在人体之中，“心”处于支配和主导的地位。外在的感官完全处于“心”的控制之下，正如君王和臣子的关系，人的“形”“窍”都受到“心”的干预和影响。因此，只有把“心”治理好了，感官才能各安其位，正常地发挥其本来的效用。所谓“治也者心也，安也者心也”，“心”是治理的主体，要想获得安宁，靠的也是内心的治理。“宫者，谓心也”，《心术》篇中将“心”比喻为“宫”，即可以留驻某些东西的一处地方，而其中所留驻的，便是虚无而又不可言说的“道”。“心之中又有心”“心之心”[①]便是“道”在“心”中的集中体现，也可以称之为“神”。《心术上》又言：“心也者，智之

① 匡钊、张学智：《〈管子〉“四篇”中的“心论”与“心术”》，《文史哲》2012年第3期第88页。

舍也”，“心”是人的智慧所居住的场所，“智”即是“神”的具体表现，它体现了主体的认知能力，也是人对于“道”的把握深浅的标尺。《心术上》中对于认识论意义上的主体与客体也进行了简略阐述[①]，“其所以知，彼也；其所以知，此也”，客观事物是认识作用的客体，而人作为认识的主体，通过“心”去认知事物规律，去把握事物之“道”，而只有使得“神”进驻内心，使得“心”向“能胜心之心”[②]转化，人才能获得“智”，才能更好地发挥主观认知作用，对事物进行全面深入的把握。“不修之此，焉能知彼？”可见，只有将“心”修炼好了，使“神”入“舍”，使“智”展现，才能够让“心之心”得以可能，从而使“道”常驻于“心”，指导主体更好地认识客观世界。

《管子·心术》着重论述了“心”在人体中的重要地位和作用。第一，“心”处于支配和主导地位，感官和形体都受到“心”的控制。第二，“心”是进行认知的主体，若能使“智”在“心”中体现，“神”入驻于心舍，便可把握好事物的客观规律，体会“道”的要理。《庄子》内篇中亦多次论及“心”，其言“心”大多是从修养工夫的层面而言的。《庄子》所说“虚心”（《庄子·渔父》）便是指体悟“道”理、与“道”为一，从而达到洁性去欲、静心安神的“真人”之境，这与《管子·心术》对“心”的论述有相似之处。有一种说法言《庄子》吸收了《管子·心术》的心论，从两者对“心”的认识来看，此看法也不无道理。

（二）“心处其道，九窍循理”

“九窍之有职，官之分也。”人的九窍都具有各自的功能和效用，正如同天子的官员有各自的分工一样。“耳目者，视听之官也，心而无与于视听之事，则官得守其分矣。”耳目的主要功能是进行听和看，“心”不能过分参与耳目听和看的过程，如此，感官便能尽自己的职责。可见，九窍虽受“心”管控，但它们发挥作用时又是各自独立的。“毋代马走，使尽其力”，因此，要合理发挥“心”的功能，不过分干预九窍的活动，这样，才能使九窍的功用充分展现。“嗜欲充盈，目不见色，耳不闻声。”人的九窍本就能够依从自己的规律发挥作用，正如眼睛可以看见外界的各种颜色，耳朵能够听见外界的各种声音。九窍发挥各自的功用

---

① 陈晨：《浅论〈管子〉“心术”篇中的主客体关系》，《文学教育》2018 年第 3 期第 14 页。

② 匡钊、张学智：《〈管子〉“四篇”中的“心论”与“心术”》，《文史哲》2012 年第 3 期第 88 页。

是人获得主观认识的来源，如果主导九窍的“心”中充满了偏嗜与欲望，它的能力便会有所偏失，在它控制之下的“形”与“窍”也受到影响，不能正常地履行各自职责和发挥自己的效用，从而使人无法正确地认识客观事物，无法把握事物的“道”。“上离其道，下失其事”，若“心”的主导作用有失偏颇，那么外在的形体九窍也会失去控制，丧失其职能。

“无以物乱官，毋以官乱心”，要想使“心”正常地发挥作用，就不要让外在事物扰乱自己的感官，不要让感官干预内心的“气”，扰乱心舍中的“智”。只有这样，外物所带来的秽物才不会通过感官侵蚀内心，进而便能保持内心“精气”之纯净。因此，保证“心”能安处其位的重要途径就是摒除内心多余的欲望与污垢，同时也要让九窍和“心”都杜绝外在的污秽，如此，便能让“心”变得干净明亮，充盈洁净美好之“精气”，从而达到“心处其道，九窍循理”的境界。

《管子·心术》中对于“心”与形窍的关系十分看重。第一，九窍虽受到“心”的管制，但它们在发挥作用时，“心”不能施加过多干扰，否则，九窍的功能会受到影响。第二，不能让外物扰乱感官和内心，“心”之中也不能充斥欲望，只有使九窍独立，内心洁净，“道”才会进驻“心”中，九窍才能依据其规律展现职能。

（三）“心术，无为而制窍者也”

治理内心的工夫，便称“心术”。“心术者，无为而制窍者也”，“心”的治理之道，即是以虚静无为、顺应规律的方法来管制人外在的“形”与“窍”。可见，“心术”所寻求的便是内在与外在的统一，通过“虚”“静”“无为”达到内外兼修，形神具备的状态，这与修养“道”的方法如出一辙。“正形饰德，万物毕得”，此句叙述了“心术”的工夫，所谓“正形饰德”，即端正外在的形体，同时修养好内心的德性，若能兼顾两者，则世间万物的规律都能把握。可见，“心术”修养是个由“形”至“心”再到“道”的过程。因此，“心”的修养要内外兼修，使“形”正，使“心”定。“金心之行，明于日月”，健全完善之心作用于客观事物的外在表现，比日月还要明亮。修“心”是正“形”的前提，而“形”是“心”的体现，只要把“心”和“形”都修炼端正了，就能达到“形神俱备”的境界，从而能体悟万物之“道”。

《心术上》有言：“洁其宫，开其门，去私毋言，神明若存。”“心”也被比喻为“宫”，它是“智”之舍，而“门”则是喻称“官”和“窍”，它们是人从客观世界获得认识的渠道。“洁之者，去好过也”，所谓的清扫心舍，让其变得干净清洁，就是说要舍弃“心”中的喜好或厌恶等七情六欲，即做到“中正”，守本心，不偏不倚。只有这样，才能使九窍得到完全地开放，使耳、目等器官能发挥其本来效用。同时，要想获得智慧，让“神”进驻内心，还需要做到排除私心杂念而不妄言语[①]，进一步洁“心”之舍，让“智”在“心”之中得到充分展现。“岂无利事哉？我无利心；岂无安处哉？我无安心。”可见，“心术”修养之目的是不使“心”为利欲所扰乱，摒除内心的私念杂欲，使“道”能在“心”中安宁长处。

“心术”是修养内心的工夫，其要义在于：第一，以虚静无为的方法达到内外兼修，形神俱备的境界；第二，涤除内心杂念欲望，使“心”洁净明亮，让“神”“智”在“心”中充分体现，从而更好地认识客观事物。“心”乃是“道”之驻所，若要让“道”常驻于“心”，则需以“心术”之工夫修养本心，让“心”“道”合一。

三、“虚”“静”“因”

上文提及，《管子·心术》以“道”为本体，着重论述“心”的效用、重要性以及修养途径等，而“虚”“静”“因”三者在《心术》上下两篇中也曾多次出现。它们在《心术》篇中被当作认识事物之“道”的方法或修养心性的工夫来论及，使三者原本的内涵和意义有了新的发展。“虚”“静”“因”之工夫让“心”与“道”相融，“道”通过此三者在“心”中得以充分显现，从而达到“心术”的目的。

（一）虚心去欲

《老子》在论述“圣人之治”时，便提到了“虚其心”的方法，即圣人治理天下需要让百姓心中无欲无知。“虚而不屈”（《老子·第五章》），这句是在论述“道”的性质，即“道”是虚无、没有穷尽的。《心术》篇论“虚”，在《老子》基础明确了其在工夫论和认识论上的作用[②]。《心术上》言：“修之此，莫能虚也。

① 陈鼓应：《管子四篇诠释：稷下道家代表作解析》，北京：商务印书馆，2006年，第155页。

② 陈晨：《浅论〈管子〉“心术”篇中的主客体关系》，《文学教育》2018年第3期第14页。

虚者，无藏也。”此句说明了修“心”的关键莫过于“虚”，所谓的“虚”，即是说胸怀坦荡而无有保留。“虚其欲，神将入舍”，如果内心无所保留并且摒除欲望，则不会有功利是非乱入心舍，从而使神明能够在心中常驻。“无虑则反覆虚矣”，心中无忧无虑便能返回到虚静的状态，“道”也因此得以展现。“异则虚，虚者万物之始也”，若认识到世界万物存在差异且各循其理就能够做到“虚”。“道”是世界本体，它使万物获得自己的规律，而对事物各行其道的认知过程便是“虚”，从这个意义上讲，“虚”是“道”的认识论。因此，“虚者万物之始也”，通过“虚”，就能认识到世界万物的本性，就能把握万物之“道”。

“夫圣人无求之也，故能虚”，要想达到“虚”，则要像圣人那样对待事物不予强求。“无求”便说明没有欲望，说明不把主观意志强加于客观事物，如此，“心”就会变得虚空，“精气”与神明便能入驻于心。而最为虚无的境界，莫过于“君子之处也若无知”。君子之所以能体察万物，便在于他们能做到在对待事物时不掺杂自己的主观成见，而是顺应事物的规律，把握事物的规则，理解万物之“道”。因为君子能时时适应事物，事物便不会与其产生违背，故而君子可以成为万物的主导。“故物至则应，过则舍矣”，当事物来到就要顺应它的规律，当事物过去便将它舍弃。“舍矣者，言复所于虚也”，所谓舍弃，就是说不再让事物牵绊思想，要顺其自然地让它过去，如果能做到这样，便可以再回到“虚”的境界。“虚”则内心无所牵挂，“道”自然入舍。

《心术》篇中的“虚”，是在《老子》基础上的继承和发展。其中，“虚则不屈”与《老子》的“虚而不屈”如出一辙，都是说明“虚”乃“道”的特性。但《心术》也进一步赋予了“虚”认识论和工夫论的内涵：第一，“虚”即是认识了客观事物时舍欲净心、遵循规律的状态；第二，“虚”便是“无求”“无知”，若能做到不为事物所牵绊、不为思虑所操控，“心”便能返回“虚”的状态；第三，通过“虚”来认识事物和修养心性，就能体悟万物本性之“道”，使“道”在“心”中显现。

（二）“静乃自得”

《老子》提及“静”字有七处，“静”所指称的是事物外在或内心的一种状态。而在《管子·心术》中，“静”则是认识客观事物的方法。“动则失位，静乃自得。”“心”在人体之中的位置正如同君主一样，人君处在“阴”的地位，而

"阴"与"静"是对应的；相应地，"动"的性质即是"阳"。因此，如果先于事物而动，即对于事物的客观规律做出了错误判断，则使"心"失去主导与控制的地位。"阳"受制于"阴"，"动"亦受制于"静"，若能处在"静"的地位沉静地观察事物，便能把握宇宙万物的客观规律，认识事物的道理。"纷乎其若乱，静之而自治"，外在的世界纷繁杂乱，充满了功利欲望，而如果能够静以待之，就可以让"心"不违其道。可见，"静"也是让"心"中之"道"得以保持的工夫论。《心术下》有言："人能正静者，筋肕而骨强"，内心的中正宁静能够使外在的形体变得坚实强韧，"静"让内心和形体都能安处其道，从而达到形神皆备的状态。

《心术上》言："毋先物动，以观其则。""静"与"动"的性质是相反的，不要先于事物而动，就是说要保持"静"的状态。只有在"静"的境界中，才能观察到事物的法则，如此，就能获得对客观事物规律的正确认知。"去欲则宣，宣则静矣"，将内心的欲念清除干净，精神就会变得通达，精神通达之后，内心就能保持清静。内心的清静是精神专一的必要条件，精神若能专一，"精气"就会达到极致，从而神明也将进驻于"心"。"外敬而内静者，必反其性"，如果能做到外在恭敬谨慎而内在安宁静定，则能够回归"道"的本性。"敬"是对于外在表现的要求，而"静"是对于内在修养的要求，唯有内外结合，才能使"道"充分显现。

《管子·心术》中论及"静"：第一，是指观察和认识事物的方法，"静"则能使"心"体察万物之"道"；第二，是指内心所达到的一种和谐安宁的状态，"正静"让外在形体和内在心灵获得统一，使"道"融贯于"心"。

（三）"因"即"无为"

《老子》中所言"无为"，既是"道"之属性，也是圣人治理天下的方法，还可指称心性所能达到的一种境界。《管子·心术》中，"无为"与"因"异文同义。"'无为之道'，因也"，所谓"因"，其实就是"无为"的道理，就是不用亲自干预的事情，即顺从事物自身的规律而不妄加控制。"因也者，无益无损也"，"非吾所顾，故无顾也"，"舍己而以物为法者也"，"因"是认识事物的方法，它是说在判断事物时，既不能增加也不能减少，而要完全以事物本身所具有的规律为依据进行认知。"因"的关键在于认识宇宙万物时要舍弃个人的思虑和计谋，把万物自身存有的道理作为认识的法则。若能做到这样，就能做到中正而没有偏颇，从而领会事物之“道”。“其应非所设也，其动非所取也”，“因”的内涵还包括应对事物不能凭借主观地谋划，主体作用于客体的行为也不是出于主观地择取。要做到“因”，就需要隔绝主观的作用，摒除是非功利之心，循万物的道理而作为，这样，便能达到“无为”，即是做到“因”。“恬愉无为，去智与故”所言，也即这个道理。

“因者，因其能者言所用也”，“道”的所贵之处便在于“因”，若能做到按照事物的客观规律来办事，就能达到“因”。“因”是说在应接事物时不掺杂个人的情感与意志，完全地顺从规律。“感而后应，非所设也；缘理而动，非所取也”，对客观事物进行感知而后顺应它的自然法则，这样做便不是主观意识上进行的谋划了；根据事物的道理而展开行动，这样做就不是主观意识上进行的择取了[①]。“因”的内涵由此得到展现，即舍我而应物，这也是“道”的要义之一。“以其形因为之名，此因之术也”，“因”在应对万物方面的具体法则，便是根据事物的外在形态来命名、描述、说明它，做到客观、不强求、不矫饰。如此，就能使物本来的性质得到充分展现，“道”便能被把握。

因此，《心术篇》所论“因”：第一，是一种“无为”“应物”的认识论，它要求在认知事物时需做到不受主观臆断干预而完全顺应事物规律；第二，“因”的方法论重点是循事物的道理来对待事物，展开行动，而不是以个人喜好进行择取；第三，若在应对事物过程中以“因”之术炼养心性，就能使“心”不受主观臆断控制，从而使“道”在“心”中展现。

结语

《管子·心术》作为稷下道家的代表之作，通过关于“心术”的本体论、认识论、方法论等的阐释，为圣人治理天下提供了哲学依据。《管子·心术》中包含了比较全面、深刻的道家思想，承袭《老子》道论，以“道”为至高无上的哲学本体。“道”内在于万物、规定了万物，但又具有物质超越性。它是世界本原，亦是“心术”修养的目的。“心”是外在形体和感官的统领，处于“君主”的地位，它是“心术”的主体与核心。“心术”之道，莫过于洁“心”去欲，形神兼

① 姚晓娟、汪银峰：《管子》，郑州：中州古籍出版社，2010 年，第 217 页。

修，以使“道”常驻心舍。“虚”“静”“因”是主体认识客观世界的法则，也是炼养“心术”的工夫。“虚”的要义在于舍欲无求，使内心回到虚无之境界。“静”是使“心”专一，使“气”抟聚的方法，它是“心”应该达到的理想状态。“因”与“无为”无异，即在认识事物时，应顺循事物规律，摒弃主观思虑，以事物之“道”为圭臬。此外，《管子，心术》中关于“气”的论述也较之《老子》更为丰富，“精气”说发展了《老子》的“道”论，为“道”生万物的过程提供了形而下的具体依据，具有浓厚的朴素唯物主义色彩。

因此，《管子，心术》哲学思想可概括为一种以“道”为本体、以“心”为主体、以“虚”“静”“因”为认识论和工夫论的“心术”体系。此种体系是笔者对于《管子，心术》进行分析比较后得出的个人观点，是对《心术》篇的主要哲学思想的初步总结。总体而言，《管子·心术》的目的虽是通过对“心”的作用与“心”的修养的论述为圣人治理天下提供依据，但其哲学思想对于现代社会仍然具有深刻的启示作用，其中，“虚心之道”“静因之道”等都能够为现代养生学提供工夫论的指导。同时，《管子·心术》中的哲学思想对现代道家思想研究亦有重要启示意义。本文仅粗浅地分析了《心术》篇的哲学脉络，《管子》中仍有深厚的思想资源待予发现和挖掘，其哲学思想值得当代人继续探寻与思考。

《淮南子》“道”论思想发微

陈志雄*

内容提要:《淮南子》一书并非如冯友兰先生所言的“无中心思想”而落于洋洋洒洒，“道”论即是其核心精神与纲领，且其对“道”之性格做了深刻的阐论与创发。其所谓道者，无所不在，无形无象，而应变无穷，然其又是恒常实存的。故凡万物之生息长养，与夫自然界之一切现象，殆无能自外于斯道者。因此《淮南子》沿着《老子》的理路增进一步来强调要顺应自然法则，并以“术”来转换“道”，从而使其道论具备符合自身理论建构之特性的理论品质。

关键词:《淮南子》 道 术 化生 无为

《淮南子》又称《淮南鸿烈》，所谓“鸿烈”者，广大显明之谓也。成其为鸿烈者，一个原因在于其内容之广大悉备，在娓娓千百言中森然罗列着自然宇宙、天文地理、阴阳造化、鸟兽虫鱼、治术兵略等纷繁之事，又在思想上兼取百家之长。这不禁让人发问：刘安所主持汇编的《淮南子》一书是否有其一以贯之的主旨？对此，东汉高诱有言:“其旨近老子，淡泊无为，蹈虚守静，出入经道。言其大也，则焘天载地，说其细也，则沦于无垠，及古今治乱存亡祸福，世间诡异环奇之事。其义也著，其文也富，物事之类，无所不载，然其大较归之于道，号曰鸿烈。鸿，大也；烈，明也，以为大明道之言也。故夫学者不论淮南，则不知大道之深也。”①

从高诱的分析可见，《淮南子》并不是世间百事、诸子百家的杂凑，而是能够以自身一定的立场对各家思想做一总结和融通，而其所要凸显之最终旨意即是

* 陈志雄（1992—），男，福建泉州人，中国人民大学哲学院博士研究生，研究方向：先秦哲学、儒家政治哲学。

① 刘文典:《淮南鸿烈集解》，北京：中华书局，2013 年，第 2 页。

“道”。所以，《淮南子》并非如冯友兰所言的“杂取各家之言，无中心思想”。[①]试想，堂堂淮南王，集众英华，焚膏继晷，著书以备治国之策，何能无一中心思想？正如《要略》中其所自言的：“凡属书者，所以窥道开塞，庶后世使知举错取舍之宜适，外与物接而不眩。”（《淮南子·要略》）[②]即著书立说就是为了探究道理、启人智慧，以使人举止取舍合乎时宜，不为外物迷惑。那么一个无一贯之主旨的思想体系如何能够开导人以道理、指导人的言行举止？在《淮南子》文末，著者自带一《要略》，以期彰明每篇之所指、序其中之微妙，即是对自己所要传达的道理做一最后的辨明，这就再贴近著者本意不过了。其言句句甚亲切！可见，《淮南子》在著书立旨这方面是有其自觉性的。

既然如此，此“道”是老子之道抑或是庄子之道？还是其他某一家某一派之道？显然，我们又不能这么简单地、分解地来看待它。汉代以前，天下之言“道”者也多矣！庄子所言的“道术将为天下裂”（《庄子·天下篇》）[③]即是对这一状况的生动描绘。在此背景下，《淮南子》是如何对“道”做一发挥，阐明其性格的？欲究明此问题，应以《原道训》为入手点，贯通其他章节来探讨淮南子视野下的“道”。

一、无形无象而实存

《淮南子》以“道”冠名的篇章有《原道训》与《道应训》，以专门论述“道”之精义，然又不仅限于这两篇来论道，“道”之意涵实贯彻于全文上下。

《原道训》有言：“夫太上之道……忽兮怳兮，不可为象兮；怳兮忽兮，用不屈兮；幽兮冥兮，应无形兮；遂兮洞兮，不虚动兮。”（《淮南子·原道训》）又曰：“天化育而无形象，地生长而无计量，浑浑沉沉，孰知其藏！凡物有朕，唯道无朕。所以无朕者，以其无常形势也。轮转而无穷，象日月之运行，若春秋有代谢，若日月有昼夜，终而复始，明而复晦，莫能得其纪。制刑而无刑，故功可成；物物而不物，故胜而不屈。”（《淮南子·兵略训》）曰：“夫有形埒者，天下讼见之……善形者弗法也。所贵道者，贵其无形也。无形则不可制迫也，不可度量

① 冯友兰：《中国哲学史》，北京：中华书局，1947年，第477页。

② 本文所引《淮南子》之原文皆从刘文典《淮南鸿烈集解》之校注本，如有不同理解则另外出注标明，以下引文只随文标注篇名。参看刘文典：《淮南鸿烈集解》，北京：中华书局，2013年。

③ 郭象注、成玄英疏：《庄子注疏》，北京：中华书局，2011年，第557页。

也，不可巧诈也，不可规虑也。智见者人为之谋，形见者人为之功，众见者人为之伏，器见者人为之备。"（《淮南子·兵略训》）

道者，无形貌，故不可人为描摹，无法以感知器官加以把握。然其中又有洞深之意蕴、通畅之内涵，着实可引发人无限向往。道之无形象可言，还具体表现在其化育万物的过程之中。纷繁灿烂之万物皆为道所化生之结果，然于纷繁灿烂之万物中你又抓取不出道之征兆与迹象，你寻不出其"轮转而无穷"之生物不已的功能，这却又无碍于其"轮转而无穷"之功能。正是这无形化育才成就其道之大用，徒留下人之驻足发叹，以求贴近道之蔚然、强大之力量。故言"道是最真实的存在，此一真实的存在就是它不存有。"[①] 道化生万物之强大力量即是其真实存在之印证。正因为其真实存在，这样的道才值得为万物众生所效法，因为一个本身虚无不真的东西却值得效法，这是难以想象的一件事情。因此，可以说我们把握了道也就是把握了本真。

《淮南子》指出：道之无形无象，使其不为有形之物所规制、揣摩与衡量，这也就使其功能得以彻底展开。它又以"无"的概念加以进一步说明："有无者，视之不见其形，听之不闻其声，扪之不可得也，望之不可极也，储与扈治，浩浩瀚瀚，不可隐仪揆度而通光耀者。"（《淮南子·俶真训》）无者，即指无形无声，触摸不到，广大无边，不可测度而与无形的光照一样。光照无形无声，但光照是确实存在着的，并发挥着普照大地的功能，此特性几于道。

二、无所不在之周遍性

如此的无形、无象、无声的道充盈着一切，而有形、有象、有声的所有事物都在彰显着它。"夫道者，覆天载地，廓四方，柝八极，高不可际，深不可测，包裹天地，禀授无形……故植之而塞于天地，横之而弥于四海。"（《淮南子·原道训》）"道至高无上，至深无下，平乎准，直乎绳，圆乎规，方乎矩，包裹宇宙而无表里，洞同覆载而无所碍。"（《淮南子·缪称训》）"朴至大者无形状，道至眇者无度量。故天之圆也不得规，地之方也不得矩，往古来今谓之宙，四方上下谓之宇，道在其间，而莫知其所。"（《淮南子·齐俗训》）

无分表里内外，道该载渗透于万物之间却不为万物所滞碍、规矩，在空间上

① 陈德和：《淮南子的哲学》，台北：南华管理学院，1999 年，第 71 页。

它涵容一切、时间上无始无终、无有穷尽。对此，人只知得个“道”确实在其间，然又莫知其所在。如此，在这个意义上，牟钟鉴将道称之为“宇宙全体”①，即道在宇宙中又包含着宇宙。

为使人彻底参透道的这一特性，淮南子在《道应训》中，引入“神明”这一概念来加以揭示，值得关注。“罔两问于景曰：‘昭昭者，神明也？’景曰：‘非也。’罔两曰：‘子何以知之？’景曰：‘扶桑受谢，日照宇宙，昭昭之光，辉烛四海，阖户塞牖，则无由入矣。若神明，四通并流，无所不极，上际于天，下蟠于地。化育万物而不可为象，俯仰之间而抚四海之外。昭昭何足以明之！’”（《淮南子·道应训》）“神明”一词又现于《黄帝四经》一书中：“道者，神明之原也。神明者，处于度之内而见于度之外者也。”（《黄帝四经·名理》）

如上所述及，《淮南子》原以“光照”拟于道之特性，在这里它又进一步做了修正补充。认为：一遇“闭户牖”之外力限制，则“昭昭之光照”黯然矣，对于“四通并流，无所不极”的神明之道，它是鞭长莫及的。通过这两段文献，我们可以发现：“神明”是用来指道的一种不可捕捉而又可为人所体贴到的奇妙作用，而不是指通常意义上的人之精神。可以说，天地间的各种奇妙作用都本源于道。

再申言之：“皆为物矣，非不物而物物者也，物物者亡乎万物之中。”（《淮南子·诠言训》）“物物者”即是指“道”。“亡”字用得极好，恰如其分地体现了“道弥漫周遍于万物中”之样态。“亡”字可取“忘”意。古人有言：“知而亡情，能而不为，真知真能也。”（《列子·仲尼》）《淮南子》自身亦有佐证，如“而司马又若此，是亡楚国之社稷，而不率吾众也。”（《淮南子·人间训》）在这里，“亡”皆取“忘”意。忘者，其物实存并发挥着实际作用，只是因其不直接、不日常地绽现于人之意识中而为人所忘却罢了，其在冥冥中有可能为人所再次唤醒。道弥漫于万物中之样态当类于此。

三、恒常而动变之超越性

一般人们将道家之“道”直呼为“恒常不变之道”，易生歧义，此甚不类。道者，言其恒常则可，言其不变则不可。朱谦之有言曰：“盖‘道’者，变化之

---

① 牟钟鉴：《〈吕氏春秋〉与〈淮南子〉思想研究》，北京：人民出版社，2013年，第170页。

总名。与时迁移，应物变化，虽有变易，而有不易者在，此之谓常……老聃所谓道，乃变动不居，周流六虚，既无永久不变之道，亦无永久不变之名……天地之道，恒久而不已，四时变化，而能久成。若不可变、不可易，则安有所谓常者？"[①]这就道出了"恒常"与"动变"的内在关系。"恒常"不是"一定、停滞"之意，随时变易、生生不息方谓之"恒常"，也才能实现"恒常"。在这问题上，《淮南子》也秉承了如此的看法，我们大可视其为圭臬来理解道家之道。

"夫太上之道……收聚畜积而不加富，布施禀授而不益贫，旋县而不可究，纤微而不可勤，累之而不高，堕之而不下，益之而不众，损之而不寡，斫之而不薄，杀之而不残，凿之而不深，填之而不浅。"（《淮南子·原道训》）"夫化生者不死，而化物者不化。"（《淮南子·俶真训》）"化者，复归于无形也；不化者，与天地俱生也。……故生生者未尝死也，其所生则死矣；化物者未尝化也，其所化则化矣。"（《淮南子·精神训》）

道参与到纷纷然的万物生灭变化之过程中去，但它又能超越于万物之上，不为纷纷之万物所割损，保持其自足、圆满之整全，这样就能存有其大道之功能，而不堕落于一物一事之泥淖。然，大道之功能不损并不意味着大道之不变。作为宇宙实体、万物本原的道，是恒动恒变的。所谓"化生""化物"，即是对"道"恒动恒变、"生生"之功能的一个刻画。老子喜言"反者道之动"（《老子·四十章》），道体即是一个生生不息、周行不殆之动体，与有始有终的具体事物鲜明区分开来，道在这种恒常而动变中保有了宇宙的规律和秩序。试想，一个不恒常而随物变迁的宇宙根据如何能赋予这个世界以规律？一个泥滞怠惰的宇宙本原如何能开展出生动活泼的大千世界？

从这个意义上来看，《淮南子》以"一"来指称"道"是有道理的。"所谓无形者，一之谓也。所谓一者，无匹合于天下者也。……道者，一立而万物生矣。"（《淮南子·原道训》）"一"是数之始，它是最简单的一个数，以其最简单之特性，则可以演算发展成最广泛、最复杂的各种数。因其最简单，也就最不容易被割损而能最稳定。说其最稳定，并不意味着它老是固定不变，而是说它能在这种演算发展中仍然保持其稳定性。道所具有的类似样态，是其他事物所无法"匹合"的，从而实现了对具体事物的超越。

① 朱谦之：《老子校释》，北京：中华书局，1984年，第4页。

四、道自然化生万物

“夫道，有形者皆生焉。”（《淮南子·泰族训》）世界上的万事万物都是由道所产生的，道是产生万物的本体。那么，很显然需要继续追问“道怎样产生万物的具体过程”这一问题。这一过程可一言以蔽之，曰“自然混成”。

“天坠未形，冯冯翼翼，洞洞灟灟，故曰太昭。道始于虚廓，虚廓生宇宙，宇宙生气。气有涯垠，清阳者薄靡而为天，重浊者凝滞而为地。清妙之合专易，重浊之凝竭难，故天先成而地后定。天地之袭精为阴阳，阴阳之专精为四时，四时之散精为万物。”（《淮南子·天文训》）天地在没有形成之前是混沌不分、迷迷茫茫而没有具体形象的，称之为“太昭”，这种原初状态也即是道。大道开始是虚空阔大的，虚阔的状态演化出宇宙，宇宙产生大气。大气笼罩着天地直到边际，清明轻扬的气散发成为天，厚重浑浊的气聚集停留成为大地。轻扬的气合成容易，厚重浑浊的凝结较为困难，故此天首先形成，而地则较后才定形。天地结合精气成为阴阳，阴阳的精粹结合成为四季，四季分散精气成为万物。

“道出一原，通九门，散六衢，设于无垓坫之宇，寂寞以虚无。非有为于物也，物以有为于己也。是故举事而顺于道者，非道之所为也，道之所施也。夫天之所覆，地之所载，六合所包，阴阳所呴，雨露所濡，道德所扶，此皆生一父母而阅一和也。”（《淮南子·俶真训》）“夫太上之道，生万物而不有，成化像而弗宰。”（《淮南子·原道训》）道通达于九天之门，散布到四面八方、无穷无尽的领域，它静漠而虚处，不刻意干预万物，因而万物会自然而然地有所作为。所以，办事举措顺道者，并不是说道对他做了些什么，而是道在布施中无形地影响了他。那些天所覆盖的、地所承载的、六合所包容的、阴阳二气所孕育的、雨露所滋润的、道德所扶持的，全都产生于一个根源——道，他们之间又共通着和谐之气。如此可见，道化生万物是一个自然而然的过程，没有目的和意识，生物不为善，死物不为罚。万物皆生于道，从而彼此相连成一个自然和谐之整体，正所谓“自其同者视之，万物一圈也。”（《淮南子·俶真训》）“太上之道”是宇宙的原初状态，它产生万物，却不占有万物。它使万物运动变化，却不做万物之发号施令的主宰。我们体察天地自然之始，实浑冥如一。

五、“道”“术”之间的无为

“无为”即是“不先物为”，顺应自然。“所谓无为者，不先物为也；所谓无不为者，因物之所为。所谓无治者，不易自然也；所谓无不治者，因物之相然也。"(《淮南子·原道训》)然，《淮南子》又不仅仅停留在这个层面上论述，亦曰："无为者，道之体也；执后者，道之容也。无为制有为，术也；执后之制先，数也。放于术则强，审于数则宁。"(《淮南子·诠言训》)所以说："淮南子的道的'无为'特性缺少了老庄的超越性，成为一种'术'，随着时间和条件的变化而变化……对于老庄而言，'无为'不仅是'道'的特性，更是人本真的生存方式，而淮南子作为诸侯王，他关心的不是社会之外的本真自然。在西汉王朝权力不断集中的情况下，如何保持诸侯国的权力和地位以及使自己的理论适应形势的需要是他所关心的问题，因此，他的无为观，不只是停留在老庄之精神修养与批判的境界，而且积极地参与改造自然、改造社会的生存实践活动。"①

可以看到的是：《淮南子》"无为"中"取益"和"避害"的意味特强，有直接面向现实实践活动之冲动。在开头的《原道训》一篇中谈道："夫太上之道，生万物而不有，成化像而弗宰，跂行喙息，蠉飞蝡动，待而后生，莫之知德，待之后死，莫之能怨。"(《淮南子·原道训》)而之后又言："故太上神化，其次使不得为非，其次赏贤而罚暴。"(《淮南子·主术训》)可知，《淮南子》政治论之最高点为太上神化，苟不能至此，则将救之以仁义法制，这是一种政治论上的转移，也是其进取精神的体现。

"民有道所同道，有法所同守，为义之不能相固，威之不能相必也，故立君以一民。君执一则治，无常则乱。君道者，非所以为也，所以无为也。何谓无为？智者不以位为事，勇者不以位为暴，仁者不以位为患，可谓无为矣。夫无为，则得于一也。一也者，万物之本也，无敌之道也。"(《淮南子·诠言训》)在这个叙述环境下，我们已经难以分清《淮南子》所称谓的"一"是指称"道"抑或是"术"了。再如《淮南子》中，《兵略训》专言"用兵之道"，《精神训》又言"养生之道"。凡此，就让道与"事为之术"不断地纠葛在一起。

"故言道而不言事，则无以与世浮沉；言事而不言道，则无以与化游息。"(《淮南子·要略》)又曰："知天而不知人，则无以与俗交；知人而不知天，则无以与道游。"(《淮南子·人间训》)《淮南子》的出发点是要"道"与"事"兼举，不偏隘。然，在其力促"道"向"事为"层面落实时，并非能实现其所愿：即道

① 王巧慧：《淮南子的自然哲学思想》，北京：科学出版社，2009年，第29—30页。

与事之间的涵融优游、自由往来。其有言："或曰：'无为者，寂然无声，漠然不动，引之不来，推之不往。如此者，乃得道之像。'吾以为不然。"（《淮南子·修务训》）既主无为，复主人治。这两种价值倡导如何并存、如何适时相互转化，这是《淮南子》所未解决的理论困境。

以直报怨以义解仇

——从朱子《家训》看儒家对“仇”“怨”的态度及其启示

冯　兵*

内容提要：朱熹的《家训》中提出“仇者以义解之，怨者以直解之”，其中“仇”与“怨”分属人际关系矛盾的两个不同层面。“仇”往往是“怨”的进一步发展，“义”也是“直”的深化与升华。“以直报怨”历来都被儒家视为解决怨恚心理的最合理方式，而“以义解仇”，与春秋公羊学与礼学的“大复仇”主张以及以张载“仇必和而解”为代表的朴素辩证法思想相比，则显得更加意味深长。在当今社会，朱熹的这一告诫仍有借鉴价值。

关键词：朱熹　《家训》　以直报怨　以义解仇

基金项目：福建省社会科学研究基地重大项目“朱熹的生活哲学思想及其现代价值”（编号 FJ2015JDZ012）

朱熹的《家训》通常被称为《朱子家训》[①]，朱熹“把（他自己的）《童蒙须知》和《小学》中的道理抽象出来从哲理的高度用极其精练的语言写了一篇《朱子家训》”。“用通俗、精练的语言规范了人之为人的基本哲学信条，画出了一条做人

* 冯兵（1975—），男，重庆奉节人，哲学博士，华侨大学哲学与社会发展学院教授、博士生导师，研究方向为先秦儒学与朱子学。

① 清初以来社会上出现了另一份《朱子家训》，作者为朱用纯（字致一，号柏庐，明末清初江苏昆山县人）。起初朱用纯自名之为《治家格言》，后人遂称之以《朱子治家格言》《朱柏庐治家格言》，再后来则逐渐也被简称为《朱子家训》而常与朱熹的《朱子家训》相混淆。朱熹的《朱子家训》317 字，朱用纯的 524 字。除了字数上的差异之外，大体来说，朱用纯的《朱子家训》似乎显得更为细致全面，也更具温情，用时下流行的话说就是更“接地气”，因此多为后来的一般家庭所通用和熟知；而朱熹的《朱子家训》立意似乎更高，气象森严宏大，体现出了思想巨匠的气度。

的底线，深刻而隽永。”[①] 譬如在他的《家训》中，他告诫后世子孙“仇者以义解之，怨者以直解之。”其理论背景和蕴意就十分宏阔、深刻，尤其对“仇”“怨”的态度与处理方法，颇令人思量。下面分述之。

一、“仇”“怨”之辩

首先我们来看“仇”“怨”的释义。许慎在《说文解字》中释“仇”为“讎也。”段玉裁则于《说文解字注》进一步解释道：“讎犹应也。”释“仇”为匹配、对应，随之又以《左传》“嘉偶曰妃，怨偶曰仇”为据，说：“仇为怨匹，亦为嘉偶。如乱之为治，苦之为快也。”按《说文解字》的理解，“仇”具有明确性、外在性、对应性的特点，通常是人际间明朗化的两相对应关系，既可为嘉偶，也可是仇敌。而随着时代的发展，后一层意涵逐渐占据了主导地位。关于“怨”，《说文解字》释曰：“怨，恚也。从心，夗声。”按《辞源》的说法，“怨”主要指：1.“不满意，埋怨”；2.“恨”。[②] 而怨“从心”，似乎具有隐晦性、内在性、单向性特点，是个体自我心理状态的投射与表现，被“怨”的对象则往往不一定具有相应的情感或心理。

很显然，就人际关系的矛盾来看，“仇”与“怨”应分属两个不同层面和阶段。“怨”是矛盾尚未彻底激化或公开化的阶段，“仇”是矛盾公开化、极端化的阶段，“仇”往往是“怨”的进一步发展的结果。

二、“怨者以直解之”

朱熹在《家训》中要求“怨者以直解之”，其意出于《论语·宪问》：“或曰：‘以德报怨，何如？’子曰：‘何以报德？以直报怨，以德报德。’”其中“以德报怨”一语最早见《老子》六十三章：“大小多少，报怨以德。”老子出于谦下处柔、无为不争的理念，主张以德报怨。但在孔子看来，若以德报怨，将以何报德？这无法体现应有的社会公平与正义。朱熹在《论语集注》卷七中就指出：

> 或人之言，可谓厚矣。然以圣人之言观之，则见其出于有意之私，而怨德之

① 朱杰人：《深刻而隽永的〈朱子家训〉》，载《光明日报》8月9日第10版，2016年。

② 广东、广西、湖南、河南辞源修订组、商务印书馆编辑部：《辞源》(修订本)，北京：商务印书馆，1988年，第1114页。

报皆不得其平也。必如夫子之言，然后二者之报各得其所。然怨有不雠，而德无不报，则又未尝不厚也。

在朱熹看来，以德报怨其实是出于刻意为之的私心，有违大义。他对此曾举例说："如吕晦叔为贾昌朝无礼，捕其家人坐狱。后吕为相，适值朝廷治贾事，吕乃乞宽贾之罪，'恐渠以为臣与有私怨'。后贾竟以此得减其罪。此'以德报怨'也。然不济事，于大义都背了。"（《朱子语类》卷四十四）最关键的是，以德报怨会导致"怨德之报皆不得其平"，是"以私害公""以曲胜直"，因此必须"当报则报，不当则止"，不得妨害"公平忠厚"（《论语或问》卷十四）。

清人刘宝楠则在《论语正义》引吴嘉宾的观点说：

以直者不匿怨而已。人之性情，未有不乐其直者，至于有怨，则欲使之含忍而不报。夫含忍而不报，则其怨之本固未尝去，将待其时之可报而报之耳。至于蓄之久而一发，将至于不可御，或终于不报，是其人之于世，必以浮道相与，一无所用其情者，亦何所取哉？以直报怨，凡直之道非一，视吾心何如耳。吾心不能忘怨，报之直也，既报则可以忘矣。苟能忘怨而不报之，亦直也，虽不报，固非有所匿矣。怨期于忘之，德期于不忘，故报怨者曰"以直"，欲其心之无余怨也。报德者曰"以德"，欲其心之有余德也。其心不能忘怨，而以理胜之者，亦直以其心之能自胜也。直之反为伪，必若教人以德报怨，是教人使为伪也。乌可乎？

此说是从怨恚心理的合理解决的角度出发，认为"怨期于忘之"，而"吾心不能忘怨"，人若有了怨恚，是无法轻易放下的（当然，能自行放下也是好的），要妥善解决怨恨，就必须使之适当地发泄出来，不至于"匿怨"。因为让怨恨久藏于心中一来会有失控的危险，二来会让人变得虚伪，贻害不小。

另据《礼记·表记》载："子曰：以德报德，则民有所劝。以怨报怨，则民有所惩。"《论语》说"以直报怨"，和《礼记》讲"以怨报怨"仍有不同。以怨报怨固然能让"民有所惩"，从而"戒于树怨"（《礼记集解》），然而一旦坚持以怨报怨，终将引起怨恚的恶性循环，自然不是止怨的最好办法。至于以德报怨，孙希旦说："以德报怨，则天下无不释之怨矣。虽非中道，而可以宽容其身，亦仁之一偏也。”（同上）但皇侃则认为：“所以不以德报怨者，若行怨而德报者，则天下皆行怨以要德报之，如此者，是取怨之道也。”（《论语集解义疏》卷七）可见无论如何，以德报怨都不是消除怨恚心理的好办法，至少不是符合中道的最好办法，最好的办法只能是“以直报怨”。

那么，究竟什么是“直”呢？从《论语》中有关“直”的论述来看，“直”在不少场合都与率性、坦直的情感表达方式有关。[①]朱熹则释“以直报怨”之“直”道：“于其所怨者，爱憎取舍，一以至公而无私，所谓直也。”（《论语集注》卷七）“直”就是指大公无私。但要注意的是，这种大公无私是在“爱憎取舍”这一人人皆有的普遍性的情感欲望之中的“无私”，并非超越于情感之外。儒家的“无私”绝非“无情”，只是强调公义之下无偏私不当之情而已。另在《论语·子路》中，叶公对孔子说：“吾党有直躬者，其父攘羊，而子证之。”孔子答曰：“吾党之直者异于是。父为子隐，子为父隐，直在其中矣。”朱熹对此评论道：“父子相隐，天理人情之至也。故不求为直，而直在其中。”（同上）在朱熹看来，父子相隐既是天理之当然，也是人类普遍情感的必然，这一举措完全合乎天理与普遍之人情，自然是“至公而无私”的。今人亦认为：

孔子的“直”有主、客观两层蕴涵，其在客观视角上有公正、无私或正当之意；主观视角则关涉个人的私德，意为正直、坦直。从内在心理动机和情感层面看，“直”既有正直坦率且公平的品格，也包含个体在实践活动中的情感反应内容，其胜处在于它的非功利性或非工具目的性之转折思量。“直”作为真纯素朴的人格构成“仁”的基础性要素，而所谓的“礼”之“质”也在于此。[②]

而无论“直”是指公正无私或正当，还是正直、坦直，孔子和叶公的“直”事实上都应包含了这些伦理意涵，真正的区别只是在于各自针对“直”的价值判断所依据的理论背景不同。

① 如《泰伯》篇中的“直而无礼则绞”“狂而不直”，《阳货》篇“好直不好学，其蔽也绞”“古之愚也直，今之愚也诈而已矣”等等。在这一类的表述中，“直”与“绞”“狂”“诈”等语词相对应，因而无论其是否主要体现的是“正直”这一德性内涵，我们也都能明显感受到其与率直的情感表达之间的关联。

② 李洪卫：《孔子论“直”与儒家心性思想的发端——也从“父子互隐”谈起》，载《河北学刊》第2期，2010年。

孔子所论之“直”的理论依据显然是礼。如孔子论“以德报怨”仅为“宽身之仁”[①]，郑玄注道：“宽，犹爱也，爱身以息怨，非礼之正也。”孔颖达进一步疏释说：“‘宽身之仁’者，若以直报怨，是礼之常也。今‘以德报怨’，但是宽爱己身之民，欲苟息祸患，非礼之正也。”（《礼记正义》）郑玄与孔颖达明确将“以德报怨”与“以直报怨”纳入礼学范畴，显然“直”“应受到礼俗的规导”[②]。并且，“以直报怨”的“报”象征着强调对等性原则的“礼尚往来”，原本也就是礼的基本要素。[③]而礼的产生与发展则缘于“人情”，朱熹就说：“先王制礼，本缘人情。”（《晦庵先生朱文公文集》卷三十六）这在《礼记》中也早有体现，如《礼记·丧服四制》：“凡礼之大体，体天地，法四时，则阴阳，顺人情，故谓之礼。”以及《礼记·礼运》：“故圣王修义之柄、礼之序，以治人情。故人情者，圣王之田也。”等等，都充分说明，在儒家这里，“人情”是圣王关注的重心，用来顺应和修治“人情”的，则是礼（乐）。但所有的情感关系中，父子亲情又最为根本，是一切“人情”的起点和基础。有鉴于此，孔子就当然要主张父子互隐了，并认为这才是本然的正当与公正。其所依据的，就正是儒家以宗法血缘为中心的礼，即符合人情世事普遍之理的社会规范。在这一前提之下，个人也就可以坦直地表现情感而自然具有了正当性与合理性。

与之相对应的是，叶公一任于法，其或为申、韩一系的法家式人物。这一系的法家注重刑名法术，轻视人之情感需求，反对礼教，不仅与儒家大相径庭，也和重礼的管仲一系的法家不同。其中最显著的便是韩非子的“计算社会”论。韩非子认为所有的人伦关系全是出于利益的算计，即便是父母与子女之间也不例外：“且父母之于子也，产男则相贺，产女则杀之。此俱出父母之怀衽，然男子受贺，女子杀之者，虑其后便，计之长利也。故父母之于子也，犹用计算之心以相待也，而况无父子之泽乎！”（《韩非子·六反》）可谓“无情”至极。正如东汉刘观等人所撰之《东观汉记·卓茂》所说：“律设大法，礼从人情。”很显然，

---

① 《礼记·表记》：“子曰：‘以德报怨，则宽身之仁也；以怨报德，则刑戮之民也。’”

② 陈探宇、丁建峰：《“直”的情感维度——从中国文化的生命观看“父子相隐”》，载《西南民族大学学报》（人文社科版）第4期，2010年。

③ 如郑玄释《礼记·表记》“子言之：‘仁者，天下之表也；义者，天下之制也；报者，天下之利也”一句中的“报”为：“报，谓礼也。礼尚往来。”（《礼记正义》）因为“报”的“礼尚往来”含义中潜在地蕴含着对应双方在交往过程中的对等性原则，而“以德报怨”显然破坏了这一点，这也正是其“非礼之正”的一个重要原因。

礼顺人情，而律不容情，在社会治理中强调概循律例的“无情”的法家不会给予人的情感行为以道德意义的理解。因此，当儿子面对父亲的“攘羊”行为时，叶公必然要主张严格按照律令“证之”才是真正的正直与公平。可见孔子讲“吾党之直者异于是”，所“异”的是他依循的为礼，叶公依循的是法。

综上可见，孔子讲“以直报怨”，这个“直”就绝非简单的冲冠一怒、直抒胸臆，而是情理交融中的“当报则报，不当则止”，“当”与“不当”的标准便是礼。换言之，儒家的“以直报怨”也就是以礼报怨。朱熹在《家训》中主张“怨者以直解之”，同样是基于此。而无论是儒家的礼还是法家的法，都是指明确的行为规则，“以直报怨”中的“直”对“礼尚往来”式公平正义的追求，所体现和强调的也正是严格的规范或规则意识。

三、“仇者以义解之”

“怨”是一种并不明朗化的怨恚情绪，“仇”在一般情况下往往是“怨”的进一步激化、深化和公开化。朱熹强调“仇者以义解之，怨者以直解之”，解“仇”之“义”同样也是解“怨”之“直”的内涵的升华与深化。又如前所述，“直”的理论依据是“礼”，而《礼记·礼运》说：“礼也者，义之实也。”《左传》中也有“礼以行义”（《僖公二十八年》《成公二年》）、“义以出礼”（《桓公二年》）的说法，都说明“礼”是“义”的具体呈现与形下实践，“义”则是“礼”的形上升华和依据。因此人们又往往“礼义”并称，并以之构成了“人之大端”，即使“礼虽先王未之有”，也“可以义起也”（《礼记·礼运》）。

“义”作为五常之一，是中国哲学中非常重要的概念，《礼记·中庸》释为“义者，宜也”《说文解字》，即以此为“义”做注。另按段玉裁的说法，“义”与“谊”也为“古今字”，“周时作谊，汉时作义，皆今之仁义字也”（《说文解字注》）。因而许慎《说文解字》也解“谊”作“人所宜也”。可见“义”的主旨就是“宜”，即合宜、适度与正义、正当等。《礼记·礼运》称“义”为“艺之分，仁之节”，“礼”是其“实”，“仁”为其“本”，便是对其性质较完整的概括。因此，“义”既象征着实践层面的方法论智慧，也有着充分的道德形上学意味。那么，朱熹在《家训》中要求“仇者以义解之”，具体又该作何理解呢？

要深入理解朱熹的“仇者以义解之”，我们不得不考虑到儒家历史上有关“仇”的态度的两个重要理论背景——以春秋公羊学和《礼记》等为代表的儒家

“大复仇”理论，以及以宋儒张载为代表的“仇必和而解”的朴素辩证法思想。前者主要体现的是“义”作为一种道德形上学原理的内涵，后者主要强调的则是“义”在具体应用中充满辩证智慧的方法论意义。

（一）“大复仇”

“大复仇”的理念在《周礼》和《礼记》中有不少的论述，如《周礼·秋官·朝士》中说：“凡报仇雠者，书于士，杀之无罪。”强调只要事先在官府报备，杀死仇家是无罪的。《礼记·檀弓上》则记载：

子夏问于孔子曰：“居父母之仇如之何？”夫子曰：“寝苫枕干，不仕，弗与共天下也；遇诸市朝，不反兵而斗。”曰：“请问居昆弟之仇如之何？”曰：“仕弗与共国；衔君命而使，虽遇之不斗。”曰：“请问居从父昆弟之仇如之何？”曰：“不为魁，主人能，则执兵而陪其后。”

此处也强烈主张复仇，只是根据血缘关系的亲疏远近而对复仇的态度和方法做了不同的限定，将复仇行为完全纳入礼制之内，并由此赋予了其充分的合理性。

真正张大和发扬儒家的复仇精神的，则是以董仲舒为代表的春秋学公羊。董仲舒在《春秋繁露·王道》中说：“《春秋》之义，臣不讨贼，非臣也。子不复仇，非子也。”将臣为君讨贼与子为父报仇并置，所以《白虎通德论·诛伐》就明确指出：“子得为父报仇者，臣子于君父，其义一也。忠臣孝子所以不能已，以恩义不可夺也。”认为臣为君、子为父报仇，在“义”上是一致的。蒋庆将公羊家对大复仇的论述，根据其内容的不同分为了三种类型：1. 国君复国君杀祖杀父之仇；2. 个人复国君杀父之仇；3. 臣子复乱贼弑君之仇。从中可见，春秋公羊学对儒家的“复仇”主张比礼学更进一步做了范围的限定。而公羊家“大复仇”也有着特殊的时代背景：“在春秋、战国及秦汉之际，天下无道，政治失序，诸侯相灭，君臣相杀，社会生活中缺乏最基本的公义，故灭人之国，绝人之世，杀人之父，残人之子者比比皆是，社会中的怨毒仇恨极深。”因此，“公羊家提出了大复仇说，赞同通过复仇的方式来恢复社会中的正义”[①]。

若据此来看朱熹所说的“仇者以义解之”，其“义”就正是指儒家在农业宗法社会中所要维护和宣扬的社会正义，在价值层面上与追求“公平忠厚”的“直”具有内在的一致性，“复仇”则是其重要手段。

但在东汉时期的一些文献里，却也存在着和解仇怨的思想，如《风俗通义》中对弘农太守河内吴匡的相关叙述：“今匡与琼其是矣，剖符守境，劝民耕桑，肆省冤疑，和解仇怨，国之大事，所当勤恤。”“和解仇怨”被视作了朝廷官吏应当“勤恤”的事务性职责。刘向在《新序》中也对统治者的为政之道做了道德上的要求：“外举不避仇雠，内举不回亲戚，可谓至公矣。”（《新序·杂事一》）并表扬“齐桓公用其仇，而一匡天下”（《新序·杂事三》）、“外举不避仇雠”、“用其仇”，就不仅是和解仇恨，而且还举荐任用仇人，以公义超越了具体的仇恨。这与张载的“仇必和而解”之说在一定程度上有相合之处。

（二）“仇必和而解”

“仇”的初始意义是指事物间的两两配应或对立关系，“仇恨”意涵实属后起。而两两对应关系最典型的表述就是“阴阳”。中国古代的思想家很早就对阴阳观念做了形而上的系统化讨论，如《易·系辞上》明确指出：“一阴一阳之谓道”，将阴阳及其运行变化视为“道”。《说卦传》说得更清楚：“立天之道，曰阴与阳；立地之道，曰柔与刚；立人之道，曰仁与义……故易八画而成卦，分阴分阳。”认为天地间万事万物都天然具有阴阳相对的两面。宋儒程颢更进一步说：“天地万物之理，无独必有对，皆自然而然，非有安排也。”（《河南程氏遗书》卷十一）又道：“万物莫不有对，一阴一阳，一善一恶，阳长则阴消，善增则恶减。”（同上）程颢从理学层面讨论了阴阳作为天地万物之理的绝对性以及阴、阳间对反消长的辩证关系。张载则在此基础上于《正蒙·太和》中云：“有像斯有对，对必反其为；有反斯有仇，仇必和而解。”张载也指出，宇宙间的具体事物中总是存在阴阳的对立两面的，阴阳之间又彼此转化、相互依存。因此，有了阴与阳的对立便有了“仇”，而阴阳之间的转化相依又必然会走向“和”。

关于“和”，《国语·郑语》道：“以他平他谓之和，故能丰长而物归之，若以

① 蒋庆：《公羊学引论——儒家的政治智慧与历史信仰》，大连：辽宁教育出版社，1995年，第315页。

同禅同，尽乃弃矣。故先王以土与金木水火杂，以成百物。”“和”的“以他平他”是指天地间不同质事物（即阴阳）的彼此对立与统一，而非简单地同化或同一。《左传·昭公二十年》中，晏婴则进一步认为“和”是事物间的“济其不及，以泄其过”，以及人的“以平其心，心平德和”等，强调“和”对社会与人心具有重要的调节功能。因此，针对张载的“仇必和而解”，冯友兰先生就指出：“张载认为，一个社会的正常状态是‘和’，宇宙的正常状态也是‘和’。”“在中国古典哲学中，‘和’与‘同’不一样。‘同’不能容‘异’；‘和’不但能容‘异’，而且必须有‘异’，才能称其为‘和’。”[①] 可见“仇必和而解”，强调的就是以和而不同之道在对立中求取辩证的统一。这一辩证智慧告诉人们，所有的对立最终都将走向“和”，人际间的怨仇自然也是如此。因此，相比先哲与时贤的思想，张载更加明确地揭示和凸显出了“和”在阴阳辩证关系中的终极价值导向的地位，也更加充分地阐明了不同事物之间或事物内各要素之间的对立统一的朴素辩证法原理。而事物之阴阳两面走向“和”的过程，则是“义”的具体呈现。

（三）“义”的性质与实践

孔子所讲的“以直报怨”，强调的是根据正当性原则将“怨”解决于激烈与公开的冲突发生之前。这一原则有一明确的现实依据，那便是具有一定自然法意义的礼。春秋公羊学和礼学中所阐扬的“复仇”理念，是在特殊的情境中为了维护宗法伦理与宗法制度所做出的不得已的选择，可以说是“以直报怨”的极端化延续，其终极目的乃是“以杀止杀”，以维护作为社会体系最高价值的“和”。当然，这也是“仇必和而解”的一种极端化表现，其不仅同样属于礼的范畴，更是上升到了“义”的层面。

在早期的社会观念体系中，礼、法之间的畛域并不分明，礼作为宗法伦理的成文规范与意义象征，是“法之大分，类之纲纪”（《荀子·劝学》），因此以礼代法是较为普遍的。在这样的情况下，律法，尤其是儒家社会治理理论体系中的律法，对于《周礼》《礼记》与公羊春秋学所宣扬的通过“复仇”来维护社会的“自然公正”的行为并不具备足够的约束力。但是，随着时移世易，社会法制体

① 冯友兰：《中国现代哲学史》，广州：广东人民出版社，1999 年，第 252—253 页。

系愈显发达，礼、法在形式与功能上的界分愈发明确[①]，因复仇而杀人越来越受到律法的限禁。既然通过“复仇”以维系宗法伦理意义上的社会正义的行为其合法性慢慢受到了质疑，这一原本“合礼”的行为就必然要因应时势的变化而进行调整，此即《礼记·礼运》所强调的礼“以义起”。

对于“义”，朱熹一方面视“义”为天理的运动流行法则，赋予其理学的形上意味，说：“义者，天理之所宜”（《论语集注》卷二）；另一方面，朱熹又强调“礼即理”，认为礼是天理的现实呈现与实践，因而“义之所在，礼有时而变”。（《孟子集注》卷四），要求在礼的具体实践中“酌其中制，适古今之宜”（《晦庵先生朱文公文集》卷四十），以“义”的辩证之道通达礼的古今之变。所以，朱熹对“仇”的解决求之以“义”，要求“仇者以义解之”，就既强调了对社会普遍的公平与正义（并不限于宗法伦理）的维护，也强调了方法论意义上的辩证智慧，乃道德准则与实践智慧的统一，实为“大复仇”与“仇必和而解”两种理论的会通。因此，相比“直”来说，“义”一方面与“直”一样，同属于儒家伦理中的正义与正当范畴，另一方面又更是对“直”所代表和依据的确定性规则（即“礼”）在具体实践中的超越、升华与完善[②]，正如美国哲学家麦金太尔指出：“……在这些情形下，现存的法律不能提供任何清楚的答案，或者，也许根本就没有任何答案。在这些境况中，法官也缺少规则，也必须运用理智，如同立法者当初一样……就只能以某种方式超出已有的规则，……这就是任何一位明智者在更普遍的意义上必须随时依实际情况而具体实例化。这不仅是为了正义，也是为了把各种美德充分地具体实例化。”[③]这段话即可视作对儒家之“义”在日常社会生活中的运用的直白浅近的阐释。

当代人类社会，经济蒸蒸日上，科技日新月异，人们的生活日渐便捷富裕的同时，面临的压力却也越来越大。在高强度的竞争与快节奏的生活中，人际的矛盾往往难以避免，甚至显得更加复杂。朱熹在《家训》中主张“仇者以义解之，怨者以直解之”，其中所体现出的传统儒学对社会公平正义的价值追求及解决矛

---

① 当然，这种界分并不是说传统的礼、法本身是两种完全不同甚至对立的观念与制度体系，事实上，二者恰是相辅相成的，这在先秦时期儒、法两家的礼法学说中就已如此（杨振红）。

② 尽管“直”的“当报则报，不当则止”同样不乏辩证色彩，但其主体仍是强调“礼尚往来”的显性规则，而无法达到“义”的形上学高度。

③ A. 麦金太尔：《谁之正义？何种合理性？》，万俊人等译，北京：当代中国出版社，1996年，第170—171页。

盾的富于辩证色彩的方法论智慧，在今天无疑仍有着较为重要的启示意义：“怨者以直解之”主张不要“匿怨”，将心中对他人的不满与怨恚“当报则报，不当则止”，强调以正当和坦直的方式予以及时解决，如此既能维护基本的社会公平与正义，也保障了个体的心理健康。而与之相关的“以怨抱怨”易陷于人际矛盾的恶性循环，“以德报怨”又无法成为常态。“仇者以义解之”则告诫我们面对既成的、较为强烈和明确的仇恨，不仅要更为慎重地考虑解决仇恨的行为的正当性、合理性，也要充分考虑手段的有效性。而最终的目的，便是仇恨的合乎情理的解决，其实质实乃充满辩证智慧的“仇必和而解”。总之，“仇者以义解之，怨者以直解之”，核心精神都是以和而不同、求同存异之道消弭矛盾，归根结底，仍不过是一个“和”字。无论是人际关系，还是国际关系，都是如此。

《阴符经》与《老子》思想之比较

吴文文*

内容提要：对《阴符经》和《老子》进行比较，探讨了这两部道家经典的异同。和《老子》不同的是，《阴符经》认为人有着独一无二的超越于其他事物之上的"地位"，人是天地之间具有灵明的存在，人心是宇宙的精神本质。相对《老子》，《阴符经》则更加鲜明地凸显了个体的主观能动性，并提出"绝利一源，用师十倍；三反昼夜，用师万倍"以实现个体的最大潜能。两部经典都注重运用取象思维来说明阴阳辩证关系，但在取象上又有不同的时代特点。

关键词：《阴符经》《老子》 思想

基金项目：本文系教育部人文社会科学研究青年基金项目"北京大学藏西汉竹书《老子》研究"（编号：14YJCZH163）的阶段性成果。

《阴符经》全称《黄帝阴符经》，《新唐书·艺文志》归入道家类。王明先生认为："《阴符经》文辞简朴，思精体大，可与《老子》《易传》相提并论。"[①] 该书作者及成书年代存在争议，但因其内容深有哲理，受到历代文人关注和喜爱，注释者上百家。[②] 作为一部道家色彩浓厚的典籍，《阴符经》在很多方面受到了《老子》的影响，但也有不少其独特的思想。现从以下角度进一步探讨这两部道家经典在思想上的异同。

---

* 吴文文（1976—），男，江西鹰潭市人，文学博士，闽南师范大学闽南文化研究院，副教授，研究方向：文字学、道家哲学。

① 王明：《试论阴符经及其唯物主义思想》，《哲学研究》1962 年第 5 期第 62 页。

② 王宗昱：《从后代注释看黄帝阴符经的社会形象》，《宗教学研究》2013 年第 3 期第 2 页。

一、关于天地、人、万物之间的关系

《老子》认为人和宇宙间的万物处于一种无贵贱高低的玄同状态。“天地不仁，以万物为刍狗。”天地无仁爱等情感，它对待万物（包括人类）就像人们对待祭祀用的刍狗一样，仪式结束后即被丢弃。老子实质上完成了对“人”独特地位的消解，是对人类作为“万物之灵长、天地之精华”的否定。

和《老子》不同，《阴符经》认为人有着独一无二的超越于其他事物之上的“地位”，人是天地之间具有灵性的存在，人心是宇宙的精神本质。《阴符经》说：“天性，人也。人心，机也。”人之于天，正如人心之于人，也就是说，宇宙的灵性聚焦在“人心”，天、万物、人、人心显现为一种层级结构。并且在这一结构中，“人心”是可以牵一发而动全身的关键和机枢。所以《阴符经》说：“天地，万物之盗；万物，人之盗；人，万物之盗。”人在天地、宇宙中的作用被强调到无以复加的地步：“天发杀机，移星易宿。地发杀机，龙蛇起陆。人发杀机，天地反覆。”这段话大致可以理解为，人的潜能一旦被激发，并且善于运用个体貌似微不足道的力量生成“蝴蝶效应”，竟然可以促成宇宙机枢的启动和运转，从而发动、造成巨大的连锁反应，显现出天翻地覆的威力。正因为人有如此之大的威力，所以天人互动、天与人的协调和交融才成为可能，故《阴符经》说：“天人合发，万化定基。”

这种张扬个体力量的思想，似乎和《老子》“人法地，地法天、天法道，道法自然”等再三重申人对天地、天道的顺应和效法有所不同。然而归根到底，其所凸显的人心的妙用仍然是基于敬畏天道这一前提；面对天地自然，面对“勇于敢则杀，勇于不敢则活”“天网恢恢，疏而不失”的天道，人要放下他们“人定胜天”的狂妄，永远保持其谦卑。《阴符经》说：“立天之道，以定人也。”也就是说，《阴符经》和《老子》在人与天道的关系这一问题在立场上并不相悖，只不过更多地强调人可以在最大限度内借助、因应天道的威力。所以《阴符经》说：“圣人知自然之道不可违，因而制之。”诸葛孔明“借”东风，其本质还是对天道规律的了如指掌和巧妙运用。总之，《阴符经》认为，这种天地、万物、人之间的相互制约、相互作用的关系，谓之“盗机”。能对这种关系进行运用，则“三盗既宜，三才既安”。

二、绝利一源，用师十倍；三反昼夜，用师万倍。

王明先生说："原来我国道家思想强调自然无为，往往抹杀人的主观能动性。如《淮南子·原道篇》说：'达于道者，不以人易天'；又说：'万物固以自然，圣人又何事焉。'这是消极听从自然的思想。"[①] 相对《老子》等先秦道家经典，《阴符经》则更加鲜明地凸显了个体的主观能动性。那么，在天地、万物、人三才中，人如何实现其主观能动性呢？《阴符经》说："瞽者善听，聋者善视。绝利一源，用师十倍。三反昼夜，用师万倍。"《阴符经》作者观察到，生活中视觉障碍的人听觉往往特别敏锐；相反，听觉障碍的人往往视觉特别敏锐。由于外在原因，这些人"绝"除了部分感官通道，并因此获得屏蔽干扰、聚焦于一种感官感知的优势——"利一源"，从而"用师十倍。"并且，"瞽者"和"聋者"如果能聚精会神于一个目标，不分昼夜反反复复练习的话，他往往可以在此目标领域取得常人所不能达到的成就，也即"三反昼夜，用师万倍"。

三、"机在目"：关于人心和外物的相互作用。

《阴符经》说："心生于物死于物，机在目。"这里分两种情况讨论。

第一种情况是"心死于物"。"心死"是由于被外物所牵引，内在的灵明本体被外物所主宰遮蔽，其清静本性本体完全丧失，犹如昏死过去一般。而外物对人最具魅惑的力量往往是通过人的眼睛而发生作用，所以说"机在目"。这个"目"和《老子》12 章"是以圣人为腹不为目"中的"目"类似，都是一个以局部代整体的符号。相对而言，《老子》12 章则是"五色、五音、五味"等并举，认为沉迷于追求感官享受的极致会导致身心的双重损害，所以"圣人为腹不为目，故去彼取此"。这里，"腹"和"目"指代的是两种不同的生活方式和价值观。王弼注："为腹者，以物养己。为目者，以物役己。""腹"是一个"向内求"的符号，代表最简单也最素朴的需求；"目"是一个"向外求"的符号，代表外在的、让人眼花缭乱的诱惑以及因之而激起的浮华欲望。前面一种生活方式的妙处在于能较好地保持一种稳定、宁静的心境；后一种生活方式往往容易在对外在物欲的追逐中迷失自我心性，陷入迷惘、痛苦甚至导致内心狂乱。

第二种情况是"心生于物"。这句话可能和道家、道教一种观想内景的修行

---

① 王明：《试论阴符经及其唯物主义思想》，《哲学研究》1962 年第 5 期第 63 页。

方式有关。比如宋代白玉蟾有一句诗“炼气忘形是金液，对景无心大还丹”。[①] 由“对景无心大还丹”可知，修行者可以经由对内在清静之景象的观想，将内心中各种烦恼忧虑排挤而出并臻于空灵，使得内在心性本体如明月般破云而出，这一过程，谓之“心生于物”。这种情况，是《老子》等先秦典籍所未曾论及的，或许是东汉以来道家、道教修行者实践中总结出的新理论。

上述两种情况表明，无论是“心死于物”还是“心生于物”，都借由“眼睛”这一关窍得以达成，即“机在目”。

四、关键用字的比较

“盗”字在《阴符经》中反复出现，是理解该书的一个关键字。而《老子》“玄德”“玄牝”“玄同”“玄之又玄”等等，体现出对“玄”字的偏爱。两相比较，体现了书写者不同的风格。“盗”在古代汉语中相当于现代汉语的“偷”，有“不为人所知”或“神不知鬼不觉”这一类的含义。《阴符经》说：“其盗机也，天下莫能见、莫能知。”又说：“人知其神之神，不知其不神所以神也。”这两句话都强调这些潜藏规律为一般人所不易发觉，而有道者则应该洞察这些不为一般人所觉察的“盗机”，既能顺应天地，又能巧运其机，以达成“百骸理”“万化安”的境界。

《老子》中的“玄”字在意义上与《阴符经》中的“盗”字不完全相同，但也有相通之处。“玄”字造字本义取象于从蚕茧中抽取细丝这一活动，蚕丝具有“细微、不易觉察”的特点，相应地，“玄”字也具有“细微”“不易觉察”的意思。比如，《老子》32 章“天地相合，以降甘露”中“甘露”的意象，是指道的运化和作用具有幽微而久远的特征，道以一种时时刻刻存在着的细微力量作用于宇宙间的每一个角落，作用于每一个事物，如同甘露普降天下，万物在不知不觉中受其滋润。正因为如此，道的作用“虽小，天下弗敢臣”。又如《老子》73 章“天网恢恢，疏而不漏”，意思是天道的威力和影响就像一张巨网，无声无息、无形无相，却又无所不在。

和书面语色彩浓厚的“玄”字相比，“盗”字更为直白，更口语化，更通俗易懂。由这个关键字的使用推测，作者可能是一个质朴少文，但却对道有真切体

---

① 白玉蟾原著，陆文荣统筹，六六道人辑纂：《白玉蟾真人全集（中册）》，海口：海南出版社，2015 年，第 218 页。

验的一个道家修行者。正如王明先生所说："作者大抵是北朝一个久经世变的隐者，对于天文历算，易老阴阳百家之学多所该涉，对历史事件以及当代事变亦能研综。他在兵荒马乱之中，度无名的隐居生涯，故他所著的书不露姓名。"①

《老子》第59章："治人事天莫若啬"之"啬"；"俭"为老子三宝之一。《阴符经》和"俭""啬"相对应的概念是一个"廉"字。但无论是"啬""俭"还是"廉"，都根源于内心的"清静"。先秦道家从本体论的角度论证了清静的重要性及其给人带来的益处。《老子》说："清静为天下正。"后世的《清静经》也说："人能常清静，天地悉皆归。"与上述两种经典有所不同，《阴符经》的表述十分独特："至静性廉。""性廉"这两个字的境界值得玩味。说明其素朴俭啬、少私寡欲已然成为一种习性，达到了相当稳定的状态。而"至静性廉"又表明，一个人内心清静达到了"至静"的高度，自然而然会选择"俭""啬""廉"。选择这几个字所代表的价值观和生活方式，几乎成为得清静真味者的一种本性。这样，《阴符经》把后天修行的习性养成和先天心性融合为一，将个体与天道融合为一，从而肯定了通过努力实现"用师万倍"奇迹的可能性。

五、都注重运用取"象"思维来说明阴阳辩证关系

王明先生曾经对两书进行了比较，他说："我觉得《老子》书里鲜明的部分是朴素辩证法，《阴符经》里突出的部分是朴素唯物论。"② 但不可否认的是，《阴符经》中也有不少明显的朴素辩证法论述，比如"天之无恩而大恩生""天之至私，用之至公。禽之制在气。生者死之根，死者生之根。恩生于害，害生于恩"等等。

《老子》和《阴符经》都注重运用"象"来阐述阴阳相冲相搏、矛盾双方对立又相互作用相互联系的道理。比如北大汉简《老子》41章："天之道，犹张弓者也！高者抑之，下者举之，有余者损之，不足者补之。"意思大致是："天道岂不就像给弓安上弦并且调节弓弦的人一样吗？弦位高了，就往下压，弦位低了，就往上升；弓弦过长的，就截掉一些，弓弦过短的，便补足它。"老子认识到天

---

① 白玉蟾原著，陆文荣统筹，六六道人辑纂：《白玉蟾真人全集（中册）》，海口：海南出版社，2015年，第68页。

② 白玉蟾原著，陆文荣统筹，六六道人辑纂：《白玉蟾真人全集（中册）》，海口：海南出版社，2015年。

道作为一种无形的力量而存在，使万事万物保持一种动态的优美平衡。而人类社会失衡的状态，如同过松或过紧的弓，或是缺乏其应有的活力，或是处于崩裂危险的边缘。老子把天道比喻为“张弓者”，“弓”之象则是指代宇宙万物以及人类社会，用以论述天道辩证地维系宇宙万物以及人类社会动态平衡。相比较而言，《阴符经》作者所倚重的“象”则似乎体现于八卦干支等抽象符号之中：“八卦甲子，神机鬼藏。阴阳相胜之术，昭昭乎尽尽乎象矣。”这些内容显然融合了后世一些阴阳五行学说，亦可作为佐证其撰写时代的证据。

林希逸对《列子》思想宗旨的判析

胡瀚霆*

内容提要：宋代理学兴起，理学家们汲取道家思想智慧的同时，又对之大力批判，斥老庄道家为异端之学。作为道家核心经典之一，《列子》也不可避免地被列为异端。与之相对，南宋理学家林希逸继承理学艾轩一派的思想风格，公开接受道家思想，其所著《列子鬳斋口义》一书，首先对道家内部之庄、列关系提出庄列一源、列不及庄的主张，继而重新审视《列子》的思想立场，为其"异端"之名号做辩解，认为《列子》中虽有讥讽儒士的言论，但也表达了对孔子的尊敬；与此同时，其又基于对庄列关系的基本判断，指出《列子》宗旨不异于儒家的大纲领。

关键词：林希逸 《列子》思想宗旨

林希逸（1193—1271年），字肃翁，号鬳斋，又号竹溪、献机，南宋理学家。据《闽中理学渊源考》载，其"师事陈藻，藻之学出于林亦之，亦之出于林光朝，其授受远有源委"①。作为理学名家的林希逸，曾倾心注解道家核心经典《老子》《庄子》《列子》等，公开接受道家思想。林希逸注解《列子》所写成的《列子鬳斋口义》一书，堪称其中之代表。

列子是古典道家②的代表人物，其弟子们可能辑录其生前言行而成《列子》

---

* 胡瀚霆（1989—），男，湖南湘乡人，博士，四川大学道教与宗教文化研究所助理研究员，研究方向：中国道教。本文原载《宗教学研究》2018年第1期。

① （清）李清馥撰，徐公喜、管正平、周明华点校：《闽中理学渊源考》上册，南京：凤凰出版社，2011年，第137页。

② 著名道家学者詹石窗教授指出，从广义上看，道家具备了三大形态：一是原初道家，肇始于近五千年前，以黄帝为代表；二是古典道家，形成于公元前两千多年，以老子、庄子为代表；三是制度道教，诞生于东汉末，以张道陵为代表。

一书。[①]汉刘向校订《列子》八篇而流传于世。《汉书·艺文志》依刘向旧例，录《列子》八篇。东晋时张湛搜寻旧本，得以恢复《列子》八篇。唐时《列子》(《冲虚真经》)一书升格为道家“四子真经”之一，此后《列子》代代相传，备受重视。关于列子的思想立场，《尸子·广泽》《吕氏春秋·不二》就已提出“列子贵虚”的说法，“贵虚”之说亦为后世所承袭，如张湛《列子注序》称：“其书大略明群有以至虚为宗。”[②]由此，《列子》之学历史上多被归为老庄道家一派：“列子学本于黄帝、老子，号曰道家。”[③]

两宋时期，理学家们一边汲取道家思想智慧，一边却又斥之为异端之学，作为道家经典之一的《列子》，亦由此备受理学家们的歧视。与之相对，理学家林希逸在继承理学艾轩一派的基础上，于《列子鬳斋口义》一书中集中表达了自己对道家内部之庄、列关系的看法，并由此大力主张《列子》之学并非“异端”。本文即以林希逸《列子鬳斋口义》为文本依据，具体阐释林希逸对《列子》思想立场的辨析与判定，以期推进对林希逸的思想立场、宋代理学的内部发展路径以及两宋时期儒道关系的研究。

一、庄列辨：林希逸对庄列关系的辨析

（一）庄列同源

林希逸在完成对《列子》的注解时曾作诗《列子口义成》一首，诗曰：“庄列源流本一宗，微言妙趣不妨同。但知绝迹无行地，岂羡轻身可御风。二义乖违刘绝识，八篇参校湛何功。就中细细为分别，具眼应须许此翁。”[④]林氏在这里明确提出庄列为一宗之学，同时，其在注解《列子》时常常庄列并提，且多以《庄子》思想解读《列子》。这一点，在《列子鬳斋口义》的具体文本内容中亦多有具体体现。

---

① 刘佩德著:《列子学史》，北京：学苑出版社，2015年，第23页。

② （晋）张湛:《列子注序》，杨伯峻撰:《列子集释》(附录二)，北京：中华书局，1979年，第279页。

③ （汉）刘向:《列子书录》，杨伯峻撰:《列子集释》(附录二)，北京：中华书局，1979年，第278页。

④ （宋）林希逸著:《竹溪十一稿诗选》，《两宋名贤小集》卷三百二，《清文渊阁四库全书》，台北：台湾商务印书馆，1983年，第1364册，第419页。

《列子》书中多有与《庄子》内容相似的文字，如《列子·皇帝》篇中记载一段神巫季咸与列子及其老师壶子之间的故事，这一故事在《庄子》书中同有记载。《列子》文本中，此则故事最后一段谓："然后列子自以为未始学而归，三年不出，为其妻爨，食豨如食人，于事无亲，雕琢复朴，块然独以其形立；忿然而封戎，壹以是终。"林希逸注解曰：

"为其妻爨"，……雕琢其聪明而归复于朴，谓"墮肢体，黜聪明"也。……"份"合作"纷"，"戎"合作"哉"。从《庄子》为是，此皆传写之误也。庄、列皆一宗之学，此等议论必其平昔所讲闻者，故二书皆有之。[①]

可见，林希逸指出"庄、列皆一宗之学"，并以此为由解释为何此段文字皆出现于《庄子》与《列子》之中。不仅如此，在这段注解文字中，林希逸还引用《庄子》"墮肢体，黜聪明"一句来解释《列子》所谓"雕琢复朴"，以及凭《庄子》之文为"份""戎"校证。可以说，解释《庄》《列》二书之雷同、以庄解列、以庄校列，此三者正是林希逸"庄列一宗"主张之所施用。

不过，林希逸并没直接阐述庄列为一宗之学之缘由，故我们也不能笼统地认为此二者皆属道家，而断言林希逸即凭此而说庄列一宗，而应要明确地找到林希逸之所以如此主张的依据。笔者以为，这可从《列子鬳斋口义》的注解内容中探求一二。

林希逸多次提到庄、列之书有一"大条贯"。如《黄帝》篇谓"列子问关尹曰：'至人潜行不空，蹈火不热，行乎万物之上而不慄。请问何以至于此？'关尹曰：'是纯气之守也，非智巧果敢之列。'"林希逸注解曰：

"纯气之守"，今养生之学者亦如之。守以无心则可，非智巧所及，非果敢之勇所能也。《庄子·达生》篇亦有此语。此是其一宗学问相传之语，却是一件大条贯。[②]

① （宋）林希逸著，张京华点校：《列子鬳斋口义》，上海：华东师范大学出版社，2016年，第57页。

② （宋）林希逸著，张京华点校：《列子鬳斋口义》，上海：华东师范大学出版社，2016年，第40页。

又如《仲尼》篇载“关尹喜曰：‘……知而忘情，能而不为，真知真能也。发无知，何能情？发不能，何能为？聚块也，积尘也，虽无为而非理也。’”林希逸注解曰：

知以不知，故曰“知而忘情”。能以不能，故曰“能而不为”。不知乃真知也，不能乃真能也。……此一节乃庄、列书中大条贯。……《庄子·天下》篇论田骈、慎到，“块不失道”，“为死人之学”，亦是此意。“块”，即“聚块”之“块”也。[①]

简单地说，“大条贯”即是贯穿整书的一条思路或者说主旨精神。从以上引文之中不难看出，林希逸认为庄、列书中的大条贯即是《列子》所谓“纯气之守”“知而忘情，能而不为，真知真能也”。同时，他还引出《庄子·达生》与《庄子·天下》篇予以参证，指明《庄子》中有相同的主旨思想。林希逸还指出这一大条贯是庄、列这宗学问相传之语。据此，我们可推知，林希逸盖是因为看到《庄》《列》之书中的“大条贯”这一共同主旨，所以其主张“庄、列皆一宗之学”。

再者，林希逸在《列子口义成》中云：“庄列源流本一宗，微言妙趣不妨同。但知绝迹无行地，岂羡轻身可御风。”大抵林氏认为列子御风而行，此和庄子逍遥之游一般，二者有着相同的精神风貌。林希逸指出列子御风的关键在于能知“绝迹无行地”，把握了“绝迹无行地”就能如列子一般轻身御风，因而不会有高不可攀的羡慕之情。而“绝迹无行地”出自《庄子·人间世》，其言“绝迹易，无行地难”。林希逸在《庄子鬳斋口义》中说：“迹，足迹也。止而不行，则绝无足迹，此为易事。然人岂能不行哉！必行于地而无行地之迹，则为难。此意盖谓人若事事不为，此却易事，然谓之人生，何者非事！安得不为！唯无为而无所不为，则为难也。”[②] 林希逸于《庄子·人间世》题解曰：“前言养生，此言人间世，

① （宋）林希逸著，张京华点校：《列子鬳斋口义》，上海：华东师范大学出版社，2016 年，第 108 页。

② （宋）林希逸著，周启成点校：《庄子鬳斋口义校注》，北京：中华书局，1997 年，第 64 页。

盖谓既有此身，而处此世，岂能尽绝人事？但要人处得好耳。”[①]不难看出，林希逸认为的“绝迹无行地”乃指人活着不能够尽绝世事，而是要把世事处理得好，不留痕迹像是无所作为，而其实是无所不为。能把社会人事处理得如此，也就达到列子御风而行的境地了。总括而言，因“列子御风”与“绝迹无行地”体现着同一种精神风貌，而“绝迹无行地”乃是庄子的精神主旨，所以《庄》《列》源流本一。可见，林希逸在这里也凿通了其所谓“庄列一宗”的理路。

（二）列不及庄

在《列子》与《庄子》的关系中，林希逸除了指出庄、列一宗之外，他还认为《列子》不及《庄子》。林希逸在《列子鬳斋口义·序》中说道：“今观其书首尾二篇，以《天瑞》《说符》名之，其他六篇则掇首章二字而已。又篇中文字或精或粗，殊不类一手。其曰：《穆王》《汤问》失之‘迂诞’，《力命》《杨子》义亦‘乖背’，必非一家之言。纵其语未必出于刘向，实当此书之病。洪景卢为列子胜庄子，则失之矣。”[②]林希逸认为《列子》文章或精或粗，非一家之言，所以《列子》不及《庄子》。

《列子鬳斋口义·序》中，林希逸特别提到洪景卢，即洪迈（1123—1202年）。洪迈与林希逸同时代，他曾作《列子书事》，主张《列子》胜《庄子》：

> 《列子》书事，简劲宏妙，多出《庄子》之右，其言惠盎见宋康王，王曰：“寡人之所说者，勇有力也，客将何以教寡人？……”观此一段语，宛转四反，非数百言曲而畅之不能了，而洁净粹白如此，后人笔力，渠复可到耶！三不欺之义，正与此合。不入不中者，不能欺也；弗敢刺击者，不敢欺也；无其志者，不忍欺也。魏文帝论三者优劣，斯言足以蔽之。[③]

洪迈认为《列子》“简劲宏妙，多出《庄子》之右”，在中国古代以“右”为尊，所以“多出《庄子》之右”即是指其比《庄子》更胜。洪迈是以“惠盎见宋

① （宋）林希逸著，周启成点校：《庄子鬳斋口义校注》，北京：中华书局，1997年，第56页。

② （宋）林希逸著，张京华点校：《列子鬳斋口义》，上海：华东师范大学出版社，2016年，第4页。

③ （宋）洪迈著，夏祖尧、周洪武点校：《容斋随笔》，长沙：岳麓书社，2006年，第281页。

康王”例来论证其观点，林希逸对此并不苟同，他在《列子鬳斋口义》中多有指出《列子》不及庄子之处：

如《天瑞》篇载“子列子适卫，食于道，从者见百岁髑髅。攓蓬而指，顾谓弟子百丰曰：‘唯予与彼知而未尝生、未尝死也。此过养乎？过欢乎？’”一段，林希逸注解曰：

> 此段与《庄子》同，但中间又添数语。……理虽亦通，殊无意味。……此书中间又添数句，便觉不及《庄子》。[①]

又如《黄帝》篇载黄帝“昼寝而梦，游于华胥氏之国”，此后“又二十有八年，天下大治，几若华胥氏之国”。林希逸认为：

> 此言“华胥之国”，亦与《庄子·山木》篇“建德之国”其意一同。盖言黄帝之治天下，始于有心而终至于无心，始于有为而终至于无为也。……以此列子比庄子，人谓胜之，恐亦未然。[②]

既然是《列子》和《庄子》之间的比较，林希逸在《庄子鬳斋口义》中也有提及“列不及庄”的主张。其在注解《庄子·齐物论》之“劳神明为一而不知其同也，谓之朝三。何谓朝三？曰：狙公赋芧曰：‘朝三而暮四。’众狙皆怒。曰：‘然则朝四而暮三。’众狙皆悦。名实未亏而喜怒为用，亦因是也。是以圣人和之以是非而休乎天均，是之谓两行”一段时，曰：

> 此喻是非之名虽异，而理之实则同，但能因是，则世自无争矣。洪野处云：《列子》胜于《庄子》。如此譬喻，二书皆同，但把字数添减处看，便见《列子》胜不得《庄子》。[③]

① （宋）林希逸著，张京华点校：《列子鬳斋口义》，上海：华东师范大学出版社，2016年，第17页，第18页。

② （宋）林希逸著，张京华点校：《列子鬳斋口义》，上海：华东师范大学出版社，2016年，第36页，第37页。

③ （宋）林希逸著，周启成点校：《庄子鬳斋口义校注》，北京：中华书局，1997年，第27页。

林希逸在此处又特别提起洪迈，针对其《列子》胜《庄子》的观点提出反驳。林希逸从字数添减来比较，《列子》中关于“朝三暮四”的这一段文字在《黄帝》篇中的情况：“宋有狙公者，爱狙，养之成群，能解狙之意，狙亦得公之心。损其家口，充狙之欲。俄而匮焉，将限其食。恐众狙之不驯于己也，先诳之曰：‘与若芧，朝三而暮四，足乎？’众狙皆起而怒。俄而曰：‘与若芧，朝四而暮三，足乎？’众狙皆伏而喜。物之以能鄙相笼，皆犹此也。圣人以智笼群愚，亦犹狙公之以智笼众狙也。名实不亏，使其喜怒哉！”对比《庄》《列》之文来看，《列子》之说确乎繁冗，《庄子》所言尤其精当。因而，林希逸认为，虽然二书通用此譬喻，但从语言文字的简练程度上看，《列子》不及《庄子》。

《庄子·应帝王》提道：“鲵桓之审为渊，止水之审为渊，流水之审为渊。渊有九名，此处三焉。”林希逸注解曰：

鲵桓、止水、流水，皆是观名。……《列子》九渊之名皆全，洪野处谓《列子》胜于《庄子》，恐未为的论。若此九渊，皆说尽则不得为奇文矣。可尽不尽，正是《庄子》之奇处，精论文者，方知之。[①]

《列子·黄帝》篇同样记载了“渊有九名”，并将九个名字全部列举出。林希逸认为列子把九个名字都列举出来则失去了可尽不尽之意味，因而《列子》不及《庄子》。这里，林希逸又特别提及洪迈并予以反驳。

至于前文所说《列子》载“子列子适卫，食于道，从者见百岁髑髅”一段，亦在《庄子》有相同的部分。林希逸《庄子鬳斋口义》在解读这一段时亦特别指出：“《列子》于中又添两句，便不如他省了两句。”[②]

林希逸在《列子鬳斋口义》《庄子鬳斋口义》中都表达了“列不及庄”的观点。综合来看，林希逸主要是在作文之法的优劣程度上来做《庄》《列》之间的比较，而这一比较主要涉及作文的两个方面：一是所用字词的增减，二是语句的

① （宋）林希逸著，周启成点校：《庄子鬳斋口义校注》，北京：中华书局，1997年，第132页。

② （宋）林希逸著，周启成点校：《庄子鬳斋口义校注》，北京：中华书局，1997年，第283页。

精练程度。林希逸就是凭借此两方面在文意表达与文章审美效果上的影响来比较《庄》《列》的优劣。林希逸多次提到洪景卢，似乎其“列不及庄”的主张具有针对性的反驳意思。从林洪二人各自的论证内容来看，洪氏的理由略显单薄，而林氏的论述确乎更具说服力。当然，林希逸对庄列关系辨析的目的并不是为了和其他观点一争高下，他是要以此为基础拉近儒道二家的距离，为调解儒道对立关系做铺垫。

二、正异辨：林希逸对儒列关系的辨析

所谓正异，这里用来指示宋儒所谓正统与异端之学。北宋理学家们标榜自己所传的儒学为正统，并大力抨击道家为异端之学。南宋时期的林希逸并没有延续理学先辈的这一做法，他在注解作为道家核心经典之一的《列子》时，反而基于儒家立场努力调解儒道之对立。在《列子鬳斋口义》中，林希逸虽确认《列子》书中有讥讽儒家的言语，同时却又指出其有端正之论，他还为《列子》“异端”的名号做了解释，对所谓正异进行了辨析，主张《列子》的主旨纲领不与圣人异，所论多有与“吾书”相合之处。

（一）尊孔讥儒的解读

林希逸在《列子鬳斋口义》中指出：“《列子》之书，皆尊敬孔子，故其寓言之中多借孔子以为说。”[①] 这段话出自林希逸对《天瑞》篇载林类与孔子、子贡间对话的解读。紧接其后，《天瑞》篇载“子贡倦于学”一段，林希逸就运用其所谓“多借孔子以为说”进行注解，曰：“此列子借圣贤之名，因‘进止’之说，而明死生之理也。”[②] 除了《天瑞》，《列子》书中还有以孔子名字命名的《仲尼》篇，篇中有意借用孔子的形象和言论阐述“有易于内者无难于外”的修身理论。林希逸可谓眼光独到，看到《列子》一书对孔子形象的用意，提出“《列子》之书，皆尊敬孔子”，这首先就从情感上将儒道二家调和起来，一反北宋理学家批判道家为异端的态度。

---

① （宋）林希逸著，张京华点校：《列子鬳斋口义》，上海：华东师范大学出版社，2016 年，第 27 页。

② （宋）林希逸著，张京华点校：《列子鬳斋口义》，上海：华东师范大学出版社，2016 年，第 27 页。

对于《列子》书中讥讽儒士的地方，林希逸也有意识地予以指出，如《杨朱》篇评价卫国端木叔曰："其所行也，其所为也，众意所惊，而诚理所取。卫之君子多以礼教自持，固未足以得此人之心也。"林希逸释曰：

"诚理所取"者，谓以自然之理观之，则其所行可取法也。此岂拘拘然以礼教自持者之所知？其意盖借此以非笑吾儒者也。①

《杨朱》这一段的意思是：大家都为端木叔的所作所为感到惊讶，但却实在是合乎情理的。卫国的君子大多以礼教来约束自己，因而不能够理解端木叔的内心。林希逸认为，《杨朱》篇所言以礼教自持的君子不能理解端木叔对自然之理的领悟，是对儒士的非语和讥讽。又，《杨朱》篇载："身固生之主，物亦养之主。虽全生，身不可有其身；虽不去物，不可有其物。有其物，有其身，是横私天下之身，横私天下之物。其唯圣人乎！公天下之身，公天下之物，其唯至人矣！此之谓至至者也。"林希逸注解曰：

……若以物为有，以身为有，皆逆天理而自私者，故曰"横私"。世之圣人则如此。此语自尧、舜以下皆有讥侮之意。惟付吾身于无身，付外物于无物，无自私之心，此则至人也。"至至"者，言至此至矣，极矣，不可加也。②

在这段注解中，林希逸领悟到《列子》所说的道理：虽有物有身，不可以有有身有物之心。如果以物为有，以身为有，则是与天理相背。林希逸认为《列子》此段讲世上的"圣人"即是以物为有、以身为有，皆有有身有物之心。只有"至人"才能做到"付吾身于无身，付外物于无物，无自私之心"。这里说的"圣人"，指的是儒家所尊崇的圣人。因此，林希逸认为这一段话"自尧舜以下皆有讥侮之意"。

① （宋）林希逸著，张京华点校：《列子鬳斋口义》，上海：华东师范大学出版社，2016年，第168页。

② （宋）林希逸著，张京华点校：《列子鬳斋口义》，上海：华东师范大学出版社，2016年，第174页。

（二）“异端”名号的辩解

值得注意的是，林希逸对于《列子》书中讥讽儒家的话只是用寥寥几语点出而已，并没有马上进行解释，也没有反驳与批判。但是，他对于其他理学家为《列子》所扣的“异端”这一顶帽子多有解释。

《天瑞》篇载齐之国氏告宋之向氏“吾善为盗”一段，林希逸指出：

此章之意，盖言人在天地之间，皆盗窃天地之所有以为其生，故如此形容，所以为异端之学。天时、地利以至禽兽、鱼鳖，皆天地之所有，人盗而用之。圣人则曰：“用天之道，分地之利”。《列子》却如此鼓舞其言。[①]

“吾善为盗”这一段，其所表达的意思无非就是人因天时地利而为己所用，但《列子》则用“盗窃”这般带有与儒家所宣扬的仁义之说相违背的字眼，另外，其论说方式亦是夸张曲折。林希逸引用《孝经》中“用天之道，分地之利”一句做比较，指出《列子》之所以被认为是异端之学，乃是因为其形容与说理的方式不同于儒家所谓的端正言论，而是“鼓舞其言”，但二者所阐述的道理其实是一样的。

“鼓舞”有鼓动、夸诞的意涵，对于《列子》文中有看似夸诞且招致“异端”之名的说理手法，林希逸认为其自有道理。如《汤问》篇载魏黑卵以暱嫌杀丘邴章，丘邴章之子来丹向孔周借宝剑替父报仇。章末，黑卵之子曰：“畴昔来丹之来，遇我于门，三招我，亦使我体疾而支强，彼其厌我哉？”林希逸指出该篇“盖言厌胜之术自有神异，而况学道乎！以此说而入其书，皆有意存焉，非徒夸诞大言也”[②]。

又，《杨朱》篇载：“实无名，名无实。名者，伪而已矣。昔者尧、舜伪以天下让许由、善卷，而不失天下，享祚百年。伯夷、叔齐实以孤竹君让，而终亡其国，饿死于首阳之山。实伪之辩，如此其省也。”这一段讲述名与实的关系，指出务实的人没有名声，追求名声的人不务实，所谓的名声不过是虚假伪作而已。

---

① （宋）林希逸著，张京华点校：《列子鬳斋口义》，上海：华东师范大学出版社，2016 年，第 34 页。

② （宋）林希逸著，张京华点校：《列子鬳斋口义》，上海：华东师范大学出版社，2016 年，第 136 页。

林希逸明白此段之意，他说："此又一转，谓名皆伪也。有实德者则不近名，好名者则无实行，凡为名者皆伪也。"[①] 至于《列子》为何被说为异端，林希逸紧接着解释道："既以名为伪，乃借尧、舜、夷、齐以立说，此所以为异端之书。"[②] 林希逸认为，《列子》为了论证自己"名者，伪而已"的观点而利用儒家所尊崇的尧舜、伯夷、叔齐来做反面论证，所以会被儒家人士称之为异端之书。

虽然，《列子》中的一些言论有"异端"之嫌，但其中也不乏"端正之语"。这些端正之语，体现了儒家学说与《列子》思想的一致之处，也代表着儒道二家并不是截然的对立。林希逸对此颇为重视，每每见之，必专门点出。

《汤问》篇载："吴、楚之国有大木焉"一段，林希逸认为："此数语却自端正。"[③] 又有："南国之人祝发而裸，北国之人鞨巾而裘，中国之人冠冕而裳。九土所资，或农或商，或田或渔，如冬裘夏葛，水舟陆车，默而得之，性而成之。"林希逸指出："此语吾书中亦有之。"[④]

《说符》一篇，林希逸认为"此篇议论皆正，皆与儒书合"[⑤]。虽然林希逸随后指出"若此篇议论虽正，实非列子家数"[⑥]，即林氏主张《说符》一篇为《列子》中后人伪作的部分。但即便如此，自《列子》文本流传开始，《说符》篇就是《列子》中的一个部分，构成了客观存在的完整的《列子》思想体系。另外，《列子》八篇已经成为道家的核心经典，《说符》篇在道家内部具有很高的认同度。因而，排除林希逸对《列子》所做的真伪考辨，他对《说符》篇与儒家学说相合这一观点的提出，无疑使得道家与儒家在经典与理论上的调和更近一步。

---

① （宋）林希逸著，张京华点校：《列子鬳斋口义》，上海：华东师范大学出版社，2016 年，第 159 页。

② （宋）林希逸著，张京华点校：《列子鬳斋口义》，上海：华东师范大学出版社，2016 年，第 159 页。

③ （宋）林希逸著，张京华点校：《列子鬳斋口义》，上海：华东师范大学出版社，2016 年，第 116 页。

④ （宋）林希逸著，张京华点校：《列子鬳斋口义》，上海：华东师范大学出版社，2016 年，第 122 页。

⑤ （宋）林希逸著，张京华点校：《列子鬳斋口义》，上海：华东师范大学出版社，2016 年，第 205 页。

⑥ （宋）林希逸著，张京华点校：《列子鬳斋口义》，上海：华东师范大学出版社，2016 年，第 205 页。

（三）"不以槁木、死灰为主"的论证

"槁木""死灰"出于《庄子·齐物论》，用以形容南郭子綦"吾丧我"的境界。郭象注曰："死灰槁木，取其寂寞无情耳。夫任自然而忘是非者，其体中独任天真而已，又何所有哉！故止若立枯木，动若运枯枝，坐若死灰，行若游尘，动止之容吾所不能一也；其于无心而自得，吾所不能二也。"[①] 成玄英疏曰："如何安处？神识凝寂，顿异从来，遂使形将槁木而不殊，心与死灰而无别。"[②]

如上所述，"槁木""死灰"所体现的是一种精神自由的人生追求，是超越世俗的境界。然而，北宋理学盛兴后，理学家们大力批评老庄，而"槁木""死灰"之说，则成为他们攻击的重要焦点。程子言："盖人活物也，又安得为槁木死灰？既活，则须有动作，须有思虑。必欲为槁木死灰，除是死也。忠信所以进德者，何也？闲邪则诚自存，诚存斯为忠信也。如何是闲邪？非礼而勿视听言动，邪斯闲矣。以此言之，又几时要身如槁木，心如死灰？"[③] 朱熹也认为："老庄之学，不论义理当否，而但欲依阿于其间，以为全身避患之计。"[④] 又说："庄子之意，不论义理，专计利害，又非子莫之比矣。盖迹其本心，实无异乎世俗乡愿之所见。"[⑤] 其认为老庄之学不问世事，否认和逃避君臣之义，是无益于修身治国平天下的"为我无君，禽兽食人之邪说"[⑥]。

面对二程、朱熹等理学家们对道家思想的攻击，林希逸在注解《列子》时，基于其关于庄列关系的主张，而感慨道："庄、列之学何尝以槁木、死灰为主？"[⑦] 另外，林希逸对"槁木""死灰"所体现的"吾丧我"境界尤为赞赏，他在注解"南郭子綦隐几而坐"一段时，谓：

---

① （晋）郭象注，（唐）成玄英疏，曹础基、黄兰发点校：《庄子注疏》，北京：中华书局，2011 年，第 23 页。

② （晋）郭象注，（唐）成玄英疏，曹础基、黄兰发点校：《庄子注疏》，北京：中华书局，2011 年，第 23 页，第 24 页。

③ （宋）程颢、程颐著，王孝鱼点校：《二程集》第 1 册，北京：中华书局，1981 年，第 26 页。

④ （宋）朱熹撰，朱杰人、严佐之、刘永翔主编：《朱子全书》第 23 册，上海：上海古籍出版社；合肥：安徽教育出版社，2002 年，第 3284 页。

⑤ （宋）朱熹撰，朱杰人、严佐之、刘永翔主编：《朱子全书》第 23 册，上海：上海古籍出版社；合肥：安徽教育出版社，2002 年，第 3285 页。

⑥ （宋）朱熹撰，朱杰人、严佐之、刘永翔主编：《朱子全书》第 24 册，上海：上海古籍出版社；合肥：安徽教育出版社，2002 年，第 3873 页。

⑦ （宋）林希逸著，张京华点校：《列子鬳斋口义》，上海：华东师范大学出版社，2016 年，第 108 页。

……槁木者，无生意也；死灰，心不起也。……有我则有物，丧我，无我也，无我则无物矣。……吾即我也，不曰我丧我，而曰吾丧我，言人身中才有一毫私心未化，则吾我之间亦有分别矣。吾丧我三字下得极好！①

林希逸从物、我之间没有私心之分别的角度解读“吾丧我”，“槁木”“死灰”表示人身之中没有物我对立，没有一毫私心。

至于林希逸为何说庄、列之学不以槁木、死灰为主，其在对《仲尼》篇的注解中阐释了理由，《仲尼》篇载：“知而忘情，能而不为，真知真能也。发无知，何能情？发不能，何能为？聚块也，积尘也，虽无为而非理也。’”林希逸注解曰：

……知以不知，故曰“知而忘情”。能以不能，故曰“能而不为”。不知乃真知也，不能乃真能也。……若如积尘然，若如聚块然，则虽无为而非理矣，谓无为之理不如此也。以是观之，则庄、列之学何尝以槁木、死灰为主？②

《列子》认为，人在社会之中并不是要无所作为，而是要达到真知、真能。真知、真能即林希逸所谓“知以不知”，“能以不能”。知以不知，不是什么都不知道，而是由无知达到无所不知。“能以不能”，亦复如是。其最后是要达到无为而无所不为的境地。《列子》举“聚块”“积尘”为例，认为像聚集的土块和堆积的灰尘这般无所作为，并不是至道的体现。林希逸正是领悟到了这一点，所以对于二程、朱熹对老庄列学遗落世务的批判，其大呼：“庄、列之学何尝以槁木、死灰为主？”

在林希逸看来，列子不是不理会世务，而是其对世事有自己的看法。林氏在注解《列子》之时，认为列子愤慨于世事现状，指出《列子》有“愤世”之言，亦有“矫世”之论，而此言此论也就是《列子》不以槁木、死灰为主的最好例

① （宋）林希逸著，周启成点校：《庄子鬳斋口义校注》，北京：中华书局，1997年，第13页。

② （宋）林希逸著，张京华点校：《列子鬳斋口义》，上海：华东师范大学出版社，2016年，第108页。

证。

《黄帝》篇载“状不必童而智童，智不必童而状童”一段，指出相貌与心智两者间没有必然联系。林希逸指出：“此意盖谓人之状貌虽异于禽兽，而其心与禽兽同者。圣人之同，不取其貌而取其心，此愤世之论。”[①] 林氏认为，《列子》乃是对世俗现状感到愤慨而有如此之言论。《黄帝》篇继续讲道：“庖羲氏……蛇身人面，牛首虎鼻，此有非人之状，而有大圣之德。……神圣知其如此，故其所教训者无所遗逸焉。”林希逸释言：“此意盖谓上古之世，虽异类，可教与人同。而末世之人皆如异类，而圣人不作，又无以化导之。此亦愤激之言也。”[②]

列子不是一味地追求脱离世俗，他通晓世人的苦难。由于有对现世的激愤与不满，进而有矫正世风的言论。林希逸留意到《列子》书中所表达的改变世俗的观点，并指出其乃“矫世之论”。《杨朱》篇曾言：“实无名，名无实。名者，伪而已矣。”林希逸很赞赏这个观点，他指出“有实德者则不近名，好名者则无实行，凡为名者皆伪也”[③]，并认为“‘实无名，名无实’，六字亦佳”[④]。对于“名者，伪而已矣”一句，林希逸指出：“但曰‘名者，伪而已’，此则矫世之论也。”[⑤] 同样在《杨朱》篇中，管夷吾问晏平仲送死之事。平仲曰：“既死，岂在我哉？焚之亦可，沈之亦可，瘗之亦可，露之亦可，衣薪而弃诸沟壑亦可，衮衣绣裳而纳诸石椁亦可，唯所遇焉。”林希逸注曰：“‘死欲速朽’，为石椁者而言，此亦矫世之论。”[⑥]

“死欲速朽”出自《礼记·檀弓上》：“有子问于曾子曰：‘问丧于夫子乎？’曰：‘闻之矣：丧欲速贫，死欲速朽’。”[⑦] 有子认为这不是孔夫子的言论，其后子

① （宋）林希逸著，张京华点校：《列子鬳斋口义》，上海：华东师范大学出版社，2016 年，第 65 页。

② （宋）林希逸著，张京华点校：《列子鬳斋口义》，上海：华东师范大学出版社，2016 年，第 66 页。

③ （宋）林希逸著，张京华点校：《列子鬳斋口义》，上海：华东师范大学出版社，2016 年，第 159 页。

④ （宋）林希逸著，张京华点校：《列子鬳斋口义》，上海：华东师范大学出版社，2016 年，第 159 页。

⑤ （宋）林希逸著，张京华点校：《列子鬳斋口义》，上海：华东师范大学出版社，2016 年，第 159 页。

⑥ （宋）林希逸著，张京华点校：《列子鬳斋口义》，上海：华东师范大学出版社，2016 年，第 165 页。

⑦ （汉）郑玄注，（唐）孔颖达正义，吕友仁整理：《礼记正义》上册，上海：上海古籍出版社，2008 年，第 311 页。

游解释说："昔者夫子居于宋，见桓司马自高石椁，三年而不成。夫子曰：'若是其靡也，死不如速朽之愈也。'"[①] 至于有子为何认为曾子之回答不是夫子的言论，有子曰："夫子制于中都，四寸之棺，五寸之椁，以斯知不欲速朽也。"[②] 从《礼记·檀弓》的这段对话可知，"死欲速朽"乃孔子针对过于奢靡的具体现象而提出，含有矫正桓司马过奢的意图。林希逸即引用儒家经典中的对孔子的描述来类比晏平仲所言送死之事，指出《列子》中亦有与儒家相同的矫世之论。可见，林希逸在理论上辨析了"庄、列之学何尝以槁木、死灰为主"的观点之后，又从《列子》中的"愤世"之言与"矫世"之论出发，并借用儒家的相同论述，再次申明了自己的这一观点。

结论

综上所述，林希逸主张《列子》尊敬孔子，《列子》一书中多有借孔子的形象阐述其思想。尽管《列子》因为其论说方式鼓舞、夸诞，不同于儒家所谓的"正统"，而被部分理学家攻击为异端，不过，林希逸指出《列子》书中亦有不少端正之语与合乎儒家规矩的论述。

同时，对于理学家强力抨击的"槁木""死灰"一说，林希逸能切入《列子》思想的核心精神，指出庄、列之学不以槁木、死灰为主，认为列子不是完全不理会世事，而是愤慨于世事现状，并曾发表"愤世"之言与"矫世"之论。

林希逸主张《庄》《列》同源同宗，而《庄子》之"大纲领、大宗旨未尝与圣人异"。通过这一理路，《列子》也就自然地纳入了儒家大纲领、大宗旨的范畴之内，如此则有助于进一步调和儒道间的矛盾，促进了儒道间的交流。

① （汉）郑玄注，（唐）孔颖达正义，吕友仁整理：《礼记正义》上册，上海：上海古籍出版社，2008年，第311页。

② （汉）郑玄注，（唐）孔颖达正义，吕友仁整理：《礼记正义》上册，上海：上海古籍出版社，2008年，第312页。

郭店《老子》甲本“绝智弃攴”新考

成富磊*

郭店简《老子》甲组1号简起首一句“绝智弃攴，民利百倍”，与马王堆帛书本《老子》以下各本作“绝圣弃智，民利百倍”不同，引起了研究者广泛的兴趣：

绝智弃攴，民利百倍。绝巧弃利，盗贼亡有。绝伪弃虑，民复季子。

一、说“攴”

去掉二者共同的“智”这一层，此处异文真正的区分在于由“攴”改作“圣”。攴，研究者主要有两种读法：辩与辨。整理者读为“辩”。裘按：当是“鞭”的古文。“鞭”“辩”音近，故可通用。季旭升（1998，131页）：“卞”其实就是从“攴”字分化出来的，两种释读皆无不可。丁原植（1998，6页）：辩，不是辩论的意思，而是指“治理”。刘信芳（1999A，1页）：读若“便”，利也。韩禄伯读“卞”为“辨”。[①] 裘锡圭：应以读“辨”为是。“辨”指对美与恶、善与不善等等的分辨。老子认为智、辨、巧、利、为、虑，都是破坏人类浑朴自然状态，也就是合乎道的状态的东西，所以要加以弃绝，以回归于道。[②] 丁四新：“攴”，乃“鞭”字古文省形（[illegible]），见《说文·革部》。学者已习知。是字，仍当

* 成富磊（1983—），男，山东东营人，东华大学历史研究所讲师，研究方向：先秦两汉思想史研究。

① 韩禄伯：《治国大纲——试读郭店〈老子〉甲组的第一部分》，《道家文化研究》17辑，上海：三联书店，1999年，第187页。

② 诸家简要学术史，见武汉大学简帛研究中心荆门市博物馆编著：《楚地出土战国简册合集（一）·郭店楚墓竹书》，北京：文物出版社，2011年，第4页。

读作“辩”，不读作“辨”。“辩”乃巧言善说之义。[1]相对来说，赞同读作“辨”的更多。韩禄伯最早提出当读作“辨”，丁原植、黎广基曾详细论证此处不作“辩”，并谓“《老子》原始的资料中，并无‘辩’字”是有道理的。[2]

从老子一书的思想来看，辩与辨的说法，似乎都讲得通。但问题仍然存在。辨及其他的读法，无法很好地解释圣的异文。[3]暂时抛开上述思路，回到郭店简支字本身，这一重要发现首先提醒我们的是，在较早的传本中，此处文字本从“卞”。

由此，我们联想到了《尧典》开篇：

曰若稽古帝尧，曰放勋，钦、明、文、思、安安，允恭克让，光被四表，格于上下。克明俊德，以亲九族。九族既睦，平章百姓。百姓昭明，协和万邦。黎民于变时雍。

其中“于变时雍”，《孔宙碑》引作“于[illegible]时雍”。《隶辨》（4—55）按语曰：“即‘卞’字。碑盖以‘于卞’为‘于变’，当是同音而借。但当时传书者与今古文多有不同，如《汉书·成帝纪》引《书》作‘于蕃时雍’，或非假借，亦未可知也。”[4]段玉裁说：“[illegible]即今之‘卞’字，弁之变体，弁盖蕃之叚借字，古音弁读如盘。”

我们认为，此处的“卞”，也就是“绝智弃支”的支。对于《尧典》的“于变”，刘起釪做过一个对读：“《顾命》云：‘率循大卞、燮和天下。’‘大卞’即同此篇之‘于变’，‘燮和’即同此篇之‘时雍’。”[5]刘说极是。再次为我们将郭店简老子的“支”与《尧典》对读提供文字学证据。

---

① 丁四新著：《郭店楚竹书〈老子〉校注》，武汉：武汉大学出版社，第5页。

② 丁原植：《郭店楚简老子释析与研究》，台北：万卷楼图书有限公司，1999年，第15页。黎广基并进一步考索“原始经籍及与《老子》相先后的文献中，‘辩’字本字多用作‘辩讼’及‘辨别’义，而绝少用作‘辩论’义。”见黎广基：《郭店楚简〈老子〉“绝智弃卞”考》，《中文自学指导》，2001年10月，第10—14页。

③ 当然，在后世（尤其儒家）观念里，圣肯定与“辨”有关，但这一联系实极微弱。《荀子·哀公篇》记孔子：“所谓大圣者，知通乎大道，应变而不穷，辨乎万物之情性者也。”圣的第一层含义，是大道、变；所谓“辨乎万物之情性者”乃是上一层的结果。《礼论篇》：“宇中万物生人之属，待圣人然后分也。”也是圣人之“用”为“辨”。其本，乃在于知天道变化。

④ 顾南原撰集：《隶辨》，北京：中国书店，1983年，第585页。

⑤ 顾颉刚刘起釪著：《尚书校释译论》第1册，北京：中华书局，2005年，第31页。

值得注意的是，《尧典》“于变”之“变”的诸多异文，从无作“辨”作“辩”者。而且巧合的是，此句前后文即有“平章百姓”“平秩东作”二句。前一句中的“平章”，《诗·采菽》孔疏引《尚书大传》作“辨章”。《史记索隐》：“其今文作‘辩章’，‘便’既训‘辩’，遂为‘辩章’。邹诞生本亦同也。”《后汉书·刘恺传》曰：“职在辩章百姓。”注引《尚书》曰：“辩章百姓。”郑玄注云：“辩，别也。章，明也。”两汉《尚书》异文，“平”或作“辨”或“辩”。[①] 后一句“平秩东作”，《史记索隐》引《尚书大传》作“辩秩东作”，《周礼·冯相氏》郑注：“仲春辩秩东作”，贾公彦疏云：“据《书传》而言”。又，《风俗通·祀典篇》引《青史子》云：“岁终更始，辨秩东作，万物触户而出。”《北海相景君碑》亦作“辨秩”。[②] 知此二处之“平”，皆“釆”字之讹也。《说文卷二·釆部》：“釆，辨别也。象兽指爪分别也。凡釆之属皆从釆。读若辨。”故此，其异文作“辨”亦作“辩”。

我们认为，《尧典》此处“于变时雍”之“变”字从无作“辨”之异文者，应是写下及传抄《尧典》者都明确，这里的“变（卞）”不可通作“辨（辩）”。

考此句另有“蕃”的异文，用经学史概念说，是今文《尚书》“变”作“蕃”。《汉书·成帝纪》阳朔二年诏曰：“‘黎民于蕃时雍’，明以阴阳为本也。”应劭曰：“黎，众也；时，是也；雍，和也。言众民于是变化，用是大和也。”陈乔枞：“《易·文言》：‘天地变化，草木蕃；天地闭，贤人隐’，故应劭以‘变化’说‘蕃’字之义也。”“蕃”者，万物“蕃息”之谓也。《左传·僖公二十三年》：“男女同姓，其生不蕃。”杜预注：“蕃，息也。”《国语·周语下》：“子孙蕃育之谓也。”韦昭注：“蕃，息也。”皆是。准确地说，“蕃”之主语乃是“万物”，换言之，它与“卞”不同。应、陈之说各有所得但都不准确。综合而言，以“卞”为中心的天人关系，整个逻辑是，天地变化，阴阳消息，化育万物，人君循此天之大卞（化育），[③] 顺此阴阳，以驱万物（万民），使万物不失其性，则其蕃生乃和（重点：卞之主语，亦可说是天，亦可说是君；或者说，究极而言，乃是天；

① 唯一显得有些例外的是《史记》。《五帝本纪》作“便章”。后一句《五帝本纪》引作“便程东作”（用字习惯同“便章百姓”）。对此，皮锡瑞云：“平、便一声之转，史公所据今文《尚书》本必作‘便’字，非训平为便，以训诂代经也。”其所云《史记》所据今文《尚书》必作“便”，未必，其余诸论则是也。

② 参皮锡瑞：《今文尚书考证》。

③ 王者率循大卞，后来即成为儒家的圣人赞天地之化育。中间内涵的逻辑环节是圣人知天（老子的“知常”）。循大卞，循天常，也就是（立名以）循名责实。

具体执行，则是君。在周人的理论构拟中，二者一而二、二而一）。再来看今本《尧典》（所谓古文《尚书》）作“变”。变，化也。《广雅·释诂三》：“变，匕也。”匕，化也。[①]《慧琳音义》卷五十一“变易”注引《广雅》：“变，化也。”正是。《汉书·匈奴传上》：“夏道衰，而公刘失其稷言，变于西戎。”颜师古注：“变，化也。谓行化于其俗。”《易·系辞上》进一步明确“化”之内涵：“化而裁之谓之变。”

总结《尧典》“于变时雍”，其中“变”“卞”及“蕃”的异文，都指向一个意思，化育万物（既包括物质意义上，亦包括德性意义上，但以后一意义为主；老子式圣人亦有“为腹不为目”意义上的“为”，即纯物质上的养民，可知其所谓“无为”是“教化”意义上，这一点正是此处“卞”字所展示的内容）。《伪孔传》释曰：“言天下众民皆变化从上，是以风俗大和。”《潜夫论·考绩》：“此尧舜所以养黎民而致时雍也。”又，《后汉书·鲁恭传》：“夫王者之作，因时为法。深惟古人之道，助三正之微，定律着令，冀承天心，顺物性命，以致时雍。”[②]以上诸说皆同。

从文献对读层面，初步明确：“绝智弃支”之“支”，乃“于卞时雍”之卞，用《易·系辞上》的概念说即：“化而裁之谓之变。”显然，这一对读另具思想史意义。

二、老子之君道

蒋锡昌曾言，老子一书主言君道，也就是并非泛泛地说普通人应该若何的问题。“绝智弃支”一句也不例外。我们认为，此句主语正是君。这可以从其后紧跟的“民利百倍”一语得到证明。

《左传·僖公二十七年》：“（晋）作三军，谋元帅。赵衰曰：‘郄縠可。臣亟闻其言矣，说礼乐而敦《诗》《书》。《诗》《书》，义之府也；礼、乐，德之则也。德、义，利之本也。’”《疏》：“有德有义，利民之本也。”此事亦见《晋语》：“文公问元帅于赵衰。对曰：‘郄縠可，年五十矣。守学弥惇，夫好先王之法者，德义之府也。夫德义，生民之本也。能敦笃不忘百姓。请使郄縠。’公从之。”知《疏》以“利民”解“利”者，是也。“利民”，正是西周春秋时代正统治理框架

① 王念孙：《广雅疏证》，第19页。

② 又：段玉裁《古文尚书撰异》。焦循：《尚书补疏》。略见《清儒书经汇解》。

中，君务之要：

《史记·周本纪》：“‘有民立君，将以利之。今戎狄所为攻战，以吾地与民。民之在我，与其在彼何异？民欲以我故战，杀人父子而君之，予不忍为。’乃与私属遂去豳。”

《左传·文公十三年》：“邾文公卜迁于绎史曰：‘利于民而不利于君。’邾子曰：‘苟利于民，孤之利也。天生民而树之君，以利之也。民既利矣，孤必与焉。’”①

在宗周《书》学系统以至诸子的视野中，天生民而立之君，是其共同承认的思想基础。②对于这一“天—君—民”的治理主轴，君之务端在于“利民”。老子的“民利百倍”，也正是在这一思想脉络中论述“君道”之语。

周人之教是从“智”“卞”以利民，其展开论述也就是《尧典》开篇所论尧的“聪明文思”至“于变时雍”。儒家从这一方向上继承了周人治理思想的主线。老子则显示出极端的反驳：（人君）绝智弃支，（反而）民利百倍。

考老子此句以“智”“支”对举并非偶然。“智”在老子及先秦用语系统中核心内涵乃是“知人”，所谓“知人者知也（三十三章）”。“支”，如上所考，乃是“知天”。如此，“智”“支”二者才既不文意犯复又相辅相成。其中渗透的思想史内涵在于，老子式的人主（圣人），知人道亦知天道，惟不以其所知之人道天道治国。

此义在《老子》文本中随处可见，甚至可以说就是“无为”的核心内涵。今本第五十七章：“我无为而民自化”，暗示老子的“无为”所针对的正是“化民”。③

其进一步展开则是（对应今本第十章）：

① （唐）孔颖达，《春秋左传正义》第19卷，（清）阮元，《十三经注疏（清嘉庆刊本）》，第4022页。

② 当然亦有极少数有无君的主张。

③ 我们的这一对读，其思想史意义在于，将老子“无为”的内涵明确化为针对宗周政典的《尚书》。《史记·老子韩非列传》论老子乃“周守藏室之史”，《汉志》述道家渊源出于“史官”。老子熟知并立论针对史官职掌形成的《尚书》，正是不足为怪。

爱民治国，能毋以知（智）乎？

天门开阖，能为雌乎？

明白四达，能毋以知乎？[①]

其中“天门开阖，能为雌乎？”正是老子书言人主之于天人之际的作为。王注曰：“雌应而不倡（唱），因而不为。言天门开阖能为雌乎？则物自宾而处自安矣。”如果用古佚书“知人道”“知天道”一对概念说，“爱民治国，能无知乎？”一句的意思乃是：人主“知人道”而不以其所知之人道治人；而“天门开阖，能为雌乎？”一句的意思则是：人主“知天道”亦不以其所知之天道化人。二句的意思合起来，也就是人主（或者说道家式的“圣人”）治国应“绝智弃支”。

明了“支”字乃有关于天道变化，才会真正明了后世《老子》文本以“圣”取代“卞”，其根本原因在于“圣”字核心要义与“卞”字具有一致性。[②]马王堆《老子》甲本卷后古佚书之四亦将“智”“圣”二者并举，其言：“圣，天知也。知人道曰知（智），知天道曰圣。”进一步，因知天而象天，因象天而化育天下（万民）。[③]《论语》载孔子论尧之为君曰：“惟天为大，惟尧则之。”正是从天人之际称颂帝尧。至于《中庸》的圣人“参天地”“赞天地之化育”更是为大家所熟知——这也正是前文所论《尧典》“变”之内涵。[④]所以，对这一改动的认知，确实很有可能如论者所云是出自反儒的现实要求，但从我们的研究而言，其根本原因还是，在“圣人化育万民”这一治国观念上，儒家继承了宗周思想传统。

① 高明：《帛书老子校注》。

② 早在二三十年代之间，唐兰先生就在《老聃的姓名和时代考》中指出：“‘圣人’在《老子》里凡二十九见，足见老子是推崇圣人的，而第十七章却说‘绝圣弃智，民利百倍’，自相矛盾，那一节怕也有后人搀入的。”裘锡圭：“郭店简的出土，使上述那些矛盾都得到了解决……显然是简本之后的时代的某个或某些传授《老子》的人，出自反儒墨的要求，把‘绝智弃辩’改成‘绝圣弃智’。”裘锡圭：《郭店老子简初探》。至于后世，政学丕变。在春秋赵衰的时代，已演化为“德义”（很有意思的是，这一概念的得出，亦明确是出于《诗》《书》）。《书》学中的尧舜一类人物，渐渐开始以“圣”来称呼。

③ 《左传》云：“孔子曰：‘楚昭王知大道矣。其不失国也，宜哉！《夏书》曰：惟彼陶唐，帅彼天常，有此冀子。今失其行，乱其纪纲，乃灭而亡。又曰：允出兹在兹，由己率常，可矣。’”《伪家语·正论解》全袭《左传》之文。《说苑》云：“仲尼闻之曰：‘昭王可谓知天道矣。其不失国，宜哉’！”又：楚简《五行》提出，“圣智”是型于内的“德之行”，“圣”乃闻天道而聪，“智”乃见人道而明，这种与“聪明”相联系的“圣智”是体悟“天道之德”的理想境界，而要达到这一道德修养的理想境界，就要以心为一，做到慎独。

④ 其他的知、明、辨、施于民等等，都是附属（或者，只是圣的属性之一）。

论《道德经》对诗歌创作的启示

林銮生　孔德章*

内容提要：诗歌是中国文化的一个重要组成部分，对人们的思维方式和行为方式都有着举足轻重的影响。《道德经》五千言，在作为道家道教经典之时，从文学角度观之，其本身就是一本优美动人、质朴厚重的诗集。《道德经》中所阐述的宇宙观、辩证法、审美观、生命观等对其后的诗歌创作产生了不同程度的影响。经文中这些内容的影响较为突出地体现在诗歌的独立特性、存在形式、审美体验、价值归宿等四个方面。

关键词：《道德经》　诗歌　独立性　价值

一、道生万物——诗歌的独立特性

“道生一。一生二。二生三。三生万物。万物负阴而抱阳，冲气以为和。”[①] 道生万物，这是《道德经》关于宇宙生成的一个重要阐述。经文认为，道为万物之本，一切皆是由“道”生成。这个“道”是“先天地生。寂兮寥兮，独立而不改，周行而不殆，可以为天下母。吾不知其名，字之曰道”[②]。因此，道乃是独立不倚、自给自足、其大无外、其小无内的整全实体。从道生万物的角度而言，诗歌自然也是其所生成事物之一。从这一个角度出发，便引起了人们对诗歌的一个重要思考，即诗歌的独立性问题。人们常常会把诗歌依附于人，认为诗歌乃是人的理性创作之产物。然而，从道生万物的角度观之，诗歌的独立性并非源于人类的理性，而是直接与“道”相联系的。人类的理性乃是“道”的一种具体表现。

---

* 林銮生（1987—），男，福建宁德人，宁德师范学院讲师，哲学博士，研究方向：道教与民间信仰。孔德章（1987—），女，吉林人，哲学硕士，研究方向：科技哲学。

① 《老子道德经河上公章句》，北京：中华书局，1993 年，第 168—169 页。

② 《老子道德经河上公章句》，北京：中华书局，1993 年，第 101 页。

诗歌亦然。这即是说诗歌的独立性是与人类理性相并列的存在，而并非从属于人类理性的存在。在这种独立观的引导下，诗歌才真正具有了其内在价值和独立发展空间。同时这种独立性又反过来会进一步促进“人”对自我以及自我与其他事物之关系的认知，从而形成一种良性循环，即“相互独立又相互促进”的发展模式。

能够切中这种独立性的一个关键所在就是诗人是否用生命去完成诗歌，一方面要求诗人把自我整个地放置于诗歌之中，一方面要求诗人明白诗歌本来是独立于任何个体主观情感的，并且是承载着“永恒”的载体。如此才能进一步释放诗歌，把诗歌最大限度地从文字和诗人的主观性中解放出来。一个诗人越能够这样面对诗歌，他的诗歌所具有的生命力就越深远绵长。这便与《道德经》中将“人”与“天”的位置相并列，并统之于道的精神是相一致的，故《道德经》有言“道大、天大、地大、王亦大”①。

在这里，我们需要注意到的一点是：诗歌在多数时候总是承载着个体的思想，这种思想思想的表达，或许恰恰是诗歌衰败的开始，也是诗歌衰落的重要体现。这种说法看似矛盾，正常情况下，我们应该是在诗歌的思想性中看到诗歌的进步，为何诗歌在表明人的思想时却成了诗歌衰败的象征呢？原因在于思想是理性的重要象征，而诗歌在很大程度上是抗拒理性的。诗歌最终是归于“道”的，这种对“道”的回归才是诗歌独立性的最终体现。如果诗歌只是单纯地用于表达思想，则容易陷入宋朝以理驭诗的窠臼当中。我们知晓宋朝相对于唐朝而言在诗歌方面是衰落的，宋朝兴起的宋词恰恰是对唐诗的解构。宋词加入了更多的生活气息，“人”的味道越发浓厚，但是却产生了相应的狭隘性，即诗歌多是在反应少数人的气息。所以，对于诗歌而言，要警惕思想（或者说理性）从深处瓦解诗歌的本来结构。那么如果顺着这种思路，这里又会有如下重要问题需要面对：第一，诗歌是否有一个完美的、值得人们一直去维系的结构？第二，诗歌本身是否意味着一种反叛？第三，诗歌究竟要如何表达自己？

对这些问题的思考与解决，仍然要归诸“道”。诗歌对自我的建构建立在诗歌具有独立性的基础上。基于这种基础上的建构是相对健康的，即诗歌和诗人都能够相对独立地沿着各自的轨迹前行，相互统一又相互独立，真正做到相互尊

① 《老子道德经河上公章句》，北京：中华书局，1993 年，第 102 页。

重，返诸己身而归之于道。即以“道”来统领诗歌中的“变”与“不变”，使得诗歌在拥有自我独立性，即能够自由流动地展开自我的同时，又能够一以贯之地按照其内在结构，与“人”的理性保持一种相对平衡的状态。

二、有无相生——诗歌的存在形式

《道德经》第二章有言：“天下皆知美之为美，斯恶已；皆知善之为善，斯不善已。故有无相生，难易相成，长短相形，高下相倾，音声相和，前后相随。”[①]这段经文阐述了事物的存在都是正相反对的。它们总是以一种矛盾的形式呈现出来。任何事物都有自己的对立面，并且这两个看似矛盾的方面又以彼此的存在为前提。高低、尊卑、善恶、大小、有无、长短、难易等等概念都是以对立面概念的存在为前提。如果没有“有”，就无所谓“无”，如果失了“卑”，“尊”便无从谈起。这也体现了所谓的“反者道之动”[②]的动力说。这种“有无相生”的存在形式在诗歌中也得到了很好的体现。张若虚的《春江花月夜》有云：“江畔何人初见月，江月何年初照人。年年岁岁花相似，岁岁年年人不同。”“人”与“月”、“人”与“花”之间的辩证关系被刻画得极其生动。卞之琳在《断章》中如此描绘：“你站在桥上看风景\看风景的人在楼上看你\明月装饰了你的窗子\你装饰了别人的梦。”诗中的“彼”“此”“物”“我”处于不断的转化当中，并在这种转化中构成了一种和谐美好的画面。诗歌的这种存在形式自然而然地要求诗歌需要具有很好的弹性。所谓的弹性便主要体现为诗歌“化”的功能：第一，诗人化在了诗歌之中；第二，读者化在了诗歌之中。读者与诗人产生精神共鸣，这种共鸣通过读者消失在诗歌之中这一形式来体现；第三，诗歌中所描述的事物化于诗歌之中。诗歌因着这些转化也有了生命，但是需要看到这种生命的片面性。事实上，世间所有生命都是片面的。之所以存在片面性的原因就在于理性本身的局限性。理性存在物便想突破这种局限性，超越本身具有的片面性，而达到一种完满的状态。没曾想，先不论是否能达到，单单这一种念想便已经是片面性的证明了。可以说人永远无法实现完满性。抛却生命的片面性，无论如何，诗歌“化”的功能是显而易见的。“道之委也，虚化神，神化气，气化行，形生而万物所以塞也。道之用也，形化气，气化神，神化虚，虚明而万物所以通也。是以古圣人

① 《老子道德经河上公章句》，北京：中华书局，1993 年，第 5—7 页。
② 《老子道德经河上公章句》，北京：中华书局，1993 年，第 161 页。

穷通塞之端，得造化之源，忘行以养气，忘气以养神，忘神以养虚。虚实相通，是谓大同。”[①] 古人对“化”有着深刻的认知。这种生命体悟通过诗歌被很好地表达出来。“道”“虚”“神”“气”“形”构成了一个相互循环的系统。诗歌便存在于“气”与“形”之间，诗歌可以说是诗人由神运气而成形，同时又归于虚，统于道，独立于诗人而存在。诗歌与诗人便在这“有无相生”的关系中不断生成与演变。陶渊明的《饮酒》云：“结庐在人境，而无车马喧。问君何能尔，心远地自偏。采菊东篱下，悠然见南山。南山日夕佳，飞鸟相与还。此中有真意，欲辨已忘言。”诗中情景相融，既见作者又见诗，诗味与凡尘味相得益彰；同时既无作者又无诗，只留下一幅幅形象的生命画卷让读者流连忘返。

三、见素抱朴——诗歌的审美体验

见素抱朴主要体现在诗歌的审美体验方面。素朴成为诗歌优劣的一个重要标准。素朴也是诗人生存状态，尤其是精神状态的一个重要衡量指标。素朴在一定意义上正好与孔子所谓“诗三百，一言以蔽之，曰‘思无邪’”[②] 相契合。审美体验是诗歌中必不可少的。审美不仅针对读者而言，更是针对诗人而言的。事实上读者的审美已经是二度创作，诗人的审美导致了诗人的创作。诗人以诗歌作为载体来表达自己的审美经验。这里需要强调的是诗人与诗歌之间的关系：第一，诗人与诗歌的分离，这种情况的极端便是所谓的“为艺术而艺术”的境地，我们且将之称为“非诗非人观”；第二，诗人掌握着诗歌，这种情况强调了诗人的主观能动性，认为诗歌不过是诗人的产物，我们且将之称为“人本观”；第三，诗歌独立于诗人，诗人不过是诗歌表达自我的一种载体，即一首诗歌它本来就在那里，只是经由这位诗人之笔被传达出来，这种观点在根本上否定了诗人的个体性，而把诗歌放在了诗人之上，我们且把这种观点称为“诗本观”；第四，诗歌与诗人的完全融合，既强调诗人的创作主体的角色，又尊重诗歌作为独立的存在物，即诗歌首先由一位诗人创造出来，但是在被诗人创造出来后便拥有了自我的独立性，就像婴儿与母体分离而独立一样，我们且称这种观点为“即人即诗观”。这四种观点便会形成四种不同的思维方式，形成四种不同的审美方法。同理，这四种不同的审美方法便会产生不同的审美体验。可以说这样的审美是带有很强的

① 谭峭：《化书》，北京：中华书局，1996 年，第 1 页。

② 杨伯峻：《论语译注》，北京：中华书局，1996 年，第 11 页。

导向性的。因此，所谓的审美，必须分清楚一个界限，即读者是否有经过反省而选择一种审美方法并经由这种方法而实现审美体验；或者读者事实上只是接受了某一种自己所未知的审美方法，并以之为标准进行审美体验。可以说这种反省行为是审美体验的重要前提。

对每一个审美者而言，有必要形成自己的审美方式，但是这显然是一件困难的事情。因为所谓的“方式”一定涉及一种标准。而个体所谓标准显然是有其原有的价值判断标准混于其中。这里所要强调的便是在排除不可避免的外界因素后，审美主体所需要的一种属于自身特质的审美能力。由个体这种特殊的审美能力所引导下的审美体验才可以称为真正的审美体验。这种审美体验可以很简单、很朴素，也可以很艰深、很晦涩，重要的是，这种审美体验是个人化的。这种个人化才是所谓审美体验的核心内涵。这也是个体的审美体验能够被称之为“二度创作”的根本原因。同样，这种“二度创作”能够完成，除了审美主体外，便直接与审美对象——即作品相关。无论是诗人创作，还是读者的“二次创作”，其审美体验皆可以《道德经》经文中所言之“见素抱朴”作为重要参考依据。《说文解字》言：“素，白致缯也。”[①] 素，言其质未有文也，又言其色白也。又言：“朴，木素也。”清段玉裁《说文解字注》言：“素犹质也。以木为质，未雕饰如瓦器之坯然。”[②] 总而言之，素朴便要求回到一种本然的状态之中。对于诗人而言，诗人需要直接面对自我的情感，乃至于回到自身所接触的天地万物的本来秩序之中；对于读者而言，读者则要尽可能地融入诗句之中，忘却自我与诗人之间的时空之隔。

在一定程度上可以说诗歌是诗人与大自然以及自我之间的一种秘密语言。诗歌是一种符号，甚至说是一种咒语。这更多的是从个体生命体验角度而言的。事实上当诗歌从早期的反映多数人生活状态中脱离出来，被少数人所垄断，并成为少数人情感的载体之后，诗歌的内涵和外延实际都已经发生了变化。这种变化的重要体现便在于它成为诗人沟通天地的一个秘密通道。这种“秘密通道”能否被后人所发现，实际上就是“二次创作”能否实现的重要参照物，这就像庄子所谓的“莫逆而笑”“鱼相忘于江湖”一样，是一种极端私人化的东西。正是在这种意义上，个体才真正完成了审美体验，实现了生命的共鸣。因此可以说，创作诗

① 段玉裁：《说文解字注》，北京：中华书局，2013 年，第 669 页。

② 段玉裁：《说文解字注》，北京：中华书局，2013 年，第 254 页。

歌是难的，同样对这首诗歌进行审美也是难的。或者说：美是难的，审美也是难的。于是，在此恰恰要把《道德经》中的“见素抱朴”作为一种审美标准，即将难转化成易，尽量做到在诗歌原有的状态中去感受诗歌。而这种状态事实上也就是个体的本然状态。因此，又可以说，见素抱朴也是审美者对自我生命的一种寻找与回归，是一个个体自识的过程。

四、复归婴儿——诗歌的价值归宿

任何一个事物都有一个变化轨迹，因此，方向性的问题，即目标的问题会贯穿事物发展的始终。“知其雄，守其雌，为天下溪。为天下溪，常德不离，复归于婴儿。”[①] 这一段经文言简意赅地阐述了生命归宿的问题，即把“婴儿”作为一个象征生命完全性的重要符号。这一选择可以为作为诗歌创作的归宿，也可以作为诗人的归宿。无独有偶，西方哲学家尼采认为个体在精神发展轨迹中经历了三次变形，第一次变成骆驼，象征砥砺前行；第二次变成狮子，象征权力和意志；第三次变成小孩，完成对自我的超越，回归到生命的本真状态。这里的“小孩”与《道德经》中的“婴儿”有着相似的符号象征意义。婴儿象征着对一种原始、真诚、至刚至柔状态的回归，达到“知和曰常。知常曰明”[②] 的状态。诗歌、诗人亦当如此。诗人如果能够让自己处于“常”“明”的状态，那么，他就自然而然能够在诗歌中更加集中地体现他的这种生命状态。

“复归于婴儿”对诗歌的一种启示是：诗歌没有年龄，年龄的界限在诗歌中是注定要被打破的。诗歌是最年老的长者，诗歌又是最年幼的孩童。如果一个诗人有了年龄界限的概念，那么，他便已经悄然离开了诗人的行列，诗歌也便从他的心中离开了他。这种分离，对于个体、对于诗歌而言都是一种幸运。但不幸的是，这一个体会继续占用“诗人”这个头衔，他开始自欺欺人，通过文字游戏，使自己痛苦，也使他人痛苦。但这一切对于诗歌而言都是无足轻重的。同时，诗歌还可以让这个社会忘记年龄。年龄在很大程度上是一种让个体骄傲又恐惧的存在。骄傲是对于经验主义而言的，恐惧是由于对生死的执着而造成的。而诗歌则能够让诗人和读者单纯地感知当下，从文字所构建出来的社会意象中去感受生命、体味自然。

① 《老子道德经河上公章句》，北京：中华书局，1993 年，第 113 页。
② 《老子道德经河上公章句》，北京：中华书局，1993 年，第 212 页。

既然是复归于婴儿，那么便缺不了玩要。玩要是婴孩的主要特点，这种特点也适用于诗歌。可以说，诗歌就是在玩要中、在想象中被发现的。诗歌是被发现的，而不是被发明的，对这一点的体悟是极为重要的。所谓“玩要”就是给予玩要者足够的尊重，如果说做一件事情真有所谓捷径的话，那么给予足够的尊重就是这捷径。这一点常常为诗人所忽视（在其他方面也常常为人所忽视）。诗人必须给予诗歌足够的尊重方可。这种尊重乃是建立在模糊主客二元的基础之上，即诗人在坚持理性思考的同时，需要认识到理性所具有的局限性，从而不执着于自己的理性。在此基础上，诗歌方有可能自然而然地流露出来。这种自然而然地流露就是所谓的“玩要”。因此，诗人要让自己玩要，让诗歌玩要，让生命玩要。玩要便在于一种流动性。诗歌是具有极强流动性的存在。这种流动性体现在如下方面：第一，诗歌并不因为诗人而固定；第二，诗人没有国界、诗歌没有固定不变的规则。在当下社会总希望有所谓的“规则”与“期待”。这种规则和期待，更多是由于习惯而造成的。因此，这种思维极大地束缚了人们的行为。所以，老子才强调“柔弱胜刚强”[①]，认为“上善若水”[②]，以此为行为指导，从而实现“致虚极，守静笃”[③]，达到“无为，而无不为”[④] 的生命状态。这种思维方式恰恰都是从社会上接受的主流意识的反方向进行阐述，让人们的思维更加多元，更加健康，就像回到婴儿的状态之中。“婴儿”在此便象征着各种可能性，象征着极大的包容性和选择性。这种思维方式对于诗人和诗歌来说，可供借鉴。“流动”“玩要”“复返”共同构成了诗歌的价值取向。如果说“存在”是个体体悟到时间的话，那么“意义”便可以说是沿着时间往回走，一直走回出生的地方。走回出生的地方，便是回到“故乡”，便是“复归于婴儿”。这乃是诗歌永恒的价值诉求和稳固的内在结构。

五、结语

本文从独立特性、存在形式、审美体验、价值归宿四个方面讨论了《道德经》对诗歌创作的启示，得出如下参考性结论：首先，无论针对哪个方面，诗歌创作

① 《老子道德经河上公章句》，北京：中华书局，1993 年，第 142 页。
② 《老子道德经河上公章句》，北京：中华书局，1993 年，第 28 页。
③ 《老子道德经河上公章句》，北京：中华书局，1993 年，第 62 页。
④ 《老子道德经河上公章句》，北京：中华书局，1993 年，第 144 页。

应当以“道”作为一以贯之的宗旨，生于道，复归于道；其次，诗歌需要在“有无相生”的存在形式中展示诗歌本身所具有的弹性，消弭人、事、物之间的界限；再次，从审美体验以及诗歌的价值归宿而言，诗歌、诗人、审美者皆需要寻求一种回归，回到朴素简单的状态，“复归婴儿”，从而实现一种价值上的超越，使得诗歌不仅仅只是由文字构成的句子，而更是一种突破了理性范畴的对生命本身的表现形式。

老子“生生”思想的内在维度

钟　纯*

内容提要：“生生”是各种事物的产生与变化，而将“道生万物”作为其根本要义，并以自生、贵生、长生等来阐释老子“生生”思想的内在维度，使其思想呈现出整体性、系统性。具体而言，以无为自然、柔弱之道来实践自生；以崇尚厚生、尊重生命、有益于生命来实现贵生；以“治人事天莫若啬”的原则来诠释长生。质言之，老子“生生”思想的内在维度就是通过道生、自生、贵生、长生等层面依次展开与呈现，这对于建构道家“生生”思想体系具有理论指导意义。

关键词：“生生”思想　道生　自生　贵生　长生

老子，姓李名耳，字聃，春秋末期人，著有《道德经》，是先秦道家学派的创始人。据《史记·老子韩非列传》记载，他是“周守藏室之吏也”。“孔子适周，将问礼于老子。”他对中国古代哲学和思想文化的发展，做出了重要的贡献。“生生”思想并非儒家所特有，道家也有。作为处理人与人、人与社会、人与经济、人与政治的根本法则，道家哲学须建构“生生”思想体系。本文认为，所谓“生生”是新事物的产生和产生的变化，且略从道生、自生、贵生、长生等维度对老子“生生”思想进行发微。

一、道生：作为老子“生生”思想的根本要义

道生，是老子“生生”思想的根本要义。所谓“道生”，是指天下万事万物由道产生，即道生万物。正如老子所说：“道生一，一生二，二生三，三生万物。”

* 钟纯（1990—），男，湖南醴陵人，南京大学哲学系博士生，研究方向：中国哲学。

（《道德经》第四十二章，下文仅标章节）又云："道可道，非常道。"（第一章）显然，对于"道"的理解，我们不能简单地从其本义道路、途径、导向出发，而是要依据文本具体情境去理解。所谓"道"即是自然法则，如"道法自然"（第二十五章）。老子认为，尽管"道"不可捉摸、不可知，但可以将"道"概括为自然流行规律。所以，"道生一"，即是自然变化生出来的"一"。那为什么"道"能生"一"呢？在万物产生之前，整个宇宙是混沌、无定的状态。正是由于宇宙浑然不可知，万物处于混合的状态，根本无法被人类认识。为了能够方便对宇宙的认识，老子将宇宙混沌的状态归"一"，即"浑然而一"，但将它们归为"一"之前，还有一个根本前提，那便是"道"。所以老子才说："有物混成，先天地生。"（第二十五章）而汉代河上公注曰："谓道无形，混沌而成万物，乃在天地之前。"[①] 可见，作为万物生成的根本，道即是自然的、无形的。老子又把自然的、无形的道概括为"无"，他说："天下万物生于有，有生于无。"（第四十章）显然，老子这里用的是逆向思维，即"万物—有—无"，"无"成了生成万物的根本。所以，老子的"道"在这个意义上是"无"。因此，老子的"道"又是"无为而无不为"。为了厘清道与万物的关系，可以从以下几个方面去认识：

从本体上言，"道"与"一"实际上是同体异名。"一"指道的本体，因为宇宙是阴阳未分的混沌、自然的状态，需由"一"来统一。所以，《说文解字》言："惟初太始，道立于一，造分天地，化成万物。"《文子·道德》也言："一也者，无适之道也，万物之本也。"这二者都明确地将"一"视为道，视为万物的本体。可见，"道"与"一"是同体异名的体。由此，我们不禁联想到古希腊时期的哲学家巴门尼德所讨论存在与不存在、"一"与"多"，他也是将存在与"一"视为同体异名的体。所以，"道＝存在＝一"，作为本体而言，"三者"是可以互换的。相较《周易》而言，"道＝易"，如"一阴一阳之谓道"（《易经·系辞上》），所以桓谭说："伏羲氏谓之易，老子谓之道。"（《新论闵文》）如此，"一生二"便是指道生两仪，即道产生阴阳变化。"二生三"，便是两仪产生的"三才"（天、地、人）。"三生万物"即是万事万物无不在"三才"的变化中产生。质言之，一、二、三并非只是一个数量代词，而是道体自身变化的过程。由于宇宙混沌无定而不可捉摸，老子便用道来表示，所以从这个意义上说，一、二、三仍然是无形、

① 河上公：《老子道德经河上公章句》，王卡点校，北京：中华书局，1993 年，第 101 页。

无名的状态，相当于老子所说的“气”。如此可知，“道＝一＝二＝三”，便可得出“道生万物”的结论。

从发用上言，万物与“冲气”互为发用。老子说：“万物负阴而抱阳，冲气以为和。”（第四十二章）意思是说，万物由道产生，皆背负（后）着阴，怀抱（前）着阳[①]，阴阳相互调和。这里关键是要弄清楚何为“冲气”？尹振环在《帛书老子再疏义》指出：“帛书甲本为‘中’。范本作‘盅’。河、严、王、傅诸本‘冲’。《说文》：‘冲，气虚也。’‘冲，涌，摇也。’中，当为冲之借。”[②]由此可知，冲气即为阴阳中和之气。质言之，“负阴抱阳”意在说明阴阳二气“以为和”，二者相互呼应，而二者相应所产生的、能够显现“道”的结果，便为万物和“冲气”。因此，万物和“冲气”即为形而下之物，呈现在我们面前，以至于更好让人们捕捉“道”体。所以，老子说：“道生之，德畜之，物形之，势成之。”（第五十一章）其中，“德畜之，物形之，势成之”就是道体之发用，也就是说，形成什么事物，怎么样去畜养事物，怎么样去成就事物。实际上，老子没有具体说是什么事物，但他却肯定了此事物是一个有机整体，即万物；而“德畜之，物形之，势成之”就是万物动态地生成过程，如何做到？仅需“冲气”即可做到。可见，道之发用即为万物和“冲气”，而二者又互为发用，道作为根本规律、原则，便在万物和“冲气”中互为显现，形成宇宙的有机整体，使浑然、混沌、无序之宇宙便有了可以认识的起点。

概言之，“道生一，一生二，二生三，三生万物”是意在说明道作为天下万物的总根源、总根本，它是万物生成、演变、发展过程的依据，是万物生生不息的本源。老子在此处所设的量词一、二、三并没有实际含义，也就是说一、二、三可以代替“道”。如果将“二”理解为阴阳的话，那么阴阳就可以代替道，如“阴阳合万物生”（《淮南子·天文训》）；而“二生三”之三并也没具体指代，但河上公将“三”训为天、地、人。不过这种说法，也是符合老子的原意的，因为

① 阴阳：中国古代描述自然规律在矛盾运动中的概念，并以其变化来说明事物对立统一的关系。一般而言，山南水北谓之阳；山北水南谓之阴。但不同的古文献对阴阳却有不同的解释。如《诗经·大雅·公刘》曰：“相其阴阳，观其流泉”；又如《史记·天官书》曰“行南北河，以阴阳言，旱水兵丧”等等。后来，古人阴阳概念观察自然现象，引申出诸多含义，如天地、日月、昼夜、寒暑、男女、夫妇、父子、君臣、上下、前后等等。所以，这里为了方便对原文意思的理解，将阴阳置换为前后的对立关系。

② 尹振环：《帛书老子再疏义》，北京：商务印书馆，2007年，第51页。

天、地、人作为一个有机整体，它实际上也是与道共生，如“道冲，而用之或不盈”（第四章）。所以，唐代王真便将老子“道生”思想总结为“生生”。他说：“夫元气始生，生生不已，有万物盈乎天地之间。”[①] 相对儒家而言，老子“道生”理念作为其“生生”思想的第一要义，是有别于儒家的“天地之大德曰生，生生之谓易”（《周易·系辞传》），因为儒道两家讲“生生”侧重点不同：道家强调“生生”更多从无为、自然的角度来谈，即所谓“道生”；而儒家则强调“有为”，如“参天地之化育”（《中庸》）。因此，从根本上言，儒道两家之生生都是指天下万物生生不息，只是呈现“生生”方式，或者说侧重点不一样而已。

二、自生：以无为自然、柔弱之道来实践自生

自生，即是自己生成。老子认为，自生就是不要过分使用外力来干涉事物的发展，采用“无为”的办法让其自然而然地生长，遵循事物发展的规律，自化成才。他说：“道常无为而无不为，侯王若能守之，万物将自化。”（第三十七章）自化即自生，道作为根本常以无为而无不为的形式出现。换言之，道即自生规律。所以，他又说：“其安易持，其未兆易谋。其脆易泮，其微易散。为之于未有，治之于未乱。合抱之木，生于毫末；九层之台，起于累土；千里之行，始于足下。为者败之，执者失之。是以圣人无为故无败；无执故无失。民之从事，常于几成而败之。慎终如始，则无败事，是以圣人欲不欲，不贵难得之货；学不学，复众人之所过，以辅万物之自然，而不敢为。”（第六十四章）在老子看来，自生也是一个由小到大、由弱到强的过程，这就是自生的规律所在。所以，老子从“大生于小”的观点出发，进一步阐释事物自生规律，正如他言“合抱之木”“九层之台”“千里之行”都无不是从“毫末”“累土”“足下”等细小的事物开端一样。因此，老子认为大的事物总是始于小事，任何出现的事物，都有自身生成的规律。但是为何“民之从事，常于几成而败之”呢？老子认为，这主要是因为事物要快生成的时候，过于使用外力干预、干涉，以致使“事败”。所以，“慎终如始，则事无败”。换言之，老子对事物发展变化规律的考察，发现只有遵循事物“自生”的规律，才会“无败事”，“圣人欲不欲”也正是这个道理。实际上，这里老子所表达自生的观点，就是依据其“无为”思想。而老子“自生”规

① 河上公、杜光庭：《道德经集释》上册，北京：中国书店，2015年，第372页。

律的运用主要体现在两个方面：

对于统治者而言，要让百姓自生。什么意思呢？统治者要有自知之明，不要采用高压政治，不要肆无忌惮地压榨百姓，否则百姓难以自生。他说：“民不畏威，则大威至。无狎其所居，无厌其所生。夫唯不厌，是以不厌。是以圣人自知不自见；自爱不自贵。故去彼取此。”（第七十二章）老子认为，老百姓一旦不畏惧统治者的统治，那么百姓“斩木为兵，揭竿为旗”的反抗就很有可能发生。为了防止“大威至”，老子给统治者指明来两条出路：一是不要堵塞百姓的出路，让其安居乐业，让其自生；二是自身不要自高自傲，唯我独尊，而要自知、自爱。所以，高明的统治，就是要让百姓自生，让百姓“无狎其所居，无厌其所生”。实际上，老子在告诫统治者，要“无为而治”，因为统治者一旦“有为”的话，那么他们的“有为”常常以暴力统治、压迫百姓、私欲偏心的形式出现，正如“民不畏死，奈何以死惧之”（第七十四章）。因此，老子其政治主张是反对统治者的压迫，提倡“无为而治”，让老百姓自生。可以说，这就是老子“自生”理念在具体政治领域的运用。

对人生而言，走柔弱之道才能自生。不知柔弱之道，招来灾祸，何来自生？老子说：“人之生也柔弱，其死也坚强。万物草木之生也柔脆，其死也枯槁。故坚强者死之徒，柔弱者生之徒。是以兵强则不胜，木强则兵。强大处下，柔弱处上。”（第七十六章）老子从生活经验出发，看到了人活着的时候身体是柔软的，一旦死后身体就变得僵硬，草木也是如此，这就是柔弱之道。在军事上所谓骄兵必败也如此。列子对老子这一军事思想阐释道：“天下有常胜之道，有不常胜之道，常胜之道曰柔，不常胜之道曰强。欲刚，必以柔守攻之；欲强，必以弱保之。积于柔必刚，积于弱必强。”（《列子·黄帝》）这就是说，弱可以胜强、柔可以胜刚，正如“天下莫柔弱于水”（第七十八章）一样，柔弱之水可以击穿石头。“水善利万物而不争”（第八章），老子用水之柔弱来阐发柔弱之理，是十分深刻的、丰富的、有洞见的。可见，老子对于社会与人生是有着深刻的洞察，认为凡是坚强者这一类事物都容易消亡；凡是柔弱这一类事物都容易存活。这也是“反者道之动，弱者道之用”（第四十章）的道理。因此，老子认为，人生在世，不要只知执刚逞强，争强好胜，而不知守柔处弱，这样只会招致灾祸自取灭亡。

综上，老子“自生”理念，实际上用来描述自然规律的方式，对统治者而言，民之自生，才是统治之道；对人生处世而言，知柔守弱才是处世修身之道，如“知其雄，守其雌”，“知其白，守其黑”等等（第二十八章）。这都离不开老子“生生”之“自生”特质。但后来的道家将老子的“自生”理念，进一步地解释，如西晋裴頠认为：“始生者，自生也。”（《崇有论》）。更有甚者，直接将“生生”释为“自生”，如郭象云：“然则生生者谁哉？快然而自生耳。”（《庄子·齐物论注》）可见，老子之“自生”理念为魏晋玄学开辟了广阔的空间。

三、贵生：以崇尚厚生、尊重生命、有益于生命来实现贵生

贵生，即以贵为生，厚养生命，尊重生命。老子云：“人之饥，以其取食税之多也，是以饥。民之治难，以其上有以为也，是以治难。民之轻死，以其求生之厚也，是以轻死。夫唯无以生为者，是贤于贵生。”（第七十五章）意思是说，人民的饥馑，是因为统治者过多地征收赋税，所以他们才忍饥挨饿。百姓难以治理，是因为统治者治理社会都是以自己的私心贪欲为准则，不考虑天意、民意，所以百姓难以治理。而百姓之所以对死亡不重视，是因为他们迫切想要生存的愿望得不到满足。只有不以生存为念，不为生存而处心积虑，才能以生为贵，珍惜生命，保护生命。这里，老子实质想告诫统治者不要与民争利，更不要为了一己私利而过分征收徭役赋税，而是尊重百姓的需求，使百姓“厚生”。河上公在其注中也回答了民为何要轻死的问题，认为问题出在统治者身上，其注曰：“贪利以自危。”[①] 所以，他进一步指出只有杜绝私利贪欲，民才能“贵生”，注曰：“夫唯独无以生为务，爵禄不干于意，财利不入于身，天子不得臣，诸侯不得使，则贤于贵生也。”[②] 由此可见，我们理解贵生就可以从以下几个方面：

第一，崇尚厚生，重视民本。厚生就是厚养生命，百姓丰衣足食，安居乐业。这实际上也正是儒家所提倡的厚生理念，讲民本，重民生，如《左传·成公十六年》曰：“民生厚则德正。”《尚书·大禹谟》曰：“正德，利用，厚生惟和。”但如何“厚生”呢？老子从民生的角度要求治理者要与民生息，不与民争利，要无为而治。而唐代孔颖达将“厚生”理解为“薄征赋，轻赋税，不夺农时。令民生计温厚，衣食丰足。”（《尚书正义》）这也正是老子“无为而治”的具体运用与展开。换言之，只有“省苛事，节赋敛，毋夺民时”，才能“治之安”。（《黄帝四经·经法·君正》）相反，如果统治者以暴力来统治，那么不仅会使国家的根基摇

① 河上公：《老子道德经河上公章句》，王卡点校，北京：中华书局，1993 年，第 101 页。
② 河上公：《老子道德经河上公章句》，王卡点校，北京：中华书局，1993 年，第 101 页。

摇欲坠，更会促使“民之轻死”。其结果是，民众不顾身家性命，铤而走险，反向而戈。如此，国家就很有可能被颠覆，甚至被下一个皇朝所取代，朝代更替也正是如此。所以，孟子讲“民之为道也，有恒产者有恒心，无恒产者无恒心。苟无恒心，放辟邪侈，无不为已。”（《孟子·滕文公上》）实际上，“民之轻死”既是统治者剥削、压迫的结果，又是民众对生存之愿望的渴望。所以老子所提倡的“厚生”正是解决“民之轻死”的有效办法、途径。从儒家“利用厚生”角度言，其所谓的“厚生”理念在一定程度上又可以说成是老子“是贤于贵生”的表达和再现。

第二，尊重生命，保护生命。老子通过反对战争来凸显对生命的尊重，强调对生命的保护，而战争不仅仅造成天下混乱，而且还民不聊生，使生命毫无价值可言。老子说：“以道佐人主者，不以兵强天下。其事好还。师之所处，荆棘生焉。大军之后，必有凶年。善有果而已，不敢以取强。果而勿矜，果而勿伐，果而勿骄。果而不得已，果而勿强。物壮则老，是谓不道，不道早已。”（第三十章）在老子看来，给予生命尊重的最好方式，就是“不以兵强天下”。否则，其结果是“荆棘生有”“凶年”，让百姓活在水深火热之中，连生存都是个问题，谈何尊重、保护生命呢？从老子生活的时代来看，老子处在社会动荡、战争频发的春秋战国时期，尤其诸侯逐鹿、问鼎中原而发动的战争，不仅给国家带来了严重的破坏，而且给百姓生活造成了巨大的灾难。老子揭示了“师之所处，荆棘生焉。大军之后，必有凶年”的道理，他反对战争，也符合了人民的利益和愿望。所以，他认为“夫佳兵者，不详之器”（第三十一章）。此外，面对诸侯争霸、兼并掠夺、战争连年不断的社会，老子明确地分析了引起战争的根源。他说：“天下有道，却走马以粪。天下无道，戎马生于郊。祸莫大于不知足；咎莫大于欲得，故知足之足，常足矣。”（第四十六章）可见，老子认为战争产生的根源在于统治者的贪欲太强，不知足。张松如在解读老子时，也得出这样的结论：“老子认为战争是由于封建统治者不知足、贪心重所引起的，只要能知足，满足于现状，不贪求什么，就不会发生战争。”① 事实上，战争的后果就是对生命的践踏和不尊重。因此，只有从源头上遏制战争的产生，君主以道治国，不要滥用武力肆意征伐，不要过分贪婪，才不会给从事农业生产的百姓带来惨祸、暴行，以及灾

① 张松如：《老子校读》，长春：吉林人民出版社，1981 年，第 270 页。

难。这就是统治者对百姓生命的重视、尊重。

第三，有益于生，自然涵养。老子认为，养生之道在于自然无欲，返回到婴儿的状态，他说："含德之厚，比于赤子。蜂虿虺蛇不螫，猛兽不据，攫鸟不搏。骨弱筋柔而握固。未知牝牡之合而全作，精之至也。终日号而不嗄，和之至也。知和曰常，知常曰明，益生曰祥。心使气曰强。物壮则老，谓之不道，不道早已。"（第五十五章）首先需要指出的是，老子这里所说的"益生曰祥"，并非说延年益寿才是生命的祥兆，关于祥的解释，不妨先看看王弼的解释。关于"益生曰祥"，王弼是最得老子原意，其注曰："生不可益，益之则夭也。"[①]一般而言，古人认为祥有凶吉之意。结合王弼的注释来看，显然老子这里所说的祥即为妖祥、不详之意。而益生也并非有益于生命，而是表达执着生存，过分地追求生命的长，如吃保健品破坏自然的长寿，反而降低了生命的质量，即"纵欲贪生"之意。所以，老子用赤子来比喻具有深厚修养的人，以至于毒虫、猛兽、攫鸟都不敢靠近，返回到婴儿般纯真柔和的境界，才能"精之至"、"和之至"。换言之，老子主要用这样的办法来阻止物欲对人类自身的各种伤害，因为一旦纵欲贪生就容易使人逞强，这既害人又害己。所以，老子说："物壮则老，谓之不道。"那如何才能真正"益生"呢？无为清静，自然而然，不对生命过分的干预，保持内心的清心寡欲。这实际上与孟子所提倡的养生之道极为相似，"养心莫善于寡欲"。(《孟子·尽心下》)

总之，老子之"生生"的特质，不仅体现在以反对战争来崇尚以贵为生，以厚为生之上，而且还表现为：提倡以自然、无欲无为来涵养生命，这就是老子"贵生"特质之生命力之所在。诚如李承贵教授在论儒家"生生"思想时所指出："所谓'贵生'，对现有的生命给予尊重，不能践踏生命，应肯定、保护生命权利。"[②]因此，在此意义上，儒道两家对生命的态度基本上可以说是较为吻合的，都强调对生命的尊重与保护。

四、长生：以"治人事天莫若啬"的原则来诠释长生

长生，即是长久存在、长久维持之意，包括以道治国实现长久的稳定和谐和养护生命，使之自然延年益寿。老子，认为若要国家长治久安，就要采用"治人

① 王弼注：《老子道德经注校释》，楼宇烈校释，北京：中华书局，2008年，第150页。

② 李承贵：《生生：儒家生生思想的内在维度》，《学术研究》2012年第5期。

事天莫若啬”的原则，他说：“治人事天莫若啬。夫唯啬，是谓早服；早服谓之重积德；重积德则无不克；无不克则莫知其极；莫知其极，可以有国；有国之母，可以长久；是谓深根固柢，长生久视之道。”（第五十九章）老子在将长久治国与养身之道时，运用了“莫若啬”的方法。何为“啬”？它有三层含义：

第一，爱惜之意。这种意思取自韩非对老子的解释，他言：“啬之者，爱其精神，啬其知识也。”（《韩非子·解老》）意思是说，治理国家和养护身心，没有不爱惜精神更为重要的了。换言之，老子认为啬就是在精神上注意积蓄、养护、厚藏根基，培植力量。真正做到精神上的“啬”，就是积累雄厚的德的过程。只有有了此德，那便接近圣人的治理之道。所以，这里把“重积德”视为实现以“啬”治国的目的。可见，老子把所提出“啬”的理念不仅生治国之方，而且是养生、护生之宝。作为爱护、保护之意，“啬”的观念是人修身养性的重要美德。当然，这种美德是相对精神而言，若对于物质那就另当别论了，因为一般而言，吝啬是贬义词，含有专门爱惜财物之意。若如此，那显然不是老子本义，因为专门爱惜财物，会导致人物欲的泛滥，人被物所役，这是不利于“重积德”的。所以，啬取爱惜精神之意，其目的就是在强调内心的“无为”，要做到“道法自然”。质言之，只有爱惜精神，无论是治国还是养生，都可以达到长存的目的。

第二，节俭之意。将“啬”理解为节俭也是符合道家思想的，因为老子也把“俭”当作“三宝”之一。他说：“我有三宝，持而保之：一曰慈，二曰俭，三曰不敢为天下先。”（第六十七章）张松如也认为：“啬者，亦俭。”[①] 并且还说，啬与俭当然生符合老子无为而无不为的思想。实际上，张如松的解读颇得老子意旨，因为老子的核心思想就是“无为”“不争”“无欲无求”，而老子之所以提出“啬”的原则、理念，无非就是对“无为而无不为”的延伸与拓展。只有将“啬”治国安邦之原则落实到整个社会，国家即可实现长存之道。此外，养护身心也亦如此，“重积德”也在于节俭，节俭在于克制私欲，私欲克制了，也就自然延年益寿了。不仅仅是老子对节俭美德的重视，孔子也是非常提倡节俭美德的。他说：“礼，与其奢也，宁俭。”（《论语·八佾》）还有其弟子评价孔子时，也强调了节俭的美德。子贡说：“夫子温、良、恭、俭、让以得之。”（《论语·学而》）可见，尽管儒家没有提“啬”的理念，但道家将“啬”视为节俭之意，在某种程度上

① 张松如：《老子校读》，长春：吉林人民出版社，1981 年，第 331 页。

说，也是对儒家思想的融合，而“生生”作为儒家思想内在的维度，便通过“节俭”之长生将道家“生生”的特质打通。

第三，务农之意。王弼注曰：“啬，农夫。农人之治田，务去其殊类，归于齐一也。”[①] 不仅王弼将“啬”解释为农夫之意，而且《说文解字》也有相同的解释：“田夫谓之啬夫。”此外，《尚书·盘庚》也有类似的解释：“服田力啬，亦乃有秋。”《字汇补·口部》：“啬，与穑同。”可见，啬泛指耕耘收获，当训为务农。那么“治人事天，莫若啬”的原则，我们就可以理解为，治理国家和养护身心在于务农之事。这样理解是没有问题的，因为自古中国就是农业大国，也有农耕文明之称谓，更把农业视为国之根基。所以，老子认为“有国之母，可以长久”，不也是在说明农业对国家的存亡起决定性作用吗？在此意义上说，重农也就意味着积国之德。历史事实也在证明，一个国家把务农看得重，那么这个国家自然就国泰民安、长治而久安，如“开元盛世”“康乾盛世”等等。后来，老子将此治国之道再次升华为：“治大国，若烹小鲜。”（第六十章）正所谓大道至简，用烹小鲜的方法来治理国家，实际上这是暗喻，其言外之意是不要烦政扰民，折腾百姓，而是与民休养生息，让其自行生产。若明白这个道理，那么“万物得一以生”（第三十九章），否则，“万物无以生，将恐灭”（第三十九章）。所以，稳固农业之根基，也是一个国家的长存之道。

不难发现，老子在“无为而无不为”的基础提出了“治人事天莫若啬”安邦定国的根本方法、原则，“治人事天”看似要通过“爱惜精神”“节俭养德”“勤于务农”等“有为”来实现，但实际上老子的智慧在于用“有为”去凸显“无为”，因为在他看来，无论是国家还是个人要达到长存，就必须明白“治大国若烹小鲜”的道理，即统治者要与民休养，不过分地干预，运用“啬”的理念治国。尤其是对个人来说，个人的修养就是要除去私心杂念，切忌过多贪欲，运用“啬”的原则修养。如此，便可长生。所以，“长生”理念是老子“生生”思想特质在治国和修身的发创。

结语

老子“生生”的思想，说明了万物都是由“道”演变而来的，无论万物如何

---

① 王弼注：《老子道德经注校释》，楼宇烈校释，北京：中华书局，2008年，第155页。

演化，“道”都是其存在最原始的、最初的根本，所以将“道生”作为其思想的一要义、根本要义是没有疑问的。而自生、贵生、长生等维度都是在“道生”的基础上呈现的，这“一体三用”就构成了老子整个“生生”思想体系。可以说，老子“生生”思想对后世产生了深远的影响。从某种程度上言，儒家所谓“生生”体系，其源头实际上也是从老子那开始的，因为老子提出“道生万物”的观念，所以儒家“生生”思想也受此影响，如儒家将“日新”“安性命之自然”“德”来解释“生生”。事实上，这些概念都是由“道”演化而来。因此，老子“生生”思想不仅从宇宙观中认识世界，从道德伦理中实践人生，还为儒学之“生生”提供了一定的理论依据和指导。

《老子》“朴素的辩证法”的近代构建及其反思（提纲）

付瑞珣 *

内容提要：《老子》学说“含有朴素的辩证法思想”的观点，自高中历史、政治教材至专门论著，几成共识。结合《老子》文本及其时代之思想，《老子》学说“含有朴素的辩证法思想”的观点是难以成立的，《老子》学说更与《庄子》式的相对主义接近。近代以来，西学东渐，先贤常于中华元典中寻求西方的思想，相关论说由是产生。随着中国学术话语体系的构建被时贤愈发关注，《老子》与“辩证法”在近现代史上的生硬嫁接，亦当得以反思。

关键词：《老子》思想　朴素的辩证法　相对主义　学术话语体系

《老子》学说“含有朴素的辩证法思想”的观点，自高中历史、政治教材至专门论著，几成学界共识。[①] 然而《老子》学说是辩证法吗？如果是，何谓“朴素的”？如果不是，这种常识性观念又是如何形成的？

辩证法（the dialectics）源于古希腊哲学，经过德国古典哲学的改造，为马克思所升华。相对的，西方哲学语境中的辩证法也有三层主要含义。第一，通过辩论探讨真理的过程，代表人物如苏格拉底；第二，揭示宇宙之普遍规律，代表

---

* 付瑞珣（1990—），男，辽宁本溪人，历史学博士，现于青海师范大学历史学院任讲师，研究方向：先秦史。

① 大陆学者多持《老子》学说“含有朴素的辩证法思想”的说法，如许抗生先生认为：“老子确实是一位古代辩证法的大师，他具体考察了万有世界中的矛盾运动，天才地猜测到了矛盾双方的相互依存与相互转化，提出了许多富有辩证法思想的哲学命题。”详见许抗生：《帛书老子注释与研究》，杭州：浙江人民出版社，1985 年，第 151 页。也有学者对此提出质疑，详见韩国良：《论老子具有辩证法思想是伪命题》，《商丘师范学院学报》，2017 年第 4 期。港台学者多认为《老子》思想是“相对论”。如严灵峰《老子达解》、周绍贤《老子要义》等，详见熊铁基、刘韶军、刘筱红、吴琦、刘固盛：《二十世纪中国老学》，福州：福建人民出版社，2002 年，第 322、327 页。

人物如黑格尔，他也提出了辩证法的三大规律，即对立统一、量变质变以及否定之否定；第三，马克思主义的唯物辩证法。据考，"辩证法"一词于 20 世纪 20 年代由日语翻译成汉语为国人渐知，[①] 这里的"辩证法"便专指黑格尔以来的辩证法了。[②]

一、《老子》"朴素辩证法"观点的近代生成

辩证法传入中国后，很快被中国学者关注，并与《老子》思想发生关联。1937 年吕振羽《中国政治思想史》刊布，他对"那些认为老子是'辩证唯物主义者'等的观点提出反对"，他先从阶级立场的角度先判断老子不可能是"辩证唯物者"，说："一个代表初期没落封建贵族，其自身并附丽在不劳而食的封建统治者队伍中的老聃，是不能发明辩证唯物主义"的。吕氏进一步说："在他的（老子）全部著作中常常把事物的现象从对立的范畴方面去说明"，但是老子"虽曾把握了辩证法之反正对立的观点，但不能深入到矛盾对立斗争的统一的理解"。[③] 由此我们可以得出如下结论：第一，虽然难以考察出哪位中国学者最先将老子思想与辩证法相关联，但是从吕氏的反对来看，20 年代辩证法传入中国至 1937 年间，"老子思想是辩证法"的观点已经被部分学者广为接受了；第二，吕振羽否定了老子是"辩证唯物者"，却也肯定了《老子》思想中含有对立思想。吕氏受时代与阶级的影响对《老子》思想的评价有不尽客观之处，但是他的研究也指出了《老子》思想与黑格尔以降的辩证法有所差距。而这一差距很快被另一位马克思主义史学家——范文澜所解释了。

《老子》中具有"朴素的辩证法"思想这一观点为范文澜较早明确提出。范氏在其《中国通史简编》中评价了《老子》的思想，他认为古代的辩证法"必然是不完备的、自发的、朴素的"，但"在马克思主义的唯物辩证法传入中国以前，古代哲学家中老子确是杰出的无与伦比的伟大哲学家"[④]。《中国通史简编》初版发

① 李博：《汉语中的马克思主义术语的起源与作用》，北京：中国社会科学出版社，2013 年，第 294 页。

② 辩证法一词传入日本后，日本学者是否将之与老子思想相关联，这是另一个值得思考的话题，学力所限，难以详尽，姑待进一步考察。

③ 吕振羽：《中国政治思想史》，北京人民出版社，1963 年，第 55—59 页。该书初版于 1937 年 6 月，是第一部用唯物史观和阶级分析法著成的中国哲学史著作。

④ 范文澜：《中国通史简编（修订本）》，北京：人民出版社，1953 年，第 203 页。

行于1942年，1949年后又刊布了修订本，前后论点几近相同。虽然没有直接的证据，但从1949年后“各个学者和各种观点对于老子的辩证法思想分歧不大”[①]的现实来看，范说应为学界广泛接受，遂成为大陆学界之共识。然而，《老子》思想的本义果真是辩证法吗？只是因为时代及阶级性导致《老子》的辩证法思想具有“朴素性”？

二、《老子》思想不是辩证法

学界公认《老子》思想是辩证法的例证，即《老子》第二章：

> 天下皆知美之为美，斯恶矣；皆知善之为善，斯不善矣。故有无相生，难易相成，长短相形，高下相倾，音声相和，前后相随……

《老子》虽然陈列了美与恶、善与不善、有与无、难与易、长与短、高与下、音与声、前与后这些对立的概念，其中却有扞格之处。其一，美应与丑为对立、善应与恶为对立，音与声并不构成对立，《老子》所言只是粗略地表达万事万物是相对的，而非表达矛盾对立。其二，《老子》的宇宙生成模式是“无·一·万物”，即无生有，那么有无之间便是生成关系而更非对立统一关系。另一个为学界反复讨论的命题即“反者道之动”，其中亦不乏“变化”“否定”等辩证法的因子，然而从《老子》的思想体系看，其本义却是在“道”的角度，解构时人固有的知识体系、伦理思想与政治秩序，以此来推展其“无为而治”的政治主见。《庄子》将《老子》思想的本义更直接地推进，将物我、生死全部瓦解在一篇篇光怪陆离的散文中，从这个意义讲，《老子》思想更接近于庄子的相对主义，而非辩证法。

三、西学东渐背景下的《老子》诠释

《老子》学说“含有朴素的辩证法思想”的观点滥觞于近代以来，西学东渐之际，传统知识分子在学习西方器物、制度的同时也逐步接受了西方的学术思想

---

① 熊铁基、刘韶军、刘筱红、吴琦、刘固盛：《二十世纪中国老学》，福州：福建人民出版社，2002年，第223页。

与话语体系。在传统典籍中寻求与西方思想对应，以西方的学术语言重释传统思想，也是近代中国学术渐变之必然。就《老子》而言，以严复《老子评点》为例，即可窥见一斑。该书写于 1903 至 1904 年间，这一时期也是严氏集中翻译西方著作的时期。[①] 在严复的思想观念中，并不存在中国传统与西方近代之差别，而寻求两者的相通之处。比如，他认为《老子》的"道"是"西哲谓之第一因"，这便以西哲的第一哲学角度解释了老子"道"的本质。不唯如此，严复认为《老子》中还有民主思想。他解读《老子》四十六章"天下有道，却走马以粪，天下无道，戎马生于郊"时，说其"纯是民主主义，读法儒孟德斯鸠《法意》一书，有以征吾言之不妄也"[②]。对五十七章"以正治国，以奇用兵，以无事取天下"评价道："取天下者，民主之政也"[③] 等。当然严氏也认为："此古小国民主之治也，而非所论于今矣。"[④] 这也恰恰证明近代学者牵强"中国传统"与"西方近代"之无奈。

与之相似，随着辩证法思想传入中国，学者也要在中国传统文化中去寻找辩证法，而《老子》《易传》等文献多为近代学者关注。其实，在中国近代哲学话语体系中还有"朴素的唯物论"的说法，专指先哲以某具体之物为世界本源的宇宙观，比如泰勒斯之水、赫拉克利特之火、德谟克利特之原子等。以辩证唯物主义为标准，确实可将上举例子称为"朴素的唯物论"。然而，显见的问题是，德谟克利特与其老师留基伯的"原子论"绝不是一种"朴素的"本体论，他们以"原子"与"虚空"构建世界的思辨思维与泰勒斯等绝乎不同。单以"朴素的唯物论"概括显然不是客观的。同样，以唯物辩证法为标尺称《老子》思想为"朴素的辩证法"也并无不可，可是以"朴素的"形容词去修饰辩证法其实是一种含糊其词，是后人以近代以来形成的思想体系与学术话语对先哲思想的套用，当两者并不能完全吻合时，便以"朴素的"形容词去调和。这确实是值得反思的问题。更何况《老子》本义更倾近于相对主义了。

① 熊铁基，刘韶军等：《二十世纪中国老学》，福州：福建人民出版社，2002 年，第 39 页。
② 熊铁基，刘韶军等：《二十世纪中国老学》，福州：福建人民出版社，2002 年，第 46 页。
③ 熊铁基，刘韶军等：《二十世纪中国老学》，福州：福建人民出版社，2002 年，第 46 页。
④ 熊铁基，刘韶军等：《二十世纪中国老学》，福州：福建人民出版社，2002 年，第 51 页。

四、结语

《老子》思想不是辩证法，其目的接近于《庄子》的相对主义，涤荡社会伦理以论证其“小国寡民”的政治思想。在近代西学东渐的背景下，近代知识分子常在传统典籍中迎合西方学术体系，于是形成了“朴素辩证法”的含糊其词的观点。在特定的历史环境下，这一做法有其积极的意义，但是随着新时代的来临，我们应该在构建中国学术话语体系的背景中探究中华传统思想，这是中华民族伟大复兴的重要课题。

孝义中“称”的思想研究

杨建伟[*]

内容提要：中国传统儒家孝道文化中的“称”有“相称”之意，意指生活中的“礼仪”应与施礼的对象、时间、环境及施礼者的自身条件等相适应。当下不尊活人而专敬死人、让死者尽享“哀荣”、建豪华墓葬或“活人墓”、富养而不敬不“教”等思想，与传统中国孝道思想中的“相称”的要求背道而驰，也违背了“孝”的本真含义。以“称”来“拨乱反正”，就要求我们在践行孝义文化的日常生活中做到“养”“敬”与“生”“死”相称、“祭”与“己情”相称、“葬”与“时势”相称、“养”与“时势”相称，对那些歪曲传统经典、罔顾社会发展与时代特质的恶风陋习坚决抵制。

关键词：孝道文化　相称　尊敬　时势　中国国情

汉语中的“称”字有多重含义，本文取“相称”之意——传统中国孝道文化中的“称”字除了“称呼”“称谓”的含义之外，主要是指“相称”之意，意指生活中的“礼仪”应与施礼的对象、时间、环境及施礼者的自身条件等相适应，不能僭越或刻意行之，更不能与对象及施礼者的实际情况不相符合。这一点在儒家的孝道思想中尤为强调——《礼记》中的孝亲思想及祭祀思想均有详细阐释。反观当下，不尊双亲者有之，不尊活人而专敬死人者有之，双亲生前凄凉，死后“尊享”“哀荣与繁华”者有之，建豪华墓葬甚至建“活人墓”者亦有之，等等，这种重“死”不重“生”的风气与传统中国孝道思想中的“相称”的要求背道而驰，也违背了“孝”的本真含义。本文拟结合当下中国种种“孝道”行为的怪现

---

* 杨建伟（1964—），男，台湾宜兰人，大学本科学历，福建师范大学福清分校副教授，福清市台联会副会长、秘书长，福州市仲裁委员会委员、福州市台联会常务理事、北京民族医药文化研究促进会民族民间传统医术与验方专业委员会副秘书长，研究方向：国学。

象，在考察儒家孝道文化相关内容的基础上，阐明“孝道”的真正含义不在“重死”而在重“生”、不在“豪华”而在“相称”。

一、“孝道”思想继承的乱象与误区

孝乃人生大义，也是中国传统文化的精义与特质。构成中国传统文化的儒家文化尤其讲求孝道，这在当下提倡汲取传统文化精华的今天依然如此。但是，如同在其他很多方面一样，我们对于传统孝道文化的继承与发展也已经“变了样”，非但没有继承和学习到传统的“真谛”，反倒出现了不少的糟粕。

1. 不尊活人而专“敬”死人

所谓“不尊活人而专‘敬’死人”，是指当下中国孝道文化中一种奇怪的非理性现象——对活着的双亲不管不问，不去尊敬、赡养，反而在双亲去世之后通过种种手段大事宣扬对父母的“孝道”。比如在当下很多地方，父母生前的时候并没有得到众多子女的尊敬爱戴与侍奉孝敬，甚至被赶出家门、露宿街头或沿街乞讨；可父母去世之后，其子女却竭尽所能并耗费大量人力、物力、财力请来各种乐队、剧团等娱乐团体“尽兴”甚至“疯狂”表演，或者花钱雇来哭丧的队伍无节制地“嚎叫”；之后又花费大笔资金去修建坟墓，家中常年供奉父母之灵位且香烟缭绕，等等，以“表达”或“寄托”对父母的哀思。

这种“不尊活人而专‘敬’死人”的行为，其实质是一种沽名钓誉的可耻行为，纯粹为了博得外人的赞誉而为。事实上，其名声的好坏绝对不取决于对死人的“孝敬”行为上，而是体现在对死者生前的赡养上。《礼记·内则》云：“孝子之养老也，乐其心不违其志，乐其耳目，安其寝处，以其饮食忠养之孝子之身终，终身也者，非终父母之身，终其身也。”其大意是：孝子养老，是要让父母的心情快乐、耳目快乐，休息起居安逸，不违背父母之志，直到孝子的生命结束。这里甚至说赡养父母是“孝子”的“终身之志”。所以说赡养父母重在“生前”而非“死后”。在此意义上，“不尊活人而专‘敬’死人”者就是一种不尊敬父母的行为。

2. 让死者“尽享哀荣”

让死者尽享“哀荣”，是指无论生前如何，其子女都想尽一切办法让死者“风光大葬”。上文所述死者子女耗费人力和财力请乐队、请剧团、请哭丧队伍等行为，都是让死者“尽享哀荣”的表现。

这里要讨论的，并不是死者生前子女是否尽到了为人子女应尽的孝道义务，而是强调以下几点：其一，这种让父母死后“尽享哀荣”的行为是否就是父母本意，是否违背了父母生前的意愿；其二，那种包括艳舞与蹦迪在内的喧闹吵嚷是否就是表达对父母之哀思的唯一方式或恰当方式；其三，对某些借父母葬礼大肆收受钱财的官员而言，以权力与资源换取的别人的“尊重性吊唁”是否已经变质；其四，子女为“尽孝”而竭尽所能地为父母所办的葬礼是否与自己家庭情况、社会发展及国家所倡“相称”。如果这些问题的回答全部或部分是否定的，那么这种让死者“尽享哀荣”的行为显然已经偏离了传统中国“孝道”的真正意义。《礼记·祭义》载：“孝子将祭，虑事不可以不豫；比时具物，不可以不备；虚中以治之。”“孝子之祭也，尽其悫而悫焉，尽其信而信焉，尽其敬而敬焉，尽其礼而不过失焉。”唯其做到在预备与计划中尽心尽力、虔敬忠信而不失礼，才是真正做到了“称”，也才是真正让死者“尽享哀荣”。

3. 建豪华墓葬或“活人墓”

建豪华墓葬或“活人墓”，是指部分人（含一般民众、企业家与部分政府官员）为了家人或自身能在死后“尊享荣华”而巨资修建坟墓，甚至为活人修建坟墓。近年来人们讨论的“死不起”或“天价墓葬”的现象，一方面是墓地费用飞涨引起，另一方面也是这种建豪华墓葬或“活人墓”的情况引起的。而那些贪官为自己修建的豪华墓葬则明显就是一种“自掘坟墓”的行为——虽然很多情况下其由于贪腐被抓而无法“享用”。

国务院《殡葬管理条例》规定要节约殡葬用地、革除丧葬陋俗，严格限制公墓墓穴占地面积。民政部《关于贯彻执行〈殡葬管理条例〉中几个具体问题的解释》则规定，埋葬骨灰的单人、双人合葬墓占地面积不得超过 1 平方米。全国殡葬工作会议数次明确要求，不得销售超面积、豪华墓位，各省区市也先后出台有相应的管理办法。这与我国“人多地少”的现实国情相适应。可现实中豪华墓葬与“活人墓”现象屡见报端，一些“豪华墓”是有钱人为了追求所谓的风水或者单纯“斗富”。有一些是党员干部违规修建“豪华墓”，有的存在受贿或贪污公款问题，想“光宗耀祖”“名流青史”的人最终都被人骂为“活着的时候多占房子，死了还要多占坟墓”的“蛀虫”，损害了党和政府形象，败坏了社会风气，实际上是自掘“坟墓”。实质上，豪华墓葬与“活人墓”完全没有必要。“礼不同，不丰、不杀，此之谓也。”（《礼记·礼器》）对于礼，每个人根据具体情况而定，不奢侈也不啬俭，不增加也不减少。就当下而言，就是要遵守社会习俗与国家规定，按其应有规格进行殡葬即可，如此即做到了“相称”。

4. 富养而不敬、不“教”

富养而不敬、不“教”，这是某些有钱人一种自以为是的一种“尽孝”方式，即仅仅依靠富有的金钱与物质来对父母“尽孝”，认为只要尽可能提供丰富的物质，父母自然就会感到幸福，至于“敬重”与对父母进行社会新知识与国家新形势的“传达”与“教导”，则根本不在其考虑范围之内。

实质上，富养而不敬、不“教”等于“不养”。这种思维与当今的社会形势发展不相符合。虽然传统中国的农业生产模式依然在很多地区存在，但工业化与信息化已经得到相当程度的发展，新事物、新政策、新规定层出不穷，子女有义务向思维逐渐老化的父母“传达”与“教导”这些相关的新事物，以使之不脱离社会的发展，不会因与社会产生距离或因不了解国家政策、信息等而对国家和社会产生负面影响。

二、以“称”拨乱的孝义经典

可以说，儒家的孝道思想是建立在“称情而立文”（《礼记·三年问》）的基础上的，要求根据具体的场景与各方面的实际情况来制定及施行礼仪。这种思想既保证了古人在践行礼仪的过程中不逾矩、不僭越，又使得人们可根据具体的情景及施礼对象与施礼者自身情况来决定礼仪的形式、内容等。例如，就孝道礼仪中的祭祀而言，国君、诸侯、大夫及一般民众，其祭祀的方式、程序，祭礼的多少等均不相同，具体到每个人也应该根据自己财力等实际情况来进行祭祀行为。这种思想就是一种“相称”的思想。在当下，这种思想依然没有过时，根据“相称”的思想来践行孝道就能有效防止种种乱象。

1. “养”“敬”与“生”“死”相称

“养”“敬”与“生”“死”相称，意指要名实相符，对父母尽孝要体现在其生前之“敬”与“养”，死后要在不违背国家政策的情况下根据自身情况及社会形势进行殡葬与祭祀。《礼记·祭义》曰：“孝有三：大孝尊亲，其次弗辱，其下能养。”所以，“养”仅仅是传统中国孝道思想的低级层次，还必须做到“尊敬”，这才是孝义的核心。公明仪问于曾子曰：“夫子可以为孝乎？”曾子曰：“是何言与！是何言与！君子之所为孝者：先意承志，谕父母于道。参，直养者也，安能为孝乎？”（《礼记·祭义》）那种“不尊活人而专‘敬’死人”的行为显然不符合传统经典孝道文化的精义。

2.“祭”与“己情”相称

“祭”与“己情”相称，主要是指殡葬行为与祭祀行为要根据自身实际情况来进行，所要举行的仪式及人力、物力、财力付出不能超过自己所能承受的限度，否则即为不相“称”。所谓“所以致力，孝之至也”（《礼记·祭义》）。如一般农民或市民之间的殡葬仪式及祭祀仪式，就不能盲目追求奢华，更不能与拥有相当财力的家族或有着一定社会地位的人、为社会为国家做出过突出贡献的人相比。《礼记·礼器》云：“礼，时为大，顺次之，体次之，宜次之，称次之……天地之祭，宗庙之事，父子之道，君臣之义，伦也。社稷山川之事，鬼神之祭，体也。丧祭之用，宾客之交，义也。羔豚而祭，百官皆足；大牢而祭，不必有余，此之谓称也。诸侯以龟为宝，以圭为瑞。家不宝龟，不藏圭，不台门，言有称也。”这里强调的时代、顺序、事理、名称均表明世人“尽孝”必须注重“相称”的思想。

3.“葬”与“时势”相称

前文已经论及，我国的一个重要基本国情就是人多地少，国务院《殡葬管理条例》及民政部《关于贯彻执行〈殡葬管理条例〉中几个具体问题的解释》也对于节约殡葬用地、革除丧葬陋俗、限制公墓墓穴面积等都做了明确规定。基于这样的“时势”，民众就应该顺应时代发展与国家要求，在殡葬方面实行简葬，反对各种陋习，更不能去修建豪华墓葬。对于中共党员和政府官员而言，更应该响应党的号召来简葬、火葬，不违反党和国家的有关规定，不僭越不逾矩。如此，方能使殡葬与“时势”“相称”。

4.“养”与“时势”相称

根据上文，要真正领略孝义之精要，做到“尽孝道”，就要根据社会发展的实际真正在“取其精华，去其糟粕”的基础上继承、发展传统孝道文化，结合老年人思维固化和身体功能退化的实际情况，将国务院《殡葬管理条例》及民政部《关于贯彻执行〈殡葬管理条例〉中几个具体问题的解释》关于节约殡葬用地、革除丧葬陋俗、限制公墓面积等的规定传达给老人，将社会发展中出现的新鲜事物、新的操作规程、新的社会信息等教导给老人，以避免由于其随年龄增长而与社会现实逐渐脱节所带来的安全、损害、冲突等问题。

三、结语

从传统资源中寻求优秀的部分来继承和发展，以解决当下的问题，这是我们当前所提倡的。而在方法上，“取其精华，去其糟粕”一直以来都被人们挂在嘴边，但现实中人们不禁没有真正地“取其精华”，而且就连其“糟粕”都没有去除。孝道思想本来是中华民族的传统美德之一，尊老敬老是家庭和谐的基础，也是社会和谐与国家发展的应有内容。但那些不尊活人而专敬死人、让死者尽享“哀荣”、建豪华墓葬或“活人墓”、富养而不敬不“教”等思想，绝对不是传统孝道思想的应有之义，它们实质上是一种我们曾经批判过的糟粕的延续与复活，与各种实际情况都不“相称”，是不顾自身实际、社会发展与时代特点的“逆流”，不仅不利于家庭与社会和谐，也不利于经济社会发展与文明进步，也必然被时代与社会唾弃和淘汰。

针对前文中所述种种与社会发展、国家实际和时代进步不“相称”的孝道文化的“逆流”，不仅需要我们每一个人用清醒的理性认知来对待，更要求我们在日常生活中真正掌握孝道思想的真义，在践行孝义文化的日常生活中做到“养”“敬”与“生”“死”相称、“祭”与“己情”相称、“葬”与“时势”相称、“养”与“时势”相称，对那些歪曲传统经典、罔顾社会发展与时代特质的恶风陋习坚决抵制。未来一段时期内，如何抵制消除种种孝道文化的“逆流”并树立与时代特点和我国国情“相称”的孝道观将是学界在这一领域的研究重点。

易学自然观视野下的数理哲学模式初探

——河洛数理内在逻辑

张　雷*

内容提要：易学自然观是用易学的视角对自然界进行的合理的论述和解读，其主要以阴阳二气动态流转为核心，从而揭示出事物发展的内在规律。《周易》又本源于河图、洛书，故而对于河图洛书规律的探索和挖掘具有正本清源的学术意义，能够从其理论源头探究出许多具有极高价值的元理论，从而完成易学自然观体系的构建。

关键词：易学自然观　河洛数理　洛书九数

一、引言

自然观简而言之即是人们对于自然界的理解和看法，自然界即是人与自然环境的融合体，亦即人生界与宇宙界。自然观立足于不同的角度就会有不同的看法，站在科学的角度即是科学自然观，站在哲学的角度即是哲学自然观，站在易学的角度即是易学自然观。"《易》与天地准，故能弥纶天地之道"①，"天地设位，而《易》行乎其中"②，可见《易经》是可以说明天地之间，即自然环境的内在规律。而《序卦传》又云:"有天地然后万物生焉"③，故而究天道以推人事，《易经》又可以推演出人文界的规律，正如钱穆先生所言:"人生本从宇宙界来，本在天地万物中，故人生真理中必处处涵有宇宙真理，亦必处处被限制于宇宙真理中而

---

* 张雷（1992—），男，山西晋中市人，道教与宗教文化研究所博士研究生在读，四川大学，研究方向：道教哲学。

① 黄寿祺、张善文译注:《周易》，上海：上海古籍出版社，2007年，第379页。

② 黄寿祺、张善文译注:《周易》，上海：上海古籍出版社，2007年，第383页。

③ 黄寿祺、张善文译注:《周易》，上海：上海古籍出版社，2007年，第449页。

不能违反和逃避。”[①] 是故，易学可以成为一个描述自然界的完整体系，即易学自然观。要建立易学自然观，需要对《周易》做出一个合理而完善的解释，近而结合其他理论，才能形成一个科学而合理的自然观体系。

二、《周易》的理论本于河图洛书

《周易》的所有理论又本于河图与洛书，可以说解读了河图和洛书，便可以掌握解开《周易》的密码。河图洛书在历代均有记载，其最原始的记述出现在儒家的经典著作中，除了《诗经》之外，《易经》《尚书》《礼记》《论语》中都有关于其记载，这可以说是记述河图洛书最权威的版本，也可以说是考证河洛的原文本。但是上述四种儒家经典中对河洛的描述非常简略，只是肯定了河洛地位与祥瑞的意义，并没有对河图洛书形式与内涵做更深入的阐述，这也给后世留下了极大的发挥和创造空间。先秦儒家经典以外记载河洛的文献资料，受《易经·系辞传》的影响比较大，在论述河图洛书的时候，均从其祥瑞的角度进行阐发，也没有增加什么新的资料。汉代对于河图洛书的记载大多见于谶纬之学中，对其记载多是标志国家兴衰和祥瑞之征兆，对其中的哲学内涵并没有过多的探究。而接下来的六朝至唐代关于河图洛书所探讨的问题与研究的领域也多与汉代相似，没有什么实质性的进展。

到了宋代由于道家陈抟传出了以黑点白圈来表示的河图洛书的图画，河图洛书才真正成了一门学问而被宋代的理学家所研究探讨，即是后世所称的图书学派。这一学派以河图洛书为根本依据，对《周易》进行了剖析诠解。他们对河洛非常推崇，把河洛推到一个很高的位置，著名的易学家邵雍先生曾言：“先天之学，心法也。故图皆自图起，万化万事生乎心也。图虽无文，吾终日言，而未尝离乎是，盖天地万物之理尽在其中矣”。[②] 这一观点可以说是邵雍先生论河洛之精髓，也显示了河足以言明万事之真理，蕴含着巨大的奥秘。后世关于研究《周易》的主流思想也均把河洛作为极其重要的依据，可以说《周易》的理论均来源于河图与洛书。朱子在《答郭冲晦》中曾言：“七八九六之所以为阴阳老少者，其说又本于图书，定于四象……其归奇之数亦因揲而堆之耳。大抵河图、洛书者，七八九六之祖也；四象之形体次第者，其父也；归奇之奇偶方圆者，其子

---

① 钱穆:《中国思想史》，北京：九州出版社，2012 年，第 1 页。

② 钱穆:《中国思想史》，北京：九州出版社，2012 年，第 117 页。

也；过而以四乘之者，其孙也。”朱子把河图洛书作为八卦的依据，而八卦又产生六十四卦，故言《周易》本于河洛。

河图洛书又相当于把《周易》的理论浓缩与简化，正所谓“易简，而天下之理得矣”[①]。是故，了解了河洛之中所蕴含的哲学内涵，推而化之，便能推究出《易经》所蕴含的内涵，从而进一步完善易学自然观中的哲学模式。

三、洛书九宫数

下面，笔者将通过对洛书九数中所蕴含的数理哲学进行探讨，以做抛砖引玉之效，引出更多关于河洛的探讨和研究。

宋代图书学派的始祖陈抟关于《易》学的研究著作主要《龙图》一书之中，他所绘制的河图洛书的图样都见于邵雍及其后来人的著作中，如下图：

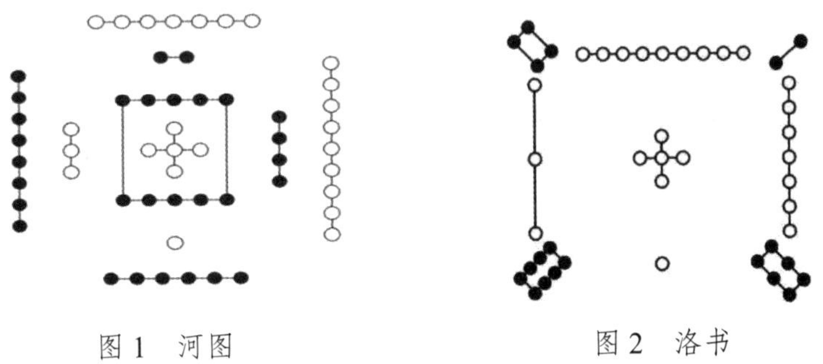

图 1　河图　　　　图 2　洛书

以白圈黑点的形式表现出河洛之中的数字、位置与阴阳五行等等。有人为了研究其中的数字奥秘而将其以九宫格的方式表现出来。史书中均有记载，《后汉书·张衡传》有记载：“臣闻圣人明审律以定吉凶，重之以卜筮，杂之以九宫，经天验道，本尽于此。”唐代李贤引《易乾凿度》曰：“太一，取其数以行九宫。”东汉末年，徐岳从数学角度对其做了进一步的总结，称之为“九宫算”。他所著的《数术记遗》中云：“九宫算，五行参数，有如循环。”如图正是洛书九数的九宫格形式：

① 黄寿祺、张善文译注：《周易》，上海：上海古籍出版社，2007 年，第 374 页。

4	9	2
3	5	7
8	1	6

九宫格数字“洛书”

图 3　九宫数字“洛书”

宋代著名理学家朱熹先生曾言以九宫之数为河图，后来受其弟子蔡元定的影响，改变自己的观点，即以九宫格为洛书。在《易学启蒙·本图书第一》中记录了蔡元定的观念，他认为古今关于河图洛书的记录中，自孔安国、刘向父子、班固都是认为河图由天授予了伏羲，洛书赐予了禹。关子明、邵康节都以数字有十的图作为河图，而有九的则作为洛书。因为《易大传》表明了天地之数是五十五。《洪范》又阐述了是天赐予了大禹九筹，而九宫格数字“戴九履一，左三右七，二四为肩，六八为足”[①]，则是龟背上之象。只有刘牧独自认为最大数字是九的为河图，十的为洛书，假托是传自陈抟，与儒家旧的学说不相吻合，又引《易大传》来说明二者都是出自伏羲所处的时代。他这种做法，并没有明确的验证，但所说的河图洛书均为伏羲时代所得，《易》和《洪范》的数字互为表里，这是非常可疑的。从朱子对其学生蔡元定的观念的记载以及后来的一些记录，可见朱子是认同九宫之数即为洛书这一观点的。

关于洛书的九宫格形式，西方亦有记载。著名数学家赖赛（H.J. Ryser）在1962年出版的著作 Combinatorial Mathematics 中开篇就写道：

组合数学，也称为分析数学或是组合学，是一门起源于古代的数学科学。据传说，中国的大禹在一只乌龟的背上看到如下的幻方：

492

357

816

而大约公元前1100年，排列即已在中国开始萌芽。

① 南怀瑾：《易经杂说》，上海：复旦大学出版社，2013年，第72页。

我国著名数学家杨辉在其著作《续古摘奇算法》中也写描写了河图和洛书的数学问题，他概括出了其中的奇妙规律："九子斜排，上下对易，左右相更，四维挺出。"可见对于洛书的数理逻辑研究已经在国际上引起的广泛的关注，人们也越来越意识到其中包含着极其深刻的内涵。

四、洛书九数中所包含事物发展的规律

洛书的来源有种种传说，有伏羲说、黄帝仓颉说、大禹说。虽然传说各不一致，但人们对洛书中的内涵却大多持一致意见，认为其可以穷天地之理。既然如此，九个数字从数理角度来说已经穷尽了宇宙间的数字，这个数字指的是序数而非数量。洛书中包含极其深刻的道理和内涵，九个数字其实代表了中国人观察事物的方法论，即事物的发展最多经过九个阶段，如果超过九就会归于一，继续开始下一轮的循环。

"一"为洛书的起始数字，表示事物的开端，即初始状态。伏羲氏创立八卦，其基本的符号便是一画，乾卦也是由三个一划组成，"一划开天"的说法由此而形成。从"一"中也反映出中国古代的宇宙起源观。中国儒家先贤认为，远古时候天地未成，混沌一片，后来开始变化，轻而上浮为天，重而下凝为地，这种观点在道家和佛家得到了普遍的认可。天地最开始生成的元气称为"太一"。《礼记》中写道："必本于大一，分而为天地，转而为阴阳，变而为四时。"前人注疏道："大一者，谓天地未分混沌之元气也。"邵雍先生也说道："天地万物，莫不以一为本原，于一而衍之，以为万穷天下之数，而复归于一。一者何也？天地之心也，造化之源也。"在这里一即为化生宇宙万物的本原，与洛书中的一又不同。老子云："道生一，一生二，二生三，三生万物。"[①] 这里所讲的"道"即是所谓"太一"，即宇宙的本原。而由道所化生的"一"，又指的是由宇宙本原最初产生的物质，而"二"即是阴阳而二气。老子对于宇宙生成的观点与儒家是一致的，但老子认为，有生于无，最后还要以有归于无而告终。洛书中所讲的一，即是由宇宙之源"无"所化生而成，由"一"又能演化出其他。

"二"是由一演化出来的，它和一在顺序上有着紧密相连的关系，如果说一

① 王卡点校：《老子道德经河上公章句》，北京，中华书局，1993 年，第 169 页。

是“太极”，“二”即可以说是“两仪”。《易·系辞上》云：“天一地二，天三地四，天五地六，天七地八，天九地十。”[①]所有的数中，一是奇数的开始，二是偶数的开始。《易·系辞上》云：“是故《易》有太极，是生两仪，两仪生四象，四象生八卦，八卦定吉凶，吉凶生大业。”[②]可以说“二”即是两仪，即是阴阳。

“五”在中国文化中是完美的中正之数。最早观念中的金、木、水、火、土五行奠定了五的神圣地位，形成了一个看待万事万物的体系，看其他事物时常常归为五。譬如表示方位的五方即东、南、西、北、中，五音即宫、商、角、徵、羽，五脏即心、肝、脾、肺、肾，五德即仁、义、礼、智、信，表示某一类事物的时候人们常常把事物分成五种，可见五在中国文化中的地位。在洛书中五是数字的中心，有调和阴阳之意，东汉·许慎《说文》中解释道：“五，阴阳在天地之间交午也”。《史记·项羽本纪》中写道：“吾令人望其气，皆为龙虎，成五采，此天子气也。”[③]《易经》中有“六”是阴数，“九”是阳数之说，而 $5=2\times2+1\times2$，$6=5+1\times2$，$9=5+2\times2$，又《易·系辞上》云：“天数五，地数五，五位相得而各有合”[④]，表明五是表征阴阳平衡的数字。在象征天地之气的洛书中，五在中心，得中而处正，是一个支配天地之气的数字。

“九”在中国文化中的意义极大，它代表了事物发展到极限的标志，也可以说是事物发展阶段的结束。《素问·三部九候论》云：“天地之至数，始于一，终于九焉。”[⑤]在《周易》的观点里中，奇数是阳，偶数是阴，而九则是代表阳气最盛即极阳之数，《周易》云其为“乃阳之极，物之广，数之多也”。在古代的词汇和俗语中表示事物的极限状态常常用九。形容天极高时用“九霄”；地极深时称为“九渊”或“九泉”；历经磨难，称为“九死一生”；道家锤炼金丹，称为“九转金丹”；分天下为“九州”，地区级别分为“九服”，宗教祭祀有“九庙”，官位有“九品”，姻亲家族有“九族”，学术流派有“九流”。而“九”在洛书中的排列是居于最上一层的中间，与最下一层的“一”相对，代表了“始”与“终”，正如《易经·系辞上》所言：“原始反终，故知死生之说。”了解一与九之间的联系和内涵，也便知道了事物从生到灭的过程，这是古人一种朴素的自然观念。

① 黄寿祺、张善文译注：《周易》，上海：上海古籍出版社，2007 年，第 392 页。
② 黄寿祺、张善文译注：《周易》，上海：上海古籍出版社，2007 年，第 392 页。
③ （汉）司马迁：《史记·第一册》，北京：中华书局，1963 年，第 311 页。
④ 黄寿祺、张善文译注：《周易》，上海：上海古籍出版社，2007 年，第 387 页。
⑤ 《黄帝内经素问校释》，北京：人民卫生出版社，1982 年，第 287 页。

洛书中的数字除却各具特色之外，其数字与数字之间，也有许多联系与规律。从一到九可以说是穷尽了事物的发展阶段，如果超过九，就又会叠加循环。譬如《玉芝堂谈荟·龙生九子》中言：“龙生九子不成龙，各有所好。”后人用龙生九子来比喻同胞兄弟良莠不齐。这种约定俗成后其实体现着古代先民朴素的自然观，为什么是九而不是比九多或者比九少，这并不是偶然。龙生九子，九子各有特点，如果再生出一子，那么其特点必然与一子的特点是一致的。“狗生九子，必有一獒”也印证了这一点，九已经穷尽了事物发展形态，其所应有的形态必然会呈现出来。那么为什么从九开始会转入一进入下一轮循环，笔者追本溯源，从“九”这个汉字最初造字意思来看，许慎《说文解字》的释义：“九，阳之变也。象其屈曲究尽之形。”据易学阴阳学说，阳从九开始减弱，向阴发展变化，因此说九是“阳之变”。九在个位数中最大，所以又有穷尽、极限的意思。《列子·天瑞》云：“易无形埒，易变而为一，一变而为七，七变而为九。九变者，究也，乃复变而为一。一者，形变之始也。”[①]

古代很多关于中国文化的特点也论证了这一观点的合理性。汉杨雄所著《太玄经》，其书主要是模仿《周易》而写成，其“一玄”“三方”“九州”“二十七部”“八十一家”“七百二十九赞”，分别和“两仪”“四象”“八卦”“六十四重卦”“三百八十四爻”相互对应。《太玄经》亦有《玄冲》《玄摛》等十篇与《周易》之《十翼》相互对应。“玄”，出自《道德经》“玄之又玄”，即玄妙之意。《太玄经》以“玄”为中心思想，整合了儒、道，阴阳三家之理论，成为了一个新的思想体系。扬雄运用阴阳、五行思想及天文历法知识，以占卜之形式，以新的参照物，形成了解释世界的一个新的体系。《太玄经》有很多重要的思想，对祸福、动静、寒暑、因革等对立统一关系都进行了一系列的阐述。《太玄经》有一个很重要的观点，它认为一切事物的发展都会经过九个阶段，在九个阶段结束之后，会进入新的一轮循环。在每一首“九赞”中，他都力图展示事物的发展模式，由萌芽、发展、旺盛到衰弱以至消亡，提出了“九天”“九地”“九等”“九属”等名词以论证其观念的正确性。

洛书九数这个规律在中国文化的各个领域都得到了广泛的应用。譬如道教的丹道之学，九转内丹术属于道教丹道的一种，由唐末五代初道教祖师陈朴所创，

① 王力波译注：《列子》，哈尔滨：黑龙江古籍出版社，2003 年，第 3 页。

记载于《道藏·太玄部》之中，名《陈先生内丹诀》。书中所言九转即是“一转降丹，二转交媾，三转养阳，四转养阴，五转换骨，六转换肉，七转换五脏六腑，八转培火，九转飞升”。可以说练内丹的九个阶段并不是偶然，更不是凭空编造，而是具有深刻内涵。“内丹之功，起于一而成于九。一者，万物之所生也。天一生水，地二生火，天三生木，地四生金，天五生土，五行之序起于一，转而成于九者，九为阳数之极，数至于九，则道果成矣。”道家对于术数极其精通，这九个阶段恰恰体现了道家对于事物发展规律的把握，也体现出洛书九数数理规律的普世价值。除此之外，这些规律在天文、历法、兵法等等各种方面都得到了广泛和有效的应用。

五、结语

易学自然观是建立在《周易》阴阳理论的基础之上，而《周易》又本于河图洛书，可以说河洛是易学自然观的源头活水。古代易学作为形而上的哲学，指导了天文、中医、丹道等等的发展，而今是否也能成为指导科技发展的哲学是一个值得探讨的问题。是故，对于河洛规律的探求与把握成了当下一个非常重要的课题，也有待于我们进行进一步的挖掘和探索。宋代河洛易学的提出是具有划时代意义的，可以说挖掘到了易学最初的形态，也最接近易学之本质。但对于河图洛书的探讨未能形成一个完整的体系，显得有些支离破碎，古文又艰涩难懂；近来学者又大多把精力放在河图洛书的考据和历史研究。故而对于河洛之学的系统性研究可以说是比较空白的，这是一个非常艰巨而又迫在眉睫的课题，笔者谨以此拙文作抛砖引玉之效，以期待学界对此有更加深入而系统的研究。

从福清石竹山与隐元禅师的渊源浅谈石竹山信仰文化传播日本

郑松波 *

石竹山道院位于中国福建福清，从前汉时代，这里就有了文化传承，在悠久历史中形成了儒道佛三教文化和平共存，受当地人民虔诚信仰，也成为从福建走向世界各地的华侨们的心灵故乡。何氏九仙信仰是石竹山道教信仰的主要内容，并最具地方特色。传说九仙君本是汉武帝时代的何氏九位兄弟，出身于江西临川，不远千里，来到福建，先驻守于福州于山炼气，而后又南下仙游九鲤湖修行，终于得道成仙。何氏九仙得道之后，云游天下救济百姓，曾在石竹山大显神通，颇为灵验。于是，人们对何氏九仙君的信仰就在石竹山传承下来。概括地说，何氏九仙信仰发源于江西临川，成就于福州于山，仙游九鲤湖，光大于福建石竹山。千余年来，九仙于石竹山以梦启人，广行道德，造就了“中华梦乡，石竹仙山”的国家非物质文化遗产之瑰宝。

1996 年，为了发展道教，石竹寺改为石竹道院。20 多年来，石竹道院大力宣传何氏九仙信仰，推动建设“梦文化”，并积极开展对外交流。今日的石竹道院，保存着儒道佛三教文化。石竹山也是从福建走向世界各地的华侨的心灵故乡，在国内外有着广大的信众。

一、石竹山九仙君正式分炉日本

2018 年 1 月 28 日上午 9 时，“福建石竹山道院法务团开光祈福法会”在日本道观东京道教学院举行。本次法会由日本道观主办，中国福建省福清石竹山道

---

* 郑松波（1977—），男，福建福清人，大学学历，福清光大文旅机构、黄檗文化促进会中级职称，研究方向：福清本土宗教文化对台、对日交流。

院护驾，九仙君初次赴日备受瞩目。法会中方参加成员以全国政协委员、中国道教协会副会长、福建道教协会会长、福建省石竹山道观主任主持、福建省于山九仙观主任主持谢荣增道长为首，包括福建省委统战部民宗处王宁处长、福建省民族与宗教事务厅三处郭华伟处长、福建省石竹山道院法务团一行、四川大学老子学院院长詹石窗教授、厦门大学林观潮副教授等 20 余人。参加本次活动的除了来自东京，大阪，鹿儿岛等地日本道观的道友外，日本福建经济文化促进会会长吴启龙、亚洲太平洋观光社社长刘莉生等旅日华侨华人代表近百人出席了活动。

图 1　福建石竹山道院法务团开光祈福法会现场

法会分为两部分，首先谢荣增道长带领石竹山道院五大道长及所有法务团成员为各位道友举行了九仙君分炉开光仪式。开光仪式之后，谢道长携石竹山道院的众道长为日本道友和在日华侨华人举行了祈福仪式，希望以九仙君移驾日本为契机，祝愿在日中日道友健康、幸福，祝福中日友好、世界和平。这意味着石竹山九仙君正式分炉日本功德圆满。

图 2　福建石竹山道院法务团开光祈福法会现场

二、福清石竹山与隐元禅师的渊源

福清还是日本黄檗宗开祖隐元禅师（1592—1673）的家乡。在福清西部，聚集着多座名山。紧挨石竹山南侧的是黄檗山，这裡走出了唐代高僧希运禅师（？—855），明代高僧隐元禅师。在石竹山的西侧，是灵石山，唐代高僧本寂禅师（840—901）出家于此。在石竹山的西北侧，有福清嵩山少林寺，是由唐朝末年南下的河南省嵩山少林寺的禅僧开创的。

在黄檗宗中，也传说出家前的隐元禅师曾经到过石竹山祈梦。隐元禅师圆寂后，由弟子们编纂的《普照国师年谱》记载："师二十七岁，常虑出家缘弗就。一日登石竹山九仙观祈梦。梦游深山岩崖中。有三僧坐盘石上，方食西瓜，剖而为四。见师来，忻然以一分与之。师食毕遂寤，窃自喜曰：四沙门果，吾预其一。吾事济矣。"

根据年谱所说，这个梦境给隐元禅师的出家注入了极大勇气。明代崇祯四年（1631 年）春，隐元禅师应福清当地信徒的恳请，住持位于石竹山西侧的狮子岩道场，直至崇祯十年（1637 年）十月因前往住持黄檗山万福禅寺而离开。在前后六年的静修生活中，隐元禅师对石竹山的道教应该有着更接近的了解。

三、隐元禅师受邀东渡日本弘法

图 3 隐元禅师

明末清初，福清黄檗黄檗山万福寺住持隐元禅师受邀东渡日本弘法，当时的德川幕府将军尊崇隐元大师，挽留隐元大师在日本开山立宗，后日本皇室将京都附近宇治地区的一片土地划拨给他建造寺院。隐元禅师心系家乡，所建新寺规制悉照中国旧例，也取名“黄檗山万福寺”，被称为“新黄檗”，隐元禅师也成为日本黄檗宗的开山鼻祖。隐元禅师在日本不仅传播了佛学经义，还带去了建筑、雕刻、语言、音乐、绘画、书法、饮食、茶道、医药等先进中华文化和科学技术，对日本江户时期的社会发展产生了重要的作用。隐元禅师曾先后六次被日本皇室册封为“国师”或“大师”。

隐元禅师带到日本的崭新的黄檗禅，是中国禅经明代中兴后的思想，隐元禅师的禅法主要是以实践修行中顿悟的，不但能把儒道的精髓相互融合在一起，还能实际上优化理论而践行为用，真正地把儒家得思想运用到实际当中。避免了宋儒禅的坐而论道，形而上学。隐元禅师用禅的思想融合了诸子百家，融归到以禅为实践修行的方法，以知儒方可入佛，入佛便能通儒观点思想，以文化艺术信仰等等为外因，凝聚了日本长期战国而丧失了的忠孝、家国精神。

日本江户时代（1603—1867），福清石竹山的仙人故事，因为东渡长崎的福建籍禅僧的谈说，在日本僧人与信徒之间也传播开来。

比如，铁牛道机（1628—1700）在晚年时，回忆年轻时在长崎兴福寺参学于隐元祖师会下，听闻到的石竹山陈无烟仙人的传说，写道："曾四十余年前，吾隐老祖折苇东渡，机负笈谒祖于崎之兴福，自尔驻锡有年。其际来朝之诸师，往往语机曰：檗山之后，有山名石竹，自宋以来，常神仙所下降。陈无烟仙人，其最亲寓止者也。故凡人欲决善否，则问之于仙。

铁牛出身于长门国（今の山口县西北）益田氏，日本寛永十九年（1642）十五岁时，在因幡国（今鸟取县东部）临济宗京都妙心寺派的广德山龙峰寺，随提宗慧全和尚出家。明历元年（1655）三月，入长崎兴福寺参学于隐元禅师。此后跟随木庵性滔（1611—1684），担任侍者。宽文七年（1667）四月十五日，在京都黄檗山万福禅寺嗣法于木庵，因此也成了隐元禅师的法孙。作为初期黄檗宗禅僧，铁牛创造了许多业绩。在他圆寂之后，灵元上皇于正德二年（1712），为之赐号大慈普应禅师。

四、真武上帝的信仰传播日本

图 4　日本道观文化解读演讲会

在今日石竹山麓真丰村西边，还存有祭祀真武上帝的真武殿。它始建于明代，传承着对真武上帝的信仰。

在明代，太祖朱元璋对真武上帝的信仰影响了整个皇室。明王朝在南京和北京都建有真武庙，祭祀真武上帝。到了永乐年间（1403—1424），明成祖朱棣认为自己获得皇位，其中有着真武上帝的帮助，因此把湖北省武当山改名太岳太和山，后为真武上帝的应化道场而大力宣扬，并在全山大兴建筑，在最高峰的天柱峰上建有真武殿。因此，太和山（武当山）成了真武上帝信仰的中心。

由于明王室的重视，真武上帝的信仰流传到全社会。在福清，除了在石竹山麓建有真武殿，在城北门外还建有真武祠，由地方政府在这里举行祭典。

在隐元禅师的语录中，可以看到表达对真武上帝信仰的一首诗。

《三月三日乃唐国太和山真武上帝诞辰》

太和此日诞真人，百怪潜藏丧却神。
狮子出林驱虎豹，法王御世福生民。
片言合道亘今古，一性圆明净刹尘。
海外澜翻微远祝，惟祈洞府万年春。

图 5　日中道教交流欢迎晚餐会

2018 年，正值日本道教协会成立 5 周年，日本道教协会举办了一系列活动以示庆祝。首先复建了英彦山地区自江户时代就存在的崇玄观，并重塑了日本目前已知最大的高 2.1 米的真武大帝像。4 月 7 日，举行了隆重的真武大帝神像安座开光仪式，来自中国湖北武当山的高功法师为真武大帝神像开光。来自日本各地的 100 多名日本道教协会会员一同观礼。

今年是《中日和平友好条约》缔结 40 周年，日本道教协会特意于日本东京举办《中日和平友好条约》缔结40周年庆典暨“开拓人类未来的道教思想”中日道教交流晚餐会，李光富会长出席并讲话，介绍了真武文化。

五、结语

综上所述，福清石竹山的儒道佛三教信仰，伴随着以隐元禅师东渡日本，对日本社会产生了深刻影响。融合了佛家思想和儒家思想，以神仙信仰为中心的道的思想，跨越了国界，在中国与日本是一种共通的文化。如今，石竹山的儒道佛三教信仰文化是连接中日友好关系的重要纽带，成为中日两国友好交往的历史见证。发扬中日共同的传统文化，重续中日友好关系，通过中日宗教文化交流，促进民心相通，架设中日民间往来桥梁，促进两国民间友好关系发展。

《梦游天姥吟留别》中李白道家思想新解

王力田*

内容提要:《梦游天姥吟留别》曾有不少版本的解读，但多失偏颇，本文用崭新的视角解读天姥（位于在福建），李白梦游天姥反映的是道教的理想，就是"内圣外王"，梦与现实是一致的，梦境反映的就是现实，积极入世，内圣外王，修身治国平天下，文章表达了他在政治抱负不得施展的痛苦及对自由的向往和追求。

关键词：李白　天姥　道家

《梦游天姥吟留别》是唐朝李白的一首古诗。有很多人试图用弗洛伊德等西方学者的理论解读，认为梦是"一个愿望的未达成，其实象征着另一种愿望的达成"，认为李白做天姥一梦是在大自然中寻找精神寄托，表达他的道教思想中想要修仙的梦想。这些观点都有些偏颇，本文试图解读《梦游天姥吟留别》所传达的道家思想。

一、天姥山位置

"海客谈瀛洲，烟涛微茫信难求。越人语天姥，云霞明灭或可睹。天姥连天向天横，势拔五岳掩赤城。天台一万八千丈，对此欲倒东南倾。"诗人开篇描述的天姥山在哪里？历来有很多争论，天姥山因"王母"得名，有人说在浙东绍兴市新昌县，是道家的第十六福地；相传道教喜欢隐遁山林修仙，有三十六洞天及七十二福地，洞天福地，又叫三十六小洞天。这第十六福地天姥山就在古名剡县的新昌县。人教版的教科书注释"天姥山"在浙江新昌县，国务院公布浙江新昌

* 王力田（1962—），男，山东青岛人，大学学历，晋中卫校教学医院高级职称，研究方向：宗教。

天姥山风景名胜区位列第七批国家级风景名胜区名单。但是唐朝剡中并无“天姥”的记载，而且从地理位置上看，天姥山是浙江省新昌县一座普通山脉而已。

《台州晚报》称天姥山是在浙江仙居县的“韦羌山”，在唐代仙居又称为“乐安”，辖区属于临海郡。南朝《临海记》曾记载“天姥山在临海”。天姥山位于浙江省的东南部，靠近东海，有人考证天姥山在浙江省台州市天台山的西北天台城的标志之一赤城山，和李白“天姥连天向天横，势拔五岳掩赤城。天台一万八千丈，对此欲倒东南倾”相对应，也是道教文化发达之地。也有人考证，“有山状如鍩女，因名”，这也是天姥山名字由来，“韦羌山”和“天姥山”名字相差太远。仙居县一直认为仙居韦羌山就是“天姥山”，天台县认为“天姥山”在天台。

但从李白诗歌实际描述来看，李白梦游的天姥山应该是今天福建省福鼎市的太姥山风景区。太姥山雄踞东海之滨，绵延二百里，北与瓯越相接，南临闽中。福鼎市的太姥山自古就有“海上仙山”的美誉，有“峰险、石奇、洞幽、雾幻、水玄”五绝，相传东海诸仙经常来此相聚，女神“太姥”在此修真并服丹砂羽化升天，汉武帝曾令东方朔封它为“天下第一山”。四十五座山峰高低错落，一百多处岩洞，有“峰险、石奇、洞幽、雾幻、水玄”五绝，李白描写的“千岩万转路不定，迷花倚石忽已暝。熊咆龙吟殷岩泉，慄深林兮惊层巅。云青青兮欲雨，水澹澹兮生烟。列缺霹雳，丘峦崩摧。洞天石扇，訇然中开”符合太姥山中的情景。而太姥山濒临东海，在半山腰上望东海日出，与李白描写的“半壁见海日，空中闻天鸡”十分相像。李白一生没游览太姥胜迹，诗中“越人语天姥”，越人是古代江浙粤闽之地百越之人，可能是闽人薛令之，唐神龙二年中进士，李白供奉翰林时和他有交往，听说了太姥山，心向往之，但是以前从没有人拜访过“天姥山”，所以他只好梦中神游“天姥山”，留下大作《梦游天姥吟留别》。

既然是梦游天姥山，那么在李白心中“天目山”并非实指，在他心中“瀛洲”才是神仙境地，退而求其次才是“天姥山”。古代瀛洲，地处宁德市境内，离福建省福州市 100 多公里，北边距太姥山 100 多公里，所以考察李白所写“海客谈瀛洲，烟涛微茫信难求。越人语天姥，云霞明灭或可睹”，有可能指的是福建的太姥山。

二、噩梦

李白在诗中描述：“我欲因之梦吴越，一夜飞渡镜湖月，湖月照我影，送我至剡溪。”后人认为《梦游天姥吟留别》描绘的是美梦。中学语文教材认为，诗人李白通过对美好梦境的描写，表现蔑视权贵的反抗精神和追求自由的理想。游国恩在《中国文学史》写道：“淋漓挥洒、心花怒放的诗，写出了诗人精神上的种种历险和追求，好像诗人苦闷的灵魂在梦中得到了真正的解放。”

但诗中后文“洞天石扉，訇然中开”，给人感觉却是惊撼吓人，所以可能是噩梦。“丘峦崩摧，訇然中开”之后是“仙之人兮列如麻”，恰恰是朝廷的影射。

李白号称“诗仙”，虽然他假托“天子呼来不上船”，但诗人的盖世才华一直想要卖与帝王家，他傲岸个性得罪了当朝权贵，而唐玄宗并不爱才惜贤，只把满腹经纶的诗人看作弄臣，他不善于权术，在朝堂正如“仙之人兮列如麻”，却无自己立锥之地，施展才华的地方，受到了排挤，不到三年，被皇帝“赐金放还”，他貌似神往餐风露饮的求仙生活，其实也是一种无可奈何的排遣手段，这场“梦”写出封建社会中多少怀才不遇的人的心声。诗人失望与苦闷，但他还是希望有朝一日皇帝会幡然悔悟，重新召他入朝为官，郁闷无奈的诗人不甘心退隐江湖。所以才写下“举杯消愁愁更愁”，李白对于朝堂之事心向往之，另一方面，他又畏惧于朝堂的黑暗。所以找个“安能摧眉折腰事权贵”的托词。“忽魂悸以魄动，恍惊起而长嗟。”由此可见，《梦游天姥吟留别》是噩梦，在梦中梦到的是在朝堂不得志，遭受政治挫折，醒来时是生活上放还的不得志，感到前途的渺茫和人生道路凶险。

三、道家思想

“在唐代的重要诗人中，没有一位像李白那样受到道教那么深刻的影响”，李白年轻时候在蜀中与侠客道士一同隐居，十分信仰道教，“十五游神仙，仙游未曾歇”，所以深受道教思想影响。李白被称为“天才、道人、浪子、神仙、豪侠、隐士”，他在很多诗中表现出道教思想，尤其是《梦游天姥吟留别》。

“道”具有“无”“始”“生”三种特性。“天下万物生于有，有生于无”，“道”来“虚无”，“有”和“无”相互生成，“道”生化出宇宙万物。但“道家者流，盖出于史官”，说明道家思想的出身恰恰是儒生，他们具有辩证唯物思想，最先看透事物的发展规律，明白历史兴亡的规律，所以才认为应该遵循大自然规律：“天地所以能长且久者以其不自生”，“天之道，利而不害；圣人之道，为而不争”。老子认为国君应该用“无为”方式治理国家，反对暴力、反对苛政，并指出国君要遵守天道，对百姓干涉不要太多，“民不畏威，则大威至”。由此可见，道家和儒家一样，他不是完全的出世，而是“外圣内王”，是积极的入世哲学，求仙问道反而是其次的追求。

四、内圣外王

“内圣外王”这个词见于《庄子·天下篇》。“圣有所生，王有所成，皆原于一”。“内圣外王”原本是道家所追求的，“内圣”是指一个人的人格修养，“外王”是指一个人的政治理想。

李白的思想是很复杂的，“一方面要做君王的辅弼，一方面要做超凡的神仙”。他一生两大主线，入仕从政和求仙访道。李白一生虽然多次入山进行求仙访道，并且一度接受“道箓”成为道士，但他对长生并不怎么执着，他求仙问道是不走科举寻常路线，为了提高自己知名度，以便更快入仕，平步青云，实现自己的政治抱负。事实上，李白得以见皇上，少不了同样喜欢道教的公主及社会名流引荐，李白入仕从政是他最终的目的。

李白曾说“天为容，道为貌；不屈己，不干人”。安旗《读李白有感》写道：“只要按照李白的特点读李白，就会发现，他写古代常是讽刺当时，写自然常是隐指社会，写仙境常是托喻人世，甚至写美人也常是暗表他自己。”他“把神仙世界当作没有权贵、没有黑暗现象的无限美好的境界来追求”，然而现实中怀才不遇，屡遭挫折，逼迫他不想“摧眉折腰事权贵”了。身欲退而功未成，只能借助梦幻表现自己超脱。

从道教影响来看，李白《梦游天姥吟留别》发挥了神仙道教的审美，使他的作品成为神仙美学的体现。他的诗歌是豪放的，令人震撼，“内圣外王”正是他毕生追求。

三、人类命运共同体研究专题

老子“道法自然”生态智慧与构建人类命运共同体

陈大明 *

内容提要：老子生态智慧的核心是“道法自然”，具有深刻内涵和源远流长的思想来源，对道家及其以降的中国传统文化，乃至于海外仁人均产生了深刻影响。老子生态智慧是正确处理人与自然、人与自身、人与社会关系的重要参考，是人类文明新形态的理论基石，是生态文明建设和人类命运共同体构建中实现生态化转变的价值准则。

关键词：老子　道法自然　生态智慧　现代意义

老子“道法自然”生态智慧是将自然、社会、人类融为一体并交互作用、和谐运行的大智慧。它上承《易经》“与时偕行”“顺天应时”的基本法则，下启中国传统文化与自然和谐相处的价值取向，对中华民族的思维方式和行为方式产生了广泛而深远的影响。研究老子“道法自然”生态智慧的深刻内涵，把握老子“道法自然”生态智慧的积极影响，认清老子“道法自然”生态智慧的现代意义并汲取其精华，有利于古为今用，推动人类命运共同体的构建，实现人类社会和谐、和睦、和合、和美的永续发展。

一、生态智慧的深刻内涵

老子生态智慧具有丰富而又深刻的内涵，它形成了系统而又深邃的观念体系，并有源远流长的思想来源。

* 陈大明（1957—）男，河南鹿邑人（祖籍睢县），硕士研究生学历，中国老子文化研究中心、老子研究院研究员、高级讲师。研究方向：老子思想、道家思想、《道德经》文本、老子民间文化。

1. 生态智慧的核心是“道法自然”。

“道法自然”是老子对其生态智慧最具概括性的表述，是其生态智慧观念体系中的核心命题。不妨以郭店楚简《老子》为据，看看老子对“道法自然”的解说。

“道”在楚简《老子》中居于中心地位。楚简《老子》开宗明义，在第一篇第一章就将其对“道”的基本含义揭示出来：

有状混成，先天地生。寂兮寥兮，独立不改，周行而不殆，可以为天下母，吾不知其名，强字之曰“道”，强为之名曰“大”。大曰逝，逝曰远，远曰反。故道大，天大，地大，人亦大。域中有四大，而人居一焉。人法地，地法天，天法道，道法自然。①

“状”，今本作“物”。“物”乃具体事物，《说文》：“物，万物也。”《列子·黄帝》：“凡有貌声色者，皆物也。”在老子思想中，“道”显然不是具体之物。从本章看，“道”是一种状态。那么，“道”是一种什么样的状态呢？老子提供了答案：“道法自然。”是说“道”效法其本来的样子、本来的状态。对此，老子用“无为”“朴”来表述。他说“道恒无为也。”②（楚简《老子》第二篇第七章）这里的“恒”，老子正是用其相对的、对立统一的引申义以阐述他对“道”和“无为”的辩证理解。依此分析，效法其本来样子的“道”的“恒无为”乃是有为与无为的对立统一。诚然，“恒无为”使我们更容易把握“自然”的意蕴，它们是一对相辅相成的概念。如要保持“自然”，就一定要“无为”。相反，如果“为”，就必然不能保持“自然”。他又说：“化而欲作，将镇之以无名之朴。”③（楚简《老子》第二篇第七章）“道恒无名。朴虽微，天地弗敢臣。”④（楚简《老子》第二篇第十章）从行文看，这里的“朴”皆指“道”。此外，老子还用“素”“虚”“中”等概念来阐述“自然”。总之，在老子思想中，“道”是一种状态，所以在谈到“道”的形成时，他说“有状混成”。

① 郭沂：《郭店竹简与先秦学术思想》，上海：上海教育出版社，2001 年，第 50 页。
② 郭沂：《郭店竹简与先秦学术思想》，上海：上海教育出版社，2001 年，第 51—52 页。
③ 郭沂：《郭店竹简与先秦学术思想》，上海：上海教育出版社，2001 年，第 82 页。
④ 郭沂：《郭店竹简与先秦学术思想》，上海：上海教育出版社，2001 年，第 91 页。

老子通过对其生态智慧核心概念“道法自然”基本内涵的界定，水到渠成地揭示了它的基本特征。

(1)“混成”。此乃“道”的本质特征，即“道”是混沌的，对此，人们只能意会不能言传。甚至，它本来就没有名称。这方面老子论述颇多，如上文所引“吾不知其名，强字之曰‘道’，强为之名曰‘大’”，“无名之朴”，“道恒无名。朴虽微，天地弗敢臣”。这些论述归纳起来就是，就其本性而言，“道”一方面是“无名”与“有名”的对立统一；另一方面由于“道”效法自身本来的样子，整体“无名”，而人们又不得不谈论它，故不得已而勉强对它加以命名，于是有了“道”“大”“朴”等名称。

(2)“寂寥”。河上公曰:“寂者，无音声。寥者，空无形。”[①]“寂寥”是说“道”寂静无声，空廓无形。

(3)“独立”。“道”不受外物支配，绝对独立。在老子生态智慧中，“道”是最高概念，在“道”之外，不存在任何别的权威，所以它不可能也没有必要接受其他权威的命令和支配，从而它是卓然独立、无牵无挂的，是一种绝对自由的存在物。

(4)“不改”。“道”的至高无上的地位，决定了它只能是顺其自然，不会因为任何事物、任何理由改变自己的本态，这便是“道”之“不改”的特点。

(5)柔弱。“弱也者,道之用也。”[②]“道”的这个特点是与其自然无为的特点相辅相成的。一种事物既然是自然无为的，它就不可能是刚强的；反之，一种刚强的事物不可能是自然无为的。[③]

可见，老子生态智慧是客观、中观、微观相契合，天道、人道、治道相统一，以“道法自然”为核心，以“混成”“寂寥”“独立”“不改”和柔弱为特征，主张自然无为，引导并顺应万物依靠自己的力量，“自化”“自宾”“自均安”“自富”“自正”“自朴”，自发地达到生存和发展的最佳状态的大智慧。

2. 生态智慧源远流长的思想来源。

老子生态智慧上承中国古代先哲以及《易经》“与时偕行”“顺天应时”的基

① 熊铁基，陈红星:《老子集成（第一卷）河上公·道德真经注》，北京：宗教文化出版社，2011年，第149页。

② 郭沂:《郭店竹简与先秦学术思想》，上海：上海教育出版社，2001年，第61页。

③ 郭沂:《郭店竹简与先秦学术思想》，上海：上海教育出版社，2001年，第675—678页。

本法则，具有深远的思想来源。

《易经》以太极阴阳理论说明宇宙万物以及时间空间的统一性。太极者，阴阳未分，时间与空间合而为一，乃生生之始，成物之因，万象之法，宇宙之本也。“生生之谓易，成象之谓乾，效法之谓坤。”[①] 易之能生者，是有太极之故也。“易有太极，是生两仪”[②]，两仪者是为阴阳之分。生生者，指时间之变，即时间尺度之变换。万物生于时间与空间之变易，而且，万物的形象在时空中，又有形上与形下之别。时空合而分，是谓形下，生成有形之物；时空分而合，是谓形上，生成无形之道。“是故形而上者谓之道，形而下者谓之器，化而裁之谓之变，推而行之谓之通，举而措之天下之民谓之事业。”[③] 这种时空的整体性、统一性、变易性，成为《易经》哲学的本体论，也成为中国文化的基础。

《易经》的这种于阴阳两两相对而又相互转化中，探索自然、社会和人类产生、发展、变化的内在规律的整体辩证思维方式深深地影响着老子。

中国古代先哲以及《易经》基于“与时偕行”“顺天应时”大法则所表述的人与自然和谐运行、共同发展的基本观点如下：

（1）强调万物一体。世间万物是一体的，自然万物的存在有其合理性，人是天地万物的一部分，人类要以平等意识尊重自然万物的存在与个性。

（2）强调生而不有。人类要遵循顺应自然，效法自然的大法则，对于自然的索取要适度，使自然资源既可利用，又可再生。

（3）强调曲成万物。天道与地道是相对峙而又相协调的，其协调是由人来做中介的。人作为天地的中介与协调者，既要顺应自然，又要对人的行为做出制约，加以引导，以曲成万物。

（4）强调合而不同。和实生物，同则不继。和而不同，世间万物具有多样性，保护了事物的多样性，就能再生并永续发展。

（5）强调大壮恒久。具有中正的德性，效法天地，用制度节制人的无穷欲望，不造成对自然与人类的伤害，才能达到“大”和“久”的目标。

（6）强调循环再生。人与生物资源相处，要进行物质交换，进行物质交换不是强行占有，而是对自然做顺应与调适。循环再生的主张使中国古代物质再循环

---

① 陈鼓应，赵建伟：《周易今注今译》，北京：商务印书馆，2005 年，第 598 页。

② 陈鼓应，赵建伟：《周易今注今译》，北京：商务印书馆，2005 年，第 627 页。

③ 陈鼓应，赵建伟：《周易今注今译》，北京：商务印书馆，2005 年，第 639 页。

和资源的合理利用获得了科学性。

综上所述，老子以“道法自然”为核心内容的生态智慧源于中国古代先哲尤其是《易经》，以《易经》和古代先哲的基本观点及具体主张为源头，并在此基础上做了淋漓尽致的发挥，形成了较为完备的生态智慧的体系框架，界定了自然、人类、社会和谐相处，共谋发展，与时偕行的价值取向。

二、生态智慧的积极影响

老子以“道法自然”为核心的生态智慧对中国传统文化和中华民族思维方式、价值取向的影响是深刻而久远的，它已经深深融入了中国传统文化和中华民族思维方式的内在构成中。

1. 老子生态智慧的影响首先及于道家。

郭店楚简中重要的道家文献《太一生水》涉及的内容非常全面、非常丰富。既有本体（太一），又有现象（水、天地等）；既有精神因素（神明），又有物质因素（水、天地等）；既有时间因素（四时、岁），又有空间因素（天地）；既有自然界的性质（阴阳），又有自然界的状态（冷热、湿燥）。它认为“太一”存在于水中，并在时间的长河中运行，这种思维方法乃受老子“譬道之在天下，犹川谷之于江海”[①]（老子《道德经》第32章）的启发。在老子看来，道存在于天下万物之中，而在《太一生水》看来，太一存在于水中。二者都是在谈最高形上实体的存在方式。《太一生水》的作者认为，太一的运行方式主要有二，一是“周而复始”，二是“一缺一盈”。前者直接来自老子的“天道员员，各复其根”[②]（楚简《老子》第一篇第三章）、“反者道之动，弱者道之用”[③]（老子《道德经》第40章）的“恒道”论；后者则来自作者本人对一些自然现象或者说“天道”（如月亮的盈缺变化）的观察。关于太一与万物的关系，《太一生水》也谈了两点。一是“以己为天下母”，这是说太一为万物的创生者，取自老子的“（道）可以为天下母”之说；二是“以己为万物经”，这是说太一为万物之大法，取自老子“人法

① 熊铁基，陈红星：《老子集成（第一卷）河上公·道德真经注》，北京：宗教文化出版社，2011年，第154页。

② 郭沂，郭店竹简与先秦学术思想，上海：上海教育出版社，2001，第55页。

③ 熊铁基，陈红星：《老子集成（第一卷）河上公·道德真经注》，北京：宗教文化出版社，第156页。

地，地法天，天法道，道法自然"[①]（老子《道德经》第25章）之论。以上诸点，皆为太一恒常不变之本性。故作者称："此天之所不能杀，地之所不能厘，阴阳之所不能成。"太一的这种特性，类似于老子之道的"独立不改"。

《太一生水》作为现在能够看到的最早的道家文献，它所体现出的与老子学说血脉相依的关系，充分证明老子生态智慧价值取向对道家学说及其思维方式、价值标准的深刻影响，进而形成了独具特色的道家生态伦理思想。

(1) 知常知和的平衡思想。

道家从物我为一的整体观念出发，强调天地人的有机统一和维护生态平衡，把知常知和提到生态伦理的核心地位。道家认为，天地万物是一个有机关联的整体，自然界有其自身发生发展的内在规律。道既是天地万物的本体和本源，又内在于天地万物之中成为制约其消长盛衰的规律。天地万物由于道的生成与制约形成了一种天然的和谐，这是因为道有一种和合万物、协调万物并使其和谐发展的功能效用。道，生长万物并不据为己有，化育万物并不自恃其能，成就万物亦不自居其功。"大道汎兮，其可左右。万物恃之而生，而不辞，功成而不名有。爱养万物而不为主。"[②]（老子《道德经》第34章）道为天下之母，为宇宙的根源，产生了天地，天地再生养万物，所以万物皆从道而化生，随之便有了德之畜养，其实德就是道的性能，由于道与德之功，既生既畜，物才能成为物。物既成为物，自然就有了形状貌象声色，各具用途。所以说，道虽产生天地，化生万物，德虽长育、安定、成熟、蓄养万物，但却是化生万物而不据为己有，兴作万物而不依恃己能，长养万物而不自任为主宰，像这样微妙深远的力量和功德，是最高尚无私、最公正无偏的德性。

（2）知足知止的开发原则。

老子认为，和谐是天地万物生存发展的一大法则，也是人类行为应当遵循的一大准则。对于人类来说，不仅要"知常"，而且还要"知足""知止"，即认清事物自身所固有的限度，适可而止，自我满足，以限制人类自身的贪得无厌，避免对自然界的竭泽而渔、杀鸡取卵及过度开发。老子说："祸莫大于不知足，咎

① 熊铁基，陈红星：《老子集成（第一卷）河上公·道德真经注》，北京：宗教文化出版社，第150页。

② 熊铁基，陈红星：《老子集成（第一卷）河上公·道德真经注》，北京：宗教文化出版社，2011年，第154页。

莫大于欲得，故知足之足，常足矣。”[①]（老子《道德经》第46章）老子又说：“甚爱必大费，多藏必厚亡。知足不辱，知止不殆，可以长久。”[②]（老子《道德经》第44章）贪得无厌、过分地索取某种东西，必然招致重大的花费与损耗，过多贮藏、聚天下之财尽归己有，也必然招致更多的亡失。知道满足就不会受到屈辱，知道适可而止就不会带来危险，这样就可以保持长久。“夫亦将知之，知之，所以不殆。”[③]（老子《道德经》第32章）人能法道行德，上天自会知道，上天知道，就会有神明佑助，才能远离危险，避免祸患。

（3）热爱自然的伦理情趣。

道家生态伦理思想中的酷爱自然、钟情山水并以自然为师友的伦理情趣，深刻地影响着一代又一代中国知识分子的心灵，使他们投向大自然的怀抱，去和自然万物沟通对话，由此激发起热爱自然、热爱生活的热情，并形成他们的品性和人格。在人与自然的和谐生存中，山林是文人士子最重要的精神家园。陶渊明所描绘的桃花源已经溶入中国人的精神谱系中，成为后世文人一个挥之不去的梦影。高官巨贾也罢，文人骚客也罢，“采菊东篱下，悠然见南山”始终是他们魂牵梦绕的向往。宦海沉浮，名利得失，世事荣辱，人情悲欢，原不过是过眼烟云。只有在山林的啸声中，疲惫的心灵才得以慰藉；只有在田园的翠色里，紧张的精神才可能松弛。“白发渔樵江渚上，惯看秋月春风。”所以，范蠡功成后即归隐山林，泛舟于西湖；王维位居右丞，还是常常“怅然吟式微”；苏轼文坛泰斗，官至翰林，却也时时想“江海寄余生”；就连壮怀激烈的岳飞，也流露出“痛饮黄龙”后解甲归田的意愿。[④]

2. 老子生态智慧的影响及于中国传统文化。

究其实质，老子生态智慧作为对中国古代诸学说之精华的集大成，是春秋战国的诸子百家及其以后诸学说之源，中国传统文化中“天人合一”、人与自然和谐发展价值观的根在老子那里。欧洲中世纪重农学说创始人魁奈在《自然法则》

① 熊铁基，陈红星：《老子集成（第一卷）河上公·道德真经注》，北京：宗教文化出版社，2011年，第160页。

② 熊铁基，陈红星：《老子集成（第一卷）河上公·道德真经注》，北京：宗教文化出版社，第159页。

③ 熊铁基，陈红星：《老子集成（第一卷）河上公·道德真经注》，北京：宗教文化出版社，第153—154页。

④ 林泰显：《道家生态伦理的现代价值》，载于《自然·和谐·发展——弘扬老子文化国际研讨会论文集》，郑州：中州古籍出版社，2006年，第240页。

一书中曾说："自然法则是人类立法的基础和人类行为的最高准则。""但所有国家都忽视了这一点，只有中国例外。"[①] 受老子生态智慧影响，中国人形成了整体统一的宇宙观，以这种宇宙观观照世间万物，皆是有情、有义、有生命的体现。天地含情，万物化生。人与天地自然相互联系，相互依赖。天赖人以成，人赖天以久，正因如此，整个宇宙的大化流行才得以实现。

（1）天人合一的整体认知。

中华民族最具特色的思维方式，是整体思维，亦即把人和自然作为一个整体来思考。中国传统文化始终认为，人是大自然的一部分，人的一切都源之于天。这种天人合一的整体认知主要表现在两个方面：

一方面，强调天道示人。人们效法的最大的对象是天地；人们效法最变通的榜样是春夏秋冬四时；人们观察天空中悬挂着最显著的东西是日月；人世间最崇高的追求是富贵；准备物品，以至于用，加工成器，给天下之人带来最大的利益的，就是圣人。所以，上天诞生了神奇之物，圣人就以它们作为思考和行事的准则。天地之间的变化规律，就是圣人效法的基本楷模。由此而知，中国传统文化的发展历程就是观察自然现象、感悟天地法则的过程，从而理解到人类对自然的依赖，把握人类与自然的和谐统一。

另一方面，强调天人相应。中国的传统文化是从上天垂示的现象中得到了启迪而感悟的思想。先古圣人正是通过对人类自身的长期思考和感悟，认识到人的生命机制与上天的运行规则是一致的。这种思想就体现在用阴阳五行的理论阐述人体的生命现象。同样，人喜欢绿色，而森林多的地方，风调雨顺，天人相安。哪个地方的人们爱护森林，哪个地方的民众就天然受益；相反，哪个地方的人们乱砍森林，哪个地方就水灾旱灾频繁，哪个地方的民众也就刁顽不堪。故中国自古就有谚曰："青山秀水出圣人，穷山恶水出刁民。"人类的活动与大自然的协调是中国传统文化应用于社会的体现之一。[②]

（2）物我一体的主体追求。

在中国历史上，道家和儒家都推崇天人合一的思想。但比较而言，儒家强调人定胜天，推崇人化自然，带有人是自然的主人和支配者的意味。道家则强调

---

① ［法］魁奈：《魁奈经济著作选集》，吴斐丹、张草纫译，北京：商务印书馆，1979 年，第 30 页。

② 桑敬民：《华夏传统文明教程》，北京：中央民族大学出版社，2003 年，第 41—42 页。

“道法自然”，高度重视天地自然的作用和力量，反对以人役天，这无疑带有人是自然的一部分，应尊重和保护自然的思想因素。在儒家那里，人是中心和支配者，天人合一只能是天跟人合一，而在道家那里，自然是一个整体，人是自然的一部分，天人合一只能是人跟天合一。这种物我一体的主体追求，对中国传统文化的影响及其在当代的借鉴意义，是值得充分重视的。

人既然是天地自然的一部分，他的生存与发展均取决于天地万物，就只有遵循自然的法则而行动，才能够使自己合乎自然要求，为自然界所接纳和认可。老子关于人是天地万物一部分的思想，被庄子所继承和发展。庄子认为，“天地一指也”，[①]（《庄子·齐物论》）“道通为一”，“唯达者知通为一”[②]（《庄子·齐物论》）。天地万物是一个有机的整体，人并不是独立于自然界之外的抽象存在物。“天地与我并生，而万物与我为一”[③]（《庄子·齐物论》），天地与我一同生存，而万物与我合而为一，人既离不开天地，也离不开万物。把自己与天地万物隔离开来，只能是自取其辱或自取灭亡。在庄子看来，人类生活的至德之世就是“同与禽兽居，族与万物并”的与大自然和睦相处的时期，在这一时期，万物众生，鸟兽成群，草木滋长，“禽兽可系羁而游，乌鹊之巢可攀援而窥”[④]（《庄子·马蹄》），这是人与自然浑然一体的美好时期。庄子向往和肯定这样的“至德之世”，反对用人力去破坏人与自然之间的和谐，更反对虐待和掠夺自然。作为道家著名代表人物的庄子，将道家物我一体的主体追求发挥到了极致，无怪乎老庄并称，双峰并峙。

（3）顺天应时的价值取向。

中国传统文化对大自然的创造力，不是盲目的，不是功利性的，不是强制性的，不是破坏性的，而是“顺天应时”的。即通过对天地自然规律的体认和把握，加以巧妙地开发和利用。荀子强调做事要“顺其天政，养其天情，以全其天功。如是，则知其所为，知其所不为矣”[⑤]（《荀子·天论》）。《周礼·考工记》则认为，天有时，地有气，材有美，工有巧，合此四者，然后可以为良。这个“巧”字，就包含着人类的智慧，或者说早期的科学技术。中国人做事向来强调天时、

① 陈鼓应：《庄子今注今译》，北京：中华书局，1983 年，第 66 页。

② 均换为：陈鼓应：《庄子今注今译》，北京：中华书局，1983 年，第 69 页。

③ 均换为：陈鼓应：《庄子今注今译》，北京：中华书局，1983 年，第 80 页。

④ 陈鼓应：《庄子今注今译》，北京：中华书局，1983 年，第 270 页。

⑤ 王先谦：《荀子集解（下）》，北京：中华书局，1988 年，第 366 页。

地利、人和，既要尊重客观规律，又要重视人的积极因素，如是，则可“事半功倍”“巧夺天工”。

顺天应时保护生态平衡的价值取向，在中国传统的农业生产中尤为突出。如农业的撂荒、休闲、轮作等，都是用养结合，维护农业生态平衡的重要措施。中国历代王朝，都注意防止滥捕、滥伐、滥杀。在中国的传统中，植树造林，修桥补路，一向受到人们的赞扬，大力提倡，历代政治家也都注意植树造林。

3. 老子生态智慧的影响还穿越时空，及于域外。

老子生态智慧作为一种以天人合一、天人和谐、天人相通为特点的整体思维方式，已穿透历史的重重帷幕，跨过时空局限，对西方人的思维方式产生重大影响，并由此而引发了一场旨在重新确立人与自然新关系的关于自然价值观或宇宙观的革命。

在西方文化传统中，家园观念同样是以自然环境做底子的，生态学 Ecology 一词本就是从希腊语词根“Oikos”（家园、住所意）演变而来。20 世纪初，德国社会学家马克斯·韦伯在考察了中西文化之后，提出了一个著名论断，他认为，中国文化的理性主义是对世界的合理适应；西方文化的理性主义则是对世界的合理宰割。应该说，中国文化的自然价值取向，对当代的环境保护与社会发展是适应的，因而是合理的；西方文化的自然价值取向对世界的宰割，特别是对大自然的宰割是确实的，因而是不合理的。英国当代生态学家爱德华·戈德史密斯把人类对大自然功利性的宰割称之为第三次世界大战。由于这场战争，大自然在崩溃，在衰亡，其速度之快，如果让这种趋势继续发展下去，自然界将很快失去供养人类生存的能力。芬兰当代学者佩克·库西则从另一个视角指出，人类已被失去理性的发展信念冲昏头脑。以铁面无情的竞争为主宰的统一市场经济，把人类绞入它那庞大机械的齿轮之中，于是人类隐入在最冷酷的文明漩涡里。

沉痛的反思带来了观念的转换。在西方，人与自然的关系被重新评估与认识，征服自然的观念正在被保护自然的观念所矫正，人与自然相对立的传统正为人与自然相协调的意识所取代。同样是在 20 世纪，以柏格森、怀海德为代表的生命哲学，第一次提出了自然宇宙是有生命的有机体的观念，到了 20 世纪 20 年代，阿尔贝特·史怀泽提出了“敬畏生命”的哲学观念，突破了“人类中心论”的局限，给予地球上一切生灵以平等的生存地位。此后，在 30 年代，莱奥波尔德又提出了“大地伦理”思想，对人类给地球带来的污染与破坏提出了警告。由于这些文化成就，一场以保护自然为主调的“生态伦理”运动在西方渐渐兴起。

正是在上述大背景下，在进入 21 世纪之后，人类相当强烈地意识到自己的未来完全取决于如何学会使自己的基本功能与伟大的自然进程相适应，完全取决于人类是否能够建立起与自然的亲和关系。于是，人们对老子以“道法自然”为核心的生态智慧价值取向所张扬的人与自然相和谐的价值观产生了浓厚的兴趣。《物理学之道》一书的作者弗·卡普拉认为，东方哲学有机的、生态的世界观，无疑是中国文化最近在西方，特别是在青年中被推崇的重要原因。因为在西方文化中，占统治地位的仍然是机械的、局部性的世界观。他甚至声称，西方能否真正地吸收东方的有机哲学，以突破西方机械世界观的框架及其文化构成，是一场关系到西方文明能否生存下去的真实意义上的文化革命。

综上所述，崇尚自然主义的老子以“道法自然”为核心的生态智慧最能代表“从来不把人和自然分开”的古老传统。这种传统虽然同儒家思想一样都主张“天人合一”，但不同的是，它并不认为人有什么特别的不同，从来不主张对自然界“物畜而制之”，而是把人看作自然界的一部分，强调人与自然的和谐相处。老子以“道法自然”为核心的生态智慧所张扬的对待自然的这样一种态度，对于当今人类保护环境的主题思想和走永续发展之路，以及建设生态文明，推进人类命运共同体的构建，无疑具有重要的参考意义和广泛的应用价值。

三、生态智慧的现代意义

老子以“道法自然”为核心的生态智慧具有独特的时代价值。当代人类面临着诸多问题，最深层、最根本、最迫切需要解决的问题在于人与自然、人与自身、人与社会及其相互关系的认识和协调，进而构建人类命运共同体。而老子“道法自然”所提供的基本思路，为从根本上解决此类问题并推进人类命运共同体构建进程，提供了世界观与方法论的指导，这正是老子生态智慧的现代意义之所在。

1. 老子生态智慧是正确处理人与自然、人与自身、人与社会关系的重要参考。

人既是社会发展的主体，又是社会发展的价值目标。人类社会的发展和进步总是集中表现在人的发展上，如满足人类的生存和发展的需要，提高社会成员自身素质和能力等。但是，人类社会的存在和发展是以丰富的自然资源和自然环境的存在和发展为前提和基础的。因此，正确处理人与自然、人与自身、人与社会的关系，就成为社会发展和人民幸福的基本条件之一。

应该说，当今世界日益严重的生态危机，就是人类为了自身的发展而对自然资源和自然环境进行过分掠夺而没有采取适当的保护措施造成的，它正在破坏着人类与自然环境之间的协调平衡发展的辩证关系。要化解人与自然之间的这种矛盾状态，维护生态平衡，解决人类日益严重的生存危机，当然要依靠今天的高科技手段，但同时也必须看到，老子生态智慧在这方面有其独特的利用价值。老子关于天人同源、道法自然的理念不失为一盏指路明灯。

2. 老子生态智慧是人类文明新形态的理论基石。

无论是以一代哲人海德格尔“诗意地居住”为重要内容的生态伦理学，抑或是作为可持续发展中介的环境伦理观，还是当前提出的建设生态文明，构建人类命运共同体的伟大目标，它们都是吸取老子生态智慧价值取向之精华并以之为理论基石的。

当人类为享有工业文明带来的繁荣和富足而自我陶醉的时候，海德格尔冷静地看到了文明背后的危机。为消解人类的生存困境，他提出的“诗意地居住”的理想境界，其思想的先锋性，在于为人类正视生态危机、生存危机发出了必要的警报。面对环境的日益恶化，他提出“居住”的概念，认为“居住”是指人作为短暂者存在于大地上。从这里出发，他指出，居住设立于和平，意味着和平地处于自由，保护和守护着每一事物本性的自由领域之中。居住的基本特性就是这种保护和保存，它充分地体现在居住的整个范围。一旦我们深思到人类存在于居住，而且是短暂者居于大地上的居住意义时，这种保护和保存便向我们显示了自身。要达到海德格尔“诗意地居住”的理想境界，人类就要有勇气走出人类中心主义的价值向度，向客观向度靠拢。首先要做的事情，就是将人的价值向度由向自然索取，转化为平等存在的客观向度，通过取消人对自然的主宰意识，将自然视为平等对话与交流的伙伴，进而将人类征服自然、改造自然的价值实现改造为人类不能离开自然而存在、不能离开自然而发展的价值理念。

3. 老子生态智慧是生态文明建设和人类命运共同体构建中实现生态化转变的价值准则。

在实现中华民族伟大复兴“中国梦”的伟大征程中，建设生态文明，构建人类命运共同体，必须实现社会生产方式、生活方式，特别是人的思想观念的生态化转变，而老子“道法自然”的生态智慧则为实现这种转变提供了基本的价值准则。

一是变人在自然界之上为人在自然界之中。人类一诞生，就放置于与自然对立的位置上，受自然界奴役，与此同时，人作为万物之灵，又以其特有的能动性开始了改造自然的历史，其能力成为衡量社会进步的客观尺度。然而，不管人类的能力有多大，毕竟还是在自然界之中，是自然的一部分，靠自然界生活。为此，应从根本上端正人对自身及其与自然关系的态度，变人在自然界之上为人在自然界之中，以自然界一分子的身份来审视人类的活动及其结果。

二是变生产仅为生存服务为既为生存更为提升人服务。人类不仅要改造自然，同时要改造人类；人类改造自然的生产活动既要为生存服务，更要为改造人、提升人服务。这样，人与自然相一致的生态工业、生态农业、生态服务业等新兴产业才能应运而生，一个环境优美的新世界才会到来，进而有助于人的改造和人的全面发展。

三是变为生存服务的本能文化，为促进人的全面发展的自由文化。人是动物性加文化性的统一体，迄今为止，物质生产及消费和由此带来的对自然资源的占有、掠夺、争斗在人类社会生活中居于主导地位，由此制约乃至决定着人类文化本质上仍是为生存服务的物质型本能文化。这种本能文化无限膨胀人的动物性，导致人的文化性丧失，人性应有的品质丧失。无怪乎美国当代学者塞西尔·安德鲁斯不无遗憾地说："每当我想到现代生活时，我首先想起的一个词语就是没有神圣的东西。"[①] 这种状况如果长此以往，人就不成其为人了。法国哲学家米歇尔·福柯在《词与物》一书中不无悲愤地惊呼："人死了！"[②] 因此，最根本的是要变革为人类生存服务的本能文化，代之以弘扬人性、充实心灵、促进人的全面发展的自由文化。

综上所述，老子生态智慧所折射出的时代价值和现代意义是全方位、多侧面、多层次的，正是这种全面性，反映出老子作为思想家、哲学家的大智慧。我们在由衷地赞叹钦佩之余，应当大力弘扬老子以"道法自然"为核心的生态智慧及其独特的价值取向之精华，全身心投入到建设社会主义物质文明、政治文明、精神

---

① ［美］塞西尔·安德鲁斯：《返朴归真——重回美好的生活》，李安龙译，天津：天津人民出版社，1998 年，第 22 页。

② ［法］米歇尔·福柯：《词与物——人文科学考古学》，莫伟民译，上海：上海三联书店，2002 年，第 13 页。

文明、生态文明，构建人类命运共同体的宏大实践之中，做出理应由老子的后代子孙和中华民族来完成的，无愧于新时代、无愧于全人类的积极贡献！

人类命运共同体：传统经典文学之魂

郝　雨　李　娟*

内容提要：文学在人类不同形态的文明沟通过程中，显然起着至关重要的作用。具有人类命运共同体思想的文学理论与文学作品，不仅能够让世界理解异域文明的历史与特征，而且可以使世界其他民族与国家了解一个民族、一个国家在世界范围内的定位，消除文明中心主义的缺陷。若要创造世界文明的新我，必须沟通世界各大文明体系的历史、特性，形成相互对话、共同进步的状态。“伴随着中国崛起和全球文明对话的展开，西强中弱的文化格局已经转变。百年来，中西文化和哲学比较研究也取得了长足的进展，中华优秀传统文化参与了跨文明对话世界新秩序、全球伦理、生态保护等多个世界性议题。”以“人类命运共同体”为魂的文学理论和创作实践，根本追求的就是创造人类命运共同体的思想观念，更好引领我们走出近百年来西方话语体系垄断的陷阱，建立对于不同文明发展道路与个性特征的自主解释话语体系，并且在“人类命运共同体”精神指引下，走出一条新时代世界文学共同发展的历史之路。

关键词：人类命运共同体　经典文化　传播

基金项目：本文为国家社科基金重大项目：“当代中国文化国际影响力的生成研究”第四子课题阶段成果，项目编号：16ZDA219

“文学是人学”，当然也就是人类之学。文学关心人、关怀人的命运和处境，从根本上说，当然也就是关怀整个人类的生存、人类的命运。今天的“人”，不仅同“类”，而且同“村”。所以，文学在关怀一个个单个人的时候，归根结底就是在关怀整个人类。尤其是在现今的世界，当新媒体和高科技完全不分民族、不

* 郝雨（1957—），男，河北秦皇岛人，上海大学新闻传播学院教授，研究方向：文化传播。李娟，新乡学院副教授，上海大学新闻传播学博士生。

分肤色、不分区域地把所有人都“互联”到一起，人类的命运也就更加密切地被融为一体。因此，“人类命运共同体”思想的提出，就使得“文学是人学”的命题更加深刻和丰富，因此也就成了新时代文学创作的根本方向。

习近平总书记强调：“构建人类命运共同体，建设持久和平、普遍安全、共同繁荣、开放包容、清洁美丽的世界。”在当今世界联系日益紧密、文化格局日益关联的条件下，和平与发展、合作与共赢日益成为世界各国人民的共识。但同时，世界面临的不稳定性因素也在增加，各种愈加突出的政治、经济、社会问题依然严重，经济增长普遍缓慢，贫富差距明显加大，大大小小的恐怖主义活动频繁，四面八方的生态危机加剧，这些都需要世界各国人民共同面对挑战。习总书记系统阐述了怎样构建人类命运共同体，即要相互尊重、平等协商，坚决摒弃冷战思维和强权政治；要坚持以对话解决争端、以协商化解分歧；要同舟共济，促进贸易和投资自由化便利化；要尊重世界文明多样性；要保护好人类赖以生存的地球家园。正是在这样的核心思想主导下，人类命运共同体理论正在成为一面高扬的旗帜，引领人类文化的新的方向。

我国自古以来就有强烈的天下情怀和理论主张，形成了绵延不断的关于人类命运共同体的叙述。《尚书·尧典》主张“协和万邦，黎民于变时雍”，意为各个国家之间应该和谐相处。《周易》认为：“乾道变化，各正性命，保合太和，乃利贞。首出庶物，万国咸宁”，明确提出了万国安定团结、百姓安居乐业的理想。《礼记》认为圣人以“天下为一家，中国为一人”，《吕氏春秋》认为“天地万物，一人之身也，此之谓大同”，并逐步形成“天下为公”“是谓大同”的观念。这些观念虽然表述各有差异，但实质都是已经在讨论着关于“人类命运共同体”的重大问题。中华文明自古以来就追求一种美好的社会理想，以对“天下大同”的追求力图建构起一个人人均有、各得其所、共享发展的美好社会。

因此，把“人类命运共同体”为核心思想的文学理论与实践作为一种全新的视角，我们将重新认识和研究世界文学发展的内在规律，深入分析和解读经典文学中蕴含的人类命运共同体意识和精神内核。一方面在更加开阔的视野上发现人类命运共同体思想的文化渊源，另一方面又推进当今及此后的文学创作在人类命运共同体建构方面积极发挥主观能动性，主动把人类命运共同体建构理念应用于文学创作和创新发展的具体实践中，以人类命运共同体思想为灵魂，更加有效地指导我们的文学创作实践。从而作为未来文学发展的旗帜，更加贴近现实地引领我们的文学创作走进中国特色社会主义的新时代。

有史以来，世界文学经典和中国历代文学，实际上都曾经历史性地参与了人类命运共同体建构，它们为新时代的文学理论与文学创作提供理论指导和实践经验，因而人类命运共同体从来都是世界文学经典和中国历代文学潜在的理论之魂、实践之旗。在西方，古希腊文学中“人本意识”的觉醒表现为开始认识自我以及以人为中心观察世界。狮身人面的斯芬克斯，用谜语向过路人发问，那个无数人因回答不出而被吃掉的问题，答案就是人。斯芬克斯之谜寓意无穷，深藏着“认识你自己”的哲学意蕴，反映了古希腊人对“人”的思考以及对人类命运的关注。资本主义时代，巴尔扎克深刻地批判了现代工业文明对人性的扭曲，他探索着现代文明的走向，他的小说表现了对人类前途和命运的深切关注。庞大而又奇特的《人间喜剧》展现了19世纪上半叶法国的人情世俗，揭示了人被物化的历史悲剧。20世纪的现代派文学，则体现了客观世界的荒诞以及社会对人的压迫。现代社会高度发达的物质文明没有带来高度的精神文明，文明的每一次进步都意味着人类相应的异化。在我国，产生于明代后期的“三言二拍”虽然是通俗小说，但是和西方的《十日谈》有异曲同工之妙，肯定了人的欲望和人的要求，呼唤人性自由。五四新文化运动的兴起，开始了对“人的解放”。“立人为本”是鲁迅思想的核心，《狂人日记》振聋发聩地揭露和抨击封建文化“吃人”，是中国现代最重要的人的觉醒。进入21世纪，刘慈欣在《三体》中做出了大胆的设想：当更高级的三体文明碾压人类文明时，人类文明如何生存？刘慈欣痴迷于世界的构筑，自始至终都贯穿了对人类命运的深切思考。

从文学史角度梳理和研究千百年来的中外文学创作，尤其是那些具有永恒价值的经典之作，关注它们在人类命运以及共同体建构主题方面的历史经验和发展历程，全面而系统地总结其相关理念和深刻内涵，是亟待学术界进行的工作。将世界文学和中国文学从不同侧重点进行研究，对中国文学分不同历史阶段进行考察，尤其要突出现代以来“人的文学”的重要观念及其作用，更好地对接人类命运共同体建构的伟大理念，是时代赋予文学研究者的历史使命。

毫无疑问，中外文学史上经典作品对于人类命运共同体的历史建构，显然是发挥了极为积极的作用的。所以，“人类命运共同体”思想作为新时代文学创作方向与理论之魂，也正是今天的优秀文学作品创作生产，尤其是能够走向国际化传播的理论基础、思想基础。而在当今的新媒体时代，研究文学创作和发展的整体状况，促进文学更好地参与新时代人类命运共同体建构，不仅需要在文学界推动创作实践，而且需要推动学术界形成中国特色的理论体系。对此，我们无疑还应在理论体系建设方面进行战略性研究，制定宏观规划，从而促进“人类命运共同体”思想核心的文学理论体系建设健康快速地成长和发展。

古往今来，文学在人类不同形态的文明沟通过程中，显然是起着至关重要的作用的。具有人类命运共同体思想的文学理论与文学作品，不仅能够让世界理解异域文明的历史与特征，而且可以使世界其他民族与国家了解一个民族、一个国家在世界范围内的定位，消除文明中心主义的缺陷。若要创造世界文明的新我，必须沟通世界各大文明体系的历史、特性，形成相互对话、共同进步的状态。“伴随着中国崛起和全球文明对话的展开，西强中弱的文化格局已经转变。百年来，中西文化和哲学比较研究也取得了长足的进展，中华优秀传统文化参与了跨文明对话世界新秩序、全球伦理、生态保护等多个世界性议题。”以“人类命运共同体”为魂的文学理论和创作实践，根本追求的就是创造人类命运共同体的思想观念，它将更好地引领我们走出近百年来西方话语体系垄断的陷阱，建立对于不同文明发展道路与个性特征的自主解释话语体系，并且在“人类命运共同体”精神指引下，走出一条新时代世界文学共同发展的历史之路。

新时代的文学创新实践与人类命运共同体建构关系紧密，从人类命运共同体的角度来分析、看待新时代文学创作的理论及其实践过程，可以从概念、内涵、表现、特征等多方面进行立体把握，进而为新时代文学创作提供理论指引。

经济全球化促使人们对传统的国家文化观进行反思，并发现局限于国家本位、民族本位、文化本位可能带来的文明竞争与发展问题。快速发展的全球化生活方式日益使地球成为一个村落，各国利益的高度交融使不同国家成为一个共同利益链条上的一环，任何一环出现问题，都可能导致全球利益链中断。在这种情形下，不同国家的文学创作日益呈现出对于全球化时代人类生活方式、命运经历的叩问。一些富于前瞻意识的作家已经意识到，一个国家的文化观念如果出现问题，则文化矛盾、文明冲突将可能波及其邻国、他国，并最终呈现为极端文明冲突的频繁爆发。正是在这样的背景和前提之下，人类命运共同体思想也就必然成为新时代文学创作与发展的“灵魂”和精神支柱。而这样的文学理论实践当然是反映了各个民族、国家、地区的文学基本立场和思想意识以及价值取向的。构建人类命运共同体的根本利益和需要，表达了全人类共同的信仰、信念、理想和追求。今天我们从新时代文学理论与实践方面对于这个重要命题的研究和思考，包含着为什么要构建人类命运共同体以及构建一个什么样的人类命运共同体的总体构想。

在此，我们首先要强调，人类共同价值是人类命运共同体的“头脑”和“主心骨”，是人类命运共同体的“灵魂”和“柱石”。当代文学创作既要在世界格局中寻找共通的价值理念，继承世界优秀文化与文学精神，又要在未来新世界的建构中产生积极的意义，其价值基石需立足于人类命运共同体的主张和方向上，并且在创作实践中使人类命运共同体的建构落实到具体的文本中，以切实可感的作品塑造道德信仰、锻造社会品格。当代世界民族、宗教、政治、经济、社会问题矛盾重重，冲突不断爆发，就其根源则在于文明之间的隔阂与误解。若要解决这一问题，关键是要在思想文化的层面下功夫，通过文明的沟通增进了解，消除民族的壁垒、文化的落差。

其次，以人类命运共同体为核心的文学理论与实践，无疑是各个民族、国家、地区构建人类命运共同体的黏合剂。共同的价值观，包括共同的价值信念、信仰和理想，是结成一定的群体或组织、开展集体生活、从事价值创造的前提。正是基于共同的价值观，不同民族、国家、地区的人们才通过交往实践而凝聚、团结在一起，组成休戚相关、命运与共的国际性交往，通过合作的方式解决各种全球性问题，追求双赢、多赢的有利结果。世界范围内的生态文学思潮及生态写作的兴起，是一种典型的新世界主义文学理论实践。它所表现出的人类命运共同面临的重大问题是，对新时代文学创作理论实践与人类命运共同体建构这一关系进行深入探究，一方面需要梳理以往关于人类命运共同体相关研究及其主要观点，分析人类命运共同体与新世界文学的内在关联，在历史的纵深坐标中把握人类文学的共通精神；另一方面则需要深入探讨哪些要素构成了世界文学理论及创作的核心要素，它们怎样建构人类命运共同体意识，如何演化为中国文学的突出特征及作家意识，中国作家为人类命运共同体建构贡献了哪些价值。

再次，人类命运共同体意识是建构新时代文学的根本，只有从历史沿革、理论结构上将新时代的理论及实践经验进行宏观阐述，才能将文学与人类命运共同体的历史建构及创作创新方向进行准确把握。我们要大力通过跨学科的研究方法，充分梳理世界文学历史及其经典著作，寻找经典文本中的人类命运共同体意识突出的文学经验，以中外文学对于人类命运共同体建构所创造的历史经验为基础，进一步剖析世界经典文学理论与创作的发展历程与文化特征，尤其是深入发现中国作家对于人类共同命运的理解与接受的途径，站在人类共同体的高度上，把各国文化空前紧密地连在一起，同其他文明不断对话，建构起一个包容不同文化价值观念的新世界文学的理论体系与文学创作理念。

总之，新时代文学创作理论实践与人类命运共同体的建构具有深刻的内在关联，人类命运共同体思想是新时代文学观念的核心意义与理论方向，而新时代文学创作理论及其实践的内容、成果又必然深化了人类命运共同体的深刻思想，促进共同价值观念、多元文化格局的沟通与融合。人类命运共同体思想是习近平总书记就当前世界政治、经济、文化问题提出的中国方案，新时代文学创作理论及其实践则充满了团结友善、和睦相处的中国智慧。可以预料，作为中华文化对于世界和平与发展深刻认识和表现的产物，新时代中国特色文学创作理论及其实践和人类命运共同体的理念必将在未来深刻影响国际关系，促进世界各国保持长期的团结稳定、繁荣发展、共同进步的新态势。因此，在当今世界，文学最重要的责任，就是为构建人类命运共同体精心创作，积极传播。让人类命运共同体思想成为主流文学之魂，并进一步形成和建构一套人类命运共同体核心的文学创作理论体系，以永远作为文学创作的指导思想和永恒的实践方向。尤其是在这个垃圾化、碎片化信息充斥的时代，我们需要重拾中国文学的自信力，未来应该进一步立足于中国的文化土壤，传承文学经典中“人类命运共同体”理念。我们的作家应该关注社会时代，胸怀整个世界；归根结底，要有足够的文化自信，站在全人类的高度进行文学创作。从这样的意义上看，人类命运共同体思想的提出，为我国未来文学创作和发展，指出了一个极为重要的方向。

那么，新时代文学创作，如何在这样的方向指引下，书写更好的画卷呢？

（一）立足中国现实书写时代新貌

改革开放四十年，也是中国当代文学思潮风起云涌、佳作层出不穷的四十年。中国文学的创作目标和历史使命，都首先体现为书写中国现实，为时代立传。党的十八大以来，我国发展日新月异，继往开来，十九大开启伟大复兴新征程。所以，今天不仅已经进入新时代，而且更是一个大时代。我国社会主要矛盾已经转化为人民日益增长的美好生活需要和不平衡不充分的发展之间的矛盾。我们今天的文学，就应该大力书写这种新时代中国进一步改革开放、突破难关，解决主要矛盾的中国现实，为这一伟大的新时代立传。

而为了能够更好书写中国现实、为时代立传，最重要的，就是坚持扎根人民群众，牢固树立以人民为中心的文艺理念。这是我们革命文艺工作者有着半个多世纪实践经验的制胜法宝。当然，以人民为中心，书写中国现实，归根结底是要具体表现为书写中国人的喜怒哀乐，讲述具有鲜明时代特点的中国故事。在进入中国特色社会主义新时代的进程中，我们的父老兄弟又经历着怎样的新的阵痛，像孙少平那样的平凡中的辉煌；他们又有怎样的内心的呐喊，像当年的“外来妹”们那样，在眼花缭乱的市场经济大潮高新技术冲击中守护着人性的纯真？

（二）面向世界舞台关注人类共同命运

新时代中国文学，更为重要的境界，无疑还是要有世界眼光，关心人类命运，向人类文化经典看齐。随着科学技术的高速发展，地球日益变成一个不同民族的大村落。一体化的经济、相互交错的文化融会和沟通交流，使人类进入了真正的共同体时代。新媒体时代，一切都被改变。整个社会生活方式在一步步脱离着传统模式和样态，万物互联，一切皆媒。人们的阅读方式和接受习惯全都在发生革命性改变。所以，在媒体的利用上，我们也要与时俱进，对于最先进的传播方式，如IP化、智能化生产，我们也不能被拒之门外，要积极利用互联网思维，大力推进立体化传播。我们的新时代文学在媒介上有了全方位覆盖，才能真正做到全球化占领。

（三）树立精神高度打造文艺高峰

不可否认，当今的文学，方向不明、价值观混乱的现象还是比较严重的。尤其是历史虚无主义和文化虚无主义思潮，公开主张“去思想化”“去价值化”“去历史化”“去中国化”“去主流化”。这些观点和20世纪80年代末期的所谓“无主题、无情节、无故事、无人物”的主张完全相似。而当时甚嚣尘上的“四无”主张，很快便已寿终正寝。文学如果完全在作品中“四无”，文学也就没有了骨肉，而如果又彻底去掉那“五化”，文学就更是没有了灵魂。

文学艺术当然需要表现个人生活和精神状态，当然也可以抒发个人情绪和情怀，但是，却绝不能让文学作品中的个人成为脱离社会、脱离现实、脱离各种复杂人物关系的纯粹肉体的人，纯粹个人欲望和物质享乐的人，更不能让文学中的人物形象成为低俗、庸俗、媚俗的样本。在这一方面，习近平总书记又有非常精辟的论述："要把提高作品的精神高度、文化内涵、艺术价值作为追求，让目光再广大一些、再深远一些，向着人类最先进的方面注目，向着人类精神世界的最深处探寻，同时直面当下中国人民的生存现实，创造出丰富多样的中国故事、中国形象、中国旋律，为世界贡献特殊的声响和色彩、展现特殊的诗情和意境。"

这里强调的"特殊的诗情和意境"，就正是我们的新时代文学所要研究和总结的中国特色文学艺术的普遍规律，就是我们的新时代文学需要追求的艺术境界。而这样的艺术规律和艺术境界，首先要"有骨气，有个性，有神采"，其次要有血有肉有温度，"人民不是抽象的符号，而是一个一个具体的人，有血有肉，有情感，有爱恨，有梦想，也有内心的冲突和挣扎"。

而要真正创作出有"特殊诗情和意境"的作品，如何探寻到最匹配最有效的精湛艺术手法和技巧，就是唯一门径了。在这方面，借鉴古今中外前人的宝贵艺术经验和理论资源，当然不可或缺；但是，更根本的还要有新时代的独特原创。文学创作的本质就是创造，而创造的意义不仅是艺术内容的创造，同时也包括表现形式和技巧手法的创造。尤其在新媒体智能化的媒介生态环境中，互联网不仅改变了人们的生活方式、交往情境，同时也改变了思维方式和心理情境。对于文学艺术的接受习惯和期望，都有颠覆性的变革。艺术的全方位探索，任重道远。

和合文化与世界命运共同体建构

蔡洞峰　殷洋宝*

内容提要："和合"是中华民族文化千百年来追求的理想境界。"和合"思想是中国传统思想文化中最富生命力的文化内核和因子。中华传统和合文化中的"和而不同""求同存异"理念和智慧，应成为处理人际关系、推进社会和谐必须遵循的基本准则。我国外交领域的"和平共处"五项原则，经济开发中的"双赢"思路，这些注重平等性的种种诉求，其实都植根于和合思维逻辑之上。和合文化是世界命运共同体建构的重要精神资源。

关键词：和合　中华文化　命运共同体

."和合"是中华民族文化的精髓，中国传统文化中强调"阴阳及阴阳相成相济、对待统一的'和合'观念，是从上古以来的中国人在生活和社会实践活动中，通过观察、认识自然和社会生活领域的种种现象（如日月、天地、山水、寒热、男女等等），而总结、抽象出来的包括人自身在内的宇宙间万事万物生成与发展变化的规律，并且形成一个'三才'（天、地、人）通贯、通观，因而具有整体意义世界的系统性阐释框架，中华传统思想文化的知识共同体就是以此为范式建构起来的。"[①] 因此"和合"之境是中华民族千百年来追求的理想境界。张立文认为"哲学是爱智之学，它的本质在于寻求真知，是真知之爱。因此，哲学总意味着'在途中'，和合学亦是'在途中'，它是一种生生不息之途！"[②]"和合"

* 蔡洞峰（1976—），男，安徽桐城人，苏州大学文学博士，副教授，硕导，研究方向，中国传统文化研究。殷洋宝（1977—），女，安徽铜陵人，本科，中级职称，安庆师范大学教师，护理专业。

① 党圣元：《〈周易〉阴阳学说与"和合"美学观》，《陕西师范大学学报（哲学社会科学版）》2017年第5期。

② 张立文：《和合学——21世纪文化战略的构想》，北京：中国人民大学出版社，2006年，第98页。

思想是中国传统思想文化中最富生命力的文化内核和因子。“和合文化”不仅要求个体身心和谐、人际和谐、群体与社会和谐，更要求人与自然的和谐，体现为“天人合一”的整体哲学精神，强调“天人共存、人我共存”的辩证立场，以宽容、博大的人道主义精神张扬着丰富的天道与人间和谐融洽观念，对于当前消解社会矛盾、人与自然的冲突有着重要的借鉴意义。

中华文化就其本质来讲就是一种和谐文化。在儒家、道家思想体系中关于和谐的丰富思想，既形成了和谐文化的固有传统，也是我们今天建设社会主义和谐文化与和谐社会可资利用的宝贵的思想资源。和合学的和合话题，从一开始就深深扎根和滋润在民族精神和生命智慧的“源头活水”里，是中华文化之根、之魂的形上生命，塑造着中华以和为贵的伦理道德，体现了中华人文精神的价值理想，开显了中华安身立命的精神家园。和合学是以和合为核心话题，予和合以形上体贴和当代性人类精神反思形态的和合理论思维建构。

一

习近平总书记在中国国际友好大会暨中国人民对外友好协会成立60周年纪念活动上的讲话中指出:“中华民族历来是爱好和平的民族。中华文化崇尚和谐，中国‘和’文化源远流长，蕴涵着天人合一的宇宙观、协和万邦的国际观、和而不同的社会观、人心和善的道德观。在5000多年的文明发展中，中华民族一直追求和传承着和平、和睦、和谐的坚定理念。以和为贵，与人为善，己所不欲、勿施于人等理念在中国代代相传，深深植根于中国人的精神中，深深体现在中国人的行为上”[①]。和合理念成为中华民族实践的价值准则和伦理诉求，“和”是对于天地万物差分性、冲突性形相、无形相基本价值的承诺和体贴，并在此基本价值承诺、体贴的反复互动、融突基础上，以求各各差分性、冲突性的形相、无形相获得协调性、和谐性、有序性规范，酝酿与支撑着各差分性，冲突性形相、无形相在协调性、和谐性、有序性过程中，开发生生潜能，大化流行。“合”是对于冲突性、差分性、异质性的形相、无形相，经反复互动、融突的协调、和谐的“和”，而落实到合的合作、结合、融合的新事物、新生命的和合体上。和合显现的是一幅形相、无形相本身及其内在互相关系的差分、冲突、融合、生生、创

① 习近平:《在中国国际友好大会暨中国人民对外友好协会成立60周年纪念活动上的讲话》,《人民日报》2014年5月16日。

新、和谐画卷的全过程美景。

和合学的和合在各层次、各方面期盼着所营造真善美和合氛围的此在感受，这种心灵精神的感受，不仅是中国人，而且是全球人的期盼，从而有了和合（和平、合作）、和谐世界的诉求，成为化解当前人类所共同面临的五大冲突和危机有效能的选择。和合既是中国传统精神的内核，也是当前中国能够引领世界精神的文明价值的体现，同时更是当代世界所欠缺的精神大要，所以它既是当前中国哲学理论思维的核心话题，也应该是当代世界哲学思维的话题之一。儒家贵“和”尚“中”，认为“德莫大于和”。《中庸》有云“致中和，天地位焉，万物育焉”。《论语·学而》有云“礼之用，和为贵”。《礼记·中庸》又有云：“喜怒哀乐之未发，谓之中；发而皆中节，谓之和。中也者，天下之大本也；和也者，天下之达道。”

“和谐”思想发展到政治领域，就有儒家本源之一，《周礼》的“以和邦国，以统百官，以谐万民”的政治准则。“和为贵”和“贵和”的思想是中国传统文化最核心的价值取向。中华先民对“和”的理解是知情意的统一。儒家倡导推己及人，由近至远的思维模式，主张格物、致知、诚意、正心、修身、齐家、治国、平天下之八德。儒家主张，对于人与自然的关系，要洞明“和实生物”之道；个人修身养性，要讲究“心平气和”之工；与人交往，要恪守“和而不同”之法；应对潮流，要坚持“和而不流”之则；治理国家，要追求“政通人和”之理；与国交往，要坚持“求同存异、和平共处”之规，最后的终极关怀乃是“天人合一、宇宙和谐”价值追求，这是中国古圣先贤们积千年之理论与实践而积淀流传下来的精华瑰宝。作为今人，要建设和谐社会，须高度重视和弘扬这一历史传统。儒家学说更看重“人和”。孟子所说“天时不如地利，地利不如人和”是把“人和”看得高于一切。儒家强调人际关系“以和为美”，提出的仁、义、礼、智、忠、孝、爱、悌、宽、恭、诚、信、笃、敬、节、恕等一系列伦理道德规范，其目的就在于实现人与人之间的普遍和谐，并把这种普遍的“人和”原则作为一种价值尺度规范每一个社会成员。儒家还为中国文化指出一个“大同”社会的远景目标，以至成为中国历史上生生不息的价值之源。《礼记·礼运第九》中云：“大道之行也，天下为公。选贤与能，讲信修睦。故人不独亲其亲，不独子其子，使老有所终，壮有所用，幼有所长，鳏寡孤独废疾者皆有所养，男有分，女有归。货，恶其弃于地也，不必藏于己；力，恶其不出于身也，不必为己。是故谋闭而不兴，盗窃乱贼而不作，故外户而不闭。是谓大同。”儒家在此首先强调了“天下为公”的思想，描述了重诚信、讲仁爱、求友善、修和睦、选贤能、富庶安康、路不拾遗、夜不闭户等和谐理想社会的基本特征。

二

中国哲学之核心精神和合学之所以度越宋明理学哲学理论思维形态，并以此彰显中国精神之精华，从而在西方语境入侵之后重新获得属于中国哲学的话语权，就是在于对人类所共同面临的冲突和危机的深切体认，对时代精神的理智把握，对体现时代精神精华的核心话题的合理凝练，对化解当代冲突和危机的切实了解，以及对哲学理论思维形态创新转生“游戏规则”的历史性发现和遵循，而建构了标志中国的哲学理论思维逻辑形态的和合学，开出了中国的哲学理论思维形态的创新和转生的格局，实现了以和合核心话题度越先秦“道德之意”、两汉“天人相应”、魏晋“有无之辩”、隋唐“性情之原”、宋元明清“理气心性”的艰苦竭虑的历程，从而开显了中国和合哲学理论思维逻辑形态的创新和转生。和合“实质上既是一种和合精神家园，亦是一种和合生生价值道体，和合是超越一切价值储备、流行于所有价值理想的元价值”[①]。

儒家还强调“讲信修睦”社会和谐观。所谓“信”，就是“诚信”。社会和谐必须以诚信为本。子贡问孔子治国之道，孔子讲“足食，足兵，民信之矣”，并强调三者之中，“民信”最为重要，因为“民无信不立”。所谓“睦”就是“和睦”。社会和谐包括夫妻和睦、家庭和睦、宗族和睦、邻里和睦、地区和睦、民族和睦、国家太平。“政通人和”“协和万邦”“家和万事兴”“和气生财”“和衷共济”“一方有难八方支援”等古语都是古代先贤们对社会和谐的体认和追求。为此，荀子提出“以善和人”的要求。孔子提出：“己所不欲，勿施于人”“己欲立而立人，己欲达而达人”的做人原则，将其推广到整个社会，就成了儒家崇尚的“君子成人之美，不成人之恶”、“四海之内皆兄弟也”、人们“不独亲其亲，不独子其子”以及“老吾老以及人之老，幼吾幼以及人之幼”的社会伦理法则。

先秦道家的思想体系中也蕴藏着丰富的和谐观念，其“天人合一”自然和谐观、“理想真人”的人际和谐观、“无为而无不为”的政治和谐观等主张，对

① 张立文：《和合哲学论》，北京：人民出版社，2006年，第96页。

当前的和谐文化与和谐社会建设有着很大的启迪。道家认为人与自然是一个和谐的整体。老子最先表达了天人合一的思想。他说:“人法地,地法天,天法道,道法自然。”道家理想的人格模式就是所谓的“真人”。“真人”要做到“贵生保真”“少私寡欲”“见素抱朴”。“真人”在处世时能淡泊名利。“真人”形随俗而志清高,身处世而心逍遥,从不为名利所左右,追求“举世誉之而不加劝,举世非之而不加沮,定乎内外之分,辨乎荣辱之境,斯已矣”的人生修养。

道家“无为而治”的政治思想博大精深,影响深远。其主要思想包括:以正治国,以无事安民,清静无欲,崇尚节俭等。老子说:“以正治国,以奇用兵,以无事取天下。”所谓“正”,就是为政有道而不欺、赏罚公道而不倚,即以正道治理国家。老子说:“我无为而民自化,我好静而民自正,我无事而民自富,我无欲而民自朴。”老子认为当政者要实现与民众之间的政治和谐,就需“无为”,这样才可使百姓“有为”,才可达到“民自化”“民自正”“民自富”“民自朴”的理想治国境界。“无为”正是为了“无不为”。君王只有通过“无为”,才可达到“无不为”的政治目的。即老子所说的“无为则无不治”。在老子看来,百姓从来都很淳朴、诚实,只要为政者开诚布公、为政公道,天下百姓便自会拥护响应,政治和谐自然也就实现了。老子还指出:“祸莫大于不知足,咎莫大于欲得。”为政者若是居功自傲,贪图享受,穷奢极欲,必将导致国家混乱,天下衰亡。道家反对为政者因贪欲而追逐名利,倡导人们去奢崇俭、勤俭不贪,唯此天下才能长治久安。老子说:“甚爱必大费,多藏必厚亡。”老子还主张为政者要精减政事,最大限度地减少对百姓生活的干扰。优秀传统文化在中华民族伟大复兴中的作用和地位应该得到应有的重视。如儒学中“以德治国”“治国安民”“明礼诚信”“祥和社会”“协和万邦”等智慧仍然有益,是当今政治文明建设、和谐文化建设与和谐社会建设的源泉与根基。中国共产党要在世界文化大潮中保持其先进性,就要在走向世界、扩大开放、建设和谐世界的过程中把弘扬民族传统文化摆在关系民族振兴的战略位置。一个民族只有在努力发展经济、提升国家“硬实力”的同时,保持和弘扬自己本民族的文化特色,并以此为基础构建和壮大自己的“软实力”,才能真正自立于世界民族之林。所以说,我们能不能继承和发扬中华民族的优秀传统文化,这是事关中华民族振兴的大问题。

三

和合文化是构建人类命运共同体的重要思想资源。当今世界发展面临诸多挑战，反全球化声音甚嚣尘上，地缘政治冲突不时发生，网络攻击威胁社会安全等，这些都成为国际社会面临的难题。世界正处于大发展大变革大调整时期，全球治理体系和国际秩序变革加速推进。习近平在第七十届联合国大会一般性辩论时的讲话中指出："我们要促进和而不同、兼收并蓄的文明交流。人类文明多样性赋予这个世界姹紫嫣红的色彩，多样带来交流，交流孕育融合，融合产生进步。""文明相处需要和而不同的精神。只有在多样中相互尊重、彼此借鉴、和谐共存，这个世界才能丰富多彩、欣欣向荣。不同文明凝聚着不同民族的智慧和贡献，没有高低之别，更无优劣之分。文明之间要对话，不要排斥；要交流，不要取代。人类历史就是一幅不同文明相互交流、互鉴、融合的宏伟画卷。我们要尊重各种文明，平等相待，互学互鉴，兼收并蓄，推动人类文明实现创造性发展。"[①] 这就表明，人类命运共同体必须以"和而不同"理念为重要精神支撑，构建人类命运共同体必须将中华和合文化作为重要思想资源。

"和合共生"是人类命运共同体理念的哲学基础。每个人都生活在一定的共同体中，追求共同体内的大同与和平是数千年来人类的共同期盼。马克思指出，人在现实性上是各种社会关系的总和，"一个人的发展取决于和他直接或间接进行交往的其他一切人的发展"。人的社会关系属性，决定了人生活在共同体中，并且"只有在共同体中才可能有个人自由"[②]。在中华民族历史上，中国传统文化强调人与自然的万物一体，和谐共生，"乾道变化，各正性命，保合太和，乃利贞。首出庶物，万国咸宁"正是从"天人合一""天人和谐""天地万物为一体""天下犹一家，中国犹一人"理念出发。不少思想家强调对天地万物的爱护，倡导以和善、友爱态度对待自然万物，不破坏禽兽草木虫鱼繁殖和生长，反对滥杀滥伐。如孔子的"泛爱众"，朱熹的"物谓禽兽草木，爱谓取之有时，用之有节"等等，王阳明"见鸟兽之哀鸣觳觫，而必有不忍之心"，"见草木之摧折而必有悯恤之心"，"见瓦石之毁坏而必有顾惜之心"，都鲜明地体现了这种理念。也有一些思想家基于山、水、林、薮、土地为衣食之源、人生之本的认识，主

① 习近平：《携手构建合作共赢新伙伴 同心打造人类命运共同体》，《人民日报》2015 年 9 月 29 日。

② 《马克思恩格斯文集》（第 1 卷），北京：人民出版社，2009 年，第 571 页。

张“保护自然”。如管仲说，“山林菹泽草莱者，薪蒸之所出，牺牲之所起也。故使民求之，使民籍之，因以给之”《周语下·第三》，倡导“不堕山，不崇薮，不防川，不窦泽”等。这就表明，中华传统和合文化中的“和而不同”“求同存异”理念和智慧，应成为处理人际关系、推进社会和谐必须遵循的基本准则。党的十九大报告对人类命运共同体思想做出了明确的概括：构建人类命运共同体，建设持久和平、普遍安全、共同繁荣、开放包容、清洁美丽的世界。习近平人类命运共同体思想，是对近代以来西方文明的扬弃和超越，与中华民族传统文化具有共通性，是吸收了外来文化成果、弘扬和发展了中华和合文化精华的具有中国特色、中国风貌的全球交往新思想新理念。人类命运共同体既是一个合作、普惠、共赢的国际秩序，也是一个包含多种要素的复合型立体架构，涵盖多行为体、多层面、多领域、多疆域，是一个体现“和而不同”“万物并育而不相害，道并行而不相悖”中华和合文化理念的共同体。“中国人民不接受‘国强必霸’的逻辑，愿意同世界各国人民和睦相处、和谐发展，共谋和平、共护和平、共享和平。”[①]

构建人类命运共同体是我们对世界的一个重要贡献，和合文化是其重要的理论资源，必将承担对21世纪中国和亚洲崛起的价值出发点之重担。我国外交领域的“和平共处”五项原则，经济开发中的“双赢”思路，等等，这些注重平等性的种种诉求，其实都植根于和合哲学理念之中。不仅如此，和合文化提倡“相互主体性”，对于克制当今愈演愈烈的赢者通吃、一家独大的零和游戏式法则，克服社会利益配置中的不公现象，对于寻求真正具有“人”之自觉的文明基础的中国道路，是非常宝贵的精神资源。

① 习近平：《在中国国际友好大会暨中国人民对外友好协会成立60周年纪念活动上的讲话》，《人民日报》2014年5月16日。

借鉴和合文化推动构建人类命运共同体

戎章榕*

内容提要：通过对和合文化的溯源，厘清和合文化的概念和内涵，认为和合文化是中华优秀传统文化重要组成部分，而人类命运共同体的理念则是对和合文化的继承与创新。进而分别从和生、和处、和立、和达、和爱五个方面对推动构建新时代人类命运共同体提出建议。

关键词：和合文化　转化发展　人类命运共同体

中共中央党史和文献研究院2018年末编辑出版了习近平总书记《论坚持推动构建人类命运共同体》一书，是站在人类历史发展进程的高度，正确把握国际形势的深刻变化，顺应和平、发展、合作、共赢的时代潮流，既有统筹国内国际两个大局的宽广视野，又立足中华优秀传统文化的深厚根基，对构建人类命运共同体的时代背景、重大意义、丰富内涵和实现途径等重大问题进行深刻阐述，开启了中国为世界做出更大贡献的新时代，也为世界各国创造更好未来提供了中国智慧、中国主张、中国方案。

众所周知，党的十八大以来，习近平总书记高度重视传承与弘扬中华优秀传统文化，在多次讲话和相关著述中均有论述，并将其作为治国理政的重要思想文化资源。在阐述中华优秀传统文化的时代价值时，做了“讲仁爱、重民本、守诚信、崇正义、尚和合、求大同”的精辟概括。“尚和合”是中华文明千年传承的文化基因和民族精神，“求大同”是中华民族伟大复兴“中国梦”的最高目标。因此，推动构建人类命运共同体，借鉴和合文化，不只是回应传承中华优秀传统文化成为时代一个重要主题，更是探讨新时代转化和发展和合文化的思路和途

* 戎章榕（1957—），男，浙江人，研究生学历，福建省政协研究室原处长、主任编辑，研究方向：传统文化和地域文化。

径，进而以构建人类命运共同体思想为引领，擘画人类未来美好愿景。

一、和合文化的内涵与扩展

中华和合文化渊源深厚。和、合二字都见之于甲骨文和金文。和的初义是声音相应和谐；合的本义是上下唇的合拢。在先秦时期，和合文化得以产生和发展。从西周史伯的“和实生物，同则不继”，晏子的“和与同异”，到孔子的“君子和而不同，小人同而不和”；从老子的“万物负阴而抱阳，冲气以为和”，到孟子的“天时不如地利，地利不如人和”，再到荀子的“万物各得其和以生”……“和合”思想源远流长，一脉相承。

和合文化的内涵与运用。所谓和合的“和”是一种承认与尊重，主要指和谐、和平、祥和；“合”是一种凝聚与合作，主要指结合、融合、相合。所谓“和合”，是既讲包容，又讲择优；既讲融合，也讲贯通；既讲继承，更讲创新。和合文化若按哲学的观点来解释：既承认矛盾的斗争性，又重视矛盾的同一性，还重视取长补短、协调冲突，促进矛盾向积极方面转化，由此促进新事物的产生，推动事物的发展。这表明，和合文化有两个基本的要素，一是客观地承认不同，比如阴阳、天人、男女、父子、上下等等；二是把不同的事物有机地合为一体，如阴阳和合、天人合一、因缘和合、五教和合、五行和合等等。中国古代先哲们通过对天地自然界、人类社会普遍存在的和合现象作大量观察和探索，从而提出了和合的思想，做出了和合的本质概括。程思远先生曾指出：“‘和合’是中华民族独创的哲学概念、文化概念。国外也讲和平、和谐，也讲联合、合作。但是，把‘和’与‘合’两个概念连用，是中华民族的创造。”[①]

和合文化不仅促进了中华文化的生生不息持续发展，并作为普遍认同的人文精神渗透到日常生活的方方面面。表现在个人的修身上，以“和为贵”；在持家上，“家和万事兴”；在生意中，“和气生财”；表现在人与人的关系上，要求“和睦相处”；人与自然的关系上，追求“天人合一”；人与社会关系上，崇尚“合群济众”；主理内政讲的是“善解能容”，开展外交讲的是“协和万邦”，在治国上讲的是“和衷共济，政通人和”。甚至连夫妻间也要效仿“和合二仙”，烹饪时也要讲究“五味调和百味香”……

---

① 程思远：《世代弘扬中华和合文化精神》，《人民日报》1997年6月28日。

和合文化的继承与创新。“和合文化”[①]是现代学者，中国人民大学一级教授、孔子研究院院长张立文率先提出的一个学术概念。和合文化反映了事物的普遍规律，因而它能够随着时代的变化而不断变化，随着社会的发展而不断丰富其内容。在当代社会，将和合文化划时代地运用，当推邓小平同志。

邓小平同志结合时代发展的新形势，从中华民族根本利益和国家发展战略全局出发，创造性地提出了“一国两制”的战略构想，既有鲜明的时代特征，又有深厚的历史文化基础。对此，费孝通先生曾评价，“一国两制”不光具有政治上的意义：“再进一步去看它的来源，有一个中国文化的本质在里边，它可以把不同的东西合在一起。没有这样一个本质，那就不会有今天的中华民族和中国文化，也不会出来‘一国两制’。”[②]

和合文化的要义是“和而不同”“求同致和”。“一国两制”既坚持了“和”的统一性，又不否认“和”的差异性。“一国两制”的核心是国家统一，实现的方式是和平统一，统一的现状是“和而不同”。首先，以“和平”的方式去统一，这是“和”思想的一个重要内容；其次，“和平统一”又是目的，要达到这一目的，方法上就是“一国两制”。简言之，“一国”谓之“和”，“两制”谓之“不同”，和合差异并非否认不同，多样性的平衡才能“和实生物”。既要承认和尊重实际存在的差异、不同，又要以一个中国为出发点，以保持这些地区的繁荣与稳定为前提，实现祖国和平统一大业。

二、和合文化的转化与发展

中国特色社会主义进入了新时代，这既是物质生产力大发展的新时代，也是政治生活和精神生活大发展的新时代。这是党的十九大做出的一个重大的政治判断，表明我国发展进入新的历史方位。在这一新的历史方位上，中华民族迎来了从站起来、富起来到强起来的伟大飞跃。不仅是在物质上站起来、富起来、强起来，更是在精神上站起来、富起来、强起来，文化自信是最根本的自信。方位决定方略。从传统和合文化中汲取丰厚的滋养，提出构建人类命运共同体的时代命题，是习近平新时代中国特色社会主义思想的重要组成部分，是实现中华民族伟大复兴的内在要求，体现了当代中国共产党人的全球视野。

---

① 张立文：《和合学概论——21世纪文化战略的构想》

② 费孝通、李亦园：《与新世纪社会学人类学》，《北京大学学报》1998年第6期。

当今世界正处在大发展、大变革的关头，各个国家有不同的文化传统，有不同的发展历史。不同国家、不同民族、不同文明在国际与文化交往中时常发生摩擦，甚至一定的冲突，这种冲突有时甚至是以战争和对抗的形式出现。如何面对、应对各种摩擦与冲突？如何维护世界和平？这是地球人不得不面对的。

同时在信息技术、物联网、大数据、云计算、神经技术、基因技术飞速发展的今天，万物联通、交感相应，世界已是一个命运共同体的世界。同时，高科技的发展也在推动着社会的变革。如人工智能作为当今高技术的最新代表，将从改变未来社会的组织、结构及运行，影响国家间的势能消长以及人类整体性的命运未来。因此，做好"人类命运共同体"未来的充足理论储备及出路考量，应对人类比村落更小的球体上的生命存在，"人类命运共同体"的意识也因之而更加凸现。

建设一个什么样的世界、如何建设这个世界？对 21 世纪人类所共同面临的人与自然、社会、人际、心灵、文明间的五大冲突，及由此而引发的生态、人文、道德、精神、价值五大危机，全球命运休戚相关，兴衰与共。有识之士在思考，不少国家都在探索。关于构建人类命运共同体的提出，鲜明地回答了世界之问、时代之问。

"让和平的薪火代代相传，让发展的动力源源不断，让文明的光芒熠熠生辉，是各国人民的期待，也是我们这一代政治家应有的担当。"[①] 习近平总书记倡导的共同构建人类命运共同体，彰显了中国将自身发展与世界发展相统一的世界胸怀和大国担当。还凸显了中华之智慧禀赋和精神品格，尤其是彰显了文化自信，而且具有原创性、主体性的自信，体现了时代意义追寻、价值创造、民族精神追求和独特精神标识。

——政治上平等互信，要相互尊重、平等协商，坚决摒弃冷战思维和强权政治，走对话而不对抗、结伴而不结盟的国与国交往新路；

——安全上和谐共处，要坚持以对话解决争端、以协商化解分歧，统筹应对传统和非传统安全威胁，反对一切形式的恐怖主义；

——经济上互惠互利，要同舟共济，促进贸易和投资自由化便利化，推动经济全球化朝着更加开放、包容、普惠、平衡、共赢的方向发展；

---

① 习近平：《论坚持推动构建人类命运共同体》，北京：中央文献出版社，2018 年。

——文化上交流互鉴，要尊重世界文明多样性，文明多样性是人类社会的基本特征，文明交流互鉴是推动人类社会进步的动力和世界和平的纽带；

——生态上共同呵护，要坚持环境友好，合作应对气候变化，保护好人类赖以生存的地球家园。

从莫斯科到海南博鳌，从联合国总部到日内瓦万国宫，从“一带一路”国际合作高峰论坛到全球性政党对话会；从积极构建总体稳定、均衡发展的大国关系框架，到倾力打造周边命运共同体，再到实现同发展中国家整体合作机制全覆盖，构建人类命运共同体是以中国的话语，在世界处于挑战层出不穷、风险日益增多的时代，提出的中国方案。5 年来，一个个演讲、一次次实践，构建人类命运共同体重要思想“正在世界上落地生根”（联合国日内瓦办事处总干事穆勒）。故此，联合国决议首次将“构建人类命运共同体”写入方案，是得到广大联合国会员国的共鸣和共识。

第六届石竹山梦文化暨“一带一路”梦文化国际研讨会能够把人类命运共同体作为主题之一，是深谙一个前提：那就是世界好，中国才能好；中国好，世界才更好。习近平在多个外交场合反复强调，中国这头狮子已经醒了，但是这是一只和平的、可亲的、文明的狮子；中国人从骨子底里没有侵略别国的文化基因；中国人的血脉中没有称王称霸、穷兵黩武的基因；中国人民不接受“国强必霸”的逻辑，愿意同世界各国人民和睦相处、和谐发展，共谋和平、共护和平、共享和平。中国共产党是为中国人民谋幸福的政党，也是为人类进步事业而奋斗的政党。中国共产党始终把为人类做出新的更大的贡献作为自己的使命。

和合文化要在新时代历史方位下转化与发展，关键是将和合文化的认识与运用上升到“文化自觉”的境界。要有文化自信，先要有文化觉醒，弘扬民族优秀传统，与时俱进，体现时代精神，使和合文化与当代文化相适应、与现代社会相协调。社会的发展、国际的挑战、中外对比的现状启示我们，中华文化的弘扬已经到了刻不容缓的时候，应该自觉地让中华传统文化在新的人类社会秩序构建中发挥重要的作用。

文化自觉是费孝通先生生前提出的一个概念，他将文化自觉历程概括为：“各美其美，美人之美，美美与共，天下大同。”他认为从某种意义上讲，文化自觉就是在全球范围内提倡“和而不同”的文化观的具体表现。当今世界要达到“和而不同，美美与共”的愿景，其实现途径是：以协商求理解，和睦相处；以共识求团结，和衷共济；以包容求和谐，共同发展；以共享求大同，天下和美。

新时代坚持构建和平、发展、合作、共赢的人类命运共同体，和合文化提供了滋养丰富的根基和土壤。中华民族几千年来形成了兼爱非攻、亲仁善邻、以和为贵、和而不同的和合理念。借鉴和合文化，以期做到和生共生、和处共处、和立共立、和达共达，和爱共爱。

借鉴和生理念，进一步弘扬“和而不同”思想。和生即和谐共生。只有和生才能共存共荣。和生是“和而不同”精神的直接体现。要达到“和而不同”，关键在于“异而不敌”，不仅要求同存异、求同尊异，还要积极地求同化异，只有不断化解“异”才能达到更大的“同”。世界各国尽管有这样那样的分歧矛盾，也免不了产生这样那样的磕磕碰碰，但世界各国人民都生活在同一片蓝天下、拥有同一个家园，本该是你中有我、我中有你的命运共同体。和合则两利、抗争则两败。世界各国人民应该秉持“四海之内若一家”理念，张开怀抱，彼此理解，和谐共生，为完善全球治理体系而共同努力。

借鉴和处理念，进一步拓宽交流互鉴的渠道。和处才能共生，共生必须和处。人类的命运与天地万物息息相关，其核心理念是“万物一体”。共生是自然的本质，也是社会的本质，正是这种本质属性决定了自然和社会处在同一个共生体中。当然，和处并不回避差异、也不排斥冲突，但这种差异、冲突可以在交流互鉴中化解，走向和谐、融合。文明因交流而多彩，文明因互鉴而丰富。自然界生物的多样性决定了人类文明的多样性，不同文明凝聚着不同民族的智慧和贡献，既没有高低之别，更没有优劣之分。多样带来交流，交流孕育融合，融合产生进步。人类命运共同体是一个体现“万物并育而不相害，道并行而不相悖”和处的共同体，积极拓宽人类文明交流互鉴的渠道，以文明交流超越文明隔阂、文明互鉴超越文明冲突、文明共存超越文明优越。

借鉴和立理念，进一步树立立己立人的观念。“和立”讲的是“己欲立而立人”，是立己立人，也是美人之美的具体体现。和合理念构成了中国文化与西方文化的内在区别。在西方文化中，主要是一种二元对立的思维，对立的结果不是共在，而是冲突，是斗争。而在中国文化中，世间的一切并不是对立的关系，而是相互依存、此消彼长的关系。提倡不偏不倚，不走极端，对话而不对抗，从整体利益出发，站在全局高度寻求万事万物的共通之处。在追求本国利益时兼顾他国合理关切，在谋求本国发展中促进各国共同发展。人类历史告诉我们，只有文化的无障碍交往、心与心的相连，经济的往来才能开创出互尊相容、合作共赢的局面。为此，致力于助推民族优秀传统文化走出去，和世界的智者们一道，在不同文明的对话中，带领世界走出二元对立、对抗思维、“零和游戏”和“丛林法则”的陷阱，为构建世界新秩序而努力，让不同文明绚丽绽放。

借鉴和达理念，进一步拓展“一带一路”的空间。和达理念就是在当今多元文化、多元发展、多元模式等错综复杂中求得协调、平衡、和谐，以达到共同发展、共同发达、共享繁荣。“一带一路”倡议的提出体现了和达理念。因此，要鼓励利益相关方加强对话协商，照顾彼此利益关切，在共商、共建、共享中推动形成更加平等、公正、合理的国际经济新秩序。“一带一路”是承载着中国与许多民族共创的不断交流的历史经验、记忆基础上形成的，是一个不断丰富、不断外延的世界性理念和倡议。因此，让和达理念托起“一带一路”，并沿着“一带一路”走出去，结交更多的“一带一路”建设国际合作的伙伴，采取协调、协作、协商、协和、协力等融通方式，不仅“己所不欲，勿施于人”，甚至己之所欲，也勿施于人。只有反求诸己才能与之相安相容、互惠互利、和谐共达，为人类合作共赢、和平发展奠定坚实的物质基础和提供强大的经济动力。

借鉴和爱理念，进一步开创“合赢天下”的局面。不论是和生、和处，还是和立、和达，其基础和核心是和爱。和爱即是共爱，宣扬的是要懂得爱、学会爱，这是人类命运共同体存在的第一要义。中华民族憧憬“大道之行，天下为公”的美好世界，自古就提出了民胞物与、协和万邦、天下大同的理念。在坚持推动构建人类命运共同体工作中，把握“共同”理念至关重要。“世界命运应该由各国共同掌握，国际规则应该由各国共同书写，全球事务应该由各国共同治理，发展成果应该由各国共同分享。”通过体现亲、诚、惠、容的理念，最大可能尝试“和、合、容、融”，最大限度追求“合赢天下”。充分认识和合文化是中华优秀传统文化的组成部分并加以创造性转化和创新性发展，真正做到文化自觉，通过一代代人的努力，让中华优秀文化包括和合文化走向世界，并逐步被世界所认同，抵达美美与共，天下大同的理想社会。

老子智慧与人类命运共同体的构建

刘新军*

内容提要：人类命运共同体理念的全球治理意义是在该理念的新发展中获得的。中国共产党的十八大报告明确提出要倡导“人类命运共同体意识”，中国共产党的十九大报告则强调“坚持推动构建人类命运共同体”。人类命运共同体理念在过去的几年中已经获得重大发展。经过国家主席习近平阐释的人类命运共同体理念多次被纳入联合国决议，全球治理的中国方案赢得了世界广泛的共识。人类命运共同体理念强调中国梦同世界各国人民的梦想息息相通，世界命运握在各国人民手中，人类前途系于各国人民的抉择。该理念的思想渊源主要在中国传统文化智慧，其中老子的智慧对于构建人类命运共同体具有重要意义。国家主席习近平在谈到人类命运共同体的构建时多次提到老子的思想，其中就有天人合一、道法自然、见素抱朴等。本文梳理了中国共产党的十八大以来人类命运共同体理念新发展的三次飞跃，总结了构建人类命运共同体理念新发展的内在逻辑，全面探讨了老子智慧对于构建人类命运共同体的价值和意义。

关键词：老子的智慧　构建人类命运共同体理念　三次飞跃　内在逻辑

中国共产党的十九大报告把“坚持和平发展道路，推动构建人类命运共同体”作为其内容结构的十三部分之一，而且把“维护世界和平与促进共同发展”作为全党和全国人民要实现的三大历史任务之一，相对于中国共产党的十八大报告所明确提出要倡导“人类命运共同体意识”，中国共产党的十九大报告则强调“坚持推动构建人类命运共同体”。该报告指出：“中国人民的梦想同各国人民的梦想息息相通，实现中国梦离不开和平的国际环境和稳定的国际秩序。必须统筹国内

---

* 刘新军（1965—），男，山东省菏泽市人，哲学博士，山东师范大学副教授，研究方向：美学，宗教学。

国际两个大局，始终不渝走和平发展道路、奉行互利共赢的开放战略，坚持正确义利观，树立共同、综合、合作、可持续的新安全观，谋求开放创新、包容互惠的发展前景，促进和而不同、兼收并蓄的文明交流，构筑尊崇自然、绿色发展的生态体系，始终做世界和平的建设者、全球发展的贡献者、国际秩序的维护者。”(《决胜全面建成小康社会，夺取新时代中国特色社会主义伟大胜利》——在中国共产党第十九次全国代表大会上的报告）人类命运共同体理念在过去的几年中已经获得重大发展，中国共产党的十九大报告所论述的人类命运共同体理念已经充分包含了全球治理的意蕴。几年来，经过国家主席习近平阐释的人类命运共同体理念多次被纳入联合国决议，全球治理的中国方案赢得了世界广泛的认同，中国智慧成了全人类的共同财富。国家主席习近平强调全球治理规则要体现更加公正合理的要求，就离不开对人类各种优秀文明成果的吸收。中国要推动全球治理理念创新发展，就要积极发掘中华文化中积极的处世之道和治理理念同当今时代的共鸣点。老子的智慧是中华文化中积极的处世之道和治理理念中的道家道教理念的重要代表，与基于全球治理体系变革的人类命运共同体理念在精神实质上是内在相合的。本文主要从全球治理的视角来把握中国共产党的十八大以来构建人类命运共同体理念的新发展及其内在逻辑，全面论述老子的智慧对于构建人类命运共同体的重要价值和意义。

一、中国共产党的十八大以来构建人类命运共同体理念的新发展

人类命运共同体理念的全球治理意义是在该理念的新发展中获得的。人类命运共同体理念的正式提出，始于中国共产党的十八大报告。该报告明确提出要倡导“人类命运共同体意识”：“合作共赢，就是要倡导人类命运共同体意识，在追求本国利益时兼顾他国合理关切，在谋求本国发展中促进各国共同发展，建立更加平等均衡的新型全球发展伙伴关系，同舟共济，权责共担，增进人类共同利益。”(《坚定不移沿着中国特色社会主义道路前进，为全面建成小康社会而奋斗》——在中国共产党第十八次全国代表大会上的报告）自中国共产党的十八大以来，国家主席习近平先后一百多次在国际国内重要场合谈及和阐释构建人类命运共同体理念的内涵和重大意义，人类命运共同体理念获得了重大发展。

2012 年 12 月 5 日，习近平在北京人民大会堂同在华工作的外国专家代表座谈，来自美国、俄罗斯等 16 个国家的 20 位外国专家参加了座谈。这也是习近平

当选为中共中央总书记后出席的首场外事活动。在这次座谈会上，习近平明确阐释了人类命运共同体理念，强调我们的事业是同各国合作共赢的事业，因为国际社会日益成为一个你中有我、我中有你的命运共同体。面对世界经济的复杂形势和全球性问题，任何国家都不可能独善其身、一枝独秀，这就要求各国同舟共济、和衷共济，在追求本国利益时兼顾他国合理关切，在谋求本国发展中促进各国共同发展，建立更加平等均衡的新型全球发展伙伴关系，增进人类共同利益，共同建设一个更加美好的地球家园。2013 年 3 月 23 日，习近平在当选为国家主席后首次外访中在莫斯科国际关系学院做题为《顺应时代前进潮流，促进世界和平发展》的演讲中，阐述了人类命运共同体理念，指出在这个世界，“各国相互联系、相互依存的程度空前加深，人类生活在同一个地球村里，生活在历史和现实交汇的同一个时空里，越来越成为你中有我、我中有你的命运共同体”。[①] 在这次演讲中，习近平还创造性地提出构建以合作共赢为核心的新型国际关系的倡议。实践是理论之源。几年来，与中国建立不同形式的伙伴关系的国家、地区和地区组织已经达到一百多个，实现了对五大洲不同国家类型的全覆盖。随着“构建人类命运共同体”理念及其指导下的“一带一路”建设和“共商共建共享”原则多次被写入联合国决议，中国在全球治理体系建设中不断贡献着中国智慧。“命运共同体”的打造和构建的实践经由从双边命运共同体到地区命运共同体再到人类命运共同体的提升，助推人类命运共同体理念的新发展。

自中国共产党的十八大以来，人类命运共同体理念的新发展大致可以归结为三次大的飞跃。

第一次飞跃是人类命运共同体理念从最初意识上的倡导到实践上的打造。这次飞跃意味着人类命运共同体理念的初步发展，由“意识”倡导落实为“中国行动”。构建人类命运共同体，关键在行动。中国倡导的以合作共赢为核心的新型国际关系的建设，是中国为构建人类命运共同体而探索的新路径。“命运共同体”理念首先在周边国家落地生根。在 2013 年 10 月 24 日的周边外交工作座谈会上，习近平提出了“亲、诚、惠、容”的周边外交理念[②]。东盟一直以来都是中国周边

① 习近平：《顺应时代前进潮流 促进世界和平发展——在莫斯科国际关系学院的演讲》，2013 年 3 月 23 日，http://www.gov.cn/ldhd/2013-03/24/content_2360829.htm，2021 年 4 月 21 日。

② 习近平：《做好周边外交工作 坚持亲、诚、惠、容的周边外交理念》，2013 年 10 月 24 日，http://cpc.people.com.cn/xuexi/n/2015/0721/c397563-27338114.html，2021 年 4 月 21 日。

外交的优先方向，随着“中国—东盟命运共同体”、“一带一路”倡议的提出及合作机制的创立，中国与东盟的合作不断深入。此外，还有“亚洲命运共同体”“中非命运共同体”“中拉命运共同体”“中欧命运共同体”等的倡议和合作实践。这些行动为构建人类命运共同体更宏大的实践开辟了道路，奠定了坚实的基础。

第二次飞跃是构建人类命运共同体的理念从处理国际关系的开放发展理念上升到全球治理的国际战略。这次飞跃意味着该理念的成熟。2015 年 3 月 28 日，习近平在博鳌亚洲论坛 2015 年年会开幕式上发表题为《迈向命运共同体，开创亚洲新未来》的演讲，倡导“通过迈向亚洲命运共同体，推动建设人类命运共同体”，提出作为大国，意味着对地区和世界和平与发展的更大责任，而不是对地区和国际事务的更大垄断。2015 年 9 月 28 日习近平在第七十届联合国大会一般性辩论时发表了题为《携手构建合作共赢新伙伴，同心打造人类命运共同体》讲话，指出世界格局的快速演变既创造了前所未有的发展机遇，也带来了需要各国共同认真对待的新威胁新挑战；强调和平、发展、公平、正义、民主、自由是全人类的共同价值，也是联合国的崇高目标，提出了同心打造人类命运共同体“五位一体”的努力方向和路径，并点出国际治理体系需要变革的问题。紧接着在 2015 年 10 月 12 日中共中央政治局就全球治理格局和全球治理体制进行第二十七次集体学习时，习近平在讲话中强调，随着全球性挑战增多，加强全球治理、推进全球治理体制变革已是大势所趋。“全球治理体制变革离不开理念的引领，全球治理规则体现更加公正合理的要求离不开对人类各种优秀文明成果的吸收。要推动全球治理理念创新发展，积极发掘中华文化中积极的处世之道和治理理念同当今时代的共鸣点，继续丰富打造人类命运共同体等主张，弘扬共商共建共享的全球治理理念。”中国持人类命运共同体的理念参与全球治理，是为了推动全球治理体制更加公正更加合理。这是人类命运共同体理念成为全球治理观的又一次丰富和升华。

第三次飞跃是构建人类命运共同体的理念作为全球治理的“中国方案”和“中国智慧”正式成为国际社会广泛的“共识”。这次飞跃意味着人类命运共同体理念的升华。2017 年可谓构建人类命运共同体理念又一次乘风高飞的一年。在 2017 年初，习近平首先在 1 月 17 日的瑞士达沃斯世界经济论坛 2017 年年会开幕式上发表《共担时代责任，共促全球发展》主旨演讲，该演讲从经济全球化问题切入，指出全球经济治理滞后，明确提出应牢固树立人类命运共同体意识、推动全球治理体系变革的问题，并首次提出作为全球治理途径的四大模式。紧接着在第二天，也就是2017年1月18日，习近平在联合国日内瓦总部“共商共筑人类命运共同体”的高级别会议上发表了题为《共同构建人类命运共同体》的著名演讲。该演讲集中系统深刻地阐明了构建人类命运共同体的理念，面对充满不确定性的世界治理难题，习近平明确提出了全球治理的“中国方案”是“构建人类命运共同体，实现共赢共享”，并为国际社会从伙伴关系、安全格局、经济发展、文明交流、生态建设等方面指明了努力方向。习近平在联合国日内瓦总部的演讲引起了国际社会的共鸣，此后人类命运共同体理念接连被写入多个联合国决议。2017年2月10日，联合国社会发展委员会第55届会议协商一致通过“非洲发展新伙伴关系的社会层面”决议，“构建人类命运共同体”理念首次被写入联合国决议中。之后，该理念相继被写入联合国安理会决议、联合国人权理事会决议和联大第一委员会决议。全球治理的“中国方案”和“中国智慧”正式成为国际社会广泛的“共识”，成了有重大而深远影响的国际话语。

二、构建人类命运共同体理念新发展的内在逻辑

构建人类命运共同体理念经过几年来的新发展，已经形成一个内涵丰富、系统深刻的思想理论体系。把握构建人类命运共同体理念的核心要旨和内在逻辑，有助于我们理解其所包含的全球治理意蕴。

构建人类命运共同体理念的精神实质是体现共商共建共享原则的全球治理观，其要旨是世界命运应该由各国共同掌握，国际规则应该由各国共同书写，全球事务应该由各国共同治理，发展成果应该由各国共同分享。

构建人类命运共同体理念具有理想性、人民性、正义性和实践性的特征。构建人类命运共同体是一个美好的目标，也是一个需要一代又一代人接力跑才能实现的目标，这说明构建人类命运共同体理念的理想性特征。构建人类命运共同体理念的形成和发展是中国道路自信、理论自信、制度自信和文化自信的体现，是中国国家治理的成功经验和理论在国际社会的延伸和升华，充分体现了以人民为中心的发展思想和人民当家做主的主体地位，所以，该理念强调中国人民的梦想同世界各国人民的梦想息息相通，世界命运握在各国人民手中，人类前途系于各国人民的抉择，具有鲜明的人民性特征。构建人类命运共同体理念作为引领全球治理体制变革的根本理念和中国智慧，强调中国参与全球治理的根本目的就是推

动全球治理体制向着更加公正合理方向发展，倡导国际关系民主化，以维护国际公平正义，具有正义性特征。构建人类命运共同体理念既是在不断实践基础上获得新的发展，又是指导打造实践活动、引领全球治理体制变革的基本理念，具有实践性特征。

构建人类命运共同体理念作为一个具有实践指向的思想理论体系，有着其科学合理的内在逻辑。理论本质上是实践问题在形而上层面的解决，理论创新和发展归根到底基于实践问题的解答，即回答了时代的问题，凝聚了时代的精神，升华了时代的经验。一个具有创新性的思想理论体系应该包括该思想理论体系的逻辑起点、解决方案和内容目标等要素。

构建人类命运共同体理念新发展的逻辑起点是该理念所关注的基本问题和现实出发点的抽象和概括。习近平 2017 年初在联合国日内瓦总部所做的题为“共同构建人类命运共同体”的演讲中，揭示了人类所共同面临的充满不确定性世界的困惑和基本问题：“世界怎么了、我们怎么办？这是整个世界都在思考的问题，也是我一直在思考的问题。”习近平认为：“回答这个问题，首先要弄清楚一个最基本的问题，就是我们从哪里来、现在在哪里、将到哪里去？”这是作为负责任大国的领导人对人类命运前途和人类文明走向的深切关怀。2017 年 5 月 14 日，习近平在“一带一路”国际合作高峰论坛开幕式上的题为《携手推进“一带一路”建设》的演讲中，揭示了人类所面临的挑战：从现实维度看，我们正处在一个挑战频发的世界，“和平赤字、发展赤字、治理赤字，是摆在全人类面前的严峻挑战。这是我一直思考的问题”。这里用“赤字”表达了人类全球性问题上升而全球治理能力低下的不平衡状态。若从根源上看，和平赤字和发展赤字也源于治理赤字。因此，我们可以得出结论：“全球治理”应是构建人类命运共同体理念新发展的逻辑起点。

针对以三大赤字为代表的严峻挑战，中国提出了自己的解决方案：“让和平的薪火代代相传，让发展的动力源源不断，让文明的光芒熠熠生辉，是各国人民的期待，也是我们这一代政治家应有的担当。中国方案是：构建人类命运共同体，实现共赢共享。”如果说“全球治理”是构建人类命运共同体理念新发展的逻辑起点，那么可以说，构建人类命运共同体理念在本质上是引领全球治理体系改革和建设的根本理念。

在内容目标上，构建人类命运共同体理念所关怀的是“建设一个什么样的世界和如何建设这个世界”等关乎人类前途命运和人类文明走向的重大课题。中国共产党的十九大报告提出：“我们呼吁，各国人民同心协力，构建人类命运共同体，建设持久和平、普遍安全、共同繁荣、开放包容、清洁美丽的世界。”（《决胜全面建成小康社会，夺取新时代中国特色社会主义伟大胜利》——在中国共产党第十九次全国代表大会上的报告）该报告不仅描绘出人类命运共同体理念所承载的美好世界目标，而且提出了从政治、安全、经济、文化、生态等五个方面推动构建人类命运共同体的布局和路径。

总之，构建人类命运共同体理念获得新发展所面临的全球性挑战和困境，同样也是全球治理所面对的挑战和困境。构建人类命运共同体理念同样具有全球治理的意义。

三、老子的智慧对于构建人类命运共同体的价值和意义

老子哲学是中国传统哲学的真正开端，由老子哲学开启的道家思想和道教文化构成了中国传统文化的根本。人类命运共同体理念的思想渊源主要在中国传统文化智慧，其中老子的智慧对于构建人类命运共同体具有重要意义。国家主席习近平在谈到人类命运共同体的构建时多次提到老子的思想，其中就有“道法自然”“见素抱朴”等。在构建人类命运共同体理念的逻辑起点上，该理念所关注的现实出发点即和平赤字、发展赤字、治理赤字为代表的全人类的严峻挑战，就包含着和平权、生存权、发展权的问题，针对这些挑战而提出的构建人类命运共同体的中国方案就内在地包含着老子的智慧。构建人类命运共同体理念在本质上是引领全球治理体系改革和建设的根本理念。本文试图从以下几个方面阐发老子的智慧之于构建人类命运共同体的重要价值和意义。

首先，从构建人类命运共同体的实践和理论发展来看，建构以相互尊重、公平正义、合作共赢为核心的新型国际关系是推动建构人类命运共同体的基本途径，它侧重于来解决全人类所面临的和平赤字问题。构建人类命运共同体理念是全球治理的正义根基。2015 年 10 月 12 日中共中央政治局就全球治理格局和全球治理体制进行第二十七次集体学习，习近平强调追求国际正义成为多数国家的共识，中国参与全球治理的根本目的就是推动全球治理体制向着更加公正合理方向发展，为我国发展和世界和平创造更加有利的条件。构建人类命运共同体理念是基于人类整体利益和共同价值而对以和平与发展为主题的时代精神的升华，回

应了国际社会对新的全球治理理念的呼唤，是中国参与并引领世界共同发展与和平发展的新世界观和全球治理观，是中国贡献给全球治理的政治哲学。我们知道，政治哲学是老子智慧的重要旨趣，天下关怀是老子智慧的终极关怀。老子说："故以身观身，以家观家，以乡观乡，以邦观邦，以天下观天下。吾何以知天下然哉？以此。"（《老子·五十四章》）这种从自己观他者而知天下，正是以道修德而普化天下。如何以道修德而普化天下呢？人类当今正处于基于人类整体利益和共同价值而以和平与发展为主题的时代，老子的"圣人之道，为而不争"（《老子·八十一章》）、"以其不争，故天下莫能与之争"（《老子·六十六章》）、"不欲以静，天下将自定"（《老子·三十七章》）、"见素抱朴，少私寡欲"（《老子·十九章》）等思想智慧有助于解决全人类所面临的和平赤字问题。

其次，"一带一路"的倡议及其不断完善的建设合作机制，是新时代中国奉献给全球治理的重要公共产品，它侧重于来解决全人类所面临的发展赤字问题；而老子则胸怀天下，指出"江海所以能为百谷王者，以其善下之"（《老子·六十六章》），强调"天之道，利而不害"（《老子·八十一章》）。如前所述，构建人类命运共同体理念在本质上是引领全球治理体系变革的根本理念，而全球治理体系的变革均含有普利的意蕴。现行全球治理体系主要构建于二战结束后，由美国等发达国家主导，发展中国家的利益很难得到保障。人类命运共同体在本质上首先是利益共同体，老子指出"上善若水，水善利万物而不争"（《老子·八章》），强调"天之道，不争而善胜，不言而善应，不召而自来"（《老子·七十三章》），那么从政治哲学和全球治理来看，可谓"天网恢恢，疏而不失"（《老子·七十三章》）。中国作为一个发展中的大国，其"一带一路"的倡议及其不断完善的建设合作机制，正是秉承了老子的"后其身而身先，外其身而身存"（《老子·七章》）和"处无为之事，行不言之教，万物作焉而不辞，生而不有，为而不恃，功成而弗居"（《老子·二章》）等思想智慧，这有助于解决全人类所面临的发展赤字问题。

再次，治理赤字问题是根源性问题，全球治理更多地需要共识的推动，而且需要多元主体合作才行，这意味着需要建构出一种具有全球视野、全球观念和全球身份的人类新文明；以共商共建共享理念引领全球治理体系的变革则侧重于来化解全人类所面临的治理赤字问题。在西方发达国家主导的全球治理体系中，西方传统自由主义强调其普世价值，实质上是把西方特殊的观念看作普遍，甚至看作全世界的唯一标准。一些西方发达国家也往往基于本国利益对别国状况横加指责和干涉，造成了不少全球治理的制度困境和正义难题。建立公正合理的国际秩序是人类孜孜以求的目标，中国强调各国平等参与决策，共同完善全球治理。这对于超越西方传统价值观念和推动全球治理体系向着更加公正合理方向发展具有重要意义。在中国传统文化的资源中，老子的“道法自然”（《老子·二十五章》）理念对于全球治理具有重要意义。老子基于“道常无为而无不为”（《老子·三十七章》），强调要“辅万物之自然”（《老子·六十四章》），最后到达“功成事遂，百姓皆谓：‘我自然’”（《老子·十七章》）。在老子看来，“无为而无不为”（《老子·四十八章》）就是道法自然，因为“为无为，则无不治”（《老子·三章》），“我无为，而民自化”（《老子·五十七章》）。无为则保证了万物和百姓自然自化。老子说：“不可得而亲，不可得而疏；不可得而利，不可得而害；不可得而贵，不可得而贱。故为天下贵。”（《老子·五十六章》）为了人类命运共同体的构建，就必须能平等地尊重各国的权利，从而制定出各国平等参与决策、共同完善全球治理的原则和制度。按照老子的智慧，大道“生而不有，为而不恃，长而不宰”（《老子·五十一章》），这种思想智慧有助于尊重各国的权利和发挥各国的主体地位，以更有效地解决全人类所面临的治理赤字问题。

总之，构建人类命运共同体理念立足于全人类整体利益的立场，强调全人类的共同价值，奉行开放、包容、普惠、平等、公正、民主、合作、共赢、共商、共建、共享等原则，因此，对于基于全球治理体系变革的人类命运共同体的构建，老子的智慧相对于其他思想无疑具有更重要的价值和意义。

浅谈老子的和谐思想及其对人类命运共同体构建的积极作用

郭向阳*

内容提要：在中国文化中，“和”与“谐”同义，而“和谐”在古代是以“和”的范畴出现的。作为中国古代哲学的核心范畴之一，“和”的思想经历了孕育、萌芽、形成和发展的历史过程，构成了完备而别具特色的理论体系。面对春秋战国时期诸侯称霸、社会分崩离析的现实，道家学派的代表人物老子，提出了他的政治主张，在他的政治理论中蕴涵着丰富的“和谐”思想，为今天构建人类命运共同体提供了可供借鉴的思想资源，深入研究，有助于当前构建人类命运共同体的良好建设，对于构建人类命运共同体有着重要的理论与实践意义。

一、老子的和谐思想和主要特点

玄同即是和谐，是道家传统文化的一个重要思想，也是道家对人类的一个巨大的思想贡献，这一切都源自老子的著作《道德经》里所蕴含的和谐思想。那么，《道德经》里的和谐思想是如何体现出来的，对当今社会的发展又有哪些益处呢？要弄懂这两个问题，必须从以下几个方面入手进行分析。

李泽厚先生曾经说过：“所谓‘先秦’，一般均指春秋战国而言。它以氏族公社基本结构解体为基础，是中国古代社会最大的激剧变革时期。在意识形态领域，也是最为活跃的开拓、创造时期，百家蜂起，诸子争鸣。其中所贯穿的一个总思潮、总倾向，便是理性主义。正是它承先启后，一方面摆脱原始巫术宗教的种种观念传统，另方面开始奠定汉民族的文化—心理结构。就思想、文艺领域

---

* 郭向阳（1968—），男，河南省洛阳市栾川县人，大专学历，民间老子文化研究者，现在栾川县人民医院工作。研究方向：老学研究。

说，这主要表现为以孔子为代表的儒家学说，以庄子为代表的道家，则作了它的对立和补充。儒道互补是两千多年来中国思想一条基本线索。”[①] 其实，李先生的论述是有明显的缺陷的，就是忽视了老子及《道德经》对国人思想形成的重大作用，尤其是忽略了老子的和谐思想对中华民族性格形成的重要作用。

《道德经》，本为先秦道家的代表作，是道家创始人老子在广泛吸收各个时代先进思想并加以提炼后所撰写的一部最重要的道家著作，也是中国哲学史上、文化史上的一部奇书，亦称《老子》。在漫长的岁月长河中，《道德经》逐渐被神秘化，而且常会被归属为道教学说、道教的思想源泉。其实哲学上的道家，倡导的是一种治理国家的社会理念，是一种面对西周末年分崩离析的社会状况所给出的一个治国方略，是一种治理国家的策略，和宗教上的敬天地事鬼神的道教，是不能混为一谈的。但汉末张陵创五斗米道，奉老子为教祖，尊称为太上老君，道教奉《道德经》为主要经典之一（道教有三部奇书，《道德经》《南华真经》《易经》），以《老子五千文》（即《道德经》）为教典，教诲道徒，创立了道教，并作《老子想尔注》，以宗教的观点解释《老子五千文》，自此《道德经》成为道教的基本经典。以后，《道德经》作为道教基本教义的重要构成之一，被道教视为重要经典，其作者老子也被道教视为至上的三清尊神之一道德天尊的化身，又称太上老君，所以应该说道教吸纳了道家思想，道家思想完善了道教。同时，前面所说的哲学，并不能涵括《道德经》（修身立命、治国安邦、出世入世）的全貌。由于《道德经》本身就是治国方略，而且根据时代的需要提出了“无为而治”的主张，顺应了历史的发展，因而，成为中国历史上某些朝代，如西汉初的治国方略，在经济上可以缓解人民的压力，对早期中国的稳定起到过一定作用。历史上《道德经》注者如云，甚至有几位皇帝都为其作注。唐贞观二十一年（647），《道德经》被译为梵文，传入东天竺；唐开元二十三年（735），唐玄宗亲注《老子》。日本使者名代，请《老子经》及老子“天尊像”归国，自此《道德经》传入日本，并对日本社会发展产生过影响。关于老子其人，由于年代久远，现今所能见到的可靠资料极为简略，只有《史记·老子韩非列传》。《史记·老子韩非列传第三》：“老子者，楚苦县厉乡曲仁里人也。姓李氏，名耳，字伯阳，谥曰聃。周守藏室之史也。”（按：老子为苦县人，今当河南鹿邑。其地本属陈国。陈为楚灭，

① 李泽厚：《美的历程》，天津社会科学出版社，2007 年版，第 45 页。

恰当孔子之卒年——公元前479年，故老子出生于苦县时，尚属陈国所有，故当为陈人）

具体来说，老子的和谐思想，主要体现在以下几点：

1.“天人合一”的自然和谐观

在人与自然的关系上，中国传统文化中最具有代表性的观点是“天人合一”的自然和谐观。先前秦道家老子最先表达了天人合一的思想，他说：“人法地，地法天，天法道，道法自然。”（转引自高明《帛书·老子甲本勘校复原》，下引只标章数）老子认为天地人都要遵从自然之道，天下万物都产生于一定的自然环境中，然后又很自然地复归于自然界，他说：“天物芸芸，各复归于其根曰静，静是谓复命。复命长也，之常明也。”“万物负阴而抱阳”是说天地万物及社会人生都包含着阴与阳两个相互依存、相互渗透的对立面，概莫能外。阴与阳的对立统一乃是一切事物的固有属性，以为有阴而无阳或有阳而无阴，就如同以为有上而无下或有下而无上一样，是不能成立的。“冲气以为和”中的“冲气”，并不是一种叫作“冲气”的气体，而是指统一物内部对立面之间的相互排斥、相互斗争、涌摇激荡、对立统一的机制，“冲气”不过是对此种动力机制的形象化的表述；“以为和”是说对立面的涌摇激荡或斗争作为一种机制作用于事物而达到了或实现了对立面之间某种程度的协调与和谐。矛盾双方的相互排斥和相互作用使事物达到协调与和谐，即“冲气以为和”。“冲”是涌动、激荡的意思，可以引申为冲突、对立，它象征矛盾的不平衡和对立状态，它是矛盾双方实现协调与和谐的内在动力。老子目睹、亲身经历了严重背离大“道”的社会现实：统治者私欲膨胀，要弄智巧，争名于朝，争利于市，各诸侯国统治集团之间攻城略地，战乱频仍。一方面是统治者们“服文采，带利剑，厌饮食，财货有余”，另一方面是劳苦大众“田甚芜，仓甚虚”（五十三章），食不果腹，衣不蔽体，社会两极分化极为严重，统治阶级与被统治阶级之间的矛盾十分尖锐，以至于人民暴动不断发生。在七十五章老子深刻地指出：“人之饥，以其取食税之多也，是以饥。百姓之不治，以其上有以为也，是以不治；民之轻死，以其上求生之厚，是以轻死。”（七十七章）老子认为其根本原因是统治者私欲过重、邪智太多，所以他主张堵塞他们的智欲之门，平息社会的纷争，按照“天之道，损有余而补不足”（七十九章）的原则，使社会能“挫锐”“解纷”，从而走向“和光同尘”的“玄同”的境界。“玄同”的境界就是全社会各方面的关系高度和谐的境界。在这种理想的社会中，大“道”所体现的公正、公平、人人平等的原则就会得以实现，社会再无亲疏、利害、贵贱之别。这当然是老子所期望的由对立达到同一的最佳状态，也就是“同于道”的大同世界。

2. 理想“真人”的人际和谐观

道家构想的做人的榜样和终极范式，是理想之“真人”，道是宇宙的本体，是万物的原初状态，真人就是返归到原初状态的人，即返璞归真之人，这种人不同于凡人，他“无名”，“无己”。“无名”就是真人在人际关系上淡泊名利。老子提出了“玄同”的处事原则主张：“塞其兑，闭其门，知其光，同其尘，挫其锐，解其纷，是谓玄同。”（五十六章）不陷入复杂的人际矛盾，要疏远亲邻，避开贵贱利害关系。“无己”就是真人在处理自身关系上要“忘形”“忘情”，就是从形体和精神两方面彻底忘掉自己。《道德经》的目的就是通过提供一套治国修身之道的方法，一套达成这一方法的心态，用圣心王道教化天下百姓，进而用一种圣与王合二为一的思想行为，达成人与人、人与社会、人与自然、人与复杂多变的生活环境的和谐统一，并以此来谋求人与社会的最大和谐，进而给百姓以最大的利益。和法家、儒家的经典著述《韩非子》《论语》相比，《道德经》的最大特点就是，不用具体的行为规范标准与刻板教条的精神理念来强制性地规范人的具体的日常行为。儒家的礼义廉耻、三省吾身，法家的法、术、势及治理国家的各种规矩，老子这里没有，这里有的只是善意的劝诫，只是一种因势利导的循循善诱。《道德经》所倡导的是一种教化得来的和谐，一种通过引导人性提升得来的，博大而长久的全社会的和谐，一种真正的、根本性的和谐。

3. “身心为一”的个人和谐观

老子强调，万物负阴而抱阳，对于个人，阴阳和谐则无疾，内外和谐则无虑。强调人个性的外在表现与内心活动一致。提出人要有自知之明，不要过分贪婪外物，珍爱个体生命，“名与身孰亲？身与货孰多？得与亡孰病？甚爱必咨费，多藏必后亡。故知足不辱，知止不殆，可以长久。”老子是主张修身养性的。他说：“上善若水。水善利万物而不争，处众人之所恶，故几于道。居善地；心善渊；与善仁；言善信；政善治；事善能；动善时。夫唯不争，故无尤。”他认为，具有高尚品德的人就要像水一样，要有适应形势的能力，有最沉静的心思，与人交往要热情，说话办事要讲信用，要合时宜，要效法天地自然之道，主张人们要有丰富自己精神生活的观点，要懂得人生的真谛和生活的哲理，要有自我反省能力，强调人要自重、自爱，要贵生重己，对待名利要适可而止，知足常乐。无论对自己的思虑还是欲望，道家都主张不可恣意，而要有所节制。这包括通过对外在知识追求的限制、管理权力的内收、名利欲望的节度等方法的修炼，以达到在应接他者时自己内心的安宁与祥和。

4.“无为无不为”的政治和谐观

道家无为而治的“无为”绝不是消极被动的无所作为，无所事事，放任自流，而是国内外的治理都必须放弃自己的贪婪，内心私欲，所有杂念、妄念，按照自然规律实现天人合一相容，万事万物的运行规律掌握于胸，智慧大开，灵感万方去办事，获得成就，治理国家就可为了。老子说：“为学者益，闻道者损。损之又损以至于无为。无为而无不为。取天，也恒无事，及其有事也，不足于取天下。”（四十八章）显然他说的无为不仅是有所为而且是讲究后天的学习积累，逐步达到净心少欲，及道明德而有为。实现，无为而治，老子提倡“以正治帮”“以德治国”，君主们以身体力行践行道德规范，以正其身而范于人，而人民自然纯朴，社会和谐稳定。“以正治邦，以畸用兵，以无事取天下。”“我无为也，而民自化；我好静而民自正；我无事民自富；我欲不欲而民自朴。”（五十七章）

老子从探讨和思索宇宙的本原、支配万物的永恒法则入手，进而说明人类社会的治理之道。老子的“道”又是支配宇宙万物的普遍永恒法则：“道者，万物之注也”（六十二章）。老子认为，人类事务必须遵从自然之道：“人法地，地法天，天法道，道法自然。”（二十五章）。人们尊重道，就会天下太平；背离道，就会遭殃：“故从事而道者同于道，德者同于德，失者同于失。同于德者，道亦德之。同于失者，道亦失之。”（二十四章）他还说：“执大象，天下往。往而不害，安平大。”（三十五章）就是说，遵照大道，天下归顺；天下归顺，就能过上安泰的生活。“道法自然”是老子整个社会政治思想的立论基石和本体论依据。他的人性论和认识论、“无为而治”和一视同仁主张、包容思想和柔弱谦下治术都从“道”引申而来。

老子的“道法自然”同西方的自然法思想不谋而合。自古希腊以来，西方一直存在着有关自然法的思想。这一思想可以追溯到古希腊智者学派赫拉克里特，后期斯多葛派明确提出了自然法支配一切的思想。自然法思想由古罗马法学家西塞罗和赛涅卡、中世纪神学家奥古斯丁和阿奎那延续下来，并为近代启蒙思想家斯宾诺莎、霍布斯、洛克等人所发挥，成为古典自由主义的重要思想渊源。在西方，自然法又称逻各斯、神启之法、上帝之法、理性之法。自然法思想认为，自然法支配整个宇宙，社会事务必须遵从自然法，一切人类立法活动只是发现、补充自然法，而不能违背或改变自然法。自然法思想的意义在于证明：社会生活存在一种自生自发的自然秩序，不能凭主观意志或理性设计进行全盘改造，政府活动只能顺应而不该随意干预、改变社会的自然秩序。

“道法自然”思想也深刻影响了春秋战国时代的诸子百家，并对后来中国思想文化的发展、演进产生了重要影响。孔子初创儒学时“重于人事，虚于天命”，也不乏对“道”的体认。孟子提出了“天人合一”的思想，西汉年间奉行的黄老之术和董仲舒的“天人感应”学说，宋明时期奉行的二程、朱熹的“天理”学说，可以说，不同程度地都受到了老子的影响。

需要说明春秋战国时代是我国由奴隶制社会向封建社会急剧转型时期。这是一个生产技术大发展的时代。春秋时期，铁器已经开始应用于农业生产；春秋中期，出现了牛耕；战国时期，铁制农具和牛耕已经普遍推广。随着生产力的发展，脑体分工更进一步，形成了专门的知识分子阶层和职业团体。他们有可能对过去人们积累的各种经验、知识和智慧（包括经济的、政治的和思想文化的）进行系统的思考、整理和加工。先秦诸子百家大都在这个时期形成。

这是一个经济关系大变革和社会大分化的时代。随着生产力的进一步发展，以土地定期分配为特征的井田制度日益瓦解，公有土地逐渐转变为个体农民私有。到了战国时期，秦国商鞅变法，“裂井田，开阡陌”，土地始得买卖，从而确立了土地私有制。随着经济关系的剧烈变动，社会阶级出现了大分化：原有的奴隶主、奴隶和平民三大阶级继续存在，新兴的地主阶级和农民阶级业已成型。当时的知识精英分别代表不同阶级和阶层的利益，对当时的社会变革发表看法，提出各自的政治和社会主张，由此出现了中国第一个百花齐放、百家争鸣的盛况。

老子的自由思想就是以这种经济关系的大变动和社会阶级的大分化为背景的。老子的自由思想显然代表了平民和农民阶级的利益，而不是传统认为的没落奴隶主阶级的利益，因为奴隶主阶级显然不会主张给民众以自由。由于古代中国较早地告别了奴隶制度和较早地确立了土地私有制度，这就使得中国农民同其他国家比较，有了较大的生产和生活自主权。西欧国家在 13 世纪仍然盛行领主制，农奴对封建领主存在着严重的人身依附关系。中国百姓同西方国家的农奴相比，对地主的人身依附相对较轻，有着较多的私人生活空间，老子的政府无为和民众

“自治”思想的较早出现可以说与此有关。古代中国的农业文明，与此也不无关系。

老子也提出了“无为而治”的政治思想主张，这是老子政治思想的核心内容，有关这种思想的论说贯穿于他的全部著作之中。老子劝诫统治者要“居无为之事，行不言之教”（二章）。他通过四种类型的君主的对比，进一步印证了他的“无为而治”主张：“太上，下知有之，其次，亲誉之，其次，畏之，其下，侮之。……成功遂事，而百姓谓我自然。”（十七章）大意是说：最好的君主，百姓只是知道它存在；其次的君主，百姓亲近赞誉他；再次一等的君主，百姓害怕它；末等的君主，百姓蔑视它。在最好的君主统治下，百姓功业建立、事情办成了，不认为应当归功于君主，而是归功于自己。

他为自己的无为主张做了本体上的论证，认为无为而治合乎自然规律：“希言自然。故飘风不终朝，骤雨不终日。孰为此者？天地尚不能久，又悦于人乎。”（二十四章）他以“治大国若烹小鲜”的比喻说明无为而治的必要。他以反证的方式说明了有为的害处：“将欲取天下而为之，吾见其弗得已。夫天下神器也，非可为者也。为者败之，执者失之。”（二十九章）他又正面论证了“无为而治”的好处：“我无为而民自化，我好静而民自正，我无事而民自富，我欲不欲，而民自朴。”（五十七章）老子的这段精辟话语是其“无为而治”思想的集中表达，因此，受到了当代新古典自由主义大师哈耶克的引用和高度称赞。

同法家的强为政治主张和儒家的积极有为的政治主张不同，老子采取逆向思维，反其道而行之，提出了截然相反的政治主张。真可谓“反也者，道之动也”。需要说明老子的“无为而治”主张在历史上得到佐证，证实了它的成效。汉唐初年奉行“黄老之术”，采取“与民休息”的政策，造成了“文景之治”“贞观之治”时期国盛民富的局面。近代欧美国家经济文化繁荣也同不干预主义的自由经济政策存在密切关联。

老子的思想中有平等观念。他说：“天地不仁，以万物为刍狗；圣人不仁，以百姓为刍狗。”（五章）大意是说：天地大慈大悲不存在偏爱之心，把万物看作草扎的狗；圣人也不存在偏爱之心，将百姓视为草扎的狗。老子并非主张视民众为粪介，而是主张政府对民众不带感情偏好，做到一视同仁。老子为平等待人做了本体上的论证：“天道无亲，恒与善人。”老子以天道为依据，对当时严重的贫富贵贱等级分化进行了严厉抨击：“天之道，犹张弓者也，高者印（抑）之，下者举之，有余者损之，不足者补之。故天之道，损有余而益不足。人之道则不然，损不足而奉有余。”（七十九章）需要说明，老子主张消除贵贱等级、缩小贫富分化，但并不是主张绝对平均主义，而是主张缩小贫富两极分化，更类似于西方政治哲学所主张的程序公正和分配公正的某种混合。

平等是自由主义坚持的一项核心原则。它主张人们在政治地位和法律地位上一律平等，国家和政府对待公民要一视同仁。这种平等理念有其思想渊源。西方自古希腊时代就萌发了平等观念，可以从伯里克利的著名演说中看得出来：“我们的制度之所以被称为民主制度，因为政权在全体公民手中，而不是在少数人手中。解决私人争执的时候，每个人在法律上都是平等的；让一个人担任公职优先于他人的时候，所考虑的不是某一个特殊阶级的成员，而是他们的真正才能。任何人，只要他能够对国家有所贡献，绝对不会因为贫穷而在政治上埋没无闻。”中世纪的基督教则保持着人在上帝面前人人平等的主张，而近代英格兰启蒙运动的思想家们则从人性论和认识论的角度证明了人在人格上和理性上的平等地位。

平等观念对自由的意义在于：人人在人格、权利、道德和法律地位上是平等的；私人的事情由自己做主，公共的事情由大家协商解决；人们应相互尊重，任何人都不享有对他人的专断权力。

需要说明，老子的一视同仁主张被春秋时代的法家所吸收。汉代司马谈在《论六家要旨》中认为，法家的第一个特征就是：“不别亲疏，不殊贵贱，一断于法。”商鞅的“刑无等级”思想、韩非子的“法不阿贵”思想都受到了老子的影响。

他指出了社会诸多异化现象：“故大道废，安有仁义。智慧出，安有大伪。六亲不和，安有孝慈。邦家昏乱，安有贞臣。”（十八章）他开出了救治社会病态的药方：“绝圣弃知”“绝仁弃义”“绝巧弃利”“见素抱朴”“少私寡欲”，以此达到返璞归真的自然状态。他分析了造成人性异化的原因。一是外在的物质诱惑：“五色使人目盲，驰骋田猎使人心发狂，难得之货使人之行方，五味使人之口爽，五音使人之耳聋。”二是统治者的错误政策：“夫天下多忌讳，而民弥贫；民多利器，而邦家滋昏；民多智能，而奇物滋起；法物滋彰，而盗贼多有。”（五十七章）

老子从自然人性论的角度为他的“无为而治”主张提供依据。他说：“其正闵闵，其民屯屯。其正察察，其邦缺缺。”（五十八章）正是由于统治者生活上的贪得无厌、浮华奢侈，政治上的法繁刑重，经济上的苛捐杂税，军事上的频繁征战，道德上的烦琐礼仪，文化上的智多使巧，一句话，正是由于统治者苛政扰民的强为政治背离了自然之道，造成了民风日下，人性不再纯朴敦厚。要保持和恢复人性自然，必须实行无为政治。需要说明老子对一切人类文明持怀疑否定态度，这是不科学的；要返回到原始社会状态更是办不到的；但反对苛政扰民政治，则有其合理之处。

老子提倡对人要宽和慈柔，不要争胜好强，与自由主义的博爱宽容思想有相似之处。他提出诚信友爱准则："善者善之，不善者亦善之，德善也。信者信之，不信者亦信之，德信也。"（四十九章）他提出待人要"兼而不刺"（五十八章），亦即待人宽厚、不伤害别人。末章说："和大怨，必有余怨，焉可以为善？"（八十一章）意思是说：与人为善就要消除一切怨恨，"报怨以德"（六十三章）。他由人际关系原则推及国际关系，提出大国小国之间要相互尊重、谦让，"皆得其欲"（六十一章）。

老子提倡宽和慈柔是有本体论依据的，因为生成万物、主宰宇宙的"道"具有如此的本性："生而弗有也，为而弗恃也，长而弗宰也"（五十一章）；"故天之道，利而不害"（五十八章）。他提出"道"有三件宝，"慈"排第一位（六十九章）。老子那里，柔弱谦下既是一种治国策略，也是一种处世待人的方针，与他的宽和慈柔思想内在一致。他以"江海之所以能为百谷王"的比喻来说明包容的好处。他以人身和草木和水为例说明柔弱处事、谦下待人的好处。需要说明，老子的谦和慈柔是无差等的博爱，同儒家的亲疏有别的仁爱不完全相同，而类似于墨家的兼爱。老子曰："上德不德，是以有德；下德不失德，是以无德。"（三十八章）也就是说，真正有大德、厚德的人，不刻意去追求有德，反而有德；一些人不愿意失去德的名声，刻意去追求德，反而失去了德。这句话看似矛盾，其实深含智慧。对于理政者而言，德的重要表现就是使人各得其位、各得其所，各得其利、各得所需。只要把人们的得利、得位及其途径、多少、高低等用合理的规则固定下来并严格执行，就是德的表现，不必刻意去求德施德，这样才会成全大德。相反，如果理政者总是为了德的名声，热衷于对个别人施小仁给小惠，搞"有求必应"，表面上看起来积了很多德，其实是偏私，是小惠个人、失德人民。

"无为"方能大有为。老子推崇"无为而治"，"无为"是其思想中的一个重要概念。"无为"是要"道法自然"，顺应自然而不妄为。也就是说，要遵循事物发展的内在法则，根据实际条件采取适宜行动。世间万物包括人类社会，都有其运行的内在规律，即“道”在其间。离开了这个“道”，事倍功半；顺应了这个“道”，事半功倍。“无为”，就要顺势而动，按照自然和社会法则，使其自行运转。“无为”并不是不作为，而是要通过“无为”达到有为，同时更为重要的是控制乱作为，即不妄为。秦亡汉兴，实行轻徭薄赋、与民生息的政策，出现了“文景之治”的盛世，这是老子所讲的“我无事，而民自富”的例证。对于理政者而言，“无为而治”的启示在于，自己的所作所为必须遵循事物发展的内在规律，通过自己的“无为”而引导和发挥群众的积极性、主动性、创造性。同时，应通过控制、监督，限制权力的私自膨胀，防止乱作为、胡折腾。

天道忌盈。老子认为天道忌盈。什么是“盈”呢？口满为盈，权大为盈，富奢为盈。口满，不仅难以兑现，而且招人记恨；权大，则生骄横，骄横必然侵害他人；富贵且奢侈，挥金如土，必然被食不果腹者怨恨。月满则亏，盛极则衰。老子曰：“金玉满堂，莫之能守。富贵而骄，自遗其咎。”（九章）这句话点出了贫富无常的道理。怎样才能常虚不盈呢？关键是在成功的时候不忘忧患。有忧患意识，则无忧患；无忧患意识，则终忧患。也就是要做到安不忘危、存不忘亡、治不忘乱、乐不忘悲。

伟业须从细小做起。老子曰：“天下大事必作于细。”（六十三章）细小之事如何才能变成伟业呢？老子认为：“合抱之木，生于毫末；九层之台，作于累土；百冈之高，始于足下。”（六十四章）也就是说，根本的方法在于不断地积累。积土成山，积水成渊，天下大事皆由积累而成。所以，对于理政者而言，从小处做起，从一点一滴积累，抓好关键细节，方能成就大业。事物的发展在于积累的道理还启示人们，积小过会成大恶，千里之堤会溃于蚁穴。因此，理政者应当努力看得远一些、深一些，见事于初萌，防患于未然。实行管理的有效方式是“无为”。老子认为，实行有效管理的机制就是“无为”，在政治操作上做到“无为而治”，从而达到统治者与被统治者之间相安无事，和谐共存。所谓“无为”实指“为无为”，统治者（圣人）的作为是从事于不作为，就是“能辅万物之自然而弗敢为”（六十四章），他急人民之所急，想人民之所想，从不夸耀自己的功绩。正所谓：“是以圣人居无为之事，行不言之教。万物作而弗始，为而弗恃也，功成而弗居也。”（第二章）他要求统治者不要为所欲为，利用手中的特权横加干涉老百姓的生活。老子还在第二十章说“：我无为而民自化，我好静而民自正，我无事而民自富，我无欲而民自朴”。他反对统治者干预民众的生活，而倡导让民众按其自然本性生活。“道常无为，而无不为，侯王若能守之万物将自化”。(第三十七章)。“夫天下多忌讳，而民弥贫；民多利器而邦家滋昏；人多智巧，而奇物滋起；法令滋彰，而盗贼多有”。(第五十七章）老子认为，只要顺应自然，就会取得成功。统治者去除种种妄为、按照自然规律而行事，那么百姓就会收到最好的道德教化而淳朴；统治者如果去除各种贪欲而清静心身，那么民风就会正，歪风邪气就不能形成气候；统治者如果不给老百姓增加种种不必要的负担，那么百姓自然会富足。

老子认为要达到人与人关系和谐，必须通过自身的修德，从而达到与他人的和谐。他认为要以修德为本，树立道德人生观，严以律己，宽以待人。《德道经》第六十五章说：“孔德之容，唯道是从。”德是道在人身上的体现。道是无相无形的，是看不见的，而德是可见的，可以通过人的一言一行表现出来。人要学道、行道、证道、了道，就必须从修德入手，由德而入道。

在对待自己方面，老子提出了严格要求。《德道经》第三十八章说：“上德不德，是以有德；下德不失德是以无德。”他认为真正的大德并不标榜自己有德，而德行差的人却往往带着有德的帽子。在对待别人方面《德道经》第十二章说：“善者善之，不善者亦善之；德善也。信者信之，不信者亦信之；德信也。”圣人居道“无”而用德“一”，无私无欲，唯德是从，以百姓心中的真性复明为己任，对那些因为离道失德而作恶和不诚信的人也要一视同仁，对善良的人善待之，不善良者也善待之。对德道诚信的人以忠信相待，对那些并不诚信的人也同样以忠信相待。

老子主张不要人为标榜贤能异士，人们就不会去追求虚名，人与人就会和睦相处；不要特别宣扬奇珍异宝：“不尚贤，使民不争。不贵难得之货，使民不为盗。不见可欲，使民不乱。”(第四十七章）这样人们就不会为争夺宝物而沦为盗贼；不要有意刺激人们的贪欲，人们的心性就会淳朴而不乱。

总的来说，统治者要治理好一个国家就要做到“治大国若烹小鲜”，要以清静无为为原则，以安定不扰民为上，只有这样，才能各守其静，天下也就相安无事，达到天下大治的目的。作为和谐社会，首先应当是充满发展活力的社会。要保持社会活力，老子告诉我们应当去除种种不必要的禁锢、负担，在经济上要进一步深化改革，坚决破除一切妨碍发展的体制机制弊端，形成有利于创业的环境和保障。发展公民参与社会的主动性和积极性，使公民享有广泛的权利和自由。从政策上支持、从制度上保证社会充满创造活力，使社会各阶层的人们各尽其能、各得其所，为社会成员充分施展才能提供机会和舞台，就会造成一种积极的、有利于社会发展的和谐。

《道德经》含有丰富的辩证法思想，老子哲学与古希腊哲学一起构成了人类哲学的两个源头，老子也因其深邃的哲学思想而被尊为“中国哲学之父”。老子的思想被庄子所传承，并与儒家和后来的佛家思想一起构成了中国传统思想文化的内核。老子的思想主张是“无为”，老子的理想政治境界是“邻国相望，鸡犬之声相闻，民至老死不相往来”。《道德经》以“道”解释宇宙万物的演变，“道”为客观自然规律，同时又具有“独立不改，周行而不殆”的永恒意义。《道德经》书中包括大量朴素辩证法观点，如以为一切事物均具有正反两面，“反者道之动”，并能由对立而转化，“正复为奇，善复为妖”，“祸兮福之所倚，福兮祸之所伏”。又以为世间事物均为“有”与“无”之统一，“有、无相生”，而“无”为基础，“天下万物生于有，有生于无”。“天之道，损有余而补不足，人之道则不然，损不足以奉有余”；“民之饥，以其上食税之多”；“民之轻死，以其上求生之厚”；“民不畏死，奈何以死惧之？”其学说对中国哲学发展具有深刻影响，其内容主要见《道德经》这本书。他的哲学思想和由他创立的道家学派，不但对我国古代思想文化的发展做出了重要贡献，而且对我国2000多年来思想文化的发展产生了深远的影响。

《道德经》只有五千余字，言简意深，为韵文哲理诗体。《庄子·天下篇》括其旨曰：“以本为精，以物为粗，以有积为不足，澹然独居神明居。……建之以常无有，主之以太一，以濡弱谦下为表，以空虚不毁万物为实。”其说大体从天人合一之立场出发，穷究作为天地万物本源及宇宙最高理则之“道”，以之为宗极，而发明修身治政等人道。所谓“人法地，地法天，天法道，道法自然”，人道当取法于地，究源及道所本之自然。道之理则，分无、有二面。道常无，无名无形，先于天地鬼神，而为天地万物之始，道常有，生天地万物，具无穷之用。道之理则贯穿于万有，表现为万有皆相对而存，极则必反，终必归，根本之规律。而有之用，常以无为本，“有生于无”。圣人体道之无，法道之自然无为，以之修身，当无欲而静，无心而虚，不自见自是，自伐自矜，为而不持，功成而不居，怀慈尚俭，处实去华，以之治天下，当“处无为之事，行不言之教”，还刀兵，离争斗，不尚贤，不贵难得之货，不见可欲，使民虚心实腹，无知无欲，则无为而治。“反者道之动，弱者道之用”，故知道者守雌抱朴，退让谦下，挫锐解纷，和光同尘，以柔弱胜刚强。道教知道之论与政治观、伦理观，大体不出老氏体系。至若经言“致虚极，守静笃”“专气致柔”“涤除玄鉴”，抱一处和等修养之道，更为道教守一、心齐、坐忘、服气、内丹等多种炼养术之所本。而“长生”“死而不亡者专”等说法，道教引为仙学长生说之宗源。“归根”“复命”之说，内丹学则发挥为内炼成真、与道合一之哲学依据。《道德经》这部被誉为“万经之王”的神奇宝典，对中国古老的哲学、科学、政治、宗教等，产生了深刻的影响，它无论对中华民族的性格的铸成，还是对政治的统一与稳定，都起着不可估量的作用。它的世界意义也日渐显著，越来越多的西方学者不遗余力地探求其中的科学奥秘，寻求人类文明的源头，深究古代智慧的底蕴。

道可道，非常道；名可名，非常名。无名，万物之始；有名，万物之母也。故恒无欲也，以观其妙；恒有欲也，以观其徼。两者同出，异名同谓，玄之又玄，众妙之门。（一章）

对于这一段，历代的人们都把这个“道”解释为宇宙之道、天地之道、自然之道等等，却没有与“德”联系起来。事实上，《道德经》论述的只是两个问题：“道”与“德”，“道”并不是宇宙之道、自然之道，而是个体修行也即修道的方法；“德”不是我们通常以为的道德或德行，而是修道者所应必备的特殊的世界观、方法论以及为人处世之方法。现代人把佛学和道家思想当成神秘文化，是由于他们修道的方法十分特别，并且需要修道者具备特殊的“德”。历代人们修道的多，知道修道需要先修特殊的“德”，而最终明了“道”为何物的人极少。《道德经》总论部分提出了修道的方法，后面极大部分却是论述修道之“德”的，所以只修道不知“德”者难于理解它，不实修只从文字上理解道为宇宙之道者更难于理解它。唯有修道能明了究竟者，方知“道”与“德”合二为一，道德经三字，提纲挈领，实已把全文的内容都概括无遗。

故前人有把经文分为道经和德经两个部分，实是很有见地。对于没有实修过或尚未修持到练虚合道的人来说，道经的内容很难理解，或者是只可意会不可言传，往往只是从字意上理解为某种规律的东西，但具体这个规律是什么，谁都说不上来。所以千百年来，《道德经》的译本越来越多，但是经中说些什么人们却越来越争执不下。同样，德经的内容就被人们说成为人处世的方法、治家的方法、治国的方法等等，这倒是没有很大出入的。老子的本意，是要教给人一整套个体修道的方法，德是基础，道是德的升华。一个人如果没有德的基础，为人处世，小者治家，大者安邦治国，很可能都失败，那他也就不可能再有能力去修道。所以修“德”一者是为修道创造良好的外部环境，这可能也是人所共需的；另一方面，修道者更需要拥有宁静的心境、超脱的人生，这也缺“德”不可。噫！老子之苦心几人能解也，竟被人认为甘守柔弱、与世无争、甘居人下，是空谈之唯心大道。殊不知被现代唯我的人们看得一文不值的“德”，却是修道者不可或缺、少了就修不成道的东西。这一些，如果不是自己亲身去修道体验过，根本是不可能理解的东西。

《道德经》的道经部分，除总论部分外，《道德经》中论道的还包括：第四章中关键的一句是“和其光，同其尘”；第六章“谷神不死，是谓玄牝。玄牝之门，是谓天地根。绵绵若存，用之不勤”；第十章“载营魄抱一，有无离乎？专气致柔，能婴儿乎？涤除玄览，能无疵乎”；第十四章是对修道者色、声、触、意等方面的一些要求；第十五章“孰能浊以止？静之徐清；孰能安以久？动之徐生”；第十六章“致虚极，守静笃。万物并作，吾以观复。夫物芸芸，各复归其根”；第二十一章“道之为物，惟恍惟惚。惚兮恍兮，其中有象；恍兮惚兮，其中有物。窈兮冥兮，其中有精，其精甚真，其中有信”；第二十五章“有物混成，先天地生。寂兮寥兮，独立不改，周行而不殆，可以为天下母”；第四十二章“道生一，一生二，二生三，三生万物。万物负阴而抱阳，冲气以为和”；第五十二章“塞其兑，闭其门，终身不勤”；第五十六章“塞其兑，闭其门；挫其锐，解其纷；和其光，同其尘。是谓玄同”等等，都体现了老子的玄同思想。

有关《道德经》德经部分，在经文中占了很大部分，这是修道的基础，绝不是可有可无的东西。如果理解了这一点，对《道德经》的内容也就理解得八九不离十了，所以也没有必要一一地去解释，各人可以有各人不同的见解，很多地方在当今社会里可能也应修改，但无论如何，一定要通过实修，才能体会到修德与修道的内在联系。

《道德经》有很多人想从他里面学习到什么修真的方法什么的，其实不全真但也不全假。《道德经》其实是一本修心的材料，让你保持心态的平和，看事的方法等。

通过以上分析，我们可以看到，《道德经》的目的是在探求治国、修身之道，是在论述圣人之德与王者之道，《道德经》中的“道”，实际上既是王者的治国之道，又是百姓的修身之道，更是世人的处世之道，讲求的是一种行为方法，一种处世方法；《道德经》中的“德”，实际上既是圣人之德，又是官员应该具备的做人之德，更是百姓的日常行为规范，讲求的是一种心态，一种处世态度。《道德经》的目的就是通过提供一套治国修身之道的方法，一套达成这一方法的心态，用圣心王道教化天下百姓，进而用一种圣与王合二为一的思想行为，达成人与人、人与社会、人与自然、人与复杂多变的生活环境的和谐统一，并以此来谋求人与社会的最大和谐，进而给百姓以最大的利益。和法家、儒家的经典著述《韩非子》《论语》相比，《道德经》的最大特点就是，不用具体的行为规范标准，不用刻板教条的精神理念，来强制性地规范人的具体的日常行为，儒家的礼义廉耻三省吾身，法家的法、术、势及治理国家的各种规矩，老子这里没有，这里有的只是善意的劝诫，只是一种因势利导的循循善诱，《道德经》所倡导的是一种教化得来的和谐，一种通过引导人性提升得来的、博大而长久的全社会的和谐。

《道德经》的“人法地，地法天，天法道，道法自然”，讲述的就是一种人与社会、人与自然的和谐，只有人将自己在自然界的位置摆正，认识到自然界自身的规律性，同时明白人道（即人的行为），当取法于地（必须符合自然界的运行规律之时），究源及道所本之自然（人才能够尊重自然，并和自然界和谐相处）。道之理则，分无、有二面。道常无，无名无形，先于天地鬼神，而为天地万物之始，道常有，生天地万物，具无穷之用，这些实际上讲的都是和谐，正是因为和谐，才能够有无相生化用无穷。道之理则贯穿于万有，表现为万有皆相对而存，极则必反，终必归，根本之规律。而有之用，常以无为本，“有生于无”。圣人体道之无，法道之自然无为，以之修身，当无欲而静，无心而虚，不自见自是，自伐自矜，为而不持，功成而不居，怀慈尚俭，处实去华，以之治天下，当“处无为之事，行不言之教”，还刀兵，离争斗，不尚贤，不贵难得之货，不见可欲，使民虚心实腹，无知无欲，则无为而治。“反者道之动，弱者道之用”，故知道者守雌抱朴，退让谦下，挫锐解纷，和光同尘，以柔弱胜刚强，所讲的更是一种和谐，执政者只有不自傲，不逞强，不胡乱地没来由地、不顾客观形势发动战争、大搞政绩工程，谦让退下让老百姓有时间休养生息，让国家有时间恢复元气，有机会一步步地走向强大，国家统治者能够和老百姓和衷共济，社会才会和谐，国家才会兴盛。道教知道之论与政治观、伦理观，大体不出老氏体系。“致虚极，守静笃”“专气致柔”“涤除玄鉴”，抱一处和等修养之道，更是讲求和谐，谋求人与自然的和谐，并力图通过这种和谐，让人在自然界活得更好的生活质量，得到更长的寿命，这些思想之所以在后来成为道教守一、心齐、坐忘、服气、内丹等多种炼养术之所本，根本原因就在于此。而“长生”“死而不亡者专”等说法，道教引为仙学长生说之宗源。“归根”“复命”之说，内丹学则发挥为内炼成真、与道合一之哲学依据。

《道德经》这部被誉为“万经之王”的神奇宝典，之所以能在历代社会中常读常新，就是因为它所倡导的和谐理念，是每一个时代都共同需要的，并且这一理念对中国古老的哲学、科学、政治、宗教等，产生了深刻的影响，它无论对中华民族的性格的铸成，还是对政治的统一与稳定，都起着不可估量的作用。

道家和谐思想在中国传统文化中具有更为广阔的视域，有道生万物为始，对万事万物发展必须遵从顺从自然之道为原则的对人与自然，人与社会，人与自身，政治统治与人如何和谐相处投入了满腔的人文关怀，并试图努力找到解决这些关系之间的冲突的措施，方法。从这些和谐的关怀，并为这些关怀做出的努力已足以证明道家的这一古老智慧在中国传统文化之树上是一束始终绽放的鲜花。因为那些立足现实，反映人及其人类社会发展的合理的和谐观不仅适应于过去，而且还适应于现在、未来。

二、老子和谐思想的现实意义

西方大哲学家伽达默尔说过:“一切历史都是现代史，理解过去意味着理解现在和把握未来。”当今时代，已经进入后工业化时代，一方面，科学和技术在飞速地发展，现代化水平越来越高，物质财富呈几何级数增加，人类尽情地享受着科学技术带来的种种便利，获得了空前的舒适和安逸，得到了最大限度的发展空间；另一方面，人类整体沦为机械与高技术的奴隶，精神滑坡，道德沦丧，良知泯灭，人和自然变得日渐疏离，人与人之间的关系日渐淡薄，国家与国家之间的矛盾日渐突出不可调和，局部战争、种族冲突不时发生，由于人类大肆破坏大自然引发的自然灾害发生频率越来越高。尽管科学和技术在飞速地发展，但人们面对的仍然是一个充满矛盾的世界，人类在经由工业化、城市化走向现代化的进程中，引发了对地球自然生态环境的巨大破坏，人类在享受充足物质财富的同时，也面临着全球气候异常、资源能源短缺、生存环境恶化的严峻挑战。经过改革开放 30 多年来的持续快速发展，中国经济总量已位居世界前三位，成为全球具有重要影响的最大新兴经济体和世界工业与制造业大国。但也付出了很大代价，资源环境的约束日益突出。发展不平衡、不协调、不可持续的问题日益显现。无论是国内还是国际我们都面临着同样的问题，在现代化环境下人与自然、人与人、人与社会、国家与国家，不同种族之间，如何才能够达成和谐，如何才能够求同存异和睦相处。面对困惑，人们纷纷从古今哲学家思想家那里找寻答案，和谐思想，是《道德经》这部被誉为“万经之王”的道家经典著作的核心思想之一，也是《道德经》获得世人青睐的根本原因之一。

“随着《道德经》一书在全世界的广泛传播，老子思想已经成为全人类共同的精神财富，老子思想的研究和学习与传播，无论对于实现世界范围内的社会与自然和谐相处与全面协调发展，还是对于推动中国现代化进程，都具有积极而深远的意义。如何研究老子文化中的思想精华与当今人类共同面临的发展难题，探寻二者之间理念和文化的契合点，阐述老子文化精髓部分对当今乃至今后中国和世界经济社会发展所应起的借鉴、启示乃至匡正作用，力争做到古为今用，是一件非常有意义的事情。”正是因为如此，在“2010 洛阳老子文化国际论坛”会议上，与会的众多国际老子文化研究知名专家学者们，都明确指出，面对人类生存环境的恶化和自然生态的危机，面对世界不同地区的冲突和矛盾，我们需要从各个方面寻找出路和办法，尤其需要寻找促使整个世界更加和谐的办法。《道德经》就为我们提供了这一需求的重要的向导。在《道德经》中;“道”和“德”包含的公平正义，宽厚包容精神，“无为”和“自然”反映的良好社会秩序观，“柔弱”和“不争”表现的和平主义和创造而不占有价值观，等等，这些重要的精神遗产，都需要我们很好地研究，从中汲取丰富的营养。老子文化蕴含着丰富的和谐理念，主张清静和顺、谦不下争、反战尚和、以柔克刚，重视济世利人、服务社会，崇尚节俭、摒弃浮华，强调“天人同源、道法自然”。这些思想和理念，对现代人与自然和谐相处，促进经济社会全面协调可持续发展，推进社会主义现代化建设，推动和谐世界建设，都有着积极的现实意义和深远的历史意义。进一步挖掘老子思想所蕴含的“生存智慧”，有助于推动解决当今世界人类社会发展面临的难题，达成人与自然、人与社会、人与人之间的相互和谐。

作为我国伟大思想家哲学家，诞生在两千五百多年前的老子及其著作《道德经》，共同构成了博大精深的老子文化，一直是人类文化史上的璀璨瑰宝，对中国乃至全世界的历史文化都发生了极其深远的影响。老子在综合继承中国殷商以前文化传统的基础上，以“道”为核心概念，在中国思想史上第一个创建了探讨宇宙存在“始源”问题的哲学理论体系。它涵盖了自然界、精神界、社会界和人生的各个领域，统摄了宇宙论、社会论、本体论、认识论、价值论、方法论、历史观以及政治哲学、生活哲学、军事学、人体科学、生态学等多学科为一体，体现了人类心灵的最高智慧。老子文化不仅是中华民族最伟大的文化资源，也必将成为世界文明相互交汇的凝聚点，老子思想更是人类精神回归的家园，是解决当代人生存诸多问题的思想宝库。

具体到社会和谐问题上来，社会和谐是社会运行中客观存在的社会事实，即社会存在，它反映在人们的意识中，就是一种主观的社会和谐观念或理想。客观存在的社会和谐决定主观意识性的社会和谐观念或理想，社会和谐观念或理想等反映并反作用于客观存在的社会和谐。也就是说，社会和谐本质上是一种客观存在，但反映到意识上，则是一种主观的观念或价值取向。其实，“任何方面和层次上的社会认识活动所面对的客体，都不可能是纯粹的观念性存在，也不可能是纯粹的物质性存在，而是观念化了的社会现实和现实化的社会观念”。社会和谐作为一种典型的社会活动认识对象，本性也是如此。人是包括社会和谐关系在内的一切社会关系的核心。因为“正像社会本身生产作为人的人一样，人也生产社会”。也就是说，人是社会的人，社会是人的社会。那么，一切社会关系的核心只能是人。同样，作为社会关系的一种，社会和谐关系只能是人与相关关系项之间的关系，而不可能是非人的关系项之间的关系，人仍然是社会和谐关系的核心。道教始祖老子的玄同论实质上包括了三个方面的超越和寻求三个方面的和谐，即超越现实社会制度，寻求人与人之间的和谐；超越世俗价值观，寻求人自身的和谐；超越世俗的有为，寻求人与自然的和谐。这种和谐追求一直为其后来者所遵循。

首先，人与自然的关系处理上，当今世界，资源和环境问题越来越突出，这与人类以自然界为主、以人自居，肆意征服，盲目索取，导致生态失衡有关。人与自然的关系紧张，直接后果是导致人类生存的环境恶化，环境的恶化必然导致各种自然灾害的发生。由资源的争夺引致人与人关系的紧张、对立甚至对抗，对抗的极端形式就是战争。在解决人与自然关系的问题上，道家思想有独特的价值。老子认为，人应该根据自然之道行事，不凌驾于自然之上，不妄作，不妄求，不想当然地改造自然，更不对自然恣意妄为，保证与自然和谐相处。这样人类才能得以健康生存。这正是我们今天构建和谐社会实施可持续发展战略应该借鉴的。

其次，在处理人与人的关系问题上，老子提倡的是人民在国家法制和道德的约束下，充分实现人的自由，让人们按照自己的本性去行事，劳有所得，获其所应得，整个社会在法制、物资分配等领域体现出公平、正义、平等，这样人们才能和谐相处，没有争夺与冲突。这对于我们今天构建和谐社会，充分发挥人的积极性、主观能动性、创造性，发展成果归人们所有，尊重人，理解人，保护人的合法权益，生命、财产安全的根本政策与制度提供不可替代的指导作用。

再次，在人与自己关系的问题上，道家认为应该顺应自然之道来实现人的身心和谐。怎样实现身心和谐呢？一方面，要避免正常的自然的生理和心理需要不能满足而对身体造成损伤。另一方面更要避免过分的感官享受对人身心的伤害。老子说："五色令人明目；驰骋田猎，使人心发狂；难得之货，使人行妨；五味使人之口爽；五音使人之耳聋。"当然，现实生活中的人与自身冲突的原因很多，比如人与自然、人与人的冲突会直接导致人与自身的冲突，所以，人与自身冲突的解决，必须综合加以考虑，要充分考虑社会环境、家庭、学校等各个方面。由于个人的冲突而造成的抑郁症，精神病患者日益增多；个人心理变态做出奇闻怪事及自杀现象日益凸显；吸毒贩毒现象屡禁不止等已成为构建和谐社会的不协调、不稳定因素。道家思想对于解决个人与自身冲突具有很强的指导意义，也为党和政府进一步完善与制定文化政策及相关配套措施来解决一些大众心理危机，促进社会和谐稳定提供了方法论意义。

最后，在道家无为而无不为的治国理念中，老子主张"以正治帮"，"以德治国"，就是统治者坦诚无欺、公道不倚，意即以正道治理国家，只要为政者开诚布公，为政公道，天下百姓便自会拥护响应，崇尚和谐。这些为政之方不仅在古代为帝王将相们所寻觅，在人类文明高度发展的当下，更是实现社会公平正义，人心所向，和谐稳定的必经之路。

三、老子的和谐思想对构建人类命运共同体的积极意义

不同国家和国家集团之间为争夺国际权力发生了数不清的战争与冲突。随着经济全球化深入发展，资本、技术、信息、人员跨国流动，国家之间处于一种相互依存的状态，一国经济目标能否实现与别国的经济波动有重大关联。各国在相互依存中形成了一种利益纽带，要实现自身利益就必须维护这种纽带，即现存的国际秩序。国家之间的权力分配未必要像过去那样通过战争等极端手段来实现，国家之间在经济上的相互依存有助于国际形势的缓和，各国可以通过国际体系和机制来维持、规范相互依存的关系，从而维护共同利益。

人类社会是一个相互依存的共同体已经成为共识。国际社会发生的如1997年亚洲金融危机、2008年国际金融危机等事件，使相互依存现象具有了更加深刻的内涵。在经济全球化背景下，一国发生的危机通过全球化机制的传导，可以迅速波及全球，危及国际社会整体。面对这些危机，国际社会只能“同舟共济”，“共克时艰”。亚洲金融危机后中国把握其宏观经济政策以帮助东盟国家，2008年国际金融危机后二十国集团机制的出现，都是国家之间在相互依存中通过国际机制建设应对国际危机的例证。可以设想，如果国家之间互不合作、以邻为壑、危机外嫁，这些危机完全可能像20世纪20—30年代的危机一样，引发冲突甚至战争，给人类社会带来严重灾难。进入20世纪，国际社会的利益关系曾被描述为一种排他的零和关系，因此利益争夺引发战争是无法避免的。经济全球化促使人们对传统的国家利益观进行反思。瞬间万里、天涯咫尺的全球化传导机制把人类居住的星球变成了“地球村”，各国利益的高度交融使不同国家成为一个共同利益链条上的一环。任何一环出现问题，都可能导致全球利益链中断。一个国家的粮食安全出现问题，则饥民将大规模涌向别国，交通工具的进步为难民潮的流动提供了可能，而人道理念的进步又使拒难民于国门之外面临很大道义压力。互联网把各国空前紧密地连在一起，在世界任何一点发动网络攻击，看似无声无息，但给对象国经济社会带来的损失却有可能不亚于一场战争。气候变化带来的冰川融化、降水失调、海平面上升等问题，不仅给小岛国带来灭顶之灾，也将给世界数十个沿海发达城市造成极大危害。资源能源短缺涉及人类文明能否延续，环境污染导致怪病多发并跨境流行。面对越来越多的全球性问题，任何国家都不可能独善其身，任何国家要想自己发展，必须让别人发展；要想自己安全，必须让别人安全；要想自己活得好，必须让别人活得好。在这样的背景下，人们对共

同利益也有了新的认识。既然人类已经处在“地球村”中，那么各国公民同时也就是地球公民，全球的利益同时也就是自己的利益，一个国家采取有利于全球利益的举措，也就同时服务了自身利益。中国政府自改革开放以来调整了自己与国际体系的关系，越来越重视人类的共同利益，使自己成为国际社会的“利益攸关者”。正如十八大报告所强调的那样，中国将坚持把中国人民利益同各国人民共同利益结合起来，以更加积极的姿态参与国际事务，发挥负责任大国作用，共同应对全球性挑战。人类只有一个地球，各国共处一个世界，要倡导“人类命运共同体”意识。习近平就任总书记后首次会见外国人士就表示，国际社会日益成为一个你中有我、我中有你的“命运共同体”，面对世界经济的复杂形势和全球性问题，任何国家都不可能独善其身。“命运共同体”是中国政府反复强调的关于人类社会的新理念。2011 年《中国的和平发展》白皮书提出，要以“命运共同体”的新视角，寻求人类共同利益和共同价值的新内涵。当前国际形势基本特点是世界多极化、经济全球化、文化多样化和社会信息化。粮食安全、资源短缺、气候变化、网络攻击、人口爆炸、环境污染、疾病流行、跨国犯罪等全球非传统安全问题层出不穷，对国际秩序和人类生存都构成了严峻挑战。不论人们身处何国、信仰何如、是否愿意，实际上已经处在一个命运共同体中。与此同时，一种以应对人类共同挑战为目的的全球价值观已开始形成，并逐步获得国际共识。中共十八大报告首次提出“倡导人类命运共同体意识”，指出：“人类只有一个地球，各国共处一个世界。历史昭示我们，弱肉强食不是人类共存之道，穷兵黩武无法带来美好世界。要和平不要战争，要发展不要贫穷，要合作不要对抗，推动建设持久和平、共同繁荣的和谐世界，是各国人民共同愿望。”其后，我国领导人常于各个主要国际场合分享中国的“命运共同体”理念。尤其是，2015 年 9 月 28 日在第七十届联合国大会一般性辩论时发表了题为“携手构建合作共赢新伙伴 同心打造人类命运共同体”的讲话，讲话中我国领导人提出“和而不同、兼收并蓄”的文明交流观，呼吁世界各国遵循“合作共赢”理念，来“同心打造人类命运共同体”。值得注意的是，“同心”这一用语颇有新意，既是“同理心”，包含有儒家倡导的“己所不欲，勿施于人”的信条，践行“和而不同”的包容性对话观念；也是“玄同心”，包含有道家倡导的“为天下浑其心”（四十九章）的博大胸怀，践行“无弃人”“无弃物”的互助共进的“德交归”理念。2016 年，我国领导人无论在 B20 峰会、G20 峰会、第三届世界互联网大会等演讲中，还是在亚投行开业致辞中都把“构建人类命运共同体”作为中国奉献给世界的独特国际治理理念。在2017年的元旦献辞中，我国领导人再提“人类命运共同体”，他说：“中国人历来主张世界大同，天下一家。中国人民不仅希望自己过得好，也希望各国人民过得好。”“我真诚希望，国际社会携起手来，秉持人类命运共同体的理念，把我们这个星球建设得更加和平、更加繁荣。”可见，近年来，我国中央高层已经成熟自信地提出了“构建人类命运共同体”的中国好声音，为世界的和平与发展提供了“中国方案”。从根本上讲，这一方案是汲取了中华文明的智慧，凭着观照宇宙苍生的胸怀，把脉世界格局发展的趋势，顺应潮流，高屋建瓴地提出来的一份超越民族、国家和意识形态的中国方略，因此没有悬念地赢得了国际社会的广泛认同，成为国际关系处事的准则。

构建人类命运共同体，需要对各个国家的经济政治文化进行包容整合，更需要对各个国家平等相待携手发展互利双赢，对此，老子的和谐思想，无疑有着巨大的促进作用、十分重要的积极意义。

人类命运共同体这一全球价值观包含相互依存的国际权力观、共同利益观、可持续发展观和全球治理观。

国际权力观。不同国家和国家集团之间为争夺国际权力发生了数不清的战争与冲突。随着经济全球化深入发展，资本、技术、信息、人员跨国流动，国家之间处于一种相互依存的状态，一国经济目标能否实现与别国的经济波动有重大关联。各国在相互依存中形成了一种利益纽带，要实现自身利益就必须维护这种纽带，即现存的国际秩序。国家之间的权力分配未必要像过去那样通过战争等极端手段来实现，国家之间在经济上的相互依存有助于国际形势的缓和，各国可以通过国际体系和机制来维持、规范相互依存的关系，从而维护共同利益。人类社会是一个相互依存的共同体已经成为共识。国际社会发生的如1997年亚洲金融危机、2008年国际金融危机等事件，使相互依存现象具有了更加深刻的内涵。在经济全球化背景下，一国发生的危机通过全球化机制的传导，可以迅速波及全球，危及国际社会整体。面对这些危机，国际社会只能“同舟共济”“共克时艰”。亚洲金融危机后中国把握其宏观经济政策以帮助东盟国家，2008年国际金融危机后二十国集团机制的出现，都是国家之间在相互依存中通过国际机制建设应对国际危机的例证。可以设想，如果国家之间互不合作、以邻为壑、危机外嫁，这些危机完全可能像20世纪20—30年代的危机一样，引发冲突甚至战争，给人类社会带来严重灾难。

可持续发展观。工业革命以后，人类开发和利用自然资源的能力得到了极大提高，但接踵而至的环境污染和极端事故也给人类造成巨大灾难。1943 年美国洛杉矶光化烟雾事件、1952 年伦敦酸雾事件、20 世纪 50 年代日本水俣事件、1984 年印度博帕尔化学品泄漏事件等恶性环境污染事件，均造成大面积污染和大量民众伤病死亡。这些事故引起了人们的思考。1972 年，以研究环境和发展问题著称的“罗马俱乐部”发表了《增长的极限》报告，提出“若世界按照现在的人口和经济增长以及资源消耗、环境污染趋势继续发展下去，那么我们这个星球迟早将达到极限进而崩溃”，引起国际社会极大争论。同年，联合国在斯德哥尔摩召开人类环境研讨会，会上首次有人提出了“可持续发展”的概念。1983 年，联合国成立“世界环境与发展委员会”进行专题研究。该委员会 1987 年发表《我们共同的未来》报告，正式将可持续发展定义为“既能满足当代人需要，又不对后代人满足其需要的能力构成危害的发展”。此后，可持续发展成为国际社会的共识。1992 年，联合国在巴西首都里约热内卢召开“环境与发展大会”，通过了以可持续发展为核心的《里约环境与发展宣言》等文件，被称为《地球宪章》。2002 年，联合国又在南非召开“可持续发展问题世界首脑会议”，通过了《约翰内斯堡执行计划》。2012 年，各国首脑再次聚会里约热内卢，出席联合国可持续发展大会峰会，重申各国对可持续发展的承诺，探讨在此方面的成就与不足，发表了《我们憧憬的未来》成果文件。中国从斯德哥尔摩会议开始就参加了可持续发展问题的历次重要国际会议，在可持续发展理念形成、制度建设、发展援助等方面都发挥了建设性的作用。1994 年中国发布了《中国 21 世纪议程——中国 21 世纪人口、环境与发展白皮书》；1996 年，可持续发展被正式确定为国家的基本发展战略之一。温家宝总理在 2012 年联合国可持续发展里约峰会上指出，中国过去 34 年国内生产总值年均增长 9.9%，贫困人口减少 2 亿多，成为首个实现联合国千年发展目标中“贫困人口比例减半”的国家；中国用占全球不到 10% 的耕地和人均仅有世界平均水平 28% 的水资源，养活了占全球 1/5 的人口；过去 6 年中国单位生产总值能耗降低 21% 左右，主要污染物排放总量减少 15% 左右。截至 2011 年底，中国已免除 50 个重债穷国和最不发达国家约 300 亿元人民币债务，对 38 个最不发达国家实施了超过 60% 的产品零关税待遇，并向其他发展中国家提供了 1000 多亿元人民币优惠贷款。这些数据说明，可持续发展不仅已经从理念变成了中国政府的行动纲领和具体计划，而且已经取得了巨大的成就。

全球治理观。20 世纪 90 年代，联合国支持成立了由 28 位国际知名人士组成的“全球治理委员会”，该委员会于联合国成立 50 周年之际发表《我们天涯成比邻》报告，其对全球治理概念的定义被国际社会广泛接受。全球治理理论的核心观点是，由于全球化导致国际行为主体多元化，全球性问题的解决成为一个由政府、政府间组织、非政府组织、跨国公司等共同参与和互动的过程，这一过程的重要途径是强化国际规范和国际机制，以形成一个具有机制约束力和道德规范力的、能够解决全球问题的“全球机制”。比如，2008 年国际金融危机后出现的二十国集团，协调各国应对危机，使世界经济摆脱了陷入 20 世纪 20—30 年代全球大萧条的境地。国际上各种协调磋商机制非常活跃，推动国际社会朝着更加制度化和规范化的方向前进。相互依存的国际权力观、共同利益观、可持续发展观和全球治理观，为建设人类命运共同体提供了基本的价值观基础。中国提出的和谐世界观与全球价值观有异曲同工之妙。和谐世界观包括五个维度，即政治多极、经济均衡、文化多样、安全互信、环境可续。政治多极的内涵是，在相互依存的世界上，各大力量中心之间应有一个相互制约的力量框架和多边的行为方式来处理世界事务。经济均衡的内涵是，只有发展中国家与发达国家获得共同发展，世界才会有真正的发展，因此解决发展问题是人类共同利益之所在。文化多样的内涵是保持文化多元，保持人类思维活力，为解决全球问题提供更多答案。安全互信的内涵是，安全是共同的，只有别人安全，自己才有安全，保障安全的有效手段不是冷战式的同盟加威慑，而是互信互利平等协作的新安全观。环境可续意味着各国必须携手合作，把可持续发展理念落到实处。

构建人类命运共同体需要做大量的，化解国与国、民族与民族之间矛盾与冲突的工作，也就是说化解各种社会矛盾的工作是重点工作。社会矛盾源于社会上流行着是与非、善与恶、亲与疏、贵与贱、美与丑、真与假等的俗世分野，世人于其中计较而劳神纷争。解之之法在于“和谐”，即通过求同存异、减少分歧、挫锐解纷、和光同尘的新式价值观教育，化为世人的新标准。让世人明白一切万象均处于可与不可之间，不必过于执着，看问题的角度变了，一切可能都顺理成章了。这也就是老子“道者道之动；弱者道之用”的深刻用意。道的运动体现在不断向反面转化，是谓“冲和”，进而呈现出柔弱的神妙作用：“柔弱胜刚强”“天下之至柔，驰骋天下之至坚”。以之观察世界，不难理解，各国在碳排放方面的争论与博弈，无休止，根本原因都在国别主义在作怪，即“以邦观邦”；缺乏世界情怀，即“以天下观天下”。用国别的标准来治天下，是治理不了。必须在哲学层面上提升到天下境界，方有可能在根本上治理天下。老子说：“和大怨必有余怨。”（《道德经》第七十九章）就是说，双方已经形成了怨恨，即使我们努力消除彼此之间的怨气，但最终无法消除全部怨气，总还是有怨气。真正解决这些怨恨，只有一种办法：向圣人学习。道祖老子说：“是以圣人执左契而不责于人。”就是说，我们应该向圣人学习：自己努力做好自己的事情，从不责备他人。这样，就没有人会对你产生怨气，更没有怨恨。这也是“慈”的重要表现形式。如果我们，包括各国政府都能够心怀“慈爱”之心，各种恐怖组织就会自动消失，人们之间的怨恨和冲突就会消亡，构建人类命运共同体就有了很好的基础。老子说：“宠辱若惊，贵大患若身。何谓宠辱若惊？宠为下，得之若惊，失之若惊，是谓宠辱若惊。何谓贵大患若身？吾所以有大患者，为吾有身，及吾无身，吾有何患？故贵以身为天下，若可寄天下；爱以身为天下，若可托天下。”这就告诉我们，人们之所以患得患失，心事重重，最后身心疲惫，就在于每时每刻都将自己的利益放在心上，总想多从别人那儿赚取利益，尽量不要让自己吃亏。如果大家将自己的利益，即所谓自己的“权利”放下，那你还有什么需要忧患的呢？其实，患得患失的人最后将自己的根本都丢失了。没有了根本，其他的枝节还有意义吗？能够将自己利益，即所谓“权利”放下的人，就是心系天下，将自己的利益融合在天下之中，这样的人才能担当天下人的重托，为天下人谋利。老子说：“大邦者，下流也，天下之牝，天下之交也。牝常以静胜牡。为其静也，故为下。大邦以下小邦，则取小国；小邦以下大国，则取于大邦。故或下以取，或下而取。故大邦者不过欲兼畜人，小邦者不过欲入事人。夫两者各得所欲，大者宜为下。”（61 章）也就是说，大国应当谦卑地对待小国，而不能够傲慢地对待小国。大国的目标和小国的目标不同：大国不过就是想让小国得到自己的保护，与自己一起合作发展；小国也想融入大国发展队伍之中，从中分享合作成果。如果要实现大国和小国双方的目标，大国必须谦卑。构建人类命运共同体，就是要大国和小国之间和睦共处，合作共赢，共同面对发展过程中出现的各种问题。要实现这一目标，就要求大国谦卑地对待小国，谦卑地对待其他国家。这样，小国也会加入世界和平队伍之中，人类命运共同体就有了很好的国际环境。老子说：“致虚极，守静笃。万物并作，吾以观其复也。夫物芸芸，各复归于其根。归根曰静。静，是谓复命。复命常也。知常明也。不知常，妄作，凶。知常容。容乃公。公乃王。王乃天。天乃道。道乃久，没身不殆。”（十六章）就是说，如果我们能够抛开全部的杂念，将心中调到“极虚”状态，且能够坚守“安静”，我们就会发现，天下万事万物都其运行规律，都是不断依照规律重复运行的。知道了这个道理，就说明我们是个明白人，就能够容下各种不同的意见，不同的文化存在。如果我们大家都“知常”了，我们就能够包容天下，大公无私，就可以成为天下的表率。这样的社会完全符合“天道”，就能够长期和谐存在。构建人类命运共同体必须包容各种各样的人类文化。但是，当今世界，许多文化包容性较差，排斥性很强，冲突自然很普遍。为此，构建人类命运共同体，就要求提高各种文化的包容性，减少其排斥性。“有容乃大”的理念应当成为人类文化协调发展的基础。老子说：“为无为，则无不治。”即认为，实行无为政治，天下就会太平。为什么？因为，一方面，实行无为政治就会使百姓变得很淳朴，利于管理。另一方面，实行无为政治就会使“智者”即奸滑、奸佞之徒不敢胡作非为，或者说，找不到胡作非为下手的地方和机会。而且，从中，老子有破有立，在批判“智者”的同时，揭示和提出了“圣人之道”和“忘我”“无私”的思想。老子说：“圣人不积，既以为人，已愈有；既以与人，已愈多。天之道，利而不害。圣人之道，为而不争”，从而提出了“为而不争”的圣人之道；老子又说：“生之畜之，生而不有，为而不恃，长而不宰。是谓玄德”。他认为，道（即“武术”“武学”所蕴含的“武力”，这里抽象为“权力”“统治”）生长养育出来，不把它据为己有，不为个人所依赖，不以个人的意志去主宰它，这就是极其高尚的品德。以此，形成了老子的“忘我”“无私”的思想。

如何构建以和平、发展、合作、共赢为宗旨的人类命运共同体？老子的“以德报怨”和“以怨报德”，无疑成了衡量“善”“恶”的判断标准和取舍根据。老子说：“为无为，事无事，味无味，大小多少，报怨以德”，即认为，干了不该干的事，做了不该做的事，本身已经做错了，但不管错误是大是小、是多是少，都要做到以德报怨，即出以善意去对待。进一步看，老子明确地说：“善者吾善之，不善者吾亦善之，德善。信者吾信之，不信者吾亦信之，德信。”在老子看来，善良的人，我以善意对待他，不善良的人，我也以善意对待他，结果就会使他也变得善良；诚实的人，我相信他，不诚实的人，我也相信他，结果就会使他变得诚实。如此，就能“救人”而没有“弃人”，就能“救物”而没有“弃物”。正是在“不善良的人”变得“善良”和“不诚实的人”变得“诚实”中，充分表现出了老子“善”的观念。这就是老子的“以德报怨”的思想。但是，在老子看来，正所谓“善者不辩，辩者不善”，故与“以德报怨”相反相成的是“以怨报德”。而这“以怨报德”，就是老子视之为“恶”的观念。也就是说，在老子看来，“不善良的人”不接受“善意”，和“不诚实的人”不接受“信任”，甚至反目相向，滋事寻仇，这就是在为“恶”。这就是老子“以怨报德”的思想。

同时，在老子看来，有“善”之人，“天将救之”。并从“善”出发去理解做人之准则，就在于“自知不自见，自爱不自贵”，即有自知之明，而不蓄意表现出来；有自爱之心，而不自以为是、抬高自己。人类只有一个地球，各国共处一个世界。经济全球化让“地球村”越来越小，社会信息化让世界越来越平。不同国家和地区已是你中有我、我中有你，一荣俱荣、一损俱损。国家之间，过时的零和思维必须摒弃，不能只追求你少我多、损人利己，更不能搞你输我赢、一家通吃。只有义利兼顾才能义利兼得，只有义利平衡才能义利共赢。老子说:“和大怨，必有余怨，安可以为善？是以圣人执左契而不责于人”，即认为，靠“和解”“调解”等办法，可以了结大怨，不能了结余怨、小怨。这是不好的办法。因此，圣人凭借“契约”来调解，这样一来，既不会责备于人，当事双方也不会互相指责，而“怨”也就会顺利彻底地得到解决了。老子说:“有德司契，无德司彻。天道无亲，常与善人。”老子认为，“德”是凭借契约办事表现出来的，有高尚品德的人总是属于按照契约办事的人，而“无德”的人才会凭借诸如法令等等这些强制性东西。同时，在老子看来，以“契约”精神来办事，是符合天道的。正是符合天道，故其间就没有亲疏，不讲人情，大家的利害得失机会均等。而这种以“契约”精神来办事的人都是与心怀“善”心的人密切联系在一起的。在老子看来，正因为“契约”是靠双方的“约定”和执行“契约”来实现的，故形成了老子的“契约管理”思想。老子说:“朴散则为器，圣人用之则为官长。故大制不割”。即认为，原木可以分开做成各种各样的器具，但它们都不失“木”的本性，圣人就是据此道理去进行管理，所以最好的管理是不伤害万物的本性。正是老子的“无为而治”观、“善恶”观，和“契约”观决定了老子的“德治”政治思想。而老子的“德治”政治思想，它以“契约”管理为根本，表现出了“重契抑法”“以契彰德”和“以德报怨”“以德服人”的本质。不难看出，特别是老子“契约管理社会”的思想，无疑具有划时代的伟大意义。因为，一方面，在“契约”的范围内，契约双方的责、权、利明确。由此，凡是那些超越了契约范围的欲望和追求，是被社会所反对的。正是如此，可以实现如老子所说的“不尚贤，使民不争；不贵难得之货，使民不为盗；不见可欲，使民心不乱”的思想，从而使人们保持淳朴的本色，这就是：“自知不自见，自爱不自贵”，而便于管理；另一方面，也在“契约”的范围内，人们有了一定的“自由”“自主”的空间。在这种情况下，就能调动起人们发展生产、发展事业的积极性和创造性，利于社会发展。而且，“契约”的制订，体现出了“对等”和“公平”的原则，即“民主”的原则，并且，可以形成社会的有效“民主”监督。这对人类命运共同体的构建过程中产生的各类矛盾的化解，无疑具有十分重要的指导意义。

“和”是老子哲学的基本价值选择，它传递到庄子以及道教的教义中，并且展示了道家和谐思想的特色。作为“道”，它的特征是“道法自然”。所谓“道法自然”，就是按照事物固有的规律自行运动，不需要有外界力量的强制，这就是和谐、协调，宇宙间的客观规律就是这样的。“天长地久。天地之所以能长且久者，以其不自生也，故能长生”，这就是自然而然的宇宙之道；“上善若水。水善利万物而不争，处众人之所恶，故几于道”，这也是自然而然的宇宙之道。“万物并作，吾以观复。夫物芸芸，各复归其根。归根曰静，静曰复命。复命曰常。”万物只有按照自己固有的规律，才能往复不穷地发展；事物内部和谐平衡才能回归到自己的本根上去；“静”即是协调，平衡；“命”，生命；“常”，自然状态，也是和谐。《老子》中讲“万物负阴而抱阳”，即“一”是阴和阳的矛盾对立统一体，就是作为“道”的“一”的本质状态。“一者，形变之始也。”也即是“一生二”，二即是阴阳，阴气和阳气为有形之气。任何事物都是阴阳的对立统一体。“万物负阴而抱阳”，就说明事物是由阴阳两种要素或两种倾势构成的。“冲气以为和”，和即是一，和谐统一。《周易·易传》说：“一阴一阳之谓道”，“道”即是阴阳的对立统一，也即是“一”。阴与阳不是绝对的对立，它们的界限的划分是相对的，它们相互依存而存在，阳中有阴，阴中有阳，相互含摄，即阴阳互补，构成了一个统一体。这不仅是自然界，还是社会存在，也是人自身存在的本然状态。要使宇宙、自然、社会保持“太和”和谐的状态，是要使“一”顺着自己的本性而不使受到破坏。“天之性得一之清，而天之所为非清也。无心无意，无为无事，以顺其性”；“地之性得一之宁，而地之所为非宁也。无知无识，无为无事，以顺其性”；“神之性得一之灵，而神之所为非灵也。不思不虑，无为无事，以顺其性”；“谷之性得一以盈，而谷之所为非盈也。不欲不求，无为无事，以顺其性”；“侯王之性得一之正，而侯王之所为非正也。去心去志，无为无事，以顺其性”。为何“得一”而能“顺其性”呢？是因为天的“阴阳自起，变化自正”；地的“山川自起，刚柔自正”；神的“消息自起，存亡自正”；谷的“虚实自起，盛衰自正”；侯王的“和平自起，万物自正”。宇宙何以能太和和谐呢，主要是因为“道法自然”，使之“顺其性”，即“无为”，不要人为去干预。“凡此五者，得一而行之，兴而不废，流而不绝，光而不灭。夫何故哉？性命自然，动而由一也。”相反就会破坏宇宙自然的平衡而不和谐，造成严重的灾难。构建人类命运共同体目的在于合作共赢，就是要倡导人类命运共同体意识，创立合乎人类发展与进步的大“道”，道就是和谐，和谐是道的基本特征。道是对万事万物的系统性、整体性的概括，而且是对万事万物发展过程的高度抽象和概括。“无”和“有”都来自道，是道的不同角度的名称。道是万物的本体和来源，天地万物都是由道演化而来。道不是物质性实体，也不是精神性实体，它是关系，是一切关系的总和，是总的和谐关系。是万事万物的总根源，是人类命运共同体的抽象表现，人类命运共同体会让人类在共同的发展与进步中，取得最大范围的和谐，在追求本国利益时兼顾他国合理关切，在谋求本国发展中促进各国共同发展，建立更加平等均衡的新型全球发展伙伴关系，同舟共济，权责共担，增进人类共同利益。人类命运共同体意识超越种族、文化、国家与意识形态的界限，为思考人类未来提供了全新的视角，为推动世界和平发展给出了一个理性可行的行动方案。有人将地球比作一艘大船，190多个国家就是这艘大船的一个个船舱。世界各国只有相互尊重、平等相待，合作共赢、共同发展，实现共同、综合、合作、可持续的安全，坚持不同文明兼容并蓄、交流互鉴，承载着全人类共同命运的“地球号”才能乘风破浪，平稳前行。我们要登高远望，开放包容。人类命运共同体是连接人与自然、社会、人际、文明融突和合化、有序理性化、殊相共相化、逻辑结构化的过程，必须博学切问、广采群谋。人类正处在挑战层出不穷、风险日益增多、冲突危机不断的时代，也遭遇冷战思维、强权政治、恐怖主义、单边主义、难民危机、气候变化等厄运。人类要以坚强的意志，化解厄运，要勇于创造，引领开新。把人类命运共同体构建得更美好，要健全机制，信息通畅，要加强信息、智库、决策、笃行机制建设。除各种机构智库外，发挥民间智库的功能，以制定公正、合理、公平、正义、前沿、远见、卓识的中国方案。人类命运共同体的幸运，是对于为其虔诚奋斗者的奖赏，对恪守秩序诚实友信正直善良行为的肯定、对多形态的国际军事政治经济文化事务的包容，人类命运共同体的凯歌定能响彻寰宇。

人类命运共同体视域下文化的重演与创生

任　娜*

内容提要：中华文化博大精深、源远流长，几千年传承不辍；西方文化呈螺旋式展开，不断地变革与创新，中西方两种文化体系的不同重演律缘于其背后地理环境、生产方式、社会制度、思维方式等诸方面的差异。但从人类命运共同体的建构出发，世界新文化的创生需要不同文明之间开放视野、开阔胸怀与多元对话，从而以整体“类”同质性为前提，形成一种以“自由人”为联合的“真正共同体”。

关键词：人类命运共同体　世界新文化　重演律

一、人类命运共同体

在经济全球化、政治多极化、社会信息化的历史境遇下，面对气候变暖、恐怖主义、资源短缺、经济危机等全球性问题，任何国家都不可能独善其身，不管人们是否承认或愿意，国际社会已成了“你中有我，我中有你”的命运共同体。为此，第70届联合国大会上，习近平总书记发表了《携手构建合作共赢新伙伴，同心打造人类命运共同体》的重要讲话，系统阐述了建构人类命运共同体的思想理念。[①]世界历史作为一部人类解放的斗争史已经充分证明，任何社会群体都没有可能单独解放自己，唯与全人类同呼吸共患难才有可能真正彻底地改变自己的厄运。马克思恩格斯曾叩问：人类对自己的命运能不能有免于同归于尽的自主选择、康德关于世界永久和平的呼吁、中国古代对大同理想实现的渴望，都在昭示着与必然统一的自由也就是“顺天应人”，为历史最终达到“大道之行，天下为

---

* 任娜（1983—），女，陕西西安人，中学一级教师，研究方向：历史教学与研究。

① 史守剑：《一带一路战略与人类命运共同体建构》，《科技风》2019年第2期第243—244页。

公，世界大同”之理性境界，这种大同主义或世界主义为人类命运共同体的哲学人类学前提。

习近平在十九大报告中谈到构建人类命运共同体的关键在于：“要尊重世界文明多样性……坚决摒弃冷战思维和强权政治，走对话而不对抗、结伴而不结盟的国与国交往新路。”人类命运共同体的提出正预示着以“为公”与“大同”华夏道统的修复，也就是以世界主义为共识。当平等、民主、自由、正义、博爱价值体系“统治世界”时，人类命运共同体的必要与可能便成为现实性。作为历史理性的要求，以整体“类”同质性为前提，人类唯有如此价值共识方能形成一种以“自由人”为联合的“真正共同体”。①人类命运共同体思想不仅有丰富的理论内涵，而且有深厚的哲学意蕴、美好的价值追求；不仅凝聚了中国传统文化的精髓，是对中国优秀传统文化的创造性转化和创新性发展，而且是对马克思主义的继承、创新和发展，同时还赋予马克思主义“共同体”思想新的时代意义，蕴含着中国智慧。在一定程度上来说，人类命运共同体是世界各国人民共同的梦想，是人类社会共同的理想追求，也是人类社会要共同实现的一个目标。②

二、文化重演律及中西对比

1. 文化重演律的界说。马克思辩证唯物主义哲学将自然、社会与思维发展的普遍规则概括为对立统一规律、质量互变规律及否定之否定规律，其中，重演律是其一种突出的表现形态。最受人们关注的是天体的演化与宇宙发展的重演律，无数恒星、星系经历产生、发展、灭亡，再产生、发展、灭亡一系列的循环和重演。这种重演不是重复，而是形成丰富多彩的发展变化的自然画卷并“经历着实在的历史”。③王德胜论述了重演律的三大基本内容——胚胎重演律、个体发育重演律及思维发展重演律，接着指出文化重演律则是重演律理论在事实与科学基础越来越清晰的前提下的推广与延伸，他说：“一个地区、一个民族的文化发生、发展与成熟，重演整个人类文化发展的历史。”④冯天瑜也说道：“文化在其发展过程中，往往出现某种类似动物个体生命史中的返祖现象，也即通过恢复祖先某些

① 毛崇杰：《人类命运共同体的必要与可能》，《甘肃社会科学》2019年第1期第8—15页。

② 郭亮亮：《习近平人类命运共同体思想的三维向度》，《领导科学》2019年第2期第4—9页。

③ 恩格斯：《自然辩证法》，于光远译，北京：人民出版社，1984年，第53页。

④ 王德胜：《重演律的哲学探索》，《杭州师范学院学报（社会科学版）》，2002年第6期。

性状来实现个体生命的前行运动。”[①]

文化的重演既显示为微观的层面，又反映在宏观的层面。“人类文化的发展往往从简单的口头语言开始，通过象形文字、简单的符号，发展成比较有系统的语言文字，逐步再发展出诗歌、艺术、宗教、哲学、科学，再发展到现代文化”，“从物质生产的角度，往往经历石器和渔猎文化、农业文化、工业文化、再发展到现代文化”。[②]本文的文化重演正是从宏观的视角来俯瞰中西文化的沿革，并反思彼此的异同。需要说明的是，当我们着眼于文化整体的变迁时，必然不会拘泥于历史的细节，或就某一时代的文化流变做考察。如我们的汉唐文明虽然发达，但不是我们论述的范围；同样希腊文化作为西方文化的一部分，自身经过自由城邦时期、希腊化时代、罗马帝国时期三阶段，[③]也不在我们讨论之列。文明的进程时而前进，时而后退，总体是摇摇摆摆向前挺进。本文不会比较某一时代两种文化之间的优劣，只就影响文化演变发生重大改变的明显标志与关键的分界，对文化历史的变迁做宏观轮廓性勾画。

文化的发展是一个正在进行的动态的过程，在这个过程中，历史与现在、传统与现代都同时在此汇聚，合力而产生作用。正如冯天瑜所说：“诞生于公元前6世纪前后（即轴心时代）的文化元典在两千余年以后，当历史处于由中古向近代转型的关键时刻发挥着某种精神变化剂的作用。”[④]他又说道：“西方及东方的各文明民族的近代史一再昭示：民族传统的反思和人类当代意识的追寻（或曰世界新声的摄取），是建设现代文明的两大依据，是新文化生长的两个相反而又相成的必要条件。而且，在一定意义上，当代意识的追寻有赖于传统的反思，传统的反思又不断接受当代意识的启迪。总之，新文化的创生遵循着‘文化重演律’方得以运行。”[⑤]这也正是本文立意主旨之所在。

2. 中华文化循环回复式发展。提起中华文化，国人不免自豪。中国有五千年悠久灿烂的文化，传承不辍，为世上其他文明古国所没有。但是，当我们换一种视角，从文化重演律的角度，并就西方文化重演为参照来看的时候，我们就会有另一番发现与启示。我们知道，在东亚大陆独立发展起来的中华文化，很早就构

① 冯天瑜：《中华元典精神》，上海：上海人民出版社，1994年，第370页。
② 王德胜：《重演律的哲学探索》，《杭州师范学院学报（社会科学版）》，2002年第6期。
③ 罗素：《西方哲学史》，何兆武，李约瑟译，北京：商务印书馆，1963年。
④ 冯天瑜：《中华元典精神》，上海：上海人民出版社，1994年，第269页。
⑤ 冯天瑜：《中华元典精神》，上海：上海人民出版社，1994年，第369页。

造起物质的与精神的万里长城，规范着一个盛大繁荣的天地。华夏文化的基本格局是春秋战国时代形成的，到秦汉时期，随着统一的中央集权政权的建立和统一文字、统一货币、统一度量衡、“罢黜百家，独尊儒术”等措施的实行，出现了“车同轨、书同文、行同伦”和“天下为一、万里同风”的局面。从而，基本上确立了以儒家思想为主导的统一的汉民族文化。

在此之后，出现了几次大的民族融合和民族文化交融的高潮，有的是在汉族政权领导下进行的，有的是在少数民族领导下进行的，中间经历了魏晋玄学、隋唐佛教、宋明理学，直到19世纪中叶，中华文化的虽然多有起伏跌宕、损益变通，但是，自先秦产生，两汉定型的价值体系及其运作系统几乎未出现过根本性质的变化，而始终保持着一以贯之的发展序列。既能够对异样文化有选择地吸取与排拒，又能消解或受容自生的文化异己，从而保持一种因革均衡的渐进稳态。特别明显的就是东汉佛教的传入，逐步与中国固有文化融合起来，至南北朝隋唐时期，佛教已被视为国教，出现众多派别，所谓“六家七宗”之说。佛教的中国化，实际上是完成了与中国文化的融合，特别是与影响中国人最深的儒家文化的融合，小乘佛教与大乘佛教同在中国传播，但小乘佛教后来却衰落了，其主要原因是它的自我解脱观念不为中国人所接受，而大乘佛教普度众生的信念与中国天下一家的情怀相契合，儒家思想中人人皆可为圣贤的观念也与大乘佛教众生皆可成佛的教义相呼应，所以大乘佛教在中国广泛流行。在几年的文化历史演变中，中华文化一直在解经、注经、辩经中生活，不断上演文化复古、返照的话剧。

从文化发展上看，自古以来，迄于西学大举东渐，中国文化终是有传承而无创造的自我循环。“古代中国一再发生的文化复古，当然也有上升性和进步性意蕴，但更呈现恢复性和因袭性。”[①] 夏商周三代孕育的中华元典精神，自从运行于中国大地之日起，便不断被后世人们“重演”，孔子便是其中第一位最得力的干将，子曰：“周监于二代，郁郁乎文哉！吾从周。”（《论语•八佾》）他“祖述尧舜，宪章文武”（《中庸》），力倡“复三代”。在以后的中国历史发展过程中，向传统文化寻求解决现实问题的处方，成为中国人的一种思维定式。

3. 西方文化螺旋上升式发展。从西方文明涵盖的地域来考察，西方文明在18世纪以前主要指西欧（广义上包含中东欧），后美国建国并入西方。20世纪

① 冯天瑜：《中华元典精神》，上海：上海人民出版社，1994年，第396页。

初，加拿大、新西兰加入。从文明的发展历程来看，古希腊、古罗马的古典文明可以作为现代西方文明的先驱（不能与现代西方文明等同），9—11世纪后期，至16世纪之前西方文明进入黑暗的中世纪，但是对上帝存在的证明使得理性得到充分的发展，16—18世纪西方社会实现近代化（资本主义化），西方的文化有了新的活力，使得西方文明开始大踏步前进。19—20世纪，两次工业革命后，西方文明飞跃式发展，成为今天所说的西方文明。

当我们审视西方历史时，就会发现西方文化发展的脉络层次与阶段性是极其分明的：古希腊罗马文化—基督教文化—中世纪市民文化—文艺复兴、宗教改革—近代启蒙运动—独立运动等。希腊文化之及于后世，每个历史时期都在传承中有突破和创新，西方文化的发展路线是呈螺旋状展开，尽管有时候是曲折的前行，甚至是大倒退，如中世纪相对于希腊。但是，西方文化总是在经过阵痛过后，迈向更高的阶段，正反合式地演进与提高，整体上呈一种上升的趋势。

西方社会所取得的巨大成就与此不无联系，在西方文明的长河中，不断闪耀出令人眩目的成果，自近代以来特别是随着全球化步伐的加快，我们的生活——从吃穿用住各个方面来看，无一不带有浓重的西方色彩；飞机、汽车、电、电视机、照相机、互联网等，都是西方文明首创；市场经济、民主政治和公民社会以及相应的价值观念（如自由、平等、人权、理性、法治），还有个性精神、契约精神以及与之相应的制度化之社会机制，都是西方文明对世界文化发展做出的巨大贡献；前联合国的政治架构、世界的经济秩序、文化交流的传媒语言、科学技术的发展创新等等，无不都是按照现代西方文明的价值观的基础发展起来的。不可否认，发展到今天的西方文明已经成了世界的主流文明。

任何民族文化的产生和发展都有其独特的过程，显示出各不相同的特点。任何一种文化的发展演变既有对其传统的继承也有受外来文化的影响，传承中有创新。但是，比较中西文化的重演，很清楚地发现中华文化整体发展上更多地倾向稳定性和延续性，而西方则更多变革与递进。文化的成长与发展有其自身的规律，同时又是受众多其他因素的制约与影响的。埃利亚斯在谈到文明的进程时说道："改变作为整体来说，是没有计划的，可其完成并非没有一定之规。"[①] "从相互交织的关系中，从人的相互依存中，产生出一种特殊的秩序，一种较之单个人

---

① 埃利亚斯：《文明的进程：卷2》，袁志英译，北京：生活·读书·新知三联出版社，1999年，第254页。

所形成的意志与理性更有强制性和更加坚实的秩序。”[①] 他认为，这种相互交织的秩序决定了历史变迁的行程，也正是这种相互交织的秩序形成了历史进程（社会变迁）的规律。在黑格尔那里便是一种“历史理性的狡计”。中西文化重演律的背后是地理环境、生产方式、社会制度和思维方式上的差异，中国文化具有内向型特征，人向自己内心探索，与外界和谐共处，必然导致文化上的循环发展，“反者道之动”，“归根复命”（《道德经》）；而西方文化则具有外向型特征，主客二分，借助理性逻辑工具，人要认识自然、征服自然，并更好地使其为自己服务，培根说：“知识就是力量”。由此，文化便得到不断的创新与更迭。

三、文明对话与世界新文化的创生

伴随着全球化的趋势，政治多极化、经济一体化、文化多元化，文明的对话与沟通是大势所趋，每个文明都意识到生存的压力与发展的紧迫。但我们也不要走向反面，一味地保守，甚至消极地抵抗、排斥异己。亨廷顿就预言非西方社会面对西方文化的强大攻势将回归本土文化。如伊斯兰世界对西方“腐蚀”的反应；东亚社会归功经济增长于他们自己的文化；当前以美国为首的反全球化也在暗流涌动等。后殖民理论之所以引起第三世界知识分子的热烈反响，主要在于它被视为消解帝国中心话语，弘扬民族文化的理论武器。但中国从人类命运共同体视角出发，高瞻远瞩，提出一带一路建议，主张更应该具有开放的视野与开阔的胸怀，并积极展开多元文化对话，这才是正确的时代选择。

1. 世界发展的客观趋势。对于非西方社会来说，“全球化”是一个充满痛苦的历史记忆而又无法回避的现实。但如今，世界的确在追求一种更为一致的目标：政治上，“民主”“自由”和“改革”等被奉为当代最响亮、最正确的政治口号，“和平”与“发展”成为世界政治的主流；经济上，市场经济成为全世界通用的经济模式，市场、资本、技术甚至消费行为的一体化已经和正在出现；与此同时，以互联网为特征的信息技术冲破传统的国界障碍，以前所未有的速度和频率不受任何限制地向全世界提供“数字化”信息，不仅创造出一种通用的“全球化”语言，而且也创造了一种受这种语言支配的“全球化”思维方式；心理结构也一样产生了相应的变化，即变得越来越多元化和宽容。21 世纪是东西方文化

① 埃利亚斯：《文明的进程：卷 2》，袁志英译，北京：生活·读书·新知三联出版社，1999 年，第 252 页。

合流的世纪，可望实现恩格斯所主张的“人类同自然的和解以及人类本身的和解”[①]。

2. 世界文明继续生存发展的现实选择。当前，环境污染、资源耗竭、人口膨胀、核武器威胁等很多共同的问题摆在全人类面前，需要所有人类智力通力合作才有可能获得解决。也只有在交流中相互学习、借鉴，才能发现自己的不足，才能共同提高发展。西方文明突出个人，强调物质财富，导致人与人的竞争，人与自然的争斗。经过300多年工业文明的发展，历年所伏的“隐患”渐渐显化为“明患”，造成目前愈演愈烈的生态危机和社会危机，以至威胁到人类的生存！为了对付这些危机，世界各国已经投入了巨量的人力、财力和物力，提出“可持续发展”、要求“回归自然”、大声疾呼“救救地球”，而要想彻底地化争斗为和解，东方文化（尤其是中华传统文化）所固有的“和”的精义值得吸取，这就是中华传统文化最重要的价值所在，也是中华文化为解决世界难题而做出自己的贡献的时候。中华文化走到今天，同样面临着现实诸多问题的挑战，为了继续发展，就必须与时俱进，主动展开同各种文化之间的对话与交流。

1993年美国学者亨廷顿（Samuel P.Huntington）提出“文明的冲突”学说，他把人类文化圈分为西方、儒家（指中国）和伊斯兰教这三大类，环绕其间的还有印度、日本、拉美、非洲、佛教（东南亚、蒙古、西藏）和东正教文化圈。他认为西方，尤其是美国，应该注意儒家和伊斯兰教汇流所带来的挑战。亨廷顿的想法是，文化认同是由共同的宗教信仰、历史经验、语言、民族血统、地理、经济环境等因素共同形成，其特性比起政治、经济结构更不容易改变。冷战以后，世界上的政治意识形态冲突基本上告一段落，取而代之的很可能就是不同文明间的冲突。特别是“西方文明”与“非西方文明”的冲突。在西方与非西方的文明冲突中，尤以儒家文明、伊斯兰文明与西方文明的冲突最为激烈。但是，亨廷顿学说的一大盲点，是把历史上的许多冲突看成人类文化差异所导致，而忽略了更重要的因素，即物质利益和发展空间。亨廷顿也没看到，不同文明的表层尽管形式各异，但人类的积极关怀是一致的，“文明冲突论”不符合人们的心理规律。文化、文明的发展史本来就是相互了解、相互借鉴、相互交融的历史。从民族、多数国家和个人的层次看，“文明冲突论”都与历史事实不符。文明冲突论显然

① 马克思，恩格斯：《马克思恩格斯全集：第1卷》，北京：人民出版社，2006年，第603页。

带有一种文化中心论的色彩。

后现代主义在颠覆中心（decentering），反叛认知暴力（epistemic violence），消解霸权话语，揭露和对抗意识形态化的虚假知识，关注和发掘异文化、亚文化、边缘文化话语方面，大大拓展了文化相对主义的应用空间。人类学的文化相对主义原则要求一视同仁地看待世界各族人民及其文化，消解各种形形色色的种族主义文化偏见和历史成见。这是对人类有史以来囿于空间地域界线、民族和语言文化界限而积重难返的“我族中心主义”（ethnocentrism）价值取向的一次根本性改变。而这一切，又恰恰同道家伦理达成某种超时空的默契。在当今的许多国际政治和外交上的争端，如人权问题，各国总是自我本位，各执一词，公说公有理，婆说婆有理。如果大家都懂一些道家相对主义，是完全能够避免冲突，展开有效对话的。像“宋人资章甫而适诸越”一类的一厢情愿的行为，也只有学会用相对主义的眼光去看事物之后，才能够从根源上得以避免。“以道观之，物无贵贱；以物观之，自贵而相贱。”（《庄子·秋水》）由此看来，相对主义的眼光也就是“道”的要求，是一视同仁的平等待物之方。当今正在走向全球化的各个民族、国家，非常需要认真考虑“道”的这种平等原则。既然每一种文化都是自我中心和自我本位的，那么也只有站在无中心、无本位的立场上，才能够走向相异文化、相异的价值观念之间的相互理解和相互容忍。唯有首先自觉地放弃以往那种“自贵而相贱”的传统习惯，和平共处的理念才不至于沦为空话。

3. 世界新文化创立的必然走向。世界新文化的诞生，首先是建立在人类共同利益基础上的公共理性，它是在多元文化的沟通与共识前提下形成的，因而具有广泛的社会性和普遍性。其次，世界新文化所诉求的是人类社会最基本、最起码的而不是最优化、最理想化的理念。最后，世界新文化所诉求的理念是跨文化、跨地域的人们可以在特定的生活条件下共同认可和践行的公度性理念。世界新文化的诉求有两个向度：一是在多元文化的前提下，倡导人类社会必须认同也可以认同的某些价值观念、道德规范和行为准则；二是寻求不同文化传统在走向世界新文化中所能发挥的特殊作用。简言之，世界新文化追求的是，在尊重各种文化传统的价值基础上发掘和利用不同民族文化传统中的哲学思想资源，建构用来解决当今经济全球化进程中人类生活所面临的共同问题的哲学文化理念。

世界新文化欣赏、鼓励的是“相似”“相近”“相容”“相补”。承认差异，宽容差异，倡导个性；也主张基础性的一致、同一，但它更推崇的是差异与同一兼容、协调的“相似”和“相近”，以此实现一种“和而不同”“合而不一”“兼容并包”“富有弹性”的哲学旨趣。“差异”是相互理解的前提，“相同”“同一”是相互理解的基础，“相近”“相似”是相互理解的限度。世界新文化的指导原则是“相似”，但相似是作用和功能上的。比方说，中国的孔子与苏格拉底相似，这样说并不意味着孔子与苏格拉底无差别，也不是完全等同，而是说二者的作用类似。当然，把一切说成是“相似”是偏见，但“相似”概念的确既包含了理论上的同与异，又包含了文化背景上的同与异，是同与异的融合、协调。这是世界新文化的灵魂。世界哲学不可能是一门具体的学科，不可能仅靠经验的聚集来完成，它的出发点是承认文化的多元性这一事实。要把一切可靠的全球秩序确实需要的多样性和相互竞争的合理性切实得到普遍化，这是世界新文化的第一原则。

经济全球化中的多样性，无疑也包含着人类某些共同的文化要素，通过这些要素，各种实体的多元性之间能够进行最低限度的对话、交流。因为，尽管世界上存在着多元的意识形态，但只要他们对人类生活怀有敬意，为人类未来焦虑，那么他们就会走到一起，并由此出发在人类生活的基础上相互了解。人是公共生活的支配者，也是不同哲学和意识形态的支配者、检验者。在经济全球化的时代，一个合法的国家必须是一个民主的国家，也必须是一个遵从基于人类共同利益而设置的人类某些共同的价值规范；同样，任何一个民族的传统文化，都应当是人类文明的共同遗产和财富，都是世界新文化诞生的丰富资源，都必须向世界开放。

4. 文明对话的原则。一要平等的态度，二要包容的精神，三要开放的视野，四要开阔的胸怀，求同存异，承认差异，保留自己的文化特性。“文明多样性是人类社会的基本特征，也是人类文明进步的重要动力。在人类历史上，各种文明都以自己的方式为人类文明进步做出了积极贡献。存在差异，各种文明才能相互借鉴、共同提高；强求一律，只会导致人类文明失去动力、僵化衰落。各种文明有历史长短之分，无高低优劣之别。历史文化、社会制度和发展模式的差异不应成为各国交流的障碍，更不应成为相互对抗的理由。”[①]

历史上的中国曾被西方人想象为一块封闭得如顽石般的国家，然而，就是在这国土上汇聚着人类所有重要的精神流派：儒家、道家、佛教、伊斯兰教、基督

① 胡锦涛：《努力建设持久和平、共同繁荣的和谐世界》，人民日报，2005-09-15。

教。中华文化是以汉文化为主轴的多元文化的混合体，它的海纳百川的胸怀不是通过武力征服铲除异己，而是接纳包容兼收并蓄。公元 6 世纪，中国和印度文化相遇，引进佛教文化，用了 8 个世纪来消化。元朝和清朝统治时期也不得不屈从于生命力顽强的汉文化。19 世纪与西方文化的碰撞、对话，是在完全不平等，甚至是非常不幸的条件下进行的，毫无信赖与诚意，缺乏互惠的条件。对外来文化顽强抵制的时候是国力衰弱、文化凋敝，也是民众缺乏文化自信的时候。21 世纪中西方的对话，应有全新的姿态、全新的格局、全新的内容，应在平等互利、突破自我、共存互补的条件下进行。“加强不同文明的对话和交流，在竞争比较中取长补短，在求同存异中共同发展，努力消除相互的疑虑和隔阂，使人类更加和睦，让世界更加丰富多彩；应该以平等开放的精神，维护文明的多样性，促进国际关系民主化，协力构建各种文明兼容并蓄的和谐世界。”[①] 求同存异地发掘不同文化的普遍意义和共同价值，以一般人性为依归，为多样性的文化交流、沟通与理解提供某些基本原则和指导思想。对话的内容应当广泛，涉及人文社会科学和自然科学，包括科学、技术、艺术、文学、哲学和所有人类精神领域，在更高的层次上广泛对话，共建 21 世纪人类精神文明。

因此，弘扬中华优秀传统文化，是我们全球炎黄子孙共同的历史使命。绝非意味着东方文化对西方文化的“征服”，而是意味着东方文化对西方文化的“融汇”。因为，东方文化的特质在于“和”，是包容性的。通过与世界各国、各民族的广泛交流，透彻地阐释中华文化“和”的特质及其对于化解当代人类各种危机的决定性意义，逐步达成“和”的共识，从而在政治、经济、军事、外交、文学、艺术、环境保护、生态优化、发展模式、生活方式、道德伦理、价值取向等各个方面，积极地化争斗为和解，以求实现恩格斯所主张的“人类同自然的和解以及人类本身的和解”，最终缔造一个和睦、和谐、和祥、和乐的人类理想社会。历时两年的中法文化年就是一首国际文化交流的恢宏诗篇，已成为东西方文化真诚对话的典范，其成功的经验已受到全世界的重视和关注。而“一带一路”倡议则是当代中国为构建人类命运共同体贡献的中国智慧，也是实现全球人类永久和平、普遍安全、共同繁荣、开放包容、清洁美丽世界的具体实践路径，必将对世界格局和走向发生重大而深远的影响。

① 胡锦涛：《努力建设持久和平、共同繁荣的和谐世界》，人民日报，2005-09-15。

四、中华文化传播研究专题

文化自信视角下的传统经典大众传播

——谈新媒体格局下的经典文化传播路径

李　娟*

内容提要： 文化自信，是继道路自信、制度自信、理论自信之后，又一个极为重要的“自信”。习近平指出，文化自信是更基础、更广泛、更深厚的自信。这三个“更”，凸显了“文化自信”在“四个自信”中的特殊地位。在5000多年文明发展中孕育的以“子学”为代表的中国文化，积淀着中华民族最深层的精神追求，代表着中华民族独特的精神标识。因此，如何借力“新子学”的研究，尤其是在新媒体时代如何利用大众传播推动新子学走向民间，推动全民族文化自信的进程，在今天风起云涌的社会变革中，具有更高的社会价值和实践意义。而要在当今新媒体格局中普及经典文化，无疑要对其传播路径进行探求，这些路径应该是国家的在场、教育的滋养以及新型主流媒体阵营的表达。

关键词： 文化自信　“新子学”　大众传播　传播路径

基金项目： 本文系河南省哲学社会科学规划项目“习近平新闻思想与马克思主义新闻观中国化体系构建”阶段性研究成果，项目编号2018WT24。

党的十八大以来，习近平总书记曾多次提到文化自信，一再强调，文化自信是道路自信、理论自信和制度自信之后，中国特色社会主义的“第四个自信”，并且在庆祝中国共产党成立95周年大会的讲话中，对文化自信特别加以阐释，指出“文化自信，是更基础、更广泛、更深厚的自信”。[①] 在5000多年文明发展

---

* 李娟（1980—），女，河南新乡人，上海大学博士生，新乡学院副教授，研究方向：新闻传播史。

① 《习近平在庆祝中国共产党成立95周年大会上的讲话》，《人民日报》，2016年7月1日。

中孕育的以“诸子之学”为代表的中国文化积淀着中华民族最深层的精神追求，而“新子学”内容、“新子学”精神，以及“新子学”思维的传播，无疑是百家文化经典传播的重要内容，也是推动全民族文化自信的重要力量。

一、“新子学”助力百家文化经典传播

2012 年 10 月，方勇教授在《光明日报》发表《“新子学”构想》，全面论述对新子学倡导的意义和价值，以此为标志，学术界开始了一波又一波的对“新子学”学术研究的热潮，并在 2013 年和 2016 年形成两个相对高峰，至今已有 200 多篇学术论文发表。然而就像方勇先生说的那样，“新子学”作为一个系统性的理论架构，并非一二百篇文章就能涵盖其所有内蕴，也不是短短数天数月甚至数年就能辨析清楚的。[①] 学术需要不断创新，真理也是越辩越明，方勇教授后来又再论、三论“新子学”，进一步深入阐述其范畴，讨论“新子学”精神，致力传统文化创造性转型，创新性发展（习近平语）。上海大学郝雨教授也多次发文阐述“新子学”的文化基因，并在他的《“新子学”与民族文化复兴大方向》一文中，再次夯实了“新子学”所提倡的崭新学术理念与文化方向。中国传媒大学刁生虎教授也认为“新子学”具有重大的理论意义和实践价值。[②]

郝雨教授指出：当我们认真考察中华文化的全部历史进程，就会发现，诸子百家经典，是我们民族文化的瑰宝。我们发掘和传承传统文化，归根结底重在发扬诸子百家的文化。诸子之学，才是我们民族传统文化的真正源头，才是我们的文化之根。在这个问题上，“新子学”给我们提供了重要的指引。[③]

所以，我们今天的文化自觉、文化自信，以及文化传承，一定要回到这样的一个总根源。而文化自觉和文化传承，又绝不能仅仅是专家学者关在书斋里或埋头著书，或高谈阔论，能够做到的。让传统文化经典和文化精神走进千家万户，走向广大民众，应该是文化自觉和文化传承的题中应有之义。因而，“新子学”的倡导和研究，也不应该忽略民间传播的要求。

首先是“新子学”内容内涵的经典性和丰富性，极有必要在当今的新时代广泛深入地传播，这是百家经典研究的一种重要方向。方勇教授讲到“新子学”要

① 方勇：《“新子学”理念提出的前后脉络》，《名作欣赏》2015 年第 1 期。

② 刁生虎，王喜英：《新子学断想——从意义和特质谈起》，《诸子学刊》2013 年第 3 期。

③ 郝雨：《新子学与民族文化复兴大方向》。

把周之前诸子百家的经典文化和内在精神内涵放到今天新时代的语境下去观察、继承，因此必须充分对诸子百家经典进行研究、分析，才能充分了解“新子学”内涵。[①] 这无疑会促进大家对诸子百家经典的研究，尤其是诸子文献研究、原典解读。同时借助各类媒体进行多渠道传播，尽可能促进传统经典大范围进入民间。

其次是“新子学”的精神内涵，更接近中国人内在的逻辑思维与精神积淀，可以促进国人理解百家文化经典精髓。例如《百家讲坛》中讲对一些比较深奥的经典之作的解读，就是用一种现代人特有的中国逻辑和精神符码来解读传统文献，尽管有些解读因为要达到通俗易懂而存在一些争议，甚至偏离了原著的精神，但是其用深入浅出的故事和道理试图诠释中国文化的尝试以及该节目在民间的走红，乃至在中国老百姓精神世界中的长远影响，无疑也是“新子学”传播的重要参照！

再次是“新子学”思维方式的中国性，促进了对诸子百家经典的准确把握和理解。他不依赖于长期以来中国学术研究的西方思维模式，探索适合中国本土的思维方式，中国人的传统思维中，尤其是百家经典中渗透着中国传统科学思维。而这种思维方式对于说汉语的中国人更好地理解本土的百家经典将会提供传统基础上的全新的思维方式。

因此，“新子学”的兴起和繁荣发展，无疑可以大大助力百家文化经典的传播普及。而文化作为一种精神力量，能够在人们认识世界、改造世界的过程中转化为物质力量，对社会发展产生深刻的影响。这种影响，不仅表现在个人的成长历程中，而且表现在民族和国家的历史中。传统经典文化作为先进的、健康的文化无疑会促进社会更加健康稳步地发展。

中国文化源远流长，尽管改革开放四十年，我们迎来了中国社会的现代化进程，迎来了经济大繁荣，然而不可否认的是中国传统优秀文化的日渐消弱，西方的流行观念在当下中国影响甚大，加上新媒体条件下例如“两微一端”、抖音等微视频更是助长了一些非理性的价值观传播，娱乐大众、拜金主义、享乐主义日渐嚣张，几岁孩童拿着手机爱不释手陷入短视频带来的刺激与诱惑，究其元凶，不能不追究新媒体传播内容的缺乏书卷气和高雅精神内涵，所有的社会问题的凸

① 方勇：《新子学理念提出的前后脉络》，《名作欣赏》2015 年第 1 期。

显实际上根源于以此为载体的低俗内容，垃圾化、碎片化、泡沫化的传播内容对于中华民族优秀文化的缺失。落后的、腐朽的文化势必阻碍社会的发展。因此诸子百家文化作为中国传统文化的精髓，必须尽快占领新媒体阵地。习近平专门强调，要建设社会主义文化强国，要树立文化自信。文化强国，首先就是要明确中国文化的内涵，只有了解自己的文化，才能谈得上发扬光大，只有发扬光大，才能更加自信。媒体是个双刃剑，为弘扬民族优秀文化，媒体又发挥了其应该发挥的功能，即对中华民族优秀文化的传播功能。在这方面，中央电视台 2018 年春节期间举办的《中华诗词大会》，就是一个典型的成功案例。

二、《中华诗词大会》文化传播的成功之道

费孝通先生曾提出要“各美其美”，其实就是首先要了解自己的文化，而中央电视台一档《中国诗词大会》节目的走红，无疑为我们了解中国文化打开了一扇窗。《中国诗词大会》的真正价值在于推动大众对传统文化的探求，从而推动中国传统文化精髓在民间的普及。

《中国诗词大会》的成功，主要是由于把握到了时代的脉搏。党的十八大以来，习近平曾在多个场合提到文化自信。在 2014 年 2 月 24 日的中央政治局第十三次集体学习中，习近平提出要“增强文化自信和价值观自信”。之后的两年间，习近平又对此有过多次论述：“增强文化自觉和文化自信，是坚定道路自信、理论自信、制度自信的题中应有之义。”“中国有坚定的道路自信、理论自信、制度自信，其本质是建立在 5000 多年文明传承基础上的文化自信。”2016 年 5 月和 6 月，习近平又连续两次对“文化自信”加以强调，指出“我们要坚定中国特色社会主义道路自信、理论自信、制度自信，说到底是要坚持文化自信”；其语境更为庄严，观点更为鲜明，态度更为坚决，传递出这既是文化理念又是指导思想。文化自信于是成为继道路自信、理论自信和制度自信之后，中国特色社会主义的“第四个自信”。[①] 这是党中央的要求，另一方面也是消费时代人们对良莠不齐的娱乐综艺节目的审美疲劳，以及人民群众增强文化自信的精神需求。随着五花八门的娱乐综艺节目的大肆泛滥，电视综艺只有通过购买版权来满足其利益诉求，多数节目在这样的困局中找不到自我，甚至没有了初心，陷入了竞争的困境，更

---

① 《习近平总书记主持召开哲学社会科学工作座谈会的重要讲话》，2016 年 5 月 17 日。

负担不起传承文化的使命。在这样的情况下，《中国诗词大会》这个文化类节目却如一匹黑马，以最熟悉、最打动人心的诗词，激发观众的记忆与情怀，带领观众领会，中华诗词传统文化的精髓，品味民族历史和传统中的美。节目中的参赛者来自世界各地，更基础，也更广泛，有着不同的生活经历和教育背景，唯一共同的是对于传统诗词魅力的喜爱，他们的言谈举止，同样影响了屏幕前的广大观众。

《中国诗词大会》的成功，还因为其充分发挥了媒体导向作用。习近平总书记在2016年2月19日主持召开党的新闻舆论工作座谈会上提出要“高举旗帜、引领导向，围绕中心、服务大局，团结人民、鼓舞士气，成风化人、凝心聚力，澄清谬误、明辨是非，联结中外、沟通世界”，这48个字，概括了在新的时代条件下，党的媒体舆论工作的职责和使命。其中“高举旗帜、引领导向”正是对传媒人的责任要求。如何引领导向，《中国诗词大会》无疑给我们做出了一个范本。作为全国电视节目的翘首，其每一个节目和栏目的举办都必定牵一发而动全身。在西方综艺节目模式的影响下，央视另辟蹊径，扎根本土，策划了一系列关乎传统文化的综艺节目好评如潮，从《汉字听写大会》开启我国综艺节目的文化按钮，接着《成语大会》又再次走红，这类文化类节目被观众接受的程度之高无不暗示中华民族子孙后代对中华传统文化的饥渴。《中国诗词大会》正是在这样的形势下应运而生，可谓天时地利人和。这一系列的策划充分体现了媒体人强烈的文化传播责任。

而《中国诗词大会》在进行导向引导时也充分遵循了传播规律。雷跃捷教授指出：舆论引导工作是一门科学，必须按照规律办事。这里所提的“必须按照规律办事”，就是指必须按照舆论生成、扩散和发生影响的规律，去认识和掌握舆论引导工作的规律，以利于我们减少开展舆论引导工作的盲目性，提高舆论引导工作的科学性。而《中国诗词大会》的策划，正是在《汉字听写大会》《成语大会》所打下的江山的基础上，即在优秀传统文化舆论大势逐渐生成并升温的基础上，对舆论的一次大规模的扩散，可谓趁热打铁。习近平同志在讲话中指出，要抓住时机、把握节奏、讲究策略，从时度效着力，体现时度效要求。《中国诗词大会》在过年黄金时间播出，把握住了“时”。同时通过多媒体的传播、互动，嘉宾侃侃而谈的点评与传统文化故事润物细无声式的讲解，获得了大众的眼球和好评，可谓把握住了传播的“效”。而随着观众对古典诗词的追捧、又将选手的情况进行介绍，让大众知晓，这些选手都是普通人，甚至是中学生，而真正的文化高手在民间，不分年龄、国籍，只要你有一颗热爱古典诗词的心，那么就可能成为下一个高手，没有对选手过分的神化，而是将选手赋予平常人的“平民化”，这就是把握住了“度”。

三是节目形式上的创新和大众化通俗化的走向，用新型媒体融合传播，在互动上用了嘉宾以及在场答题者和场下观众三融合，嘉宾的解读或是讲好了中国故事或是诠释了中国精神，各行各业各个年龄段的广大受众都能踊跃参与现场答题和线下互动答题，传播中国文化更加形式活泼，更加丰富多彩。

更为重要的是，在《中华诗词大会》成功的背后，有一个有力的推手，那就是国家在场。过去没有任何一个时代能够将文化传承放置到如此高的地位，文化自信，建设文化强国，背后就是国家在场。《中华诗词大会》凭借它的极富艺术气息和文化底蕴的表现形式，成功有力地传播了中国文化，它的成功，无疑给新子学的传播带来了经验与启发。诚然，新子学在学术领域已经享有一定地位，然而作为文化的一部分，如果不走向民间，走向大众，就像一个甜美的果实无人分享一样，最终会被搁置，枯萎，失去文化传承的生命力。如果不将新子学推向民间，只是象牙塔中的坐而论道，新子学危矣！

三、借助“新子学”传播重塑新媒体格局下的文化自信

实践证明，任何脱离了人民群众的理论都是空想，诸子百家需要通俗化，大众化、时代化，被老百姓接受并理解传播才能长再次扎根发芽和成长。而就目前的时代特征和媒体格局来看，我们可以从以下几点着手，将新子学推向民间。

1. 把“新子学”为引领的经典文化传播上升到国家战略，通过国家一定计划、资金、政策引导等有效保证。虽然“新子学”研究从根本上说是一种学术活动，然而学术成果如果不能有更广泛开阔的民间传播和接受，只能是空中楼阁，甚至会昙花一现。所以需要将有价值的学术成果推向民间。而这样的推动，尤其是这种高雅深奥的内容要挑战低俗的新媒体内容，经常会难有成效，所以，要保证传统文化普及和传承的更好效果，必须有国家在场。所谓国家战略，是战略体系中最高层次的战略。战略，是指为实现某种目标（如政治、军事、经济或国家利益方面的目标）而制定的大规模、全方位的长期行动计划。国家战略就是实现国家总目标而制定的，是实现国家目标的艺术和科学、指导国家各个领域的总方略。

其任务是依据国际国内情况，综合运用政治、军事、经济、科技、文化等国家力量，筹划指导国家建设与发展，维护国家安全，达成国家目标。时至今日，每一个国家的站位与发展都离不开其在全球语境下的站位和发展，以及为全球提供的治理方略和智慧。任何一个国家的发展也必定离不开其自身文化对全球文化的贡献。文化传播成为国际传播重要的组成部分。因此，如何将代表中国优秀传统文化精髓的“新子学”传播得更远更广，只有将新子学传播上升到国家战略层面，才会推动各方力量更大程度上系统地将其研究成果加以推广。

“新子学”作为传统文化的核心构成，既是历史的，也是当代的，既是民族的，也是世界的。只有上升到国家战略层面，才能使其生命力更加旺盛。进行通过议程设置，塑造意见领袖等方式由上而下的普及，当文化足够自信，自然会促进文化的自觉，当新子学不再是学者们的坐而论道，而是深得民心的普及，才会经久不衰。

2. 充分发挥教育的尤其是义务教育的作用。教育伴随着人类社会的产生而产生，随着社会的发展而发展，与人类社会共始终。孔子非常重视教育，他把教育和人口、财富作为立国的三大要素。孔子承认知识和道德都是要靠学习培养出来的，教育是形成人的个别差异的重要原因，因而他说：“性相近也，习相远也。”教育的最深远功能是影响文化发展，教育不仅要传递文化，还要满足文化本身延续和更新的要求。人的一生不可以不学习，而读书是受教育的一个重要途径。将新子学不同程度地纳入各级课程体系，进行新子学课程建设，教材建设和师资培训，就是要补足当今社会、学校和家庭，最为缺乏的人文教育。近年以来，我们学校课堂里严重缺失的就是人文教育，这其中包括人的人性和灵性。人性教育讲究的就是做人的基本道理和情感，而灵性开发追求的就是人类最了不起的原创性和思想性。人文教育的缺位将会导致科学越发达人类越野蛮的可怕后果，这就是异化人性，扼杀灵性。而人性和灵性教育，不就是新子学教育的核心要素吗？当前的中小学过分重视智力培养，忽视了情感教育，是一种严重的本末倒置。我们发现今日的学生很聪明，却在聪明中难以获得道德和情感的东西。我们今天的教育，几乎从小学开始就在紧盯着一个目标，就是考大学。至于传统文化中的做人和爱人，尊重人和帮助人，已经逐渐淡去，这不能不使人担忧和感到后怕。一个人缺失了感情或没有情感，没有健全的人格人性，其知识和技能只会成为危害社会和人类的东西。因此，教育应当秉承文化中一切优秀的精神成果，让新子学教育在经济建设活动中获得发展和发挥积极广阔的作用。如果教育失却了人最本质的人文情怀，那么所有的教育都是失败的。那么，在新子学研究的推动下，让经典文化有计划有步骤有效力地进入中小学，尤其是大学课堂，实在是传统文化传播的重要途径。

上海市在古诗词教育方面积累了很多经验，这才使《中国诗词大会》中有那么杰出的诗词才女。如果我们在小学和中学阶段加大语文教材中的诸子百家教育篇章，或开设专门课程，将中国传统文化渗透其中；在大学阶段开设跨学科素质教育选修课等，同时创新编排一些通俗易懂的“新子学”教材，培育相关骨干教师，势必会推动新子学在大众的传播。

3. 将新型主流媒体作为新子学传播的主要渠道。CNNIC 发布的《中国互联网络发展状况统计报告》显示，截至 2011 年 12 月底我国网民规模仅达 5.13 亿，我国手机网民规模仅达 3.56 亿，截至 2017 年 12 月，我国网民规模达 7.72 亿，我国手机网民规模达 7.53 亿，六年时间网民数量增加了 2.49 亿，而手机网民增加了 3.97 亿。手机网民增加的速度是网民增加速度的两倍。该数据也显示，手机网民一部分应该来源于新增的网民，另一部分则是原来的网民转变而来。可以预见，手机网民在未来的几年时间还会逐年递增。新媒体格局使得信息传播更加快速高效，新的传播媒介改变了传播手段，催生新的传播内容，我们可以利用新媒体即时海量传播的特点，通过对新子学内容进行符合传新媒体形式和规律的内容再生产，从而使经典文化传播达到前所未有的速度和广度。如果每天人们打开手机，就可以快速搜索浏览有关新子学内容和精神的各类文字、图片、视频，达到润物无声的效果。在人工智能日新月异发展的基础上，AR\VR\MR 技术的革新，使得新子学内容可听可视可触。各种技术条件下人们的表达方式大大拓宽延伸。如果能够利用好新媒体手段将新子学进行更加广泛的传播，我们对于传统优秀文化的继承发展，将会达到前所未有的广度和深度。

习近平 2014 年 8 月 18 日主持召开中央全面深化改革领导小组会议，专门审议通过了《关于推动传统媒体和新兴媒体融合发展的指导意见》。习近平强调，推动传统媒体和新兴媒体融合发展，要遵循新闻传播规律和新兴媒体发展规律，强化互联网思维，坚持传统媒体和新兴媒体优势互补、一体发展，坚持先进技术为支撑、内容建设为根本，推动传统媒体和新兴媒体在内容、渠道、平台、经营、管理等方面的深度融合，着力打造一批形态多样、手段先进、具有竞争力的新型主流媒体，建成几家拥有强大实力和传播力、公信力、影响力的新型媒体集团，形成立体多样、融合发展的现代传播体系。

近年来“推进媒体深度融合，打造新型主流媒体”，[①] 已经成为我们党和政府舆论工作的重要方针。着力打造一批新型主流媒体，就我国而言，应该正确表达国家话语、体现社会主义核心价值观、为人民群众喜闻乐见并具有足够影响力。既然是国家行为打造的新型主流媒体，那么，就理所当然要承担传统文化和经典文化传播的使命。因此，利用新型主流媒体传播“新子学”，就是主流媒体责无旁贷的。当然，新型媒体毕竟有新媒体生产的规律和规则，所以还一定要打破传统思维模式和生产流程，打破体制和组织架构的壁垒，再造适合经典文化内涵的采编制作流程，用全新的互联网思维来推进新型主流媒体建设。事实表明，在新媒体时代，只有紧紧抓住新型主流媒体这种新时代传播载体，才会推动各项文化事业的传播。

此外，“内容为王”永不过时，要抓好新子学传播的内容再生产。利用好新媒体传播环境，拓宽形式与载体，使得“新子学”具象化、可视化，构建群众喜闻乐见的形式，将“新子学”逐步推向大众。化繁为简、化抽象为具象，化生硬为生动。20 多年前曾经被称为读图时代，漫画家蔡志中采用漫画形式改编《老子》《庄子》等经典作品，深受喜爱。今天的新媒体时代，让经典进一步可视化，具象化，应该是我们可以研究和实施的。

当今世界，媒体发展正如战国争雄时代，全球经济政治风云变幻，在习近平新时代中国特色社会主义思想的引领下，我们深入研究“新子学”，一定要关注和探讨其走向民间的传播路径，并且相信“新子学”理念在某种程度上应该是可以引领未来中国文化走向、助力文化自信的重要领域。而在当今这样的新媒体疯狂发展的媒介化社会，我们对于经典文化的传承，必定是需要追溯原点、重构典范，并通过一系列传播方式的创新实践，让传统文化在新时代重塑价值，突破旧有格局，拥有改变世界的力量。

---

① 习近平：《关于推动传统媒体和新兴媒体融合发展的指导意见》，2014 年 8 月 18 日中央全面深化改革领导小组会议。

坚定文化自信：器物何以可能与何以可为

李海文 *

内容提要： 文化自信事关中国特色社会主义建设，事关中华民族的伟大复兴。如何坚定文化自信成为当下的一大课题。文化自信与器物之间的关系甚为密切，两者相辅相成。中国自古以来盛产器物，博大精深，影响海内外。作为直接可感的器物，不仅具有强大的实用性，分布广泛，而且融制度文化、精神文化为一体，成为展示中国文化的重要窗口。以器物为切入点，传播中国文化，是培育和加强文化自信的一大有效途径。

关键词： 文化自信　器物　阅读　博物馆　国货

自党的十八大以来，习近平总书记在诸多场合提及文化自信，论述文化自信的必要性和重要性，传播中国特色社会主义的文化观。在 2014 年 2 月的中央政治局第十三次集体学习中，习近平提出要“增强文化自信和价值观自信”。在 2016 年 7 月庆祝中国共产党成立 95 周年大会的讲话上，习近平对文化自信特别加以阐释，指出“文化自信，是更基础、更广泛、更深厚的自信”。2017 年 10 月在十九大报告中，更是明确指出：“没有高度的文化自信，没有文化的繁荣兴盛，就没有中华民族伟大复兴。”众所周知，文化与意识形态密切相关，正如马克思主义学者王永贵所言“文化建设与意识形态建设相互联系、相互影响、密不可分”，而意识形态工作是党的一项极端重要的工作，事关党的前途命运，已勿须再赘言，文化自信事关党的意识形态工作，事关中国特色社会主义建设，事关中华民族的伟大复兴，毫无疑问我们必须坚定文化自信。

何为文化自信？文化自信是一个民族、一个国家以及一个政党对自身文化价

* 李海文（1985—），男，福建武平人，硕士，福建农林大学金山学院讲师，研究方向：文化传播史论。

值的充分肯定，是对其文化生命力的坚定信念，对推动社会发展具有基础性、持久性、广泛性的关键作用。我们讲文化自信，就是对中国文化充分信任，不仅认同其价值，而且引以为豪，并且与之实践。中国文化包括中国优秀传统文化、党领导人民创造的革命文化和社会主义先进文化。对中国文化自信，客体是这三种子文化，核心主体是全国 14 亿人民，目的是对文化充满民族自信心。那么该如何坚定文化自信呢？可以从哪里入手呢？尤其是对当代大学生而言，该何去何从呢？马克思主义学者龙献忠指出：文化自信源于对马克思主义的坚定信仰，源于中华优秀文化的丰厚滋养，源于对人类文明的吸收借鉴和人民群众的社会主义伟大实践。自古以来，文人重道轻器，论道之文汗牛充栋。实际上，道器一体，器道难分，论器之文亦应有之，亦当重视。身为中国人，坚定文化自信可以从中国优秀文化入手，中国优秀文化又可以从身边的器物文化为切入点。

一、文化自信：器物何以可能？

（一）器以载道，物以传情，具有媒介功能

文化犹如空气，用之不觉，习以为常。培育和增强文化自信，首当其冲是要有文化自觉，认知中国文化，感知中国文化之美。文化认知是文化自信发生的前提。“形而上者谓之道，形而下者谓之器”，长期以来，知识分子重道轻器，偏重宣扬精神文化。然而精神文化往往是无形的，虚空的，不易被大众所觉察。实际上，人类在社会历史发展过程中所创造的一切物质财富和精神财富都是文化。文化从实到虚可以分为三个层面，器物文化、制度文化和精神文化。制度文化与精神文化往往寄予在器物之中，通过器物来反映。器物是各种用具的统称，是具体的、可见可听可触的，对人更有直接可感性。诚如学者张晓刚所言：“制器造物活动和普通百姓的日常生活联系非常紧密，也更为直观、实用，属于非常‘实’的部分。”，器物文化属于表层文化，受众容易认知。

正所谓“器以载道，物以传情”，器物不仅仅是物体，还融合了制造者的创意、设计和文化理念，也具有媒介功能，传递文化信息，对话自然，建构人文精神。从古至今，由中而外，世界文明无不以器物为载体和起点，展示各自文化的魅力。例如，古埃及的金字塔、狮身人面像、黄金面具，古巴比伦的“空中花园”、《汉穆拉比法典》石碑，古印度的神像石雕、舞王湿婆青铜像，古希腊的神

殿建筑、海神波塞冬青铜像，尽情展现了各自的古代文化，无不令人引以为豪。再看今日，日本以电子产品，瑞士以钟表，德国以机械产品，闻名全球，让人青睐。不少人曾言，美国文化对世界的影响可用有“三片”表达，一是硅谷的芯片，二是麦当劳与肯德基的薯片，三是好莱坞的大片。其中前两种都是属于器物范畴，它们携带美国文化因子，走向了世界各地，飞进了千家万户。在日常生活中，人们追求品牌，实际上也是对器物文化的一种迷恋。先进发达的器物，给人以直接体验，文化自信得到坚定。反之，如果器物落后，自然让人心虚不已。近代历史上的“大刀长矛”与“坚船利炮”的故事，让数代国人难以昂首挺胸，一度主张全盘西化，失去自我。假如我们坚信自身文化，重视民族精神，不断发展创新器物，器物也会从落后走向发达。像韩国的现代汽车、中国的航天飞船、南非的珠宝首饰等，从跟跑到并跑，正迈向领跑，这些都是典型例证。一言以蔽之，器物与文化自信之间的关系甚为密切，两者相辅相成。

（二）中国器物资源丰富，是建构文化自信的物质基础

言至中国，在五千年的历史长河中，中国人民勤劳智慧，物产丰富，不仅为己所用，而且传至海外，全球人民共享。从古代的青铜器、玉器、瓷器、漆器、铁器、丝绸、铜镜、茶叶以及“古代四大发明”等到近现代的服装、玩具、自行车、缝纫机、家电、家具、手机和当下的“新四大发明”等，都是各个时代典型的工艺产品，富含文化内涵，颇有民族特色。例如，国之重器后母戊大方鼎，器型硕大，重达800多公斤，是迄今为止所有出土的最大最重青铜鼎。其纹饰美观庄重，铸造工艺十分复杂，是世界上罕见的青铜器贵重文物。铸造此鼎，所需金属原料超过1吨，需要二三百个工匠同时操作，密切配合，才能完成。后母戊方鼎是中国殷代青铜器的代表作，标志着商代青铜铸造技术的发展水平和中国高超的铸造水平。在约三千年前，我们的祖先就能制造出如此大鼎，怎能不让人自豪？更难能可贵的是，该鼎在抗日战争期间挖掘出土，几经波折，因爱国人士积极保护，我们才能一睹其容颜，感受历史之浑厚。在世界古老文明中，中国古人器物制造能力一直领先于世界，折射出中华民族在人类璀璨文化中占据重要的地位。

典型事例还得提及瓷器。中国是瓷器的故乡，曾以瓷器闻名世界，两者英文单词相通（前者是China，后者是china）。自古以来，中国创烧了诸多瓷器品

种，如青瓷、白瓷、建瓷等。不得不提的是青花瓷，其为白地青花，所用着色剂钴料烧成后呈蓝色，虽是单一蓝色调，却有深有浅，有浓有淡，有疏有密，如同中国水墨画，成为中国瓷器中的主流品种之一。其在700多年前的元朝就已成熟烧造，所烧产品在器型、青料、画风等方面俱佳，后人甚至难以复制。元青花大罐《鬼谷子下山》是全球仅存的八件元青花人物故事瓷之一，画工细腻，图案传神生动，堪称元青花绝世珍品。该器物于2005年7月伦敦佳士得举行的“中国陶瓷、工艺精品及外销工艺品”拍卖会上，以1400万英镑拍出，加上佣金后为1568.8万英镑，折合人民币约2.3亿，创下了当时中国艺术品在世界上的最高拍卖纪录。按照收藏家马未都的测算，这个大罐能抵得上两吨黄金，浓缩了巨大的文化价值与经济价值。中国瓷器承上启下，与时俱进，不断革新求变，如1949年后复烧的建盏、珐琅瓷等，不仅成功复制，而且推陈出新，珍品不断。古老的中国焕发新的生命力，继续书写“瓷国”之光辉篇章。古代中国，历史辉煌，器物制造能力长期领先于世界，为坚定文化自信提供了可高度开发的传统资源。

当历史的脚步踏入近代，我们饱受列强的凌辱，文化遭受严重打击，一度失去自信心。近代历史虽然是中国的一段灾难史，但也是中华民族不断奋斗、艰苦探索的历史，是凤凰涅槃、重新诞生的历史。其间，中国的器物天空是整体黑暗的，但也有点点星光在闪烁。例如，龚振麟的铁模铸炮、詹天佑设计和施工的京张铁路、冯如研制的飞机等横空出世，令人震撼。制造这些器物，是对已有事物的革故鼎新，创新发展，表现出了黑暗动荡时代的革命文化。

新中国成立之后，尤其是改革开放四十年以来，“Made in China”（中国制造）层出不穷，海量生产，风行世界，成为世界上认知度最高的标签之一。如今它的兄弟“Created in China”（中国创造）也在茁壮成长，正冲出亚洲，走向世界。例如，当代中国“新四大发明”之一——高铁，截至2017年底已建成近2.5万公里，占世界里程总量的三分之二。高铁发达的网络、舒适的环境以及良好的服务，不仅给14亿国人的出行带来极大了便利，而且物美价廉还输出至海外诸国，落地运营，让全世界人民共享发展的成果。诸如土耳其伊安高铁、沙特麦麦高铁、印尼雅万高铁、莫斯科—喀山高铁、美国西部快线高铁等，都是中国高铁“走出去”的典范。高铁项目不仅仅是创造经济效益、统筹海外市场的一条重要渠道，而且还是沟通世界人民，提升社会效益的一条文化纽带。抚今追昔，一百多年前，发明火车的英国人给我们修建铁路，火车来华，现在我们却逆袭受邀给英国人修建铁路，出口动车。与西方发达国家相比，中国器物如人，甚至更胜于人，文化自信之心油然升起。近几年来，“中国天眼”、天舟货运飞船、“天河二号”计算机、大型客机（C919）、“墨子号”量子卫星等一批科技成就，享誉世界。中国器物制造体系日渐强大，逐步形成新型的自身文化体系，文化软实力得到不断提升。不言而喻，中国先进的社会主义文化也得到尽情展现。只有“古”没有“今”，难免让人活在过去，当下自信心不足。而我们有“古”有“今”，还途径挫折，通过表层可见的器物文化，更能让人感受理解背后的深层的“民族复兴”的文化意含。存量不少的革命器物和不断发展的社会主义先进器物，为坚定文化自信提供了可开发的现代资源。

二、文化自信：器物何以可为?

纵观中国器物制造的历史，其从强到弱再到复兴的特点，与中国文化历史阶段特征相契合。如果说古代辉煌灿烂的器物代表了优秀传统文化，那么近现代器物创新与制造则代表了革命文化和社会主义先进文化。器物承载民族精神，建构文化自信。丰富多彩的中国器物，不仅富含经济价值和文化价值，而且直接可感，成为培育和增强文化自信的重要有力的出发点。作为年轻人，尤其是对当代在校大学生而言，我们该如何以器物为起点，坚定文化自信呢?

（一）以书为媒开卷阅读，扩大对中国文化的认知

认知渠道通常有三种：他人授之、自我感知和逻辑思考。外部信息的输入是逻辑思考的基础，因此他人授之和自我感知作为信息输入主要来源，是青少年最重要的认知渠道。对于在校大学生而言，阅读无疑是他人授之的重要方式。

古今中外，名人无不赞赏阅读，鼓励阅读。宋真宗赵恒的《劝学诗》从功利性角度说道：“书中自有黄金屋，书中自有颜如玉，书中自有千钟粟。”明代书画家董其昌在谈画诀时提出“读万卷书，行万里路”。前苏联学者高尔基说：“书是人类进步的阶梯。”阅读可以让求知的人从中获知，让无知的人变得有知，让有知的人变得更加智慧。中国自古以来是生产大国，不仅物产丰富，而且精神产品亦然。器物的风采，许多已跃然纸上，栩栩如生。通过阅读，不论是画本，还是文本，抑或多媒体形式，可以欣赏到器物的精美，了解背后的故事，感受承载的文化。例如，《沈从文说文物》系列图书，作者呕心沥血，美文加美图，尽情展

现了中国传统器物之风采。再比如《马未都说收藏》系列读本，讲述了中国文物及其背后的历史文化知识，既有文物收藏史、文物辨伪、文物沿革等层面所做的宏观把握，亦包括对具体文物的微观阐释，尤以大量生动实例作为佐证，能使读者在不经意间领略到中国传统文化的独特魅力。当然，阅读不限于传统书报刊的开卷，新媒体"两微一端"也有无数的美文佳图，也是值得手指点一点、划一划。毫无疑问，开卷要开好卷，读书要读好书。中国近年每年出版图书接近 50 万种，精品图书亦有不少，然而人均纸质图书年阅读量不到 5 本，远远落后于日本、法国等发达国家。作为社会未来建设者的大学生，一定要多阅读，扩大视野，增长见识。

（二）开展博物馆学习，加深对中国文化的认知

单一的信息来源渠道不可能建构起高阶的认知能力，难以形成正确的认知。只有多管齐下，才能掌握丰富的感性材料，才有可能获得理性认识。除了他人授之，自我感知亦为重要，尤其是亲身经历和阅历等实践更为重要。宋代诗人陆游在《冬夜读书示子聿》说："纸上得来终觉浅，绝知此事要躬行。"马克思主义强调，"实践出真知"，实践是认识的来源，是检验认识正确与否的唯一标准。

想要了解器物，势必离不开面对面接触器物。那经典器物通常在哪呢？博物馆可谓当仁不让。博物馆陈列着大量的具有科学性、历史性和艺术性的器物，可以为公众提供知识、文化教育、艺术鉴赏，是值得大力提倡参观的地方。博物馆学习（Museum Learning）作为一种典型的非正式学习方式，拥有实物性、直观性、系统性以及自由选择的特点，具有不可忽视的重要教育功能。2016 年度全国注册登记博物馆总数达到 4873 座，其中免费开放博物馆 4246 座，占全国博物馆总数的 87.1%。免费开放，受益群体广泛，"地无分南北，人无分老幼"，广大群众几乎可以零门槛享受这一公共文化服务。琳琅满目的陈列品、生动有趣的解说、与民共享的互动，让人可以跨越时空接触器物，感受无穷的文化魅力。如果我们走进中国国家博物馆，旧石器时代的曲体玉龙、新石器时代仰韶文化的彩绘鹳鱼石斧图陶缸、夏朝二里头文化的陶鼎、商朝时期的后母戊大方鼎、西周时期的玛瑙珠与玉管组合胸佩、春秋时期的空首布、战国时期的铜编钟、秦朝的金饼、汉代的"汉并天下"瓦当、三国时期的青瓷羊形烛台、南北朝的"扫寇将军章"银印、隋朝的高足金杯、唐朝的双鹰猎狐纹铜镜、五代十国的八臂十一面观

音像立幅、宋朝的官窑贯耳青瓷瓶、明朝的九龙九凤冠、清朝的黄花梨雕花六足高面盆架、民国时期的中华民国护法军政府海陆军大元帅府徽章、现代的开国大典油画等等，都会一一呈现在面前，让人一饱眼福，叹为观止。各地的地方博物馆也是把当地最好的器物展现给观众，有些还并不亚于国家博物馆。地尽其力，物尽其用，人尽其能，多进博物馆，将加深认知，大有可为。

（三）使用国货亲身体会，造就对中国文化的认同

有了丰富的信息才能形成正确的价值认知，有了正确的价值认知才能塑造价值认可与认同，有了认同才会价值践行。之后，践行又会开启新一轮的价值认知。处在相对封闭的“象牙塔”里，大学生主要忙于校园学习，践行可谓有限，使用国货是对现代器物价值的一种最便捷可行的践行。

如果说博物馆陈列的器物离现代人之间还隔层玻璃的话，市场上国货就如同超市架上的物品，不仅零距离可摸可试，而且可得可有。一般而言，国货是指满足人们日常必需吃穿用行的本国生产的工业产品。在其生成那一刻，便被设计者和制造者赋予了文化的寓意，精神与物质深度融合。就中国而言，不管是目前几千家的中华老字号，还是数十家的“CCTV 国家品牌”，乃至其他行业的龙头产品，皆饱含民族文化精神，做工精良，产品质量并不亚于国外同类产品。它们是中国传统器物文化体系的创造性转化与创新性发展，是新时代器物文化的突出代表。消费民族工业产品，对企业而言，可以促进民族企业实现产销研良性循环，做大做强做响民族品牌；对个人而言，可以了解国货，爱上国货，进而产生民族文化自豪感。例如，有着现代人最重要的生活必需品之称的手机，像华为、中兴、小米等民族品牌，性价比通常超过美国的苹果、韩国的三星与日本的索尼。作为电子工业产品，手机种类繁多，同时更新换代迅速，人们只有通过使用才能“春江水暖鸭先知”，由外入内，认知国货以及国货背后的中国文化。国货是中国综合发展水平的代表，是传播中国文化的重要媒介，不去接触好比隔空取物，难以实现文化认知，更难以产生认同，践行文化自信便无从谈起。当然，有些国货的质量与售后服务还有待进一步提高，这也就更需要国人的支持，给民族企业提供后续发展动力。如果我们坚信中国文化，坚持使用民族品牌，国货迟早也会发展成为世界品牌。在这方面，韩国的起亚轿车就是一大典型。刚起步之时，其并不占有市场竞争优势，但由于得到韩国政府和民众的大力支持，加上自身的不断

努力，现已名列世界著名汽车品牌系列，成为韩国人的一大骄傲。器物文化虽然不像精神文化、制度文化那么饱含意识形态，但也跟意识形态有着千丝万缕的联系。作为一种器物，国货以商品形态在全国乃至世界广泛流通、销售和使用，可谓走进千家万户的大众媒介。使用国货，感受国货中蕴含的进步，蕴含的智慧，从而造就认同，促使使用者靠拢和建设主流意识形态，巩固文化中的核心力，进而坚定文化自信。

总之，中国器物凝结了国人的汗水与智慧，融入了民族特色和时代特色，是源远流长、博大精深的中国文化之物化表征。相对于制度文化、精神文化，它更有直接可感性，更强的实用性，更大的传播量，是认知中国文化重要切入点。培育和增强国人的文化自信，以器物为切入点，不仅有效可行，而且实属必要。

中国哲学在西方世界的发展现状及当下的任务

刘明峰 *

内容提要：由于西方哲学之中“他者”意识的觉醒，从内部为中国哲学在西方世界的登场准备了条件。然这种影响仍相对有限，究其外在原因乃是西方世界自身对哲学的理解影响着他们对中国哲学的认识与接受，而内在原因是中国哲学研究者在推进其世界化进程中的存有误解与顾虑。对此，一种暂时搁置分歧并站在“对话”立场上进行彼此交往的态度呼之欲出。“对话”以主体间性消解了西方的主客对立传统，为中西哲学间的交流提供了理论和方法支撑。由此，在中国哲学的当代发展中务必将“古今对话”与“中西对话”作为其任务。

关键词：中国哲学　他者　主体间性　对话

中国哲学由于其源远流长的历史及深厚精微的内容，不仅影响着亚洲诸多国家的文明发展，尤其是东亚及东南亚的一些国家。更是在西方世界引起了广泛的关注。[①] 这种关注最初大概可以追溯到文艺复兴时期，通过宗教传播活动而来的接触，以及启蒙运动时期，莱布尼茨、沃尔夫以及伏尔泰等人对中国思想的介绍和阐发。尤其是前两者：“直到现在，莱布尼茨仍是西方哲学家中最了解中国与中国思想的哲人。”[②] 而沃尔夫更是在认真研究完中国哲学之后写就了《论中国人的实践哲学》，且这本书差点为他引来杀身之祸。[③] 而在进入 19 世纪之后，西方世界对中国哲学的关注更是有了大的提升。就当下而言，承接 20 世纪以来中国

---

* 刘明峰（1986—），男，四川隆昌人，华东师范大学外国哲学在读博士，研究方向：海德格尔哲学及西方诠释学。

① “西方”，从地域上来看通常指位于西半球，北半球的国家。本文主要特指欧洲全境以及北美国家。

② 秦家懿：《德国哲学家论中国》，北京：生活·读书·新知三联书店，1993 年，第 10 页。

③ 秦家懿：《德国哲学家论中国》，北京：生活·读书·新知三联书店，1993 年，第 55—57 页。

哲学在西方世界之影响的不断扩大，加之改革开放40年以来中国哲学以更加主动的姿态与世界交流。这种关注在各方面都开始呈现蓬勃之势。我们着眼于当下，对中国哲学的发展现状进行介绍，包括其原因以及呈现出来的问题以及该问题的原因等等，并在此基础上尝试提出相应的任务。

一、他者意识的觉醒

中国哲学在西方世界得到越来越多的关注，究其原因，除却中国哲学自身强大的吸引力之外，更由于西方哲学在漫长的自身发展过程中暴露出来的越发明显的问题。这些问题迫使西方哲学对自身做出反思，而这种反思本身也切入了该问题之所以起源的要害地带。“他者”（The other）概念就是这一反思的成果之一。他者意识的觉醒在根本上质疑了主体哲学的合法性。在其代表作《总体与无限》之中，列维纳斯认为：“有限我思对于上帝之无限的参照，并不是对上帝的简单的主题化。对于一切客体，我都由我本身来说明，我包含它们。对于我而言，无限观念并不是客体。存在论的论证乃在于把这一‘对象’转变为存在，转变为对于我这一方而言的独立性。上帝，乃他者。如果思乃在于指向一个客体，那么必须认为关于无限的思就不是一种思。”①

自笛卡尔以来的主体性哲学，将“我”或“我思”作为绝对唯一的一方而排斥压制着“另一方”，即被视之为客体或对象的“他者”。而对主体性哲学反思的结果正如列维纳斯所阐述的那样，“上帝”作为无限者并不是有限之“我思”能够包含的，它并非一个客体。这就打消了“我思”必须针对一个客体并将每一个此种客体都包含于自身之内的狂妄念头。“他者”是绝对的独立性，它为有限的主体提供无限的视角，从该视角主体才得以发现自己。

就这“他者”概念而言，一方面如前文所提到的那样，切入了西方哲学产生问题的根源处，即西方哲学，尤其是发展到主体性哲学阶段，由于其绝对独一性的构造进路，不但使得西方哲学自身在黑格尔手里走向“终结”，随之又招来以尼采为开端的“后现代”意识的批判。而且更使得它对其他哲学或文明一贯排斥。对西方哲学面临问题的情景，安乐哲（Roger T. Ames）与郝大维（David L. Hall）曾在《期望中国——对中西文化的哲学思考》（Anticipating China:

① 伊曼纽尔·列维纳斯：《总体与无限：论外在性》，朱刚译，北京：北京大学出版社，2016年，第197页。

Thinking through the Narratives of Chinese and Western Culture）之中有另一种说法。在该书中他们试图通过对古典西方文化要素的重构以获得一套重新理解中国感悟方式的工具。并将此定义为两种问题框架思维：第一问题框架思维和第二问题框架思维。前者被称为“类比性思维”（或关联性思维），属于中国的思维方式；后者被称为“因果性思维”[①]，属于西方的思维方式。[②]但这种因果关系在自身之中早已遭遇了多次失败，不仅有休谟的怀疑论，还有萨特在其代表作《存在与虚无》之中借用“他人”（autrui）概念提出的质疑。他通过对“羞耻”现象的分析发现了“他人”的存在，并质疑“因果性只有当其他各种现象和同一种经验联系起来，并帮助构成这个经验时才有意义，它能作为两个决然分离的经验之间的桥梁吗？”[③]他者作为与主体完全不同的经验，使得因果性的推论失去效用。

这两种根本不同的框架思维方式，开启了中西古典文化间完全不同的路向，并影响深远。正是这种思维方式上的根本区别，导致了西方产生了被他们称之为“种族中心主义”（ethnocetrism）的问题。也正是这种根本性的区别，使得中国哲学能以“他者”的身份独立于西方哲学之外。并且这种独立也被越来越多研究者认识并加以肯定。“认为中国传统哲学和西方传统哲学具有对立的先决设定（presuppsition）的看法，比认为它们之间具有共同的设定的看法更能提供成果。”[④]

另一方面，必须强调的是，“他者”意识使得中国哲学绝对地独立于西方哲学，并被西方哲学内在地需求着，这种内在性是出于对前提——构造出西方哲学自身——的需要。因为正如前文所提及的，按照列维纳斯的研究，笛卡尔的主体性哲学需要一个绝对的前提，该前提在他《沉思录》的第三沉思结尾处表现了出来，即对一个无限者的需求。只因有了这个外在于主体的无限者的视角，主体才掌握了自身。他者是主体得以成立的前提。但由于主体地位的确立而导致对他者

① 这种框架思维从根本上来说，安乐哲等将之概括为西方哲学执着于一种“超越的诉求”。即表现为对万物起源、宇宙单一秩序以及静止不变的恒定原因的超越性欲求，以对因果关系的信心追求诸事物的本源，且这种本源被认为是永恒不变的。与之相对的“关联性思维”却将“变易”放在优先地位的。

② 郝大维、安乐哲：《期望中国——对中西文化的哲学思考》，施忠连、何锡蓉、马迅、李琳译，上海：学林出版社，2005年，第6—7，162—171页。

③ 萨特：《存在与虚无》，陈宣良等译，杜小真校，北京：生活·读书·新知三联书店，2014年，第288页。

④ 郝大维、安乐哲：《孔子哲学思微》，蒋弋为、李志林译，南京：江苏人民出版社，1996年，第2页。

的遗忘，并不能作为否定他者前提地位的理由，更不能通过居高临下者对“弱者”一种仁慈的同情观照（contempler），而将“他者”的优先地位外在化甚至消解为一种主体的大度。因为从根上来说观照“可以被定义为这样一个过程：借助这一过程，存在被揭示出来，而并没有停止成为一。存在所要求的哲学是对多元论的消除”[①]。“他者”是真正多元论的，它被当作认识主体之完全反思的不可能性，它是一种盈余（surplus），始终拒斥着自我与非我的完全浑融，拒斥着观照的收编。一种多元论的意识从根本上消除主体的独白，且在前提的意义上将中国哲学作为西方哲学的绝对他者。正是这一“他者意识”才成为了中国哲学得以在西方世界被接受的根本原因。

二、美中不足的现状

从西方哲学的集大成者黑格尔站在思辨哲学的立场上认为，“孔子只是一个实际的世间智者，在他那里思辨的哲学是一点也没有的——只有一些善良的、老练的、道德的教训，从里面我们不能获得什么特殊的东西”[②]，到当下许多外国学者提倡要像中国哲学学习，中国哲学在西方世界确实经历着今非昔比的发展。比如曾一度在中西之间掀起哲学热潮的桑德尔（Michael J. Sandel）就在一篇名为“Learning from Chinese philosophy”的文章中提道：“在过去十年间我在许多场合都将同中国学生的互动放在了优先地位，有时在中国，有时是通过视频连线以及在电视演播室的全球讨论中。我发现有许多生动的哲学讨论已然出现，不再限于彼此之间的传统。跨文化间的邂逅经常以下述方式促进着这种讨论，即通过质疑我们并使我们以新的眼光看待我们栖居其上的预设基础。”[③]

中国哲学正在融入世界的这一趋势，在当下得到了多方的证实。比如作为美国夏威夷大学终身教授的成中英先生，在回忆由他创立并主编之《中国哲学季刊》（*Journal of Chinese Philosophy*）的历程时，提到该刊物在国外伴随着中国哲

① 伊曼纽尔·列维纳斯：《总体与无限：论外在性》，朱刚译，北京：北京大学出版社，2016年，第208页。

② 黑格尔：《哲学史讲演录》（第一卷），贺麟、王太庆译，北京：商务印书馆，1997年，第119页。

③ MichaelJ，Sandel“Learning from Chinese philosophy”（A），In Michael Sandel & Paul D’ambro-sio（eds,），Encountering China：Michael Sandel And Chinese Philosophy（C），Cambridge，Massachusetts：Harvard University Press，2018，p247.

学之发展而发展的情形，该刊物本身的发展无疑为中国哲学在西方世界的发展提供了一个侧面的印证，他说（刊物）："来稿区域分布的特色很明显，英国、德国、法国、北欧国家和美国的来稿比较多。但总的来说，中国哲学研究发展得最好的地区还是美国。美国19世纪的汉学研究现在转化成新的汉学，有的从事思想史，更重视思想内涵，不仅仅局限于对史料或哲学观点、观念的梳理。越来越多的美国哲学家开始研究中国伦理学、政治哲学、形上学。他们掌握的资料很丰富，其中相当一部分人的基础很不错，能够发表新观点，发起新探讨。英国的部分中国思想史研究仍然比较保守，坚持在传统汉学领域进行研究，专攻注释与考证。德国本身就是哲学活力很强的国家，很多学者都对中国哲学感兴趣，因此中国哲学研究在德国发展得较好。"①

当前，西方世界对中国哲学进行研究的国别正在增多，而且越发深入，讨论的问题领域也可谓"全面开花"。另外，更值得注意的是，在研究中甚至涌现出了不少"卓然成家"的学者。在这方面，2009年出版的《英语世界中的中国哲学》（*Chinese Philosophy in the English Speaking World*）一书就为我们做出了呈现。该书汇编了英语世界中众多从事中国哲学研究者的论文，而且着重介绍那些在英语世界有"举足轻重"作用的研究者。全书收纳了26位学者的文章，其中不仅有诸如葛瑞汉（Angus Charles Graham）、倪德卫（David S.Nivision）、陈汉生（Chad Hansen）、安乐哲等蜚声中外的地道西方人，也有诸如杜维明、成中英、李晨阳等身居海外的大陆学者。在性别方面除了男性以外，也涌现出诸如秦家懿（Julia Ching）、瑞丽（Lisa Raphals）等杰出的女性研究者。而他们研究的领域从儒家到道家，从"正义"到"仁"，几乎涵盖中国哲学的方方面面。② 而且值得注意的是，以上提及的所谓"大陆学者"，包括该书的主编姜新艳女士，虽说他们来自中国，但由于长期在国外生活，在国外的大学从事教学和研究工作，并大多以西语从事写作，所以他们的视角以及研究成果确实能反应西方对中国哲学研究的现状。

与之相类似，2017年出版的《英语世界的早期中国哲学研究》，则以中国哲学之本土研究者的视角介绍整理了英语世界对于先秦哲学（包括儒、道、墨和易

① 成中英：《在英语世界呈现中国哲学的智慧——英文〈中国哲学季刊〉的缘起与发展》（DB/OL），http：//www，cssn，cn/xr/xr_rw/xr_xrld/201310/t20131026_607998，shtml，2013—02—22/2018—11—09.

② 姜新艳编：《英语世界中的中国哲学》，北京：中国人民大学出版社，2009年。

学等）的研究状况。该书分几大主题，按照研究方法以及侧重面的不同，呈现了英语世界对中国哲学研究的丰富内容。行文中涉及大量的英文研究成果，而且都以注释的方式一一列出，其数量让人叹为观止，足以看到英语世界之中国哲学研究的不俗成就。另外，该著作虽着力于英语世界对早期中国哲学（主要是先秦和秦汉）的研究，但也以“附录”形式专论了英美学界对“中国经典诠释传统”的研究。并认为“晚近几年，英美学界中陆续有许多专门讨论经典诠释传统的新书及论文集问世，而且研究的质量尚持续进步中。”①

但不得不说的是，在面对以上良好的发展形势时我们也必须清醒地认识到，中国哲学在西方世界的发展和影响还远远没达到其最佳状态。“毫无疑问，中国哲学在英语世界（ESW）的情况得到了极大改善。然而中国哲学在英语世界的哲学研究中仍被边缘化，而且被许多主流哲学家所摈弃，此亦是无可争议的事实。”②中国哲学虽在西方世界被一部分哲学家重视，但范围并没有全面铺开，更重要的是对中国哲学本身之当代意义及世界意义，西方世界还没有达到切身的、根本性的认识。或者也可以说，中国哲学当下的发展水平并没有把这种意义发挥出来。究其原因，有人认为是因为中国缺乏具有原创性的哲学家，比如李泽厚在《该中国哲学登场了？李泽厚2010年谈话录》中就认为，其原因乃是中国没有“竞创新思，卓而成家”的哲学家。原因的诊断乃是基于对现状的判断，即在这部“谈话录”之中，他认为中国哲学在世界范围内真正登场还为时尚早。③而在对此进行评价时，有学者就提道：“在现代哲学舞台上，的确难觅现代中国哲学的身影，换句话说，中国哲学在当今世界哲学舞台上，基本没有话语权。当代中国哲学在世界的地位，与当代中国在世界的地位形成让人极为难堪的反差。”④

从正反两个方面的介绍，我们大体上可以把握住中国哲学在西方世界所处的发展位置，即虽然有众多学者加入对中国哲学的研究甚至提倡行列之中，但这种局面的范围还是较为狭窄，只是限于数量有限的几所高校及研究机构。更重要的

---

① 丁四新等：《英语世界的早期中国哲学研究》，杭州：浙江大学出版社，2017年，第308页。

② Xin yan Jiang：The Study of Chinese Philosophy in the English Speaking World，*Philosophy Compass* 6/3，2011，p168-179.

③ 李泽厚、刘续源：《该中国哲学登场了？李泽厚2010年谈话录》，转引自张汝伦：《中国哲学如何在场》，《中国社会科学评价》2018年第1期。

④ 张汝伦：《中国哲学如何在场》，《中国社会科学评价》2018年第1期。

是，在西方世界，中国哲学始终作为外来者而没能从根本上取得与西方话语平起平坐的话语权力。针对此现状，我们当然有必要对其原因做更进一步的分析。

三、内外原因

中国哲学在西方世界发展情况的“美中不足”，除了以上提到的缺乏蔚然成风的中国哲学家群体，还可以从内外两个方面来寻找更深层的缘由。所谓外在方面是就西方世界的视角而言，他们是如何看待中国哲学及中国哲学存在哪些不被他们接受的因素。而就内在方面而言，是指从事中国哲学的中国学者在研究及推广中国哲学的“世界化”进程中还存在哪些不足之处。

长期以来中国哲学乃至东方哲学被西方世界以各种理由拒之门外，并在学界掀起了中国有无哲学的论争。其中最为出名的当属黑格尔在其《哲学史讲演录》之中站在思辨唯心的立场上做出的中国无哲学的论断。或许比起黑格尔这种先入为主的立场而言，其后德里达对“中国无哲学”的判断似乎就更加全面而公允了。他说：“我曾经，现在依然如此受到海德格尔式的那种肯定的吸引，它认为哲学本质上不是一般的思想，哲学与一种有限的历史相连，与一种语言、一种古希腊的发明相连：它首先是一种古希腊的发明，其次经历了拉丁语与德语‘翻译’的转化等等，它是一种欧洲形态的东西，在西欧文化之外存在着同样具有尊严的各种思想与知识，但将它们叫作哲学是不合理的。因此，说中国的思想、中国的历史、中国的科学等等没有问题，但显然去谈这些中国思想、中国文化穿越欧洲模式之前的中国‘哲学’，对我来说则是一个问题。而当它引进了欧洲模式之后，它也就变成欧洲式的了，至少部分如此。这也是马克思主义、中国式马克思主义问题的来源等等。我想要说的是我对这种非欧洲的思想决不缺乏敬意，它们可以是十分强有力的、十分必不可少的思想，但我们不能将之称为严格意义上的‘哲学’。”[①]

德里达对中国有无哲学的论断站在一个相对中立的角度，即从“哲学”这个概念本身的发展史来阐明，它本身毫无疑问是西方的。[②] 从黑格尔到德里达可以

① 张宁：《德里达访谈：关于汉译〈书写与差异〉》，《视界》（第三辑），石家庄：河北教育出版社。转引自庄国欧：《抵抗解构：解读德里达和王元化的对话》，《东方丛刊》2006年第1期。

② 对此观点的论述亦可见乔清举：《中国哲学研究反思：超越“以西释中”》，《中国社会科学》，2014年第11期。该文非常详尽地论述了“哲学”是如何经过日本传入中国的，并且对“哲学”在传播过程之中引发的一系列思想后果都有令人信服的分析。

看到西方世界对中国哲学认识的一种实质进步。故此，如果单纯将中国哲学被西方世界的冷落归罪于后者对前者的无知，应该是不恰当的，至少是不全面的。就当前形势来看，对外部原因更公允的表述应该是，西方世界由于对哲学本身基于其传统发展的理解，限制了他们对中国哲学的接受，这是其一。其二，可以说西方世界正逐步认识并“期望”着中国，但由于思维传统的差别，不能全面而正确地理解对方。归结起来，可以认为造成中国哲学被西方世界忽视的外在原因在于，对哲学及哲学思维传统理解上的差异。由此差别而来，才导致了西方世界认为中国哲学无法真正对当前的热点问题提供有效思考和解决办法。而将此情况置于哲学的维度表述就是：中国哲学在成为真正“哲学”[①]的道路上还需要更进一步地努力。

这种努力虽一直在进行，但由此努力我们也能分析出其中存在的几大误区，以之作为中国哲学在西方世界遭遇冷落的内部原因加以呈现。

首先，对于执着于中国哲学“合法性”问题争论，并对“哲学”本身各有看法的人而言，大抵上都不认为“哲学”是专属西方的，而将一切类似的说法归之于“西方中心论”予以拒斥。殊不知这一理解不仅将问题复杂化，即在“哲学”之外引起了更多对该概念脱离其实际源头与发展的争论，更不利于中国哲学作为“哲学”的发展。我们与其争论哲学的特殊含义，不如实实在在地走上追寻智慧和真理的不同道路。“质疑‘中国哲学’的‘合法性，实乃多余。在国内外哲学界深度交流成为现实的当今，我们应当‘回归哲学本身’。哲学原本是爱智之学、真理的探究，而智慧的样态是多样的，对真理的理解也是多元的。所以，哲学首先是一种‘活动’……是哲学地思考的活动，是探究本身。”[②]

其次，对已经意识到要从“哲学”概念走向实在智慧和真理的中国哲学研究者而言，正在以开放的态度融入到世界对话之中，而我们在努力让中国哲学更好地融入世界之时，主要寄希望于其上的对象也正是这部分人。但他们也在加快融入之时表现出某些程度的犹豫不决。其中最明显的莫过于“担心‘国际化’既会影响我们建立有中国特色的哲学话语体系，又会导致中国传统文化在‘西化表

---

① 在德里达对哲学含义的界定之上来使用该概念。

② 乔清举：《中国哲学研究反思：超越“以西释中”》，《中国社会科学》2014 年第 11 期。

述’中丧失其特质”，[①] 即在将中国哲学积极融入世界的过程之中，对可能引发的自身哲学的变化产生了担忧，由此让他们推进的态度变得消极。对此我们倡导一种“对话”式的交流，而非放弃自身的主客式的迎合甚至征服。也正是这种“对话”式的方式，将成为我们当下推进中国哲学世界化（尤其对西方世界）应该着重加力的地方，并使之成为一项责无旁贷的任务。

四、在对话中发展

“对话”不仅是当前哲学，也是当今世界各个领域在“全球化”进程之中重点讨论和关注的概念之一。就“对话”概念本身的发展史来看，可以追溯到苏格拉底通过对话来寻求智慧和真理的尝试。到了 20 世纪，苏联文艺理论家巴赫金（Bakhtin）让“对话”作为独立形式开始在哲学上获得地位。而后德国哲学家伽达默尔在其代表作《真理与方法》之中发展出来的与文本之间进行的对话，更是为“对话”概念注入了深刻的历史维度。而与此前二者相比，哈贝马斯的“交往行为”理论又有所不同。按照其大体特质而言，巴赫金的“对话”是探寻人如何在认识自我和他人的过程中构建自己的主体地位，并认为这种主体的形成只能在自我和他人的对话中实现。而伽达默尔的“对话”源于对诠释学本身问答结构的揭示，被传承的文本以问题的形式呈现给我们，他认为要“理解一个文本，就是理解这个问题”。[②] 就此发展出的“问答逻辑”（dieLogikvon Frageund Antwort）倾向于在诠释学的境域中对历史事物做一种“视域融合”的理解。而我们在这里着重要借助的是哈贝马斯的交往行动理论。因为它探讨的关系不再是文学或者历史之物，而是在共时性意义上的主体间性关系，即主体与主体之间的关系。这种关系更能体现作为西方世界之“他者”的中国哲学的身份。

哈贝马斯将语言作为行为的协调机制，他认为只有交往行为（kommunikativen Handelns）才真正把语言看成了全面达成沟通的媒介。他所说的行为指的是“一些符号表达，依靠它们，行为者至少与一个世界（但一般都是与客观世

---

① 徐英瑾:《哲学国际化的理解误区与路径选择》,《中国社会科学评价》2016 年第 2 期。该文同时指出，在中国哲学走向“国际化”之时，不少学者还认为:“哲学研究要走向国际化，还得以欧陆哲学为依托，而不能够太倚靠英美分析哲学，因为根据不少人的看法，欧陆哲学在精神上与中华文化更为契合。”就这一点而言，也是颇值得玩味和关注的。

② 伽达默尔:《真理与方法》，洪汉鼎译，北京：商务印书馆，2010 年，第 522 页。

界）之间建立起一种联系”。[①] 即在交往之中行为者是通过语言和对话来协调其行为，让自己与“一个世界”取得联系。而我们所谓的主体间性显然是对话产生的结果，“这样的‘交互主体性’并不是对话的前提，而是对话的结果”[②]。也就是说“对话”在形成主体间性的意义上取得了绝对支配的地位，因为“哈贝马斯基于普遍语用学所内蕴的‘交往资质理论’‘语用学的意义理论’来揭示道德、政治以及法律生活的基础结构，坚守道德的认知主义解释、政治与法律的对话主义阐扬，从而实现其对话哲学独特的语用学建构”[③]。当我们将中国哲学确定在了超越单一主体而向着主体间性提升至“他者”的位置上以后，我们将着力于完成一种“对话”的任务。虽然哈贝马斯的“对话”概念并非主要服务于跨文化之间的交流，而是基于道德意义以交往理性谋求人类共同体解放的目的。但这种思路对于文明之间交流仍具有启发意义。但在面对中国哲学与自身及与西方世界之关系的当前情况下，我们必须在以下两个方面来完成“对话”的任务。

首先是中国哲学自身的“现代化”。我们在伽达默尔“视域融合”的意义上来强调一种“古今对话”的可能，即中国哲学研究将自身汇聚在传统之中的哲学资源做符合当下的诠释，以适应当下中国以及全球化视野下的语境需求。“对话”不仅仅是中西之间的对话，中国哲学本身由于古今的时间距离，古今之间的对话也非常必需。甚至必须意识到“中国哲学要在后现代有出路，必须走诠释学的路线”[④]。在古今之间形成充满张力且富有成效的对话。而就目前中国哲学本土的发展来看，这种趋势是迅猛的。作为对中国传统哲学思想之诠释的经学，正在借助于西方诠释学的理论成果，探索着古今之间超越于具体方法论意义上的对话。

其次是中西哲学之间的对等沟通。我们在哈贝马斯等所使用的“对话”概念下强调一种“中西对话”的可能，即中国哲学研究应该把握在“后现代”语境下“他者”意识觉醒的良机，以更加开放、自信、包容的姿态走向世界，与西方哲学展开对话。这种对话的目的不光是将中国哲学的国际地位提升，而是着眼当下

---

① 哈贝马斯：《交往行为理论：行为合理性与社会合理性》，曹卫东译，上海：上海人民出版社，2004 年，第 97 页。

② 黄玉顺：《前主体性对话：对话与人的解放问题——评哈贝马斯“对话伦理学”》，《江苏行政学院学报》2014 年第 5 期。

③ 胡军良：《现代西方哲学的“对话”之维：从布伯、伽达默尔到哈贝马斯》，《浙江社会科学》2016 年第 11 期。

④ 梁燕城：《破晓年代——后现代中国哲学的重构》，上海：东方出版中心，1999 年，第 28 页。转引自余治平：《全球化视野下的中西哲学对话》，《江海学刊》2004 年第 1 期。

全球化之现实，在共享全球化利益的同时，也为共同承担全球化贡献出中国的智慧。而关于对话的具体方式，桑德尔的说法或可作为参考："我能想象两种接近该对话的方式。一种是比较，在一种较高的一般性层次上和思想的传统上来鉴别它们之间的相似和差异。如果不使用大规模的比较，跨文化间的哲学又该如何着手呢？一种可能性就是以更加具体的问题开始，通过解释争论或道德困境来作为分享见解，理由以及深思熟虑的起点。"[①]

① Michael J.Sandel. "Learning from Chinese philosophy"（A）. In Michael Sandel & Paul D'ambrosio（eds,）, Encountering China：MichaelSandel And Chinese Philosophy（C）,Cambridge, Massachusetts：Harvard Univer-sity Press,2018, p276-277.

“一带一路”视野下的传统文化与健康

李怀宗*

内容提要：“一带一路”倡议所构建的不仅是政治经济共同体，同时也是文化包容的利益共同体和命运共同体。以文化为核心，加强挖掘、整理、沟通及互学互鉴进而建构人类命运共同体，应当是“一带一路”文化建设发展的题中之义。生命健康问题自古至今都是全人类十分注重的问题，如何从中国古老的传统文化中汲取有益身心健康的经验和启示以服务于“一带一路”区域各民族和国家的人民，是一个极具价值、极有意义的研究视域。本文从中国传统文化中生命健康之主体、“时”、环境、实践方面阐述中国文化和文明对构建人类命运共同体的借鉴和启示。

关键词：一带一路　传统文化　健康

中国传统文化源远流长，其中之主体儒、释、道三家文化体系中蕴含着丰富的关于生命健康方面的内容，包含了从理论到实践、从哲学内涵到技术操作的各个层面。对于当前中国及全世界人民所追求的生命健康和养生需求都有极可借鉴之处。如何把传统文化中的生命健康思想和具体实践经验从典籍和历史中挖掘并凝练出来，为当前“一代一路”区域各国、各民族人民服务，有巨大的实用价值和现实意义。

一、中国传统文化中生命健康之主体

地球上最高级的智慧和最重要的因素无疑是人，没有人一切也就无从谈起。这个人既是思想史和认识论及推动社会文明进步的主体，也是其客体。作为主体

* 李怀宗（1982—），新疆喀什人，宜宾学院法学与公共管理学部，四川思想家研究中心。研究方向：中国哲学。

的人，则需要面对是中国博大精深的传统文化和浩如烟海的各类典籍，这是中国自文明社会以降，数千年积累的优秀成果。面对这些传统文化和文明成果，主体的人必须从其中挖掘和凝练出与当今人类追求生命健康、渴望养生、希冀提升健康水平相关的传统理论和经验。这些理论在儒、释、道文化传统中都有丰富的内容和多种体现，其或系统或零散。作为客体的人，则是追求和实践健康养生，以延年益寿为目的人。不论如何，人是生命与健康的关键，是主体与客体，亦是手段和目的，出发点和落脚点都是人。

中国的传统文化中历来重视“人”，因为它意识到文化和文明都是由人创造而最终也是为了人。《史记疏证》记载：上古时期“神农始尝百草，始有医药”。神农氏当时不惜自己的生命亲尝百草以致中毒，是为了求得部落人民的生存和健康。《周易·象传》曰：“天行健，君子以自强不息。”君子者，人也；自强者，涵强其体魄之意。儒家认为：“自天子以至于庶人，壹是皆以修身为本。”[①]“子曰：‘道不远人’”，这些都是注重“人”的体现。[②]《孟子·尽心下》说：“民为贵，社稷次之，君为轻。”孟子是从集体的角度提倡对人的重视，[③]荀子更是从朴素唯物主义的角度提出“人定胜天”的观点，充分肯定人的积极主观能动性。墨子是墨家学派的创始人，他出身平民，所提出的“兼爱”思想出发点和落脚点都是追求普通人民的利益。佛教讲众生平等、普度众生，“如是灭度无量无数无边众生”(《金刚经》)。佛的愿力，学佛不是为自己，是为一切众生。道家则更注重人，“天人合一”，把人的地位提高或等同于天。“故，道大，天大，人亦大。域中有四大，而人居其一焉。”[④]“古之至人，先存诸己，而后存诸人。”[⑤]意思是：古时候的至人，首先是保全自己，完善充实自己，然后才能去帮助别人。所以中国古代各家的传统文化中都有重视“人”的特点，重视人也包含着重视人的身心健康和生命等因素和内涵。

中国传统文化重视人的完善和发展，重视人的身心健康，故而对生命健康和养生思想多有所建树和发明。儒、释、道都有相关的思想流传于世。传统文化的重要组成部分不但对古代人类的生命健康起到至关重要的作用，对于现代人更是

① 王国轩译注：《大学中庸》，北京：中华书局，2006 年，第 3 页。
② 王国轩译注：《大学中庸》，北京：中华书局，2006 年，第 73 页。
③ 金良年撰：《孟子译注》，上海：上海古籍出版社，2004 年，第 300 页。
④ 詹石窗：《道德经通解》，北京：宗教文化出版社，2017 年，第 44 页。
⑤ 孙通海译注：《庄子》，北京：中华书局，2007 年，第 65 页。

有极大裨益和启示。

二、中国传统文化中生命健康之“时”

从宏观理论层面看，传统文化中，对于生命健康“时”的概念有系统的论述。顺应天地自然之“时”对于生命健康、养生和疾病治疗有着重要的意义，顺时则生，逆时则亡。《黄帝内经》中《灵枢·岁露论》说：“余闻四时八风之中人也，故有寒暑”[①]，“人与天地相参也，与日月相应也”[②]。这体现了古人在对待生命健康问题上对“时”的认识。现代社会中的人在健康养生、疾病治疗方面亦应当注重和把握“时”的理念。我们来看看儒释道传统中的这一思想。

儒家所讲的“时”。《论语》中孔子讲：“不时，不食。”“食不言，寝不语。”这是从健康饮食和休养的角度谈。意思是不到吃饭的时间就不吃饭，因为这样不利于消化健康；吃饭的时候不说话，一旦睡觉了就不再言语，饮食和休息都要掌握时机，该做什么不该做什么都要明确。儒家学说中系统论述健康养生的思想应该主要归结于董仲舒的气和阴阳五行学说。《春秋繁露》第五十九《五行相生》曰：“天地之气，合而为一，分为阴阳，判为四时，列为五行。”[③]“水为冬，金为秋，土为季夏，火为夏，木为春。春主生，夏主长，季夏主养，秋主收，冬主藏。”[④]董仲舒的阴阳五行体系，将五行对应于四时，不但如此，五行还对应于人五脏的肾、肺、脾、心、肝以及五色、五味（也与人的健康相关）、五音等。董仲舒创立人副天数的天人感应论，人也是自然界的一部分，人由自然之气的阴阳运动而化生，故人的生命、健康等因素都是与自然、五行和四时相对应的，这也启示人们，要达到健康养生长寿乃至疾病的治疗和康复一定要与“时”结合起来。这个“时”不仅仅指春夏秋冬四季，还包括具体的“时”，例如人们根据自己精神和身体不同的状况开展锻炼、养生的具体时间，以及在具体修炼和养生过程中的时机。

佛家在健康养生中也有类似“时”的思想，但是并不像中国土生土长的儒道两家那样丰富。佛家所讲的“过午不食”，“不非时食”等与儒家孔子所言饮食健

① 姚春鹏译注：《黄帝内经·灵枢》，北京：中华书局，2010 年，第 1445 页。
② 姚春鹏译注：《黄帝内经·灵枢》，北京：中华书局，2010 年，第 1446 页。
③ （汉）董仲舒撰，（清）凌曙注：《春秋繁露》北京：中华书局，1975 年，第 457 页。
④ （汉）董仲舒撰，（清）凌曙注：《春秋繁露》北京：中华书局，1975 年，第 380 页。

康有类似之处，“过午不食”即是说佛家主张过了午时的饭点就不再进食。现代科学研究表明，晚饭不吃有益于身体脾胃等脏器，是利于健康的方式。这一思想，在现在日常生活中为许多普通人养生减肥所广泛应用。

至于道家，追求天人合一，还有长生不老的追求，在其修炼养生的实践中更注重对自然四时的运用，也注重在具体休养方式中对时间和时机的把握。《太平经》是制度道教创立初期一部重要经书，其中说道：

> 天之格法，比如四时五行有兴衰也。八卦乾坤，天地之体也，尚有休囚废绝少气之时，何况人乎？人者，乃象天地，四时五行六合八方相随，而壹兴壹衰，无有解已也。故当预备之，救吉凶之源，安不忘危，存不忘亡，理不忘乱，则可长久矣。①

这里对“四时”的观念非常看重。这一点，中国传统的中医、现代社会中出现的养生学、卫生学、营养学等都借鉴和吸收道家道教的观念，上述提到的《黄帝内经》即是。《黄帝内经·灵枢》卷一《上古天真论篇》中，“分别四时，将从上古。合同于道，亦可使益寿而有极时”②。例如，道家理论认为，每日早晨是阳气升发之时，人们为了健康可以利用这个时间进行锻炼；而到了夜间，一般子时以前，注重养生的人们就该入睡了，应为这个时间阴气开始增长，人就要凝神收敛，不该耗散身体内的阳气，以免太多阴气进入体内。《黄帝内经》系统阐述了在生命健康和养生中“时”的观点，并强调“逆之则死，从之则治”。

三、中国传统文化中生命健康之环境

人若想要身心健康，寿命长久，生活、学习、工作以及休养的环境至关紧要。试想，人若生活在空气污染、声音嘈杂的环境中如何能保持好的心境？心情不好，必然导致身体素质跟着下降。现在许多都市白领，每天工作在忙碌和噪声中，空气污浊，办公空间狭小，许多人挤在一个办公室的小格子里工作，导致精神恍惚，神气不畅。中国白领的亚健康比例高达76%，环境在很大程度上影响人的生命，影响人的身心健康以及生活质量。所以，现代人为了提升健康水平，就

① 王明：《太平经合校》，北京：中华书局，1960年，第294页。

② 姚春鹏译注：《黄帝内经·灵枢》，北京：中华书局，2010年，第25页。

需要关注我们周围的环境。

中国传统文化中涉及及生命健康问题，必然不离对环境因素的重视，认为它与人的生活、工作、学习，最终都是息息相关。“孟母三迁”的故事告诉人们，小孩子的教育成长过程中环境对人（尤其是青少年）的影响重大，闹市和墓地等地不适合生活居住和学习，不利于青少年身心健康发展，所以孟子的母亲最终选择把家搬到私塾旁边。

古代的儒家士大夫及文人，非常注重环境，他们进行文学艺术创造、哲学思考往往选择山清水秀之地，因为这些地方要么环境清幽，有利于静心思考；要么景色瑰丽，有利于激起艺术灵感；要么安静无扰，有利于生活和身体休养。儒家讲究“静”，不但是指内心安静平静，还指居住生活环境的“静”。诸葛亮在《诫子书》中提到“静以修身”，“非宁静无以致远”，“夫学须静也”。北宋理学家周敦颐在《太极图说》中，根据阴阳五行统一于太极、“无极而太极”，提出“主静”原则，并诠释为“无欲故静”，作为“人极”，以合于“无极”。[①]

佛家的修行，通常要修禅打坐，需要安静良好的环境，所以从古至今佛教的寺庙大都选择在远离闹市、景色优美的山清水秀之地。当今的山西五台山、安徽九华山、浙江普陀山、四川峨眉山等名胜之山都是佛教寺庙所在地。这样的地方污染少而利于修炼，生活起居不受干扰，故而僧人们身心也都很健康。当下也有许多都市人受到精神和其他疾病的困扰，纷纷选择去寺庙生活，清修一段时间后，健康状况都有所好转。以福建省福清市的石竹山为例，石竹山是一处环境非常好的地方，山不是很高，山上林木郁郁葱葱，山下是一个非常大的湖泊，周围景色秀丽。石竹山上有一座佛寺规模不大，物质条件简单，寺庙的住持品汉法师年近八十，四季赤脚行走，但身体硬朗、精神矍铄，生活在这样的环境中实在是能够对人的身心健康起到极大的促进作用。

道家和道教的文化中更注重人居环境，很早就意识到良好的环境与人的精神和生命健康之间密切的关系。道教承袭了古代神话传说，稍加纂缀增益，构成了道教的仙境。尽管现实中可能不存在此类“仙境”，但这也反映了人们对美好自然环境的一种追求，对这种美好的环境的追求体现的则是人类对健康长寿、身心修养的渴求。道教有洞天福地的记载，《云笈七籤》第二十七卷《洞天福地·天地宫

① 詹石窗主编：《新编中国哲学史》，北京：中国书店，2002 年，第 467—468 页。

府图》中记载了天下名山中的十大洞天、三十六小洞天以及七十二福地。[①]这些洞天福地中例如王屋山洞、青城山洞、罗浮山洞、东岳太（泰）山洞、南岳衡山洞、西岳华山洞、北岳常山洞、中岳嵩山洞等大小洞天，龙虎山、北邙山、桐柏山、天柱山等福地。这些洞天福地虽然也是仙人道士所居，但是现如今普通人似乎也能去旅游参观。总之，道家道教文化中是不乏对人类环境及其与健康关系的关注。

风水学也是中国传统文化中以人居环境为其研究对象的古老学科。近现代以降，风水学在很长时期被认作迷信、伪科学，这种认识是十分有失公允的。从现代的科学理论角度来看，风水学实际上是一种有关环境与人的学问，它事关人的健康。风水学是融地球物理学、地质学、环境景观学、自然生态建筑学、城市规划学等多门学科于一体的综合科学。向阳而居、相地美恶、藏风聚气是风水学的三大健康理念，[②]与人类的身心健康息息相关，可以从其中借鉴有益的经验而为今人之生命健康服务。

四、中国传统文化中生命健康之实践

中国的传统文化中实在包含着有关健康的极其丰富的内容，对于这些内容，选择其中有益的、适合现代人类健康运动的经验是完全可行的一条路径。但是关键在于如何做，如何落实到具体实践操作的层面上，这才有意义。

首先，对于个人而言，为了达到生命健康的最终目标，传统文化中有许多思想可以为我们借鉴和实践。下面就结合传统文化浅谈一些具体的提升健康状况的方式。

饮食健康是身体健康的基础，人的生命活动离不开一日三餐。通过合理的膳食，能够使身体健康，少生疾病。这在几千年前的典籍中就有记载。《论语·乡党》云：

> 食不厌精，脍不厌细。食饐而餲，余馁而肉败，不食。色恶，不食。恶臭，不食。失饪，不食。不时，不食。割不正，不食。不得其酱，不食。肉虽多，不使胜食气。惟酒无量，不及乱。沽酒市脯不食。不撤姜食，不多食。

① （宋）张君房编，李永晟点校：《云笈七籤》，北京：中华书局，2003年，第608—618页。

② 李静：《图解风水入门》，北京：文化艺术出版社，第284页。

祭肉不出三日。出三日，不食之矣。[①]

上述文字表明早在两千五百年前孔子的时代，儒家就意识到饮食对于健康的重要性了。其中谈到了几点：一、食物的烹饪要精致精细，这样做的道理在于有利于食物易消化，营养易充分被人体吸收，同时增强食欲。二、食物不新鲜不吃。三.吃肉的量不要超过主食，可以喝酒，但不能喝醉。四、每天吃姜，但不多吃。现代医学研究表明生姜除含有姜油酮、姜酚等生理活性物质外，还含有蛋白质、多糖、维生素和多种微量元素，集营养、调味、保健于一身，自古被医学家视为药食同源的保健品，具有祛寒、祛湿、暖胃、加速血液循环等多种保健功能。五、康子馈药，拜而受之。曰："丘未达，不敢尝。"意思是对药的药性不了解是不能随便吃的，中药也是同样的道理，吃药一定要遵医嘱。六、寝不尸，居不客。意思是：睡觉时不要像尸体一样躺着，平日在家不用像做客或待客那样恭敬。这是说就寝时和平日坐卧要放松身体，身体不能过于僵硬，这样不利于气血畅通循环。另外，儒家不但注意到仅仅身体健康还不够，精神健康更重要。子曰："饭疏食饮水，曲肱而枕之，乐亦在其中矣。"[②] 这就是说饮食可以简单，睡觉可以条件简陋，但要保持精神快乐。"人不堪其忧，回也不改其乐。"[③]"吾与点也。"[④] 这即是被后继之儒家学者知识分子所称道和追求的"孔颜乐处"。孟子所主张的"存心养性"、培养"浩然之气"、"求放心"等也是精神修养的体现。宋代理学时期，程颐提出"涵养须用敬，进学则在致知"，朱熹后来将其简约为"居敬穷理"。[⑤]"诚""静""敬"都为儒家所倡导。《宋史·张载传》记载他"终日危坐一室，左右简编，俯而读，仰而思，有得则识之，或中夜做起，取烛以书。其志道精思，未始须臾息，亦未尝须臾忘也"[⑥]。读书、主静、敬与诚，静坐与冥思，均是精神修养的方法，以此或可以达到精神健康。

同样，佛家文化在饮食健康方面也有自身践行的原则。前已提及的"过午不食""不非时食"等都是有益健康的。同时佛家提倡素食、不饮酒，这对现代人

① 陈晓芬译注：《论语》，北京：中华书局，2016 年，第 126—133 页。
② 陈晓芬译注：《论语》，北京：中华书局，2016 年，第 85 页。
③ 陈晓芬译注：《论语》，北京：中华书局，2016 年，第 68 页。
④ 陈晓芬译注：《论语》，北京：中华书局，2016 年，第 148 页。
⑤ 詹石窗主编：《新编中国哲学史》，北京：中国书店，2002 年，第 492—493 页。
⑥ 詹石窗主编：《新编中国哲学史》，北京：中国书店，2002 年，第 474 页。

养生、减肥等是一种借鉴。佛家也追求快乐，所谓“离苦得乐”。其所追求的快乐是多样而具体丰富的：

乐常信佛，乐欲听法，乐供养众，乐离五欲，乐观五阴如怨贼，乐观四大如毒蛇，乐观内入如空聚，乐随护道意，乐饶益众生，乐敬养师，乐广行施，乐坚忍戒，乐忍辱、柔和，乐勤集善根，乐禅定不乱，乐离垢明慧，乐广菩提心，乐降服众魔，乐断诸烦恼，乐净土佛国，乐成就相好故，修诸功德，乐庄严道场，乐闻深法不畏，乐三脱门，不乐非时，乐近同学，乐于非同学中，心无恚碍，乐将护恶知识，乐亲近善知识，乐心喜清净，乐修无量道品之法，是为菩萨法乐[①]。

假如能有上述佛家所说诸多快乐，则精神喜悦，人自健康。

道家和道教对于现代人的健康有更多理论和经验可以学习借鉴。道家传统文化对于人类健康的关注是全面而丰富的，从饮食、身心健康、道家医学、道教养生等，涵盖诸多领域。

从饮食健康方面而言，道家有所谓“释斋九食法”：

《玄门大论》云：斋法大略有九：一者粗食，二者蔬食，三者节食，四者服精，五者服牙，六者服光，七者服气，八者服元气，九者胎食。粗食者麻麦也；蔬食者，菜茹也；节食者，中食也；服精者，符水及丹英也；服牙者，五方云芽也；服光者，日月七元三光也；服气者，六觉之气，太和四方之妙气也；服元气者，一切所禀，三元之气，太和之气，太和之精，在乎太虚也；胎食者，自我所得元精之和，为胞胎之元，即清虚降四体之气，不复关外也。粗食止诸耽嗜，蔬食弃诸肥腯，节食除烦浊，服精其身神体成英带，服牙变为牙，服光化为光，服六气化为六气、游乎十方。服元气化为元气、与天地合为体，服胎气久为婴童、与道混合为一也。此之变化，运运改易，不复待舍身而更受身，往来死生也。今意方法未必止是食事，其或是方药，或按摩等事可寻也。[②]

上述方法可以在现代健康探索中借鉴运用，但是有些过于专业或神秘的大概

① 赖永海主编：《维摩诘经》，北京：中华书局，2010年，第68—69页。
② （宋）张君房编，李永晟点校：《云笈七籤》，北京：中华书局，2003年，第814页。

不易为我们操作，可以忽略去，其中的指导思想和理念则是有价值和意义的。

关于精神方面的修炼和修养，道家很早就有相关论述。例如：“虚其心，实其腹，弱其志，强其骨，常使民无知无欲。”[①]“载营魄抱一，能无离乎？专气致柔，能婴儿乎？”[②]“致虚极，守静笃……归根曰静，静曰复命，复命曰常，知常曰明。”[③]庄子的养生理念主要就是养神。《人间世》中认为，要想摆脱杀身之祸，就要随机应变，“入则鸣，不入则止”；就要忘形绝智，虚己忘名，物我两忘，进入心神与自然融为一体的“心斋”境界。所谓“心斋”，实际上借用了古代养生学中所达到一种空明的精神境界，这种境界只有在特殊的精神状态中才可以体验到。[④]关于“心斋”，颜渊问道于孔子：

颜回曰：“回之家贫，唯不饮酒不茹荤者数月矣。如此，则可以为斋乎？”

曰：“是祭祀之斋，非心斋也。”

回曰：“敢问心斋。”

仲尼曰：“若一志，无听之以耳，而听之以心；无听之以心，而听之以气。听止于耳，心止于符。气也者，虚而待物者也。唯道集虚。虚者，心斋也。”[⑤]

《庄子》中有《养生主》一篇，其所谓养生主要是指精神层面的。“心斋”即是说要达到一种空明的虚静，如此连鬼神都会依附，万物都能够被感化。

关于身体健康的理论，道家则有不尽数的操作方法。导引、行气、胎息、按摩及各类丹法等不一而足。以导引为例，早在东汉时期，道家医学者华佗就创立了五禽戏之导引法。《云笈七籤》关于“导引”的记载：

常以两手摩拭面上，令人面有光泽，斑皱不生，行知五年，色如少女。摩之令二七而止。卧起平气正坐，先叉手掩项，目向南视上，使项与手争为之三四。使人精和，血脉流通，风气不入，行之不病。又屈勤身体四极，反张侧掣，宜摇百关，为之各三。

① 詹石窗：《道德经通解》，北京：宗教文化出版社，2017年，第8页。
② 詹石窗：《道德经通解》，北京：宗教文化出版社，2017年，第10页。
③ 詹石窗：《道德经通解》，北京：宗教文化出版社，2017年，第27—28页。
④ 孙通海译注：《庄子》，北京：中华书局，2007年，第63页。
⑤ 孙通海译注：《庄子》，北京：中华书局，2007年，第72页。

又卧起，先以手内著厚帛，拭项中四面及耳后周匝热，温温如也。顺发摩顶，良久摩两手，以治面目，久久令人目自明，邪气不干。都毕，咽液三十过，导内液咽之。又欲数按耳左右，令无数，令耳不聋，鼻不塞。

常以生气时，咽液二十七过，按体所痛处，没坐常闭目内视，存见五藏六腑，久久自得分明了了。[①]

现代生活中常见的广场舞、健身操都可归入导引的行列。还有太极拳、八段锦等，动作舒缓，力道柔和，很适合女性及上年纪之人来锻炼，达到强身健体的目的。现在许多中小学校把太极拳作为广播操促进学生的身体素质，取得了良好的效果。道家的这些方法于行止坐卧间都可以操作，当我们步行之时，可以用调息、扣齿等办法强健体魄；当我们坐卧之时可以尝试行气、存思等；当人们身体出了一些状况，可以不单单去看西医，而可以尝试传统的自然疗法。

中医治疗学的特点优势我们认为是“自然疗法”。如中医不仅用药，还有各种非药物疗法：砭、针、灸、导引、拔罐、刮痧、按摩、点穴等等。这些自然疗法人人可以学会，而且可以应对各种疾病。……各种自然疗法可以养生，也可以对各种疾病进行治疗，尤其是，群众也可以在医生指导下用自然疗法自我治疗和保健。自然疗法在少花钱甚至不花钱的情况下，可以满足群众对常见病、多发病的医疗需要和日常强身健体的需要。[②]

综之，中国古代传统文化中包含有极为丰富的关于生命健康和养生方面的内容。在当今世界高度互联互通、高度一体化、全球化的大趋势中，在“一代一路”倡议的指引和机遇中，将这种文化深入发掘出来，将其精华凝练出来，传播出去，与全球各民族、各国家的人民共同分享，实在是一项有价值有意义的重大文化活动。“一带一路”跨越不同区域、不同文化、不同宗教信仰，它所带来的是各文明间的交流互鉴。中国传统文化博大精深、灿烂辉煌，生命健康乃是人类自诞生以来永久之追求，以此为契机，以生命健康为桥梁和纽带，“以文明交流超越文明隔阂，文明互鉴超越文明冲突，文明共存超越文明优越”，这对于人类命运共同体的构建是不可或缺的内容，这一文化和文明的传播交流和共享也为之迈出了坚实的步伐，奠定了人类命运共同体坚实的基础。

① （宋）张君房编，李永晟点校：《云笈七籤》，北京：中华书局，2003 年，第 742 页。
② 程雅君：《中医哲学史》第一卷，成都：巴蜀书社，2009 年，879—880 页。

文化自信背景下民间信仰价值再探

张宜强 *

内容提要： 民间信仰是中国传统文化的重要组成部分，曾经发挥过重要作用，在当下依然具有不可忽视的影响。然而在近代科学主导的话语霸权之下，民间信仰一再遭受打击，失去应有地位。在党中央一再提倡文化自信的今天，有必要重新审视这一重要文化资源，做出实事求是的新评价，肯定并进而发掘其至少在保持宗教生态平衡、传承文化传统、乡村秩序建设、维系海外文化认同这四个面向的重要潜在价值，以期在和谐社会建设中发挥其应有作用。

关键词： 民间信仰　文化资源　文化自信　当代价值

民间信仰作为发源于原始社会的一种文化传统能否适应现代社会，是一个具有理论思辨和实践意义的问题[①]。以马克斯·韦伯为代表的学者认为现代化就是西方化并将民间信仰与社会现代化对立，近年来这种观点日渐遭到批评，人们开始重新审视现代化的本质。从学理层次来看，民间信仰与现代化的关系实质上就是传统与现代的关系，二者固然存在以往学者所强调的冲突面向和差异性，实际上也存在可以和谐相处及创造性转化的同一性。

在党的十九大报告中，习近平总书记郑重指出："文化自信是一个国家、一个民族发展中更基本、更深沉、更持久的力量。"毋庸置疑，拥有数千年历史的民间信仰也属于中国文化复兴、文化自信的重要资源。在新时代刚刚启幕的当下，随着中国学派话语权的增强以及大众对文化复兴的一再期待，以新视野重新

---

* 张宜强（1991—），男，河南信阳人，福建师范大学社会历史学院，2016 级宗教学硕士生，主要研究方向：道教和民间信仰。

① 民间信仰概念处于动态变化之中，本文认为所谓民间信仰是指自发在民间流传的、非制度化的、对某种超自然力量的崇拜。林国平：《关于中国民间信仰研究的几个问题》，《民俗研究》2007 年第 1 期。

审视作为中国传统文化重要部分、影响最广大群众的民间信仰，挖掘其合理内涵，使其在和谐社会建设中大有可为，也是未来研究趋向的必由之路。

回顾学界研究历史，多从民间信仰与社会统一性的角度观察民间信仰的价值和作用，举其要者，有如下三个维度：通过对某一区域民间信仰的个案探索民间信仰的现代价值[①]；分析民间信仰在乡村治理中的现实作用[②]；从民间信仰与儒释道关系的角度论证民间信仰是三教融合共存的基础[③]。上述前贤时俊的研究多从具体问题层面分析，因而论述不够全面，有待进一步拓展和深化。在新的历史条件下，笔者认为民间信仰远非一种业已消失的传统，一种只能封存于历史博物馆的遗迹或古董，仅仅具有考古抑或观赏价值[④]，而是活生生的并且日益显示独特生命力的象征，从宏观而论至少在保持宗教生态平衡、传承文化传统、乡村秩序治理、维系海外文化认同这四个面向具有重要的现实意义。

一、保持宗教生态平衡

文化生态学提出各种文化如同一个自然生态系统，只有保持各种文化（例如传统与当代、本土与外来等）处于平衡的状态才能取长补短、互相借鉴，进而产生文化的创新，利于社会的和谐。反之，则会导致文化生态失衡，甚至威胁社会的秩序。宗教属于一个国家和民族文化生态的重要组成部分，而且成熟的宗教往往具有历史传承性，信众极为广泛，社会影响极大，和国家安全密切关联。

尽管当今世界的主题是和平与发展，但并不意味着国家安全高枕无忧。毋庸置疑，由于国家利益的冲突和意识形态的对立，部分境外势力和国家一直企图通

① 林国平：《论闽台民间信仰的社会历史作用》，《福建师范大学学报》2002 年第 2 期；《民间宗教的复兴与当代中国社会：以福建为中心》，陈支平主编：《一统多元文化的宗教阐释》，厦门：厦门大学出版社，2011 年；谢重光：《试论妈祖信仰的社会功能》，《中共福建省委党校学报》2002 年第 1 期；范正义：《福建民间信仰的道德教育意义》，《海峡教育研究》2016 年第 4 期；林腾华：《三山国王文化的当代价值》，《广东省社会主义学院学报》2013 年第 4 期。

② 徐姗娜：《民间信仰与乡村治理》，《东南学术》2009 年第 5 期；吴重庆：《民间信仰中的信息沟通与传播——基于对福建莆田民间信仰田野调查的思考》，《东南学术》2017 年第 6 期。

③ 朱海滨：《民间信仰：中国最重要的宗教传统》，《江汉论坛》2009 年第 3 期；韩秉芳：《中国民间信仰之和谐因素》，卓新平、唐晓峰主编：《论马克思主义宗教观》，北京：社会科学文献出版社，2009 年，第 169—204 页。

④ 借用美国学者约瑟夫·R. 列文森 Joseph R. Levenson 对中国儒家文化分析的术语，意在说明古代具有深厚生命力的事物流传至今除了历史审美价值以及经济价值，还有其他方面有待发掘的可以影响当下的潜在价值。具体：《儒教中国及其现代命运》，北京：中国社会科学出版社，2000 年，第 11 页。

过包括宗教渗透在内的各种手段，在我国传播西方思想，企图西化中国青少年。当前我国改革事业进入深水区，面临重重矛盾，其中一个重要问题就是西方文化凭借各种渠道蜂拥而来，尤其是西方宗教。由于过去几十年主流意见对民间信仰的过度打压和摧残，以及长期较多重视民间信仰与制度宗教的区别，于是在不少地方，外来宗教乘虚而入，试图并已经取代民间信仰所发挥的社会功能。特别是基督教、伊斯兰教以及至今不甚清楚的邪教在广大乡村发展迅猛，逐渐成为许多民众原有信仰的替代品。①

宗教生态失衡现象尤其体现在我国西北地区表现尤为明显，其因之一就是当地民间信仰的作用未能得到有效发挥。20 世纪上半叶民间信仰遭到持续性、毁灭性打击，西北地区固有的传统民间信仰几乎消失殆尽。在信仰真空的形势下，外来宗教尤其是伊斯兰教激进派势力逐渐占领西北部分民众精神空间。外来宗教之所以迅速占据优势，首要原因在于民间信仰仅仅是形式上空缺，在民众精神上、心灵上依然存在，换言之，民众对于信仰的需求没有减少，更没有消亡，甚至经过近十年的压抑之后越发强烈。因此外来的伊斯兰教、基督教是对信仰真空的填补，是民众原有信仰的替代品，是鬼神观念信仰强烈的民众在信仰对象上的一种转移。②精神的高地一旦占领，凭借家庭天然优势和血缘迅速扩张开来，将会产生产生多米诺效应。众所周知，精神文化的作用历久而深远，加之与固有的民族冲突问题结合，只会使得西北边疆安全问题越发棘手。

民间信仰提供对民众对于人生愿望的满足。“人的内在精神需要使宗教的心理调节功能成为可能。”③人需要宗教信仰来回答超越性问题、终极性问题，对死后世界的恐惧，尤其在经历天灾人祸或者重大情感伤害或人生危机时，往往会求助于宗教信仰。它通过解释未知事物从而减少个体的恐惧与忧虑，这些解释通常假设世界上或彼岸存在超自然力量。④宗教市场提供精神信仰需要和情感上关怀，为应对现代社会风险提供了一种方法手段和宣泄途径。依据调查，在乡村社会，信仰宗教人群中的存在老人多、妇女多、文盲多的“三多”现象，而这三者均在乡村社会经济实力、政治地位、文化话语权上处于相对弱势的地位，需要精神、

---

① 张祝平:《传统民间信仰的现代性境遇》，广州：暨南大学出版社，2014 年，第 177 页。

② 高师宁:《当代中国民间信仰对基督教的影响》，《浙江学刊》2005 年第 2 期。

③ 张元坤:《和谐宗教》，北京：大众文艺出版社，2007 年，第 151 页。

④ 王铭铭:《村落视野中的文化与权力——闽台三村五论》，北京：生活·读书·新知三联书店，1997 年，第 322 页。

文化上的关怀与情感上的支持。既然广大民众一时无法全部深刻认同主流所提倡无神论，需要精神上的慰藉，与其将信仰交付外来宗教，不如交付属于中华传统文化的民间信仰，这对于政府管理宗教也极为有利。历览东西方文明史，任何一个国家和民族都不会任由外来宗教和文化急剧侵蚀本国、本民族的宗教空间。

民间信仰的包容性对外来宗教的中国化具有重要意义。佛教如此，基督教的中国化也有现实意义。朱海滨提出民间信仰是儒释道走向统一的基础，也是东亚文明中最普遍、最重要的宗教传统。① 以佛教为例，佛教在中国化的过程中，打上了深深的民间信仰的烙印。早期高僧传记资料，到处充满了与佛教宗旨不相符合的神异事迹。究其原因在于，中国人之所以信仰宗教是希望宗教能够带来现世的利益，期待灵异的发生。外来的佛教要想获得在华夏立足，必须适应此种价值观念。因此，佛教在华传播史就是一部不断适应、融合民间信仰的历史。依据于君方的研究，民间信仰最为风行的观音信仰，就是采取了中国式的方式，编撰出系列的出生事迹以及灵异故事，才得以广泛传播开来②。正是民间信仰的作用，使得佛教在中国和印度产生了全方位的巨大差异。

民间信仰对宗教生态具有维护平衡的作用。以民间信仰和基督教关系为例，范正义指出改革开放以后民间信仰及其组织机构恢复较快的区域，外来宗教势力会受到各种抑制。首先，民间信仰的复兴，使得民众头脑已经有了先入为主的信仰对象，不容易再去改信基督教。其次，宫庙组织与乡族组织全面恢复，民间信仰的社群约束力虽然下降，但没有丧失，民众要转信基督教，受到较大的社群约束力的制约。例如，福建沿海的不少家族组织就不允许教徒的丧葬仪式在祖祠里进行。家族组织的这个规定，对于家族成员来说，无疑是一种重要的威慑力量。再次，民间信仰也是一种传统习俗，风俗就是要通过人们的从众行为发挥作用，违反风俗就要受到群众的制裁与谴责。这也使得民众不愿意冒着违反风俗的危险去改信基督教。③

中国独特的国情决定了民间信仰在宗教市场上应当占有重要分量。20 世纪

① 朱海滨：《中国最重要的宗教传统：民间信仰》，复旦大学文史研究研究主编：《民间何在 谁之信仰》，中华书局，2009 年，第 45—56 页。

② Chun-fang Yu，Kuan-yi：*the Chinese Transformation of Avalokitesvara*，New York：Columbia University press，2001，

③ 范正义：《众神喧哗中的十字架：基督教与福建民间信仰共处关系研究》，北京：社会科学文献出版社，2015 年，第 237 页。

90年代，罗德尼·斯达克提出宗教市场论，依据该理论，我国的目前宗教市场不是完全竞争的宗教市场，而是与社会主义市场相适应在政府宏观调控下的宗教市场。[①] 只有这样的宗教市场，才能与社会主义制度，与社会主义市场经济体制相适应，才能保证整个社会的和谐稳定。外来宗教总是难免带有种种其原生地的文化因素，很容易与传入地文明产生冲突乃至战争，例如清代初期的礼仪之争和末期太平天国之乱。

然而，本土的民间信仰却无此忧虑。李向平指出可以借鉴传统社会的宗教管理模式，国家可以根据需要，将民间信仰列入国家祀典，使淫祀成为正祀。《宋史·礼志》："自开宝、皇祐以来，凡天下名在山志、功及生民宫关陵庙，名山大川能兴云雨者，并加崇饰，增入祀典。"国家可以出面保护它所认为有益于权力统治的民间崇拜。《明史·礼志》："洪武元年，命中书省下郡县，访求应祀神祇。名山大川、圣帝明王、忠臣烈士，凡有功于国家及惠爱在民者，着于祀典，令有司岁时致祭。二年又诏，天下神祇，常有功德于民，事迹昭著者，虽不致祭，禁人毁彻庙宇。"国家也可以动用权力确立民间必须祭祀的神祇庙宇。《清史稿·礼志》："世宗朝，各省祀刘猛将军刘承忠。先是直隶总督李维钧奏：'蝗灾，士人祷猛将军庙，患辄除。'于是下各省立庙祀。"[②] 其他如关帝、妈祖、文昌、城隍等神祇祭祀，亦大都具有如此兴废存亡的历史。[③]

二、传承优秀传统文化

中华传统文化是以儒家为核心、结合释道为一体的综合体系。这一体系在基本内容上"重人""重德""重和"。中国的民间信仰，上承原始巫觋信仰与自然崇拜，下受儒、释、道三教的滋养，逐渐演化成民风习俗，广泛流行于社会下层民众中间，构成民众的生活方式，潜移默化地自然形成了中国人的气质与性格。

祖先崇拜（或称祖先信仰）与自然崇拜是中国民间信仰最为基本的信仰，也是中国一切宗教信仰的基础。宗庙、祠堂、祖坟以及家家神龛、先人牌位，都是祖先信仰的祭祀的偶像。

---

① 民间信仰主动适应政府管理的过程以及常见途径，学者已有深入分析：阎化川：《民间信仰的"正名传播"及其路径考察》，《世界宗教研究》2017年第6期。

② 清赵尔巽：《清史稿》卷八十四，北京：中华书局，1977年。

③ 李向平：《信仰、革命与权力秩序：中国宗教社会学研究》，上海：上海人民出版社，2006年，第564—580页。

中国以血缘为纽带的宗法关系，从古及今，未有中断。祖先崇拜或曰祖先信仰，与之相应，一直处于宗教信仰及民间信仰的核心地位。自古以来，无论是上层的皇家王公还是下层的黎民百姓，都把宗庙看得非常重要。究其原因，在他们看来，祖宗就是保护家族兴旺、子孙平安的最为可靠的神灵。因而也就不难理解对祭祀祖先的场所祖坟和安置祖先牌位的祠堂，与供奉神仙菩萨的庙宇同样尊敬，或者更为重视。逢年过节，特别是在清明、中元，专门祭祖的日子，都要馨香祭拜，贡献祝祷。祠堂，往往成为一个家族共议大事，族长训诫后辈的场所。由此，涵养培育出以仁爱孝悌为本的孝文化，即所谓“慎终追远，民风归厚”的伦理道德的教育。正所谓家和万事兴，家庭、家族的和谐才是社会和谐稳定的内在基础[①]。

民间信仰的自然崇拜，经过适当的调整，完全可以达到与社会进步同步，乃至相辅相成的效果。1982 年秋，中国社会科学院宗教研究所和中共中央党校联合组织“东南沿海宗教调查小组”，对江苏、浙江、福建三省宗教发展状况做调研。学者们发现由于之前大炼钢铁等运动，山上和村里高大古木几乎已被砍伐殆尽，然而庙宇周围大树依然繁茂，对比十分明显。对此学者们提出一项研究课题，即“寺庙与环境保护”。这一项调查令人深思，过去一向把寺庙成为“丛林”还有另外一层含义——寺庙周围必须植树造林。可见，保护生态环境，提倡人与自然和谐共处，是民间信仰的核心内容之一。[②]

民间信仰具有弥散性，与中华传统文化密不可分，与中国民众的生活方式密不可分。从大年初一到年末的除夕，每个月份都有一个、两个甚至更多的节日，而每个节日，都有信仰的神灵和神圣的内容。以正月十五元宵灯节为例，考其渊源，依据《史记·乐书》言：“汉家祀太一，以昏时祠到明。”汉代时，民众就祭祀天官、地官和水官信仰，称为三官大帝。到元魏时期乃以三官配三元节。正月十五为上元节，定为天官大帝的生日，与汉代祭祀太一正相吻合。所以正月十五灯节赏灯之俗，与原始民间信仰密不可分。其他如寒食节、清明节祭祀祖先，五月端午节祭祀屈原，七月七纪念女郎织女鹊桥会，八月十五拜祭月神……直到年

① 学者针对当下存在的家庭问题指出，例如灶神信仰所蕴含的家庭伦理可以为重构家庭概念提供不少切实可行的借鉴。详见：黄永锋、林銮生：《灶神信仰的家庭伦理观及其当代启示》，《世界宗教研究》2016 年第 3 期。

② 韩秉芳：《试论民间信仰在促进社会和谐中的积极作用》，《宗教与民族》年刊，2014 年。

末除夕，无一没有信仰的内涵。如果忽视了上述节日的背后信仰内涵，仅仅当作吃喝玩乐的时间，也就失去了与传统文化勾连的意义了。

民间信仰的弥散性除了与民俗节日存在密切关联，还有一个面向，作为小传统（或通俗文化）的民间信仰与大传统（或精英文化）的儒释道也存在密切关联①。朱海滨指出作为最具本土化的儒教，其实质就是在中国各地民间信仰的基础上建立起的一套规范，如果没有各地民间信仰的支撑，儒教本身就是空中楼阁。具体而言，至少在两个方面存在依据。首先，在孔子所改造的儒家之前，就有“原儒”的存在，而原儒的形象便是从事祭祀之礼的巫师。②其次，儒家所重视的祭祀之礼在儒家礼治之前（准确来说是原始社会）已经出现，后世儒家学说正是根基于早期先民的原始信仰。正是因为儒家文化与民间信仰具有上述深厚的关联，因而二者在社会规范层面，即对信仰者的伦理要求具有同一性。二者在近代同样遭受系列激进主义的冲击，儒家的地位一直在走下坡路③，民间信仰则沦为封建迷信，进入 21 世纪以来，关于弘扬儒家文化以提高国家软实力的声音日渐高涨，同样，与其具有多方联系的民间信仰也应当获得重视，从而使二者构成形而上与形而下的互补体系。

此外，民间信仰本是就是民俗文化的重要组成部分，其中不少具有艺术与美学等多方面的价值。许多祭祀的宫庙本是就是一座民间艺术的宫殿，祭祀的法器本身就是颇具特色的艺术品，而由信仰而不断生成的各种奇妙的传说故事、祭祀仪式等也都是艺术作品。④

三、辅助乡村治理

新时期以来，政府对和谐社会的构建日益重视。然而和谐社会的构建不仅需要基础物质设施的完善，更重要的是需要深厚的传统文化积淀作为坚实基础。从这一理路出发，在乡村社会曾经拥有重要功能的民间信仰就不是无足轻重的被忽

---

① 随着民间信仰研究的深入，不少学者不再拘泥于“大”“小”传统的界限划分，而是把民间信仰视为与二者均有联系的一个有机体，具体详见范正义：《民间信仰研究的理论反思》，《东南学术》2007 年第 2 期。

② 加地伸行：《儒教とは何か》，东京：中央公论社，1990 年，第 7 页。

③ 余英时：《现代儒学的回顾与展望》，北京：生活·读书·新知三联书店，2004 年，第 254 页。

④ 陈明文：《试论民间信仰在现代社会中的价值与作用》，《常德师范学院学报》2003 年第 3 期。

视者。

民间信仰具有道德榜样的功能。与法律的外部约束和事后滞后规范不同，道德属于内部提前控制。道德是人们行为的规范准则，一旦内化于思想并通过行为体现，就具有直接的力量。民间信仰基本遵循着《礼记》“夫圣王之制祀也，法施于民则祀之，以死勤事则祀之，以劳定国则祀之，能御大灾则祀之，能捍大患则祀之”的造神原则。在这一观念的指导下，能成为民众信仰对象的绝大多数历史上流芳千古的忠孝仁义志士，诸如关帝、岳飞、张巡、许远、妈祖、陈元光、王审知、文天祥等，以及泉州惠安县对为国牺牲的解放军战士立庙奉祭的信仰。神灵们的高尚德行往往被编成富有教育意义的神话传说，在一代代信众中流传，对当地民众起着潜移默化、润物无声的作用。[①]

民间信仰虽然没有抽象的神学理论和严格的教团组织，却有着融汇儒释道三教内容的宗教道德伦理，具体来说，以儒家忠义孝悌为主，兼收佛教的因果轮回和道教承负报应等宗教伦理，并且加以渲染，利用百姓对鬼神的恐惧，规劝民众遵循，这对那些目不识丁的百姓而言，具有不可忽视的道德力量。

民间信仰在维系乡村秩序上起着重要辅助作用。一般而言，公共庙宇或神灵信仰具有一定的地域范围，为某一村社或数个村社所有。在庙宇所辖的地域范围之内，有共同的祭祀组织和定期举办活动。此外，庙宇所辖范围内的居民有义务为宫庙的正常运行提供人力或物力贡献，当然与之相应，也有权利参与宫庙的各种活动，享受宫庙神灵的保佑。共同的神灵信仰和祭祀活动，把分散的周边民众有效地整合起来，形成了一个祭祀共同体。[②]

一旦形成祭祀共同体，村社成员的命运往往就被一条无形的纽带联系在一起，宫庙就是这条纽带的中心。[③]在大多数百姓心目中，宫庙属于神圣之域，宫庙的兴衰决定着宫庙所在村社的命运。

许多宫庙设有董事会等机构，对宫庙运行和对外交往进行管理。由于董事会基本上由在地方上享有威望的长者组成，因此往往能够得到所辖地域信众的信赖。宫庙在名义上固然不是行政组织和司法组织，但经常成为处理邻里民事争

---

① 林国平：《论闽台民间信仰的社会历史作用》，《福建师范大学学报》2002 年第 2 期。

② 陈春声：《正统性、地方化与文化的创制——潮州民间神信仰的象征与历史意义》，《史学月刊》2001 年第 1 期。

③ 王四小：《论民间信仰的乡村治理功能》，《求索》2013 年第 1 期。

端、维系乡村秩序的场所。此外，民间信仰的负责人（多为年长者），作为非正式权威，在乡村公共事务中也发挥了重要作用，具体表现在调解当地水利、公产、风水、械斗等纠纷当中，成为社区权力的象征。

文化为人所创造，同时文化也在创造着人。处于同一乡村祭祀共同体当中，神灵信仰已经形成一种文化氛围和行为模式，对信众会产生一种看似无形实则存在的心理压力和心理定式，对具体个体形成道德约束力，即民众常常所说的“举头三尺有神明”，民间信仰这种对民众具体行为的预防机制不可忽视，会极大减少乡村秩序维护和管理成本[①]。首先，影响最为广泛的妈祖、关公信仰具有浓厚的道德属性，是忠义、孝顺、大爱的化身，是值得民众效仿的道德楷模。其次，在信众看来，神灵信仰具有超人的能力，产生了对神灵的敬畏之情。对真善美的道德追求和对其超人力量的敬畏客观上起到了约束信众行为的作用和纠偏功能，从而把信众导引到了良性社会道德风范中。

民间信仰参与社会公益和慈善事业，有利于社会风气的改善和社会矛盾的缓解。依据学者在福建调研发现，部分财力雄厚的宫庙，开始热心参与社会公益和慈善事业，或资助贫困学子，或赠药义诊，或修路铺桥，为地方做了不少善事。[②]

此外，民间信仰的心理调适功能对日渐暴露的乡村养老问题不无助益。随着现代化进程加快，不少年迈老人不能适应都市生活，因而存在与子女及其下一代居住都市，老人居住乡村的二元现象。传统社会中这些老人往往以养育孙子、孙女作为晚年生活的重心和快乐之源，弥补了不能时常见到子女的遗憾。研究发现，民间信仰的日常组织活动，往往由一群老人义务性负责，原来在参与各种活动的过程中，许多孤寡老人找到了自己知音与朋友，在参与的快乐中感受到了自己的存在感、缓解了晚年精神上的孤独。

民间信仰在当今社会生活扮演重要角色，不仅在大陆如此，在港台尤甚。在台湾据 1997 年统计，关于关帝信仰的宫庙堂坛有近千个单位，不可谓不盛，至今在港澳地区警界还奉之为“警察神”。[③]海外美、澳、东南亚华人社区都有关帝庙的设立，可以这样说，关公信仰具有大中华文化的象征。康豹（Paul R.katz）

---

① 有关民间信仰在地方的作用以及与宗族的交织关联见陈春声：《信仰空间与社区历史的演变——以樟林的神庙系统为例》，《清史研究》1999 年第 2 期；陈春声：《“正统”神明地方化与地域社会的建构——潮州地区双忠公崇拜的研究》，《韩山师范学院学报》2003 年第 2 期。

② 林国平：《关于中国民间信仰的几个问题》，《民俗研究》2007 年第 1 期。

③ 路遥等著：《中国民间信仰研究述评》，上海：上海人民出版社，2012 年，第 10 页。

以华南和台湾民间颇为盛行的神判仪式——斩鸡头为例，可以用来摆平民间社会一些无法调解的民事案件或刑事案件，大大减少了政府管理的人力、物力成本。[①]近年来，关于传统社会皇权是否下县的问题引发诸多争议，其中一种声音认为地方宗族与民间信仰发挥了主要作用。本文无意对此发表意见，但依据上述对斩鸡头仪式和港台关公作为"警察神"的研究，毫无疑问民间信仰在维系地方秩序稳定发生了重要的支撑作用。

从现实性而言，在社会主义初级阶段，民间信仰拥有深厚的社会基础和广泛的群众基础。第一，科学技术尚不能解释自然和社会的一切奥秘；第二，百姓的思想觉悟和认识水平远未达到消除宗教信仰的程度；第三，民间信仰与各民族特别是少数民族的习俗传统结合在一起。因此，民间信仰在社会主义社会仍然具有生命力。传统社会对淫祀的打击以及过去几十年的实践昭示，民间信仰作为一种特殊的意识形态，无法通过强制的行政手段予以根除，只有通过长期的引导，并挖掘其潜在的现代性价值[②]，进而达到社会主义和谐社会相适应的最终目的。

四、维系海外文化认同

现代政治学认为一个国家、一个政府对内统治力量和对外影响力的来源除了自身所拥有的物理力量（以科技和军事的威慑力为核心），还有就是文化上的感召力。尤其是国家和政府管制力量无法直接到达的外域，国家更多凭借文化上的感召力和融合力才能提升外交形象和国际形象。在全球宣扬和平的今天，"威天下不以兵革之利"，文化的感召力量远远优于国家武力的宣扬。以海外数千万的海外华人华侨这一庞大群体为例，广大海外同胞越来越勇于承认自己华人的身份，并以为傲，除了国家的强大与繁荣以及国家地位的提高之外，包括民间信仰在内的软实力影响也不应忽视。

民间信仰具有沟通人心、打破政治对立的重要功能。妈祖信仰在台湾、澳门、香港、新加坡、马来西亚具有深远影响。两岸民众同根同源，血肉相连，然而近年来少数分子居心叵测大肆造谣提出台湾文化"独立一体"。两岸民众共同信仰的保护神妈祖，就是驳斥此种荒谬论调的有力证据，大陆莆田湄洲祖庙妈祖金身

① 康豹 Paul R.katz：《汉人社会的神判仪式初探——从斩鸡头说起》，高致华主编：《探寻民间诸神与信仰文化》，合肥：黄山书社，2006 年，第 179—195 页。

② 传统的现代价值除了文物价值、审美价值、艺术价值，还有旅游、娱乐等商业价值等。

和戏神田公元帅绕境宫庙、巡游台湾，受到台湾同胞隆重接待。每年数以万计台湾同胞前往大陆莆田湄洲进香朝拜，寻根问祖，了解大陆日新月异的发展，在乡音香情当中对祖国的感情油然而生。[①]

韩秉芳论及民间信仰的和谐因素时，指出归根统一，海内外炎黄子孙一家亲，这是中华民族的共同愿望。妈祖信仰和关帝信仰即演化为集中弘扬此精神的信仰。[②]台湾地区有八成以上居民虔诚信仰海上女神妈祖。妈祖信仰的祖庙莆田湄洲天后宫，是散落世界各地的妈祖信徒向往的圣地。即使在海峡两岸对立的岁月，依然有不少台湾民众冒着生命危险前往湄洲朝拜祭典。两岸开放互通之后，朝拜者和进香团更是络绎不绝，尤其是每年农历二月二十三妈祖圣诞，两岸信徒更是蜂拥而至，活动极为热闹。在两岸民众的共同参与妈祖祭祀活动当中，认祖归根、同源同祖的感情油然而生，血浓于水、本为一家的认同自然涌流，无有畛域区别，共同的语言、共同的记忆冲破了政治导致的隔阂，一个个分散的个体聚合为一个有机的整体，此时此刻的妈祖其实扮演了统一之神。关公信仰与之类似，海外华侨身处异乡联成团体，往往共同祭拜关公为主神；华人聚居的唐人街，均建有关帝庙，甚至每个商家，都设有关帝的神龛。海外华人在国家政治力量无法到达的异域他乡，仍然保持着精神、文化上的认同，有力地表明关公信仰同样也是促进国家统一不可替代、不可忽视的精神力量。

在民间信仰中，共同的祖先崇拜、神灵祭祀和节庆仪式，都是孕育和维系文化认同的重要纽带，并能使不同区域民众在思想上趋于具有共同的信念和价值观念，进而为实现社会群体的共同目标而增进团结协作的程度。其实，各种社会意识形态和一切社会实体都具有这种功能。宗教信仰因其区别世俗的神圣性而拥有特殊的认同和凝聚能力。以制度宗教而言，社会学家威尔·海伯格指出："美国人建立其认同的一个重要途径，就是到新教、天主教和犹太教这三个'民主宗教'之一中去当教徒。"[③]由此，也就不难理解宗教信仰的社会群体认同价值以及美国总统在就职宣誓仪式中为何必须手握《圣经》。与之相似，民间信仰通过群体的

---

① 学者认为传统宗教与民间信仰体认和保留了道统文化、寻根情怀以及重视和谐的价值取向，这是两岸交流的文化基础。详见：詹石窗：《传统宗教与民间信仰在海峡两岸交流中的作用》，《世界宗教研究》2001年第4期。

② 韩秉芳：《试论民间信仰在促进社会和谐中的积极作用》，《宗教与民族》年刊，2014年。

③ 转引自戴康生、彭耀主编：《宗教社会学》：北京：社会科学文献出版社，2007年，第140页。

祭祀活动的参与仪式，使分散甚至互不认识的个体产生共同的心理体验和情感，并升华和强化为共同的信仰，从而把之前原子化的个体黏合为具有一定生命力的有机整体。以妈祖信仰为例，几十年来近百万的信众前往大陆湄洲祖庙朝拜，其心理诉求已经超越以往祈求航海平安、祛病消灾，而是精神的慰藉和家乡文化、民族文化的认同。可以说与儒家文化一样，妈祖信仰在港澳台、东南亚的广泛流行，构成了一个独特的文化场景——妈祖文化圈，而这无形而又无所不在的影响将是中华民族重新恢复数百年前东亚主导权的重要优势。

五、余论

“中国有坚定的道路自信、理论自信、制度自信，其本质是建立在5000多年文明传承基础上的文化自信。”毫无疑问，当代的文化自信离不开传统的文化基因，“传统虽然不能自动地主动充当现代化的动力，但传统的因素，却能对现代化起某种导向作用”。

中华民族复兴的伟大实践必将推动知识建构范式的革命，必将带来中国学派的诞生。中国学派的历史使命就是要形成具有中国特色、解决中国问题的知识体系，并为人类发展提供中国智慧、中国方案。从民间信仰而言，对中国宗教和民间信仰的认识应当突破原有的思维框架，更应当结合中国的独特国情。加拿大学者欧大年（Daniel Overmyer）在给杨庆堃作品序言中指出：“我们不能以西方基督教模式的宗教伦理来判断中国人的信仰活动，我们对中国宗教的研究，应当是以中国的历史和社会分类为基础的，而不应该受来自其他什么地方门户之见的限制。”

总之，在主流思想强调和重视文化自信的今天，我们应该对中国丰富的民间信仰资源进行深入的学术研究，纠正那种将民间信仰简单拒斥为封建迷信而加以打击和取缔的错误做法，实事求是地承认民间信仰是小传统的灵魂，其功能具有保持宗教生态平衡、传承优秀传统文化、辅助乡村治理、沟通海外华人的现实作用。因而，理应给予民间信仰以宽松的社会活动空间，使其得到正常发展。同时，也应当对民间信仰进行依法的管理，以防止其可能出现的不良倾向发生。

五、石竹山梦文化建设专题

一、石竹仙山 千年回响

灵毓仙山

——摘自《石竹山新志》

第一节 石竹山

石竹山，位于福清市区西部，属石竹街道。有福厦高速公路、福厦高速铁路从山脚经过。距福州高速全程 45 公里，距厦门高速全程 226 公里。

石竹山东北起自太城山，向西南伸展，经马坝、天子峰，至状元峰；西侧沿今东张水库东北畔，顺狮子岩直至今东张水库大坝。全山面积 13.31 平方公里，属纵贯闽中的戴云山脉的齐云山支脉，有次高山、丘陵、河谷、残山、山间凹地等。

石竹山已有 6700 万岁了，属白垩纪晚期，由多次间断性火山活动导致火成岩侵入，经过长期弱风化剥蚀作用，形成现在的流纹质凝灰熔岩。又因地处福建沿海的长乐—广东汕头大断裂边沿，其西侧有一条斜贯地下性质不明的断裂层，山体被切割成深谷与陡崖，形成奇石怪洞悬崖峭壁的独特地貌。从东面看石竹山，如一条巨龙般逶迤腾跃，具有人居环境上的藏风得水的“宝地”吉象，群山之首亦有“巨象”之形。从南面远望石竹山，整个山体看起来像一个等腰三角形，如古埃及金字塔一样的稳固而雄伟壮丽。山顶终年云雾缭绕，犹如一根刺破南天的擎天柱。登上山顶拨开云雾，仿佛置身琼台玉阁。

石竹山有天子峰、状元峰、狮子峰、麒麟岩、紫帽峰、骆驼峰、紫云洞、桃源洞、牛蹄洞、一片瓦、三重檐、鹤影石、朝斗石、鸳鸯石、棋盘石、伏虎石、仙桥、摘星台、仙人坪以及附廓的狮子岩、紫云塔、东张古镇、白豸寺、白豸塔、无患溪、无患溪中的丹井、鲤鱼山、鲤鱼山上的“化龙”岩刻等诸景观，俨然是仙山景象。

石竹山四季如春。南中亚的热带季风加上海洋性气候调节，使这里夏无酷暑，冬不严寒，年均气温保持在19.7℃，1月份平均气温为14.5℃，7月份平均气温为32℃，风速3.7米/秒，11月风力最大，月均风速4.3米/秒。降雨量为2000—2500毫米，一般集中于4—10月份，其中以6月份为最多。温暖湿润的气候和肥沃的土质给植物生长创造了良好的条件。植被有亚热带雨林，常绿阔叶林，常绿针叶林和丘陵丛草被，较多为喜晓性植物种类。区内除分布着石竹、雷公竹、佛肚竹、方竹等各种竹类外，还有大量的台湾相思树、马尾松、杉、柳杉、米楮、丝栗、榕以及珍贵名木赤楠等，还发现史前植物——桫椤。至于“抱岩榕”，满山皆是。在“石峰竹雨”石亭西侧岩壁上，榕竹连枝，榕根不粘土，抱岩而生，竹根寄生在榕树身上，成为石竹山一大奇观。

石竹山的名称，源于“其巅有石（沧海石）巍然”，又盛产翠竹，其中以“翠竹”“竹根盘错”而得名。据《八闽通志》云：原名“石竺山”，亦名“石竹山”。自清乾隆以后，在一些志书出现“又名石所山”之说，其出处皆引自《徐霞客游记》最早版本，陈宜坚先生有遗文辨讹。其实，在20世纪80年代，中华书局白文本、朱惠荣整理的《徐霞客游记》中，并没有把“石竹山”误为“石所山”。

石竹山是道教圣地。石竹山的地质、地貌、地形、气候都在一定程度上契合着道教的经验和行为，道教中的某些思想和形象在这里被地理化了。因为满山的奇“石”与秀“竹”传达着石竹法派的道法真谛。石，即为至刚、朴实、凝重、坚定，蓄万千之能，纳转回之势；竹，则是至韧、无争、清净、虚怀，藏无限生机，聚蓬勃之气。二者刚柔并济、负阴抱阳、冲气为和，互弥有无。“石竹”合天地之灵，通万物之性，以内敛的谦逊之态一如既往地呈现着“和”的内涵，渐渐地凸显出其象征性：“石峰竹雨”为仙山胜景之古称誉。所以自古便被认为是神灵出没、仙人得道之处。传说公元前一世纪的汉代，何氏九仙在石竹山显圣，时有梦感，此地遂成祈梦之所。七百年后，林玄光（又说叫林炫光，还有说叫林汝光）在石竹山结庐修道，自此与九仙信仰和祈梦文化相互交融糅合，为道教在石竹山的繁衍传播奠定了基础。千年的积淀与传承，逐渐形成了一种独特的地方文化群落，形成一种典型的区域文化模型，并且具有其独特的文化地位，石竹法派正是在这特定的地理范畴应运而生了。

有道是：山不在高，有仙则名。

由于石竹法派的修持是以何氏九仙信仰为基础，所以石竹山逐渐成为历代道学名流向往的圣地。晋末地理学家郭璞，宋代理学家朱熹、林亦之、林希逸，节度使史浩，元代福建行省郎中林泉生，明代探险家徐霞客，状元马锋，内阁首辅叶向高，户部尚书马欻，礼部尚书陈经邦、曹学佺，游击将军陈第，工部侍郎董应举，福建巡抚南居益，清代刑部尚书陈若霖，太子太师陈宝琛，近代海军宿将萨镇冰，历代著名学者和诗人敖陶孙、王恭、王世懋、林古度、林鸿、徐熥，徐火勃，当代名人姬鹏飞、项南、程序均在石竹山留有游踪。也是广大民众向往的游览或祈梦问签灵验之地，尤其成为福州籍海外乡亲慰藉乡思、梦圆故土的神往仙山。20 世纪 80 年代以来，石竹山的游客、香客骤增，平均每年超过 40 万人次。

因此，早在 20 世纪 80 年代石竹山就名列八闽十大风景名胜区之一，2003 年 11 月获评以梦文化为特色的国家 4A 级风景区。

第二节　发现殷商文化遗址

石竹山脚下西南侧是一个纵横约 10 华里的小盆地。小盆地里有座千年古镇叫东张镇，相当繁华，古早民间有句俗语：“七乡八乡，不如东张”。区内有一条路，从应峰寺经牛屎巷、里尾（七住厝）、白豸寺、东张街、尾厝、塔（白豸塔）下至无患溪（今水库坝头位置），东连宏路镇，南含三星村，西接一都乡。东张镇街道东西走向，长约 2 里，靠西叫街头，靠东叫街尾。在东张镇南边约 1 里地是一处孤立的台地（俗称小山丘），长方形，总面积约 7000 平方米，高出附近地面 3—5 米，海拔 38—40 米。新中国成立之初，东张镇中心小学就建在这个台地上。台地周围有村落，南有下垵村，西有州拉村，西北有汤厝村，距东张镇差不多 2 里地。这里还有两处古迹，一处是白豸寺，一处是白豸塔，始建于宋代，是当时东张镇的乡关标志。

准确地说，石竹山并非坐落在深山老林之中，脚下乃繁华千年古镇。

1957 年 1 月，福建省文物管理委员会的考古队来福清进行文物调查，在石竹山下东张中心小学所在的台地上发现了一些石器和陶片。这一年末又进行了复查，确认为古文化遗址。1958 年初，福清县委和县政府为了扭转福清“十年九旱”的局面，决定把东张镇搬迁西面山坡重建，在石竹山与鲤尾山之间筑坝建设东张水库。于是，福建省“文管会”决定立即进行抢救性考古挖掘，发掘工作自1958年3月28日起至6月15日基本结束，挖掘总面积1500平方米，发现了殷商文化遗址。

遗址上层的文化堆积为淡黄色堆积，厚15—30厘米，这一层文化是在中层文化基础上发展起来的同一文化系统。而时代较晚的青铜时代文化遗址之一，相当于西周前期阶段（公元前880—前771年）。

遗址中层的文化堆积，包括了3种不同土色。中层出土遗物十分丰富，有石斧1件、石锛53件、石凿1件、石矛4件、砺石9件以及残石器等；陶器除了夹沙陶和泥质陶外，还有印纹硬陶、彩陶和带黑衣陶片等。从中层出土遗物看，应属于昙石山上层类型的文化遗址之一。据推定，遗址中层的年代大约相当于商代晚期（公元前1200—前1100年）。

遗址下层为一种红灰钯原始文化堆积，与中层相比，无论是生产力水平，或者生产工具，生活用具各个方面都较落后，出土有陶器、石器和大淘沙陶片，特征是泥质陶或泥质磨光陶，与昙石山的中层接近，相当于新石器时代晚期（公元前2000年）。

46年后，2004年5月，因为干旱，东张水库水位下降，库底部分裸露。省考古队对水库下湾地区又进行了抢救性挖掘，挖出了31座史前墓葬，充实了第一次挖掘的缺失，填补了从新石器晚期至青铜器时期之间连接环节，从而证明了早在4000—6000年前，福清境内就有人类活动。

恩格斯说：“有了人，我们就开始有了历史。”福清先民最初为古越族。春秋之后战国时期，越国王族南来，越族的后代和古越族结合，生下的子女为闽越族。

“闽”是福建最古名称，周代福建叫“七闽”。北宋真宗，即赵匡胤孙子赵恒做皇帝时，赐四岁神童蔡伯俙“进士出身”，并赋诗称赞，诗中还用“七闽”这个称谓，曰：“七闽山水多灵秀，四岁奇童出盛时。”

汉代经学家郑玄援引《国语·郑语》“闽芈蛮矣”的一句话，为“七闽”注释，说：“闽为蛮之别种。而七乃周所服之国数也。”“芈”为楚国姓，“闽芈蛮矣”说的是古代七闽部落，和楚国都是称为蛮的南方民族。

秦末，一个叫无诸的越王勾践后裔，参加反秦斗争，之后又帮助刘邦打败项羽有功，刘邦做了皇帝后，封无诸为闽越王，建都冶山前，称东冶，也称冶城，即今福州。无诸逝世后，由郢和余善二兄弟继承王位。他们为了扩充领地，先后发兵攻打东瓯和南越，引起汉王朝不满，汉武帝兴师问罪。余善见势不妙，杀了兄郢请求退兵。于是汉武帝废除了闽越王封号，另立没有参加叛乱的第一任闽越王无诸的孙子——徭君丑做国王，改称越徭王。

汉武帝从叔淮南王刘安把门客何嵲举荐到冶城当太守。何嵲，字任侠，有九个儿子，除长子额开一目，其余 8 位皆盲。九兄地先是在福州于山炼丹修道，后因卷入淮南王叛乱风波被官兵追杀，逃到仙游九鲤湖继续修炼，最终得道骑鲤升天。

后来，东越王余善屡次反叛，汉武帝忍无可忍再次兴兵，派朱买臣灭了闽越国，把闽越的贵族、官僚和军队迁移到北面去。闽越遗民群龙无首，只好自立冶县。这就为何氏九仙来到石竹山，以托梦的方式，为闽越遗民排忧解难，提供了可信的历史背景。

第三节　无患溪·鲤鱼山·东张水库·鲤鱼岛

宋代理学家朱熹游石竹山时曾留下一副对联：“两山相对终无语，一水独流似有声。”联语中“两山”指的是“石竹山”与“鲤尾山”；“一水”指的是“无患溪”。

无患溪源自莆田大洋乡瑞云山，自西向东流经东张镇，环绕殷商文化遗址，分成两路，分别穿过飞架真武殿与过洋村之间的“王董桥”和石竹山下鲤尾桥，合流经过宏路桥，注入龙江。相传，后梁时邵武真人林汝光（又说叫林炫光，还有说叫林玄晃）取溪中井水炼丹为人治病，所以溪中井称“丹井”，溪叫“无患溪”。

古代，无患溪不仅是天宝陂的水资源，还是东张镇通往海口的主要航道，因此才有东张宋窑生产的出口瓷器。

东张宋窑遗址有两处，一处在石坑村厝后山，一处在岭下村宫后山。两处遗址相连，都是坐北朝南，如漏斗型匣钵，瓷片、垫饼、支柱、支圈等遗物散布在方圆两平方公里的地表，可见当年规模之大。在岭下村后，还留有砖砌窑基残壁。东张宋窑相当出名，著名历史学家翦伯赞主编的《中国历史纲要》中就有记述：东张宋窑是南宋时福建四大主要瓷窑之一。东张宋窑烧制青瓷和乌金釉为主，其制型风格与建阳水吉窑所出的瓷器极相似，产品包括程式碗、盏、碟、盘等，主要是销往海外。2015 年，在海口镇外海打捞宋代沉船时，出水了很多东张宋窑生产的瓷器，其中有一套画有道教太极图的茶盅尤为珍贵，说明石竹山道教文化早就深入人心，并向国外传播。这也是石竹山为什么会成为海外榕籍华侨华人神往胜地的原因。

鲤鱼山位于东张古镇东北，是一座小山，跟石竹山比，犹如巨人脚边的一个泥丸，因状如鲤鱼而得名（《福建通志》称“仙鲤山”）。鲤鱼山头向石竹山，尾朝白豸寺。有两条大溪把石竹山、鲤鱼山、白豸寺隔开。之后，两条大溪在石竹山、鲤尾山之间汇成无患溪。无患溪至宏路镇时，两旁有两条路，一条路通县城，一条路通渔溪镇。故叫“三叉口”，亦称“龙门”，意寄鲤鱼出了“龙门”外面就是东海，便成了龙。

鲤鱼山有许多美丽的传说，多半与旧时的福清十年九旱有关。有一个传说，很早很早以前，福清沿海大旱，赤野千里，满目枯槁，连树皮都吃光了，有的人饥饿难耐，拿观音土（白土）当面吃，无法排出，活活憋死。一日，东海鲤鱼公主来石竹山游玩，发现福清沿海旱情严重，便回龙宫请求父王给福清行云布雨。她父亲说，龙王没那么大权利，给哪个地方行云布雨都需得到天上玉帝的“公文”，拿着“公文”到水令台向白蛇将军索取水令旗，然后才可以行云布雨。鲤鱼公主救灾心切，施行“美人计”，盗取水令旗，为福清沿海行云布雨，救了万千灾民。可是，鲤鱼公主因盗取水令旗触犯了“天条”，被玉帝惩罚，把她变作一座小山，落在石竹山下无患溪畔，不能成龙。所以，明万历六年（1578）首辅叶向高写下“化龙”二字，请人刻在鲤鱼山东面半山腰的巨岩上。

1958 年，福清县委、县政府，倾全县之力建成了东张水库，从而脱掉“十年九旱”的帽子，福清人民称东张水库为“幸福水”。同时，也实现了叶向高的美好愿望，鲤鱼山变成了鲤鱼岛。有诗赞曰：鲤鱼得水丰姿显，石竹临湖秀色藏。东张水库的建成，虽然淹没了许多古迹，但却成全了一对古语：“山不在高，有仙则名；水不在深，有龙则灵。”同时满足了道教文化中“智者乐山”“仁者乐水”的需求。

东张水库是首批国家水利风景区，与石竹山风景区珠联璧合。

第四节 自然景观

天子峰——在状元峰北面偏东，北自太城山，南至石竹山状元峰，共有五座山峰，该峰最高，海拔约 630 米。峰巅极目，北可览榕城，东可观沧海，其西则峰峦叠嶂，其南则千里平畴。仰目眺蓝天，俯首视平湖。使人心胸豁然，飘然欲仙，顿生“一览众山小”“天际渺无极”之感。

状元峰——为石竹山主峰，又名探花峰。海拔 534.2 米，有路直达峰巅。西路从道院西侧“炼丹灶”(石室)经仙泉到“朝斗石”，或从“通天洞”经“骆驼石”到“朝斗石”，汇合一路，经“伏虎石”直抵峰巅。东路从大悲殿后小径经“伏虎石”直抵峰巅。东西两侧岩石裸露，可坐可躺，侧下为陡崖，险不可攀。游人在此搬石积垒，以为纪念，年积月累，竟成“石堡”，称为“积石”。于此观赏，四周群峰奔突，托天际地。东张水库碧波涟漪，溪河蛇行山麓，纵横交错，东海浩渺接天，岛屿若隐若现，玉融风光尽收眼底。

山巅竹子繁盛，松林茂密，灌丛葱郁，生机勃勃。

“状元峰”之得名，无史志可考。或以其皆托天子峰，似“天子门生"，故名，亦未可知。

玉女峰——又名龙女峰、仙女岩，在仙君楼前，高 9.5 米，有亭亭玉立之姿，故名。其顶平台，宽长为 17×1.9 米，仰望高与天际，可接星汉，故称“摘星台”。与北面“醉石”相距 2 米。两石间架一宽仅容足的石板，称“仙桥”。胆小者不敢立足其上，故世有新嫁娘过桥纳福之说。为石竹山景观标志之一。

紫帽峰——旧名紫磨峰，俗称纱帽石，在大悲殿东北侧。石高 10.3 米，顶面宽长为 3.3×3.2 米，形似官帽，故名。帽顶险不可攀。古来有“尚能登上岩顶，就可官运亨通”之说。

骆驼峰——又名骆驼石，在通天洞上方直距 20 米处，路径 50 米，路途崎岖曲折，两旁草木丛生，一岩拨地突起，即为“骆驼峰”。石长 4.7 米、宽 2.65 米、高 3.85 米。岩底垫亦为石，后部埋入山中，前部即为悬崖，在棋盘石和月牙洞上方石台上观赏，形象逼真。背部两峰托凸，下部蹲腿坐地，昂首北望。其形有不适南方水土，急欲北归之意。

狮子峰（又名狮子岩）——石竹山西边景区。有一峰若狮，同石竹山狮子峰遥遥相对，俗称雌雄狮。狮子峰下有台丰寺。该寺始建于汉朝，明万历重修，寺内有玉皇大帝楼、仙君楼。寺侧有一石，长二丈宽六尺，平坦如床，据说，龙王游览石竹山，曾在此石小憩。狮子峰由巨石累叠成嶂，杂树古藤错落其间。嶂上凹凸不平，似行云流水，如楼台亭榭，人称“翠石屏”。石缝中有一榕树傲然挺立，枝丫交错，繁叶如盖，根须毕露，其下不见寸土，称“石壁榕”。石壁榕右侧山巅有石蹲伏，极似狮伏草丛，跃跃欲试，称“狮子岩”。狮子岩左上方，有一石如鹦鹉头，称“鹦嘴石”。近狮子峰峰巅处，岩石壁立，石罅有清泉一股，远观如银蛇似玉带，近看泉水纷纷扬扬，溅如散珠，阳光之下，色彩斑斓，称“掷珠泉”。此外，还有“自平石”“萝门径”“莺松阶”“辽天屏”等名胜。

宝所石——又名“天宝石”。一在状元峰下，即“沧海石”。因石上有蛎壳化石痕迹，是石竹山“沧海桑田”之见证，故名；一在石竹山下“仙桃石”内。或是“沧海石”的断裂部分落在此间。旧时有谶云：“天宝石移、状元来期。”相传宋乾道三年(一说六年，按：肖国梁中状元在三年，应是三年)一天夜半，山上有声加雷，且见山顶大石飞落，当为地震所致。刚好这年永泰肖国梁考中状元，应了“状元来期”的谶言。但肖不是福清人，因之古人又说：“福清为闽巨邑，山灵毓秀，人文蔚兴，久乃符之，未可知也。”希望福清也出个状元，殊不知“状元来期”的谶言只是别地状元来游，不是福清出状元。在沧海石上观日出，云浪翻滚，红日喷薄，蔚为壮观。南望紫云宝塔，直指九霄，西边灵石山九叠峰，云遮雾绕，黄昏时远山衔日，近水浮光，景色十分迷人。

鹤影石——在“化龙窝”下石壁，石纹如鹤。每当中午日光照射，石壁上出现如鹤飞舞的影子，实一奇观。

棋盘石——在天桥侧，过桥即到。石呈倒锤状，石面有裂纹如棋盘，传为九仙下棋处。石面长 15.2 米，宽 5. 6 米。石面西南端另有一小石，更似棋盘，在此处观赏“骆驼石”最佳。

出米石——在道院下方路边，一石高 4 米，宽 9.2 米。石崖上一圆窦，口径 0. 08 米。昔传该窦会流出白米以供僧道食用，人多多流，人少少流，后一小僧贪心，把窦凿大，结果破坏了灵性，不流白米了。此传说意在惩戒贪心之人。

醉 石——在仙君楼前舍利塔下方，有一石高 1.6 米，宽 0.3 米，形如醉翁，躺卧在巨石上，面对玉女峰。昔传是九仙君醉卧于此，故名。诗人诸俑有诗句云“山中有石如人醉，市上多人似石顽。如醉似顽何必问，乾坤都在是非间”即是指其石而言。

仙桃石——又名蟠桃石，在石竹山脚西边。进山门顺石阶到秋芳亭，西转到永瑞亭，巨石平地托起，形如仙桃，故名。石长 10 米，宽 8 米，厚 10.9 米 . 石下有洞，名“蟠桃洞”。洞内冬暖夏凉，有小树数株，树干纤弱平直，直伸洞外。

翠屏石——在虾曲桥边。石呈翠色，形如楼角形屏风。围径 5.48+6. 60+5.65 米，中有门，门高 2.98 米。

伏虎石——在道院后西侧悬崖峭壁上。在石竹寺通往新建“大悲殿”石阶上，可以清晰看到，嶙峋峭壁上斑斑点点如虎毛斑纹；崖边凹齿处，宛如斑虎张口咆哮；壁边有窦，仿佛斑虎睁瞪三角眼；崖头树梢如斑虎翘立双耳；崖顶边沿隐约有缝痕，如斑虎之神鞭，卷曲欲扫；崖肚隐约有虎足，前足直蹬、后足弯曲。势如猛虎欲下山。故名“伏虎石”。石长 5.5 米，高 2.1 米，宽 1.6 米。此外，站在东张水库坝面上也可清晰观赏虎之神态，只是小了点，但更觉飞动。

龟蛇石——在山下登山道东侧 15 米处，巨岩斜卧，形如下山神电，石上有龟甲纹裂痕。后有一石如蛇头，口咬龟尾，形象逼真。全石长 10.5 米，宽 5 米，高 6.3 米。龟蛇纹总长 6.1 米，龟头伸出 1.1 米，蛇头长 1 米。

龟　石——在泗洲佛西边宝义和尚墓的第二墓埕中。石长 3 米，宽 2 米，以形似龟而名。

双鲤石——在“化龙窝”岩顶，两石如双鲤，欲飞入水库。因其形在不同角度又似一对鸳鸯，故又名“鸳鸯石”。两石相隔只 0.76 米，双栖双宿不知几千万年。

三重檐——在“一线天”上方，新建拱桥之下，沿阶蹒跚而上，转几道弯，有百来米远，突然断崖临空，峭壁欲倾。崖壁上榕藤攀比，任凭风吹雨打，电炸雷劈，日曝天旱，始终岿然挺拔。崖高 30 米以上，榕树侧悬抱壁，其主、支根径直落崖底，紧抱崖壁，格须还在往崖底伸，那藤从崖底往崖顶硬冲，有的还勾住榕根榕须。崖底蹬道，崎岖曲折。仰望崖峰，有三处外伸似檐，如三把利剑，飞劈苍穹，峻峭无比。因名“三重檐”。

老人岩——在“骆驼峰”同一石台上，相距仅几步。高 17. 8 米，长 15.2 米，宽 4.9 米。南面崖壁有纹缝可供攀下，陡峭光滑，高 3 米多，胆小者不敢问津，壁径底下为石台，台面坐躺皆可，台下又有小洞，手抓石边树干，小心下落，再跨一大步即为蹬道，顺道而下 20 多米，可与去石竹寺之路交会。交会处有一石，前视露，后入土，石面虽不成台，亦可站三五人，为观赏“老人岩”之佳处，仰首西望“老人岩”，隐约有摇摇欲飞之势。石顶项尖凸，如古人盘发头顶，石之面斑纹凹窦，隐如老人之眼鼻唇和皱纹。静观细赏，妙趣横生。

朝斗石——在“骆驼石”上边，相距三五十米，有石呈梯形，高 3 .7 米，腰径 2. 2 米，底径 3 米。石之南有石面供人观赏，面可容 7—8 人。近处皆树木草莽，独此奇石兀立。在东侧观赏，似单身罗汉，在南面观赏，其形如人在仰望北斗星空，故名“朝斗石”。

上升石——在石竹寺观音殿后。石高 4. 3 米，石面如台，宽长 4.9 × 3.5 米。一棵苍榕侧抱石壁，枝繁叶茂，榕根从壁下卷起，仿佛怕石飞去紧紧按在石台面上，可谓奇绝。站在观音殿后门观赏，石壁光滑乳白，气势欲升，四周幽雅清绝，榕竹青翠、积石嶙峋。仙君楼后一石柱特奇，高 4.8 米，腰围 12. 5 米，要到石台，须经石柱，石柱如特设的翠屏门让人通行。

虎头石——在石竹山下公路边之南，真武殿之东，有一巨石，形似虎头，挡在通向东张之路口，背负石竹山，前临无患溪，高约 6 米，宽约 12 米，形态威猛，普传林真人在此跨虎升天。晴天人们可以从虎石旁的狭窄小路通过，倘在风雨晦明时分，行人到此就得徐徐而过，偶一失足，就会掉进无患溪里去，在抗日战争时，人们曾在这里建起土堡，日军也视为畏途，不敢进攻。自从宏路公路通向东张之日起，这块虎头石就再也见不到了。吴端升先生有诗云：“石竹山旁一虎头，行人到此总生愁。晴天尚可徐行过，风雨来时胆气消。”

石　屋——又名“仙人丹灶”，在九仙阁后侧西北角，状如八角形石屋，南向一门。外周长宽为 8 × 1.3 米，外直径 3.2 米，内在径 2.9 米，外高 3.6 米。明朝王世懋《游石竹记》云：立久之，更上一石屋，空其中，僧云是‘仙人丹灶’。”

麒麟岩——在石竹山西侧半山腰岩群排缀，状如麒麟，首朝南，尾朝北，形象逼真，九仙阁建在麒麟臀上。饮观此景，须在东张水库渡船上远望，方能观其全貌。

普陀岩——在石竹山顶状元峰下，悬岩重叠，中有洞。宋朝林希逸有诗云：“谁云东海岸，不似石峰顶。”

观音崖（又称“一片瓦”）——在登山道西侧，有巨石如檐，凌空平伸离地高 10 余米，宽 5 米余，深 9 米余，似巨瓦一片，故称“一片瓦”。崖额刻有“观音崖”三字。崖壁苍苔斑驳，石缝漏泉，树根盘错，竹荫蔽日。现崖下刻有石观音一尊。还有仙游人徐鲤九书“石竹”二字镌刻于崖右旁。古时，崖下石侧有木亭一座，谓“半山亭”，乃明代举人石应相所建。现改建成混凝土四方亭。

仙人坪——在观音岩下登山道边元载亭旁高岩上，顶平如合，岩高约 10 米，道险难攀，故名“仙人坪”，有“能上者即是仙”之说。

仙　床——仙人坪与另一岩石，巨石盖顶，下成洞。洞高 3. 4 米，面宽 1.5 米，洞内一石台如床，4 米见方，称“仙床”，传为九仙卧处。洞里有缝如神斧所劈，人可攀登，有“道穷有险径”之说。

石　室——在石竹山下无患溪北岸，一石如室，天然形成。广二丈，深丈余，可置两张床位，环境清幽，冬暖夏凉，孟夏多有人于此避暑。现已在东张水库的水下。

通天洞——在月牙洞上方约 60 米处，磴道分东、北两条，东向去石竹寺，北向直达通天洞口。洞为乱石环垒，巨石盖顶而成，人可躬身而入。洞内高 2.85 米，深 7.2 米。内有路可通山下，但杂草丛生难行，洞顶有孔可望天，故名“通天洞”。

蟠桃洞——在石竹山下永瑞亭附近的蟠桃石下。洞深 30.5 米，口宽 1.5 米，内宽 3 米，高 1.7 米。洞里有石窦、石椅，天造地设，非人工所就。

曲径通幽——出蟠桃洞，仰登狭径，曲折透迤，四周古木参天，林莽丛生，林中鸟鸣，草间虫唧，环境清绝，故称“曲径通幽”。

桃源洞——在仙君楼西边，由武陵谷口行至洞，洞深 7.6 米，宽 3.3 米，洞里高 3 米，洞口高 2 米，宽 1.4 米。洞外有“武陵谷口”四字。传说何氏九仙曾在此洞修行悟道，见其幽僻清静，令人宠辱皆忘，如入桃源胜景，故名。洞左有炼丹炉遗迹，传为何九仙所遗。

紫云洞——在道院西下侧。洞深 7.1 米，高 1.95 米，宽 2.5 米，有东、南两门。东门宽 0. 75 米，高 2.26 米。南门高 2.5 米，宽 1.95 米。洞内今塑有林晃真人泥像。洞内幽深而宽敞。传说林晃真人在此炼丹济众，求医者不绝。现存“应接不暇”“紫云”石刻于壁上。

日月洞——在“三重檐”悬崖上方，过“拱桥”，仰登一百三十米，有巨岩斜卧，峻峭无比，再由侧径而上，转弯道十余米，道穷为石洞，即“日月洞”。洞之东、西门有日月之形，皆通天。东门较宽大，最宽处达 2 米，西门狭窄，最窄处仅 0.45 米，洞高 8 米多，没有封顶。在洞底仰望，一巨石悬挂隙间，摇摇欲坠，令人魂悸魄惊。

月牙洞——在“棋盘石”上方约 30 米处的蹬道旁。洞长 11.6 米，高 3.2 米，中间最宽处 1. 98 米。有树从洞中穿出，洞顶乃弯曲孔隙，日月之光射入洞内，影似月牙，而洞也呈月牙之形。洞外巨石奔拥，立卧斜躺、千姿百态，莫可名状。更有一石如坐台，台面可坐数人，也是观赏山上“骆驼石”之佳处。

牛蹄洞——在登山道祥珠亭东侧，有一巨石酷似牛蹄，两趾间有洞，名“牛蹄洞”。巨石宽 7.75 米，长 9.4 米，高 4 米。洞旁崖首留有明万历年间宰辅叶向高题刻，“一自名山传梦后，而今玉带愧横腰”。故称“留题洞”(与牛蹄洞谐音)。

青龙洞——在石竹寺门口前方，旁有“皇明启胜”摩崖石刻。洞深 2.9 米，口宽 2 米，上盖“香积石”。

小蓬莱——在“曲径通幽”附近，是处乱石杂陈，中有两石并立，上托一石，如大院门，旁又有一无名洞，口高只 1.4 米，深却 7.5 米，内高 1.79 米，内宽 4.2 米，远望成扁形。爬上洞顶巨岩，举目四望，绿野接天，山下碧波荡漾，山上危岩峭壁。在此观赏，有如登蓬莱仙境之妙。

一线天——在小蓬莱上面，顺道而上，有巨岩如天工中劈，两壁峭立，高各 8.4 米，中有隙道石蹬，最宽处 1.2 米，最窄处仅 0. 38 米，胖者难过。隙道总长 10.7 米，仰望天空成一线，故名。出口处有一石悬空，望之欲坠，使人惊悸。旁有一树挡路。游人至此有“险岩阻行、巨木挡口”之感。

漉耳泉——在大士殿前龙眼树下行三十石阶处，水从一石缝中渗出，常年不涸，石缝前二窟状如“龙眼”，俗称“龙目”。

洗耳泉——在紫云洞西边，旁刻有“洗耳泉”三小字，故名。或云此处本有泉水，因地质演变今泉水已断，以致名存实亡。

洗心泉——在牛蹄洞东边，从一块高 3. 5 米的岩壁上溢出泉流。1988 年施汉生发现整理开凿，题刻“洗心泉”三字于岩泉旁。泉口径为 0.2 × 0.4 米。

天 桥——在日月洞上方，桥小(长 1.8 米，宽约 0. 4 米)但距地面高 7.5 米，众皆视为畏途，故名“天桥”。桥系天成，非人工所造。

仙 泉——在仙君楼后 100 米处，岩缝溢出两处泉水，口宽 2.6 米。泉水清澈香甜，故名“仙泉”。

中华梦乡　祈灵如响
——福建福清石竹山宗教文化概述

许滔滔*

引言

石竹山是古老的，它屹立千万年的身姿，始终不改伟岸雄奇；石竹山是道教的，兴于汉朝，历经千年不衰，与天、地、人的和谐传承，祝福了一代又一代人；石竹山是人文的，古往今来，名士荟萃，有朱熹、叶向高、徐霞客、隐元、陈宝琛、萨镇冰等留下足迹；石竹山是梦境的，这里有神秘的梦文化、博大的道文化，有林晃真人、何氏九仙君和鲤鱼公主的美丽传说；石竹山是灵秀的，既能游山又可玩水，还可求个好梦，可谓“人间仙境，梦里乾坤”……石竹山的种种，积淀成厚重而悠远独特的道家文化。

从远古走来

在中国福建福州福清的三福之地有着被人们誉为“人间仙境，梦里乾坤”的石竹山。它位于福建省东南沿海著名侨乡福清市的城西10公里处，是一片临近繁华的人间净土。其山川胜景形成于6700万年以前的白垩纪晚期，由火山喷发的岩浆不断堆积而成。“石能留影常来鹤，竹欲摩空尽作龙”，石竹山以石奇竹秀而得名，是福建省首批十大风景区之一，国家4A级旅游区。其景色之秀美壮观令人称奇。石竹山古有“一天、二塔、三岩、四泉、五仙、六洞、七峰、十二石”之说，包括有：日耀金塔、云幻富士、玉带天街、雄关聚龙、翠湖夕照、鲤

① 作者简介：许滔滔，男，1967年1月生，泉州人。暨南大学历史系本科毕业，学士学位独立策展人。

鱼卧波、紫云幽情、狮岩摘星、人间仙桥、观音崖、虎迹岩、飞升塔、桃源洞等108个胜景。山下的石竹湖（俗称梦湖），更是为石竹山增添了秀丽和灵气，从而形成了一道山水相映成趣的美妙景观。

石竹山除兼具山水之胜外，还在于石竹山历史的悠久，早在几千年前石竹山的先民就已经开始谱写自己的历史了，据考古发现，从当时人们的住宅、地窑和兽骨、木炭等主要遗迹里，获得了先民们使用的石锛、石斧、石刀、石镞、石纺轮、磨谷器等石器1251件，陶器360件，陶片30万余片。通过这些出土文物的研究和相关文献的记载，我们可以说多种文化在石竹山这里融合孕育了“东张类型”。是福建省多种文化相互影响、交流和渗透，并具有自身特征的一种文化类型。所发掘墓葬群的方位、形制、结构以及出土器物的品类、形成、组合、制作工艺和装饰手法等各个方面，都为深入研究“东张类型”与昙石山文化、黄瓜山文化、黄土仑文化等几种文化类型相互间的关系和比较，起着承上启下的重要作用，也为我们更好地了解石竹山文明，提供了强有力的支持。

天赋灵山 永结道缘

道教创立两千年来，分香四海，法派纷呈，如繁星拱月，共同构成了中华民族道教文化体系的洋洋大观。其中一枝，秀出东南，不但始终在历史的长河中徜徉自如，而且在新的时代里更加焕发出勃勃生机，影响日渐深远，尽呈“显学”之姿，这就是以石竹山何氏九仙信仰和梦文化为基石的道家石竹法派。石竹山是道教圣地，自古便被认为是神灵出没、仙人得道之处。自汉以来一直有道家方士在此炼丹修行。传说公元前一世纪，因石竹山磁场强大，何氏九仙在石竹山显圣，时有梦感，遂成祈梦之所。七百年后，林玄光在石竹山行医修道，自此灵宝派道法与九仙信仰和祈梦文化相互交融糅合，为道教在石竹山的繁衍传播奠定了基础。到了唐大中元年（公元847年），石竹山始建灵宝观；宋宣和三年（1121年），更名为“灵宝道观”；宋乾道九年（1173年），丞相史浩重修。此后，各朝各代、海内外各届的信众受到石竹山九仙的福泽感召，慷慨解囊，为光大石竹山不遗余力，至20世纪90年代，全面恢复道教道场，最后定名为“石竹山道院”。经过多年重振修复工作，逐渐形成了如今我们所睹的石竹山道院建筑群。

石竹山道院的群体建筑都是沿着悬崖建造而成，正是体现了道教建筑的特点，视觉上形成悬浮于天上的街市，俗称“天街”，道院的所有道教活动也都是在这里进行的。2010年福州历史上第一次传度活动就是在道教圣地石竹山道院举行的。我们知道，一个教派的戒律和道职的传度象征着教法的薪火相传，是道派绵延的一种吉祥和兴旺的表征。传度是社会对道教信徒道教信仰认定的重要方法之一，是道教正一派盟证道职、道位之门径，是信仰道教入门仪式，也就是认定教职人员的必备条件。道教倡导三皈五戒，三皈是：道、经、师，就是“皈依道、皈依经、皈依师”。五戒是：杀、盗、淫、妄、酒，就是：“不杀生”“不偷盗”“不邪淫”“不妄语不口是心非”“不酗酒”这是学道者入道之初，首要遵守之规律。因此，石竹山道院也正是以道教所行的教法和形式，以“道”为核心宗旨，要求道士，当以道德为务，众度生皈依道经师三宝，得度玄门，要做到“永脱轮回，得闻正道，不落邪见”，就得努力修持，早日证道。

石竹法派的形成和它的道家文化特质正是由于石竹山的地质、地貌、地形、气候都在一定程度上契合着道教的经验和行为，道教中的某些思想和形象在这里被地理化，也就是“石竹山化”了。因为满山的奇“石”与秀“竹”传达着石竹法派的道法真谛。石，即为至刚、朴实、凝重、坚定，蓄万千之能，纳转回之势；竹，则是至韧、无争、清净、虚怀，藏无限生机，聚蓬勃之气。二者刚柔并济，负阴抱阳，冲气为和，互弥有无。“石竹”合天地之灵，通万物之性，以内敛的谦逊之态一如既往地呈现着“和”的内涵，渐渐地凸显出其象征性。由此，自成一道家哲学体系——石竹法派。石竹山也逐渐成为历代道学名流向往的圣地。

有梦则灵，传承千年，光华不止。

石竹法派的修持是以何氏九仙信仰为基础，而祈梦是何氏九仙信仰最具特征的内涵。“石竹祈梦”是一种原生文化，这是因为作为该文化现象的精神纽带——民间道教九仙信仰是原生的。相传汉武帝时，天尊神游玉京山，拨云扫雾，俯视人间，见到中原地带文化昌盛，而闽地地处南蛮，教化未开，山深林密，刀耕火种，缺医少药。天尊顿生恻隐，有心度化，心念转动之间，座下圣莲因为与他心意相通，竟泛起金光，微微颤动。天尊随即自圣莲宝座上舒展而起，轻呵了一口气，九真圣莲顿时化为仙真之形。天尊道“……如今南蛮教化未开。现在就派遣你们，应运降生，弘我道法，教化众生，造福生灵。闽郡太守何堠，号任侠，江西临川人士，素有正直侠义之风，受汉武帝信任，派为闽郡太守。就命尔等九人托生太守膝下，奉元修真。”又言“大道无形，且五色令人目盲，你等下凡，需以心为镜，以梦为灵，感悟世事，点化世人。”传说当年九九重阳之日，闽地百姓见满天霞光中幻出一朵金莲，分化九日，齐往福州于山所处飞去（故于山又称九日山）。时何夫人正于后堂小憩，恍惚入梦，梦中所见竟与天象一致，但见九日直往她奔来，张口惊呼，却见那九道金光，齐刷刷一并汇入何夫人口中。多年未曾得子的何夫人随即受孕，先后诞下九子，分别取名应天、厚福、宏仁、广富、济世、体道、通神、显圣、定慧，是为何氏九仙君。九仙幼年的时候，除了长子额头正中竖长一目之外，其余的皆都目盲。何太守中年得子，满心欢喜，但却也因此不胜苦恼。一日闲暇看到九子端坐室内，呆若木鸡，顿觉悲戚，忍不住泣道“苦了我儿”。谁知长子应天朗声对道：“父亲不必悲伤，所谓大道无形，且五色令人目盲。茫茫红尘，庸俗过甚，我等是担心受到了外界的干扰，而破坏了修道的诚心。其实我们兄弟几人心如明镜，何尝一日目盲？父亲请放心，等到我们几人道成之时，便是我等目开之日。”太守凛然一惊，这不是先秦道家老子《道德经》里的话吗？九子何时读过经书呢？何太守心知有异。于是便差人找来《道德经》，由长子应天吟诵，领着众兄弟修习。时黄老学说盛行汉室，何太守与九子应对之中，总能对治民理政有所裨益，而闽地百姓，更在何太守清静无为的治理之下，得以休养生息。后来淮南王刘安想要造反，对何太守说：“曾得一梦，见一木上破青天。”刘安据此认为这似乎是预示着自己可以破天登极，是一个成功有望的好兆头。但九仙知晓之后却告诉他的父亲，木破于天，是个“未”字，今汉室强盛未衰，望太守劝谏刘安切不可逆天而行。后刘安果图谋未成，而遭杀身之祸。九仙在世 33 年，有一天，忽然对太守夫妇说道：“蒙父母亲恩，生我血肉之躯，养我残破之身，现在尘缘已尽，也该是我等离去的时候了。”言毕便鱼贯而出。何太守夫妇不舍，言道：“你们九个人才有一只眼睛，让我如何放心。”九子应道：“也罢，那就请二老跟我们来吧。”到了闽江之滨，只见九子各取闽江龙津之水擦拭双目，顿然目开眼明，炯炯有神。何太守夫妇既喜且悲：喜的是九子双目已开，再不受那残疾之苦，悲的是分离在即，但知天意如此，却也无可奈何，怆然作别。九仙飞升之后，回到大罗天玉京山清微境，得到元始天尊敕示，领命下凡，至石竹山再行潜修，以梦点化世人。

由此可见，其盲人形态正是祈梦文化的一种外化形式，何氏九仙一目共用，此为“和”所致；九仙因有孝行而梦感，乃因“通”之故。能“和”能“通”，全在效法水的柔性。故此，石竹法派的修持，讲求滋润万物而不张扬自我。“上善若水”，是以“和”与“善”作为石竹法派的文化核心，倡导尊道贵德、重生贵和、抱朴守真、清静无为和慈俭不争。道众们遵守教规、教戒、教律；孝敬师长父母、恤孤怜贫、损己利物、助人为乐、扶人之危、解人之厄，以济物救世为己任，广积阴功，才能证道成仙。而且，石竹祈梦讲究“心诚则灵”，培养信誉，树立道德感，解梦的过程更是以劝善为本，对于人生是具有积极引导作用的。

石竹山作为闻名遐迩的道教圣地，自古以来便与梦结下不解之缘。当人们遇到不可克服的困难或对人生重大抉择没有把握时，到石竹山请求仙君托梦排忧解惑，称作“祈梦”。这种中国道家传统的民俗梦文化最重要的特征在于：祈梦为自觉行为，做梦为自然行为。显示石竹山奇幻梦文化的传说和故事有很多，随着祈梦与解梦活动的频繁展开，各种梦故事也流传起来。在福清民间，叶向高年轻时到石竹山祈梦的故事经久不衰。叶向高为港头后叶村人，明万历十一年(1583年)进士，官至内阁首辅。叶向高晚年曾对人说：“石竹何氏所栖，岩壑奇绝，祈灵如响。先少师公(即叶向高之父)为诸生，得梦甚验。余为孝廉往祈，仙告以腰系白玉带。余以为妄，而其后果然。”(见《石竹山志》)叶向高不仅在山中祈梦求签，还曾住观中攻读经书典籍。他功成名就后重游山中时，不仅在悬岩绝壁处题刻“洗耳泉”等摩崖，还在人称“牛蹄洞”(实为“留题洞”)之中题刻一副意味深长的对联：“一自名山传梦后，而今玉带愧横腰。”福清另传一个叶向高到石竹山祈梦的故事。说是年轻的叶向高在一个清明节，和同学刘镇、方茂学一起到石竹山游览，顺便也去抽了一签。签上所写文字“富贵无心想，功名两不成”令叶向高大为不快。“这不是说自己功名无望吗？”叶向高心想。刘镇连忙安慰：“我们还是另请详签之人，或许还有新解。”叶向高于是请了一个老和尚详签。老和尚看了签谱后笑着说：“可喜可贺，公子求的是个好签啊。”叶向高不信。老和尚解释说：“富贵无心想，‘想’字去了‘心’不是‘相’字吗？功名两不成，“戊戌’，两字都不像‘成’，这预示公子将在‘戊戌’之年官居相位。”经老和尚这么一点拨，叶向高受到极大鼓舞。可他细想，觉得老和尚的话不可信，于是决定二上石竹山，祈梦以求印证。第二次祈梦，叶向高梦见游山时折了一条竹竿做拐杖。上山时，不小心一滑手，竹竿撑着肚子。他醒来后大感不祥，只好再请老和尚圆梦。老和尚觉得很难为情，建议叶向高到石竹山下一老人处详签。叶向高走到宏路真武殿(今“真丰村”)时，看见一个老人在耘田，叫道：“老丈，我昨夜得一梦，能否帮我详释。”老人见叶向高如此无礼，便说：“竹竿刺腹，十死九不活。”叶向高听后一惊，觉察自己失礼，马上脱下鞋袜下田向老人道歉。老人见叶向高知错即改，便笑着说：“公子，这可是个吉梦啊。竹竿是驶船的篙，古语说‘宰相肚里能撑船，官大肚量也大。’”叶向高满心欢喜，谢过老人回去了。第二次祈到好梦后，叶向高刻苦求学，仕途日进，最终官居相位。只因他后来不愿与魏宦同流合污，被魏忠贤排挤出阁。叶向高晚年再登石竹山时，对友人讲述自己祈梦的事，并感慨地做了七律《登石竹岩》：“嶙峋石竹插青霄，病起欢从胜侣招。萝径曲穿云外洞，榕门斜接河边桥。苍崖月冷仙坛静，碧海天空鹤驭遥。一自名山传梦后，而今玉带愧横腰。”

因此，石竹山祈梦文化被人们披上了神秘的面纱，传奇色彩浓郁。石竹山祈梦应验的事与人不计其数，不仅存在古代的传说中，而且存在当今的现实生活中。这些梦故事不仅具有特殊的象征意味，而且蕴含着多种多样的民间知识和深刻的人生智慧。这些故事因石竹山而精彩，石竹山因故事及其深刻的内涵而厚重！正是这些绮丽的文化瑰宝向我们展示了传统道家文化传承的意义和重要性，突显了传统道教文化对于“天地人和”的追求与融合。

在石竹山诸多的传统民俗活动中，与九仙君联系最为密切的莫过于“接春”。“接春”也称“迎春”，始于周代宫廷，接着官府仿效，后传入民间，旨在摧农：春天来了，该准备耕种了。自古以来，接春活动没有寺院和道观里举行过，而且随着文化和科技的发展，这个民俗活动也渐渐消失了。但在石竹山，这一民俗却得以完整地保留和传承源于一个传说故事——北宋天禧元年（公元 1017 年），福清出了一位神童蔡伯俙，4 岁参加全国“童子试”，当殿背下了皇帝作的诗，真宗赐他“进士出身”召为“太子伴读”，后官授“司农卿”，相当于现在的“农业部长”。北宋景佑元年（公元 1034 年），蔡伯俙的父亲病逝，他回福清老家守孝三年。其间，他发现民众重视春节而不重视立春，常常误了农事。蔡伯俙便上灵宝观（石竹山道院的前身）找道长商量，由灵宝观以九仙名义主持举办每年接春活动，得到了支持。北宋景佑二年（公元 1035 年）立春日，石竹山灵宝观以九仙的名义举行首次接春活动，果然方圆百里的上千民众前来参加，而当时福清全县的人口还不足五万人。从此，石竹山道观每年接春活动一直延续下来，遂有了一句“春到石竹山，秋去龙门坎”的民谚。今天传承下来的接春民俗活动已有近千年的历史了，礼仪和规仪不但没有被简化，还多了“拜太岁”的仪式。因为当今接春文化内涵不在于摧农，而演变成接春纳福添寿了。

东渡，东渡！中日文化的融合。

石竹山祈梦习俗传播于福州、莆田、泉州、厦门、漳州一带，影响力远及日本、东南亚以及与欧、美等有福建人聚居的国家和地区。说到石竹山祈梦习俗的影响力远及日本，所言非虚。据记载，明崇祯十年（1637 年），隐元禅师住持福清黄檗山，得石竹山仙君托梦“道心坚定，山石自平”。第二天禅师发现平时入定静修的一块石头，原本是斜倚山体，却在一夜之间陡然自平。禅师故将此石命名为“自平石”，因有神示，故坚定了修行弘法的信念，后果然复兴黄檗山，使之成为一个闻名全国的禅宗大道场，成为当时福建的宗教与文化中心。1654 年，隐元得九仙君降乩赋诗《寄赠和尚东渡扶桑之行》曰：“嚼尽黄根齿不寒，可知机下有禅关。三千桃蕊初生日，以待真人共对餐。”隐元知晓继续留在黄檗寺将无所作为，时下应是东渡弘法的时机，当年 6 月隐元得郑成功军队的帮助，顺利抵达日本。

许是天意使然，也是机缘巧合，隐元东渡与灵元天皇诞生同年，黄檗开宗和灵元天皇即位同年，那首玄机奥妙的《寄赠和尚东渡扶桑之行》的后两句，在日本皇室的眼里，竟然增加了“神奇预言灵元天皇诞生和即位”的解读。1705 年，灵元天皇特意下诏命令收集石竹山仙君的事迹，编成《桃蕊集》一书，以石竹山仙君事迹为主线，强调高僧隐元的德行，石竹山仙君的神通，日本皇室的神圣，在日本黄檗宗、皇室中流传广泛，时至今日，日本全国，崇奉黄檗宗的僧俗多达数百万人。

当年，随着黄檗宗的发展隆盛，隐元的地位不断升高，被日本皇室尊为“大光普照国师”，死后还几次被加赠封号，这在日本的外国人中是绝无仅有的，其地位超过了另一位东渡高僧鉴真。可以认为，日本明治维新的强盛，其政权基础正是隐元为其奠定的。而隐元对日本的影响不只体现在政治方面，更体现在建筑、文字、印刷、雕塑、艺术、农业、饮食、医药，甚至花道、茶道，其对日本经济和文化的影响要超过之前任何一个中日文化交流使者。明治维新的经济基础和上层建筑基础也可以认为是由隐元才得以奠定的。所以说“隐元的地位和影响超过鉴真”，并不为过。在发源于福清黄檗山，受益于福清石竹山的黄檗文化东传并扎根日本的过程中，石竹山仙君逐渐演变成为引人注目的特殊形象，可说是一个十分有趣的文化现象。随着对隐元和黄檗宗文化研究的不断深入，隐元和石竹山仙人对日本政治经济文化和中日文化交流的促进作用，必然会得到重新认知。

梦通大道，弥漫祝愿的仙山！

石竹山道院为了更好地传承传统文化，向世人展现石竹山独特的民间信俗活动，在石竹山道院住持谢荣增道长发起和主持下，连续举办了三届梦文化节：2008年以“梦境仙山，同享和谐”为主题的全球第一届中华梦乡福清石竹山梦文化节在石竹山隆重举行，大会举办了中国第一次以梦文化为内容的学术研讨会，大陆（内地）与港澳台的60多位学者在会上发表论文，并辑成《梦通大道——中华传统梦文化研究》上下两册论文集，在学术界和宗教界产生热烈反响，填补了中国梦文化研究的空白，也为石竹山申报非物质文化遗产提供了更为全面的依据。同时，以此为契机，石竹山积极打造“中华梦乡”形象。石竹山梦文化于2009年11月被列入福建省市非物质文化遗产保护名录，道院住持谢荣增道长也于2010年荣获“祈梦习俗非遗传承人”称号。2010年以“共谒九仙，梦圆两岸”为主题的海峡两岸道教圆梦之旅暨第二届梦文化节，是海峡两岸第一次以“道教”为主体，以“梦文化”为主题的文化盛会，文化节开幕在福建省石竹山，闭幕在台湾省基隆市，是半个多世纪以来，规模最大、代表性最为广泛的两岸道教交流活动。文化节的亮点之一是近60年来台湾信众首次到大陆来迎请石竹山何氏九仙，是新中国成立以来大陆道教宫庙地方供神首次大规模分炉台湾；分炉仪式也是我国近60年来第一次按照传统民间习俗复原场景，并融入道教规仪，使之更具梦文化特色。2012年以“迎春纳福，梦圆两岸”为主题的第三届中华梦乡福清石竹山梦文化节，加强与台湾道教届的往来与交流。大会举行了石竹山道院与台湾道教总庙无极三清总道院友好签约仪式、台湾阿里山与石竹山结成友好盟山签约仪式、石竹山道院九仙分炉台湾仪式；同时完整展示了带有浓郁石竹山民俗特色的迎春纳福大法会、接春仪式等民俗活动，共同迎接龙年春天的到来。值得一提的是，文化节受到中国中央电视台及凤凰卫视的深刻关注，对文化节展开深度报道。中国中央电视台翔实记录了海峡两岸对于本届梦文化节的参与热情，见证了海峡两岸在中华传统文化、民间信俗交流方面的碰撞，对推进两岸经贸、旅游、文化、宗教的对接与互动发挥积极的渲染作用。凤凰卫视则通过对石竹山梦文化的推介，深入探讨中华文明、信俗文化、祈梦文化的历史渊源，使本届梦文化节内容更加丰富，影响更加广泛。

石竹山文化，传承发展了将近两千年，生生不息、意韵悠长。穿越了千年风雨，虽然一路坎坷，却总能宛转前行。如今，石竹山文化，正逐渐揭开它神秘的面纱，一步步走进人们的视野和生活中。同时，石竹山道院将致力于非物质文化遗产魅力传播，让世界了解石竹山、了解福清、了解海峡西岸，了解中国！

是石竹山，不是石所山

陈宜坚*

《徐霞客游记》的各种版本，都把《游九鲤湖日记》中所有的“石竹”二字全印成“石所山”。实际上石竹山，是福清县的名胜，石所山距九鲤湖仅二十里，则是仙游县的第二胜景。但人们却不能解释书上为什么总把“石竹”印成“石所”，于是望文附会，有的说“所”字是“竹”字的笔误；有的说“石竹山”又名“石所山”。众说纷纭，莫衷一是。其实，把“石竹”印作“石所”是徐霞客的族孙徐镇造成的，并非由于古今异名或笔误。

事实是：徐霞客生前并未把《游记》整理刊印成书。徐死后，社会上流行的都只是他人整理的手抄本。乾隆四十一年（1776），徐镇根据杨名时、陈泓的校本再加以校订刊刻，《徐霞客游记》这才正式出版，此时徐霞客已去世135年了。

徐镇在校订刊刻时写了《辨讹》一文。其中“鲤湖”条说：“‘石所山’，诸本作‘石竹山’，非。石竹山在福清县，其上亦有九仙阁，化龙窝诸胜；石所山在仙游县，宋林光朝、刘凤尝登是山，曰：天下佳山水，未有鲤湖石所山者也。据此，则与鲤湖并称，其为‘石所’无疑。”

由是，《游记》中所有的“石竹”就都被改为“石所”付梓。徐镇的错误在于，他不知霞客游石竹山所经过的蒜岭驿、榆溪铺（今渔溪镇）、波黎铺、横路铺（即今宏路镇）及“横路驿西七里”的石竹山都在福清县境；也不知道林光朝等所游的石所山（即今仙游县麦斜岩）是在莆田县城西北六十余里处，而徐霞客所游的石竹山则是在莆田县城东一百余里处，仅凭“与鲤湖并称”这一极不充分的理由，就轻率地做出“其为‘石所’无疑”的错误判断。《辨讹》所造成的错

---

① 作者简介：陈宜坚(1923—1990)，笔名一肩，一见，余吾我，福清城头五龙人。高中毕业，终生执教。福建省民间文艺家协会会员、福清市民间文艺工作者协会会员。

误必须纠正。

编者按：陈宜坚先生用心细腻，用心研读《徐霞客游记》中的《游九鱼鲤日记》，发现刊印者徐镇未经详察徐霞客的路线，把原本正确的“石竹山”均改为离九鲤湖近的“石所山”，造成了错误。这事启示我们：读书不能轻易略过疑问处，且修改古本亦不可不慎！

（原载《玉融乡音》1986 年 3 月号，收入本书有改动）

石竹山发现史前植物——桫椤

陈　灵[*]

继灵石山发现桫椤群之后，1992 年 10 月 29 日笔者与同事考察石竹山狮子岩时，在狮子岩半腰的丰台寺北侧五十米处又发现了史前植物桫椤树。

据文献记载，桫椤树与天地奋斗了两亿年之久，享有“冰川元老”之称。约在两亿多年前，桫椤曾是地球上盛极一时的高大树木，是恐龙时期的主要植物，经过漫长的地质变迁，距今约一百万年时曾出现过四次冰期浩劫，地球上的桫椤大都罹难，遗体被深深埋藏在地下，变为煤炭和化石。唯我国华南和西南地区地形复杂，有少量桫椤幸存下来，所以有植物“熊猫”的称誉，珍贵无比。

桫椤是一种木本蕨类植物，又叫树蕨，属桫椤科，生于密林的大树下或溪边阴地。它呈茎柱状，无分枝，直立形，树高 3 至 8 米，叶柄与轴暗紫色；密密麻麻长满小刺；叶片羽状分裂。叶长可达 1 至 3 米，叶脉分叉点上生长着孢子囊。桫椤不开花，用孢子繁殖，受精作用在地面水中完成。

历尽沧桑的桫椤是地球演化史的活见证。它对于古生物学、古气象学、古地质学、古地理学的研究，有着无法估量的价值。在我国八种一类保护植物中，桫椤被名列第一。

福清灵石山的桫椤有的长在蝴蝶溪畔阴地里，有的长在朝南山坡的天然阔叶林樛影里。石竹山狮子岩与灵石山只一湖之隔，地理环境条件相同。在石竹山狮子岩的丰台寺后约 50 米处，巨榕密布，枝叶如盖，绿荫下桫椤三五成群，自然分布，高的 3 米多，矮的 1 米余，树状犹如一把撑开的大绿伞，叶柄呈暗紫色，叶片像开屏的孔雀羽毛，树型奇丽，仪态刚健，古风犹存，四季常青，若经植物学家和园林师的培育，会成为一种古劲优美的庭院观赏树木。

---

① 作者简介：陈灵，女，笔名丁宁，1955 年 6 月生，福清人，大专，《福清时报》记者，福州市影评学会会员，曾兼职福清市文联副主席。

福清虽然地处东南沿海，但西边多山，由于层峦叠嶂，地形复杂，阻挡了冰川的袭击，竟也成为世界濒临灭绝植物——桫椤树的避难所。

在福清民间，桫椤树的根茎还是一种极为珍贵的去风湿药材；据带路山民说，每当逢年过节，人们宰猪杀羊，留下猪蹄羊蹄，把珍藏的桫椤树根拌在一起炖烂，给老人们服用，调养血气进补。然而，如今已经知道桫椤是国家一类保护的植物，应当禁止挖掘，严加保护。

游　记

《石竹山游记》

（明）徐霞客

初十日（时为明朝泰昌元年，公元1620年农历六月），过蒜岭驿，至榆溪（即今渔溪）。闻横路（今宏路）驿西十里，有石竹山，岩石最胜，亦为九仙祈梦所。闽有“春游石竹，秋游鲤湖”语，虽未合其时，然不可失之交臂也，乘兴遂行。以横路去此尚十五里，乃宿榆溪。

十一日，至波黎铺，即从小路为石所游。西向山五里，越一小岭，又五里，渡溪，即石所南麓。循麓西转，仰见峰顶丛崖，如攒如劈。西北行，久之，有楼傍山西向，乃登山道也。石磴颇峻，遂短衣历级而上。磴路曲折，木石阴翳，虬枝老藤，盘结危石欹崖之上，啼猿上下，应答不绝，忽有亭突踞危石，拔迴凌虚，无与为对。亭当山之半，再折石级巍然直上，级穷，则飞岩檐覆垂半空，再上两折入石洞侧门，出即九仙阁，轩敞雅洁。左为僧庐，俱倚山凌空，可徙倚凭眺。阁后五六峭峰离立，高皆数十丈，每峰各去二三尺，峰罅石壁如削成，路屈曲罅中，可透漏各峰之顶。松偃藤延，纵目成胜。僧供茗芳逸，山所产也。侧径下，至垂岩，路左更有一径。余曰：“此必有异，”从之，果一石洞嵌空立。穿洞而下，即至半山亭。下山，出横路而返。

（**作者简历**：徐霞客(1586—1641)，名弘祖、字振之，号霞客。江苏江阴人。明末地理学家、旅行家，22岁开始游名山大川，经17省，历时28年，写成《徐霞客游记》。《石竹山游记》在《游九鲤湖日记》之篇后。）

《石竹山记》

(明)王世懋

石竹山高亚鼓山，而奇不能当九鲤湖，然传有九仙灵迹。山岿然峙宏路驿道旁，可顺道往。

余以正月廿七日至宏路，亟入而饭，出而就舆，视石竹眉睫间物耳。然历数培塿，循无患溪，行可十里而近，始至其麓。

山故多石而宜树，树皆不植而蕃。路仄径纡，舁夫枝柱跳荡，都不成步。仰视蒙茸中崭岩骨露，稍迫翠微，旁标一石云“别一洞天”。至此，巨石齿错，稠木交加，扶留屈诘，缀若连理，兜中应接不暇矣。积雨之后，虽藓磴加滑，点苍滴翠，弥助其幽。左望积石，平上如台，石或人立，树多侧生，则所谓仙人坪也。

鸟道所不除，稍折而右，观音岩出焉，岩石上覆，长广数丈，而下为径路甚狭，柱而饰以榱桷，中设大士像。由岩而左迤逦更上，石壁围环如削，镌书其上多今人诗也。三石攒立，中若有窍曰化龙窝；石纹如鹤，晴明见之，曰鹤影石。最上一卵石若碑而立，不知何人草“蓬壶”二字。度蓬壶，为紫云洞，洞广不盈丈，深倍之，上压巨石，若砻而砥。左折得门，两石隘之，劣可容身，伛偻而过，稍得平壤，九仙阁托焉。

由阁之左，复得一楹，山僧所奉大士罗汉阁也。余易服礼毕，载返九仙院将有所祷。自以学道无成，强起两载，未知税驾之所，初不萌异望也。奠毕，解带凭栏下望，阁去地可二里余，无患溪自西北来，合小溪蛇行山麓，群峰奔突四起，而中一小山，树笼其上，昂首锐尾，宛似一鱼拨刺相向，则所谓仙鲤山也。盖土人以九鲤仙，故传而神之，然亦酷肖矣。

由大士阁更折而左，为僧居及香积。其前可望龙江，浩渺接天，与九仙阁各具一胜览云。

由香积而下，面一石崖，睹上有圆窦，曰出米石。下香积，复蹑而登，石壁屏立，中辟可坐。磨崖而诗者，上为龚侍御、王总戎，下为王佥宪。从石壁右而登数级得大石焉，曰醉石，云是九仙醉卧处。去醉石数武而卓立崖上，下临不测，一石曰摘星台。

立久之，更上一石屋，空其中，僧云：是仙人丹灶。丹灶其上，道稍穷，复返至九仙阁，而下界忽黯不辨色，空蒙中但闻哀滩声，初疑薄暝，已知为雨候也，既而烟霏骤开，白练自吐，明灭倏忽，皆成环观。夜卧室中，滩声益厉。石床清冷，久不成寐。已而交睫，得梦甚奇，不解何祥也。

山多幽石灌木，传以灵迹雅胜鼓山，而恨眼不见流泉。问僧，云有洒耳泉，从左下可数十武而汲，今所饮是此水也；又云山下尚有虎迹崖、仙井、仙桃石。其巅有状元峰、蛎房壳、济贫笋、仙棋盘、仙履迹诸胜处，大都不能胜所见云。

[**作者简历**：王世懋 (1536--1588)，字敬美，号麟洲。江苏太仓人。明代著名学者王世贞之弟。明嘉靖 己未 (1559) 进士、授太常少卿，曾任福建提学副使。著有《名山游记》，内收“石竹山记”一文，记石竹山景物甚详。]

《天宝石移》

（明）周亮工

福州永福县瑞云峰，有古谶云：“天宝石移，瑞云来期，龙爪花红，状元西东。”宋乾道间，天宝瑞云寺后崖石横山而行，啮地成溪。既而此石松上复生龙爪花，是年萧国梁魁天下，郑桥、黄定继之，萧居冲峰，郑居龟岭，黄居龙屿。当时诗云：“冲峰龟岭与龙屿，三处山川壮矣哉，相去其间只百里，七年三度状元来。”俱载府志，亦海内所罕俪也。

[**作者简历**：周亮工 (1612—1672)，字元亮，一字缄斋，栎园。河南祥符人。明崇祯十三年 (1640) 进士，任山东潍县令，浙江道侍御史。入清后，历任两淮盐法道，淮阳海防兵备道，福建按察使、布政使、副都御史、户部、吏部侍郎，以及山东青州海防道、江南江安督粮道等官。《闽小记》是周任官福建所杂记当地风物之作。本文选自《闽小记》。]

《福清名胜史话· 石竹山》

王文杰

据传说，五代朱梁时邵武人林炫光曾在山中炼丹，其后何氏九仙寓焉，以是山有九仙楼，至今尚有人向仙君祈梦请示未来的。山多幽岩怪石又盛产筱竹，雨后苍翠欲滴，特为山中之胜，石竹山的名称是这样来的。叶相辞职回家后，于万历四十四年春与石映斗孝廉（石应相）募缘修建观音阁及僧房，万历四十六年，又重建九仙楼，石映斗又“改旧路穿石洞榕门而上，路断处为桥以度，愈增幽胜，又建半山亭以便憩息”。叶相国所以对石竹山建筑这样热忱，除护持名胜外，与祈梦之灵应，似不无关系，他说：“石竹何氏九仙所栖，岩壑奇绝，祈灵如响，先少师公(叶相国的父亲)为诸生，得梦甚验，余为孝廉往祈，仙告以腰系白玉带，余以为妄，而其后果然。”叶相国在陪同其友董应举(见龙)游石竹后赋诗一首，曾提及云：“董大理见龙招同吴太学伯孚登石竹岩，时孝廉石应相(映斗)新辟径路，甚奇绝。”

[**作者简历**：王文杰(1911—1971)，笔名“温洁”，福清瑶峰村人。1937年毕业于清华大学历史系，获“史学士”学位。先后执教于福清县立高级小学，福清初级中学，云南西南联合大学，福建协和大学和福建师范大学，任讲师、副教授，教授、历史系主任。著有《叶向高传》《福清名胜史话》和史学专著多集。]

《石竹山水展新姿》

董性俊 林厚耀

凡是去过福清的人，无不赞美石竹山的多姿、东张水库的明媚，他们都渴求到那里饱览山色湖光。石竹山和水为何如此引人留恋呢?

春雨初晴的一个清晨，我们从东张小镇搭乘水库的汽船。随着汽笛的长鸣，满载着旅客和山货的船只，剪开淡绿色的绸缎，向坝头方向奔驰。我站在船头，仰望那素有“雅胜鼓山”称誉的石竹山，仿佛置身于一幅色彩浓艳的山水画卷里。陡峭的峰峦在轻纱似的薄雾中时隐时现，半岭古刹那暗褐色屋脊和苍松翠竹间亭阁渐露出崭新的飞檐黄瓦，不时可以窥见。石竹山倒影在明镜般的湖中，愈显秀丽多姿。湖面伫立一座状如鲤鱼的“蓬莱岛”，披上五彩霞光，在万顷湖水中自由地游弋。果真有不似仙境胜似仙境之感。

上岸后，踏上新铺设的石阶步步登高。具有南国风姿的凤凰树、相思树、古榕树举目皆是，新植的雷公竹、石竹、葫芦竹、方竹正生着嫩芽。攀不多远，迎面一块悬崖巨石凌空倒悬，如刀劈斧削，恰似天外飞来，似动非动，令人望而生畏，这就是当年徐霞客称绝的“飞来石”。从这里折径而行，峰回路转，怪石峥嵘。有势若凶顽的雄狮、状如咆哮的猛虎，有亭立的鹤石、谈情的鸳鸯石，还有的像仙女梳妆，观音坐禅——叫人目不暇接，神奇极了，我们不禁赞叹大自然的神工。

不一会儿，我们来到了九仙阁，殿阁画梁雕栋，造型精美，朴素大方。寺里主人告诉我们，相传汉武帝时，福州何氏九兄弟曾在这里修炼成仙，为民驱邪除疾。至唐大中元年，始建九仙阁，至今已有一千多年历史。石竹山以她的神韵风采，使许多名士骚客为之倾倒。宋代理学家朱熹、明朝内阁首相叶向高、旅行家徐霞客、清太师陈宝琛等都留下了探胜寻幽的足迹。他们或在这里讲学、读书，或写下了碑文、题匾、游记，至今犹存。

从寺内出来，主人指着面前的“一线天”，对我们说:“文化大革命”时，这里景物也未免遭厄运。近年来，旅外华侨乐捐巨资一百多万元，重修名山古刹，不仅架起了“天桥”，修葺了仙人台，还其“一线天”本来面目，还新建进山大门、石竹真境、长廊、石径、亭阁、招待所等。县里请了福州西湖园林处帮助设计，计划开辟一个包括石竹寺、湖滨公园、鲤鱼岛和紫云宝塔四个部分的游览区。一年多来，当年通往古刹的羊肠“磴路”，如今新铺成两条二米宽、一千四百三十六级的花岗岩石径，总长一千零六十九米。一座玉柱玻璃瓦的四角亭和一座六角形的双里亭已经造成。寺的东侧，一幢民族风格的三层招待所依山构筑，可供游人休憩和食宿，还装了近八百米长的自来水管，把清澈的湖水引上了寺院，为游客提供了莫大的方便。

在胜景“一线天”附近的一堵石壁中有一圆孔，叫“出米洞”。相传，古时候东海龙王公主到此采杜鹃花给龙王祝寿，恰遇挖笋充饥的孤儿石义被财主痛打，公主仗义搭救。之后，她取下玉簪，对着石壁一指，顿生一孔，随即流出白米二升多。日后四乡百姓到此均可接济。不久，此事被贪心财主发觉，把孔凿大，白米如泉涌出。玉帝知晓，即令二郎神下凡，将巨石推翻，压死财奴，巨石倒而复竖，但它再也不流米了。多么有趣的神话呀！“可惜我们没有这个福气”我叹声道，这可把主人给逗笑了。他说，福清有福，福在人民，你不要惋惜，一具“出米洞”堵塞了，却在人间出现了千千万万个“出米洞”。他把我们带到仙人台上，居高临下，真使人神思悠悠，胸怀豁然。远处，东张水库碧波粼粼，极目远眺，绿野千里。此时，我顿悟了，似乎看到了，看到了无数的“出米洞”像放开了闸门似的哗哗地流着白米。那不是吗！侨乡福清人民用自己的双手，于1958年建成了这座一亿八千多万方的大型水库，使干涸的大地焕发了青春，占全县耕地面积一半的“望天田”变为旱涝保收田。“一湖春水万家福”从此改变了过去年年吃国家回销粮的状况。三十多年来先后向国家交售了几十亿斤的余粮。东张水库的水呀，你为福清人民立下了汗马功劳。十一届三中全会以来，党的政策给农村带来了无限生机，群众砸破了“大锅饭”，实行了责任制，生产一年更比一年强。如今家家有余粮，户户谷满仓，米满缸……

可不是吗？千年流传的神话，现在成了比神话更“神”的事实，我完全陶醉于眼前的绿水青山。我想，假使没有东张水库，那石竹山恐怕不知要逊色几筹哩；倘若没有三中全会以来的好政策，那千千万万的“出米洞”——粮仓，谷仓，岂能再现？石竹的山和水确实迷人呀！

（作者简介：董性俊，男，笔名心圳，1949年9月生，福清人。大学，记者，福州市新闻协会会员。林厚耀，男，1933年8月生，福清人，大学，记者。福州市新闻协会理事，福建省新闻协会会员。）

《石竹山秋行》

纪国灿

石竹山，又名天竺山，坐落在宏路、东张、镜洋三个乡镇的交界处。它虽然没有泰山之瑰玮，武夷之秀逸，华山之峭峻，然而，“兹山奇绝”，有“雅胜鼓山”之称。古往今来，不知有多少人，慕名来游。宋文人朱熹，明内阁首辅叶向高，明“一日君”马乐，清太师陈宝琛，以及明末著名地理学家、旅行家徐霞客等，都留下他们在石竹山探胜寻幽的足迹。至今，石竹山人来人往，络绎不绝。

我是在深秋的日子里到石竹山游览的。早晨从县城搭乘公共汽车，只半个钟头就到达山麓。站在东张水库坝头上，抬头仰望，山上景物历历在目。漫山翠绿，群峰奔突，古寺悬架陡壁，霞蒸云蔚于山巅，令人神往，催人上山。

我一鼓作气攀登到海拔八百多米的绝顶。饱览了状元峰、通天洞、象王峰、虎迹岩、普陀岩，紫云洞、桃园洞、出米石、天仙桥、洗耳泉等奇观美景，顿开眼界，心旷神怡。记起旧县志中《游石竹》这首诗："浪游几度叹年华，为爱名山踏径斜；幻出楼台闲日月，飞来洞壑老烟霞；凌空石磴三千丈，遍地瑶林百万花；漫向华胥寻好梦，此身疑已到仙家。"

石竹山之所以"雅胜鼓山"，我以为一"雅"在石，二"雅"在树。本来，石竹山早年盛产竹、笋，每年春夏之交，穷苦百姓便到山上采笋度生，"济贫笋"由此得名。历经漫长岁月，山上的竹笋早已不多。倒是巨石叠岩，经过年月的洗礼，越发峥嵘嶙峋，争奇斗艳。山上有名可指为石景就有鹤影石、朝斗石、出米石、观音石、双鲤石、棋盘石、龟蛇石……可见石竹山就是石的集锦。从山下拾级而上，到了半山，只见悬崖巨石凌空起，绝壁相对一线天。"半山亭"实际上就是一块状如卧龙的巨石为亭盖的，像天外飞来，似动非动，令人惊心动魄，可谓一大胜景。从半山亭向上攀登，临近石竹寺，向西沿着小径而行，可见一石壁，中有一孔，这就是"出米石"。在出米石西侧，洞穴密布，千姿百态。最著名的有青龙洞、紫云洞和桃园洞，都是传说中"九鲤仙"修真之处。紫云洞石秀洞奇，洞顶巨石覆盖，洞内深邃开阔、幽静阴凉，是避暑胜地。传说，梁朝林晃真人在这洞里坐禅炼丹，丹成后骑虎升天，至今在洞顶岩石上还留下虎迹，这便是虎迹岩。桃园洞则曲折迂迪，纵横交错，上下起伏，到了此洞，犹如进入"蓬莱仙境"，令人遥思遐想，称其为"桃园洞"真是绝妙。

就在这洞穴密布的摩崖上，映入眼帘的是龙飞凤舞、奔放遒劲的题吟石刻。最引人注目的是明朝内阁首辅叶向高的碑文题刻。叶向高曾在石竹山攻读经书，成名后，于万历四十六年趁返里省亲之便，重上石竹山，在"洗耳泉"边挥笔作文，抒发自己以身许国之情。

从青龙洞倒折回头，再登高数级，就到了石竹寺。这座建于唐大中元年，已有一千多年历史的古寺，虽然规模不大，但殿阁齐全，结构别致。整座建筑物就是利用怪石奇岩堆砌起来的。1949 年后，几经修复，面貌焕然一新。

其实，幽石奇洞，在别的名山也并不罕见，最为壮观的还是石竹山的参天榕树和粗犷的扁树。石竹山遍地是石，然而，就在这容不下三寸泥土的悬崖绝壁的裂缝中，盘根错节，生长出好几棵苍劲挺拔，生意盎然的大榕树，树叶掩映，在曲径幽林中间，宛然"仙山琼阁"。怪不得游人一到半山亭，总要攀登绝壁，手挽榕树枝，拍照留影，流连忘返。

石竹山绵亘几十里，胜景颇多。在那秀美绝伦、拔地而起的群岩中有一块亭亭玉立的石柱，传说是东海龙王的公主翠屏的化身，故名龙女峰。不知是哪位能工巧匠，用一条三米来长，像彩带一样的条石，把龙女峰和九鲤仙醉卧处——醉石连接起来，成为石竹山最有名的胜景之一，这就是“天仙桥”。“四害”横行时，这“天桥”也被砸断。去年六月，在华侨资助下进行修缮，铺桥并设置了扶手栏杆和看台，使游客尽可以畅游俯瞰而不必为自己的安全担忧。

站在“仙桥”上，俯瞰建于一九五八年的东张水库人工湖，别有一番风味：那碧波荡漾的湖水，倒映着石竹山的奇峰异石；那船只穿梭的湖面，泛起粼粼波光；湖中有屿，如珠走玉盘；湖东那个隐现的小岛就是鲤鱼山，鲤鱼得水，摇首摆尾，栩栩如生，好似向着石竹山方向飞翔。真是：湖光山色共争秋，一点尘埃无觅处；沉沉水底见青天，画舸直疑天上去。

[**作者简历**：纪国灿（1941—2019），男，笔名凡夫，福清人。大学，二级编剧。中国戏剧家协会会员、福建分会会员，福清市文联秘书长、剧协主席。]

走进好梦开始的地方

——环石竹湖北岸休闲步道记行

吴凤至 夏巧鸿

趁着阳光甚好，抓住春天的尾巴，约上三五好友，在期待中，漫步于环石竹湖北岸休闲步道上，走进好梦开始的地方。

从石竹山景区大门而入，穿过小公园，走过石板路，一条崭新的道路出现在眼前，道路左侧就是新铺设的绿色步道。迫不及待踏上步道，缓缓前行。明媚的阳光，放肆地彰显她的热度，但步道旁大的小的树木巧妙地遮掩着，只留下斑驳的树影。微风徐来，将身上刚要冒出的燥热轻轻拂去，空气清新舒爽，让人忍不住深呼吸，顿时心旷神怡。

一个转弯，石竹湖就这样毫无预兆地出现在眼前。凭栏望去，湖面上波光粼粼，鲤鱼岛如黑珍珠般嵌在湖中。“真美呀！”友人拿起相机，记录着步道依山傍湖的美好。谁知，无意间她也成了我镜头中的一景，像极了那句诗中“你在桥上看风景，看风景的人在楼上看你”的意境。

停下嬉闹，哗哗的涛声不经意间传入耳中，虽然没有海浪那么浩大，却如友人低语般轻快。低头看去，湖水一浪接着一浪拍打着“礁石”，突然觉得自己就站在广袤的海边，思愁杂绪随着一个个浪头飘散而去，豁然开朗。静静地漫步，听着细浪拍岸，赏着路边的小野花，脚步不觉得就变得欢快起来。

“妈妈，看谁跑得快！”小女孩拉起妈妈的手，撒欢地往前跑去。“宝宝，跳起来吧！”“好呀，呵呵呵……”“妈妈这里有个‘妈妈牵宝宝’的图像。”一路上，母女俩的互动和笑声，让过往的游人会心一笑。

“老王，今天你们来得有点晚呀，我们记者跑一趟了。”

“是呀。今天带新朋友来跑步。”

身边两群运动服打扮的市民错身而过，打着招呼。

“来这里休息一下吧。”走过 1500 米的“地标”，我们在步道旁的小公园休憩。在这，向左可以览一览石竹湖美景，向右可以登一登狮岩堂。“狮岩堂”牌坊后，还很人性化地布置了一个小小的“听雨轩”，方便游人解决“人生大事”。

若登高望远，就会看到这条长约 2.8 公里的绿色步道，由石竹山景区大门一直延伸往 174 县道，就像一条绿丝带缠绕在石竹湖的湖岸线上，形成一道靓丽的风景线。

夕阳西下，我们依依不舍地往回走去。斜阳给周边都镀上了一层金边，中华梦山映照着潋滟湖光，真是美不胜收！环石竹湖北岸休闲步道不愧是福清最美的绿色生态景观廊道之一。

（**作者简介**：吴凤至、夏巧鸿均系《福清侨乡报》记者。）

人间仙境——石竹山

佚 名

作为福清人，我为福清拥有石竹山而深感骄傲；作为摄影人，我因能身历其境领略石竹山那旖旎的山川湖泊、仙境般美妙的云海波涛、壮丽如画的夕阳余晖等美丽景致而无比喜悦相欣慰。

石竹山，一个大自然鬼斧神工造就的美境，一个受神仙青睐的人间仙境，一块神秘奇妙的风水宝地。此山位于福清市西郊十公里处，是福建省十大风景名胜旅游区之一。

石竹山因石奇竹秀而得名。石竹山夏无酷暑，冬不严寒，因山川而秀美，因湖水而灵通，因奇石而俊俏；“石能留影常来鹤，竹欲摩空尽作龙”；素有“雅胜鼓山”之誉。

石竹山的山川形成于6700万年前的白垩纪晚期，当时地质结构很不稳定，地震使火山喷发，火山岩的堆积形成石竹山脉。石竹湖是“大跃进”时期兴修水利的产物，劳动人民的勤劳智慧与大自然千万年的功力共同创造了石竹山令人流连忘还的湖光山色！

石竹山，山石嵯峨，竹松苍翠，不同角度观看形状各异。从石竹山正面看呈正三角形；如同日本著名的富士山！主峰状元峰海拔534米。

石竹山南麓山半腰依岩而筑的千年古刹石竹寺，橙瓦红墙结构，宛如空中楼阁，蔚为壮观。石竹寺以道教为主，道释儒三教共存，和睦相处。古殿阁前磴道蜿蜒，人来客往，香烟袅袅，祈梦之所仙君楼坐落正中。石竹寺因祈梦灵验而驰名，梦文化使之平添魅力和色彩，近千年来历久不衰。经历年多次重建，现存的石竹寺由仙君楼、玉皇殿、伽蓝殿、观音殿、宾客楼、狮岩堂、辽天书院、文昌阁等组成。

从石竹寺往西至“炼月灶”，经仙泉、“朝斗石”、“伏虎石”攀登至主峰状元峰。状元峰顶有一块巨石，称沧海石，石上布满海中贝壳类动物化石。注目展望四周峰峦奔突、云山雾沼，石竹湖碧波万顷，溪流蛇行蜿蜒山间；远眺东海则浩渺连天，岛屿若隐若现，疑入海上瀛洲。

石竹山春季多云雾，易让人有飘飘欲仙的感觉，民间信徒有立春日接春、禳太岁保平安、财神诞、玉皇诞、上元节、土地诞等各种各样的宗教活动；夏季常出现蓝光与海市蜃楼的奇妙景观；秋季九九重阳是石竹山主帅九仙君的诞辰，石门道院举行隆重的道场纪念活动。

石竹山岩石最胜，山间有紫云洞、桃源洞、通天洞、日月洞、摘星台、化龙窝、鹤影石、蓬壶行、鸳鸯石、棋盘石、龟蛇石、蟠桃石、穴窦等洞天奇岩。

登石竹仙山，临石峰竹雨；乘款款缆车，赞湖山一色；进宫殿群阁，祈九仙之梦；看桃园世界，睹巨鲤风采；阅众贤迹墨，悟人生奥妙，尽情领略道教圣地和大自然的玄妙神机，其乐无穷。

狮子岩探踪

陈 灵

“山不在高，有仙则名。”福建十大名胜风景区之一的石竹山，游人络绎不绝，而仅距其五里地的狮子岩，却鲜为人知，游人罕至。其实，狮子岩树林茂盛，风景独特，半山腰还有座建于汉代的名刹丰台寺，是融邑最古老的庙宇。远观这狮子岩，活像一只雄狮子半蹲着朝东仰视，与石竹山上面朝西方凝视的狮子岩遥遥相对。这就是闻名遐迩的景观：雌雄狮子岩。

1992 年 10 月 29 日，应市宗教局和石竹寺管理组的邀请，笔者参加由黄以庚、俞达珠、陈以雄及石竹寺的谢荣增、黄凤荣、黄诗宗等人组成的考察组，前往狮子岩和丰台寺遗址进行实地考察。

时值十月，风和日丽，阳光明媚。我们从进山门前的渡口乘游艇向西进发。在船上，凭栏远眺，只见那“万绿丛中点点红”的石竹山在眼前徐徐飘移，山形不断变幻，真有“横看成岭侧成峰”的妙趣。温湿的清风习习拂面，头顶蓝天白云，眼前丹山碧水，岚气波光，山环水绕，一种远离尘世超然物外的感觉油然而生。

船到岸了，一行人沿着长满苔藓的山涧小径，伴着欢声笑语，蜿蜒攀登。沿途，各包野菊，鲜艳烂漫，熟透的草莓、山奶果和不知名的野果遍地都是。我开心地采摘着山菊和野果，忘情得像个孩子。

“喂，快走啊，女同胞！”听见招呼声，我才发觉自己掉队了，急忙追赶。

一会儿进入密林，高大的松树和阔叶林遮天蔽日，静悄悄的密林中，只有鸟儿啁啾，秋虫唧唧，身临此景，如同进了西双版纳的原始森林。因为人迹罕至，旧时留下的登山石阶，被枝藤荆棘淹没。黄凤荣、黄诗宗两勇士执斧在前。我们戏称他俩是考察组的“开路先锋”。有了他们，我们才顺利地到达丰台寺山门。时值晌午，大家在寺前草地上排开水果、糕点、矿泉水和易拉罐等，一起席地而坐，一顿名副其实的野餐开始了。

狮子岩山石错叠，苍松如盖，老藤挂壁，修竹滴翠。古人有诗曰：“半岭仙宫一径微，紫云长日护崖扉，凌空翠壁形如削，挂树苍藤势欲飞。”这说明狮子岩和丰台寺也曾盛极一时。现在虽然只剩残垣断壁，但仍能从中估出当时的盛况。寺门旁有一块完好的石碑，系民国五年重修丰台寺的碑记。草丛中躺着一块雕刻精致的莲花座。寺侧小溪涓涓流淌，寺后依岩开凿一口小池，约有 2 米宽 3 米长，池壁刻篆体“影翠池”三字，据说是当年住寺尼姑的洗澡池；寺左灶房前遗有石磨，石臼等。从寺后依嶙峋山石往上攀登约 50 米，两棵巨大古榕旁的岩壁上有“西山晚照”“仙间”“卧雪处”“快哉”等题刻，遗憾的是没有落款。再往右十几米，我发现了 5 株高约 3 米、叶柄暗紫色、叶片像开屏的孔雀羽毛，形同撑开的大伞的树。“妙啊！这里也有桫椤”，我情不自禁地忘形高呼，引起同行的伙伴们惊奇。大家争相观看，一时间精神振奋，忘却了爬山的疲劳。

我站在突兀的岩崖上，因为亲历奇景，又发现珍贵树蕨，心情激动得久久不能平静。俯瞰那荡漾涟漪、金光闪闪的东张水库。湖光山色使我感慨万千！石竹山的狮子岩，虽无摩天接云，却不失其险峻；虽无银河倾泻，但有涓涓细流。她独具灵秀，令人神驰。这里那未经人工修饰的粗犷，才显出其自然和古朴的野趣。现代生活的纷繁和激烈竞争重重压抑，使人的心灵需要安静与平和，渴望投入大自然的怀抱休养静息。即便是短暂的流连，也能宽松情绪，调剂精神，清心涤虑。欲达此境界，请游狮子岩。“谁云游者痴，一游便知趣。”

（**作者简介：**陈灵，女，笔名丁宁，1955 年 6 月生，福清人。大专，福州市影评学会会员，福清市影评学会会员、摄影家协会会员，曾担任福清市文联副主席）

石竹山水展新姿 四方游客翩然来

林茂清 朱育平

石竹山，远观形似日本的富士山，在春阳的沐浴下，山花绿树，交相辉映，更显得风姿绰约，光彩迷人。据统计，去年这里曾迎来中外游客三十五万人次，今年仅正月初一至初四短短四天，就有五万游客翩然而来，真是盛况空前呀！

一来到石竹山下，由爱国侨胞捐建的进山大门就展现在眼前。这进山大门宏伟壮观，民族风格浓厚，当代著名书法家、诗人赵朴初先生题写的“石竹山”横匾，高嵌在大门正上方。游客们穿过这充满诗情画意的进山大门，沿着一千四百三十级新砌的上山石阶去览胜，去寻幽，怎不游兴翩翩呢？倘若你是二度进此名山的，那么，如今最吸引你的，将是分布于山上山下的新建凉亭。这四座凉亭是我县四位旅外侨胞捐资十二万元兴建的，犹如四顶涂上迷人色彩的大花伞。吸引游人在此流连、歇息。坐在凉亭间，一览田野风光，顿觉别开生面，紫云宝塔若隐若现，似海市幻景；在东张水库的二万亩湖面，平展如镜，湖上游艇穿梭，妙趣横生；山脚下游乐园笑语欢声，四处回荡……游客此时再仰望山顶，翻修一新石竹寺仙翁楼，宛若空中楼阁。寺内香烟缭绕，参观者、朝圣者济济一堂，古老的佛教文化在这里得到再现和继承。这一切吸引着你，使你忘记疲累，欣然向上登攀……

如果你是远方来客，如果你觉得需要在石竹山游览区逗留几天，方能满足游兴，那么山脚下那幢今年初落成的新宾馆可为你提供良好的食宿。这宾馆造价近三十万元，高四层，设有中、高级客房，将以良好的服务，使人有宾至如归之感。宾馆周围的游乐场、餐厅、音乐茶座、艺术摄影部和出租旅游车，会使你感到石竹旅游区不但山水俱佳，而且配套齐全，确是一个初具规模的新型旅游胜地，难怪她最近成为我省评选“十佳风景区”的候选点。

（**作者简介：**林茂清，男，笔名海风，1960 年 6 月生，福清海口人。大专，先后担任市府办科长、办公室主任、市政府副市长、市人大副主任。

朱育平，男，1961 年 1 月生，福建惠安人。大专，先后担任福清市委政策研究室干部、福建省地方志协会会员、福州市政策研究会理事、福州市历史学会会员、镇党委书记、福清市人大副主任）

传　说

石竹仙鲤开辟台湾的传说

陈宜坚

石竹山下的鲤鱼山又名仙鲤山。相传它在深潭修炼百余年，修成人身，就到九鲤湖拜九真人为师，从游石竹山。后来，他要外游，九真人赐号“六六开济”，嘱咐说：“遇鸟须伏，逢龙再出；七百年后，重会石竹。”他离开石竹山遍游各地，见台湾尚未开化，就停下教当地土人开荒耕种，煮食五谷，建立男女婚嫁等制度。但台湾常常闹地震，地陷人死，为害甚烈。开济认为，前凤凰来栖，海变台湾；现凤凰离去，台湾必会再变为海。为了不使此地陷落变海，他植了许多梧桐和绿竹，日夜吹箫，引来了一对凤凰，使台湾平静下来。过了几年，一个当地人，把凤凰误认为鸡，发弹打它。凤凰急忙飞起，向北逃去。当时弹子坠落的地方，就是现今的凤弹；栖止凤凰的地方，就是现今的凤山。开济听说凤凰飞走，一时手中无物堪以追捉，就拿起民家一大一小的鸡笼罩望凤凰抛去，结果在台北山头尽处把凤凰罩住，坠落地面，变成大鸡笼、小鸡笼二山——鸡笼就是基隆。

凤凰被留住之后，台湾虽仍时有地震，但却不会陷落。不过这时海中还有鱼、蛇二怪在此为害，必须除灭。

那鱼怪是七条如山大鲲，常顶翻来往船只，分食船中的人。开济在七条船上分系七条装有铁菱角、大挠钩的铁链，堆在船头，化作头戴斗笠的水手。斗笠下面的发辫就是铁链变的。“水手”把船撑至江心，七鲲见了，一齐拥来。开济不等它们靠近，就将“水手”推入水中，让七鲲各自吞食一个，钩住它们肚肠，把它们拖到安平镇北面用乱箭射杀。七鲲死后，变成七山岛，围拱成海门。这就是现今的七鲲。七鲲被拖去射杀时，把水底的浅滩拖出一条可通舟楫的港路。为了让行船人能辨认港路水的深浅，开济割了一对鹿耳丢在水深的港路旁边，变成浮洲，形如鹿耳，这就是现今的鹿耳门。接着，开济又用硫黄、干柴和有毒的乳根除灭了花尾蛇怪。自此台湾水陆安静，各业繁荣，成为宝岛。

后来，台北又出现一个鹰精，名甲马，想夺取台湾为王。开济与之交战，被甲马的钩轮钩住，平地化为鲤鱼，腾空飞走。甲马也现出原形追上，两下对扭，一齐坠在山岩上。鱼毕竟敌不过鸟，正在万分危急之时，一个兵丁偷偷爬上岩顶，举枪刺鹰，鹰精负痛松爪，开济方得脱身，飞进日本国境。刚好日本国王妃子出来打围，开济见妃子胸前挂有水晶八卦项牌，就变作一条小金鲤，钻进牌腹。鹰精追至，不见开济，刚要盘旋寻讨，就被倭卒发弹打跑。开济进入牌腹后，就被八卦包罗，欲出不得。

猎罢，妃子发现水晶牌中多了一只活的小金鲤，不知从何而入。日王认为这就是天赐活宝，册立妃子为正宫，把项牌付与收管，作为世代相传的“正宫之宝”。

过了六百多年，郑芝龙因赌打死人命，逃到日本国，被日本国王招为驸马，在王宫与王女成亲。不久，王女怀孕，正宫娘娘就把“正宫之宝”借她挂在胸前避邪。

郑芝龙招为驸马之后，旧性难改，日夜都在赌博，把王女的陪嫁输得精光。当见王女胸前项牌，又要拿去作赌本。王女不给，他就把项牌摔碎。不想这一摔却把小金鲤摔出来，跳入王女腹中。王女当即产下一男，这就是郑成功。

过了三十多年，郑成功带兵收复台湾，荷兰驻台湾的番王梦见一个人面鱼身，金盔金甲，手执月斧，破浪而来的人喊道：“地是我家的，特来讨还！”那人一面喊，一面举斧朝番王砍下。番王惊跌床下，大呼怪事，时天已明，外报有无数战船前来夺地。番王登城见船队前有一个人面鱼身手执月斧的人先行，生得与梦中所见一模一样，即令紧闭城门，不敢与之交战。原来番王所见的乃是郑成功的原形。

郑成功收复台湾后过两年就去世了。相传他死后二日，澎湖人都看见云端有一金鲤鱼向西飞去，应了“遇鸟须伏，逢龙再出；七百年后，重会石竹”的谶语。

[**作者简介：**陈宜坚 (1923—1990)，曾用笔名一肩、一见、余吾我，福清城头五龙人。高中毕业，终生执教。福建省民间文艺家协会会员、福清市民间文艺工作者协会会员。]

鲤鱼山传说

黄群雄

几千年前，暮春三月。东海龙王敖广六十岁寿诞在即。且不说水国上上下下脚忙手乱地准备着给龙王祝寿，只说龙女李瑜公主，平素深受龙王宠爱，视若掌上明珠，为给父王寿诞献一件心爱的礼物，一连几日来，公主带着宫娥、侍女在东海上踏波踩浪，寻珍觅宝。在公主眼中，海宝寻常，司空见惯，没有一件能称心如意的，眼看到了三月初一，离龙王寿诞只有两天了，还是无所收获，急得公主双眉紧蹙，闷闷不乐。公主的贴身侍女红鲢、白鲢，祖籍兴化湾水府福清天宝陂深潭。红鲢见状，就献上一策，对公主说："臣婢未东调入宫之前，每年清明节都到东张白豸寺溪畔石竹山下给外祖父扫墓，只见下山来的善男信女，手持一束束杜鹃花，花红似火，叶翠如翡，红花绿叶可爱极了。现在就是清明节令，石竹山上杜鹃花盛开，何不去采回一束作为寿礼，一定能赛过海宝。"白鲢点头称妙，却又为难地说："此去石竹山，单程一万六五、来回三万三，拍马都来不及了，何况我们三寸金莲，几时才能挪到石竹山下？"公主初时听说去石竹山采山花，也觉得新鲜，想到万里遥遥，却也犯愁了，沉吟片刻，忽然顿开茅塞，笑吟吟地说："有办法了。我们东海有二宝，一是镇海塔，一是碧海簪，千变万化，神通广大。镇海塔由我娘舅真武大神掌管，碧海簪本是母后心爱之物，母后把它送给我，作为护身之宝。我何不叫它化作一叶飞舟，慢说三万三，就是六万六又有何难？"说着从发髻上取下一支玉簪来，果然闪闪烁烁，光彩照人。公主口中喃喃，把宝簪往水中一抛，只见水面上浪花飞溅，现出一叶小舟，两头翘翘似月牙，晃晃荡荡欲飞飘。公主带上红鲢、白鲢，登上飞舟，追风赶浪，箭一般向西驰去。其他宫娥、侍女送过公主，回龙宫去了。

公主一行飞涉重洋，来到海口，沿着弯弯曲曲的龙江溯水而上驶至天宝陂，又转入小山溪，流水潺潺、山光水色说不尽美艳，顷刻间就来到白豸寺溪。三人弃舟登陆，公主一招手，收回碧玉簪，又插在发髻上。因为已到人间，公主与红鲢、白鲢改为主婢相称。红鲢带路，三人沿着石径，拾级上山。

石竹山果真雄伟，山势拔地而起，巍峨峻峭，山间林木苍翠，泉流淙淙，一条石径弯弯曲曲，蜿蜒而上，转入云端。和风送爽，阵阵花香沁人心脾，更兼那百鸟齐鸣宛转悦耳，蓬莱仙境与之相比，恐怕也得逊色一筹。公主初次来到人间，更觉得样样新鲜，恨不得多长几双眼睛，饱览一番。走到半山，举目四望，简直成了花的世界，满山杜鹃，灼灼似火，这边一丛，那边一簇，直上山巅。乐得红鲢、白鲢两婢女奔逐嬉闹，双手采花不停。公主也很欢悦，跟在她们的后面，步步登高。不觉已来到桃源洞前，两个侍女看见石洞顶上有几丛杜鹃花特别红艳，争先攀上去了。公主毕竟是金枝玉叶，半日来的奔波，已使她精疲力竭，见桃源洞前，有块平坦的石块，可以休憩，她就径直朝洞前走来。忽然传来一阵隐隐约约的哭泣之声，似乎就来自桃源洞。公主加快脚步来到洞口，探头往洞里望去，只见一青年男子背倚石壁，双手抚摸着身上的伤痕，悲恸欲绝。原来这青年就是石竹山下石厝祠村人，名叫石义，十年前父母因欠本村地主石心肠的债，被逼身亡，遗下石义孤苦伶仃。今春又遇上特大旱灾，春收作物颗粒无收，穷苦人家家断炊。今天一早，石义同乡亲上山挖竹笋，却被石心肠发现，带着石虎、石豹一帮打手，上山禁笋抓人，石义与石虎争斗，被推下山涧，幸好落在一棵树丫上，拾得一条命，挣扎着下得树来。躲进这桃源洞，栖身养神。石义正在伤心时，听到洞外有脚步声，以为石心肠又来了，心想；躲已无处躲，不如拼个你死我活，就站起来向洞口扑去，却见洞外站着一个年轻女子，姿容秀丽，娴雅端庄，不觉住了脚，低了头。公主见他虽然衣不蔽体，面有饥色，却是眉清目秀，憨厚刚强，更增添了怜悯之情，大着胆子，上前道个万福，问道：“这位小哥，恕我大胆动问，为的是何难何祸，一早就如此恸哭？”石义从小没了爹娘，无人疼爱，又无哥嫂姐妹，无人体贴，眼前这位大姐慢言细语，和蔼可亲，使他很受感动，就把自己的身世和遭遇都告诉给公主。公主就编了一段话，说自己是东边村，东边厝人，姓李名瑜，今早同两婢女上石竹寺进香。还说自己从小跟着父母拜佛向善，又学得一些仙术，乐于助人，愿意施法变些白米给石义暂度春荒。说完就取下发髻上的玉簪，口中喃喃，对着石壁一指，顿生一孔。石义看得目瞪口呆，惊讶不已。公主又叫石义牵起衣襟，对着石孔，她口中念道；“石头，石头，请把米流。”“哗啦”一声，白米流了二升多，刚刚盛满衣襟而止。喜得石义二话未说，跨脚出了洞口就要往山下跑。

却说白鲢、红鲢各采得一大束杜鹃花，不见公主跟上来，就返身下山来，听得桃源洞里的声音，仔细一听，是公王与一青年男子在说话。这两个精灵鬼，就闪在一旁。石义取得白米刚跨出洞，就被白鲢喝住了；“呔！这位兄弟也真不知趣，我家小姐给你变白米，连谢都不谢一声，就跑了！”石义抬头一看，又来了两个女子，更觉得奇怪，一时不知说啥好，愣在那里全然不动。公主见他如此老实，更觉得可爱，就说：“去吧，只是有一件要记住，此是天机不可泄漏，日取所需，不得奢求。”石义一一答应，下山去了。公主见石义远去了，才带着两个侍女下山回东海去了。

三月三龙王寿诞，水国百官献来无数珍宝，但在龙王看来都平淡无奇，唯是公主采回的一束杜鹃花，光彩灿烂，水国无双，喜得他爱不释手。还是王后多一个心眼，想到移花御园，岁岁寿诞红花开，岂不美哉？龙颜大悦，传旨宣红鲢、白鲢，重返石竹山选杜鹃花花苗。这两个侍女天性乖巧，向公主递个眼色，假意说自己粗手笨脚，选不中好花苗。公主急忙插嘴说；“臣儿愿再率宫娥前往石竹山，挑选杜鹃花苗，为御园增添景色。”龙王准奏。传旨御花园饮宴去了。

真武大神主子大蛇将军，依仗父势，掌管东海水令台，一向作威作福。他贪恋李瑜的天姿国色，一向寻事纠缠。现在听说公主要去人间挑选花苗，就假献殷勤，愿陪送公主同行。公主知他不怀好意，但又想到与他是姑表兄妹，平素都让他三分，这次也不想使他太难堪，就说此行有红鲢、白鲢作伴，不敢劳驾表兄，婉言谢绝了。

第二天，李瑜公主带着红鲢、白鲢，再登小舟去石竹，不多时就来到石竹山下，沿着石径登上去。这次是来挑选花苗，时间比较充裕，一路上浏览人间景色，公主心旷神怡，春心荡漾，更惦记着石义，两个宫娥也把公主的心绪猜中七八成。红鲢就说：“人都说石竹山山秀洞奇，可惜我们都看不懂，要是有石义同行，就好了。”白鲢眼尖，看见前面山路上有个青年正上山，一眼认出是石义，就高叫起来：“石义哥，小姐又来了，等一等。”石义听到喊声，转回身见是李瑜主婢三人，就站住等她们。公主一行加上石义四人一同上山，说说笑笑可热火了。一路上，石义一一介绍石竹山色，不觉来到天仙桥头。公主问石义；“这块巨石凌空架，又是什么桥？”石义说是天仙桥。白鲢接口道：“原来这就是天仙桥。听说每年正月十五都有许多新婚夫妇，双双对对过仙桥，早生贵子，耀祖荣宗。”红鲢拍手叫好，推着公主说：“小姐快去过仙桥。”白鲢接口道：“桥下深涧不见底，恐怕小姐一人不敢走过去。”公主顺水推舟就说：“我人未登桥，心已开始怕了。”红鲢会意，就指着石义说：“石义哥，就请您扶小姐过桥去。”石义羞得面红耳赤，怎么敢答应。又是红鲢、白鲢说东道西，做好做歹，哄着石义为报小姐变米之恩暂做假夫妻扶着小姐上了天仙桥，来回走了一趟。等他们刚从天仙桥上下来，白鲢又逗着他们说：“弄假会成真。”红鲢却正经起来，说；“变真就变真，反正小姐、石义两人都未定亲。”石义急忙分辩说：“小姐是金枝玉叶，我家却贫困如洗，福清又十年九旱，怎能叫小姐跟着我吃苦呢？”白鲢一时不觉，说溜了嘴，道：“你讲福清十年九旱，这是在‘朝里讲官’，我龙宫有的是水。”公主见事既如此，就把实话相告，答应选回花苗后，向龙王请水，以保福清风调雨顺，五谷丰登，到那时来福清，永不回东海。

大蛇在银銮上吃了闭门羹，并不肯死心。第二早，带着跳跳鱼、大头鲄暗中尾随着公主也上了石竹山。公主与石义如此这般，情意绵绵，气得他醋瓮打破，恨不得冲上前去扯皮，却被两水卒劝住，说是，公主奉旨上山选花苗，名正言顺，我们是告假去天宝陂，却溜到石竹山，若是公主在龙王面前反咬一口，我们岂不成了惹蜂叮头，自讨苦吃？大蛇心生一计，先下山去了。

石义帮助公主挑选了各色杜鹃花花苗数丛，送公主三人下山来，依依惜别。

公主欢天喜地回东海，正行到虎头石，却见大蛇嬉皮笑脸站在路旁，老远就打起招呼；“表妹辛苦了，表哥我接您来了。”公主看见大蛇拦路，倒有几分紧张，就问他道：“表哥是什么时候来的？”大蛇撒谎道；“昨天到天宝陂表姐家作客，刚刚到来。”公主听说是刚刚到此，就像是吃了一颗安心丸，定了心。大蛇又胡言乱语起来了：“表妹呀，我与您虎头石前巧相遇，正是天公作美，三生有幸。”气得两个侍女大骂道：“你这是虎头上抓虱子，欺负到公主头上来了，等我们回东海面奏龙王，叫你吃罪不起。”大蛇哈哈大笑起来，说；“我还没告你们的状，你倒先来了，天仙桥上的好事，能瞒住谁？”大头鲄与跳跳鱼两水卒也狐假虎威齐说：“是啊，天仙桥上的好事，能瞒住谁？”红鲢也不甘示弱就说；“我奉有王旨，怕你们什么？”白鲢嘴尖，自恃王旨在手就挖苦道；“你们有三张嘴，我们就少你一张不成，有话回银銮殿去说。”公主认为自己是父王的掌上明珠，即使天仙桥上的一出戏被你大蛇窥见，然而空口无凭能奈我何？气愤愤带着两个宫娥撇下大蛇回东海去了。

回到东海，奏过龙王，李瑜又同两宫娥把选回的花苗栽在御花园。龙颜大悦，着实把她们夸奖了一番，李瑜趁机奏上，此次去石竹山选花苗，看见福清旱情严重，黎民携儿拖女挖野草、树根，惨不忍言，要求龙王给福清增加雨量。龙王哪里肯依，说一滴都不能多给，气得公主嘟着嘴，连晚饭都没吃，独自步出龙宫，在无边无际的水国里漫游。

在苍茫的暮色中，忽然传来一阵脚步声，公主抬头一看，无意间已走到水令台房前，跳跳鱼、大头鲴正扶着烂醉如泥的大蛇向水令台走来，大蛇嘴里胡语，趔趄着走进水令台去。公主见大蛇醉得死猪一般，心生一计，何不假巡营之名，进得水令台，盗取一支水令，何愁调水不到？就在水令台前稍等片刻，估计大蛇已睡着了，她就壮起胆向水令台门口走去。守门的是龙虾、虎鲟，他俩见是公主到来，哪里敢阻拦。公主又故意问蛇将军回来了没有，又说这是军机要地，要注意防守。说完就大大方方地走进去了。到了里屋，大蛇醉倒在床上，四脚四手伸得僵直，鼾声如雷。公主大喜，轻步直趋水令台案桌，伸手取一支水令，正待要走，大蛇在床上却大叫起来：表妹——呀！你——”公主乃是做贼心虚，不知这是梦呓，还以为被发觉了，一紧张，撞倒了水令案前的大凳子，咣啷一声巨响，惊得大蛇从烂醉中醒了一半，大喝：“谁！”公主见已躲之不及了，就说：“公主巡营到此！”。大蛇听到公主声音，痴心又来了，强睁开蒙眬醉眼，跌跌撞撞地从床上爬起来，嘴里嚷着：“送货上门，这才真正有心！”公主不想与他纠缠，就先发制人说：“你酒醉失职，我要回宫奏明父王！”说完拔起脚就要溜出。可是手中拿的水令牌来不及藏起，被大蛇看见，丢了水令牌，就是丢脑袋，这还了得，大蛇踉踉跄跄地追过来，伸手就抢。突然虎鲟高叫；“龙王千岁驾到！”龙王走进水令台，公主站在门口先发声：“臣女禀告父王，蛇将军饮酒烂醉，失职了！”龙王看见女儿会来到这里，好生奇怪，就说；“蛇将军醉酒，你怎么知道？”公主支支吾吾回答不上，大蛇趁机奏道；“表妹说是巡营到此，还拿了水令牌。”“什么？水令牌？”龙王踌躇了一下，心里明白了。公主请水不成，想盗令调水是无疑了，但是家丑不可外扬，也就不点破，对公主说：“把令牌还给蛇将军，随我回宫去吧！”龙王父女正要起脚，虎鲟又高叫：“真武大神到。”原来，当大蛇与李瑜争水令牌的时候，被跳跳鱼听到，他怕大蛇吃了亏，就去请来真武大神，想不到龙王也在此地。但真武毕竟老奸巨猾，他先是假充公道训斥大蛇喝酒误事，并语中带刺地说：“水令台乃军机要地，龙王千岁委你如此重任，你怎能玩忽职守，万一有人潜进令台，盗走了水令牌，怎么办？”。真是“心有灵犀一点通”，大蛇领会了其父的用意，急忙接口道：“表妹拿了一支水令牌。”真武假装惊讶说：“果然险些出事了，我闻得甥女到凡间时，曾答应凡人向千岁请水，莫非是请水不成来盗令？”说完又向大蛇递眼色。大蛇又奏道；“臣还有一事不敢上奏。”龙王怒冲冲道：“奏来。”大蛇奏道：“表妹在凡间还违反宫规，与凡人男子携手并肩过仙桥，拉拉扯扯，情意绵绵。”听此言，龙王气得浑身发抖，正欲发作，真武大神却又挑唆道；“甥女违反宫规，此乃是宫廷之大耻大辱，有损龙颜威严之丑事，但微臣考虑到家丑不可外扬，叫小儿包庇起来，不得外传。想不到甥女越发大胆，竟敢擅入令台盗窃水令牌，违反天条，罪上加罪。此事若被千里眼、顺风耳知晓，奏与玉皇大帝，我等都担罪不起呀！纸包不住火，若不严加惩处，海国上下势必议论纷纷，千岁家不能治，焉能治国？望千岁以水国存亡为重，三思三思。”一场双簧戏，犹如火上浇油，龙王大发雷霆，不容李瑜分辩一字半句，拔出宝剑向女儿就刺。说时迟，那时快，恰巧白鲢、红鲢拥着王后赶到，龙王出手的宝剑恰被王后按住了剑柄，不曾把公主刺伤。公主求母后说情，龙王怒气未消，哪里肯依，嘴里迭不连声地骂着：“妖精、妖精！”到这时大蛇倒怕龙王真的把公主刺死了，自己岂不也是水中捞月一场空，就与真武大神使个眼色，真武又假装慈悲，劝龙王暂息雷霆，从宽惩处，把她锁禁幽宫，免得逃往人间。真武虽然奸诈，但是有功之臣，又是龙王的内兄，龙王一向让他三分，更是言听计从，就准了奏，命龙虾、虎鲟把公主带往幽宫锁禁。

公主被锁禁在幽宫，固然吃尽了苦处，但守门的龙虾、虎鲟念她是千岁之女，也不敢怎样难为她。红鲢、白鲢对公主更是关心体贴，日里递茶送汤送吃送穿。王后也不时瞒着龙王到幽宫探视，好言相劝，使公主稍得安慰，期待着有朝一日能得到父王的恩赦。

自从公主点石出米，石义每天上山，日取数升，接济乡邻。乡亲们虽然每家只能分到一点点，但有了几粒米和野菜，倒还可以暂度春荒。却说本乡财主石心肠趁灾年大放谷担，外乡人来借谷的甚多，本乡的穷人却少有人来，石心肠大为诧异，觉得这里有蹊跷，就派石虎、石豹暗中察访。石虎、石豹就在乡里探听，发现乡里的穷人都受到石义的接济，就报与石心肠。石心肠更觉得奇怪，这石义在石厝祠是出名的穷鬼，哪来的白米呢？又叫石虎、石豹暗暗跟踪，发现他每天黎明时分就出村，太阳出山前就从石竹山方向背回一袋米。这下被石心肠抓住了把柄，认定是偷了石竹寺和尚仓，就叫石虎、石豹把石义抓来拷打，石义宁死不屈，哼也不哼一声。石心肠毫无办法，就心生一计，把石义放了。

第二天，启明星还挂在天边的时候，石义忍着被毒打的伤痛，拖着疲惫的双腿，挣扎着上了石竹山，来到桃源洞，进了石洞走到流米孔前，依旧把米袋对着流米孔，口念：“石头、石头、请把米流。”哗啦一声，白米流满一米袋。石义把米袋背在背上下山去了。他哪里知道石心肠一伙趁着夜黑，尾随着他也到了流米洞，躲在一旁。石义前脚刚走，石心肠后脚就走进了桃源洞，借着朦胧的曙光，看见了洞壁上的石孔，顿时欣喜若狂，这下发财了，迫不及待地就喊叫：“石头、石头，快把米流”。哗啦一声，白米撒了一地，大约只有二三升。可是石心肠心比牛肺还要大，对着地上的白米说：“这么几粒，还不够我养鸡鸭喂猫狗。”还是石虎诡计多端，到洞外拣着一块石刀，对着流米孔就敲，把流米孔敲打得足有小桶大。这一下白米哗哗流而不止，石心肠手舞足蹈，狂叫：“发财了，发财了！”

流米孔的大米，不是石竹山固有的，是玉帝天仓里的。因为石义素不奢求，日取数升，所以不被发觉。这一下可好了，洞口如桶大米哗哗而出，早被顺风耳听见，报与千里眼。千里眼站在南天门上，往人间横扫一眼，发现天仓之米流往石竹山，奏与玉帝，玉帝传旨：“凡人施妖术，在石竹山桃源洞钻孔盗米，谁与寡人前去惩戒？”二郎神领旨出天宫，来个和尚推沙弥，叫石竹山土地做法，推倒桃源洞巨石，将偷米主人压死于洞内。

正当石心肠主仆围着白米堆团团转，商量着怎么派人挑米下山的时候，突然间一声巨响，如山崩地裂，一块巨石向他们压来，三个恶鬼一起毙命于顽石之下。

石竹山土地惩戒了石心肠主仆三人，向二郎神交了差，并供出做法之人，乃东海龙女李瑜公主。二郎神奏与玉帝，玉帝降旨，派二郎神前往东海查办李瑜，这真是祸不单行，雪上加霜。红鲢、白鲢听到风声，迅速赶往幽宫向公主禀报。公主原来还存着父王恩赦的一线希望，现在是上天降罪，一线希望也扑灭了。三十六计走为上策，公主带上红鲢、白鲢，还有见义勇为的龙虾、虎鲟两个守幽宫的水卒，逃离幽宫，来到人间。

石义在村中听到石竹山上山崩地裂之巨响，料是天机漏泄，急急奔上石竹山，来到桃源洞，只见满地白米，巨石倒而复竖恢复了原形，而石心肠主仆三人已成肉饼，毙命于米堆旁。真是恶有恶报。石义又喜又忧，急急忙忙奔下山来，正逢着李瑜一行。石义羞惭难言，叫一声：“李瑜姐，小弟连累姐姐了。”泪如雨下。

公主道："天不增人幸福，单添人祸殃，事既如此哭也无用。"红鲢接口说："玉帝已派天神到水国查办，很快就会有追兵到来，快快跟着公主逃命去吧！"话尤未了，大风过处，杀声震天，大蛇领着虾兵蟹卒追来了。公主急忙祭起碧玉簪，变成一条银枪，把大蛇杀得丢盔弃甲，抱头鼠窜。真武大神料大蛇不是公主的对手，端着镇海塔来了。他对着公主高喊："公主听旨，龙王有旨，传你速速回宫。"公主二话没说，挺银枪对着真武就刺。真武却将手中的镇海塔高高托起，口中念念有词，顿时闪起万丈火焰烧死了石义，罩住了公主。公主身软力竭，如万箭穿心，丢了碧玉簪，满地打滚。真武哈哈大笑："妖精，老夫就要把你变成一尾鲤鱼，永镇塔下，让你活也不得，死也不成！"公主并不甘示弱，忍着疼痛说："三年水流东，三年水流西，未必你父子能作恶多久，总有一天我要破塔返俗。"真武又是一阵狞笑："老夫要在石竹山下建起真武殿，派玄天大帝严加看守，料你有翅也难逃。"大蛇得意扬扬地说："我大蛇横路，把守水口，任你有鲤鱼跃龙门的本领也难逃脱。"

真武大神果然建了真武殿，大蛇横（宏）路，把守水口。因此就留下了塔镇鲤鱼山的古迹以及真武殿、大蛇、宏路这些村庄地名。

石竹山龙女峰的传说

林　萌　董立安

有一年，福清正逢百年大旱，庄稼绝收，民不聊生。东张的鲤鱼山东隅有一深潭，叫白蛇潭，潭里潜着东海龙王的三公主。她见百姓困苦不堪，非常同情，于是，就从洞里腾空而起，普降喜雨。久旱的禾苗逢甘霖，庄稼得救了。百姓欢呼雀跃，感动得在地上跪拜不迭。

龙公主看到这情景，高兴地从云端里露出龙首。百姓发现是真龙降雨，人人欢天喜地，庆贺今年的五谷丰登。谁知，此事传到皇帝耳朵里，他认为真龙降雨，此地必出天子，要改朝换代，这还了得？于是派监正观察星象，果然测得南方有一巨星。监正便带了一批人马，从京城直奔南方。一日，时值黄昏，他微服察访到东张，镇里的镇使、镇将慌忙出来迎接，设宴招待，安置下榻处。

监正过惯了朝廷的花天酒地生活，哪能待得住乡下？当天晚上就起程回县城寻欢作乐。可是他沿着山路一直走，一整夜都绕不出去；原来鲤鱼山与石竹山昼离夜合，阡陌改变，怎能绕得出去？监正只得悻悻地折回，就在原地观察。他又风闻“鲤鱼朝天子”传说，便断定鲤鱼山就是龙的化身，此地必出天子。为了防止天子换代，他翻阅了五行书籍，对“画龙点睛”诡计颇为得意，认为要镇住龙公主，必须挖掉龙眼，使其辨别不了方向，无法呼风唤雨，为百姓造福。于是，便命石匠在鲤鱼山的东头石碑上镌刻“化龙”两个大字，意要除掉龙公主，然后设坛做法，将龙公主的眼睛剜掉。可怜的龙公主失去眼珠后，眼窝中的滚滚清泪，流了七七四十九天。

邻村石家村有个后生仔名叫石义，村人称他为阿龙。此人见义勇为，自从他得知龙公主的眼睛被挖掉，不能及时降雨，东张村的田园又是一片荒芜后，就下决心要治愈龙公主的眼睛。石义听乡下郎中说龙眼核能治眼睛，于是就叫村人广种龙眼树。龙眼树结果后，他摘下果实，制成药丸，治好了龙公主的眼睛。此后，龙公主又能为百姓普降甘霖，村里干枯的庄稼又复苏了。

龙公主的眼睛康复后，很感激阿龙，准备好好报答他。有一天上午，阿龙在石竹山上砍柴累了，就靠在一块巨岩边歇息。此时，龙公主变成村姑站在阿龙面前，羞羞答答，倾吐爱慕之情。疲累的阿龙心想，现在村人缺衣少吃，日子过得很困苦，自己又家贫如洗，哪还有心绪谈情说爱？于是就婉言谢绝了。龙公主见阿龙心情不愉，对他神秘地笑了笑，就从发鬓上拔出一根金钗，在阿龙靠背的崖壁上画了一个小圆圈。顿时，一声轰响，金光四溅，崖壁裂了一个缝罅，变成一个小洞，白花花的大米从洞中流出。阿龙惊喜万分，悟出方才村姑便是龙公主的化身，为了报救命之恩，才来与他相会的。他千恩万谢了龙公主后，就将一袋袋大米扛回村里，分给穷苦的父老乡亲。

以后，每至黄昏，龙公主就变成一个美丽的村姑，亭亭玉立在石竹山的龙女峰上，等阿龙来相会。阿龙来时，山沟就会奇迹般地出现了一条石板桥（仙桥）让阿龙通过。两人在山上互诉衷情，亲密无间。

村民们领到大米，家里又揭开了锅，炊烟缭绕，个个眉开眼笑。村里的财主石百万是贪得无厌的家伙，阿龙背这么多米回来分给乡亲们，他既眼红又怀疑。为了查清底细，有一天，他派家丁暗中跟踪阿龙。家丁发现阿龙是从一个石洞里掏米，远远听见他唠唠叨叨地念口诀，听不清念什么，就嬉皮笑脸地凑上前去问阿龙。阿龙非但不肯告诉他，还训了他一顿。家丁见阴谋不能得逞，就溜下山将此事告知石百万。财主听后气急败坏，第二天就带了一班人马到石竹山去，用石头砸石洞，洞口越砸越大，而洞里的白米反而不流了，贪心的财主只得空手而归。

流米洞被砸后，石百万仍不肯罢休。他勾结衙门，趁阿龙上山取米之机，派大队人马，兵分三路，从山脚往山上团团围住阿龙。阿龙听到山下杀声四起，知道自己将遭杀害，就迅速往高处跑去。在这紧急关头，村姑站在龙女峰上，只见她举起手来，用食指点数一个个兵丁，每点到一个兵丁，就变成一块顽石。点到最后，石头如蚂蚁一样，密密麻麻地搁在山坡上。村人闻知，无不拍手称快。从此，东张风调雨顺，百姓安居乐业。

（**作者简介：**林萌，男，笔名铁崖，1951 年 2 月生，福清人。大专，助理馆员，福建省民间文艺家协会会员，福州市作家协会会员，民间文学家协会理事，福清市民间文艺工作者协会副会长兼秘书长。董立安，男，笔名会平，1962 年 2 月生，福清人。高中、文化馆干部。）

鸳鸯石的传说

辛　笛

从石竹山道院西侧转过武陵谷口，沿石阶下行，几曲几折，便可见到鸳鸯石，两只停在一块硕大无朋的大石上的鸳鸯，互相依偎，交头接颈，似乎正在说着悄悄话哩！

相传古时候，有一个叫苑苑的小伙子，从小殁了父母。他为人忠厚勤劳，十分英俊，在一个姓王的财主家扛长工。王财主有个独生女儿，叫央央，长得如花似玉，还有一颗七窍通灵的心。央央十六岁了，上门求婚的官宦豪富人家几乎把王门的门槛都踩烂了。可央央一个也没有应承。王财主三盘五问，才知道自己的宝贝女儿看上了家里的穷长工苑苑。王财主心想，女儿从小娇惯了，如果不先应承这桩亲事，说不定会闹出人命。但若是做成了，却门不当户不对，传扬出去可是一点脸面也没有了。王财主左思右想，最后想出了一条计策：这边，他假装在女儿面前答应了亲事；那边，他却以给一都黄状元家送礼为名，把苑苑打发出门，然后买通强人，埋伏在石竹山脚，偷偷把苑苑推下山谷，杀人毁尸，以断女儿的念头。没想到，当那被收买的强人行凶之时，恰巧石竹山仙公路过，便救下苑苑。

王财主见杀了苑苑，便骗女儿说是苑苑不小心失足坠崖。央央一听如雷轰顶，但人既死了，也没有办法，只求父亲让她在苑苑坠崖的地方祭奠一番。王财主无奈，只好答应女儿的哀求。他何曾想，央央在哭祭之后，居然舍身跳崖，以身殉情。

那苑苑在石竹山上得知央央死讯，跪求仙公搭救。可仙公却说："央央寿数已终，你若想与她相伴，只能化作飞鸟才行。"苑苑笃情难移，悲壮应允，于是一对情人化作一对鸳鸯鸟，成天在石竹山溪涧里交颈畅游。

多少年过去了，这一对鸳鸯感念仙公玉成之恩，便在临死时飞上山崖头，化作巨石。石竹山上从此便有了鸳鸯石了。

（**作者简介**：辛笛，本名严家梅，男，另有笔名贾枚、木文、西贝、古今、田由，1943 年 5 月生，福清人。中专。福清市文联副主席、美协主席、文学创作协会会长，曾任市政协秘书长至退休）

艺 文

山水之梦

林微润

多少年相传：那千层石阶的石竹山上，那苍松翠柏环护，危岩奇石之间的寺庙和山洞里，有一串串拾掇不尽的千奇百怪的幻梦。

“叩头一炷香，闭目侧身躺。仙人来点梦，化凶遇吉祥。”多少善良的人络绎不绝于山道上，求仙祈梦。有的求巧逢佳偶，有的求就业深造，有的求升官发财，有的求消灾祛病……人间有多少烦恼和盼望，便有多少梦幻出现……

这种祈求来的梦境多是苦涩的，惶惑的，往往可以做各种甚至相反解说的。于是惶然偶得，唯恐不祥，登临胜境的人，哪还有心思欣赏山水之美，品味生活之趣。我恍然听到山在叹息，这不是它的意愿。

哦！我还看到很多很多远道而来的人，他们是在工余暇日来观赏奇山秀水的。他们流连于石竹山上，静观山下那一层淡蓝色薄雾里，东张水库的碧波荡漾，那灵秀的鲤鱼山似在嬉戏喋水……指点山上那不尽的奇崖怪洞，古树险涧，很快都痴迷地进入了美妙的梦境。这才是真正的寻梦者，石竹山的知音。

看人们神游梦幻之中，物我皆忘，杂念俱消，神怡心爽，我恍然听到山在欢笑：这才是它的荣光。

（**作者简介**：林微润，男，1933 年生，福清镜洋金井人。原南京军区师级专业作家。中国散文诗学会会员，福建省作家协会理事）

沧海石的来历

辛 笛

石竹山主峰状元峰上有一块巨石，石上布满了斑斑点点海贝类动物的遗壳，这就是名载于县志的沧海石。

相传远古时代，石竹山这地方还是一片汪洋大海，碧波万里，水族兴旺。东海龙王敖广时常带着龙妻龙子到此游玩，这里成了最受他喜爱的行苑。

东海龙王有个三太子，此人品性暴戾，每当到此游玩时，都恣意兴风作浪，海水冲堤决岸，淹田没村，给附近村民造成极大的灾难。有一年，正是入夏季节，田里的稻谷正黄，树上的荔枝刚红，好一派丰收景象，而老百姓心里却捏着一把汗。他们又是烧香又是祷告，祈求三太子留情，给百姓一口饱饭吃。可谁知这三太子并不领情，游兴浓时又兴风作浪。一夜间，巨浪卷走了丰收的稻谷和成熟的荔枝，要不是人们逃得快，整个村子都覆没了。老百姓对三太子恨之入骨。正当老百姓饥苦难熬之际，有一天，村子里来了一个疯道人，他手提渔鼓，口唱道情，挨家化斋。说也奇怪，只要他所到的人家，空米缸满了，煮在锅里的野菜变成佳肴。乡亲们知是来了神仙，便跪求他施法惩治恶龙，解救百姓。那道人半闭着眼说了四句道情，曰：沧海桑田几春秋，龙子兴灾百姓忧。若得鲤尾镇宝塔，保尔十年九丰收。

歌罢，化云而去。村中老者忙将这四句道情细细咀嚼，遂决定在鲤尾山上建一宝塔，以镇龙妖。一年后，塔成。这年，果然龙子不敢兴风作浪，一气之下，他将海水后退五十里。从此，石竹山露出海面，成了一座高山。海中那块长满贝壳的巨石也随之出水，成了现今的沧海石。

有人说，那疯道人便是石竹九仙中的那位仙君化身哩。

虎头石与金钟潭

黄金苏

传说石竹山上原有一口大金钟，金钟上面刻着一行小字：此钟赐给十儿十媳齐全之人。一天，附近村子里的一个财主来到寺里，见了这个大金钟，垂涎三尺，想起已有九个儿、媳，就只差一个怎么办？他回去后想了一个办法：将自己的第三十四房小妾许嫁给乡里一个懒汉，叫他俩代做儿媳。次日，财主就领着“十儿十媳”来石竹山寺，找当家的说：“我林某已有十儿十媳，今天特来抬回仙君赐给的金钟。”当家对他说：“你若真有十儿十媳，就可以抬回，如果冒名顶替，弄虚作假，则不但得不到金钟，还会受到惩罚的。”财主赶忙对天发誓，叫“十儿媳”把金钟抬回去，这时，围观的群众议论纷纷，其中一个放牛的小孩就跑到山腰，在路边的一块大石上，用尖石刻写一首讽刺诗：“懒汉暂替财主儿，妻妾冒媳不适宜；财主贪心谋金钟，仙君显灵勿迟疑。”

财主带领“十儿媳”抬金钟至此，看到此诗，气不打一处来，便命众儿媳放下金钟，将这块石头撬下溪潭去。十对儿媳就围着大石头撬呀、推呀，终于把这块贴在后壁的大石头撬动。说也奇怪，当这石头往下滚时，却把放在路边的金钟也推向溪潭，财主见状，赶忙要十儿媳一同去挡住金钟，结果他们连同金钟都掉到溪潭中淹没了。那块大石由于金钟撞碰反而屹立在溪岸上，刻字的一面压在地下，贴在山壁的一面却显露出来了，状似老虎头。从此以后，这块石就被称作虎头石，而虎头石下面的一个溪潭就叫金钟潭。

趣　闻

石竹山异闻小辑

陈华光

石竹山异闻甚多，仅辑数则如下：

石竹山飞石应谶

南宋，王象之《舆地纪胜》卷128“福建路·福州·碑记”有“天宝状元谶碑”条，文曰：《夷坚志》云，福州福清县石竹山，乾道三年（1167），居民夜半闻山上有声如震雷，明旦，山顶有大石方九丈，飞落半腰间。县士李槐云山下旧有碑曰；天宝石移，状元来期，龙爪花红，状元西东。邑境有石陂曰天宝，是岁永福人萧国梁魁天下，永福在福清西。又三年，兴化郑侨继之，正在福清之东。

石竹仙迹

清，里人何求《闽都别记》第93回载：五代闽国时，书生周艳冰未婚妻吴瑶琴，被闽王璘夺入后宫为宫女。石竹山道人林汝光有心救助，在三琅峰下（今闽侯坊口）化成满身生有脓疮的叫花子，并以身上的疮虫塞于艳冰口中，艳冰恶心，口吐一纸，内有字曰：艳冰汝莫泣，石竹有仙迹。若要救瑶琴，西山出红日。

艳冰知叫花子为异人，急上石竹山求仙。至山上遇见一人身骑猛虎从云里走出，艳冰仰面看那面貌，认得是三琅峰之花子。忙跪草中呼曰：“神仙救难！”林道人曰：“今带汝去见九真人，或能救之。”遂引艳冰至“深云洞”拜见九道人，其中一道人赠给艳冰一封锦囊，并说："随存在身，至急迫时开看，自然夫妇相逢。"

石竹山在福清县永寿里，山形峭拔插汉，相传何氏九仙多在此地。又有林汝光修炼此山，丹成骑虎得道。今虎溪岩在有井，虽旱不涸。

后来周艳冰用锦囊中的"追魂丹"救活吴瑶琴，夫妇团圆。

林汝光修炼石竹山

《闽都别记》第101回载："福清石竹山之仙人林汝光，原籍福州越王山（一说邵武人，见《福清县志》"仙释"条），在石竹山修炼，骑虎上升。"他好度凡人，仙游浙江宁波，收余心发为徒，带回福州，师徒二人路费用完，分文无剩。林汝光带心发至屏山指一池塘，立刻满塘池水变成白银，又到南门池浦堤岸，变池水为"银镶浦"与"金堆洋"。林汝光还把金银用不完的秘诀授予心发。有了金银，心发却萌发了思凡之心，要求回家。林汝光知其俗骨难以度化，同意让其回乡，带他上越王山、钓鱼台，叹息吟：江山如故昔人非，乡井难寻前代碑。罔极深思恩莫报，白云空望双泪垂。心发急往池塘取银，那银却搬不动，用尽力气才敲下一小角，仅二两余而已。

郑成功神归石竹

民间相传郑成功前身为福清石竹鲤鱼精，《闽都别记》对这一传说也有记述。该书第343回载："顺治十八年（1661），国姓议取台湾，至鹿耳门水骤涨丈余，大小战船衔尾而渡。"是夜，占据台湾的荷兰王"梦一人面鱼身金盔金甲，执月斧鼓浪而至，喊曰：'地是我家，特来讨！'一面言一面举斧砍下，王惊跌于床下，冷汗淋漓，连称怪事。时已天明，外面报有无数战船，自西北涌来夺地。王即登城楼，看海中有一人面鱼身，执斧破浪先行，随后无数战船涌至，那先行的即梦中所见之人无异，即令紧闭城门，不敢与战。原来国姓在头号船，现出原形。"

1661年，郑成功病卒台湾。《闽都别记》第346回载："国姓自隆武元年生，至永历十六年卒，时年才三十九岁，至台湾仅二年，惜哉！未至之先有鲤鱼大如山，顺潮入内港，潮退不去，人皆以神，不敢造次，皆建醮鸣金祭之。至潮起，复游海外。明年又入港，乡人照旧祭之。未三日，鲤鱼死港内，乡人抬高处掩埋。国姓驻台只二年卒，人皆以国姓乃鲤鱼精，人未至精先至，前后亦只二年。国姓死之二日，澎湖人皆见云端有一大金鲤，向西飞出，乃应“见鸟须伏，见龙再出，七百年后，重会石竹”之谶也。

夏龙山梦石竹仙人授语

《福清县志》卷二十“杂事志”之“丛谈”条载：“明臬司夏龙山，少登石竹岩，以前程问仙。夜梦仙人授以二语云：‘二山半落青天外，一水中分白鹭洲。’茫无解其占也。后历官凡三十年，至贵州按察使，以最擢浙江巡抚。已得旨矣，龙山意不恋恋也。公暇偶步至后轩僻榭，见壁间旧题凤凰台诗，字多模糊，其三山二水句，各剥蚀如仙言，乃释然曰：‘石竹梦今见矣，尚何言哉？’遂赋归来，优游五载而终。”

石竹山飞瓦

郑敬平

石竹山上建仙君楼那是多大的动静，很快传遍十里八乡，也传到清源山绿竹洞蟒妖耳里。有道是“江山易改，禀性难移”。白蟒妖心又动，踏云来到石竹山上空，无奈有狮将军守山，不敢贸然行动，便变作一个过路书生，来到东张镇。镇上很多人在谈论石竹山上建仙君楼的事，谈论最多的是建仙君楼所需材料问题，土、木、石可在山上就地取材，砖、瓦、灰可要在山下生产，然后从山下搬到山上去。人们最担心的是瓦，瓦薄易碎，用量又多，要把数千瓦片搬到悬崖峭壁上去，那不是一两天的工夫。而且七、八月份是多台风暴雨季节，若赶上封顶的时候来台风暴雨，而瓦片赶不上用，就有可能功亏一篑，墙倒楼塌。那时候，再想重新集资建仙君楼，就没那回事了。但人们又说，石竹山上的九仙君祈灵如响，怎么可能让这种事发生呢！白蟒听了暗自嘀咕：你有仙法，我有妖术，我就是要让这样的事情发生！他打听到，东张镇周围只有一家瓦窑，便回去叫妖妻魏倩变作一位美少女，夜夜到瓦窑去，潜入看火师傅的梦里，让看火师傅夜夜遗精，最后精疲力竭，看火总是走眼，不是把瓦烧过火了，变形黏结在一起，就是火候不到，瓦片不熟，一拿就碎，一连报废了两窑瓦。当窑主另请看火师傅，烧出合格的瓦片来，运到石竹山下，那是好几个月后的事了。

这时候，仙君楼已上好檩钉上椽，停工待瓦。同时从东面传来消息说，海口镇西北郊压着东海龙王上天通牒的东岳山有云朵扣顶，就是说东海龙王发出信息，福唐县境内三天内要降大雨，即民谚所说："东岳山戴帽，三天内有雨"。这可急坏了缘首石忠厚，如何才能把山下数千片瓦在半天之内搬上仙君楼工地？如果一个人搬十片瓦上山，一次性搬完要数百人。当时石厝村仅十几户，东张镇也不过百户，要想招募这数百名搬运工，要发动方圆数十里的各村群众才行，那不是一天两天就可以完成的事了。怎么办？问仙君。石忠厚祈得一梦，梦见九仙弟定慧对他说："缘首勿虑，明早可见飞瓦奇观。"石忠厚醒来，对工匠们说了梦中仙君所言。工匠们都不肯相信，都认为是缘首胡思乱想的结果。理由是，瓦片怎么可能会自己从山下飞到山上来呢！要是仙君显灵，使了仙法，那为什么现在不飞，非要等到明早才飞呢？这天晚上，石忠厚没有回家，和工匠们一起住在仙君楼工地。

第二天一大早，石忠厚听见山下人声鼎沸，赶紧起床出去一看，发现数千群众涌到山下堆放瓦片的地方。原来，昨晚十里八乡的群众都做了同样一个梦，梦见有人满村子敲锣喊话："好消息，好消息，明早石竹山出现飞瓦奇观，快去看啦！千载难逢，万古奇事，期不可失，时不再来，赶早不赶迟，迟了看不见……"石忠厚不知道这么多群众聚在山下的原因，正疑惑着，突然天下起蒙蒙细雨。这时，山下人群中有一个小伙子，从瓦堆里拿起一片瓦遮在头上喊道："大家快走呀，到了仙君楼工地上才能看见飞瓦奇观！"喊完就往山上跑。众人一起仿效，每人都拿起一片瓦遮在头上挡雨，一个接一个往山上跑……石忠厚和工匠们在山上往下看，看到的是人们遮在头上的瓦片，瓦片连成了一条瓦龙，从山下缓缓飞了上来。工匠们一下子明白了飞瓦奇观是怎么回事，连忙组织接瓦，把瓦叠好。石忠厚维持秩序，每个人只许看一眼，然后依次从另一条路下山。说来更奇，前来观看飞瓦奇观的人数正好是要搬上山的瓦片数量。当然，最后数十个人没看到飞瓦奇观。但他们并没有受骗上当的感觉，只怨自己迟了一步。仙君在梦里有言在先："赶早不赶迟，迟了看不见。"

石竹山飞瓦成了千古奇闻，从此何氏九仙君名播海内外。

二、中华梦乡　祈梦有灵

祈梦有灵

福建福清石竹山，素有“中华梦乡”之美誉，以其独具特色的“梦文化”，而享誉海内外。石竹山于 1987 年被评为福建省首批以宗教为特色的省级十大风景名胜区之一，2004 年被评为以“中华梦乡”梦文化为特色的国家 4A 级旅游区。历史上有许多名人，因为祈梦，与石竹山结下了不解之缘，也使石竹山平添了不少神秘的色彩。著名的地理学家徐霞客于明泰昌元年（1620 年）六月中旬游览石竹山后，在《游九鲤湖日记》中记叙：“闻宏路驿西十里，有石竹山，岩石最胜，亦为九仙祈梦所，闽有‘春游石竹，秋游九鲤’语，虽未合其时，然不可失之交臂也，乘胜遂行……”据传，明马乐、叶向高、清李光地、王绍兰、陈宝琛等均到过石竹山祈梦，并留下了诸多脍炙人口的故事。

石竹山道院则始建于唐大中元年（公元 847 年），初名灵宝观，由仙君楼、观音殿、文昌阁等组成。主神供奉何氏九仙、并供奉道教系列诸神，香火绵延历今已有千载。作为历代道学名流向往的圣地，石竹山融灵宝派道法、九仙信仰和祈梦习俗，集其大者，其修持，讲求滋润万物而不张扬自我。

自 20 世纪 80 年代起，石竹山道院从地理环境、道学、旅游、建筑等多个角度全方位开发潜藏已久的文化资源。2008 年石竹山道院主办“梦境仙山，同享和谐”为主题的世界上第一届梦文化节后，梦文化于海内外，尤其在台湾地区引起了巨大反响；2010 年举办了“共谒九仙，梦圆两岸”为主题海峡两岸道教圆梦之旅暨第二届梦文化节实现了九仙分炉至台湾的宏愿；2012 年举办了“迎春纳福，梦圆两岸”为主题的第三届中华梦乡福清石竹山梦文化节，促成海峡两岸携手共迎春天的来临；2014 年举办了“中华九仙，福佑两岸”为主题的第四届中华梦乡福清石竹山梦文化节，成为大陆规模最大、群众参与范围最广的梦文化盛会；2016 年，以“圆梦石竹，道达和谐”为主题的第五届中华梦乡福清石竹山梦文化节暨 2017 年海峡两岸道教界迎春联谊会在福建省福清市石竹山隆重举行，来自海峡两岸、港澳地区等近千人参加了此次盛会，共叙情谊，共结梦缘；2018 年举办以“承古开今，筑梦未来”为主题的第六届中华梦乡福清石竹山梦文化节，探讨海峡两岸共同申报国家级非物质文化遗产的话题，思考这一优秀传统文化与群众的美好生活有着怎样千丝万缕的联系。

经过十多年的弘扬与传承，石竹山“梦文化”作为中华优秀传统文化的一个重要内容，其所体现的文化内涵正为越来越多的各界人士所认识。

中华梦乡福清石竹山梦文化节

“梦境仙山同享和谐”
——2008年首届中华梦乡福清石竹山梦文化节

中国第一次以梦文化为核心的大型文化节于2008年10月7日（九九重阳节）在福清市石竹山隆重举行。该文化节由福建省非物质文化遗产保护中心和福清市文体局、石竹山道院等单位联合发起。国家、福建省及福州市等各级相关领导、专家、学者出席了开幕式、学术研讨会、民俗文化表演等活动。

由祈梦习俗、接春民俗、九仙信仰组成的石竹山梦文化历史传承最为悠久、内涵积淀最为深厚、文化影响最为深远。文化节的主题思想“梦境仙山 同享和谐”突显了传统道教文化对于“天地人和”的追求与融合，是全国规模最大，群众参与范围最广，影响最深的一次中国传统梦文化的盛会。结合“中华梦乡”石竹山非物质文化遗产的发掘与整理，举办的中国有史以来第一次以梦文化为内容的学术研讨会，填补了中国梦文化研究的空白，这也是我国有史以来举行的第一次以梦文化为内容的学术会议，来自大陆（内地）与港澳台的60多位学者在会上各抒己见交流道学研究的最新成果，并通过对现有“中华梦乡”石竹山非物质文化遗产发掘和整理成果的研讨，进一步认识中医中药最早的心理暗示治疗、催眠疗法的原始形态，为石竹山梦文化“申遗”打下了坚实的学术基础。

开幕式的亮点颇多，惊喜不断，高潮迭起。中国传统的龙狮表演，庄重而不失活泼，动静结合，渲染了现场热闹喜庆的氛围也给领导和来宾留下了深刻的印象。在龙狮队伍一旁的是现代乐队，两种巨大风格反差的表演形式中西结合，更平添节庆气氛，表达石竹山热烈欢迎远方的宾客的心意和梦文化的通古贯今的包容气度。蝴蝶作为传统的梦的符号，被设计为别出心裁的“放飞”主角，将道家中“庄周梦蝶”这一家喻户晓的典故进行了现代版梦符号的传承演绎，这在省内尚属首次。放飞的数万只绚丽的蝴蝶给观众全新的视觉震撼，给予人们无限的遐想空间。同时，本次文化节也为石竹山申报非物质文化遗产整理和提供了更为全面的依据！为了体现非物质文化的魅力，本次主办邀请了来自泉州的提线木偶现场助兴。作为中国首批非物质文化遗产，提线木偶为梦文化申遗工作提供了很好的借鉴作用。极富闽南民俗特点的经典剧目《钟馗醉酒》既展示了极富闽南民俗的传统魅力，也诠释了梦文化亦真亦幻的境界。《道德经》颂传了两千多年至今魅力不减。西山文武学校的同学们在悠扬的道乐（古筝）声中，朗诵《道德经》开篇以及有关梦文化的“孔德之容”片段。稚气未脱的声音给予古老厚重的《道德经》以时代的诠释，展现了梦文化从古老走向现代并融入当代的历史趋势。海内外、港澳台等地的近千位来宾齐聚福清市石竹山，共同见证这一值得纪念的时刻。

文化节上除了各种民俗气息浓郁的庆典活动之外，还展示了福清民间丰富多彩的民俗文化，烘托梦文化来源的多样性。当天，万神殿落成举行剪彩仪式，金碧辉煌的殿宇前，双龙戏珠等等一系列的暖场活动后，由领导为恢宏的万神殿行落成之礼，与会来宾无不惊叹于万神殿的精美建筑，随后大家一起参观了道院仙君楼祈梦洞，对石竹山梦文化有了一个更清晰的认识和直观的了解。之后狮岩堂剪彩也不失隆重，与会领导为图解道德经梦幻城行奠基之礼，这个捐资 1 亿人民币的项目，不仅仅是石竹山道院的一个建筑，它更是一个道教文化的浓缩，也印证了社会主义社会的今天各文化共存共荣，为《道德经》这一历史久远的道教经典在人们面前做出了最通俗易懂的诠释。

作为一种梦文化民俗形式，在仙君楼隆重举行的庆贺大法会上，道乐悠扬，颂声阵阵，法师们以虔诚的心向仙君祈求着苍生平安，社会和谐，世界和平，也是道教追求天地人融合的“道法自然”的体现。除此之外，文化节还组织了一场“梦文化书法笔会”，与会领导及书法家挥毫泼墨，或苍劲有力，或温婉柔情，或工整平顺，或章狂飞扬，以书法会友，共同书写石竹山梦文化的新篇章，通过“梦”的平台，交流和展现中国传统文化各种形态的非物质文化遗产的魅力。

开幕式当晚，由广西壮族自治区刘三姐艺术团倾情演绎，巧妙地将石竹山梦文化连同石竹山秀美的湖川景色融合进了家喻户晓的广西民间曲调，给梦文化以不一样的诠释，使观看晚会的领导及来宾对梦文化有了更深刻的认知和印象。

多种多样，形式各异，精彩纷呈的表演和活动，为文化节赢得了头彩，在接下来的3天时间里，石竹山盛装纳客，展示其与以往不同的风姿。所讲述和展现的各种梦故事不仅具有特殊的象征意味，而且蕴含着多种多样的民间知识和深刻的人生智慧。这些故事因石竹山而精彩，石竹山因故事及其深刻的内涵而厚重！正是这些绮丽的民族文化瑰宝向我们展示了传统道家文化传承的意义和重要性。

"共谒九仙 梦圆两岸"
——海峡两岸道教圆梦之旅暨第二届中华梦乡福清石竹山梦文化节

石竹山自古以来便与梦结下不解之缘。继2008年10月在"中华梦乡"福建省福清市石竹山举办了世界上第一次以梦文化为核心的大型文化节以来，中华大地上掀起了一场前所未有的中国传统道教文化、梦文化传扬热潮。这股对中国传统文化的传承与交流的热潮也深深波及了海峡东岸，台湾中天电视台连续对石竹山梦文化的专题报道，引起岛内强烈反响。尤其是台湾的同道中人及部分民众，对石竹山及其梦文化产生了浓厚的兴趣、敬仰和尊崇，并渴望能够亲身感受石竹山梦文化的魅力。台湾中华道教两岸交流协会、中华灵乩协会等道教团体向石竹山道院衷心表达了朝山与分炉台湾的宏愿，并组织台湾近千人的信众朝山团赴石竹山举行朝山活动，共同见证九仙信仰和祈梦习俗的风采。缘于两岸道缘关系之深厚，台湾"内政部"以及台湾各党派高层也同时表示积极响应和支持。"海峡两岸道教圆梦之旅暨第二届中华梦乡福清石竹山梦文化节"就此应运而生。

本届文化节于2010年1月2日在福建省福清市石竹山盛大开幕，又在宝岛台湾基隆圆满落幕。此次活动是大陆道教界首次赴台参加友好交往人数最多的一次。文化节的亮点之一是近60年来首次台湾信众到大陆迎请石竹山何氏九仙分炉台湾，是新中国成立以来大陆道教宫庙地方供神首次大规模分炉台湾；分炉仪式也是我国近60年来第一次按照民间传统习俗复原场景，并融入道教规仪，使之更具有梦文化特色；是半个多世纪以来，规模最大、代表性最为广泛的两岸道教文化交流活动。此外，还举办"中华梦乡"授牌仪式，石竹山道家文化养生村奠基仪式；对台经贸、旅游项目及融台两地客源互送协议签约仪式，在积极宣扬两岸同宗同源的宗教文化，有力推动福清石竹山道教文化在宝岛开枝散叶的同时，进一步扩大“中华梦乡，石竹仙山”品牌的海内外影响力，持续深化融台两地经贸、旅游、文化、宗教的对接与互动。

石竹山道院以此为契机，积极打造“中华梦乡”的形象，并于2009年11月被列入福建省非物质文化遗产保护名录，石竹山道院住持谢荣增道长也于2010年荣获“祈梦习俗非遗传承人”称号。

“迎春纳福 梦圆两岸”
——第三届中华梦乡福清石竹山梦文化节

春为四时之首，长期以来，在立春日举行“接春”的民俗活动，迎接春神、春王，民众祈求“新春伊始接好运，在新的一年里大吉大利”，同时举行禳太岁，祈禳“顺星照应，岁运亨通”。石竹山作为重要的道教活动场所，秉承传统，遵循“道法自然”，自古就被封为行春之治所。本届文化节开幕式特定于2012年2月3日（农历的“立春日”），将这一极具传统特色的活动与“祈梦习俗”相结合，吸引了更多人参与到传统民俗活动中来。

本届梦文化节的主题是“迎春纳福，梦圆两岸”，由福清市文体局、福清市旅游局、福清市东张水库管理局、石竹山道院主办。这次别具一格的海峡两岸友好交流活动，吸引了融台两地民众的共同关注和互动。

素有“中华梦乡”之美誉的福清石竹山，是国家4A级旅游区，自西汉以来就与“梦”结下了不解之缘。石竹山道院既是福建省最具道教与民俗特色的重要的道教活动场所，有其独特的道教活动内涵——祈梦习俗，更是祈梦和圆梦的发祥地。作为一种民俗现象，“石竹祈梦”习俗蕴含着中华传统文化的诸多元素，2009年6月成功入选福建省非物质文化遗产名录，目前正在积极申办国家级非物质文化遗产。正因为如此，石竹山梦文化受到前所未有的关注和参与热情，特别是吸引了大量的台湾民众积极参与，成为两岸民众交流的重要载体，不仅增进了两岸民间友好互动的情谊，对于推进两岸的文化、经贸交流，更具有重大的历史意义。

2008年福清石竹山道院主办了“石竹仙山，共享和谐”为主题的第一届梦文化节后，梦文化在海内外，尤其是台湾地区引起了巨大反响。2010年，台湾的中华道教两岸交流协会等道教团体经过多次寻访和交流，促成举办“共谒九仙，梦圆两岸”为主题的海峡两岸道教圆梦之旅暨第二届梦文化节，实现了九仙分炉至台湾的宏愿。第三届梦文化节在前两届梦文化节的经验和基础上，加入了石竹山道院与台湾道教总庙无极三清总道院友好签约仪式、台湾阿里山与石竹山结成友好盟山签约仪式、石竹山道院九仙分炉台湾道教协会仪式以及“童心绘就中华梦”五百名儿童书画大赛等活动，增加了带有石竹山接春民俗特色的迎春纳福大法会、九仙分灵大法会等民俗活动，使本届梦文化节内容更加丰富，影响更加广泛。

在本届文化节上，福建省福清市石竹山道院与台湾道教总庙无极三清总道院友好签约仪式备受瞩目。这是两岸道教文化友好交流的一个新起点，双方在交流中达成共识，将在闽台两地道教会各自设立道教友好交流常设机构，专事负责两地道教友好交流事宜，弘扬道教文化，促进两岸文化交流，并积极推动两岸慈善工作，共同为社会公益事业做出贡献。

石竹山与台湾嘉义县阿里山友好结盟姐妹山签约仪式，谱写了海峡两岸文化交流的新篇章。石竹山与阿里山有着众多相近的民俗文化共同点，又有着各自美丽独特的风景线。为了更好地打造两地的旅游品牌，挖掘两地经济、旅游、宗教、文化和地方产品的资源，搭起两地企业协作、服务民众的平台，双方达成共识，议定福建石竹山与台湾阿里山结盟为友好姐妹山，并推荐阿里山公主——汪毅纯小姐为友好联盟形象代言人。

本届梦文化节的开幕式上，还举办了丰富多彩的系列文艺活动。其中不乏有形式新颖的节目篇章，特别是台湾阿里山同胞带来精心编排的歌曲及舞蹈，加上古韵十足的分炉仪式等，使整场文化节高潮迭起，将来宾带入了一个道与梦、真与美、古与今相融合的境界里。可以说，第三届石竹山梦文化节在弘扬祖国传统文化，增进两岸和谐的民众交流互动，推动闽台在经济、文化、旅游等方面更深层次上的合作与发展，做出新的有益的尝试，也取得了巨大的成功。

“中华九仙 福佑两岸”
——第四届中华梦乡福清石竹山梦文化节

以“中华九仙，福佑两岸”为主题的——第四届中华梦乡福清石竹山梦文化节”于2014年6月8日至13日，在福建省福清市石竹山隆重举行，是由福建省道教协会主办，福建石竹山道院承办，以台湾民众首次组成的万人大团“圆梦之旅”全体参加。这是一次盛况空前的文化聚会，吸引了海峡两岸暨港澳数万人共同参与，不仅见证了两岸暨港澳友好互动的情谊，同聚九仙福地，共结梦缘，也再一次拓宽两岸民间交往文化交流之广度，促进两岸文化共同发展。

石竹山位于福建省东南沿海著名侨乡福清市，是一片临近繁华的人间净土。特殊的人文和地理环境与中华传统本土宗族文化内涵，使石竹山成为“祈梦的发祥与传承地”，素有“中华梦乡”之誉。石竹祈梦文化是一种原生文化，石竹山祈梦习俗蓄存着中华传统文化的诸多信息，以九仙信仰为精神纽带，以人生礼俗、岁时节令相伴随，以民间心理医疗知识为内涵的祈梦习俗是一种行之有效的民间养生与社会教化方式。

2008年以“梦境仙山，同享和谐”为主题的全球第一届中华梦乡福清石竹山梦文化节在石竹山隆重举行，并辑成《梦通大道——中华传统梦文化研究》上下两册论文集，为石竹山申报非物质文化遗产提供了更为全面的依据。2009年6月石竹山祈梦习俗成功入列福建省非物质文化遗产名录，并在积极申报国家级非物质文化遗产，石竹山的影响力和价值将借此得到持续加强和提升。2010年第二届中华梦乡福清石竹山梦文化节以“共谒九仙，梦圆两岸”为主题，开启了海峡两岸道教圆梦之旅，是我国近60年来第一次按照传统民间习俗并融入道教规仪，实现何氏九仙大规模分炉台湾。2012年以“迎春纳福，梦圆两岸”为主题的第三届中华梦乡福清石竹山梦文化节，完整展示了带有浓郁石竹山民俗特色的迎春纳福大法会、接春仪式等民俗活动，进一步扩大和加深了九仙信仰与祈梦文化在台湾的传播和影响。

第四届梦文化节在前三次梦文化节的基础上，再度整合石竹山梦文化的资源优势，更为系统地向世人展示她的内涵。此次活动有海峡两岸暨港澳数万人参与，成为目前全国规模最大、群众参与范围最广、影响最深的梦文化盛会。活动期间将举行隆重开幕仪式、九仙分炉台湾送驾仪式、具有浓厚民俗特色的两岸暨港澳踩街活动、规模宏大的朝山活动以及第二届海峡两岸民间宫庙叙缘交流会。

阵头踩街，风采两岸

“踩街”文化诞生于我国隋唐时期，最早是春节期间百姓自发聚在一起，载歌载舞相互庆祝。在我国很多地方都有多种形式的踩街风俗。此次梦文化节也首次融入踩街活动，旨在挖掘、传承特色民俗文化。踩街活动将从福清：石竹路驻驾起点→石竹路→清昌大道→西环西路→昌荣购物广场→ G342 国道→石竹路石竹路驻驾终点，共计 3.25 公里。踩街，形成绵延约数公里长的民俗盛景，为海峡两岸奉上民俗气息浓厚的文化大餐。

本届海峡两岸民俗踩街活动在表演方式上有很大的创新。今年的踩街活动通过方阵表演队伍的空间变化和层次感，融民俗性、视觉性、互动性于一体，带给人们强大的感官享受。尤其是文化节还上演了“阵头大踩街”表演，舞得虎虎生风的舞龙舞狮，配上颇有节奏、跃动感的鼓声，让人大饱眼福。阵头表演包括舞狮、舞龙、宋江阵、三太子等，不仅有福建的特色阵头，还融入了包括台湾地区的八家将和二十四司等在内的阵头，两岸的阵头表演热情互动，形成“斗阵”之势。表演通过闽台两岸共同民俗文化将海峡两岸紧密联系在一起，加深了两岸人民的感情。同时在表演的基础上展示出闽台两岸的文化风采，让大陆民众领略了台湾、香港和澳门各个地方的民俗文化，对祖国传统文化有了更深入的了解。

和谐共生，圆梦两岸

第二届海峡两岸民间宫庙叙缘交流会，以“和谐共生，圆梦两岸”为主题，发挥同根同源的优势，增进两岸民众情感交流，共同弘扬中华优秀传统文化。围绕“中国梦”为核心展开，以“发挥正能量，共筑中国梦”为目的，大力弘扬民间民俗宫庙爱国爱教、尊道贵德的优秀传统，彰显道教“济世利人、齐同慈爱”的社会关怀，见证道教“济人之急，救人之危”的社会价值，达到和谐共生、互助团结、重视文化、服务社会阶段性目标，将追求个人的梦与实现中国梦有机结合起来，扎根两岸、报效中华，达到以和为贵，以道会友，交流道家中人与自然的关系，引导如何构建共建共享、互利和谐的中国梦。

生于传统，而茂盛于传统，发扬于现代，而作用于现代，第四届石竹山梦文化节再次开启了增进两岸和谐的旅游、经济、宗教、民俗与文化，进一步促进了闽台两地民间友好交流的可持续发展，更好地弘扬了道教和民俗优良传统美德和祖国传统文化！

“圆梦石竹　道达和谐”
——第五届中华梦乡福清石竹山梦文化节暨 2017 年海峡两岸道教界迎春联谊会

第五届中华梦乡福清石竹山梦文化节暨 2017 年海峡两岸道教界迎春联谊会于 2016 年 12 月 27 日至 29 日（农历丙申年十一月二十九日至腊月初一），在福建省福清市石竹山举办。为扩大影响，也为了响应国家节约、节俭办活动的号召，经国家宗教局同意，本次活动将中华梦乡福清石竹山梦文化节和中国道教协会举办的海峡两岸道教迎春联谊会合并举办，主题为“圆梦石竹　道达和谐”，意喻着两岸民众共聚好梦开始的地方、梦文化发祥与传承三福之地的石竹仙山上，共圆“一带一路”和谐的世界梦。活动由中国道教协会与福建省道教协会共同主办，冠城大通股份有限公司和石竹山道院以及两岸相关团体单位承协办，有国家、福建省、福州各级相关部门的指导，特别是在福清市委市政府的全方位大力支持指导下，活动是一次高规格的峰会活动，吸引了海峡两岸暨港澳民众共同关注，也见证了两岸友好互动的情谊，共结梦缘。

石竹山位于“三福之地”：中国福建福州福清，以石奇竹秀而得名，素有“人间仙境，梦里乾坤”的美誉。石竹山的祈梦文化，千百年来源远流长。自改革开放以来，石竹山道院经过三十多年的不懈努力，继承发扬、整合重塑以九仙信仰、祈梦习俗、接春民俗为核心的石竹山道教文化，让这座道教仙山，更加名扬天下。

“中华梦乡”石竹山是国家 4A 级旅游区，更是祈梦和圆梦的发祥地。伴随着中国传统文化复兴的步伐，石竹山道教梦文化获得空前的关注和传播，特别是吸引了大量的两岸暨港澳民众积极参与，并逐步拓展为两岸暨港澳文化交流的有益载体，对于推进两岸暨港澳和海内外的文化、经贸交流，具有重大的历史意义。

2008 年福清石竹山道院主办了“石竹仙山，共享和谐”为主题的全球首次以梦为主题的第一届梦文化节，梦文化在海内外，尤其是台湾地区引起了巨大反响。2010 年，台湾中华道教两岸交流协会等道教团体经过多次寻访和交流，促成举办“共谒九仙，梦圆两岸”为主题的海峡两岸道教圆梦之旅暨第二届梦文化节，实现了九仙分炉至台湾的宏愿。2012 年第三届石竹山梦文化节，石竹山道院与台湾道教总庙无极三清总道院友好签约，促成了闽台道教团体以及两地多个地区级团体和两地多个宫庙的友好结盟，成为两岸文化交流的里程碑；2014年第四届梦文化节，两岸数万人参与的两地传统信俗活动，更是成为全球规模最大、影响最深的梦文化盛会。

本次梦文化节建立在四届梦文化节和两届海峡两岸道教界迎春联谊会的基础上，将两岸道友与信众聚集在中华梦乡石竹仙山，共商深化两岸文化交流和繁荣发展之大计，规格高，意义广，盛况空前。

在活动中召开了福建省石竹慈善基金会第二届理事会，在福建省石竹慈善基金会理事长、石竹山道院住持谢荣增道长诚挚邀请下，二届理事会将聘请石竹山九仙信士，全国政协委员、冠城大通股份有限公司董事长韩国龙先生以出任主席的身份联合有大爱情怀的企业盟友、信士，共同来推进石竹慈善大业，引用韩先生的话：我感恩中国共产党、感恩人民政府的栽培，也感恩石竹山九仙，最好的报恩就是以慈善回报社会。活动还将举行就职授任职和捐款等仪式。石竹慈善基金会的善款是众多九仙信士募集，将以道教的上善若水精神来济世利人，也一定会将中华梦乡石竹仙山的梦文化传承与人文建设焕然一新。新一届的理事会还将会进一步积极推动两岸慈善工作，助力两岸社会公益事业，为两岸福祉，再添福音。

本届2017年海峡两岸道教界迎春联谊会，在第一、二届同根同源同梦同圆的良好基础上，发挥同根同源的优势，增进两岸道教界和宫庙信众的情感交流，共同弘扬中华优秀传统文化。围绕“中国梦”为核心展开，以“发挥正能量，共筑中国梦”为目的，大力弘扬道教爱国爱教、尊道贵德的优良传统，彰显道教“济世利人、齐同慈爱”的社会关怀，见证道教“上善若水”的社会价值，达到和谐共生、互助团结、重视文化、服务社会阶段性目标，将追求个人的梦与实现中国梦有机结合起来，扎根两岸、报效中华，达到以和为贵，以道会友，交流道家中人与自然的关系，引导两岸道教界如何构建共建共享、互利和谐的中国梦。

在本届梦文化节上全国政协委员、中国道教协会副会长、祈梦习俗非遗传承人、石竹山道院住持谢荣增道长提出了道教在新时期传承发展的弘道思路：以闻道、学道、修道、悟道、证道，以此启发，以盈性灵，同享“梦、道”精华，道达和谐。

本次活动，弘扬了“中国梦”，彰显了中华民族的大团圆，谱写了两岸和谐发展的新篇章，希望达到海内外前所未有的共同关注，对于推进两岸以及海内外的文化、经贸交流，具有深远的现实与历史意义。

“承古开今 筑梦未来”
——2018 第六届中华梦乡福清石竹山梦文化节

习近平主席指出：“提高国家文化软实力，要努力展示中华文化独特魅力——宗教关系社会和谐、民族团结，关系国家安全和祖国统一。”为了推动习近平新时代社会主义文化大发展大繁荣，彰显中国文化软实力，增强中华民族的文化凝聚力，共筑伟大复兴的中国梦，2018 年 12 月 23 日在福清市石竹山道院举办第六届中华梦乡福清石竹山梦文化节。

本次梦文化节由福建省道教协会主办、福建石竹山道院承办，以“承古开今 筑梦未来”为主题，寓意在“人类命运共同体”思想的指引下，我们将以弘扬本土传统道教文化为宏愿，以实现“中国梦”为使命，继往开来，开拓美好的未来。在文化节期间，两岸民众将共同举行祈福、朝山活动，进行“一带一路”梦文化研讨和开展“尊道贵德 慈俭和善”传统道文化讲经等系列活动，共同见证两岸友好互动的情谊，共结梦缘。

石竹山位于福建省东南沿海著名侨乡福清市，是一片临近繁华的人间净土。特殊的人文和地理环境与中华传统本土宗族文化内涵，使石竹山成为“祈梦的发祥与传承地”，素有“中华梦乡”之誉。石竹祈梦文化是一种原生文化，石竹山祈梦习俗蓄存着中华传统文化的诸多信息，以九仙信仰为精神纽带，以人生礼俗、岁时节令相伴随，以民间心理医疗知识为内涵的祈梦文化是一种行之有效的民间养生与社会教化方式。

2008 年福清石竹山道院主办了“石竹仙山，共享和谐”为主题的全球首次以梦为主题的第一届梦文化节，梦文化在海内外，尤其是台湾地区引起了巨大反响；2010 年，台湾中华道教两岸交流协会等道教团体经过多次寻访和交流，促成举办“共谒九仙，梦圆两岸”为主题的海峡两岸道教圆梦之旅暨第二届梦文化节，实现了九仙分炉至台湾的宏愿；2012 年第三届石竹山梦文化节，石竹山道院与台湾道教总庙无极三清总道院友好签约，促成了闽台道教团体以及两地多个地区级团体和两地多个宫庙的友好结盟，成为两岸文化交流的里程碑；2014 年第四届梦文化节，两岸数万人参与的两地传统信俗活动，更是成为全球规模最大、影响最深的梦文化盛会；2017 年举办了第五届中华梦乡福清石竹山梦文化节暨 2017 年海峡两岸道教界迎春联谊会，以“发挥正能量，共筑中国梦”为目的，大力弘扬道教爱国爱教的优秀传统。

本次梦文化节将石竹山道教文化的民间智慧与文化共兴的伟业进行了融合，探讨了海峡两岸共同申报国家级非物质文化遗产的话题，思考这一优秀传统文化对群众的美好生活需要产生怎样的影响，有着怎样强大的精神动力，具有深远的现实与历史意义。

世界梦缘
——石竹山道院对外文化交流

石竹山主神何氏九仙君分炉台湾

以石竹山的地缘、神缘和人缘的关系，开展与海内外、港澳台的相关友好宫观和信众友好交往，组织各项道教文化活动，充分体现宗教界与社会主义社会相适应的热情，为祖国统一大业服务。如组织经唱团赴海外东南亚一带布道，弘扬祖国传统文化等；在教内兄弟宫观交流交往方面，石竹山道院也表现积极，与省内和中国各大宫观均有友好往来和交流互访活动，并经常举办各种类型的法会、道教节，邀请港澳台和海内外信众到来，如：2008 年在各级相关部门支持下成功举办世界上首次以梦文化为主题的，“中华梦乡福清石竹山梦文化节”，诚邀海内外（130 多个国家和地区）各界朋友前来参加盛会，参观考察，激情创业，共创辉煌，并召开中国梦文化专题研讨会，会后辑成《梦通大道》《石竹论道》两册论文集，在学术界和宗教界产生热烈反响；2010 年 1 月 1 日至 9 日携手台湾基隆市举办以“共谒九仙、梦圆两岸”为主题的海峡两岸道教圆梦之旅暨第二届中华梦乡福清石竹山梦文化节，此次交流活动开幕在福建福清石竹山，闭幕在台湾基隆市，两岸道众千余人互动（台湾道教 300 多座宫庙负责人和 500 多位信众参加福清开幕式，其中相当部分是台湾南部信众，谢荣增道长组织了福州市 500 多个道教宫观负责人赴台参加基隆的闭幕式，本次活动是我国道教界赴台参加友好交往人数最多的首次）。文化节的亮点之一是开幕仪式中近 60 年来首次台湾信众大规模到来迎请石竹山何氏九仙分炉台湾，这是新中国成立以来大陆道教宫庙地方供神首次分炉台湾，是半个多世纪以来，规模最大、代表性最为广泛的两岸道教交流活动，开幕式上和活动中台湾政要和不同党派的领导人等台湾政界都送来贺词和贺匾，台湾道教界信众，都高兴地说，只有石竹山道教活动能让台湾不同政见的党派坐在一起，说着两岸同根同缘同样的话。两岸道教界商定将持续开展两岸交流活动，对加强两岸民间交往，深化海峡两岸道教情谊做出贡献，进而推动海峡两岸在旅游、经贸、文化等领域的交流与合作上开启新的篇章。2012年的第三届梦文化节期间还举办了石竹山道院与台湾道教总庙无极三清总道院等友好签约仪式、石竹山道院九仙分炉台湾道教会仪式，以及海峡两岸道教界迎春座谈会等活动。石竹山梦文化书的成功举办，逐步形成了规模、树立了品牌，充分展示了福建独具特色的道教文化魅力，吸引了海峡两岸民众共同关注，已成为两岸道教界中具有广泛影响、可持续发展的重要交流平台之一。2014 年 6 月 8 日至 13 日，以“中华九仙，福佑两岸”为主题的第四届中华梦乡福清石竹山梦文化节”，由福建省道教协会主办，福建石竹山道院承办，台湾省道教会、台湾道教总庙无极三清总道院，台湾大甲镇澜宫、台湾妈祖联谊会等团体协办，是一次盛况空前的文化聚会，吸引了海峡两岸数万人共同参与（单就台湾就组织了一万多人的道教信众参与，这是有始以来台湾道教界到大陆最多人数的一个团），不仅见证了两岸友好互动的情谊，同聚九仙福地，共结梦缘，也再一次拓宽两岸文化交流之广度，促进两岸文化共同发展。第四届梦文化节在前三次梦文化节的经验和基础上，再度整合石竹山梦文化的资源优势，更为系统地向世人展示她的内涵。此次活动有海峡两岸万人参与，成为目前全国规模最大、群众参与范围最广、影响最深的梦文化盛会。活动期间举行隆重开幕仪式、九仙分炉台湾仪式、具有浓厚民俗特色的闽台踩街活动、规模宏大的朝山活动以及第二届海峡两岸民间宫庙叙缘交流会。这是国内有史以来最大型海峡两岸道教圆梦之旅之盛会，两岸数万人的道众参与道缘人缘促梦圆，为促进两岸文化的交流、海西文教基地的建设和促进祖国统一都具有重要的现实意义。此外，两岸还将共同致力于弘扬道教传统文化，发扬道教济世利人的优良传统，关怀社会弱势群体，积极从事道教慈善工作。

序号	时间	宫庙	代表
1	2010 年	台北新店广欣三元殿	陈文坪、冯秋湄
2		台北县关渡圆梦仙境	刘弄潮、刘轩宇
3		台北市社子寻梦园	陈建佑、陈祈安
4		台北玄明宫	陈国祯、叶玉荣
5		桃园县龙潭圆梦仙境	张国麟、吴良胜
6		台中市三清一心道场	邓贺云、邓新园
7		台中市玄一堂	黄义智、王姵云
8		高雄女娲圣宫	吴艾洁、吴佳静
9		基隆市王天君殿	林 言
10	2012 年	台南市下营北极玄天上帝庙	姜金利主任委员
11		台湾省道教会	陈禄星理事长
12		台湾无极三清总道院	郑铭辉主任委员
13		台湾阿里山乡	汪毅纯主席（公主）
14		台南雷恩行宫	张赐仙主持
15	2014 年	台南闾山玄临宫	毛琮咏宫主
16		高雄道元玄真府	江宽裕宫主
17		台南龙泰堂	姜献杰主委

石竹山道院何氏九仙君分炉台湾宫庙名单

福清石竹山道院何氏九仙分炉系列活动在东京举行

中日两国道教文化交流源远流长，中国道教文化和道教思想早在一千五百多年以前就传播到了日本，并在日本生根发芽。日本道观首代道长早岛天来大师、第二代道长早岛妙瑞以及于今年 2 月继任成为日本道观第三代道长的早岛妙听，多年来致力于在日本以普及中国道教思想与文化为目的，参与并开展了多项道教研究交流活动。

2017 年 7 月，日本道观住持早岛妙听道长与四川大学詹石窗教授、厦门大学林观潮教授一起开展共同研究，到访位于中国福建省的石竹山道院，与石竹山道院管委会主任住持谢荣增道长进行交流。日本道教协会会长、日本道观住持早岛妙听道长闻知石竹山梦神仙人——石竹山主神何氏九仙君有以梦赐人、指引迷津威灵显圣之神功，遂于 2017 年 7 月份专程到福清石竹山祈梦。她带了三个重要需做出抉择的疑惑，拟用一周七天时间来祈梦释疑解惑。在与石竹山道院住持谢荣增道长交谈中，了解了石竹山祈梦的神奇与显灵，也了解了祈梦的方法。到石竹山九仙君楼后祈梦洞中，原计划七天，不到一个钟头三个梦都祈到了，而且都能对应所求问题，通过谢荣增住持对应梦境和惑疑的问题，给予解说与圆梦，当时现场就明白开悟，解疑释惑了，并当场确定了三个重要问题的解决办法，圆满赋归。早岛妙听道长祈梦后决定恭请石竹山何氏九仙君圣驾到日本道观道家道学院本部，经商讨后最终决定于 2018 年 1 月 28 日由石竹山道院恭送石竹山何氏九仙君圣驾到日本道观道家道学院本部(东京)举行安座和开光仪式。28 日上午，在日本道观东京道学院举行何氏九仙君安座和开光祈福仪式。28 日下午，在东京希尔顿酒店举行中日道教文化交流研讨会和道教历史文物展示活动，中日两国道教界、专家学者进行道教文化交流研讨。福建省委统战部、福建省民族与宗教事务厅业务处负责人、福建省道教协会、四川老子学院、厦门大学等相关人员出席了交流活动；日本道观东京、大阪、鹿儿岛等地道友，旅日的福建乡亲、华人华侨代表等五百多人参加了活动。

此次活动的成功举办，加强了中日两国道教之间的常态化交流机制，推动了福建道教文化不断走出中国，走向世界的进程。

石竹山道院与印尼交流概况

福建福州福清市的三福之地，石竹山道院是道教的古老文化“梦文化”传承与发祥地，是一种原生文化。因其“原生”，它具备浓郁的地方特色和不可替代性，“越是民族的，越是世界的”，所以石竹山将坚守自己的独特性，追随着“一带一路”走向世界，传播世界。

为了更好地弘扬祖国传统文化，为了响应“一带一路”的伟大策略，更是为了回报印尼福清乡亲支持建设家乡之情，让石竹山何氏九仙君的威灵佑护印尼众乡亲，让九仙显赫遍泽海外，让乡亲们美梦成真，梦圆天下。继第四届中华梦乡福清石竹山梦文化节之际，石竹山道院就决定向东南亚传播祖国的传统文化，首先以九仙信仰石竹祈梦文化要求分炉最强烈的印尼（单就福清就有 80 万之众的华侨信众）开始传播。

石竹山道院在早期即已和海外，包括印尼福清乡亲有联系，他们经常前来祈祝膜拜。80 年代初，石竹山道院的复兴建设，就得到印尼福清乡亲的大力支持与资助。自 2014 年开始石竹山道院就加强了与印尼乡亲的关于石竹山九仙分炉印尼的磋商，并多次派员到印尼考察协商。到2015年9月份商定了拟在在印尼雅加达建设石竹山道院总分院、九仙分炉印尼、拟与印尼三教庙宇联合共同管理泗水市拉旺LAWANG佛光山三教总庙宇等意向。让石竹山何氏九仙君的威灵佑护印尼众乡亲，让九仙显赫遍泽海外，让乡亲们美梦成真，梦圆天下。

印尼《国际日报》2015年9月16日刊登石竹山代表团访印相关文章全文

谢荣增率福清石竹山道院代表团
访雅福清公会

【本报讯】9月15日上午，中国福清石竹山道院代表团在福清石竹山道院住持谢荣增的率领下访问雅加达福清公会（公会）。谢荣增一行受到公会副主席兼执行主席姚忠从，副主席陈新、何燕娘，妇女部主席吕淑玲及其他理事的欢迎，双方进行了友好会晤和交流。

姚忠从发言，称道教是中国土生土长的宗教，但道教却和我们日常的生活习惯等息息相关，扯得上关系的。姚忠从希望谢荣增一行的到访能让大家更深入了解有关道教的方方面面。

谢荣增是全国政协委员、中国道教协会副会长，福建省道教协会会长。他发言称，石竹山道院在早期即已和海外，包括印尼福清乡亲有联系，他们经常前来祈祝膜拜。80年代初，石竹山道院的复兴建设，就得到印尼福清乡亲的大力支持与资助。谢荣增继称这次前来印尼访问，就是通过印尼雅加达福清公会向印尼福清乡亲表示衷心的感谢和祝福！也旨在推动、弘扬拥有千年历史的石竹山文化，让其能得到传承和发扬。谢荣增介绍了福清石竹山的历史及近期的发展情况，希望印尼乡亲们能经常回国回乡，能经常到石竹山观光祈梦祈福，能共同关注关心风水宝地（旅居海外的福清人都将石竹山视为在外能保佑兴旺的风水宝地）中华梦乡石竹山的兴旺与发展。并祝乡亲们事业兴旺，福生无量！。

会晤中轻松交流，双方互赠了纪念品。

（本报记者刘议华报道）

中国梦，我的梦

姚传强

当下“中国梦，我的梦”，引领中国人民放飞理想，展现才华走进一个具有里程碑式的崭新时代，开启了新一轮的伟大历史航程。

石竹山梦文化拥抱这个伟大时代，正焕发出一种古老而又青春的魅力。她地处祖国东南前沿的著名侨乡——福建省福清市，是一处邹鲁文化之邦，勤劳、勇敢的 130 多万福清人民足迹遍布世界各个角落。千多年以来福清人民就深受石竹山梦文化影响，并与九仙信仰结下不解之缘。千百年来，这里的大多百姓每每遇到一些困惑也好，疑难也罢，首先想到上石竹山去祈个好梦，希望能够帮助排忧解难，摆脱困境。而每每应验后都再次上山还愿，我想这也许就是千百年来香火不断的原因了。特别有许许多多的海外侨胞，他们情系桑梓，梦绕石竹，无论是时代更迭，或逢春夏秋冬都会看到不辞辛苦、千里迢迢上山的身影，虔诚之心可见一斑，难能可贵。也就是在广大信众和海外侨胞的长期关心和大力支持下，如今的石竹山道院群落以及整个石竹山景区成为祖国东南之滨一颗璀璨明珠，灵秀清新之姿已成为侨乡福清的一道亮丽风景线，一张文化底蕴深厚的名片。

自古以来，石竹山梦文化及九仙信仰，除了在民间盛行深受爱戴外，还有过配合官府发动民众重视农业生产得到积极响应的事例。

北宋天禧元年（公元 1017 年），福清有个神童叫蔡伯俙，4 岁参加全国“童子试”，能够完整背诵皇帝的诗词，被真宗皇帝赐予“进士身”，并召为“太子陪读”，后官居“司农卿”（相当于现在的国家农业部部长）。因父病逝在家守孝期间，发现当年立春知县没有组织民众开展接春活动（是一种官府下乡发动民众开展春耕生产，保障农业丰收的责任），只是派衙役下乡发放春牛图了事（类似于现在的挂历年画），民众也只是把春牛图挂在门上了事。因为古代农村民众很少受教育大多不识字，这样起不到催农作用，故接春活动就组织不起来。蔡司农卿想到了这里的百姓对石竹山九仙的信仰，便上山找灵宝观道长商量，由石竹山灵宝观以九仙名义主持举办每年的接春活动，得到了广泛的参与和支持，并且还引来了周边的长乐、永泰、闽侯等县民众都前来参加，起到了推波助澜的作用。此民俗逐渐地演变成了如今的接春纳福添寿以及道家设场“拜太岁”的仪式，一并成为石竹山春天里头一道风景图，应了“春到石竹山，秋去龙门坎”的一句谚语。

20世纪80年代，石竹山接春活动被福建电视台拍成专题片，同时选送中央台的国际频道播出。

2014年6月10日（农历甲午年五月十三日），在石竹山隆重举办的第四届中华梦乡——福清石竹山梦文化节活动。开幕仪式，九仙分炉到台湾仪式，规模宏大的万人踩街活动，以及第二届海峡民间宫庙叙缘交流会等系列活动，将进一步扩大和加深了九仙信仰与祈梦文化在台湾的传播和影响。同时在推动两岸的政治、经济、人文交流和发展方面将产生划时代的意义。提出的口号是“中华九仙，福佑两岸！”具有很强的凝聚力和感召力。

石竹山祈梦习俗的历史可以追溯到非常久远的年代，有史可查的祈梦活动形成于五代的梁朝，沿袭至今。道院的规模由简至繁，香火始终不断。1979年以来，国家的宗教政策得到落实，石竹山道院在谢荣增道长的努力下，继承和发扬了历代大师弘扬正道的精神，从带领五个人，找回外债1000元起家，在广大信众的热情参与下，特别是印尼林氏、蔡氏二大财团热心捐款过亿人民币，先后修建了进山大门，引自来水上山，铺登石磴道，数度重建、扩建了仙君楼、观音厅、文昌阁、三清殿，新建狮子岩堂、万神殿，筹建道教文化广场，使古老的石竹山道院焕发了青春的光辉。如今的石竹山还是一处美丽的风景区，2004年就被国家旅游局评为国家级AAAA旅游区。20世纪80年代，谢道长就开始着手与厦门大学哲学系主任詹石窗教授的团队，共同对道教理论与文化、石竹山法派的理论与文化以及九仙信仰进行了深入的探究及整理，整编出《石竹山道院文丛》一书，使得石竹山法派第一次有系统的将其理论与文化展现给世人。此外，还将一度曾中断过接春、仙君诞、观音诞、祈梦等系列民俗活动得以恢复并发扬光大。他本人也是中华梦乡石竹山（祈梦习俗）非物质文化遗产传承人，并担任全国政协委员、福建省道教协会会长，很多时候荣誉和地位是对成绩的一种肯定。今天的石竹山是有目共睹的。

印尼是福清侨胞的主要聚居地，自郑和下西洋开始就有福清的先民远渡重洋，涉足这块南洋宝地。在一代又一代的侨胞勤劳勇敢，刻苦艰辛的奋斗下，涌现出了一批又一批的侨界精英，他们不辜负祖先的辛勤付出和期望，成为政界、商界、文化教育界、宗教界等行业中的翘楚，他们把前辈的梦想化成了现实，并还在不断地追求自己的新梦想。他们中有的人除了实现了自身的价值外，还为所在国人民做出贡献，也为家乡做过贡献，他们是百万福清人民的好儿女，也是百万福清人民的骄傲。这其中有许多祖辈及自身或多或少都有过与石竹山结缘的故事，亦曾魂牵梦绕过这座仙山，成为他们的梦乡。其实远隔千山万水的家乡人民也是时刻牵挂着海外亲人，我想能够助我们梦想成真的石竹山何氏九仙君也是对这些海外赤子福佑有加。

彼此行是受石竹山道院谢荣增道长的亲托前来联络众乡亲，共同探讨是否迎请石竹山九仙君分炉香位到侨居地印尼供奉的可能性，我们考虑这样既可以对信仰九仙的乡亲提供一个精神家园，方便开展各项梦文化活动；又是对石竹山梦文化的传承和发展，进一步弘扬道教思想，开创一个团结协作，互助友爱的平台，还能加深与家乡人民的各方面交流。今特借贵报一角，希望热心于此项公益事业的广大乡亲见报后能够抽空前来雅加达福清公会会馆共叙乡情，或来电来函贡献其真知灼见，群策群力，祈盼此项美好事业也能美梦成真。

中国福建省福清市石竹山宗教文化研究会理事

中国道教正一派石竹山道院俗家弟子 姚传强

2015 年 9 月

中华梦乡 福佑两岸
——福建福清石竹山海峡两岸道教文化交流概述

福建福清的石竹山是“祈梦的发祥与传承地”，素有“中华梦山”之美誉。石竹山的祈梦文化，千百年来备受海内外信众的崇拜而名扬天下。福清是著名侨乡，也是数十万去台人员的故乡，众多的台港澳同胞及海外侨胞是带着石竹山的“梦”外出谋生，他们在外发迹后对这座魂牵梦萦的仙山都怀着深深的敬仰。更值一提的是自两岸逐步开放以来，许多台湾同胞专程组团来石竹山朝圣。为此，石竹山道院为了更好地传承传统文化，向世人展现石竹山独特的民间信俗活动，同时，也为了开辟两岸文化交流的一个新途径，由石竹山道院住持谢荣增道长发起和主持的“中华梦乡”福清石竹山梦文化节以不同的主题连续成功举办了四届。

谢荣增道长认为，通过梦文化节的举办两岸民众能用信仰之情，延续两岸人缘神缘根脉，弘扬中华民族传统文化，增强两岸民众的凝聚力和向心力。为此，2008 年石竹山道院隆重举办了第一届石竹山梦文化节，这是全球首次以梦文化为主题的文化盛会，大会举办了中国第一次以梦文化为内容的学术研讨会，中国大陆与港澳台的60多位学者在会上发表论文。并辑成《梦通大道——中华传统梦文化研究》上下两册论文集，在学术界和宗教界产生热烈反响，填补了中国梦文化研究的空白，也为石竹山申报非物质文化遗产提供了更为全面的依据。同时，以此为契机，石竹山积极打造“中华梦乡”形象，为接下来的两岸文化交流做好准备和铺垫。应邀出席本次盛会的台湾宗教界人士，从石竹山上俯瞰湖中的“鲤鱼岛”时，惊讶地发现:“鲤鱼岛”形如宝岛台湾，简直就是台湾的版图缩影。他们回台湾后，公布了这一“重大发现”，在台湾引起不小轰动。更有人在《石竹山志》里找到“九仙”在700年前的预言:“700年后，九仙将分灵台湾。”这些发现为后来的海峡两岸圆梦之旅，以及两岸联手“迎驾九仙分灵台湾”，铺平了道路。

因此，石竹山道院与台湾中华道教两岸交流协会等道教团体经过多次交流，感召台湾信众到石竹山朝山与向九仙分炉台湾的宏愿，共同见证九仙信仰和祈梦文化的风采。缘于两岸道缘关系之深厚，台湾“内政部”以及台湾各党派高层也同时表示积极响应和支持。正是基于这种情势，为更好地推动台湾与大陆之间这一文化交流的盛举，故于2010年1月2日发起举办“第二届中华梦乡福清石竹山梦文化节”大型文化活动。开幕式在福清石竹山，闭幕式在台湾基隆，历时9天。该活动是两岸首度联手打造的圆梦之旅的肇端，也是全国规模最大、影响最深的梦文化盛会。在这届梦文化节上，两岸携手举行了九仙分炉台湾九个宫观起驾仪式，这是我国60年来首次按照传统民间习俗复原场景，并融入道教规仪，使之更具梦文化色彩。同时，这届梦文化节备受台湾各界知名人士的关注，马英九、吴伯雄、宋楚瑜、江丙坤、蔡英文等纷纷题词，祝石竹山梦文化节成功举办，两岸同胞从此共享一“梦”。

石竹山九仙信仰分炉至台湾的九个宫观，谢荣增道长亲赴台湾基隆参加了梦文化节的闭幕式。在台期间，谢荣增道长应邀参观访问了部分台湾道教宫观，并与他们进行了道文化的交流。他认为九仙信仰在闽台两地拥有广泛的信众基础，其所代表的祈梦文化更是深受两岸信众的欢迎。石竹山九仙信仰分炉至台湾的九个宫观，对于推动两岸宗教界的交流具有重要的意义。他表示九仙分炉台湾后，将有力推动石竹山道教文化在宝岛台湾开枝散叶，枝繁叶茂。为此，他号召福建道教界要以此为契机，共同为两岸的和平发展做出努力。

到了2012年石竹山道院与台湾道教界再度携手举办以“迎春纳福，梦圆两岸”为主题的第三届中华梦乡福清石竹山梦文化节（被列入国台办2012年重点规划交流项目），进一步加强与台湾道教界的往来与交流。大会举行了石竹山道院与台湾道教总庙无极三清总道院友好签约仪式、台湾阿里山与石竹山结成友好盟山签约仪式、石竹山道院九仙分炉台湾仪式；同时完整展示了带有浓郁石竹山民俗特色的迎春纳福大法会、接春仪式等民俗活动，共同迎接龙年春天的到来。值得一提的是，文化节受到中国中央电视台及凤凰卫视的深刻关注，对文化节展开深度报道。中国中央电视台翔实记录了海峡两岸对于本届梦文化节的参与热情，见证了海峡两岸在中华传统文化、民间信俗交流方面的碰撞，对推进两岸经贸、旅游、文化、宗教的对接与互动发挥积极的渲染作用。《凤凰卫视》则通过对石竹山梦文化的推介，深入探讨中华文明、信俗文化、祈梦文化的历史渊源，使本届梦文化节内容更加丰富，影响更加广泛。

第四届石竹山梦文化节在总结前三次梦文化节经验的基础上，再度整合石竹山梦文化的资源优势，更为系统地向世人展示它的内涵。此次活动以“中华九仙，福佑两岸”为主题，共有两岸万人参与，成为目前全国规模最大、群众参与范围最广、影响最深的梦文化盛会。活动期间一如既往地推动和丰富两岸道教文化的交流与良性互动，举行九仙分炉台湾仪式和规模宏大的朝山活动以及第二届海峡两岸民间宫庙叙缘交流会。

在朝山活动中海峡两岸民俗踩街表演在表现方式上有很大的创新，不仅有福建的特色阵头，而且还融入了包括台湾地区的8家将和24司等在内的阵头，两岸的阵头表演热情互动，形成“斗阵”之势。表演通过闽台两岸共同民俗文化把海峡两岸紧密联系在一起，加深了两岸人民的感情。同时，在表演的基础上展示出闽台两地同根文化的精髓，让大陆民众领略了台湾、香港和澳门地区民俗文化的风采。而以“和谐共生，圆梦两岸”为主题的海峡两岸民间宫庙叙缘交流会发挥同根同源的优势，增进两岸民众情感交流，共同弘扬中华优秀传统文化。大会围绕“中国梦”为核心展开，以“发挥正能量，共筑中国梦”为目的，大力弘扬道教爱国爱教、尊道贵德的优秀传统，彰显道教“济世利人、齐同慈爱”的社会关怀，见证道教“济人之急，救人之危”的社会价值，达到和谐共生、互助团结、重视文化、服务社会阶段性目标，将追求个人的梦与实现中国梦有机结合起来，扎根两岸、报效中华，达到以和为贵，以道会友，交流道家中人与自然的关系，引导如何构建共建共享、互利和谐的中国梦。

由此可见，每届梦文化节都以不同的文化主题和众多的传统民俗活动来不断丰富两岸道教界和信众文化交流的内涵和形式。在这一过程中，石竹山道院的谢荣增道长呕心沥血、奔波两岸在与大量台湾及海外信众的频繁交往中。谢荣增道长总是热忱地向他们宣传石竹山梦文化的独特优势，介绍祖国大陆宗教信仰自由政策、宗教法规，特别是通过宣传闽台同根同宗的神缘关系；他认为两岸交往就好比大船过海，梦文化节承载了医疗、教育、旅游、文化、经贸等多方面内涵，为两岸加强合作提供了新途径，也使民间交流交往从较为单一的祭祖交往，发展为综合交流。他希望石竹山的梦文化能为海峡两岸道文化交流与合作铺架一道桥梁，开启增进两岸和谐的旅游、经济、宗教、民俗与文化的交流，进一步促进闽台两地、两岸民间友好交流的可持续发展，更好地弘扬道教及民俗优良传统美德和中华传统文化。谢道长同时强调，因为由祈梦文化、接春文化、九仙信仰组成的石竹山梦文化历史传承最为悠久、内涵积淀最为深厚、文化影响最为深远，为此，神仙福地石竹山现已成了全球华人的朝圣之地。

因此，石竹山的梦文化节已成为海峡两岸跨越时空的圆梦之旅，受到了海峡两岸前所未有的共同关注，成为两岸民众交流的重要载体，不仅增进了两岸民间友好互动的情谊，对于推进两岸的文化、经贸交流，具有深远的现实意义与历史意义。同时，我们更加希望两岸同胞同根同源、同文同种，以两岸同胞福祉为奋斗诉求，以中华民族伟大复兴为共同依归，共筑中华民族伟大复兴的中国梦。

道教与"一带一路"相辅而行

谢荣增

引言

习近平总书记提出构建"丝绸之路经济带"和21世纪"海上丝绸之路"简称为"一带一路"的倡议。

这是一个跨越时空的宏伟构想，承接古今、连接中外，赋予古老丝绸之路崭新的时代内涵，被誉为一个高瞻远瞩的构想、一条和平发展的共赢之路、一项脚踏实地的伟大事业，并将"中国梦"与"世界梦"进行有机地衔接，具有深远的意义和全球性影响力。

道教是具有中华民族文化特色的本土宗教，是中国人的根蒂，是东方科学智慧之源，必将以其博大精深的文化内涵成为与"一带一路"沿线国家交流合作的重要载体之一。

道教是我国的传统宗教，由三清祖师开创，它的历史远可以追溯到上古时期。在我国殷商时代，就以巫祝占卜决疑难吉凶。两汉黄老之学的兴盛，为道教的正式形成创立了基础。太平道和天师道的出现，标志着道教组织的形成。道教并非一人一时一地所创所生，而是中国历代各地不同的文化、思想相结合而成的宗教。

道教在漫长的发展过程中，曾经传播到受中国文化影响的周边国家，道教的经书、方术、科仪、内丹养生术等传入朝鲜、日本、越南、柬埔寨等地，很快便成为燎原之势，迅速与当地文化交融相映，形成独具各国各地风俗民情的宗教，获得长足发展。虽然在服饰、戒律方面与中国本土的道教规仪有所不同，但"尊道贵德""重人贵生"的理念不变，实属同根同源的"本家"。

随着交通的拓展，中外贸易往来增多，文化交流日益频繁，道教驾着文明的翅膀高飞远翔，传播到五大洲四大洋的世界各地。这期间，涌现出无数道教文化传播先行者。1220 年，丘处机以 73 岁高龄率领十八名弟子从山东出发，跋山涉水，经过两年时间抵达成吉思汗在塔里寒（今阿富汗塔里甘附近）的行宫。在与成吉思汗的几次会面中，丘处机积极传播道教和平、慈爱思想，被高度评价为“起到了制止屠杀的作用”。另外一个对道教文化传播有着深远影响的是“郑和下西洋”。郑和使团从 1405 年到 1433 年间，先后七次下西洋，踪迹遍及三十几个国家和地区，不仅发展了中外的政治、经济贸易往来，还传播了宗教文化，尤其重视对道教海神“天妃”的传播。明成祖批准在南京仪凤门外狮子山下兴建了一座金碧辉煌的天妃宫，并立有《御制弘仁普注天妃宫之碑》，描述天妃神显灵应、默伽佑相的故事。“天妃宫”和碑文、书籍等物体语言和文字语言作为媒介，向海内外人民传播了道教文化，产生了共鸣，使当时的中国人民更加崇敬道教，同时也向海外人民昭示了中国的道教文化，在中外宗教文化发展史上起到不可磨灭的桥梁作用。

作为世所公认的古代海上丝绸之路重要的东方起点福建，在东汉初年，就有道家的活动记载。据《后汉书·徐登传》载：“泉州道士徐登，精医善巫术，贵尚清俭。”福建道教在宋代达到鼎盛。据《福建通志·道士传》记载，宋代较著名的道士为 51 人。大多外出遇异人，经点化，苦练得道。宋代统治者追封大批道教神祇和民间信仰神祇，而福建这类神祇极多，推动了福建道教的普及。福建道教文化丰富多彩，其中，有以“祈梦文化”著称的石竹山何氏九仙信仰、安溪清水祖师信仰，莆田妈祖信仰等，都是融合了各地区的民俗、宗法与诸多社会生活内容，形成各具特色的道教分支。随着海路航运的发展，福建的先辈拓海开洋、艰涉鲸波，将道教带到了南洋，逐步完成了中华文化在东南亚的落地生根，入乡随俗，呈现出明显的“在地性”。至今在新加坡、马来西亚、印度尼西亚、菲律宾等国建有分炉寺庙，将地缘、亲缘与神缘相结合，构成了广泛的福建道教信仰网络，在东南亚地区的华人社会产生了重要影响：从宗教文化的传承上将道教的神灵信仰与同胞的宗教信仰联结起来；为同胞信众安放了一个重要的精神寄托之地；也为远离故土的福建籍华侨华人提供了一个联络乡情的交往场所，加强了福建籍华侨华人精英人士的联络、交往、团结和协作做出了重要贡献。

道教具有爱国爱民、济世利人的优良传统，因中国人移居海外而辐射到世界各地；20世纪80年代起，海外对道教文化感兴趣的人士日增，已不再局限于华人圈，有越来越多的西方人士成为奉道之人，道教已真正实现道达天下。2013年以来，党和国家提出了推动“一带一路”建设的伟大构想，展示了一个开放、包容的大国形象和伟大胸襟。和平合作、开放包容、互学互鉴、互利共赢的丝路精神，与道教“和谐共生、道法自然、利而不害、尚中贵和”等教理教义是高度契合的。古丝绸之路尽管开始于政治军事、繁荣于商旅交通，但其更重要的意义在于促进了人类文明的交往。文化、宗教的影响力超越时空，跨越国界，润物无声。推进“一带一路”建设既需要政治经贸的“硬”支撑，也离不开文化宗教的“软”助力，作为中华优秀文化的传承者和守护者，道教有责任、有义务传承、利用、发挥好宗教在促进东西双向开放合作方面的独特优势，积极参与服务“一带一路”并相辅而行，把道教相关的教理教义和文化特质弘扬出去，让历代先师留下来的精神财富和博大智慧，造福人类社会。

时至今日，在全面建成小康社会、实现“两个一百年”奋斗目标和实现中华民族伟大复兴的中国梦的伟大实践中，我们应积极推动组建国际道教组织，携手两岸和海外道教徒一同推广道教文化。围绕“一带一路”建设，开展不同文明的交流互鉴，通过道教高峰论坛、文化展览、文化讲座、音乐和举办文化节、武术演出、与海外宫观的结盟等形式，充分发掘道教文化中的智慧因子，力求克服语言障碍以多种方式展示中国道教文化的深邃内涵，介绍中国道教界的优良传统和教义践行，扩大道教的国际影响，推动中华文化走向世界，让更多国家和地区的人民了解和分享道教文化的魅力。

三、薪火相传 砥砺前行

传承谱系

石竹山祈梦习俗的历史可以追溯到非常久远的年代，历史可考的祈梦形成于五代的梁朝：

林炫光：一作林汝光，号玄晃（五代梁朝）

何 昇：公元 1606—1638 年（明朝）

梦如大师：公元 1736—1795 年（清 乾隆）

聚德大师：公元 1796—1820 年（清 嘉庆）

一音大师：公元 1821—1850 年（清 道光）

瞻淇大师：公元 1862—1905 年（清 同治 光绪）

宝义大师：公元 1903—20 世纪三四十年代

曾耀宗：20 世纪 40 年代至文革前

何秋香："文革"期间至 1979 年

谢荣增：1979 年至今

2010 年 9 月，福清石竹山道院住持谢荣增荣获福建省第二批省级非物质文化遗产项目（祈梦习俗）代表性传承人称号。

谢荣增开创了中华梦乡石竹法派 30 个字辈：

大道传真法，融山石竹兴，梦占荣九鲤，

丹符耀三清，金科闻妙理，玉律载德声。

现已传至第四字真字辈，

大字辈：谢荣增，道各：谢大增

道字辈与道教祖天师张道陵道字有同，忌讳不用顺过。

传字辈：周辉霖、王宁、张建兴等一千多人（1997 年至 2008 年期间传出）。

真字辈：林子奋、陆丹、颜金河等一千多人（2009年开始）。

注：以上下传弟子姓名和分炉台湾地区均有造册登。

石竹山集言（节选）

《闽都别记》卷之十三第二百二十七回中记载，汉高帝五年封无诸为闽越王，无诸即越王勾践的后裔，以钓鱼台乃接诏之所也，那时包劼为丞相，何堠为太守，俗同华夏，何堠只一夫人连生九子，品格皆属不凡，目皆双瞽，紧闭不开，只有长兄微露一二，行行时皆照序拉扯衣矜而行，如老鼠尾咬尾泅过街一般，遇父太守在堂宴客，兄弟扯为长蛇阵，出席前环旋而入，太守怒欲杀之，皆被家人哀劝始免。常集在后园一层中，不论寒暑，设一火盆，九兄弟日夜围坐盆旁向火寝食不离。一日只请包劼丞相宴叙，饮酒间九兄弟仍鱼贯而出，在席前旋绕数匝，包相讶问何人，太守蹙眉答曰："家门不幸，连生九子皆瞽，俟有客来，便出来献丑，任甚阁拦不住，早欲尽除之，奈家中男女哀恳姑饶免之，谁知仍是不怕，又出来献丑，气乎不气？"九兄弟仍环绕未进，包相视遍品貌，出问曰："九位贤契都是同胞否？"九兄弟便向前排立，同样揖了答："是，皆亲手足。"又问："九位中肯离否？"答："生死共之。"又问："既不舍其志何图？"答："并无别图，惟求婉言放出，归隐山谷，小子之素志也。"包相答容易，随与太守说："放之归隐山谷。"太守答："以在家出丑犹可，若外游九个瞎子有什本领，势必叫他怎处。"包相曰："月给水菜，则不怕其求气，交与弟分发，自不至出丑，兄请放心。"叩其爱隐何山，长兄答："即临近之于山。"包相先邀回府中，欵待数日，亲同共至于山。其长兄颇有目，择鳌顶峰旁搭作茅庵，砌作烹煮，炉灶，又另砌一大鼎灶，包相问之何用，他答制炼丹丸。期九瞽得见天日，包相听之调度，随拨一家丁，与之使唤，水菜十日一给，用菜不用荤。那九兄弟日令家丁取诸草连根入鼎，制炼草拣尽，又拣诸树枝。药炼至三年于山上之草木拣尽，烧炼化为九粒丹丸，服饮三年之内，包相所送之物，无一不受，唯九套新衣服不穿。九个分吃了丹，令家丁引牵下于山，入相府见包相，说丹已成功，特来告知外游。又令家丁引牵与父母拜别，那太守一见其身上衣服更加褴褛，忿甚，密令十数个家丁，随他到江边，俱推入水淹死。家丁尾随至台江，九兄弟鱼贯而行，同跳入江中洗濯，身皆入水，头现出水面，瞽目皆开，而长兄额上多开一眼。家丁喜甚，招呼之上岸。九兄弟忽变九条鲤鱼，飞腾上天向南而去。家丁回报太守，包相骇甚，赶上于山，看其炼丹之物件，皆化为石头。炼丹井泉如故，包相又遣探事人，由南台访九鲤落何处。探事查访人皆见九头鲤鱼，飞到兴化地方一大湖中即仙游之九鲤也。在湖中游数日，仍变为九道士至福清石竹山游玩。探事人访至石竹山，遇九道士寄一河洛大衍先天数，探事人回来呈缴，包相得此仙箓，特诀遂能推算未来之事。是时无诸王始建筑一都城，名冶城。在冶山下，狭而不廉，无疆之墓尚在城外，包相以先天数推算，再至五百年后，刘氏之国祚已绝，无增州城，无疆之墓无毁。包相遂奏须除墓面之牌，棹栏杆及翁仲等件，留一阜可使造城不毁，即将来造宫殿亦不致灭之也，无诸王依之，即令除去墓面各物，又命开起塘明看内棺如何，即开入其缸内灯没收尽，现出邪驸马所造之四句。包相取来看之乃写：“包劼包劼，九仙赠札，保墓不毁，保灯不煞。旁书驸马邪钟记。”无诸王自行添油。又命包相重遗新□，不知当时添多少油，至今千余年不息，那二白鼠是包相续置的，□内重新只堆一小阜而已。包相至无诸王死后，至福清公干，于宏路地方，九道士前来迎入石竹山不返矣。那包相拨伏伺之家丁早已先度去了。无数时而何太守一家男女并鸡犬白日升天，皆成仙眷，正是：“云中鸡犬何堠遇，墓内谶文包劼遗。”

《福建通志·列仙传》记载：坐化僧本何氏名昇，泉州人，幼不茹荤，年稍长，出家于福清石竹山者六年，因母再嫁渔溪农家，则归而助后父耕耨而养母者又七八年，崇祯戊寅年中秋日在渔自蠱士作一龛坐其中嘱其母曰：吾收西归，死后当封荫土龛至次年中秋开験，若肉身不坏，则为造庵奉吾像，若稍有坏，则掘一坎而瘞吾骨，遂坐而化。乡里如其言，封之至己卯中秋，开视宛然如生，乡人异之，为□庵焉，年才三十有三也。僧向不识字能作偈示众。

《闽都记》卷之二十七中记载：石竹山在仁寿里，山形峭峻，有石巍然。山巅汉何氏九仙所游之地，祷梦辄应，相传有林汝光者修炼此山，丹成骑虎上升。今虎溪岩石上有井雏旱不涸，宋乾道六年，有大石自移声如雷……

《榕郡名胜辑要》下集卷之三中记载：在石竹山下宋乾道中夜闻山有声如雷，旦视有大石九丈，有文云：天宝石移状元来，天宝邑石陂名，是年肖国樑果大魁天下。

《榕城九仙纪要》卷之二中记载：按九仙事迹传记不详，相传本江西省临川人，九人皆瞽，长者一目，上竖独明后相率炼丹以饲湖中鲤，鲤书化龙，九人各乘一而去，今仙游九鲤湖是也。九人始入闽时盖居此山。黄滔文六金身碑又云：古仙待登上升之地。山有三十奇，曰祈雨僧真身，曰杏沄，曰仙羊石，此外尚多宜备列。

《榕郡名胜辑要》中集卷之二中记载：九仙在会城东南隅，高 115 步，周围 310 步，与乌石山对峙，初名于山。汉何氏兄弟九人，当武帝时，父为淮南王客，知王必败，遂窜入闽，隐居炼丹于此，人称为九仙，故名九仙山。又名九日山，以越王无诸九日登高于此而得名……九仙初生，目俱盲，独长者一目为前导，及游莆遇胡道人歙龙津庙井水，各眼俱开，嗣从福清石竹徙莆九漈，各乘一鲤仙去，今谓之九鲤湖。

《九鲤湖志》称：九仙何姓，故汉临川人，父任侠好奇气，当从淮南王安游，安善之，谈议浸□九者，偲其及也，数谏父谢绝安，不听。去而入闽炼石湖畔，丹成鲤食，丹化为龙，九人者各乘而去。

《仙游县志》山川中记载：九鲤湖在县东北五十里群山回合，前峙后扆，湖潴其中。汉元狩间何氏兄弟九人炼石湖上丹成而食鲤，鲤变而来，两侧有翅，昂首喷沫，便招风雨，湖水为盗，一日鲤数跌欲飞，九人者知冲举期至，遂各乘其一而升。

《三山志》卷之三十五道观山坿中记载：号九仙者固杳漠从所追据，至升仙，怡山，福山，霍童，高盖，洞宫，石竹则悉有遗迹可骄。自后汉徐登，吴董奉，梁王霸，林玄光，唐法曜，法群皆家世吾群踵相继见记传者。岫清秀，泉石清古，是以任敲自临海，邓伯元自吴群，王玄甫自沛国，褚伯至自盐官，咸不远数千里而至，学成名著，使人间即其地慕求之，于是有道观焉。

《闽书》卷之六《方域志》中记载石竹山：山形峭拔，有石巍然，上粘蛤蛎壳，其产少竹多笋。春夏之交，乡人与此探笋，欲多则不可得，号济贫笋。又有古藤高数十丈，结藤子坚，若无患然，圆大如奕茶子，不知何名藤也。有紫云洞，罗汉台，普陀岩，灵宝观，半山亭及紫帽，狮子，象王诸峰何氏九仙所游也。有石曰天宝，无患溪之水出焉。又有灵宝观以祀林真君玄光，玄光于此山炼丹，丹成骑虎上升。皇朝王世懋游记闽人祈梦以秋往九鲤，以春往石竹。

因为何氏九兄弟是得道于福州于山，为此于山一名九仙山，又名九日山，以于山得名最早，最为人们所熟知。因为何氏九兄弟经常到乌山引弓射乌鸦，所以福州乌山由此得名，后来福州乌山改为道山。九仙山名称最早的文字记载见于《大唐福州定光多宝塔记》，相传为汉代何氏九兄弟炼丹修仙的地方，至今还存有炼丹井和九仙阁。明人沈德琛有“炼丹人去迹具陈，废井千年水犹绿”的诗句，称赞这口井水清甜爽口。于山的九仙观建于北宋崇宁三年（公元1104年），初名叫天宁万寿观。绍兴十三年（公元1143年）改名报恩观孝观，元至正初年（公元1341年）改用现在的名称。九仙观这座庙宇是徽宗皇帝倡议的，规模十分雄伟，雕梁画栋，金碧辉煌，成为福州著名的游览场所。观内祀太上老君、玉皇大帝、何氏九仙等道教神像。九仙阁是九仙观的第三殿，是一座结构巍峨的双重建筑物，以阁上祀有何氏九仙而得名。九仙像前复祀玉皇大帝，所以又叫玉皇阁，现在改作宾客接待的地方。九仙阁雄伟，据山巅凭栏北眺，榕城景色尽收眼底。城里三山古越都，楼台相望跨蓬壶，有时绸雨微烟窜，便是天然水墨图。集仙岩在鳌顶峰东南，相传何氏九仙化鲤升天后犹不忘昔时炼丹修道的场所，曾数度邀集仙侣，驾鲤跨鹤归来，在这里鼓瑟吹笙，闹到清夜还不忍舍去。“星台几度笙箫沸，赤鲤犹期跨月临”，这是古人设想诸仙会集的情景。《闽都记》卷之五郡城东南隅中记载：相传汉时何氏兄弟九人兹山修炼后，解化于九鲤湖。有石刻古记一篇谓：我有一积金，堆在于山顶。又曰：不归庚申，便归已未。文类谶纬，义不可晓。

因为何氏九兄弟是化身于仙游县九鲤湖，为此在仙游县向东25里有个九仙山。据《九鲤湖志》卷之一记载：县之东25里为九仙山，九人者过之饮山下泉即飘飘欲冲举，意甚适。或谓岭之东尚大有佳处乃去而踰何岭，岭高数千丈，又10里而为湖，去人境愈远矣。九人者悦之，遂止焉。宋陈谠大书“何岭”二字，以何氏九仙名。

《九鲤湖志》卷之二中记载：灵惠庙在九仙中距何岭3里许，世传何仙自临汝至息趾焉，居数日乃踰何岭炼。适九鲤湖其父母寻踪至此，知其子已仙去，遂隐于九仙山。其殒也遗铜环铁鞭于溪石上，洪水推荡不去，里人神之，即其他立庙中奉仙翁仙媪，九仙侍焉。盖汉元狩时事也，历唐宋祷雨屡应，绍兴间旱甚，朱群守端字率父老诣祠下祷其凤日白龙见，雨三日不休。朱守上其事于朝，赐庙额仙水灵惠，鲤湖则表为灵显，乾道三年封仙翁为嘉应侯，朱守有记。

《仙游县志·寺观》中记载仙水观在仙水旧桥之北，为九仙憩息之所，其父及母张并迹是后人因建庙祀之。

《闽都别记》卷之242回中记载：宋蔡襄建洛阳桥洒沧时，观音化美女，吕洞宾掷之碎银粉，被观音拂回，飞拈洞宾鬓发，洞宾拂去之粉沾染于观音之发，洞宾之发被银粉粘白一茎，自拔下半截黑的撷丢污泥中，化作沄虫姆，半截白的丢于江中化作白蛇。其观音之发即变赤，拔去寸余亦将此发撷于水即化为金鲤鱼，不似白蛇害人，沄虫姆揽□，唯潜伏于深沄，在内修真养性，炼到百余年，遂能变人。至九鲤湖攫夺九真人为门徒，真人亦纳之，常从游石竹山中传授志蓄，济世安人，欲去外游，九真劝其勿染红尘，该鲤鱼答说，不能为人便罢，既能做人要与人间立名节，振纲常，若图安逸，长隐不出，岂不辜负造就之大德也。九真人闻其刚烈，不再劝，赐号六六开济，将去嘱之曰：遇鸟须伏，逢龙再出。七百年后，重会石竹。后果验。六六开济听受此四句，拜别而去，盖鲤与龙相等，龙属阳，阳数九中麟九九八十一。鲤属阴，阴数六中麟六六三十六，故鲤常能化龙，况此鲤乃观音佛法所化，又属九真人之徒，更神变无穷矣。遂游于海内，大小诸国属人者皆治矣。

[**作者简历**：吴添运（1927—？），男，福清上迳人，福清民间文艺工作者协会会员。]

《狮子岩志》引言

俞达珠

狮子岩，即近年新辟成的“狮岩堂”景区。它位于石竹山西侧。其历史之悠久，在福清可算首屈一指。景区内在汉代即建有台丰寺。此后长达1500年荒没在草丛林间，明万历年间（约1573—1619）邑绅林子泰重建，司理李柱为之写了碑记。《福建通志·山经》和《福清县志·地舆志》等早年地方志乘均记狮子岩有梅阴洞、掷珠泉、自平石等12景。但都是点了岩景的名称，没有具体叙述形状风貌。1992年为编撰《石竹山志》考察狮子岩时，还发现“影翠池”“西山晚照”“卧雪处”等五处摩崖题刻。所惜的是，这样一处历史悠久、景观独特的名胜景区，吾邑却长期没有发现有其独立篇章的山志。

今年四月，吾邑留日学子林观潮先生（林先生现在日本攻读博士生，专攻黄檗文化和隐元禅师生平事迹）回乡，笔者有幸得见林先生。林先生在漫谈中说日本有刊行的《狮子岩志》。并应笔者要求，承诺到日后即复印一份寄回。

据这部志书的志叙和独往子性幽所作的《狮子岩志》一文所记，清顺治十年（公元1653年）春，独往子性幽奉本师隐元禅师之命，撰修了《狮子岩志》，但因清初东南沿海抗清运动不断掀起高潮，社会极端动荡，且隐元及其徒众，持抗清复明态度，无法在福清立身，已经准备动身东渡日本，因此《狮子岩志》亦无法在福清刊刻，1654年5月10日，独往子性幽携志稿随隐元东渡日本，七月五日到达日本长崎。得日本有识之士冷泉八郎等人资助，刊刻了这部志书。至公元1948年11月1日，这部志书被收藏在“黄檗文华殿藏书”处。至今，又有半个世纪了。

《狮子岩志》分上下两卷，约一万余字，编目有“叙”“记”“岩中十二景”“岩下薄产”“小参”“居士诗”“玄诗偈”等七个部分。其中保留的珍贵资料有：

一、叙、记部分记载了隐元禅师于明崇祯四年(1631年)起住持狮子岩六年。此前，隐元在金粟山广慧寺拜第三十世密云禅师为师研究禅学，1631年隐元随密云回黄檗山万福寺，密云应邀住持万福寺，隐元则受命住持狮子岩庆丰庙。其时庆丰庙已破败不堪住锡，隐元只好“住下院者三年如一日”，继后亲自手创“辽天居”，又“居辽天者亦三年如一日”。其间备受艰辛，没有水源，他踏遍青山，寻得源泉，“和尚斩竹为导，其流不涸”。独往子性幽感叹地说：“所谓学道渊源，能自作主宰者，究必获之，大抵然矣。”为了建筑辽天居，隐元“自砌石为径，曲折而上，可数百级，得平地少许，作阁”。经他六年的艰苦经营，狮子岩的名声开始远播。隐元初到狮子岩之前“游客骚人只知探石竹奇，不知有岩”。他一到狮子岩，即探辟幽异，屏绝尘嚣，几不知有人世间矣。他每日禅余“烹茗趺坐，听猿而捉月，踏险而吟风，过而问者寥寥，所与朝夕者，不过花容鸟语，野色溪声，遥为唱和而已”。六年后，“过者多茗于此，辄有佳句与鸟声相唱和”。迄今游石竹者，知过岩而问焉，游客骚人，知岩之奇。更具神奇的是，隐元坚韧至诚，感动了一块顽石。现存有一块平坦如削的岩石，当年是呈倾斜状态的，一夜隐元独坐石上感到不舒服，就持咒默念道：吾学道若能成正果，此石应该平坦。第二天早晨，此石果平坦。此即后人称其为“自平石”，为狮子岩十二景之一。

二、留下了隐元禅师的许多诗篇。隐元一生于儒家释道学、哲学、文学艺术方面，著作甚丰，但他因在秘密状态下仓皇东渡，此后又未能回国，所以他所著的文字，只在日本刊行了《新纂校订隐元全集》(1979年10月日本开明书院重刊)，而在他的原籍福清他的诗文却留传很少，(只有《黄檗山志》辑录了他的七篇赞)。而《狮子岩志》因在日本刊行，有条件收录他在狮子岩所作的释诗偈十六章，记述了他为了开辟狮子岩所备受的艰苦和他对狮子岩东南西北、上下左右的景观、紫气心有独钟。如他开篇即说“结个茅庵石竹西，喝天捧月走云霓”，刻画了他初到狮子岩所见到的凄冷景况。可是他坚信凭他的禅心和坚毅，不用多久时间，就会坐在“重岩之上，绕围群象，百水潺溪，千山俯仰，按下云头，性天愈朗，宴坐悄然，身心俱爽。一念万年，独支霄壤”。果然佛祖有灵，不负隐元所许的诚愿，只六年时间，狮子岩重光灿烂。另一名高僧隆璋赞隐元开辟狮子岩的坚韧心志，诗云：“万木参差一径斜，别开丈室隐仙家，……知公旧有支公癖，百叠峰前稳坐跏。”从隐元的诗篇还可看到他专诚佛学和“独傲王侯”的性格。如他在临离开狮子岩前夕作了一首《岩中除夕示徒》诗，诗云："寒岩除夕冷飕飕，莫谓爷贫累汝愁。得意梅花三五点，清香瘦骨傲王侯。"

此外，《狮子岩志》还收录了诗人和诗玄所作的诗（偈）词六十七篇，从不同角度描写狮子岩十二景的具体形状、特色，这些资料为进一步重辟狮子岩各景观提供了有价值的参考资料。

《狮子岩志》（节选）

狮子岩志叙

古圣贤于发轫地，往往留念不置，非有所系恋也。道无所不在，情不忘其本，各有取耳。狮岩去石竹不远，本师大德初习静其中，略溪山秀，曾自快意。既而手辟辽天居，又辟团瓢亭诸景，层折幽奇。春则翠色囊峦，夏则云衣变石，秋则蝉声卷叶，冬则雪浪排空。夫岂为适情计哉。盖不经层折，不知道之高深，不探幽奇，不识道之玄奥。先德证悟，每于游泳得之，况静极生慧，其识量有不思议者乎。夫道求在我，非必借资乎山水，而地与人气，盖亦有造物在焉。和尚今之视黄檗也，无以异于狮岩也。则向之视狮岩也，又何莫非黄檗也。九龙潭头同此日月，一狮峰顶岂异风雷。何谓道无所不在者，盖此然道者。何谓情者，何独和尚坐断十二峰头，无取无舍，亦既有年，岂复有情根未刈而恋恋此幽岩片石哉。但古人有言，听乐必求其器，玩器必求其人，盖言本也。今者，时代变迁矣，岩中即不复旧时花鸟。数间茅屋，犹尔撑天几队，寒猿旦知避地。其峦岩之奇峭如故也，树木之蓊葱如故也，云烟之变幻如故也。首座慧师继之。龙生龙子爪已露团瓢云中，虎育虎儿牙足撩翠屏天外。大德间或扶筇相过，触旧时景况，快作述之相，仍念箕裘以不替归忆久之，依依梦寐，嘱幽作志以昭始，基其所谓情不忘其本，又此噌乎。道以生情，非情不足以见道。情以全道入道，始可以言情。后过斯岩，读斯志者，其亦可发一深省矣。

《狮子岩志》于一六五四年春编著，隐元禅师一六五四年五月十日离开黄檗山南下厦门，六月二十一日东渡，七月五日到达长崎。该志很可能在中国没有刻印，现在的版本是在日本刻行的。这末页的日本地名，捐资者人名，可为其佐证。

石竹山道院规制

石竹山道院管理发展概述

一、道院建设篇：

（一）石竹山道院现有宫殿建筑群落：正南面主神殿阁群、东南面万神殿阁群、正南进山中线殿阁群、东山侧显镜宫殿阁群、西山侧狮岩堂殿阁群。恢复重扩建道院中的有进行道教活动的殿堂、殿阁方面有：

正南面主神殿群：仙君楼、观音厅、玉皇阁、玉皇行宫、土地厅、三清殿、太乙功德堂、元辰殿、斗姆殿、文昌阁、祈梦修真洞、紫云洞、桃源洞；

西山侧狮岩堂殿群：西山门楼、慈航宫、五显宫、辽天居、石观音慈航阁、养生堂；

正南进山中线殿群：进山大门楼、泗洲大圣殿、紫云真人殿、半山一片瓦观音岩、紫云阁；

东南面万神殿殿阁群：三大士宝殿、何氏九仙殿、三大天将殿、福德正神殿、玉皇天尊殿、九天东华殿、五福神祇殿；

东山侧显镜宫殿阁群：东山门楼、五显殿、三星殿、千秋堂、太乙殿、观音堂、健安堂。

（二）道院在景区道路和景点方面建设：

铺设二米宽花岗岩石板条上下山主蹬道一千多个台阶，近二千米长度；铺砌连接各个景点和各宗教殿堂宽一米多游览道路近五千米；开辟连接环湖路通往狮岩堂辽天书院的八米宽公路三千多米；开砌铺设 1.5 米宽 2000 多米长台阶便道，作为道院仙君楼主神殿群连接辽天书院游览道；兴建石竹山道院进山大门，狮岩堂山门，显镜宫山门，狮岩堂码头，石峰竹雨二道纯石古典景门，易学文化八卦城；修复开发各天然景点、洞穴、摩崖石刻、功德文化碑亭和碑廊区；半山观音崖造景和服务配套设施；石竹山旅游索道；建立数十个达标的公共厕所等方便游客的公共设施。

（三）道院在各景区景点游览线路和宗教殿堂周围兴建供游人休憩、观赏和游览的各款亭子有 25 个：步高亭、观音亭、桂宋亭、祥珠亭、元载亭、德发亭、灵秀亭、新星亭、主神殿区供香客休憩乾坤二长廊、感恩阁、国龙亭、应吉亭、秋芳亭、子煌亭、永瑞亭、义诚亭、八角亭、闽香亭、乾清阁、坤澈榭、通天亭、观狮亭、状元亭等。

（四）道院在景区景点、培训休闲等配套设施方面有：

架设高压电上山；多级抽水机站引水库天然水和净化水上山；在上下山主蹬道和各景点线路上架设照明路灯；双套卫星接收台和内部闭路电视，数百部程控电话和移动电话差转台设备，有线和无线宽带上网和闭路设施齐全；兴建两幢三至五层一万七千多平方米可容纳数百道众游人食宿的集学习、培训开会、宗教活动、旅游休闲的场所辽天书院，开辟铺设通往石竹山状元峰、天子峰景点台阶游览道，并在二峰景点上建设供游人休憩观赏等服务配套设施。等等。

（五）道院办公、接待、道众员工生活区方面有：

主神殿仙楼区的道院、道协办公楼，香游客中心，宗教教职人员道士僧侣和信徒挂单的招待所，石竹厅接待室，道众员工学习所弘法厅，素菜馆，道院库房，山下车库、仓库，半山供游客饮食小卖的康安楼，索道边供游客饮食小卖的朝霞阁，道众员工住宿的吉祥楼、如意楼、观鲤楼、守一楼，三清殿附属无为楼，文昌阁一至四层多功能厅和道众住宿的无患楼，狮岩堂山门管理房，辽天书院附属员工住宿的昔照楼，显镜宫管理房，道众养生舍等。

以上各项开发建设项目和服务配套设施，在福州市创优秀旅游城市评比抽查中，经建委、国家旅游局和省市宗教局以及有关部门联合检查，均达到《中国优秀旅游城市的检查内容》标准，石竹山道院和道院住持并分别获福州市创优工作先进单位和先进个人的荣誉奖。

二、道院管理篇：

道教正一派大型宫观——石竹山道院的传统戒律和现代管理相结合模式："道可道，非常道。名可名，非常名。"道教的尊主老子，在道教最根本经典《道德经》的第一句话中，就开宗明义道明他所感悟的宇宙奥妙。它所透露出宇宙万物不断运行、变化的朴素的辩证精神是无论如何也遮掩不掉的。石竹山道院在管理方面，根据政府宗教部门依法加强管理的要求，推行"传统戒律，现代管理"的办法制定了一整套包括从住持到道众及工作人员在内的切实可行的管理规章制度，得到各级政府主管部门的充分肯定，其主要管理办法在福建地区和其他省份部分道教宫观中进行推广。

石竹山道院属正一派，其弘道石竹法脉三十字曰："大道传真法，融山石竹兴，梦占荣九鲤，丹符耀三清，金科闻妙理，玉律载德声。"现道院传法已三代（大、传、真），最高辈分为"大"字，上接龙虎山道脉"鼎"字辈。石竹山道院常住道众员工 300 多人，由道众员工按照《宗教事务条例》的规定，民主选举出 13 名道长（谢荣增、黄书康、黄凤荣、林章贵、林华洪、郑代兴、郭道安、吴自贵、周辉霖、陈登平、郭克平、冯晓星、陈声光）为管委会成员，谢荣增道长任管委会主任委员、道院住持；黄书康道长任管委会副主任委员，其他成员道长分别负责各殿阁、财务、宣传、接待、法事、后勤、保安等管理事宜。

三、文化建设篇：

道教能传承于今而日渐兴旺，是有赖于她的文化内涵。

石竹山道院在规范道院的宗教生活和教务活动的同时，更重视"石竹道文化"的建设。早在 1995 年 1 月石竹山道院就成立了由数十名道教界人士和从事宗教研究的一些专家、学者参加组成的"石竹山宗教文化研究会"，不断挖掘、丰富和深化石竹山宗教文化的内涵，汇编成《石竹山宗教文化研究》，逐步建立以石竹"祈梦"文化、易经五行研究等为中心的具有石竹特色的宗教文化研究体系，增强了道院的向心力和凝聚力。与此同时，石竹山道院还十分关注网络传播工作，1999 年夏，就主办"石竹道文化"网站（http://www.taoculture.org），建立宣传区和讨论区，弘扬道教文化和石竹山梦文化，并于 2010 年年底，进行了网站优化改版，以期发挥更好的传播效果。

石竹山道院还组织策划一整套"石竹山道院文丛"，在思想内容上，侧重于道教教义的现代诠释以及修身养性方法的探讨；在行文方式上，力求通俗流畅，图文并茂，贴近生活。该丛书由石竹山道院住持谢荣增担任组委会主任、厦门大学宗教学研究所所长詹石窗教授担任主编，统一由宗教文化出版社出版、发行。从 2006 年至今，《石竹山道院文丛》已出版有：《道教修行指要》《道教心理健康指要》《道教饮食养生指要》《老子大道思想指要》《66 个梦——石竹山道院祈梦故事集》《接春——石竹山景观传说与民俗活动故事》《中华梦乡——石竹仙境》《大道溯源——走近道教圣典《道德经》》等著作。《石竹山道院文丛》推出以来，引起道教界、学术界等社会各界较为广泛的注意。今后，《石竹山道院文丛》将陆续出版《道教和谐文化指要》《道教养生哲学指要》《道教管理指要》《道教释梦指要》《道教护生经典指要》《道教科仪文书指要》《道教内丹学指要》等书，该丛书还将搜集“石竹法派”等各种资料，结集出版，以广流传。我们期待能为保存和弘扬道教文化多尽一分心力。

四、造福人类弘道篇：

石竹山道院在依法管理进行正常的宗教活动中，发扬道教护国佑民、济世度人的传统美德，在坚持自养的基础上，节省开支，以自己的方式积极为社会的慈善、福利事业，希望工程、赈灾扶贫、景区开发建设等公益事业做贡献，遵循来之于社会用之于慈善，努力服务于社会，近二十年来帮助地方修桥铺路，赈灾济贫，捐款国家希望工程，劝学助学，为社会公益慈善事业捐资达 9000 多万元。得到社会各界的一致好评，这些，也证明宗教完全可用自己的方式适应于社会主义社会。

五、友好交往篇：促进祖国和平统一大业

自 2008 年起成功举办了五届中华梦乡福清石竹山梦文化节，是世界上也是全球首次以梦文化为主题的文化盛会（首届 2008 年以“石竹仙山，共享和谐”为主题，第二届 2010 年以“共谒九仙，梦圆两岸”为主题，第三届 2012 年以“迎春纳福，梦圆两岸”为主题，第四届 2014 以“中华九仙，福佑两岸”为主题，第五届 2016 年以“圆梦石竹，道达和谐”，为主题）。

2012 年立春，以“迎春纳福，梦圆两岸”为主题的第三届中华梦乡福清石竹山梦文化节福建石竹山道院与台湾道教总庙无极三清总道院签订友好宫观仪式，福建石竹山与台湾阿里山结成友好盟山签约仪式；第二、三四届中华梦乡福清石竹山梦文化节中举行了60年来首次台湾信众大规模迎请石竹山何氏九仙分炉台湾仪式，自此台湾东西南北中部已经有了十七个供奉梦神石竹山何氏九仙的庙宇，以致台湾信众大小团组和万人以上信众来大陆都以“圆梦之旅”来命名团队；以石竹山的地缘、神缘和人缘的关系，开展与海内外、港澳台的相关友好宫观和信众友好交往，组织各项道教文化活动，协助配合政府开展和搞活经济建设，充分体现宗教界与社会主义社会相适应的热情，为祖国统一大业服务。如组织经唱团赴海外东南亚一带布道，弘扬祖国传统文化等；在教内兄弟宫观交流交往方面，石竹山道院也表现积极，与省内和中国各大宫观均有友好往来和交流互访活动，并经常举办各种类型的法会、道教节，邀请港澳台和海内外信众到来，如：2008年在各级相关部门支持下成功举办世界上首次以梦文化为主题的“中华梦乡福清石竹山梦文化节”，诚邀海内外（130多个国家和地区）各界朋友前来参加盛会，参观考察，激情创业，共创辉煌，并召开中国梦文化专题研讨会，会后辑成《梦通大道》《石竹论道》两册论文集，在学术界和宗教界产生热烈反响；2010年1月1日至9日携手台湾基隆市举办的以“共谒九仙，梦圆两岸”为主题的海峡两岸道教圆梦之旅暨第二届中华梦乡福清石竹山梦文化节，此次交流活动开幕在福建福清石竹山，闭幕在台湾基隆市，两岸道众千余人互动（台湾道教300多座宫庙负责人和500多位信众参加福清开幕式，其中相当部分是台湾南部信众，组织了福州市500多个道教宫观负责人赴台参加基隆的闭幕式，本次活动是我国道教界赴台参加友好交往人数最多的首次）。文化节的亮点之一是开幕仪式中近60年来首次台湾信众大规模到来迎请石竹山何氏九仙分炉台湾。这是新中国成立以来大陆道教宫庙地方供神首次分炉台湾，是半个多世纪以来，规模最大、代表性最为广泛的两岸道教交流活动。开幕式上和活动中台湾政要和不同党派的领导人如马英九、蔡英文、宋楚瑜等台湾政界十多人都送来贺词和贺匾。台湾道教界信众，都高兴地说，只有石竹山道教活动能让台湾不同政见的党派坐在一起，说着两岸同根同缘同样的话。两岸道教界商定将持续开展两岸交流活动，对加强两岸民间交往，深化海峡两岸道教情谊做出贡献，进而推动海峡两岸在旅游、经贸、文化等领域的交流与合作上开启新的篇章。2012年的第三届梦文化节期间还举办了石竹山道院与台湾道教总庙无极三清总道院友好签约仪式、台湾阿里山与石竹山结成友好盟山签约仪式、石竹山道院九仙分炉台湾道教会仪式，以及海峡两岸道教界迎春座谈会等活动。石竹山梦文化节的成功举办，逐步形成了规模、树立了品牌，充分展示了福建独具特色的道教文化魅力，吸引了海峡两岸民众共同关注，已成为两岸道教界中具有广泛影响、可持续发展的重要交流平台之一。2014 年 6 月 8 日至 13 日，以“中华九仙，福佑两岸”为主题的第四届中华梦乡福清石竹山梦文化节”，由福建省道教协会主办，福建石竹山道院承办，台湾省道教会、台湾道教总庙无极三清总道院，台湾大甲镇澜宫、台湾妈祖联谊会等团体协办，是一次盛况空前的文化聚会，吸引了海峡两岸数万人共同参与（单就台湾就组织了一万多人的道教信众参与，这是有史以来台湾道教界到大陆最多人数的一个团），不仅见证了两岸友好互动的情谊，同聚九仙福地，共结梦缘，也再一次拓宽两岸文化交流之广度，促进两岸文化共同发展。第四届梦文化节在前三次梦文化节的经验和基础上，再度整合石竹山梦文化的资源优势，更为系统地向世人展示她的内涵。此次活动有海峡两岸万人参与，成为目前全国规模最大、群众参与范围最广、影响最深的梦文化盛会。活动期间再次举行九仙分炉台湾仪式、具有浓厚民俗特色的闽台踩街活动、规模宏大的朝山活动以及第二届海峡两岸民间宫庙叙缘交流会。这是国内有史以来最大型海峡两岸道教圆梦之旅之盛会，两岸数万人的道众参与道缘人缘促梦圆，将为促进两岸文化的交流，海西文教基地的建设，和促进祖国统一都具有重要的现实意义。2016 年 12 月 27 日至 29 日以“圆梦石竹 道达和谐”为主题第五届中华梦乡福清石竹山梦文化节暨 2017 年海峡两岸道教界迎春联谊会也成功举办，意喻着两岸民众共聚好梦开始的地方、梦文化发祥与传承三福之地的石竹仙山上，共圆“一带一路”和谐的世界梦。此外，两岸还将共同致力于弘扬道教传统文化，发扬道教济世利人的优良传统，关怀社会弱势群体，积极从事道教慈善工作。

中华梦乡福清石竹山梦文化节的历届成功举办，为促进祖国和平统一大业做出了贡献，促进了港澳台道教与民间交流交往做出了努力，

六、传度法会与授箓

中国道教分“全真道”与“正一道”。

东汉顺帝时期，由张道陵在蜀郡鹤鸣山（今四川成都市大邑县北）创立的天师道（五斗米道），被认为是道教作为“制度化宗教”（教团宗教）的开端。此后中古时期的道教基本保持以老子为教主，道为最高信仰，符录斋醮为手段，以追

求长生不死和成仙为最高境界的宗教组织形态。

武侠小说中的道派主要以地域划分，比如武当派、华山派、崆峒派，但是道教的分派是建立在道法道经的基础上的。在东晋六朝时期的“造经运动”中，涌现出上清经、灵宝经等自成体系的道经，唐代道士们虽然修持不同体系的道经，但其身份仍是天师道的道士。

宋元时期，道教的新道派层出不穷，开创符箓新道法的南方道士集团都会以道法为名字命名道派，这就是我们从通俗小说里面常常看到的天心派、神霄派、清微派、东华派、闾山派……十二世纪中叶，王重阳在陕西终南山一带创立全真道，此后在山东、河南等金朝统治区广收弟子。在战乱频发的北方地区，全真新道教因其提倡三教合一、推行“苦己利人”“利人利己”的宗教实践而得到迅速传播，渐渐形成了全真道教。此外，在南宋王朝统治地区流行着自称是汉代仙人钟离权和吕洞宾创立的道教金丹学派，这一派经张伯端、白玉蟾等道士不断完善其内丹修炼理论，元代之后被划分在全真道，称为南宗，而王重阳这支则称为北宗。

北宋哲宗绍圣四年(公元1097年)，朝廷下令，封以龙虎山、茅山、阁皂山为本山的正一、上清、灵宝三大派为“经箓三山”，这三个山的总道观拥有“授箓”(等于道教学位证明)的权力。自此之后，“道派”的概念在朝廷的宗教管理中进一步地强化，南宋理宗封三十五代天师张大可“总领三山符箓”。而当时北方金元朝廷则扶持王重阳创立的全真道以及太一道、真大道等新道教。

随着元朝统一，金丹派在“全真”名义下南北统宗，南方符箓派归聚于“主领三山符箓”的龙虎山天师旗下，自此道教形成了“全真”和“正一”两大道派，这一两分格局一直延续到现代。

正一道以江西龙虎山为祖庭，道士受“正一箓”，道士一般娶妻生子，不必出家。

石竹山道院属正一道。

1995年农历十月十五日，经箓坛大师考核，福清谢荣增、林红枚、俞韩恩、林勇获准初授(太上三五都功经箓)，由江西龙虎山道院授箓。受箓者均获赐法衣、法帽、科书、鸳鸯剑及印章等。

2006年农历十一月初三，石竹山道院住持、福清市道教协会会长、福州于山道院主持、福州市道教协会会长、福建省道教协会副会长谢荣增，获升授《太上正一盟威经箓》。

2007年农历十一月十一，石竹山道院正一派道士黄书康、黄凤荣，获准初授《太上三五都功经箓》。

2009年，福建省道教协会教职培训班结业典礼暨首届传度法会在石竹山道院举行。这是福州历史上第一次传度活动。

一个教派的戒律和道职的传度象征着教法薪火相传，是道派绵延的一种吉祥和兴旺的表征。传度是社会对道教信徒道教信仰认定的重要方法之一，是道教正一派盟证道职、道位之门经，是信仰道教的入门仪式，也是认定教职人员的必备条件。

2018年8月14日至15日，2018年度福建省福州市正一派传度仪式在福清市石竹山道院举行。

此次活动礼请中国道教协会副会长、福建省道教协会会长谢荣增道长为传度戒师，福州市道教协会副会长黄书康道长为保举师，福州市道教协会副会长兼秘书长李志峰道长为监度师；福建省道教协会副秘书长李平洲道长为护戒师，福建省道教协会副秘书长王宁道长为护法师，福清市道教协会秘书长黄凤荣道长为护道师，福建石竹山道院法务团高功冯晓星道长为护坛师。

本期共传度生162人，均来自全市各区县道协与主要宫观推荐。

15日上午10时，石竹山道院万法宗坛内传度法坛庄严，师生持戒，仙乐齐鸣，琳琅振响。传度法会严格按照中国道教协会《道教正一派传度活动管理办法》及正一派传度仪规举行。仪式中，传度戒师谢荣增道长做了训示，要求受度弟子爱国爱教，守法遵戒，持戒修为，弘道扬德。

道教正一派传度是恢复和健全传统道教的教戒规范制度，是明确道众成为道教弟子的重要法务活动。

2009年至今，福州市道教协会共举办了29期传度法会，共传度生三千五百余人。本次传度仪式，旨在传承道教正一法脉，弘扬道教正统科仪。同时，为引导正一派道士爱国爱教，遵守宗教政策法规、道规戒律，促进福州道教和谐、稳定、健康化发展起到积极推动作用。

追求宇宙和谐　生态平衡　道法于自然
——记中华梦乡福建石竹山道院生态建设

谢荣增

石竹山道教活动源于汉代，庙宇始建于唐大中元年（公元847年），初名灵宝观，后更名灵宝道观，现定名为“石竹山道院”。石竹山道院一直与生态环境交融，在发展的过程中以道家思想的生态观“万物皆有灵性，崇尚爱护一草一木”强调人要与生态自然万物同生共运，强调天、地、人之间的自然生态平衡关系。

石竹山道院生态自然建设

石竹山因石奇竹秀而得名，是福建省首批十大风景区之一，素有中华梦乡之美名。改革开放后，道院便依法成立了民主管理组织，通过三十多年来不懈努力，投入在修复和保护建设石竹山宗教文化设施、改善旅游环境的资金总价值近五亿元人民币，恢复建设成今天这颇具规模的道教名山圣地，成为国家4A级旅游区。

石竹山道院注重石竹山自然资源的生态化利用，建立道院与自然和谐关系，共存共荣。山林水源保护方面，在石竹山下有一条融江，经过福清全市人民的努力，拦河筑坝兴建成了东张水库石竹人工湖，改变了福清以往十年九旱的历史，解决了全市的工农业和饮用的需要，更成为石竹山美妙一景，成为得水为上的风水宝地，并在后期加强湖泊长期的净化管理，严禁水库养殖，取缔岸边餐饮经营，缩小码头游艇规模并统一管理，从而维护水库的良好生态圈。基础建设方面，在现有宫观之上不再进行新的大规模工程建设，坚持少占地、少伐木，保护石竹山的生态自然。同时道院还加强道观内外环境绿化、美化工作，每年都组织道士及信众在石竹山上植树种竹的活动。另外，还要加强石竹山硬件建设，增加造景和服务配套设施：修建石竹山旅游索道、石阶梯，建立数十个达标的公共厕所等方便游客的公共设施，设置垃圾桶、垃圾台，引导游人不再随处乱抛。设置警示标牌，进行劝诫，解决石竹山垃圾污染问题。

石竹山生态人文建设

石竹山的人文历史悠久，众多历史名人都在石竹山上留下了寻幽探胜的足迹，摩崖石刻、碑记、名人提匾等等文物古迹记述着石竹山悠久的人文历史和深厚的宗教文化底蕴。自改革开放以来，依法成立了场所管理组织：石竹山道院管理委员会和石竹山宗教文化研究会，主要进行对道院的依法管理和梦文化与宗教民俗活动的挖掘工作。不遗余力地修复开发这些天然景点、洞穴、摩崖石刻、功德文化碑亭和碑廊区。石竹山的梦文化与九仙信仰的渊源历史和现状也在不断地挖掘、研究和论证中，相关管理组织已经讨论出一个详尽的每个未来五年的保护计划，以传统和现代相结合的形式来研究石竹山梦文化与接春的民俗文化。挖掘、探究民俗地域独特的生活方式、文化传统传承、文化心理、审美原则、风俗习惯，以期达到石竹山梦文化与接春民俗文化能够得以恢复、还原和延续。同时道院还定期、不定期地组织研究会召开各种研讨活动，征集有关研究文章，不断挖掘、丰富和深化石竹山宗教文化的内涵，选取、收入涉及道、释、儒三家和梦文化、医药、气功、道家养生等内容的研究文章，汇编成《石竹山宗教文化研究系列丛书》，逐步建立以石竹“祈梦”文化、五行研究等为中心的具有石竹特色的宗教文化研究体系，增强了中华梦乡石竹山道院的向心力和凝聚力。

石竹山宗教文化传播

石竹山是祈梦和圆梦的发祥地，素有中华梦乡之美誉，是中国道文化和古代文化不可或缺的一部分，是研学道教占梦和祈禳活动的基础，是研究人类梦文化的“活化石”。

2010 年福州历史上第一次传度活动就是在道教圣地石竹山道院举行。象征着教法的薪火相传，是石竹山道派绵延的一种吉祥和兴旺的表征。同时为了更好地传承和弘扬石竹山祈梦文化，石竹山道院连续举办了三届梦文化节：2008 年以“梦境仙山，同享和谐”为主题的全球第一届中华梦乡福清石竹山梦文化节在石竹山隆重举行，并辑成《梦通大道——中华传统梦文化研究》上下两册论文集，为石竹山申报非物质文化遗产提供了更为全面的依据。2010年以“共谒九仙，梦圆两岸”为主题的海峡两岸道教圆梦之旅，是我国近60年来第一次按照传统民间习俗并融入道教规仪，实现何氏九仙大规模分炉台湾。2012年以“迎春纳福，梦圆两岸”为主题的第三届中华梦乡福清石竹山梦文化节，完整展示了带有浓郁石竹山民俗特色的迎春纳福大法会、接春仪式等民俗活动，进一步扩大和加深了九仙信仰与祈梦文化在台湾的传播和影响。

石竹山道院生态管理建设

石竹山道院为了能够积极发挥道教特殊作用，大力创建生态道院、和谐道教，积极服务社会，展现了道法自然的真谛，依法成立石竹山道院管委会，全面规范石竹山道院生态建设：一是抓道风建设，传播生态道院建设理念，积极倡导“爱教护山”行为，制定了住观人员统一着道装规范，和教职人员的传度和培训办法，举行了千人以上的传度和培训，从根本上提高宗教教职队伍素质。二是强化依法规范管理宫观，根据《宗教事务条例》制订了道教活动场所六项制度上墙：宫观管理制度、宫观财务制度、宫观安全制度、宫观卫生制度、宫观科仪制度、宫观学习制度。三是弘扬道教传统文化，发挥各宫观各主神系与台湾神缘关系的自身优势，组织和指导宫观加强对台民间友好交往，为创建和谐海西提供服务。

石竹山既是道教神仙所居之地，又是广大信众的祈梦之所，还是一个个实实在在的公共场所、生态群落、游客休闲观赏的宗教净土。未来石竹山道院将一直遵循道教“道法自然”“天人合一”的思想，做生态道观践行者、生态环境的维护者。

承前启后　继往开来
为推进福建省石竹慈善基金会事业的新发展而努力奋斗

谢荣增

福建省石竹慈善基金会从2004年成立以来，认真贯彻党中央及政府领导下对慈善事业的指示精神，信守国家宪法、法律、法规和政策，弘扬中华民族传统美德，发扬人道主义精神，坚持依靠社会群体的力量办好慈善事业工作。开展“安老、助孤、扶贫、助学、济困”的办会宗旨，圆满完成本基金会成立以来理事会部署的各项工作任务。宣传工作紧紧围绕普及慈善事业的指导思想，人人可慈善，行行能慈善。不断创新宣传形式，宣传先进典型，拓展宣传阵地，深化慈善理论学习，推进慈善事业深入发展。

成立以来，本基金会基金总收入39884610.00元；截至2016年11月30日账面净资产3632169.06元，其中：货币资金2632169.06元，应收1058712.99元，均为其他应收款，其他流动资产43965.20元均为长期待摊费用，基金会捐赠总支出35785745元；其中教学楼2900万元，道行天下交流会100万元，福清石竹山梦文化节100万元，慈善救助项目支出25.1万元；修缮宗教寺院4534745元；捐建贫困地区教学楼已签约34所教学楼，待签约12所教学楼1200万元。

一、抓住机遇迎接挑战，探索创新工作思路

慈善宣传工作紧紧围绕普及慈善理念、传播慈善文化的指导思想，积极传播“人人可慈善，行行能慈善”的理念，不断创新宣传形式，宣传先进典型，拓展宣传阵地，深化慈善理论研究，在对海峡两岸开展过梦文化交流的基础上，加深慈善事业发展。对宗教事务联络工作根据社会需求，巩固募捐资源，开拓新渠道，拓展新项目，严格遵循国家政策，开展两岸慈善工作交流。

加强对贫困地区修建教学楼项目的跟踪、协调和监管。重建项目进展顺利。

我会援建福鼎市潘溪镇赤溪小学，援建福安市溪柄镇小学教学楼等34所教学楼，与世纪爱晚（福州）置业有限公司（世纪爱晚是国家爱晚工程）已签订合作修建一所老人院保持密切跟踪。我会在积极做好各项工作的同时，更加注重慈善工作与时俱进，谋求创新发展，制定了下一届五年发展规划等工作，力求通过深入的调研和研讨，拓展工作思路，创新工作模式。我们审时度势，立足发展，研究制定了我会五年工作发展和规划。

二、完善内部管理，加强队伍建设

我会根据新形势和新要求，从依法治会、增强公信度出发，进一步健全管理制度，重视基础工作，完善内部管理，加强队伍建设。

我会以深入学习实践科学发展观活动，在对学习实践活动进行总结的基础上，不断努力创新。进一步健全和完善基金会制度、公示制度、财务预算制度等管理。

我会各项工作有创新、发展、提高，在取得成绩的同时，我们深深感到，在工作中还存在着一些问题和不足，如在深入普及慈善理念，建立募捐长效机制，开发创新救助项目等方面，还需我们在今后的工作中进行深入研究，采取有效措施，加以改进和完善。

三、以改革创新的思路，促进各项工作全面发展

慈善工作既是一项社会工作，也是一项群众工作。坚持以人为本，以改革创新的精神，扎扎实实地开展各项慈善工作。

（1）募捐工作

2016我会要继续发挥主观能动性，探索调整募捐资金结构，要把调整募集资金结构摆上重要的议事日程，最大限度地提高不定向资金救助项目。努力调整救助项目资金投入的结构，探索通过我会资助的、且运作良好的社会公益项目开展定向募捐。努力降低筹资成本，提高募捐的效益，注重慈善活动的实际效果。不断创新募捐方法，拓展募捐渠道，积极发挥我会自身综合优势，努力搭建劝募平台，构建劝募网络，寻找新的募捐增长点，扩大募捐目标群体。力争在建立募捐长效机制上有新突破。进一步加强捐后服务工作，服务质量。探索建立一支有资源、有爱心、有激情、有能力的劝募义工队伍，巩固和扩大募捐渠道。

（2）救助工作

继续坚持“安老、扶幼、助学、济困”宗旨，关注民生，深入了解困难群众需求，不断加大救助力度，扩大困难群众受益面。巩固发展创新慈善救助方式，继续坚持助学育人的工作思路，重视人文关怀，积极做好慈善教育项目。适当拓展儿童大重病和在校外来务工人员子女的救助力度。

不断加大资助社会公益组织的力度，创新与规范资助公益项目工作，逐步建立项目执行的全程服务、指导及监控和评估体系，专业化、规范化开展资助公益项目工作，优秀项目的评选，不断总结资助经验，着力培育一批质量高、社会影响广、具有示范作用的特色项目，带动募捐工作，促进资助社会公益项目工作可持续发展。

（3）宣传工作

继续加强慈善宣传工作，广泛普及“人人可慈善，行行能慈善”的理念，进一步加强与媒体的沟通。深入挖掘慈善工作的典型事例，推进慈善文化进社区、进乡村、进机关、进企业、进学校，不断扩大慈善宣传的影响力。

（4）资产管理工作

进一步完善会计核算、财务管理相关制度，提升财务管理综合能力，确保基金安全和规范管理。进一步加强预算管理，加强对基金使用的监督和管理，强化对基金使用的反馈、跟踪、检查、审计。深入分析和评估投资项目的可行性，有效分散投资风险，使基金最大限度地保值增值。

（5）对特殊群体关爱工作

扩大基金会影响的项目；聚焦老龄群体、贫困群体、特殊群体、民工群体；呈现实效显著、操作规范、连续长效、参与性强的特点，诸如社会化养老的软、硬件建设，贫困家庭、大重病患者的资助，弱势儿童的关爱，群众性疾病防治与健康教育，环保、低碳社会公益教育等项目。继续加强项目管理、评估、总结、反馈，重视人性化操作，加强对捐赠和合作对象的服务，巩固老朋友，广交新朋友。

（6）慈善义工工作

继续坚持以制度强组织，以精神带队伍；以需求定项目，以项目招义工；探索开展慈善义工进社区助老、助残服务工作试点，并及时总结经验，扩大试点区域。进一步加强义工队伍建设，促进义工工作健康发展。及时总结推广义工管理工作经验。拓展义工服务工作思路。弘扬慈善精神，发扬示范作用。

四、着力制度创新，加强能力建设，不断提高社会公信度

我会要从新形势、新要求中把握慈善工作发展方向，根据慈善工作实际，树立群众观点，着力制度创新，加强监督机制，完善自身建设，努力在改革创新上下功夫，在突破管理瓶颈上下功夫，在提高工作水平上下功夫，充分发挥慈善事业在社会保障体系中的作用，不断提高社会公信度。充分发挥监事会监督管理职能，进一步健全和完善基金会各项财务管理制度，深入调查研究，对基金运作情况进行监控。

我会面临着良好的历史机遇，同时也面临着新的挑战。我们要在省民证厅和主管部门省委统战部及政府的关心支持下，在理事会的领导下，振奋精神，迎难而上，为慈善事业的又好又快发展做出新的贡献。

海峡道教学院（筹）——国学传统文化正式院校

海峡道教学院是全国宗教院校唯一一所冠以海峡名称的宗教院校，现坐落于石竹山西侧狮子岩，依托于石竹山道教培训中心，占地面积百亩，建筑面积12000平方，设置齐全，有：架设十万千伏高压电上山；多级抽水机站引水库天然水和净化水上山；在上下山主蹬道和各景点线路上架设照明路灯；双套卫星接收台和内部闭路电视，程控电话和移动电话差转台设备，有线和无线宽带上网和闭路设施齐全；兴建五幢三至五层食宿、学习楼，三座道教殿堂，一万多平方米可集学习、培训开会、宗教活动、学修养生的场所——新辽天书院。

海峡道教学院于2014年10月份开始筹备申请，2016年7月27日，经国家宗教事务局正式批准在福建省福清石竹山筹备成立。申请与筹备期间得到省委、省政府以及福州市、福清市各级相关部门和众善信的大力支持和帮助。2019年9月5日获中共福建省委机构编制委员会办公室登记事业单位法人资格，2019年11月29日颁发中华人民共和国事业单位法人证书。

一、学院概况

海峡道教学院（筹）是我省第一所道教院校，于2016年7月27日经国家宗教事务局批准在福建省福清石竹山筹备设立，筹备期间核定招生名额为80名，学制分四年本科和三年大专（道教内部有效），立足福建，面向大陆（内地）和港澳台、东南亚国家招生。学院由福建省道教协会主办，福建省民族与宗教事务厅负责指导监督管理，全国政协委员、中国道教协会副会长、福建省道教协会会长、石竹山道院住持谢荣增道长担任学院首任院长。学院筹备期设址于道教名山——福建省福清市石竹山风景名胜区内的狮岩堂，校舍占地面积100亩，建筑面积11700平方米，分为办公教学区、住宿区与宗教生活区，配有图书馆、公寓式宿舍、厨房斋堂、会议室、医务室、健身室、科仪堂、微机室、乐器房等硬件设施。师资方面由四川大学道教与宗教文化研究所、老子研究院、厦门大学道学与传统文化研究中心、福建师范大学等著名院校以及中国道教学院、福建省道教教职人员培训师资库提供强大力量支持。

二、试招生教学情况

2018 年 6 月海峡道教学院（筹）已全面投入试教学阶段，目前第一期三年制宫观管理专业专科招生已圆满完成。经过面试与考试等综合评估，最终共录取来自全国各地的学生 66 人，不分教派，乾坤并收，试教学至今，各项工作进展顺利。学院课程设计内容丰富，并拥有详细的课库设计方案，设置有文化基础、文化提升、政治教育、专业课程及体育五大版块，致力于对学生在文化素养与专业素养上的全面提升与培育。目前学院教学以全日制课堂学习及实践教学为主、讲座等多种教学手段为辅的方式进行，周课时总数共计 30 学时（不包括早晚课与晚自习），日均课程 6 学时，其中文化与政治版块由福建师范大学福清分校讲师进行授课，专业课程及体育版块则由教内讲师进行教学。

三、规划方向

新形势下，宗教界对宗教院校人才培养、教理研究、社会服务等整体功能的要求全面提升，“学修一体化、设施现代化”办学目标日益凸显，学院将继续坚持爱国爱教、性命双修、学修并进、接引后学的思想理念，狠抓道风建设与特色建设，以人才培养为中心，以特色专业、精品课程、教学团队建设为平台，以提高教学质量和学院综合实力为目标，紧密围绕社会需求，稳步发展，全面提高，力争把学院建设成为特色鲜明、成绩突出的综合性现代化高等道教院校。目前学院拟在石竹山下的福清宏路高铁小镇规划近千亩地，用于学院新校址建设，并已经支付了规划设计费。第一期约 400 亩的学院建设工程即将启动，学院领导在努力积极筹措资金，争取尽快建成新校区。

四、办学特色

（一）加强思想政治教育。学院以党的宗教政策和法律法规为指导，将思想政治教育工作贯穿于教学全过程。早在开学前，为培养学生德智体全面发展与加强国防教育的需要，学院就组织全体师生在福清龙翔军旅进行了封闭式集训，通过集训加强了学生爱国主义情操和团队协作能力。学院的教学计划中也固定安排学生开展爱国主义教育实践活动，如本学期就安排了参观冰心文学馆和林则徐纪念馆。

（二）探索宗教院校与高校联合办学等新模式。学院申办期间，谢荣增院长就与福建师大福清分校签署联合办学，借助普通高校优势资源，不仅有效利用高校师资力量，提高学院的办学水平和质量，还为学生提供第二学历（国家教育部认可），让海峡道教学院的学生毕业后既能服务道教也能服务社会，积极为学生的就业创造广阔的空间，同时为参加第二学历学习的学生提供学费资助，学习优秀的学生学费全部由学院资助。

（三）构建学修并进的丛林管理模式。道教院校不同于社会上的普通高等院校，在教育实践中，应当更好地突出道教教育的特色。学院在教学的过程中，既传授道教的经教知识，又注重引导学生自我修持，以学院内的慈航宫为基地，通过诵经、课功、静坐、参玄等宗教活动实践其所学。这些活动对于增强学生的宗教修持、信仰培养，具有良好的促进作用。

（四）借力“一带一路”汇聚海峡两岸人才。66 位海峡道教学院（筹）首期新生来自全国各地，包括两名台湾地区学生。学院积极为台湾青年道友来大陆学习、就业搭建平台、创造条件、提供便利，力争将海峡道教学院办成国学传统文化正式院校，今后我们还将继续招收港澳台和东南亚国家和地区有志于道教事业的学生，欢迎他们乘着“一带一路”的东风，开启新的人生旅途，实现人生理想。

石竹山道教教义体系的当代建构及道教文化的传承保护与创新转型

谢荣增

引言

习近平主席指出，中国人民的理想和奋斗，“中国人民的价值观和精神世界，是始终深深根植于中国优秀传统文化沃土之中的”，[①] 因此，必须重视从传统文化的更新发展中汲取营养。作为中国唯一的本土宗教，中华文化的传承者和守护者，传承两千多年的道教，必将在这一过程中担当起推动中华民族伟大复兴的重任。

习近平主席还提出：“提高国家文化软实力，要努力展示中华文化独特魅力。”[②] 在中国现有宗教体系中，只有道教是中华文化本源孕育，且具备反向对外传播功能和价值的宗教。因此，在当下话语体系中对道教进行创新和重构，使之更能代表中华文化的精髓，符合当今世界文明的需求，便于传播和接受，是道教的使命。

对于新形势下的宗教的历史责任，习近平主席也有论述：宗教“关系社会和谐、民族团结，关系国家安全和祖国统一”。[③] 这一论断，为道教的传承发展，提供了广阔的历史和时代空间。

---

① 在纪念孔子诞辰2565周年国际学术研讨会暨国际儒学联合会第五届会员大会开幕会上的讲话（2014年9月24日）。

② 2013年12月30日，习近平在中共中央政治局第十二次集体学习时发表重要讲话。

③ 2016年4月22日—23日，习近平在全国宗教会议发表重要讲话。

一、道教在中国文化发展史上的历史地位以及道教在三个黄金时期对时代的重要作用

纵观中华五千年文明史，道教宛如经络，贯穿其中。从殷商时代，以巫祝占卜决疑难吉凶，到今时今日，经师登坛拜天为黎庶祈福，上至国运兴衰，下及日常生活，道教无不浸染其中，承载着中华文化的血脉。中国大思想家鲁迅指出："中国的根抵全在道教，懂得此者，懂中国大半。"(《致许寿裳》)

回顾历史，道教经历了三个重要的历史时期，并且对当时的社会历史进程产生了重要的推动作用。梳理过往的历史事实，探究其中的发展规律，有助于我们探讨道教在当下的历史使命。

1. 春秋战国时期

春秋时期，老子创立道家学派，提出"道"的理论，以"道"作为最高范畴，主张尊道贵德、效法自然，以清静无为治国修身，道教的教理、教义由此演化。战国时庄子发展了道家哲学和仙学思想，提出万物齐同、物我为一的主张，确立了道家学说在学派林立的百家争鸣时期中的显学地位。道家是道教的前身，在这一时期，道家形成了博大精深的思想体系，为道教两千年的兴盛，提供了思想基础。

2. 两汉隋唐时期

西汉以黄老之术治天下，道家纳阴阳五行学，东汉张陵创立道教，经张角、张鲁传播推广，再经由葛洪、范长生等人完善，道教的经典教义、修持方式、科戒仪范渐趋完备，道教经历了从建立到完善的过程，从早期民间宗教演变为成熟的正统宗教。隋唐时期，由于统治阶层的尊崇，道教极为兴盛。唐朝奉老子为太上玄元皇帝，由国家组织修编《道藏》，定道举制度，以四子真经开科取士，将道教推上时代的巅峰。

3. 两宋元明时期

宋朝崇道，封赵氏始祖为保生天尊大帝。宋代道教思想产生新的变革，表现为兼容儒释道三教思想，王重阳为代表人物，主张三教同归，并与其弟子丘处机等创道教全真派，经由成吉思汗钦定，道教大盛，随着元朝疆域的拓展，道教影响也扩大至远东地区。明朝，道教受到政治上层和文化精英的推崇，并在民间广受信仰，道教典籍善书大为盛行。道教的哲学、养生术、炼丹术、符咒法术及科仪规章也更为完备。

反观以上三个黄金时期，道家和道教对三个时代的社会发展也产生了极大的推动作用。道家“无为”的治理智慧，为平复先秦至汉初的社会动荡和战争创伤，给予人民休养生息，起到了积极作用，为汉唐的崛起，积累了社会基础。道教主张的三教兼容，弥合了意识形态的分裂，对国家统一和民族融合，居功至伟，开启了从宋元到明清高度发达的中华文明时代。

二、石竹山道院在新时期的复兴和发展

躬逢中国历史上的又一个盛世，道教也迎来新的发展契机，尤其是改革开放和国家落实宗教政策之后，道教逐渐步入历史上的又一个黄金时代。我们有幸亲历其中，从石竹山道院的恢复和发展、道教石竹法派的缘起和勃兴，见证着这一切。

石竹山位于“三福之地”：中国福建福州福清，以石奇竹秀而得名，素有“人间仙境，梦里乾坤”的美誉。石竹山是道教圣地，自古便被认为是神灵出没、仙人得道之处。自汉以来一直有道家方士在此炼丹修行。五代时，林玄光在石竹山行医修道，唐大中元年（公元 847 年），石竹山始建灵宝观。此后，各朝各代，石竹山道教香火云蒸霞蔚，长久不衰。

清末以来，国家贫弱，战事频仍，石竹山宫观屡遭兵火，几成废墟，至“文革”前后，近乎全毁。

20 世纪 70 年代末，适逢拨乱反正，本文作者因缘际会，进山担当修庙义工，从此入道，矢志不渝。借助党的宗教政策和改革开放后海内外乡贤、信众的大力襄助，先后修建了进山大门，铺登山石磴道，数度重建、扩建仙君楼、观音厅、文昌阁、三清殿，新建狮岩堂、万神殿，道教文化广场，通过三十多年来的不懈努力，逐渐形成了如今的石竹山道院宫观建筑群。全面恢复道教道场，定名为“石竹山道院”。现在，道院已经建立起一整套完整化、正规化、正常化的宗教生活和教务活动，树立了蜚声海内外的道场形象

进入新世纪，石竹山道院在道场基础建设完成之后，开始思考石竹山道教上层建筑的建构、规划，并进行了系统性的实践。

这一系列的实践，都遵循一个基本思路：立足于石竹山当地的地理、历史、文化、民俗等地域特色和文化背景，使之纳入道教教义的建构和道教文化的传承，进行融合、创新。

这一系列的实践，也都服从一个核心规划：继承和发扬，整合与重塑以九仙信仰、祈梦习俗、接春民俗为核心的石竹山道教文化。

九仙信仰，是中国东南部的原生道教信仰。相传在汉武帝时，天尊钦点九名使者下凡，普济群生，遍拔黎庶。此九名使者投生于当时闽郡太守何嵊家中，分别取名为，应天、厚福、宏仁、广富、济世、体道、通神、显圣、定慧，是为“何氏九仙君”。明代《闽部疏》中记载：“福清县石竹山，亦有九仙灵迹。”徐霞客在《石竹山游记》中说：“闻宏路驿西十里，有石竹山，岩石最胜，为九仙祈梦所。”唐代中叶，九仙信仰纳入了道教灵宝派体系。

祈梦习俗，源自九仙信仰。九仙君以梦点化世人，当人们遇到人生重大抉择没有把握时，到石竹山请求仙君托梦，排忧解惑，称作“祈梦”，遂形成“石竹祈梦”原生文化。这种中国道家传统的民俗梦文化最重要的特征在于：祈梦为自觉行为，有别于日常做梦的自然行为，讲究“心诚则灵”，培养信誉，树立道德感，解梦的过程更是以劝善为本，对于人生具有积极引导作用。石竹山祈梦习俗蓄存着中华传统文化的诸多信息，以九仙信仰为精神纽带，以人生礼俗、岁时节令相伴随，以民间心理医疗知识为内涵的祈梦文化是一种行之有效的民间养生与社会教化方式。

接春民俗，同样源自九仙信仰，是石竹山原生民俗。“接春”也称“迎春”，始于周代宫廷，后传入民间，旨在催促春耕。自古以来，接春活动从未在宗教场所举行，直到北宋景佑二年（公元 1035 年）立春日，石竹山灵宝观以九仙的名义举行首次接春活动。自此，石竹山道观每年举办接春活动遂成传统，至今已近千年。时至今日，接春民俗的规仪不但没有被简化，还多了“拜太岁”的仪式，已不限于催农，又增添了春天纳福添寿的美好祝愿。

石竹山道院自重建复兴以来，始终致力于传承、发掘这些宗教文化遗产，并结合时代的需求进行创新，确立了重点挖掘并丰富本土地域文化，使之与道教文化相结合的发展方向，并在此基础上，形成了以石竹山何氏九仙信仰和梦文化为基石的道家石竹法派，秀出东南，为中国道教体系再添一枝灵珊。

石竹法派的道法真谛，源自石竹山满山的奇“石”与秀“竹”。石，即为至刚、朴实、凝重、坚定，蓄万千之能，纳转回之势；竹，则是至韧、无争、清净、虚怀，藏无限生机，聚蓬勃之气。二者刚柔并济、负阴抱阳、冲气为和，互弥有无。“石竹”合天地之灵，通万物之性，以内敛的谦逊之态呈现着“和”的内涵。

石竹法派的修持，讲求滋润万物而不张扬自我。以“和”与“善”为核心，倡导尊道贵德、重生贵和、抱朴守真、清静无为和慈俭不争。

为了更好地完善以九仙信仰、祈梦习俗、接春民俗为核心的石竹山文化建构思路，同时也为了夯实石竹法派的学理基础，从20世纪80年代起，与以厦门大学哲学系主任詹石窗教授为首的学者们共同对道教理论与文化、石竹法派的理论与文化以及九仙信仰、梦文化进行了深入的探究及整理。2008年，石竹山道院发起并参与国家九八五重点工程项目，与厦门大学合作编纂《百年道学研究精华集成》。同时，还创建了《石竹山道院文丛》，使得石竹法派第一次系统地将其理论与文化展现在世人面前。石竹山道院还与全国各高校的专家学者、文化机构深入挖掘石竹山的历史文化、道家文化，通过举办论坛、研讨会、论证会等多种形式，取得了丰硕的学术成果。结集出版了大量的文字资料，如《石竹山志》、《梦通大道——中华传统梦文化研究》（上、下）、《石竹山宗教文化研究》、《太上灵宝祈梦科仪》等，出版了与石竹山相关的系列民间传说，并每年出版《农民暦》专刊。

综上所述可以看出，石竹山道院在经历了一个多世纪的沉寂之后，终于在新的盛世再度勃兴，再次印证了道教与国运息息相关的历史规律。石竹山道院也抓住了历史机遇，在完善硬件建设的基础上，用近三十年时间，构建起石竹法派道教体系，提升了软实力和影响力，践行了习近平主席的相关理论。

三、石竹山道院在对道教文化的传承与保护方面开展了大量系统性的推动工作

在复兴石竹山道教文化、构建石竹法派道教体系这一过程中，石竹山道院在对道教文化的传承与保护，以及道教文化的创新转型，都进行了探索，也取得了实际成效。

1. 推动石竹山祈梦习俗入选福建省非物质文化遗产名录

石竹山祈梦习俗是石竹山道教文化的珍贵遗产，因为历史的变迁和社会的动荡，其规仪和精解等资料有所佚散，石竹山道院经过搜集整理，并在道教体系下结合时代需求进行修复，终于彻底复原了这一传统习俗。

经过多年努力推广，石竹山道院终于在2008年10月联手福建省非物质文化

遗产保护中心共同举办了以“石竹仙山，共享和谐”的第一届梦文化节，成为全国规模最大、群众参与范围最广、影响最深的中国传统梦文化盛会，让石竹山祈梦习俗和文化，彻底获得了全社会的认可、为石竹山申报非物质文化遗产提供了更为全面的依据。2009 年 11 月，石竹山祈梦习俗入选福建省非物质文化遗产名录，石竹山道院住持谢荣增道长也成为该项目的传承人。

石竹山道院还恢复了一度中断的接春、仙君诞、观音诞等一系列民俗活动，使得道教何氏九仙信仰文化和道教民俗活动得以活态传承、延续。

2. 举办福州历史上首次道教传度活动

教派的戒律、道职的传度象征着教法的薪火相传，是道派兴旺绵延的表征。传度是社会对道教信徒信仰认定的重要方法之一，是道教正一派盟证道职、道位之门径，是信仰道教入门仪式，也是认定教职人员的必备条件。

在国家宗教事务局和中国道协领导的关心支持下，石竹山道院通过前期大量搜集整理和学术论证的基础上，于 2010 年成功举办了福州历史上第一次道教传度法会，开启了石竹山道派的传承绵延，推动传统道家文化的发展。

3. 开发石竹山道教旅游资源

通过三十多年的不懈努力，石竹山道院投入在修复和保护建设石竹山道教文化设施、改善旅游环境的资金总价值近五亿元人民币，修复开发天然景点、洞穴、摩崖石刻、功德文化碑亭和碑廊区，大力创建生态道院、和谐道教，积极服务社会，展现了道法自然的真谛，恢复建设成今天颇具规模的道教名山圣地，成为国家 4A 级旅游区。

4. 利用新媒体技术传承道教典籍和文化

石竹山道院敏锐地感受到以计算机网络技术为基础的“网络文明”时代气息，早在 20 世纪末，就率先在 Internet 上建立起“石竹道文化”网站 (www.taoculture.org)，不仅在互联网上建立起“网上石竹山道院”，而且向国内外网民全面介绍道教典籍以及石竹道教文化，成为中国道教界在互联网上弘道的先行先试者。2000 年，石竹山道院耗资近百万元，建成全国最早和至今唯一的电子版《道藏》，为道家文化的保护、传承做出了重大贡献。

四、石竹山道院立足自身区位特点对道教文化的创新转型进行了探索和实践

石竹山所在的福建省福清市，是海峡西岸的著名侨乡，也是海上丝绸之路起

点的重要港口城市之一，素有海外贸易和交通的历史传统。因此，石竹山道教文化在日本及东南亚地区，以及各大洲其他华人聚居区，都具有一定的影响力。石竹山道院从复兴之初，就致力于从一区位特点出发，创新石竹山道教文化的传播模式，转型升级，扩大影响，取得了广受赞誉的推广效果。

首先，石竹山道院位于海峡西岸，对台优势明显。祖国统一始终是中华民族伟大复兴的主旋律。石竹山道院认识到，紧扣这一主旋律，加强对台交流，实现历史突破，是扩大石竹山道教文化的必由路径。

因此，石竹山从 2008 年起至今，接连举办了四届“石竹山梦文化节”，都把对台扩大影响作为重点。

其中实现历史突破的，是 2010 年举办的“第二届中华梦乡福清石竹山梦文化节”，开创性地策划“一场活动，两岸举办”：开幕式在福清石竹山，闭幕式在台湾基隆，历时 9 天。这次活动是两岸首度联手打造的道教圆梦之旅，也是全国规模最大、影响最深的梦文化盛会。在这届梦文化节上，两岸携手举行了九仙分炉台湾九个宫观起驾仪式，这在新中国成立以来尚属首次，也备受台湾各界知名人士的关注，马英九、吴伯雄、宋楚瑜、江丙坤等纷纷题词，恭贺石竹山梦文化节的成功举办，两岸同胞从此共享一“梦”。九仙分炉台湾后，有力地推动了石竹山道教文化在宝岛台湾开枝散叶，枝繁叶茂。

其次，对于传统的道教规仪，石竹山道院也进行了创新：将民俗结合进来，充分尊重并考虑普通群众的心理诉求，便于信众的接受、体认，一方面增强了道教仪式感，另一方面也，让道教规仪更具亲和力。其中最成功的，是对分炉仪式和接春仪式进行创新整合。在第二届中华梦乡福清石竹山梦文化节当中，创新后的分炉仪式和接春仪式，不但令石竹山原本的信众信服，也让台湾的道教信众感到亲近和崇敬，迅速获得认同，扩大了道教九仙信仰在宝岛的影响力。

五、石竹山道院肩负起历史的重任，为实现中华文明的伟大复兴贡献力量

纵观中国历史，道教在许多重大的历史时刻都肩负起社会的责任，信手拈来，例子比比皆是：汉初统治阶层以道家的黄老无为治理天下，为社会提供了喘息和修养之机；初唐以道教为国教，开放思想，强调和谐，造就了盛唐气象；元初丘处机向成吉思汗推介道教和平、慈爱的思想，终止了蒙古以杀戮开疆拓土的做法，开启多民族融合的新时代……

在当下中华民族实现伟大复兴的历史时刻，肩负起历史的重任，以一己之力为这个伟大时代添砖加瓦，是石竹山道院念兹在兹的情怀和信念。

1. 石竹山道院利用石竹山的对台优势，为祖国的统一大业服务

石竹山道院举办的四届中国梦文化节，都与台湾中华道教两岸交流协会等道教团体进行了充分交流，以石竹山梦文化为媒，发挥道教文化在两岸同胞的文化整合作用。中央电视台、香港凤凰卫视、台湾中天电视台等两岸暨香港主流媒体都进行了直播和专题报道，引起了两岸的强烈反响。继第二届梦文化节实现历史上首次道教九仙信仰分炉台湾之后，2012 年以“迎春纳福，梦圆两岸”为主题的第三届中华梦乡福清石竹山梦文化节举行了石竹山道院与台湾道教总庙无极三清总道院友好签约仪式、台湾阿里山与石竹山结成友好盟山签约仪式。

第四届石竹山梦文化节以“中华九仙，福佑两岸”为主题，共有两岸暨港澳万人参与，成为目前全国规模最大、群众参与范围最广、影响最深的梦文化盛会。活动期间一如暨往地推动和丰富两岸道教文化的交流与良性互动，举行了规模宏大的朝山活动以及第二届海峡两岸民间宫庙叙缘交流会。

因此，石竹山的梦文化节已成为海峡两岸跨越时空的圆梦之旅，受到了海峡两岸前所未有的共同关注，成为两岸民众交流的重要载体，不仅增进了两岸民间友好互动的情谊，对于推进两岸的文化、经贸交流，具有深远的现实与历史意义。

2. 石竹山道院利用侨乡优势，携手两岸暨港澳和海外道教徒一同推广道教文化，为国家共建“一带一路”的倡议做出贡献

道教在漫长的发展过程中，曾经传播到受中国文化影响的周边国家，道教的经书、方术、科仪、内丹养生术等传入朝鲜、日本、东南亚各国，与当地文化融合共处。

随着海路航运的发展，福建的先辈拓海开洋、艰涉鲸波，将道教九仙信仰传播到了南洋。至今在新加坡、马来西亚、印度尼西亚、菲律宾等国建有分炉宫观，构成了广泛的福建道教信仰网络，成为同胞信众安放精神寄托和故土之思的清净之地。

20 世纪 80 年代起，随着改革开放后福建的发展，道教九仙信仰借助经济的影响力再次传播海外，而且也不再局限于华人圈，有越来越多的西方人士成为奉道之人，道教已真正实现道达天下。

当前，我国提出了共建“一带一路”的倡议，与道教“和谐共生、利而不害、尚中贵和”的教理教义高度契合。石竹山道院积极践行这一倡议，大力推动组建国际道教组织，携手两岸暨港澳和海外道教徒一同推广道教文化。围绕“一带一路”建设，开展不同文明的交流互鉴，通过道教高峰论坛、文化展览、文化讲座、音乐和举办文化节、武术演出、与海外宫观的结盟等形式，扩大道教的国际影响，推动中华文化走向世界，让更多国家和地区的人民了解和分享道教文化的魅力，让历代先师留下来的精神财富和博大智慧，造福人类。

结语

中华文明源远流长，光辉灿烂，道教始终是中华文化的主干之一，提升中华文化的软实力，必将激发道教在新时期的繁荣昌盛，同时，道教也应顺应时代的发展再次建构自己的教义体系，进行创新转型。

概括起来，这些思路和做法，其实就是夯实了五个基础：实体基础、传统基础、理论基础、地缘基础、传播基础。

实体基础：石竹山道院几十年来对道院和石竹山国家级 4A 景区进行持续性建设，为石竹法派弘道提供了活动场所和经济来源，既是信众的朝圣之所，也是游人的心醉之地，成为广受赞誉的对外交流平台。

传统基础：九仙信仰、祈梦文化、接春民俗，是石竹山固有的原生文化，石竹山道院对之进行了整理、整合以及创新性再造，续接根系，欣欣向荣。

理论基础：石竹山道院始终重视与学术界互动交流，吐故纳新，不断完善石竹法派的理论体系，适应时代主旋律，呼应大众的心理诉求，以积极入世的姿态，改造晦涩艰深的道义，使之更具亲和力，更合世道人心。

地缘基础：石竹山道院立足于石竹山的侨、台以及一带一路起点地区的特点，积极拓展由地缘引发的人缘优势，广结善缘，纵横联络，为石竹法派影响力的提升，铺平道路。

传播基础：梦通大道，福佑世人，本就是石竹法派的道法使命，本法派的修持，不仅仅是为了自我完善，更强调推己及人，泽披黎庶。这既是石竹山道院各项软硬件建设的出发点，也是目的地。

总之，在石竹山道教教义的当代建构和对道教文化的传承创新当中，石竹山道院始终立足于这五个基础，筚路蓝缕，求道不已。石竹山道院唯愿与各道教团体大力弘扬道教爱国爱教、尊道贵德的优秀传统，彰显道教“济世利人、齐同慈爱”的社会关怀，达到和谐共生、互助团结、重视文化、服务社会的目标，共筑中华民族伟大复兴的中国梦。

纪念改革开放40周年“承古开今　共筑未来”——石竹山道教文化发展的理论与实践

谢荣增

改革开放以来，中国社会发生了历史性的巨变，也彻底改变了中国道教的面貌。改革开放顺应了道教发展的趋势，也在一定程度上打破既有的陈规旧俗。根据马克思的矛盾论，我们知道矛盾是万事万物发展的动力。“有无相生，难易相成，长短相形，高下相倾”，土生土长的中国道教早在两千年前就以自己的道家文化蕴涵了这一哲理。可以说，改革开放是道教发展的必由之路。改革开放和国家落实宗教政策之后，道教逐渐步入历史上的又一个黄金时代。

从石竹山道院的恢复和发展，道教石竹法派的缘起和勃兴，见证着这一切。

石竹山位于“三福之地”：中国福建福州福清，以石奇竹秀而得名，素有“人间仙境，梦里乾坤”的美誉。石竹山是道教圣地，自古便被认为是神灵出没、仙人得道之处。自汉以来一直有道家方士在此炼丹修行。五代时，林玄光在石竹山行医修道，唐大中元年（公元 847 年），石竹山始建灵宝观。此后，各朝各代，石竹山道教香火云蒸霞蔚，长久不衰。清末以来，国家贫弱，战事频仍，石竹山宫观屡遭兵火，几成废墟，至“文革”前后，近乎全毁。20 世纪 70 年代末，适逢拨乱反正，本文作者因缘际会，进山担当修庙义工，从此入道，矢志不渝。借助党的宗教政策和改革开放后海内外乡贤、信众的大力襄助，先后修建了进山大门、铺登山石磴道，数度重建、扩建仙君楼、观音厅、文昌阁、三清殿，新建狮岩堂、万神殿、道教文化广场，通过三十多年来的不懈努力，逐渐形成了如今的石竹山道院宫观建筑群。全面恢复道教道场，定名为“石竹山道院”。现在，道院已经建立起一整套完整化、正规化、正常化的宗教生活和教务活动，树立了蜚声海内外的道场形象。进入 21 世纪，石竹山道院在道场基础建设完成之后，开始思考石竹山道教上层建筑的建构、规划，并进行了系统性的实践。

石竹山道院在经历了一个多世纪的沉寂之后，终于在新的盛世再度勃兴，再次印证了道教与国运息息相关的历史规律。石竹山道院也抓住了历史机遇，在完善硬件建设的基础上，用近三十年时间，构建起石竹法派道教体系，提升了软实力和影响力。

对石竹山原生文化的挖掘与传承是石竹山道教文化不断向前发展的动力。

“人法地，地法天，天法道，道法自然”是石竹山道教生态美的总纲，是道教生态和谐美的最高境界。石竹山的道教法派与自然景观相互交融，构成石竹山道教生态生命系统与自然生存环境系统的相互协调所展现出来的美的形式。

石竹山自古又被称为“祈梦灵异所”。相传在汉武帝时，天尊钦点九名使者下凡，以心为镜，以梦为灵，感悟世事，点化世人。此九名使者投生于当时闽郡太守何堠家中，分别取名为应天、厚福、宏仁、广富、济世、体道、通神、显圣、定慧，是为“何氏九仙君”。九仙君以梦点化世人，泽被黎民苍生，声名远播海外。周边百姓，祈灵如响，遂形成“石竹祈梦”这种原生文化，一千多年来，各种梦故事流传不息，不仅具有特殊的象征意味，还蕴含着多种多样的民间知识和深刻的人生智慧。石竹山祈梦习俗蓄存着中华传统文化的诸多信息，以九仙信仰为精神纽带，以人生礼俗、岁时节令相伴随，以民间心理医疗知识为内涵的祈梦文化是一种行之有效的民间养生与社会教化方式。石竹山祈梦习俗传播于福州、莆田、泉州、厦门、漳州一带，影响力远及日本、东南亚以及与欧、美等有福建人聚居的国家和地区。

石竹山道院自重建复兴以来，立足于石竹山当地的地理、历史、文化、民俗等地域特色和文化背景，使之纳入道教教义的建构和道教文化的传承，进行融合、创新。继承和发扬，整合与重塑以九仙信仰、祈梦习俗、接春民俗为核心的石竹山道教文化。始终致力于传承、发掘这些宗教文化遗产，并结合时代的需求，进行创新，确立了重点挖掘并丰富本土地域文化，使之与道教文化相结合的发展方向，并在此基础上，形成了以石竹山何氏九仙信仰和梦文化为基石的道家石竹法派，秀出东南，为中国道教体系再添一枝灵珊。石竹山的祈梦活动、四季祭典体现了中国特色的社会生态和谐美，通过宗教和民俗的社会教化，来引导信众行善积德，祈求平安吉祥、社会和谐，它是传统文化里的重要组成，是一个民族的根底和精神家园所在。

石竹山道教文化借地缘优势，积极投身社会实践，发挥了联结世界华人道缘、

梦缘、亲缘的纽带作用。

福清是著名侨乡，也是数十万去台人员的故乡，众多的台港澳同胞及海外侨胞是带着石竹山的“梦”外出谋生，他们在外发迹后对这座魂牵梦萦的仙山都怀着深深的敬仰。石竹祈梦文化传播于福州、莆田、泉州、厦门、漳州一带，影响力远及日本、东南亚以及与欧、美等有福建人聚居的国家和地区，成为族群联结的文化纽带，具有中华民族文化认同的重要功能。更值一提的是自两岸逐步开放以来，许多台湾同胞专程组团来石竹山朝圣。为此，石竹山道院为了更好地传承传统文化，在向世人展现石竹山独特的民间信俗活动的同时，也开辟了两岸文化交流的一个新途径。2008 年至今的十年间，已经成功举办了六届梦文化节，吸引了台湾中华道教两岸交流协会等道教团体多次寻访和交流，最终实现了九仙分炉至台湾的宏愿；随后，石竹山道院与台湾道教总庙无极三清总道院友好签约，促成了闽台道教团体以及两地多个地区级团体和两地多个宫庙的友好结盟；召开海峡两岸道教界迎春联谊会，大力弘扬道教爱国爱教的优秀传统；商讨海峡两岸共同申报国家级非物质文化遗产的具体事宜等。石竹山道院积极探索如何以梦文化为载体，推动海峡两岸道教文化界的交融与发展对国家和谐统一的新实践。

经过不懈的努力，石竹山梦文化于 2009 年 11 月被列入福建省市非物质文化遗产保护名录，石竹山梦文化道院住持谢荣增道长于 2010 年荣获“祈梦习俗非遗传承人”称号。自此，石竹山道教文化的传承与弘扬的事业有了崭新的定义和光荣使命。我们坚持不渝地爱国、爱党、爱教，用道教中“道”和“德”的教义为研习的本源，倡导尊道贵德、重生贵和、见素抱朴、抱元守一、清静无为和慈俭不争，向世人传递极富石竹山特色的道教文化的精神内核。

除此之外，为了更好地践行社会责任，石竹山道院于 2004 年成立了福建省石竹慈善基金会，认真贯彻党中央及政府领导下对慈善事业的指示精神，信守国家宪法、法律、法规和政策，弘扬中华民族传统美德，发扬人道主义精神。坚持依靠社会群体的力量办好慈善事业，抓住机遇迎接挑战，探索创新工作思路，开展“安老、助孤、扶贫、助学、济困”的工作，促进各项工作全面发展，提高了社会公信度，吸引了更多在世界各地的侨胞参与基金会的建设与发展。

道济苍生，弘扬中华优秀传统文化！石竹山道院着眼新使命，切实抓好道教人才培养。

改革开放以来，在党和政府的关心支持下，在全国道教界的共同努力下，道教人才青黄不接的局面已经得到有效改善，但仍能立足实际，努力培养一支自觉走与社会主义社会相适应道路的合格道教接班人队伍。为此，石竹山道院开设了道教培训中心。

在历史的长河里，石竹山辽天书院（狮岩堂的前身）的历史可以追溯到唐末宋初。传南宋著名的理学家朱熹曾在此讲学，题有“两山相对终无语，一溪东流自有声”的楹联。到了明代，一代高僧隐元禅师（1592—1673）在继任黄檗寺住持和东渡日本弘法之前曾在狮子岩祈梦修禅，而且，一住就是7年。随着历史的变迁，辽天书院几经兴废。到了2000年，由于历史的渊源和为了恢复辽天书院往昔的文化氛围，在石竹山道院管委会和住持谢荣增道长的努力下，募集了数千万元资金重扩建了辽天书院和狮岩堂。现在的狮岩堂占地20多亩，福建省规模最大的道教文化传播中心石竹山道教培训中心就坐落在这里。狮岩堂还设有道教文化图书馆、阅览室等文化设施。近几年，石竹山道教文化的深远传播，得到了社会各届人士的认可和重视，吸引了无数道教文化爱好者前来修习，无论是学历、师资力量，还是培养体系等方面都得到长足发展。

令人鼓舞的还有，2018年1月12日，《国家宗教局关于同意筹备设立海峡道教学院（筹）的批复》（国宗函[2016]81号）文件批复同意筹备设立“海峡道教学院（筹）”，为期三年，学制分为四年本科和三年大专（道教内部有效）。该学院就位于石竹山道院，立足福建，面向全国招生，已于2018年进行春季招生。

相信有了一支高素质的道教代表人士队伍，石竹山道教一定能够为传承和弘扬中华优秀传统文化、实现中华民族伟大复兴的中国梦做出应有的贡献！

改革开放四十年来，石竹山道教文化不断发展和完善，顺应了历史的潮流，响应了人类命运共同体的理念，在国家的扶持下得以走出国门，走向世界，海外信仰者人数大增，文化输出与信仰输出同步发展。石竹山道教之所以能发展成今天的规模，一方面源于自身根深蒂固的文化优越性，另一方面与政策支持和宽松的社会环境密不可分。未来，石竹山道院仍将积极以九仙信仰为石竹山的人文根基，向世界发出“文化共兴”“为天地立心”的号召，在中国传统文化的积累和发展上孜孜以求，不断增强非物质文化的聚合能量，并紧跟时代脉搏，力争在“一带一路”世纪工程中贡献自己的智慧和力量。

后　记

2018年12月20日至25日，“承古开今　筑梦未来”第六届中华梦乡福清石竹山梦文化节暨“一带一路”梦文化国际研讨会在福建省福清市石竹山隆重举行。

本次文化节主要内容有第六届中华梦乡福清石竹山梦文化节开幕式、祈祷宇宙和谐世界和平清醮大法会、“尊道贵德　慈俭和善”传统道家梦文化讲座和“一带一路”梦文化国际研讨会等。

其中，“一带一路”梦文化国际研讨会于24日下午举行，研讨会由文化节组委会主办，四川大学老子研究院、华夏传播研究会、厦门大学传播研究所协办，研讨会为开幕式和分组讨论会两个环节，紧凑高效。

开幕式由华夏传播研究会会长、厦门大学传播研究所所长谢清果教授主持，四川大学老子研究院院长、石竹山道院荣誉院长詹石窗教授和台湾省道教会理事长张荣珍先生分别做主旨发言。詹教授认为梦是一种良药，具有积极的进取精神和道德劝化作用，我们应当发掘、整理梦文化资源，弘扬中华梦文化。张道长认为文化是国家民族最重要的命脉，“有梦最美，大家在一起共美”，两岸有识之士应当集思广益，携手合作，共同弘扬和发展道教文化。主持人回应指出，梦是一种媒介，是神人沟通的媒介，是心灵自我对话的媒介，也是海内外中华儿女心灵沟通的媒介，有了梦，我们的生活一定更美好！

随后是分组讨论。

第一组召集人为厦门大学传播学研究所所长谢清果教授，台湾地区道教会理事长张荣珍道长。宗教文化出版社第四编辑部主任霍克功编审、江西师范大学曾勇教授、上海财经大学陈成吒教授、香港道经乐团主委余君庆先生、台北玉枢院主委王印志先生等就石竹山梦文化与金丹修炼、江西玉笥山道梦园文化的设计内涵、列子的“虚”“游”“梦”之道以及港台梦文化与道教弘扬事业等话题展开热烈讨论。

第二组召集人为福清市政协原副主席李洪元先生、齐鲁工业大学赵芃教授、郑州大学陈大明研究员。上海大学李娟教授、浙江传媒学院洪长晖教授、安庆师范大学付瑞珣教授、福清市社科联副主席林民湧先生、香港道教联合会理事梁伟明先生、台湾地区道教会长老林征仪先生等就中华传统文化、梦文化、道教文化及其传播等话题予以充分交流。

第三组召集人为厦门大学道学与传统文化研究中心主任黄永锋教授、原福清市文联副主席郑敬平先生、福建师范大学福清分校杨建伟教授。台湾辅仁大学郑志明教授、云南大学郭武教授、上海社科院白兆杰研究员、河北工业大学李铁华教授、台湾景文科技大学蔡育龙教授等主要就中国神话与梦文化、道教传经神话、道教的生命面向与生活面向、宗教关系与人类命运共同体等话题进行有益探讨。

本次研讨会着眼于中国道教文化与梦文化、新时代中华传统文化的整合与利用、中华文化传播等论域，与会学者积极参与讨论，推动了梦文化与中华文化传播的深入研究，在某些方面形成了一定的文化共识，收到很好的效果。

大陆（内地）及台港澳地区的道教界及社会各界人士参加了省会，共同见证两岸暨港澳友好互动的情谊，共结梦缘。

编委会

2020 年 4 月 16 日